本书由国家社会科学基金重大项目"生物哲学重要问题研究"（项目编号：14ZDB171）资助出版

生物学哲学研究（上册）

李建会 主编

中国社会科学出版社

图书在版编目（CIP）数据

生物学哲学研究：全 2 册 / 李建会主编 . —北京：中国社会科学出版社，
2023. 8

ISBN 978 - 7 - 5227 - 2572 - 7

Ⅰ. ①生… Ⅱ. ①李… Ⅲ. ①生物学哲学 Ⅳ. ①Q

中国国家版本馆 CIP 数据核字（2023）第 167303 号

出 版 人 赵剑英
责任编辑 朱华彬
责任校对 谢 静
责任印制 张雪娇

出 版 中国社会科学出版社
社 址 北京鼓楼西大街甲 158 号
邮 编 100720
网 址 http://www.csspw.cn
发 行 部 010 - 84083685
门 市 部 010 - 84029450
经 销 新华书店及其他书店

印刷装订 北京君升印刷有限公司
版 次 2023 年 8 月第 1 版
印 次 2023 年 8 月第 1 次印刷

开 本 710 × 1000 1/16
印 张 68. 25
插 页 4
字 数 1118 千字
定 价 398. 00 元(全 2 册)

总 目 录

第五编　生物学前沿研究中的伦理问题

上册目录

第二编　生物学中的目的论和功能解释

第三编　进化生物学中的哲学问题

绪　　论

　　生物学哲学是对生物学的研究成果进行哲学反思的学科，是生物学与哲学交叉产生的一门新兴学科，研究生命的本质、生物学的理论结构、概念框架、一般方法、科学划界等生物学的一般问题，也探究生物学成果的哲学意义。在当代科学哲学研究中，生物学哲学受到越来越多的学者的关注，其中不仅包括传统的科学哲学家，还包括善于对各自研究进行哲学思考的生物学家。随着生物学学科的日益成熟，生物学哲学也正努力朝着捍卫其自主性和独立性的方向不断发展。21 世纪是生物科学的世纪，生物学的研究越来越成为科学研究的中心之一，生物学哲学也将成为科学哲学家们讨论的热点之一。开展生物学哲学研究，不仅具有重要的理论意义，也具有重要的实际意义。

第一节　生物学哲学的兴起

　　虽然科学与哲学在今天分属两门完全不同的学科，但其实，科学与哲学本出自同源。最初杰出的哲学家同时也是杰出的科学家，亚里士多德就是典型的代表。随着近代科学的发展，自然科学逐渐从哲学中分化出来，成为独立的学科。时至今日，自然科学已由于研究客体的不同，分化为物理学、化学、天文学、地质学、生物学等不同的具体学科。虽然科学有了自己独立的理论和方法，但它依然与哲学紧密联系。一方面，哲学的思维和理论虽然非常抽象，但依然离不开科学的支持，如果离开科学，哲学就可能成为无源之水；另一方面，科学也离不开哲学，哲学对科学有世界观和方法论的启示和指导作用。生物学哲学是对生物学的哲学思考，因此，生物学本身的发展和成熟是生物学哲学发展和成熟的基础。

一 从亚里士多德到林奈的生物学思想的发展

生物学哲学思想可追溯到亚里士多德。亚里士多德奠定了其后生物学哲学所讨论的一些根本问题，比如，在划分和命名生物物种时应当采取何种标准，在描述物种的特性时，应当依照目的性的功能还是依照偶然的性状，在解释胚胎发生的进程问题时，应当采纳机制解释，还是采取目的论或目标指向性解释等。在亚里士多德时代，"生物学"还未从物理学中分离出来，所以亚里士多德的生物学研究也遵循其物理学研究的基本原则，即努力探究事件发生的本质、原因和规律。在亚里士多德看来，本质是一个实体可直接观察和理解的表面现象背后的不变的东西，即经过表面变化而保持原样的质料才称得上拥有本质。亚里士多德认为，导致事物发生变化的原因有四种：质料因、形式因、目的因、动力因。其中，质料因即"事物所由产生的，并在事物内部始终存在的那东西"；动力因即引起事物变化的事物；形式因即事物的原型，定义事物本质的东西；目的因即事物或过程的终结，是引导过程的目标或目的。亚里士多德没有接受希腊哲学中非常重要的原子论，而是回到了相对比较古老的四元素说，即世界是由水、火、气、土四种元素组成。之所以不接受原子论是因为原子论假设了虚空的存在，而亚里士多德认为"自然界厌恶真空"。亚里士多德还对四元素及其转化进行研究。他认为，元素变化的动力源自不同的元素自身的自然位置，如火自然上升，土自然下降，而作为"科学"的物理学在对实体进行研究时，除了以上这种有规律的自然过程，它还受一种源自生命内部的"组织原则"的指导，即"灵魂"的指导。"灵魂"与生物体是不可分的。"灵魂"使得生命体分化出不同部分，这些部分具有不同的功能。因为不同类型的生物所具有的灵魂都不一样，所以，植物、动物以及人类的特性才如此不同。亚里士多德认为，生物的生命由于自然的"本性"，从出生到死亡都有一个以目的为导向的时间维度，而不仅仅是局部的因果关系。亚里士多德的生物学研究几乎全部集中于动物，尤其是对于海洋动物的研究。在《自然诸短篇》中，亚里士多德论述了动物各种特征如何在灵魂的指导下得以实现。在他看来，灵魂是物质"活的形式"。生物之所以不是一堆物料，大体是按照"灵魂→功能→特征"的路径成为一个完整的实体的，因此，生物的不同特征是为了自身在环境中能够更好地表达物种特有的各种生命功能，而这些功能也是它们成为独特个体的前提。动物除了拥有和植物一样的生长和繁殖等基本的生命功能之外，还能够运动、感知和形成复杂的欲望，而人还拥有"认知"灵魂。在《动物志》中，亚里士多德认为这些基本功能存在一种"等级区分"，而且存在着从植物经由动物直至人类的连续上升的阶梯。

在亚里士多德的体系中，灵魂是生命物质进行整合以及体现同一性的原则或形式，是不同功能性部分的物质性构成。① 由于无生命的存在不具有功能性的部分或器官，因而它们几乎是相同物质的聚积。正如他所总结的，使得个体有机体成为整合的实质性生物的是不同类型的生命功能，而这些生命功能的表现就是每种物种的特征或行为。② 这些表现与环境高度契合，不论是动物还是植物，不同的环境会塑造出不同的功能组合。因此，在亚里士多德的生物学体系中，这些可评估的要素成为其理论的核心。

目的论思想是亚里士多德生物学的一个重要方面。对于孕育、出生、成长以及生殖这一系列原因性的循环效应的研究最终形成了《论动物的生成》一书。动物基于物质并表现出形式，这其中自然也包括了生物演化并执行其被定义的功能的过程。在所有发育的解释中，亚里士多德虽然承认物质中所蕴含的物理或化学潜能对于发育构成必要条件，但否认发育本身是物质的工作，而是形式引导物质表现出功能性的过程，以确保能够展开生命循环的"灵魂功能"。亚里士多德的灵魂概念是一种梯度化的概念，包括最为基本的"植物灵魂"，到最为复杂的"人类灵魂"③，这种体系更像是一种功能梯度，从"摄取养分""感觉"，再到"思维"，不同类型灵魂反映的实际上是从植物到人类所具备功能及其背后形式的从低到高的排序。

---

① 参见［古希腊］亚里士多德《亚里士多德全集》第3卷，苗力田主编，中国人民大学出版社1996年版，第30—31页。

② 参见［古希腊］亚里士多德《亚里士多德全集》第3卷，苗力田主编，中国人民大学出版社1996年版，第269页。

③ ［古希腊］亚里士多德：《亚里士多德全集》第3卷，苗力田主编，中国人民大学出版社1996年版，第33—34页。

亚里士多德的有关生命的一些思想在古罗马和中世纪得到了进一步的发展，特别是以盖伦为代表的医学家和托马斯·阿奎那为代表的经院哲学家将亚里士多德关于生物特性的思想泛目的论化，完全转变了原有目的论体系，将其从内部、演化的目的论转变为外部、实用导向的目的论。亚里士多德在《动物志》框架中的"自然阶梯"观念在中世纪逐渐让位于普遍性的目的论，宇宙等级中处于较低层级的存在物都是为了服务于较高层级的存在物的。到了文艺复兴时期，伴随着怀疑论的认识论思想的兴起，亚里士多德关于认知能力的研究被重新关注，特别是将思考作为一种生命功能的观念。

近代科学在 16 世纪开始发展时，一批解剖学家对盖伦学说提出了疑问，为血液循环理论的建立作出了贡献。列奥那多·达·芬奇通过解剖发现血液通过心脏收缩从心脏排入肺动脉和主动脉；维萨里通过解剖研究开始怀疑盖伦的心室间壁上有孔的看法，并发现了主动脉瓣和肺动脉瓣阻碍血液回流的作用；塞尔维特发现了血液从右心室通过肺流入左心室的肺循环学说。但他们都还没有摆脱盖伦的血液"潮汐"运动学说影响，直到哈维根据一系列新的观察提出血液循环理论，关于动物心脏和血液运动的认识才真正迎来了划时代的改变。哈维用放大镜仔细观察了心脏搏动及血液运动，他看到血液通过肌肉的微孔而流入静脉，静脉血从四周向中央流动、从小静脉流向大静脉，最后经腔静脉流入右心房。他认为，动物体内的血液必然是一种循环运动，且处于一种不停的运动状态。① 后来在笛卡尔的《论人》《谈谈方法》和《人体的描述》中，都强调了动物的血液循环这一观点，并认可了哈维的发现。血液循环理论的建立以及当时力学的发展成就，促使机械论自然观开始形成。笛卡尔就把生物学纳入其机械论的哲学体系之下。在笛卡尔看来，动物仅仅是机器或自动机，机制解释成为生物解释中的第一原因。在具体对待生命的问题上，正如笛卡尔在《论人》一篇中所说的，"身体不过是大地所孕育出的塑像或机器"②。在《人体的描述》一篇中，通过描述性的

---

① 参见 Singes, Charles, "The Evolution of Anatomy: A Short History of Anatomical and Physiological Discovery to Harvey", *Nature*, 1925, Vol. 2936, No. 117, p. 182。

② Descartes, R., *The Philosophical Writings of Descartes*, Translated by J. Cottingham, R. Stoothod, D. Murdoch and A. Kenny, Cambridge University Press, 1984, p. 99.

方法展示了人体器官作为机械的运作形式。① 笛卡尔的人的观念突出体现了其二元论的哲学思想。在笛卡尔看来，人是拥有心灵的机器，动物则不存在灵魂，仅仅是机器。这种"动物是机器"的观点到拉美特利那里发展为"人是机器"，思维也是物质的机械唯物主义。总之，近代哲学开始时，笛卡尔的生物学思想是机械论的，这与传统亚里士多德式的生物学思想有较大差异。笛卡尔运用广延概念解释生命的运行方式，用因果机制解释生命的运作，反对生物学目的论，也拒绝承认亚里士多德的"植物灵魂"以及"感觉灵魂"的存在，虽然承认"思维灵魂"的存在，但把思维灵魂仅仅归属于人类，并认为思维是主动的，肉体是惰性的。

尽管康德在生物学上的著述极少，但在《判断力批判》一书中，康德在题为"目的论判断批判"（Critique of Teleological Judgment）的章节里，对生物学中极为重要的两个问题——目的论与还原论进行了讨论。康德在笛卡尔基础上重建了关于生命组织形式的目的论，提出了"自然的目的"的概念。康德认为，自然目的即是像牛顿定律那样的自然法则，是由原因以及后继的结果所组成的因果链条。康德认为生物作为自然的产物，其自身既是目的也是手段，是一种表现为相互性的原因和结果的形式。② 同时，他还强调生物也不是类似笛卡尔意义上的自动机器。一部机器只有驱动力，而生物则具有自我构建（self-formative）的力量。③ 他还认为，经由自然的纯粹机械原理，我们很难充分了解事物是如何进行组织，以及它们内部的可能性是什么。一个有机系统中的各部之间影响是相互的，为了确定原因和结果，我们必须通过设计、制造以及逆向工程分析来理解这种整体—部分关系，并将之视为具有目标导向性以及部分—整体"适应性"的关系。总结来看，康德虽然不将生命物质等同于人造物，但是出于认识论意义上的考虑，他仍然倾向于以目的性的视角来审视生命。康德对于自然的目的性以及生命组织形式

---

① 参见 Descartes, R., *The Philosophical Writings of Descartes*, Translated by J. Cottingham, R. Stoothod, D. Murdoch and A. Kenny, Cambridge University Press, 1984, pp. 313 – 324。

② 参见 Kant, I., *Critique of Judgment*, Translated by W. S. Pluhar, Hackett Publishing Company, 1987, p. 373。

③ 参见 Kant, I., *Critique of Judgment*, Translated by W. S. Pluhar, Hackett Publishing Company, 1987, p. 374。

的研究直接影响到现代生物学哲学的许多重要议题，特别是自组织、功能、适应、目的论解释等。

这一时期，生物分类学家们也开创了分类学相关的哲学研究。中世纪时，契沙尔比诺（Andrea Cesalpino）在其著作中就认为，植物的特征是它们的营养、生长和繁殖的能力。因此，契沙尔比诺根据植物果核的硬度或柔软度将它们分成两组，然后再根据繁殖特征进行进一步区分。之后，瑞典分类学家林奈的分类系统将这一传统带到了权威的发展阶段。林奈奠定了"属"、"种"和"秩序"等一系列如今还在使用的分类学术语。林奈虽不是最先提出双命名法的人，但是他把它用到物种的命名中，使得双名法作为物种命名的基本方法得到普。林奈因为相信物种不变论，所以，他认为分类学需要做的是发现上帝所创造的自然物种的本质。

受波义耳"新微粒哲学"以及洛克的认识论中固有的怀疑主义的影响，布封同时期的一些学者认为林奈这种仅靠几个特征的分类方法并不科学。他们认为只能通过集合所有植物的结构特征来获得关于植物的本质的认识。布封与林奈的分歧主要在于，林奈试图建立一个分类的层次结构体系，而布封则更乐意遵循唯名论的结构系统。布封作为近现代博物学研究的开拓性人物，对亚里士多德的"自然阶梯"框架进行了丰富且有益的改良，这些思想体现在其《自然史》之中，对后博物学尤其是生物学以及进化思想的形成产生了巨大的影响。就"自然的阶梯"概念而言，其必然涉及一个自然化的生命等级问题。林奈作为与布封同时代的重要分类学家，二人的信念完全不同。布封相信唯名论哲学，而林奈的思想比较复杂，一方面，林奈在纲和目的高阶分类方面，表现出唯名论的态度，信守莱布尼茨"自然不知道跳跃"的格言，但是他在基础的分类区划方面，特别是与其双名法息息相关的属一级的分类体系中，却又坚持"存在自然属"的箴言。但是就一种自然化的生物分级观念来看，虽然林奈依靠他那逻辑性十足的分类方法创立了方法论意义上的革新，但布封显然更代表通往现代分类学的方向，特别是一种不断走向自然化的分类体系。不同于亚里士多德将基于形态的物种（形式）作为自然的单元，布封认为"个体"才是自然中的唯一单元。① 基于这一思想，他建立了一种不同于以往的"自然阶梯"体系。首先，他采用形态作为建立分类的依据，物种是由形态上极度相近的个体所构成；其次，创立"属"这一单位；最后，"自然阶梯"观念实际上是彼此仅有微小差异的生物个体组成梯度变化的物种体系。在他看来，自然不认识种、属以及其他阶元；自然只认识个体，连续性就是一切。② 因此，我们可以将布封的物种观念定义为一种带有实在论观念的唯名论，并且他对于连续性的强调涵盖了多个层面。在布封的观念里，物种不再是永恒的形式或历史性结果，而是一种历史性的实体。甚至可以将个体生物通过系谱连接在一起的表征。作为历史实体的物种概念对于进化理论的发展来说是一次意义非凡的本体论转变。③

二　实验生物学兴起与机械论和活力论的争论

19 世纪末实验生物学的兴起使生物学的唯物论哲学得以发展。生物学中的唯物论哲学有两种表现：一是机械唯物论，通常称为机械论，或机械论哲学；另一种唯物论，这里称为整体唯物论，或整体论。实验生物学，特别是生理学，越来越关注对生物的物理、化学机制的描述，这使得在实验生物学领域很难再有哲学思辨的空间，因此，实验生物学哲学开始从旧有自然哲学体系向现代的哲学研究方式转变，实验生物学家们越来越关注的生物学哲学问题主要是生物学研究的方法论问题。许多理论生物学家期望通过原子论式的还原建立一种新的生命理论，而另一些生物学家则驳斥这种观念，从而形成哲学上涉及本体论、认识论以及方法论上的全面讨论。

这一时期与机械论和整体论思想并存，同时相互争论的还有活力论哲学。活力论认为控制生命功能的力量和规律与控制非生命系统的力量和规律有质的区别。活力论者坚持认为，在生命中存在着一种性质或力，它们在无

① 参见 Gayon, J., "The Individuality of the Species: A Darwinian Theory?", *Biology and Philosophy*, 1996, Vol. 2, No. 11, p. 211。

② 参见 [美] 恩斯特·迈尔《生物学思想发展的历史》，徐长晟译，四川教育出版社 2012 年版，第 121 页。

③ 参见 Gayon, J., "The Individuality of the Species: A Darwinian Theory?", *Biology and Philosophy*, 1996, Vol. 2, No. 11, p. 227。

机界中是不存在的，正是这种性质或力使有机体具有了生命的特性。按照活力论者的观点，生命系统所具备的自我修复或生殖特性，就是由这种性质或力产生的。但这种性质或力是什么，科学是不能解释的，也无法对之进行研究。这种性质或力在生命过程出现之前就已经存在了，在生命展开过程中控制生命的进程。从哲学的角度看，活力论作为唯心论的一个分支，反对所有的唯物论（包括整体论与机械论）。在生物学的历史发展中，通常是机械唯物论激烈地反对活力论，但是在 20 世纪 20 年代，越来越多的生物学家，特别是生理学家，开始采纳整体论的方式反对活力论。比如，生物学家贝塔朗菲建立的系统论就是如此。活力论曾有多种形式，像汉斯·杜立舒的"生命原理"，亨利·柏格森的"突生原理"（后演变为今天意义上的突现），以及皮埃尔·泰依亚·杜·夏尔丹的"心灵"概念，等等，都是现代活力论的典型代表。

三　进化论思想的产生及其哲学议题

博物学的知识积累导致了革命性的进化理论的提出。在这个过程中，首先是方法论的革新。受古生物学家居维叶灾变论的影响，博物学家威廉·惠威尔（William Whewell）接受并进一步论证了灾变论思想，而剑桥大学地质学教授亚当·塞奇威克（Adam Sedgwick）成为地质灾变论的领导人物。与此相反，地质学家查尔斯·赖尔（Charles Lyell）则是地质渐变论或均变论的支持者。两种互相对立的地质学观念很快进入生物进化的领域，形成延续至今的关于物种演化方式的渐变论与突变论的争论。

在进化观念上，布封"退化论"式的演化观以及让·巴蒂斯特·德·拉马克（Jean Baptiste de Lamarck）"用进废退"的生物演化观影响了英国学界。达尔文的父亲伊拉兹马斯·达尔文首先在其主要著作《动物法则》中提出了地球上的生物是进化发展的观念。赖尔在第二卷《地质学原理》中也对拉马克的用进废退和获得性遗传的进化论进行了阐述。在吸收佩利《自然神论》中设计论思想以及罗伯特·马尔萨斯（Thomas Robert Malthus）《人口论》关于人口的几何指数增长与生活资源的算术级数增长必然引发矛盾的模型基础上，查尔斯·达尔文建立了基于自然选择机制的生物进化理论。在达尔文发表其《物种起源》之后不久，生物学家格雷戈尔·孟德尔

（Gregor Johann Mendel）发表了他的关于遗传因子分离和组合的遗传学说，但遗憾的是，孟德尔的遗传因子不变地传递给后代的思想由于与达尔文生物性状通过后代变异和选择而进化的思想存在明显的冲突，而当时达尔文理论已在学界产生了广泛的影响，因此，孟德尔的遗传思想并没有得到主流生物学家们的重视，包括达尔文本人。

整个 19 世纪是生物学大发展时期，细胞学说、生物进化论和实验生理学是当时主要的成果。在生物学思想方面，存在两种对立的思想方法：一种是基于现象的研究观念；另外一种是数理主义的观念。现象主义把生物学研究看作一种现象学的研究，认为对于建立形式上的因果关系来说，需要将所有的生命现象还原为"较新的物理、化学概念"，例如德国医学唯物主义、一些细胞生理学家乃至后来摩尔根等遗传发育研究者都是如此。依照这一路线，生物形态学不断发展，最终与发育研究融合。这种通过研究解剖和胚胎的证据而推出遗传和发育相互关系的基本方法，受到美国著名形态学家、霍普金斯大学 W.K.布鲁克斯的支持。而奥古斯特·魏斯曼则强调一种原子主义式的遗传发育学说（种质说），从而尝试统一进化、遗传与发育的解释。之后还出现了新拉马克主义、定向进化学说、突生进化论和突变论，都是基于现象的生物学解释形式。

生物学的另一种解释观则是带有理性主义色彩的数理生物学的观点。如弗朗西斯·高尔顿、卡尔·皮尔逊（Karl Pearson）等，期望通过数学找到性状分布的规律。孟德尔理论被再发现之后，包括威廉姆·贝特森（William Bateson）、威廉·约翰森（Wilhelm Johannsen）等逐步把表现型与遗传因子（后来称为基因型）概念区分开来，并逐步建立了采用数理统计和数学分析方法研究数量性状遗传的遗传学分支，即数量遗传学。数量遗传学的建立使一些生物学哲学家认为，生物学也可以像物理科学那样建立起公理化的理论体系。于是一批生物学哲学家开始尝试做这样的努力。

达尔文进化论和孟德尔遗传学的表面的矛盾由于英国的罗纳德·费希尔（Ronald A. Fisher）和美国的休厄尔·赖特（Sewall Wright）等人的工作得到了解决，这就是 20 世纪初被称为新达尔文主义的综合进化论的建立。综合进化论中的一些思想和概念构成了当今生物学哲学讨论的核心议题，比如，有关进化理论的实在论和工具主义，决定论和非决定论，进化的偶然性和必然性，进化有没有进步，等等。

在此之后，生物学家兼生物学哲学家康拉德·沃丁顿、杜布赞斯基、恩斯特·迈尔等对进化论和遗传学发起了"现代综合"运动，并最终建立了现代综合理论。在综合进化论中，数学种群遗传学在进化研究中趋于统治地位。然而，到这时，生物学家们的综合少了一个重要的因素：发育。进化涉及三个至关重要的要素：发育、遗传、适应，而综合进化论实际上只综合了遗传和适应，发育很大程度上被忽略了。当分子生物学成熟之后，各种精巧的自然选择模型所未能涉及的发育问题又回到了生物学哲学家讨论的视线内，特别是带有整体论色彩的发育系统论者开始对持有基因决定论观念的传统理论进行了批评。关于外成论的探讨不断升温，从而演变为发育系统论与基因还原论的争论。

四　逻辑经验主义时期的现代生物学哲学萌芽

20 世纪初，逻辑经验主义所倡导的科学哲学，即科学理论是建立在原子经验事实之上的观念在科学哲学界占据统治地位。但这种科学哲学思想大都以物理科学的理论做根据。这样的科学哲学是否适合生物学？因此，从 20 世纪中叶开始，很多哲学家开始对生物学进行科学哲学研究。

在 20 世纪 50 年代，默顿·贝克纳（Morton Beckner）在其《生物学的思维模式》中就认为生物学的思维模式与物理科学的思维模式有很大不同，这种不同体现在四个有机生物学的原则上：组织层次关系原则，目标指向性原则，历史性原则，生物学理论的自主性原则。[①] 组织层次关系原则说明，尽管生物体是由化学成分构成的，但这些成分构成的整体表现出来的性质和行为却不是化学的。目标指向性原则说明不管组织层次的关系如何，部分和整体之间有着目标指向的关系，这种目标指向可以是结构功能关系，也可能是保持某种目标的行为关系，还可能是朝向目标的繁殖和发育关系。历史性原则是指有机体或有机系统都拥有历史性的特点或历史性的方面。生物学理论的自主性原则是指生物学发展出来的定律和理论在一定程度上是自主的，即具有自身特点，并且不能还原为物理学或化学的理论和定律。

---

① 参见 Morton Beckner, *The Biological Way of Thought*, Columbia University Press, 1959。

保罗·汤普森（Paul Thompson）认为贝克纳的著作是有关生物学哲学研究的分水岭。从那之后，有关生物学的认识论的、方法论的和形而上学方面的问题成为生物学哲学讨论的焦点，对生物学哲学问题的讨论开始上升到与物理学哲学问题的讨论同样重要的地位。其中讨论的主要话题就是生物学是否与逻辑经验主义者所提出的科学模式相符合，生物学是不是一种不同于物理学的新的类型的科学。科学哲学家们发现，生物学的解释方式和理论体系与物理科学有明显的不同：生物学存在着独特的功能的和目的论的解释方式，而物理科学的解释方式主要是单纯的因果解释；生物学的理论体系很难表述成公理化的理论体系，而物理学的理论体系大多都能公理化。对于后者，比如，斯马特（J. J. C. Smart）在其著作《哲学与科学实在论》（1963）中就曾指出，物理科学的理论体系是建立在普遍定律的基础上的，然而，在生物学中，类似物理和化学意义上的严格定律很少存在。

在生物学哲学的思想发展史中，美国知名生物学家和生物学哲学家恩斯特·迈尔（Ernst Mayr）可以说是一位领军人物，他所倡导的新生物学哲学也格外引人注目。迈尔的著述非常丰富，其关于生物学哲学的论述主要集中在两本书中：《生物学思想的发展：多样性进化与遗传》以及《走向新的生物学哲学》。迈尔的新生物学哲学主要有以下一些基本理念：物理科学不是科学的标准范式；历史叙述比定律解释更重要；解释和预言在生物学中是不对称的；生物学的特色在于"概念处于关键地位"；目的论在生物学中是合理的。

也有学者认为，生物学与物理学解释形式的不同只是表面的不同，比如，迈克尔·鲁斯（Michael Ruse）就是这样一位生物学哲学家。在其著作《生物学哲学》（1973）中，鲁斯系统阐述了他对生物学哲学上的一系列问题的看法，比如生物学是否包含定律，生物学理论是否可建立成公理化系统，进化论解释与物理学中的解释是否不同，功能解释、目的论解释和因果解释的关系，经典遗传学是否可以还原为分子生物学，等等。他认为，生物学自主论者所提出的关于生物学自主性的理由都是站不住脚的。自主论的理由概括起来有五个方面：生命科学的客体是独特的，生命客体具有完整性或不可分割性，生命客体具有历史性，生命科学主要关心研究对象的功能或目的，生命科学关注生物学秩序（biological order），等等。但鲁斯认为，这些特点都不足以说明生命科学不能用物理化学的方法来研究，也不足以说明生命科学是自主的。

　　大卫·赫尔（David Hull）也是当代著名的生物学哲学家，他 1974 年出版的《生命科学的哲学》（*Philosophy of Biological Science*）是该领域的奠基之作。赫尔的论著涉及生物学哲学的一系列重大问题，诸如对还原论的评价、生物学中的目的论解释、进化论的结构、生物学规律、物种概念、进化认识论和社会生物学的哲学问题等。与其他哲学家明显地偏向某种观点不同，赫尔则不偏不倚。比如，对于还原论和机体论，他的评价是两者都对，两者又都不对。与赫尔名字紧紧联系在一起的生物学哲学争论是"物种作为个体"。所谓"物种作为个体"，是说物种单元不应当被看成由众多成员集合而成的自然类（natural kinds），而应当被理解为由各个部分构成的个体（individual）。这一主张虽然不是他最先提出，但由于他的工作，生物学家和哲学家认识到了这个命题的重要性，并因此成为生物学哲学中讨论最多的命题之一。这一命题之所以引起生物学哲学旷日持久的争论，因为它与生物学哲学中的很多问题联系在一起。比如，一般认为，物种是进化的单位，由于进化是通过自然选择发生的，因此，对物种的不同理解，必然影响到对选择单位的不同理解。如果物种是个体，那么自然选择的单位就是个体；反之，如果物种是类，那么自然选择的单位就是类或群体。另外，这一命题还与关于物种的概括是不是规律的问题联系在一起。如果物种是类，那么关于物种的概括就可以叫作规律，因为它是普遍的概括；反之，如果物种是个体，关于物种的概括就可能是不普遍的，因此就不能被看作规律。因此，赫尔的这一命题进一步与哲学上的本质主义、群体思想等联系在一起。赫尔的思想是富于启发性的，但其关于生物学哲学的思想也只是一家之言，其关于物种是个体的观点受到诸多批评，还需要我们做深入的研究。

　　我们因此不难看出，在 20 世纪六七十年代，生物学哲学研究的重心集中在生物学作为一门科学是不是像逻辑经验主义传统的科学哲学所认为的那样在性质上跟物理科学没有什么不同。这种正反两方面的激烈争论成为生物学哲学研究的重要内容，并且许多方面的争论至今依然在延续。其实这些争论的实质在于整个生物学的理论体系的独特性和另类性，即生物学的理论体系本质上是否不同于以往逻辑经验主义所推崇的模式。所以，在 20 世纪 70

年代前后的讨论中，坚持逻辑主义的一些科学哲学家认为，逻辑经验主义科学观及其有关科学理论结构的观念对于生物学，包括进化论在内，也是适用的。鲁斯和赫尔的研究开创了整个生物学哲学研究的新局面，使生物学哲学研究上升为科学哲学中的一个主流研究，而研究的趋向也更多地聚焦于生物学解释以及生物学理论的基础上来。

鲁斯和赫尔之后，越来越多的学者开始生物学哲学研究。埃利奥特·索伯（Elliott Sober）对自然选择的本质和利他主义的进化问题进行了系统的研究；菲利浦·基切尔（Philip Kitcher）则关注社会生物学的哲学问题；卡尔·亨普尔（Carl Hempel）与欧内斯特·内格尔（Ernest Nagel）则关注生物学中的目的论的根源问题；尼古拉斯·贾丁（Nicolas Jardine）开始在生物分类学的基础上做一些哲学探究；马乔里·格林（Marjorie Grene）对进化的哲学问题进行了一系列的讨论；卡尔·波普尔也根据其证伪主义讨论进化论的科学性问题。这一时期，很多专职的生物学家也开始进行生物学哲学方面的研究，比如，进化生物学家理查德·道金斯（Richard Dawkins）在基因作为选择单位和利他主义进化方面做了很多工作，E. O. 威尔逊（E. O. Wilson）在社会生物学哲学方面做了很多研究，理查德·列万廷（Richard Lewontin）在批判适应主义方面提出了有见地的观点，史蒂芬·古尔德（Stephen Gould）则专注于讨论进化是不是进步以及进化是偶然的还是必然的问题，迈克尔·齐瑟林（Michael Ghiselin）则热衷于讨论物种的本质问题。这些研究对生物学哲学的发展产生了积极的影响。

五　作为一门学科的生物学哲学的形成

20 世纪 60 年代，第一代具有自我身份认同的生物学哲学研究者拥入了历史舞台，主要可分为两类：一类以哲学为主业，包括默顿·贝克纳、埃弗雷特·门德尔松（Everett Mendelsohn）、大卫·赫尔、马乔里·格林（Marjorie Grene）、肯尼斯·沙夫纳尔（Kenneth Schaffner）、迈克尔·鲁斯及威廉·威姆萨特（William C. Wimsatt）等；另一类以生物学为主业，包括恩斯特·迈尔、史蒂芬·古尔德、弗朗西斯科·阿耶拉（Francisco J. Ayala）、威尔逊和理查德·列万廷等。与此同时，大量涉及生物学哲学问题的著作相继出版，例如，鲁斯于 1973 年出版了《生物学哲学》[①] 一书，次年，赫尔出版了《生物科学的哲学》[②] 一书，这两本书涉及了生物学哲学中几乎所有的重大问题。这些讨论为日后生物学哲学的讨论设置了总体方向和框架。恩斯特·迈尔则分别于 1982 年和 1988 年出版了《生物学思想的发展：多样性进行与遗传》[③] 和《走向新的生物学哲学》[④] 两本著作。罗森伯格（Alexander Rosenberg）于 1985 年出版了《生物科学的结构》[⑤] 一书，比较系统地探讨了生物学哲学的基本问题以及自主论和分支论争论各自的理论根据，并根据自己的哲学倾向回答了这些问题。同年，基切尔出版了《奢望：社会生物学与人性的探求》[⑥] 一书，在方法论上对于社会生物学进行内在的批判。1993年，索伯出版了《生物学哲学》[⑦] 一书，对于进化生物学中的具体哲学问题进行了深刻解读。这一时期，人们对于生物学哲学研究的兴趣不断增强，而生物学哲学也正是在这样的大环境中开始飞速发展。

　　除此之外，生物学哲学在社会建制方面也正呈现出专业化、完整化趋势。在学术机构方面，国际生物学的历史、哲学和社会学研究协会（ISHPSSB）[⑧] 于 1989 年成立，旨在通过两年一次的国际学术会议的形式，召集国际学者们共同讨论生物学的历史、哲学和社会学问题，以促进包括生物学哲学在内的学科的发展。其中，第一届年会于 1989 年 6 月 21 日至 25日在美国西部安大略湖地区举行。虽然该学会是一个跨学科组织，但生物学哲学早已作为一个独立学科被采纳。在我国，生物学哲学也开始建制化，中国自然辩证法研究会下专门成立了一个二级学会——生物哲学委员会，其定

[①] 参见 Ruse, Michael, *The Philosophy of Biology*, Hutchinson University Library, 1973。

[②] 参见 Hull, David, *Philosophy of Biological Science*, Englewood Cliffs, 1974。

[③] 参见 Mayr, Ernst, *The Growth of Biological Thought：Diversity, Evolution, and Inheritance*, Harvard University Press, 1982。

[④] 参见 Mayr, Ernst, *Towards a New Philosophy of Biology：Observations of an Evolutionist*, Harvard University Press, 1988。

[⑤] 参见 Rosenberg, Alexander, *The Structure of Biological Science*, Cambridge University Press, 1985。

[⑥] 参见 Kitcher, Philip, *Vaulting Ambition：Sociology and the Quest for Human Nature*, The MIT Press, 1985。

[⑦] 参见 Sober, Elliot, *Philosophy of Biology*, Westview Press, 1993。

[⑧] 参见 *International Society for the History, Philosophy and Social Studies of Biology*, https：//www.ishpssb. org/。

期召开全国性的生物学哲学学术研讨会。在专业刊物方面，1968 年，在生物学史领域中历史最悠久、影响力最大的刊物《生物学史杂志》(*Journal of the History of Biology*) 创刊；1979 年，研究生物学历史和哲学问题的期刊《生命科学的历史与哲学》(*History and Philosophy of the Life Sciences*) 正式创刊；1985 年，生物学哲学领域里最有影响力的刊物《生物学与哲学》(*Biology & Philosophy*) 也在西方创刊；1991 年，一本名为 *Uroboros* 的生物学哲学刊物在墨西哥创刊，其刊登的文章涵盖了英文、西班牙文、法文、德文等各国语言。因此，一方面，生物学哲学的相关专业期刊不断发表讨论生物学哲学的论文，另一方面，一般的哲学刊物或科学哲学期刊，比如《不列颠科学哲学杂志》《科学哲学》等也发表相当数量的生物学哲学论文。

综上所述，作为一门新兴的科学哲学子学科，生物学哲学是从 20 世纪六七十年代以来逐步兴起，并于 20 世纪 80 年代走向成熟的。

六　生物学哲学形成的原因分析

在古代的自然哲学中，关于自然的思辨包括对生物的思辨曾经产生过非常深刻的自然哲学学说，比如，亚里士多德的四元素说和四因论。不过，由于生物体的复杂性，当近代自然科学从哲学中分离出来之后，物理学优先于生物学发展起来。1543 年，哥白尼公开发表《天体运行论》一书，提出了具有划时代意义的宇宙结构体系——"日心说"，标志着近代自然科学的正式诞生。此后，由于科学家们在物理学中做的探索最多、发现得最多也最为深入，物理科学的其他学科也都相继完善起来。作为同年出版的另一本伟大著作，同时也是生物学的经典著作——比利时著名医生、解剖学家维萨里的《人体的构造》一书却没有引起生物学如此可观的发展态势。在其后的一百多年中，生物学虽然也有不少成就，但与牛顿经典力学体系相比要弱很多。1687 年，牛顿的《自然哲学的数学原理》一书出版，标志着经典力学这座宏伟大厦最终落成。整个 18 世纪被称为力学的世纪。进入 19 世纪，虽然生物学建立了细胞学说，在 1859 年发生了达尔文革命，实验生理学也取得了可观的成果，但与同时期的热力学、电磁理论以及原子分子学说等相比，生物学的成就还是要低一些。经典牛顿力学体系及其后来的热力学、电磁理论、相对论和量子力学所取得的巨大成功，使得物理科学在当时成为几乎一切科学研究的"标杆"。因此，不少科学家中关于"抬高"物理学"贬低"其他自然科学的话语不绝于耳，例如"原子核之父"英国物理学家卢瑟福曾傲慢地称生物学为"收集邮票"，奥地利物理学家韦斯柯夫称"科学的世界观建立在 19 世纪关于电和热的本质以及原子分子的存在的伟大发现之上"① ……总之，物理学家妄自尊大的话语比比皆是。

物理科学的飞速发展引起了科学家与哲学家们对于科学本性及其相关问题的哲学反思，科学哲学作为一门新兴学科应运而生。从某种意义上来说，科学哲学正走着一条"特殊→一般→特殊"的"之"字形路线。从第一代实证主义到第二代实证主义，大多数科学哲学家理所当然地把物理科学看作科学的标准范式，认为"对于某一门科学（如物理学）是真实的，对于所有科学也应当同样是真实的"②，生物学并未被纳入考虑范围内。而进入 20 世纪，实证主义发展到第三阶段——逻辑实证主义，其主要依据的自然科学理论依旧与生物学毫无关系，而是以相对论及量子力学为核心的物理学革命对科学本性的传统观念提出了挑战。因此，科学哲学家们借助对于物理学理论的哲学思考，抽象出一般性的科学哲学原理，又继而将之推广到各个分支中去，其中首先被影响的无疑是物理学哲学。因此，科学哲学始于并发展于物理科学就不难理解了。可以想象，当时涉及科学哲学的书籍几乎清一色都仅仅是论述物理学哲学的，仿佛达尔文、贝尔纳、孟德尔等生物学家的理论成果并未在人类哲学思想中留下任何印记。面对这种情况，著名的生物学家和哲学家恩斯特·迈尔不无遗憾地说："自从伽利略、笛卡尔、牛顿以来直到 20 世纪中叶，科学哲学一直由逻辑学、数学和物理学所左右达数百年之久。"③

20 世纪中叶，情况发生了转机。由于传统科学哲学自身的危机以及生物学有了革命性的发展，有关生物学的哲学思考一跃而成为西方科学哲学讨论中的热点领域之一，也正是在这一背景之下，生物学哲学逐渐兴起并日益

① ［美］厄恩斯特·迈尔：《生物学思想的发展：多样性，进化与遗传》，刘珺珺等译，湖南教育出版社 1990 年版，第 36 页。

② ［美］厄恩斯特·迈尔：《生物学思想的发展：多样性，进化与遗传》，刘珺珺等译，湖南教育出版社 1990 年版，第 35 页。

③ ［美］厄恩斯特·迈尔：《生物学哲学》，涂长晟等译，辽宁教育出版社 1992 年版，第 iv 页。

成熟。仔细分析这一转变原因，主要有以下两点。

第一，生物学哲学的兴起与传统科学哲学的危机有关。首先，毋庸置疑，当时科学家及哲学家们对物理学的过分着迷已经对科学哲学产生了扭曲性的影响。具体体现在，这一倾向导致假定物理学的某些性质——如其易于导向数学公理化的特性——是科学理论的普遍特征，以至于到了这种程度：其他领域不具备这种性质的理论，就是不完全的、不充分的，需要加以发展以适应从物理学中所得出的这种模式。然而，自量子力学和相对论等物理学的革命性进展"横空出世"后，关于科学的基本哲学问题以及一些科学性质的既存概念受到了严重挑战。正如索伯所提出的那样："爱因斯坦的狭义相对论和广义相对论之所以占据了科学哲学的中心地位是有充分理由的。作为哲学家，我们关心先验知识、约定主义的问题和那些能够允许根本不同的科学理论进行比较和评价的普遍原则。"① 然而，哲学家们在对以物理科学为基础的科学哲学的分析过程中，越来越多地发现这种哲学存在很多问题。比如，蒯因就发现逻辑经验主义的两个教条存在根本性的错误。经验主义的两个教条一是指分析命题和综合命题的区分，即"相信在分析的、或以意义为根据而不是依赖于事实的真理与综合的、以事实为根据的真理之间有根本的区别"；二是指理论术语可以还原为经验术语的还原论，即坚持每一个有意义的陈述都能够翻译为关于直接经验的真或假的陈述。蒯因认为这两个观点都是错误的。通过逻辑分析，蒯因指出，分析命题与综合命题并无明确界限，相信两者之间有界限只是一个形而上学教条；理论术语并不都能还原为经验术语，人类的全部知识和信念是一个由众多学科所构成的有内在逻辑联系的动态整体，因此并非所有科学命题都能够被还原为经验命题并为经验所证实。对逻辑经验主义的革命性的批判来自科学哲学家波普尔。波普尔从"归纳问题"以及逻辑经验主义混淆"科学划界标准"同"意义标准"等角度入手，完全否定了证实在逻辑上的可能性，进一步指出与之相对的"证伪"却是可能的。由此，波普尔提出了证伪主义的科学纲领：科学的划界标准在于是否具有可证伪性。此后，库恩的范式理论、拉卡托斯的研究纲领方

① Sober, Elliott, *The Nature of Selection: Evolutionary Theory in Philosophical Focus*, The MIT Press, 1984, p. 6.

法论、费耶阿本德的无政府主义方法论等科学哲学理论相继出现，给传统的科学哲学以致命的打击，科学哲学不再是"一言堂"，开始呈现出一种百家争鸣的复杂局面。在这种环境下，亟须一种新式理论去回答诸如"科学是否有一个统一的语言框架"等问题。

第二，生物学哲学的兴起与生物科学的革命性发展有关。1953 年 4 月，英国的《自然》杂志刊登了沃森（J. D. Watson）与克里克（F. Crick）两位科学家提出且已被证明的 DNA 双螺旋结构模型，这不仅标志着分子生物学的诞生，也意味着生物学开始跨入一个全新领域。与此同时，由于新知识的渗透和综合，生物学的一些古老的学科，如进化论、胚胎学、分类学等也面貌一新，以遗传学为核心的生物科学体系逐渐壮大起来——分子生物学、分子遗传学、遗传工程学等新兴学科正如雨后春笋般破土而出。生物学不再单纯的是观察性"假说"，不是对于有机世界中对象的简单观察、记录和规律总结，而是在新知识的渗透和综合下实现了焕然一新的变化，成为以实验数据、理论学说等为坚实基础的综合性理论。例如，进化学说已逐渐演变为以自然选择为核心的达尔文进化理论与群体遗传学、细胞遗传学，分类学、古生物学等各科学部门综合的发展成果。一时间，生物学研究所取得的连续性成功引起了同时代的科学家及哲学家们极大的研究兴趣，在世界上引发了一股研究生物学的热潮，各种新式假说、理论层出不穷。同曾经无比辉煌的物理学一样，生物学发展的盛况成功引起了科学哲学家们的注意，特别是关于生物科学有别于物理科学的独特性，例如生物学规律是否符合传统科学定义下的规律，对有机体的解释说明能否完全还原到物理、化学层面等。对此，辛普森曾做出了十分深刻的说明，他认为：物理科学不仅不应是全部科学的纲领，而且还要居于生物学之下，因为物理学的研究对象只是自然界中数量相对较少的非生命系统，而大多数则是需要生物学原理去进行解释的生命系统，其无可比拟的复杂性必须采取物理科学之外的原理——生物学——去进行研究。[①] 因此，在这个层面上来说，我们甚至可以说只有在生物学中才能体现出"全部科学的全部原则"。正是在这样的思潮下，哲学家们逐步认识

----

① 参见［美］厄恩斯特·迈尔《生物学思想的发展：多样性，进化与遗传》，刘珺珺等译，湖南教育出版社 1990 年版，第 38 页。

到生物学在科学哲学研究纲领中的重要性，生物学哲学也成为同时代科学哲学中最令人兴奋的研究领域。

这样，就出现了鲁斯在《生物学哲学是什么》中描绘的那番景象："科学哲学家们常因为这样的事实而沮丧：在逻辑经验主义被认为是瓦解了之后，直到今天尚无一个占统治地位的观念体系……确实，由于我们把热情投向历史和理性这样的专业领域，在后库恩主义时代这一学科就一直没能恢复往日的活跃。而同时，科学哲学中没有哪一个领域能像生物学哲学那样兴旺，该领域的众多研究者一直在大量的著书立说，进行高质量的研究。"①

自此，生物学哲学开始作为一门独立的学科"破壳而出"，迎来了史无前例的"春天"。

第二节　当代西方生物学哲学研究概况

在梳理了生物学哲学在 20 世纪的兴起及发展脉络后，不难看出，在当今国际科学哲学界，生物学成为越来越多哲学家所关注的对象。经过半个世纪的发展，生物学哲学已以其旺盛的生命力结出了丰硕的果实，正呈现出一片欣欣向荣的繁荣景象，表现在生物学哲学期刊和著作的出版，生物学哲学理论的成熟，研究生物学哲学的学者日益增多，以及生物学哲学的国际交流日益增多，等等。

一　生物学哲学的论文和著作大量涌现

21 世纪以来生物学哲学的论文及著作大量涌现。在当今生物学哲学界，不仅一些生物学哲学的专业期刊——例如《生物学与哲学》(*Biology & Philosophy*)、《生命科学的历史和哲学》(*History and Philosophy of the Life Sciences*)、《生物学史杂志》(*Journal of the History of Biology*)、《生物学和生物医学的历史和哲学研究》(*Studies in History and Philosophy of Biological and Biomedical Sciences*) 等——每年都发表大量的生物学哲学论文外，一般的科

---

① Ruse, Michael, M. (ed), *What the Philosophy of Biology Is*, Kluwer Academic Publishers, 1989: Preface.

学哲学杂志——例如《科学哲学》（*Philosophy of Science*）、《不列颠科学哲学杂志》（*The British Journal for the Philosophy of Science*）——也几乎每期都刊登生物学哲学的论文。在著作方面，直接以"生物学哲学"为题的书就有十余本，其中具有代表性的主要有：阿耶拉和阿普（Francisco J. Ayala & Robert Arp）的《当代生物学哲学中的争论》[1]，鲁斯的《牛津生物学哲学手册》[2]，萨卡尔（Sahotra Sarkar）等人的《生物学哲学指南》[3]，罗森伯格等人的《生物学哲学：当代导论》[4]。在学术界有着很大声誉的"剑桥哲学与生物学研究"（Cambridge Studies in Philosophy and Biology）书系继早期出版的十多本有影响的生物学哲学著作之后，在21世纪连续出版了近32本生物学哲学著作。其中比较重要的有：米切尔（Sandra D. Mitchell）的《生物复杂性和整合多元论》[5]；韦伯尔（Marcel Weber）的《实验生物学的哲学》[6]；哈姆斯（William F. Harms）的《进化过程中的信息和意义》[7]和萨卡尔的《生物多样性与环境哲学》[8]。此外，曾经出版过数十本颇有影响的生物学哲学著作的"纽约州立大学哲学与生物学书系"（SUNY Series in Philosophy and Biology）在21世纪继续发扬传统，出版了多部生物学哲学著作。比较重要的有：黑耶斯和赫尔（Cecilia M. Heyes & David L. Hull）的《选择理论和社会建构》，斯蒂莫斯（David N. Stamos）的《达尔文和物种的本质》[9]等。在这些系列书籍之外，一些著名学者也出版了他们新的生物学哲学著作，比

---

① 参见 Ayala, Francisco, J. & Robert Arp（eds.），*Contemporary Debates in Philosophy of Biology*，Wiley-Blackwell，2009。

② 参见 Ruse, Michael（eds.），*Oxford Handbook of the Philosophy of Biology*，Oxford University Press，2007。

③ 参见 Sarkar, Sahotra & Plutynksi, Anya，*A Companion to the Philosophy of Biology*，Blackwell，2008。

④ 参见 Rosenberg, Alex & McShea, Daniel，*Philosophy of Biology：A Contemporary Introduction*，Routledge，2008。

⑤ 参见 Mitchell, Sandra D.，*Biological Complexity and Integrative Pluralism*，Cambridge University Press，2003。

⑥ 参见 Weber, Marcel，*Philosophy of Experimental Biology*，Cambridge University Press，2004。

⑦ 参见 Harms, William F.，*Information and Meaning in Evolutionary Processes*，Cambridge University Press，2004。

⑧ 参见 Sarkar, Sahotra，*Biodiversity and Environmental Philosophy：An Introduction*，Cambridge University Press，2005。

⑨ 参见 Stamos, David, N.，*Darwin and the Nature of Species*，State University of New York Press，2006。

如罗森伯格（Alexander Rosenberg）的《达尔文还原论：或怎样停止忧虑并且热爱分子生物学》[1]；索伯（Elliott Sober）的《证据和进化：科学背后的逻辑》[2]；鲁斯的《进化战争》[3] 等。此外，由目前世界上最大的医学与其他科学文献出版机构之一的爱思唯尔（Elsevier）出版集团出版了堪称迄今门类规划最为全面的科学哲学丛书——《爱思唯尔科学哲学手册》（*Elsevier Handbook of the Philosophy of Science*），目前共包含16卷，其中2007年2月出版了《生物学哲学》一卷，由多伦多大学的莫汉·马森（Mohan Matthen）与英属哥伦比亚大学的克里斯托弗·斯蒂芬斯（Christopher Stephens）两位加拿大学者共同主编。目前这套丛书中包括《生物学哲学》在内的9册已由山西大学科学技术哲学研究中心译为中译本。

二　生物学哲学的理论日益成熟

生物学哲学的繁荣还体现在生物学哲学的理论体系日渐成熟和研究内容和范围日益全面、深入和细致。虽然人们普遍公认：生物学哲学已成为一门独立的学科，具体表现为已拥有独立的学术机构和专业刊物，并在高校的科系设立上占有一席之地。生物学哲学的理论著作的内容也越来越全面和规范。鲁斯在《生物学哲学》一书中讨论了群体遗传学和孟德尔遗传学的还原论问题，进化论的理论结构、解释方式和证据，分类学涉及的哲学，以及目的论问题，并对生物学与物理学的关系进行了分析；赫尔《生物科学的哲学》一书讨论的内容与鲁斯的著作差别不是很大，涉及了生物学哲学中经典遗传学能否还原为分子遗传学的问题，进化论的结构，生物学理论和生物学定律，目的论以及有机论和还原论的争论问题。萨特勒是一位植物学家，因此他在《生物学哲学》（*Biophilosophy*）一书中结合比较植物形态学去讨论理论与假说，规律、解释、预言与理解，因果性与决定论等问题，融合了一般理论与生物学实例。到了罗森伯格，生物学的理论就更加全面系统。今

---

① 参见 Rosenberg, Alexander, *Darwinian Reductionism：Or, How to Stop Worrying and Love Molecular Biology*, University of Chicago Press, 2006。

② 参见 Sober, Elliot, *Evidence and Evolution：The Logic Behind the Science*, Cambridge University Press, 2008。

③ 参见 Ruse, Michael, *The Evolution Wars：A Guide to the Debates*, Grey House Publ, 2008。

天，生物学哲学不仅在理论结构上已有了很大的进步，在研究内容的范围深度上也日益全面、深入和细致。所谓"全面"主要体现在国际上的研究涉及的生物学哲学问题的范围非常广泛。从横向来看，生物学各分支的哲学几乎都被纳入了研究的范围内，不论是分类学、进化论还是实验生物学、生态学等，都有相关的著作或论文发表；从纵向来看，从亚里士多德到哈维、林奈、康德，一直到当今的生物学理论和思想家，也都有人著书立说，且对生物学哲学的研究热情日益高涨。所谓"深入和细致"，是因为，国际上的生物学哲学研究都十分专业。就研究内容而言，生物科学的分支越来越多，各分支之间也都产生了千丝万缕的联系，不断形成新的交叉型学科，因而学者们对与之相关的哲学问题也都展开了激烈的争论和细致的分析。

三　第三代生物哲学家开始走上学术舞台

当代生物学哲学经过第一代生物哲学家的奠基和第二代生物哲学家的发展，已展现出全面的繁荣。在前两代部分生物哲学家仍然活跃的同时，第三代生物哲学家开始走向巅峰。相较于前两代生物哲学家的工作，第三代生物哲学家的研究特点有了显著的变化：生物学哲学研究正呈现出一种明显的开枝散叶的趋势，不仅研究内容越发丰富，研究方向的分化也越发明显。具体而言，生物学哲学研究不再局限于对生物科学基本问题的哲学反思，而是涉及与生物科学相关的一切问题。例如，戈弗雷－史密斯（P. Godfrey－Smith）侧重于研究生物信息的范畴问题，如关于简单生物的决策问题研究；萨米尔·奥卡沙（Samir Okasha）专注于对自然选择及其相关问题的研究；约翰·梅纳德·史密斯（John Maynard Smith）是生物学语境下博弈理论的奠基人；保罗·格里菲斯（Paul E. Griffiths）在传统基因问题研究中逐渐偏重于对系统发育的研究；蒂姆·卢恩斯（Tim Lewens）侧重于研究生物学功能、适应及目的性等生物学的基础问题；金·史特瑞尼（Kim Sterelny）主要研究生物学哲学中的心灵、行为问题等。此外，由于生物学哲学在很大程度上还能扩展至生物的行为、规范性及社会领域，因此还有关注进化博弈理论与社会行为起源的扎克利·厄恩斯特（Zachary Ernst）等。总之，在第三代生物哲学家的不懈努力下，当代生物学哲学研究在各方面都有了质的飞跃。

四　生物学哲学的国际交流的增多

生物学哲学的繁荣还表现在生物学哲学的日益国际化上。在出版物上，一方面，正如前面所提及的，1991 年在墨西哥创刊的名为 *Uroboros* 的生物学哲学刊物刊登的文章集多种文字于一身，涵盖英文、西班牙文、法文、德文等各国语言；另一方面，生物学哲学的相关著作已不仅限于西方国家，世界各地都出版了大量的相关著作，并掀起了不同语种著作之间的翻译热潮。在学术机构上，很多国家都设立了生物学哲学学会、研究所等独立的研究机构。除上文提及的 ISHPSSB 外，德国生物学理论及生物学史协会（The Deutsche Gesellschaft für Geschichte und Theorie der Biologie）于 1991 年正式成立，我国的生物哲学专业委员会也于 20 世纪成立，是中国自然辩证法研究会最早成立的专业委员会之一。在学术交流上，不同地区间的学术交流日益增多，其中主要体现在会议、讲座及课程等方面。例如，ISHPSSB 双年会曾在美国西雅图、墨西哥瓦哈卡、奥地利维也纳、英国埃克塞特、澳大利亚布里斯班、法国蒙彼利埃、巴西圣保罗、加拿大蒙特利尔等城市举办。生物学哲学领域的研究学者们也都经常受邀到各国进行讲座，其中尤为体现在其他国家与我国之间的学术交流，如 1998 年，著名生物学哲学家索伯曾来我国访问；2011 年，由北京师范大学哲学与社会学学院、中国自然辩证法研究会等单位联合主办的"2011 年生物学哲学论坛"在北京师范大学成功举办，时任加拿大皇家学会院士、美国佛罗里达州立大学教授的鲁斯等国外知名学者应邀出席并做主题报告，等等。

第三节　当代西方生物学哲学研究的路径

如前所述，生物学哲学迄今为止仍然是一个发展中的学科，虽然其理论体系日渐成熟，但尚不完善，其中一点就表现在我们甚至都不能对于生物学哲学下一个统一的定义。但其实，比起给出精确的定义来说，考察当代西方生物学哲学的研究路径是一个理解生物学哲学的更好方式。

总体来说，生物学哲学研究可分成三种路径：第一种是用生物学的成就论证或反驳某种一般的哲学理论，帮助解决一般哲学中的理论问题；第二种是根据生物学的成就论证或反驳某种关于科学的一般理论，帮助解决科学哲学中的理论问题；第三种是对生物学中的一些概念或理论难题进行哲学分析，帮助解决生物学中的一些困难的理论问题。[①] 其中，第一种路径偏重于将生物学哲学视作生物学与哲学的交叉学科，第二种路径偏重于将生物学哲学视作科学哲学的一个分支，第三种路径则强调生物学哲学是对于生物学问题的哲学反思。

一 用生物学解决一般的哲学问题

在一般哲学中，通常离不开对于本体论、认识论、方法论和伦理学等问题的研究，生物学哲学家则经常会用生物学理论知识来对这些问题提供相应的支持或反驳。例如，"目的论"问题是一个历史十分久远的哲学问题。从苏格拉底到柏拉图，都坚信在自然事物之外有一种按照神的意志制定的宇宙方案，即自然界是按照某种目的设立并因此运行而发展的，而这样一种外在目的论被亚里士多德所放弃了，并改进为一种内在目的论——认为目的是自然事物本身的一种内在规定性。但物理学的快速发展，尤其是机械自然观的确立使我们抛弃了目的论解释，而采用机械还原论解释，因为世界就像一个永不停止的"大机器"，始终在机械地运转着。毫无疑问，机器的运转怎么会是有目的的呢？它运转的动力只是源于机械本身而已。所以，在很长一段时间里，目的论解释消失在人们的视野当中。但随着物理学危机的出现导致的机械自然观的崩塌，以及生物学研究热潮的持续高涨，目的论解释策略又重返历史舞台。一部分人认为，很难避免采用目的论策略去解释有机体的生命活动机制。例如，为什么人们有炎症时白细胞数目会增多？我们对此的解释会是：机体生成大量白细胞是为了去消灭细菌。这种"为了 B（目标，意义，终点）所以 A"的解释策略就是典型的目的论，它是有某种目标指向性的。正如康德曾在其《判断力批判》第 75 条中写道："有一点是肯定的，这就是，单纯依靠自然本身的机械作用原理，我们永远不会对有机物预期内部的可能性得到足够的认识，更不用说解释它们了。"当然，也有一部分人

---

① 参见 Griffiths, Paul, *Philosophy of Biology*, *The Stanford Encyclopedia of Philosophy*, http://plato. stanford. edu/entries/biology-philosophy/, 2008 - 07 - 04。

认为目的论解释是多余的，这只是生物学研究不完善的表现，并致力于消除目的论解释的"伪解释"。由此可见，生物学哲学家经常会利用生物学的知识支持或反对目的论。此外，还有许多其他问题，如生命的本质是什么？生物的层次结构是否说明自然界是一个不断突现出新特性的世界？世界是构成的还是生成的？高层次的特性能否还原为低层次的特性？进化论能为伦理学提供支持吗？生物学知识都可作为回答这些问题的支持或反驳的证据。

二　用生物学解决科学哲学问题

生物学哲学在科学哲学中也扮演了独一无二的角色。随着经典物理学危机的出现，以传统物理学为范本的科学哲学也遭受了沉重的打击，一些原有的关于科学的理论结构、概念框架、解释方式等问题和理论的发展都遇到了瓶颈，亟须突破和改进。于是，作为与物理学等精密科学有着显著差异且具有一定自主性的生物学开始掌握话语权，一些生物哲学家通过生物学成就对于这些科学哲学理论的合理性做出评价。例如，逻辑实证主义曾于20世纪初提出了"统一科学"的宏大设想，试图将所有科学门类都统一到物理科学上来，这种构想是否成立而又能否实现？换言之，是否所有的科学门类都能最终还原为物理科学？针对这一问题，生物学哲学内部就存在着不同的声音：一方面是支持的声音，认为生物学最终能够完全还原为物理科学，如沙夫纳尔就用孟德尔遗传学和分子遗传学的关系说明理论还原的可行性，他倾向于认为孟德尔遗传学可还原为分子遗传学；另一方面是反对的声音，赫尔对此论证说孟德尔遗传学不能还原为分子遗传学，因此生物学不能最终还原为物理科学。又例如科学的规律问题，所有的科学都必须有严格的定律吗？物理学的理论可以表述成规律，解释方式可表示为"覆盖定律"形式，解释和预言是对称的。这种对科学理论的解释被逻辑实证主义扩展到一切领域。然而，这种科学解释路径对生物学也成立吗？相当多的生物学哲学家认为不成立，因为进化论很难表述成定律体系（尽管有人做过这方面的尝试），进化论的解释是历史叙述而不是定律解释，进化论的解释和预言是不对称的。所以，相比于物理学通过改进物理学规律而实现学科的进步，生物学似乎是通过不断改良原有概念或提出新的概念来实现生物学的进步。因此，生物学研究的独特方式极大地推动了科学哲学的自我反思及路径转向，这样的探索就是试图通过生物学的理论形式和内容的特点来说明科学哲学的一般理论的研究。

三 对生物学概念和理论进行哲学分析

除了回答一般哲学和科学哲学中的理论问题，生物学哲学还对生物学中的一些概念和理论问题进行理论分析。比如，生物进化问题一直以来都是生物学哲学家们讨论的最多的问题，我们经常看到他们讨论诸如"适合度""物种""选择单位"等概念，还讨论如进化论中"大进化"与"小进化"之间的关系问题等。这些工作看起来好像应当是生物学家回答的问题，因为似乎他们可以通过具体的科学研究就能够弄清这些概念的真实含义，但实际上，对这些概念含义的分析经常要用到很多哲学和逻辑学的理论内容，因此，生物学的这些基础工作最后就落在了生物学哲学家的肩上，就像数学和自然科学的基础落在数学哲学家（比如罗素）和科学哲学家（比如石里克）的肩上一样。然而在这种研究路径下，生物学哲学作为一门学科的独立性似乎在某种程度上被削弱了，因为这只是对自然科学中某个具体问题的哲学思考，其他学科的哲学也研究同样的问题，如物理学中的哲学问题、化学中的哲学问题、数学中的哲学问题等。广而言之，我们可以对每个学科甚至每件事情进行哲学思考，这种思考只是片断式的、不成体系的，显然不能上升到独立学科的高度，但这样的研究也非常重要。

除可划分为上述三种路径外，生物学哲学研究的问题还可以从生物学哲学家关心的问题的领域来划分，例如把整个生物学作为一个整体讨论的一般生物学哲学，以及关心生物学具体分支中的哲学问题的生物学哲学分支，包括进化论的哲学、分类学哲学、分子生物学哲学、发育生物学哲学、生态学和保护生物学的哲学，等等。关于这些生物学哲学研究的具体内容，我们会在接下来的部分详细阐述。

综上所述，如果要给生物学哲学下一个最简单的定义，我们可以说生物学哲学就是关于生物学的科学哲学。结合生物学哲学现有的三种研究路径，这个定义包含以下两层意思：一方面，生物学哲学作为"生物学的科学哲学"，对传统的科学哲学有一定的继承性，因为如果生物学哲学不继承相应的传统，那么它就不应再属于科学哲学的范畴之内；另一方面，生物学哲学又是"生物学的科学哲学"，既然如此，那么它就不应该完全继承传统的以物理学为范本的科学哲学，而应有革新的一面，否则就不能体现出以生物学为研究对象的科学哲学与传统科学哲学的区别，更无从体现生物科学的独特性。

第四节　当代生物学哲学研究的主要问题

正如上一节所说，当代生物学哲学研究的路径和问题非常广泛。如果按着普遍性程度来划分的话，主要涉及这样一些问题：还原论和整体论的争论，目的论和因果论的争论，不同生物学学科领域中的前沿问题引发的哲学问题争论，特别是进化论中的哲学问题争论，人类是如何起源和演化的哲学争论，以及生物学前沿研究的伦理问题的争论，等等。

一　还原论和整体论的争论

近来西方出版的几乎所有生物学哲学的著作都以"生物学在科学体系中占有什么位置"，或者说"生物学与物理科学相比有什么不同"这个问题作为开篇。按照罗森伯格的说法，生物学和物理科学的关系问题是"生物学哲学的中心问题"。在此，我们可以将这一问题称为生物学哲学的基本问题，原因在于，第一，这一问题是任何一个生物学哲学家必须首先提出并要作出回答的问题。"生物学与其他自然科学是否不同和怎样不同不仅仅是生物学哲学提出的问题，而且也是它所面对的最突出、最明显、经常被提出、争议最多的问题。"① 第二，对这一问题的不同回答方式及结果，决定着生物学哲学讨论的几乎所有其他问题的回答方式及结果，因为生物学家和哲学家提出的有关生物学的认识论、本体论和方法论的较具体问题几乎都是围绕这一问题展开的，例如还原论与突现论的争论，关于心身关系的争论等，都是如此。第三，对这一问题的不同回答反映了生物学家和哲学家们对生物学未来前进的方向的不同看法。生物学的研究应当采取什么样的方法？未来生物学的重点在什么地方？对生物学和物理学关系问题的不同回答，直接关系到对

① Rosenberg, A., *The Structure of Biological Science*, Cambridge University Press, 1985, p. 13.

这些问题的看法。在以后的讨论中，我们可以具体看到这一问题的中心地位。

于是，在这场关于生物学的地位（生物学与物理科学关系）的争论中生发出两个对立的派别：还原论和整体论或分支论和自主论。历史上，还原论的主要代表人物是鲁斯、沙夫纳尔等；而整体论的代表人物主要是恩斯特·迈尔、赫尔等。还原论认为，生物学在原理和方法上与物理科学并无实质性差异，未来整个生物学一定能够被还原为物理科学。与之相对，整体论或自主论则认为生物学理所当然地是一门独立、自主的科学，因为它的研究对象、概念结构和方法论与物理科学有着根本性的不同。再结合前面所谈的生物学哲学兴起的背景，不难看出，还原论和整体论实际上是对传统科学哲学危机和生物学迅速发展的两种不同的反映。

从科学哲学发展的转折来看，20世纪50年代后，由于波普尔的批判，科学哲学从逻辑实证主义走向与之相对的历史主义，涌现出如库恩、拉卡托斯、费耶阿本德等历史主义者。然而，并不是所有的哲学家都在这种转折中放弃了实证主义。相反，有许多哲学家仍然坚持实证主义的基本原则，只是在细节上对其进行了不同程度的修改。有人把这些哲学家称作后实证主义者（postpositivist）。概括来说，后实证主义的基本观点是：科学是通过建立越来越普遍的经实验验证并具有解释能力的经验概括发展的，这些经验概括进一步被组织到更普遍的理论中去，以更加扩展和加深这些概括的解释的统一性和预言的精确性；科学解释就是要把被解释的对象归并至普遍的规律或定律之下，因此，任何科学都需要规律或定律或至少是可改进的概括；不同的学科有不同的发现、规律和理论，但所有这些发现、规律和理论将最终组成一个连贯的理论阶梯，所有的学科最终可统一于物理科学。

很显然，后实证主义的观点主要是以物理科学为范本建立起来的，这样的见解适合生物学吗？正如罗森伯格所说："一旦手中有了一个物理学的哲学，一个思考物理学的逻辑和方法论以及它的认识论基础和形而上学推论的哲学，把这一思考应用于另一科学学科，就是自然的。如果生物学不符合这一哲学声称在物理学中发现的有关科学适当性的结构和标准，那么，这种科学哲学问题中就可能有一些东西是非常错误的。另一方面，如果生物学满足这一哲学提出的关于科学可尊重特性的限定，那么，它作为所有自然科学——物理学和生物学的思考的适当性就得到了证明。"① 那么，在生物学的惊人发展面前，这样的关于科学本性的结论还适合生物学吗？

答案很显然，从生物学目前的状况看，它还不能立刻、明显地满足后实证主义的描述。首先，生物学目前还不像物理科学那样有许多简单的、精确的、相互联结的并具有解释和预言能力的定律或规律。爱因斯坦的质能方程 $E = mc^2$ 以十分简洁的形式深刻揭示了物质世界质量与能量之间的关系，而进化论的自然选择定律虽然是生物学中被广泛称道的理论，但却很难像物理学的理论那样可以被公式化表示。其次，生物学的许多发现和描述语言与物理学和化学的发现和语言很不相同，并且不能简化为后者。最后，生物学研究的模型系统的普遍性也是有限的，它彰显出的更多的是一种个体性。所有这些特征使它成为验证后实证主义科学哲学的很好的场所。那么，这些不同究竟是表面的、暂时的，还是本质的、永恒的呢？

于是，在哲学家中间，关于生物学与物理学是否不同和怎样不同的问题，就变为生物学是否和怎样与后实证主义的哲学图景相符合的问题。回答相符合的哲学家，就竭力从生物学中寻找材料证明后实证主义哲学图景的普遍性，并竭力证明生物学与物理学的上述差别是暂时性的。回答不相符合的哲学家则相反，他们从生物学中寻找材料反对后实证主义的哲学思想，并竭力表明，生物学与物理学差别是永远不会消失的，因而属于反实证主义。这就是分支论和自主论争论的哲学根源——后实证主义和反实证主义（antipositivism）。除此之外，分支论和自主论的争论还有其科学自身发展的依据。

二　关于目的论和功能解释的争论

很多生物学哲学家认为，生物学与物理科学的一个最大不同是生物学客体具有明显的目的特性或功能特性，这种不同导致两种科学的主要解释方式是不同的。虽然生物学也采取因果论的解释方式对生物事实进行解释，但在生物学中，大量存在目的论的或功能论的解释方式。因此，生物学和物理学

① Rosenberg, A. , *The Structure of Biological Science*, Cambridge University Press, 1985, p. 14.

的解释框架是存在根本性差异的：一个存在大量的目的论或功能论的解释，一个主要是因果论的或机制论的。这里所说的机制论从广义上是指：一个系统的行为是由它的组成部分的性质，即位置和动量（或它们的其他替代量）决定的，该行为是该系统组成部分的位置和动量数值的数学函数。所谓物理解释就是寻找这种函数关系，其中最成功的范例是气体动力学。在这门学科中，物理学家通过把位置和动量这些概念归属于气体的肉眼观察不到的组成分子而解释了气体的宏观特性：压力、温度和体积之间的关系。而生物学的目的论解释则与此不同，主要通过寻求生物客体的目标、功能和需要来解释系统的行为。生物学在解释生物现象时，并不是完全通过寻求构成生命系统的力学行为来完成，而是通过发现整个系统以及它的组成部分服务的目标、功能或需要来解释。例如，达尔文在解释为什么孔雀在经过漫长的进化后保留下了巨大而笨重的尾巴时，他没有对孔雀尾巴长大的整个动力学行为作出函数表述，而是解释为了更好地吸引雌孔雀而繁衍更多的后代。显而易见，这种生物学解释是功能性和目的性的。

迈尔等人认为，功能解释和目的论解释在生物学中是合理的，因为功能和目的是自然选择的产物，在生物客体中普遍存在。但也有一些学者认为，功能和目的在生物学中的应用是暂时性的，最终它们应当用非功能和非目的的语言所代替。泊尔曼（Mark Perlman）认为，支持关于功能的选择论的解释，即一个特殊的器官被认为具有某种特殊的功能，如果该功能现在的存在是因为过去自然选择选择了有利于具有这种器官功能的生物体。但科明斯（Robert Cummins）和罗斯（Martin Roth）则认为，选择主义归属于有机体的目标并不一定是客观的。他们认为，应当从系统论的观点来看功能，即生物性状的功能可以根据其在整个有机系统中所起的维护作用从而使有机体在当前得以生存来定义。因此，生物学和物理科学研究的方式有一个很大的不同：一个通过把现象分解成它的组成部分的力学行为来解释，另一个则通过在一个给定的现象中辨别出一个功能网络来解释。[①] 当然，目的论、功能论和因果论的争论最终与还原论和整体论也交叉在一起，有时会一起讨论。

---

① 参见 Rosenberg, A., *The Structure of Biological Science*, Cambridge University Press, 1985, p. 28。

三　进化生物学相关的哲学问题

在当今的生物学哲学中，进化论的哲学可以说是生物学哲学中问题最多，讨论也最为广泛的领域之一，比如，物种的概念问题、自然选择的单位问题、进化机制问题、进化的科学性问题、适应主义问题、功能主义或目的论解释问题、进化论的理论结构问题、进化论的统计特性的根源问题、进化与进步的关系、进化论与伦理学问题，等等。相较于单纯的生物科学研究，哲学家的逻辑分析和历史分析能够为解决进化生物学相关的问题提供更好的思路和解决办法。下面列举了几个主要问题。

（一）进化论的科学性争议问题

达尔文的进化学说为生命起源问题开创了一种自然主义的解释，它消解了目的、设计等因素在进化中的作用，与主张上帝直接创造了宇宙万物的创世论学说相对立，将进化学说推向了科学的历史舞台。从拉马克进化学说、达尔文经典进化论到现代达尔文主义综合进化论，达尔文主义进化论正不断发展和完善，核心观点主要包括共同起源说、自然选择学说和遗传变异学说三大部分。虽然进化论学说现已被普遍视作科学，但依旧不乏质疑之音，其中尤以智能设计论的反对最为激烈。

智能设计论是自 20 世纪 90 年代出现的一种新的生物演化解释理论，是创世论在当代一种新的发展形态，主要盛行于欧美国家中，尤以北美最盛，代表人物包括菲利普·詹腓力、迈克尔·贝希、威廉·邓勃斯基等科学家，理论前身是 19 世纪英国神学家威廉·佩利的"钟表匠比喻"。这个类比的大致意思是：在穿过一片荒野时，假如看到地上有一块石头，我们会认为这块石头本来就是在那里的，但如果发现的是一块手表，我们自然不会做出同样的判断。原因很简单，如果仔细察看这块手表，我们就会发现，它的不同部件是为一个目的而制造和安装在一起的，而这是在石头中所不能体现的。举例来说，这些部件的制造和安装是为了产生运动而指示时间，如果对这些部件及装配方式进行改变哪怕一丁点，那么要么这个机械根本就会停止运动，要么它不会再具有现在的那种功能。所以结论是：这块手表必定是一个人工制品，制造它的人懂得手表的结构，因此设计了它的用途。① 这就是智能设计论的雏形，而智能设计真正成为一场运动则是从菲利普·詹腓力出版《"审判"达尔文》一书开始。1996 年，生物学家贝希出版了《达尔文的黑匣子》一书，围绕着"不可还原的复杂性"理论对达尔文主义进化论进行了批判。1999 年，数学家邓勃斯基出版了《理智设计论——科学与神学之桥》一书，立足于"具体的复杂性"理论，证明"为说明复杂、富有信息的生物结构，理智原因是必不可少的，且理智原因是可经验探测的"。② 2000 年，约拿单·威尔斯的《进化论的圣像——科学还是神话?》问世，该书认为，生物学教学中常用的进化论的十大证据很不合格，或是含糊其辞故意夸大，或是捏造事实颠倒黑白，因此不能被视作进化论的证据。总之，智能设计论者的基本论点是：既然进化论已设定自然选择机制是盲目的、无目的的，那么这种进化机制是无法造就生命组织所具有的高度复杂性的，进化论只是一种假说，并非事实，更不是科学。进而他们提出了正面论点：我们必须假设宇宙存在一个设计者，用其智慧有目地设计了各种生命组织。

总之，围绕着"进化论是不是科学"这一问题，进化论者与反进化论者展开了激烈的争辩，以肯尼斯·R.米勒、芭芭拉·弗雷斯特、迈克尔·鲁斯、埃利奥特·索伯等为代表的进化论者们仍在为澄清进化理论且捍卫其科学地位而努力，且这一努力持续至今。

（二）进化的偶然性和必然性问题

进化过程是偶然的还是必然的? 偶然性论题是美国生物学家古尔德提出的关于进化趋向的一种理论。传统达尔文主义认为生物进化是以自然选择为根本动力，在适应的作用下渐进演化。古尔德则认为，生物进化模式是间断平衡，即物种更多是在偶然因素作用下呈现长期的稳定不变与短暂的巨变交替的态势。进化并不全然是达尔文言说的累积渐进，进化是无方向性和不可预测的，进化是在偶然的大规模环境事件的影响下发生的；不同的环境事件将产生不同的进化结果。因此，如果"重播生命进化磁带"，物种将进化出

---

① 参见［英］理查德·斯温伯恩《上帝是否存在》，胡自信译，北京大学出版社 2005 年版，第 48—49 页。

② ［美］威廉·邓勃斯基：《理智设计论——科学与神学之桥》，卢风译，中央编译出版社 2005 年版，第 104—105 页。

完全不同的结果。古尔德的进化偶然性论题提出后，得到了一定程度的认可，但同时也有很多学者反对。本研究认为，古尔德进化偶然性论题虽然在一定程度上为进化中化石的短缺提供了解释效力，但并不能说明整个进化都是在偶然因素为主导下展开的。古尔德的进化理论自身存在着理论缺陷，并不足以取代既有的进化理论。他将进化的动力归之于历史中的偶然大事件，没有意识到整体偶然性与过程偶然性的不对等，不同概率事件的叠加不能简言为整个生物群体进化的偶然。生物进化存在偶然变异，但进化中也有诸多非偶然因素。受环境及物种自身的影响，在微观程度上还会受到发育的限制，如物理限制、形态发育限制和发育史的限制，等等。此外，"环境—进化—发育"之间存在非单向制约关系，整个生态系统是一个网络系统，物种与环境之间是互动的，自然选择使物种能在变异过程中提升适应度，同时也会在适应环境的同时施加力量于环境，环境的变化会受到物种变异的影响。因此，断言一切进化具有偶然性是不成立的。

（三）自然选择的单位与利他主义的进化问题

自然选择经常被说成是"适者生存，不适者被淘汰"，就是说，选择的单位是个体。如果是这样的话，利他主义个体就不会被自然选择选择，因为利他主义有利于其他生物而不利于自身的生存。因此，根据个体论，利他主义会被自然选择淘汰，因而在生物界不会有利他主义。但这与生物界广泛存在的利他主义相矛盾。为了解释利他主义的进化问题，达尔文本人改变了他最初对自然选择的个体主义理解，提出了群体选择的理论。然而，随着进化论的基因选择学说的建立以及亲缘选择理论的出现，群体选择被批评，基因选择理论开始占上风，认为利他主义的出现是自私基因复杂运作的结果。由于基因选择理论存在内在的困境，群体选择被再次复兴，不过，新的生物学哲学家采取了一种更加开放的多元主义的观点，即个体选择、基因选择和群体选择在生物进化中都存在，它们的复杂的相互作用导致利他主义的进化。多层次的自然选择发生在不止一个层次上，那么不同层次之间的关系问题就必须解决。另外，本研究认为，除了多层次自然选择之外，还需要从文化进化、模因学视角和心理学视角等对利他主义进行综合。群体层次的特征和进化机制是文化进化中的一个重要因素，因此，文化进化中的利他主义与生物学层面上的利他主义紧密相连。可以用"利他主义空间"将生物学领域的多层次自然选择、文化进化、模因学和心理学统一起来。这一补充不仅有利于我们形成对多层次自然选择理论更加全面的理解，也有利于不同视角下的利他主义走向融合。

（四）进化的进步性问题

进化是进步的吗？根据一般的理解，进化是生物从简单到复杂，从单一到多样，从低级到高级的发展过程，因而是进步的过程。然而，在当今学术界，一些生物学家和哲学家，像威廉姆斯、古尔德等人，对这样的观念提出了挑战。他们或者认为，达尔文本人反对把进化等同于进步，在他的著作中，多次反对用低级和高级这样的术语说明进化，认为进步的观念是一个人类中心主义的思想，是主观的；或者从生物进化的事实说明，生物进化事件具有偶发性和不可预测性，生物进化无所谓进步。随着古尔德等人的著作被翻译到中国，国内相当多的学者接受了古尔德的思想，反对进化等同于进步，甚至认为，把"evolution"翻译为"进化"本身就是错误，主张用"演化"代替"进化"。本研究认为，达尔文并没有否定进化是进步，生物进化的事实说明，进化虽然有时可能会退化，但总的趋势上，进化就是进步。反对进化就是进步的观点是不成立的。

（五）进化论的统计特性的根源问题

当代进化论中的适应是根据生物后代在竞争中的存活概率来定义的。因此，进化论在理论形式上具有统计的特性。这种统计性是形式的，还是实质的？也就是说，进化过程是统计论的还是决定论的？早期人们都把进化论看作一种因果理论，它能够根据包括生物条件和非生物条件在内的各种因果因素解释群体的变化。然而，从 21 世纪初起，这个观点受到了一批被称为统计学哲学家的批评。统计学哲学家们认为，进化只是一种纯粹的统计现象，进化变化的解释者只指称群体的统计特征，而非因果特征，进化解释具有统计学的自主性。然而，统计学的解释遭到了传统的因果论学者的反对。本研究围绕因果论与统计论的争论而展开，试图说明因果图理论及其经验研究路径是理解进化论较为合适的出路。

（六）物种的定义问题

物种对于生物学就像时间和空间概念对于相对论那样重要，它不仅是分类学的基本单位，也是进化论的基础概念。然而什么是物种？物种是自然类

（natural kinds）、个体（individual）还是其他什么客体？物种的本体论地位问题一直是生物学哲学争论的一个问题，迄今为止一直没有一个统一的看法。其实早在很久之前，博物学家就曾历经艰辛试图在这个问题上达成共识，并在他们的著述中将这个问题称为"物种问题"。导致学者们在物种问题上产生分歧的原因有很多，其中最重要的原因有两个。第一个原因是，物种这个词有两种不同的用法，一是用于作为分类群的物种，即类型论的物种概念；二是用于本体论上的物种概念，即生物学的物种概念。所谓类型论的物种概念，即某一物种具有许多独特的特点，且根据这些特点可以将它们与其他物种区分开。所谓生物学的物种概念，可参考迈尔的表述，即"物种是由相互配育的自然群体组成的类群，这些类群与其他类群之间存在着生殖隔离"①。换言之，物种是真实的生物学实体，一个物种就是一个生殖共同体，不同物种之间存在着生殖隔离，这种机制即防止与其他物种的个体进行配育的个体特性。

导致在物种概念上产生分歧的第二个原因是，学者们在"物种问题"上的看法已经产生了巨大改变，从支持类型论的物种概念到接受生物学的物种概念，再到提出了许多其他新型的物种定义。例如，一些人认为物种概念命名了通过进化或生态压力划界的一类生物，如古生物学家辛普森则认为在古生物学研究中需要借助进化物种的概念；还有一些人从基因漂变和生物统计学的角度寻找定义物种的新方法；当然，还有一些人甚至反对给物种下定义。尽管如此，迄今为止尚且没有任何一种概念可以完善到可以取代生物学的物种概念的程度。

由于物种是分类学和进化论的基本概念，所以在这种争论中必然要涉及进化论的本性乃至影响到整个生物学。比如，如果物种是有机体的一个类别，那么我们就不能连贯地（一致地）说它是可以进化的，这就使进化论处于尴尬的境地。然而，如果我们说物种是对特殊的个体家系的有限集群的命名，在一些生物学哲学家看来，我们就不能指望建立起关于特殊物种的一般规律，因为关于特殊的客体不能有规律。因此，关于物种本性的争论最后上升到了生物学是否存在规律的争论。

① ［美］恩斯特·迈尔：《进化是什么》，田洺译，上海科学技术出版社2003年版，第152页。

四 人类起源和演化的哲学问题

达尔文在提出自然选择的进化理论之后，进一步提出人也是在自然选择的作用下由动物进化而来。恩格斯在达尔文的基础上，进一步提出了极富预见性的"劳动创造了人本身"的命题。劳动开始于和首先表现为工具行为，在工具出现之前，人类对自然环境变化具有的控制力处于只能被动服从的状态，但是在人类能够制造和使用石器之后，在脑量增加、食性变化、智力提升之间形成了正反馈，自然选择和文化推动的协同作用加速了人类的演变。工具行为的出现和发展意味着人类能以内在的认知条件来衡量、改造并安置外物，将内在尺度投放于外部世界，逐步把来自外界的约束转换为自由。随着石器历史的不断前推，古人类的演化场景因为工具行为而表现出与智力发展密切相关的想象力和创造性，在演化过程中凭借工具获取食物的活动延伸、扩展和增强了天然器官的能力，超出了本能的范围，这是思维和劳动萌芽的最初表现。"劳动创造了人本身"的命题，肯定了直立行走在人类起源中的初始作用，体现了劳动器官和劳动产物、协作行为和交流手段、劳动和语言之间的有机联系，以劳动作为人与动物、人类社会与猿群有本质区别的根本特征。在恩格斯的命题提出后近150年的时间里，关于工具行为和劳动在人类演化中发生作用的新证据层出不穷，这些新证据不仅是指新发掘的化石、石器和其他文化遗存以及对仍有很大争议性的遗传学证据的使用，更是指通过对这些证据的综合分析，从中反映出古人类的智力水平和认知能力的提升，以及社会协作的增强、语言的产生和社会文化的发展，从而在新的证据背景下肯定了恩格斯的命题所包含的基本判断的正确性：起始于工具行为、将人类的各方面特征和能力集于一个整体的劳动，既是人与动物的本质差别，也是人类不断演化的动力。

五 生物学前沿研究中的哲学和伦理问题

本研究的第五部是关于生物科技前沿研究中的伦理问题。生命科学研究前沿研究及其新的进展常常引发伦理问题，比如生命科学技术在应用于人体时是否会侵犯人的尊严，胚胎基因设计是否违背伦理学原则，生殖干预是否合乎伦理，人类增强是否可以得到伦理辩护，生命维持技术和安乐死是否有违人的尊严，人工生命技术对伦理学有哪些挑战，等等。本研究的第五部分分别讨论了这些问题。生命科技前沿研究的伦理问题经常以是否侵犯人的尊严而提出。然而，什么是人的尊严？人们往往在截然不同意义上使用这个词，结果导致人们在使用这个概念时，其含义及道德要求并不十分清晰，甚至使得观点相互对立的学者都可以援引尊严概念为自己辩护。因此，尊严概念的含义亟须得到澄清。通过对生命伦理学理论中的尊严概念的分析，可以发现，人的尊严概念可以在三种意义上合理地使用，即人类整体尊严、个体的普遍尊严和个体的获得性尊严。人类整体的尊严是作为一个整体的人类物种所拥有的尊严，它的基础是人类物种特有的典型本质，它的道德要求是保护人类本质不受侵蚀。个体层面的尊严分为普遍尊严和获得性尊严。普遍尊严要求我们尊重人的自主性，并且让每一个人类个体受到平等对待。获得性尊严是每个人通过体现了人的卓越性的行为在不同程度上获得的。它可以给人树立更高远的道德目标，由此为普遍尊严提供进一步的保护。

确定了生命伦理的理论基础之后，我们把注意力转到生命科学前沿研究的伦理问题。CRISPR 技术是近年来备受瞩目的一项新兴基因编辑技术，科学家们试图将 CRISPR 投入遗传疾病的治疗、转基因动植物的培育和生态系统的保护性干预等多方面的应用，而在众多应用之中，胚胎基因设计格外引人注目。以此为背景，本研究就反对和支持胚胎基因设计的伦理争议进行了讨论，并分析比较了桑德尔的天赋伦理学与儒家的伦理学关于胚胎基因设计的异同。本研究认为，在当前安全性问题还没有完全解决的情况下，应当禁止胚胎基因设计。但当未来的某个时间安全性问题已不是问题的时候，虽然有人仍然坚持反对胚胎基因设计，但儒家伦理学将为能够促进家庭延续、完整和繁荣的胚胎基因设计提供伦理支持。

生殖干预技术的广泛应用产生了一个重要的伦理问题，即应用这样的技术是否会侵犯人的尊严？很多中西方学者曾就此进行了深入探讨，然而远未形成一致意见。儒家伦理是一种非常有影响力的伦理学理论，对于人的尊严给出了明确论述，可以用来分析和解决有关当代生殖干预技术的一系列重要伦理问题。儒家的尊严概念包括普遍尊严和人格尊严两重含义。通过重构儒家尊严概念的两重含义及其道德要求，有助于回答两个曾引起广泛争议的有关人类生殖干预的伦理问题，即我们是否应当干预人的自然生殖过程？我们是否可以利用基因技术设计具有完美天赋的婴儿？儒家的尊严观为当代生殖干预的伦理问题研究提供了一个非常有价值的视角。

人类增强指的是用生物技术手段实现人在身体、心理、智力、认知或情绪等方面已有功能的提高，或者在人身上培育出之前不曾拥有过的新的功能。人类增强对当代的生命伦理学研究提出了新的挑战，判断人类增强是否合乎伦理，我们不得不对生命伦理学中很多基础性概念的含义进行重新思考。因为人类增强不会分裂人的本质，所以不会造成人类物种之中的道德地位的区分。个体的普遍尊严不会因增强技术的应用而受到侵犯。获得性尊严是通过发展人的本质中所包含的典型人类潜力而获得的受尊重的性质。人类增强可能通过破坏主体间性，给个体发展各种人类的典型潜力设置障碍，从而对人的获得性尊严构成威胁。

在当代的医疗实践中，各种新的医疗技术在老年人临终阶段的应用，已经引发了如何维护死亡的尊严的激烈争论。争论的焦点集中在对什么是人的尊严和什么是死亡的尊严的概念的不同理解上。在当代西方伦理学的探讨中，人的尊严概念本身尚没有得到清晰的阐释，死亡的尊严概念更是存在着混乱。儒家伦理中虽然没有尊严或死亡的尊严的直接表述，但存在着大量与人的尊严和死亡的尊严相关的论述，因此，儒家伦理学也可以在这种讨论中为问题的解决提供新的思路。本研究试图重建儒家的人的尊严和死亡的尊严的基本含义，并从这些观念出发，对死亡的尊严与人的生物学生命的关系，死亡的尊严与人的痛苦的关系，死亡的尊严同人的自主性的关系，以及死亡的尊严同社会公平正义之间的关系做出分析说明，并与西方思想家在这些问题上的立场进行比较。结果表明，儒家关于人的尊严的观点可以对以上问题作出更好的回答，从而有助于化解西方死亡伦理研究中出现的概念混乱和理论矛盾。

合成生物学是当代生物学的前沿领域之一。合成生物学主要的研究内容是将现有生物的 DNA 或者细胞元件进行重新设计，然后将设计好的细胞元件进行组装，达到实现人工生命的目的。生物安保（biosecurity）和生物安全（biosafety）问题是合成生物学安全最重要的两个方面。本研究提出了四条针对合成生物学伦理问题的伦理管制原则：（1）基于防范管理模式的原则；（2）公共利益原则；（3）公平和正义原则；（4）保证人格尊严的原则。

除此之外，根据我国的合成生物学发展情况，本研究还提出了四条建议：（1）建设专业的伦理委员会；（2）加强对科研人员的伦理教育；（3）鼓励自我监督，自我完善；（4）规范科研经费的使用。

除运用生物的手段合成生命之外，科学界有人尝试在计算机的虚拟环境或现实环境中构建具有生命特征的实体，这样的研究被称为人工生命研究。本研究揭示了虚拟人工生命形式（数字生命）和实体人工生命形式（机器人）对伦理学的挑战，并从伦理设计方法为主要视角，从技术中介的伦理设计方案、预期使用环节中的设计方案、"道德物化"的设计方案、语境中的伦理准则、跨文化多样性参与方案等五个方面阐述人工生命伦理挑战的解决途径。

第五节　生物学哲学与生物学研究的相关度

毫无疑问，生物学哲学起源于对生物学问题的哲学反思。从研究者的学科背景中不难看出，既包括对生物学问题感兴趣的出身哲学背景的哲学家，又不乏对哲学研究感兴趣的出身生物学研究的科学家。然而，要准确描述生物学哲学与生物学两者之间的关系，换言之，比较两者的相关度却并不容易。在"生物学—生物学哲学—哲学"三个层次中，要区分链条两端的生物学与哲学远比区别生物学与生物学哲学或生物学哲学与哲学要容易得多。如果将生物学研究成果简单地戴上哲学的帽子，或把生物学研究成果当成某种哲学讨论中作为论据的一个具体实例，那么生物学哲学就失去了其作为一个专门研究领域的独立的学术空间。因此，要考察两者间的相关度，最直观、有效的方法就是比较两个领域同时期研究的前沿问题，考察生物科学中的热点前沿问题在生物学哲学中的讨论情况。

生物学哲学通过许多专业学术期刊传播前沿研究，其中最具有代表性的当数创刊于 1986 年的《生物学与哲学》（*Biology & Philosophy*）。其中，鲁斯和史特瑞尼分别担任 1986—2000 年和 2000—2017 年度的杂志编辑。而在生物学前沿成果的传播中，《美国科学院院报》（*Proceedings of the National Academy of Sciences of the United States of America*，PNAS）是科学领域中公认的四大名刊之一，因而在该刊发表的论文可以精确地展现出当时的科学前沿成果，包括生物科学的发展情况。因此，通过对比两本期刊同时期研究的前沿问题，就可以直观地比较出生物学哲学与生物学的研究情况以及两者间的关系。法国国家科学研究中心（Centre national de la recherche scientifique, CNRS）的研究员托马斯·普拉德乌（Thomas Pradeu）就曾通过这一思路对这一问题进行了深入而细致的研究，并以论文的形式发表了这一研究成果。① 在普拉德乌看来，虽然人们公认生物学哲学关注的核心问题是关于进化问题的研究，但这一结论并未经过严格证实。因此他选取了2003—2016年刊登在《生物学与哲学》和《美国科学院院报》两本杂志中的论文作为研究对象，对比了各自与生物学领域相关的文章的相关数据，包括研究领域、各内容所占比重等。之所以没有选择更早的时间段，是因为《美国科学院院报》是从1996年才开始系统的对其条目进行分类的。为方便统计，也是因为2003年后的数据更具参考性，因此这一分析基于这13年的数据对比。

　　在进行对比前，普拉德乌首先考察了1986—2002年《生物学与哲学》中刊登的共421篇文章的研究主题。之所以将2002年作为划分的界限，是因为统计结果显示这一阶段研究主题并无较大变化，整体呈现出平稳性，这与2002年后的状况有显著差异，说明生物哲学家们在此阶段对于生物学领域中的科学新发现并不敏感。总体来说，在这16年中，生物学哲学研究涉及的主题主要可分为三大类：第一类是关于具体生物学理论、概念及方法论的研究，可分为进化、分类学、物种、生态学、遗传和其他（发育、心理学、生理学、认知科学等）6个范畴，共占据48%的比重；第二类是关于生物学及自然界的一般性的哲学问题的研究，可分为进化认识论、伦理学与生物学（特别是进化伦理学）、自然/文化、功能、目的与设计、关于生物学的整体性思考（规律、生物学的自主性问题等）以及其他（包括对心灵、宗教等哲学思考）共7个范畴，共占据37%的比重；第三类是具有显著的历史维度视角的生物学哲学研究，共占据15%的比重。由此，我们可描绘出生物学哲学在20世纪末的大致图景：总体来说，生物学哲学在此时期还

---

① 本小节内容主要参考论文 Pradeu, Thomas, "Thirty years of Biology & Philosophy: Philosophy of which Biology?", *Biology & Philosophy*, 2017。

是以研究进化论及其相关问题为核心，一部分是在严格意义上关于进化论问题的讨论，更多的是对于进化问题的广义分析，包括物种问题、分类学问题、进化认识论问题以及进化伦理学问题等，鲜有关于生理学、生物化学及生物物理学的讨论。

根据普拉德乌考察的 2003—2015 年发表在《生物学与哲学》杂志上的论文的情况，生物学哲学研究在这一时期有了明显的发展，每年刊登的论文数量由之前的平均 25 篇/年提升至 38 篇/年。此外，生物学哲学的研究范畴较上个阶段来说也明显广泛了许多，经统计，主要研究内容及所占比重分别为：进化问题（62%）、心理学及认知科学（14%）、遗传学（5%）、发育生物学（4%）、微生物学（3%）、神经科学（3%）、生态学（3%）、生物化学（2%）、其他（4%）。在讨论进化问题的部分，41% 的内容是关于进化论的一般性讨论，6% 的内容是关于系统性及物种问题，15% 的内容是关于人类相关的进化问题（包括进化心理学、进化伦理学、文化进化学等）。由此可见，进化问题的确是生物学哲学讨论的重中之重，但有些领域也已经开始为人们所重视，例如心理学与认知科学。但是，很多生物学领域的问题——包括对生物物理学与计算机生物学、分子生物学、免疫学、生理学和系统生物学——还是极度匮乏的。此外，有些生物学领域虽然得到了讨论，但通常只是作为涉及某些特殊事件的事例而出现，例如进化生物学和微生物学。十分有趣的是，进化论问题在生物学哲学中占据的统治地位如此之牢固，是违背《生物学与哲学》杂志的两位编辑——鲁斯和史特瑞尼的最初意愿的。史特瑞尼曾在一篇社论中明确地表达过自己的想法，即他想继续延续鲁斯的工作和风格，削弱对进化问题在生物学哲学中的关注度。

在梳理完生物学哲学研究范畴的大致情况后，普拉德乌对比了 2003—2015 年发表在《生物学与哲学》和《美国科学院院报》杂志上的论文的研究内容及其比重的数据。在这 12 年中，《美国科学院院报》共刊登了 51896 篇论文，其中约 83% 的文章与生物学研究有关。其中，讨论得最多的 6 个领域分别是：生物化学（12%），神经科学（12%），医药科学（10%），计算生物学（9%），免疫学及炎症（7%）以及微生物学（7%）。这些学科虽长期以来一直占据着生物学研究中的统治地位，但相对比重还是有着一定变化的。总体来说，在比较两本杂志中生物学研究的热点问题在生物学哲学中的研究情况后，可以得出如下结论。

①在 2003—2015 年，《美国科学院院报》与《生物学与哲学》关于生物学领域的表述存在很大差异。

②在 2003—2015 年，在《生物学与哲学》中占据绝对主导地位的进化论研究，在《美国科学院院报》中所占的比重只有 5%。换言之，生物哲学家的研究重点是进化论，而进化论从来就不是生物学家研究的重点。

③《美国科学院院报》中所广泛研究的领域在《生物学与哲学》中却鲜少讨论，下面的数据（前者为《美国科学院院报》的数据，后者为《生物学与哲学》的数据）清晰地体现出这种状况：生物化学（12% vs. 2%），生物物理学与计算生物学（9% vs. 0%），分子生物学（8% vs. 0%），免疫学（7% vs. 0%）和神经科学（12% vs. 3%）。

④《生物学与哲学》中所展现的关于生物学领域的研究并未因《美国科学院院报》中研究问题的变化而变化。

综上所述，以上结论足以体现一点：生物学哲学家与生物学家在生物学领域的研究重点是极不相称（匹配）的，换言之，相关度极低。其实，学界中的许多学者早已预期到生物学哲学与生物学研究的这种不相称性，如格里菲斯（Paul Griffiths）在就曾在 2014 年指出过这一情况，而萨卡尔（Sarkar）和普鲁汀斯基（Plutynski）也曾针对这一现象进行分析，他们认为：虽然现代生物学研究的问题呈现分支化、多元化状态，但生物哲学家们却还只是将重点放在进化问题上，这就如同近视一般。[①]

针对生物学哲学与生物学的这种不相称性，不少学者给出了可能的解释。

（1）简单的历史偶然性

一种最直接的解释强调历史偶然性，根据这种解释，碰巧那些包括生物学家和哲学家在内的生物学哲学的创始者都对于进化问题感兴趣，例如赫尔、鲁斯、格林（Marjorie Grene）、布兰登（Brandon）、威姆萨特、索伯、劳埃德（Lloyd）等人。同时，在那些对于生物学哲学学科建立的过程中起

---

① 参见 Sarkar, Sahotra & Anya Plutynski. , *A Companion to the Philosophy of Biology*, Blackwell Publishing, Malden, MA, 2008。

到重大推动作用的生物学家之中，进化论者则占据了绝对的主导地位，如迈尔、列万廷和阿耶拉等人。

虽然历史的偶然性可以作为一种解释，但这种解释并不充分，因为它在某种程度上预设了某种考虑，即默认生物学哲学关注进化问题的原因在于其创办者对于进化问题感兴趣，但却并没有质疑过这些创办者究竟是谁，他们为什么会被认为是创办者，以及他们究竟为什么选择关注进化问题。若仔细的追溯生物学哲学的历史，则很容易发现"创办者决定论"其实是不可信的。20世纪六七十年代最先对于生物学问题进行专业研究的哲学家是沙夫纳，但他的研究重点并不在于进化生物学，而是研究分子生物学以及由孟德尔遗传学向分子遗传学的转化还原问题。值得注意的是，在这一研究问题上，沙夫纳并非孤身一人，因为分子层面上的还原性问题是20世纪70年代生物学哲学讨论的最热门话题之一。应该说在20世纪七八十年代，分子生物学的讨论都是十分盛行的。因此，问题的关键在于，如何解释如分子生物学这样的生物学哲学分支并没有像进化论分支那样继续繁荣起来。所以，单凭历史的偶然性去解释进化论在生物学哲学中的地位问题是不充分的。

（2）进化论更加具有理论性

另一种解释认为进化论相较于其他生物学问题来说更具有理论性、哲学性，更能启发人们的哲学研究兴趣，这对于生物学向生物学哲学的转化是至关重要的。赫尔十分赞同这种解释，他认为与诸如生理学和解剖学等生物学领域相反，只有进化论能够提供真正的科学理论。但其实，赫尔的这种观点存在着很多问题。首先，非进化论问题难道就不具有理论性吗？答案显然是否定的，举例来说，系统生物学、免疫学等学说都具有很强的理论性，但却并未引起生物哲学家的兴趣。其次，进化学说只应该被视作一种理论性学说吗？答案也很明显，虽然进化学说为整个生物学提供了一种统一的研究框架，但这并不能掩盖实验仍然是进化学说一个关键的组成部分的事实，近年来越来越多的新发现都是从实验进化学说的研究中而来的。因此，倘若过分关注进化学说的理论性，就容易导致生物哲学家们忽视了进化学说中实验方法的重要性。最后，从理论维度研究科学哲学真的是至关重要的吗？近年来，随着科学实践哲学的提出，传统的科学的"理论优位"正逐步转化为"实践优位"，不仅是理论方面，科学的实验和实践方面更能够启发生物学哲学的思考。因此，科学哲学中绝不仅仅只有理论问题，还有其他方面的各种问题。简言之，进化论具有的理论性也不能充分地解释这一现象。

（3）进化论在哲学问题上更有趣

很多生物哲学家认为，也许除进化论之外的其他领域在生物学研究中更加重要，但很难引起人的哲学兴趣，而进化论在哲学层面上则更加有趣。的确，进化生物学的哲学研究价值自然是毋庸置疑的，因为进化理论包含的内容如此丰富，以至于它可以被应用到生物世界中的很多不同层次中来，这种特性在"选择单位"和"进化个体性"问题上的争论中扮演了十分重要的角色。在过去的四十年左右的时间里，生物哲学家们成功地展现了进化生物学对于一般科学哲学和一般哲学研究的重大贡献，例如，进化学说可以为因果、解释以及科学理论的定义问题提供与传统学说不同的线索。此外，对人类进化的研究还可以对某些最基本和传统的哲学及形而上学争论产生启发，例如如何定义人的本质、自然类的可能性、生命体的认知及道德的出现等问题。

但其实，有很多例子能够说明：除进化论之外，其他生物学领域也可以引发重要的哲学问题，一个最明显的例子就是神经科学。神经科学至少在两个角度上具有很高的哲学研究价值。首先，神经科学促生了各种传统的哲学问题，包括我们对知觉、表象、情绪或痛苦等概念的认识。更广泛地来说，很多哲学家认为神经科学能够影响甚至改变传统哲学和伦理学中的重要问题的看法，例如欲望的本质、道德认知、自由意志以及个人认知等问题。其次，神经科学所提出的某些问题本身就值得从一些哲学角度去给予思考，譬如信息神经网络及信息对于世界的意义，知觉的结合问题（我们的知觉是如何统一成一个整体，即使包含它们的所有的个体特征都是围绕大脑分布的），或者意识的相关神经问题等。虽然其中的很多问题已经被研究伦理学或心灵哲学的哲学家们所检验过，但如果它们成为刊登在《生物学与哲学》杂志上的文章，那么它们将会被更加另眼相待。

总之，上面的三类解释都不足以证明进化学说成为生物学哲学主要研究对象的合理性。普拉德乌认为，进化论研究不应该毫无理由地占据生物学哲学中的主导地位，生物学哲学应该有一个更为开阔的视野和发展空间，这种更加多元的和综合的路径对于生物学哲学的发展是十分有益的，具体表现为以下几点。

（1）可吸纳更多的生物学家到生物学哲学研究中来

在进化问题上，生物哲学家与进化生物学家间互相交流、互相影响，可实现双方在某一争论问题看法上的共同进步。这一良性过程不应仅限于进化学说这一领域中，其他研究方向的生物学家可能同样想与哲学家们交流其研究领域，但这需要后者对其目前的研究课题有所了解，并进而表现出强大的兴趣和热情。举例来说，如果要列举近年来的三大生物学上的突破性问题，那么则当数 2011 年 HIV 的防治技术、2013 年癌症的免疫疗法以及 2015 年的基因编辑技术。虽然这些问题在哲学中都很有启发性，但都未引起生物哲学家的广泛讨论。可以想象，如果能够将这些研究领域中的生物学家吸纳到生物学研究中来，就能实现更好的良性循环，实现生物学与生物学哲学的"双赢"。

（2）可丰富传统的哲学问题并对其进行回应

正如生物哲学家们所提出的，仅仅通过物理学视域去提出并解释一般科学哲学问题是不合理的，同理，只通过进化论哲学的视域去研究生物学哲学也是不合理的。举例来说，关于生物学究竟是否存在规律目前主要是从进化论的视角进行研究，也许从物理生物学或系统生物学的学说中回答相同的问题会得到完全不同的答案，甚至可以重构问题本身。因此，从不同领域的视角去回答问题并实现不同视域的综合是更加有效的。

（3）可丰富进化学说本身

即便对那些力争保住进化论在生物学哲学中的中心地位的生物哲学家来说，从更广阔的领域中综合经验也是十分有用的，因为它可以丰富我们对进化论的看法。

一言以蔽之，目前生物学哲学与生物学正呈现出一种本不应出现的不相称性，两者的相关度很低，虽然生物学科的成果文献数量高居当代各门自然科学研究的榜首，然而能够上升到生物哲学层面的研究成果却与之相形见绌。一方面，离开了生物学的生物学哲学只能是无源之水；反之，离开了生物学哲学的生物学是缺少思想的。生物学哲学应该是生物学的形而上学，或"元生物学"。正如生物学哲学的先驱们所坚持的——特别是赫尔、索伯、罗森伯格等人——应该鼓励哲学家与生物学家共同合作，生物哲学家们应该充分地了解最新的生物学成果，并且如果可能的话，应该为生物学家们提供对其工作有帮助的、充满趣味的哲学分析。生物哲学家能够更好地帮助生物学家设计问题，分析概念基础，追寻理论和方法论问题的解决手段。例如，生物学哲学致力于研究科学语言，以澄清诸如生命、目的、过程、复杂性、遗传程序、适应等概念的含义。因为这些概念构成了科学问题，所以生物学哲学能够澄清、拓宽或限定理论域以及揭示伪命题。批判性分析和概念的澄清是非常有价值的工作，是生物学哲学必不可少的价值。因此，生物哲学家应该避免过于宽泛的、教条的或与生物学家无关的方法，或者那些多余的哲学程式化的东西。在科学哲学中，形式化可能是解决问题的最好的方式。但这不是沟通结果的一种好的方式。总而言之，生物学哲学目前应该努力的方向之一，就是使得生物学哲学的发展与生物学研究的前沿问题相匹配，以实现两门学科发展的最大化。

第一编　生物学中的理论还原

第 一 章
生物学中理论还原问题的提出

　　科学哲学家笔下的"还原"绝不是中文里的一个常用词，除了同行之外，我们几乎没有见过有人在任何场合把这个词一直挂在嘴边。与"还原"的中文表达相比，其英文表达"reduction"的境遇略微好一点，不过当人们提及"reduction"时多半是表达"减少"而非"还原"之意。那么，这样一个在日常情境中处于边缘地位的词究竟表达了怎样一种含义呢？如果我们在一场报告中被问及这个问题，一定会选择模棱两可的言辞搪塞提问者，比如，"这是个非常好的问题，但这个问题目前恐怕是无解的，因为……"然而在这里，我们似乎被自己逼到了一个避无可避的处境，因为报告中的提问环节安排在报告结束之后，是否回答问题并不影响我们之前报告的进行，而在这里，如果我们不首先冒险回答这个问题，后面一切有关还原的讨论就成了空中楼阁。因此，接下来我们将以一种谦卑的态度给出对"还原"含义的真诚看法。简单来说，本研究认为还原描述的是揭示本质的过程。显然，这里需要好好解释一下这一见解。

　　还原的许多经典案例来自物理学，例如从热力学到牛顿动力学的还原，从开普勒定律到牛顿动力学的还原，以及从牛顿动力学到相对论的还原。① 在这些案例中，被还原者总是能够从还原者中推导出来，这让物理学家们认为还原者是被还原者的本质，反过来被还原者仅仅是还原者的一个分身。因此，在这些案例中还原就像我们上面所说的那样是揭示被还原者本质的过程。还原的另外一些经典案例来自生物学，而在它们之中基因还原堪称经典

---

　　① 参见 Nagel, E. , "The Structure of Science：Problems in the Logic of Scientific Explanation", *Philosophical Review*, 1979, Vol. 1, No. 73。

中的经典。它不仅频繁出没于生物学家的工作话语中，而且还以一种势不可当的架势引导着大众媒体（当然，大众媒体不会使用"基因还原"这一令读者提不起兴致的字眼，而是会使用"改变性格从改变基因开始""你有单身基因吗"之类夺人眼球的标题）。简单来说，基因还原认为生物体的一切都是由其 DNA 序列赋予的，换句话说，不论是拥有庞大身躯的鲸鱼还是肉眼不可见的细菌，它们的本质都是由 A、T、G 和 C 四种碱基排列而成的 DNA 序列。因此，基因还原同样符合我们上面对还原的描述，即它是一个寻找本质的过程。当然，我们无法仅凭上面两个例子就能够证明对于"还原"描述的正确性（即一切还原都是寻找本质的过程），但从目前所掌握的文献来看，本研究对还原的上述描述能够覆盖相当一部分还原案例。

在回答了"何为还原"这一问题之后，我们将遵照常见的教科书套路来描述一下还原的分类。还原大致分为三类：本体论层面上的还原、认识论层面上的还原和方法论层面的还原（以下简称为本体论还原、认识论还原和方法论还原）。本体论还原是一种构成过程，它关心的是被还原者是由什么构成的。例如，把生物体还原为一个个细胞，把细胞还原为一个个分子，把分子还原为一个个原子，把原子还原为一个个更为微小的粒子，这里面的"还原"都属于本体论还原。认识论还原是一种解释过程，它关心的是被解释者发生的原因。例如，前面列举的牛顿动力学对热力学的还原，相对论对牛顿动力学的还原，这些还原都属于认识论还原。方法论还原是一种科学研究方法，大致来说，它首先将系统拆分成若干部分，然后对每一部分逐个进行研究，以此实现对系统的理解。例如，神经生物学家将大脑划分为诸多区块，然后分别对每个区块展开研究，试图以此实现对大脑的理解，这种做法就属于方法论还原。可喜的是，以上三种还原都符合我们之前对还原的描述（还原是揭示本质的过程），因为本体论还原揭示的是物质的本质，认识论还原揭示的是知识的本质，而科学家们使用方法论还原的目的是揭示系统性质的本质。表面上看，上述对还原的分类泾渭分明，想要弄混它们对于哲学家来说似乎是一件不太容易的事，但事实并非如此。由于篇幅有限，这里选择一个最常见的混淆进行阐述。意识能否被还原为物质是心灵哲学讨论的主要问题之一，不少哲学家将该问题中的"还原"理解为本体论还原，因为它与典型的本体论还原（例如，把生物体还原为细胞，把细胞还原为大分子

等）的确具有相貌上的相似性。然而，本研究认为这里的"还原"并非本
体论还原，因为通常情况下本体论还原中的被还原者指的是物理实体，例如
岩石、水、生物体和行星等，而意识绝不是物理实体。这里的还原应属于认
识论还原（认识论还原是一种解释过程），而这一点只需要我们重新表述一
下"意识能否被还原为物质"这一问题就很容易看出来，即把它表述为
"意识能否通过大脑构成物质的性质得到解释"。

前文已经交代，此处描述还原分类的目的在于将本研究的工作集中在某
一类还原上，而这一类还原就是认识论还原。这里要对于这一选择给出解
释。有关本体论还原的讨论主要绕着物理主义展开，即是否一切物理实体都
仅仅由基本物理粒子构成。自从活力论销声匿迹之后，物理主义已经获得了
广泛的接受，因此本体论还原留给我们的研究空间并不富余。① 可以想象，
不少哲学家会对上述说法表示强烈抗议，我们猜想他们中的一半是心灵哲学
家，另一半是突现论者。心灵哲学家会说，有关本体论还原的争论远远没有
尘埃落定，因为"意识能否被还原为物质"依然是令哲学家们争论得面红
耳赤的问题。一方面，必须承认这是一个有力的反驳，但同时不得不说这一
反驳的对象并非我们上面的说法（即有关本体论还原的讨论已经尘埃落
定），而仅仅是本研究所选择的本体论还原的定义。跟"还原"一样，"本
体论还原"是哲学中另一个著名的多面人，夸张地说，如果让 100 个研究本
体论还原的哲学家聚在一个屋子中，那么这个屋子里恐怕得有 101 个本体论
还原的定义。按照我们选择的定义，本体论还原关心的是物理实体的构成，
而由于今天的人们已经普遍接受物理实体是由基本物理粒子构成的，所以我
们在上文中说有关本体论还原的讨论已经基本尘埃落定。另一方面，上面虚
拟的心灵哲学家显然选择了本体论还原的另一种定义，因为"意识能否被还
原为物质"中的还原并不符合我们选择的本体论还原的定义。所以，心灵
哲学家的反驳（有关本体论还原的讨论尚未尘埃落定）并不能对我们上面
的说法（有关本体论还原的讨论已经尘埃落定）构成威胁，因为我们说的
是两种截然不同的本体论还原。如果上述回应能够勉强让心灵哲学家们感

① 参见 Rosenberg, A., *Darwinian Reductionism*: *Or*, *How to Stop Worrying and Love Molecular Biology*, University of Chicago Press, 2006, p. 272。

到满意，那么此时突现论者很可能会质问道：在系统的突现性质能否被还原为部分性质这一问题获得圆满解决之前，怎么能说有关本体论还原的讨论已经尘埃落定了呢？或许，突现论者很快就会意识到他的质疑与上面心灵哲学家的质疑一样瞄错了靶子：突现论者所说的本体论还原同样不是我们所说的本体论还原，因为后者关心的是物理实体的构成，而"突现性质"并非物理实体。

然而，我们的上述回应还需对以下问题做出回答，即如果我们选择的本体论还原定义不涵盖心灵哲学家和突现论者提供的两个本体论还原案例，那么这两个案例在我们所给出的还原分类中处于怎样的位置呢？这个问题并不难回答，正如此前所说的，"意识能否被还原为物质"中的"还原"实际上属于认识论还原，而依照相似的逻辑，"突现性质能否被还原为部分性质"中的"还原"也属于认识论还原，因为它可以被表述为"突现性质能否通过部分性质得到解释"。

有关为何不选择本体论还原作为本文的研究对象我们就暂且交代到这里，下面要解释的是为何不选择方法论还原作为本研究的研究对象。三类还原之中，方法论还原是最直接关乎科学活动的一类还原。所以，我们不选择方法论还原作为研究对象绝不是因为它无关紧要，真实的原因是，研究方法论还原需要以研究本体论还原和认识论还原为基础。具体来说，研究方法论还原往往是为了评判它作为一种科学研究方法的好与坏。说它好的一方需要论证的是，逐个理解部分总是理解系统的可行方式，甚至总是理解系统的最好方式；而说它不好的一方需要论证的是，逐个理解部分并不总是理解系统的最好方式，甚至并不总是理解系统的可行方式。更具体地说，正反两方的唇枪舌剑主要在两个战场上展开。第一个战场关乎的是系统的构成，即系统除了构成它的物质部分之外是否还包含非物质成分，如果答案是肯定的，那么方法论还原显然并非总是可行的，而这将对反方法论还原的一方有利。显然，这一战场关乎的是本体论还原，因为本体论还原涉及的正是被还原者的构成。第二个战场关乎的是理解部分与理解系统之间的关系，即仅凭有关部分的知识是否总能实现对系统性质的解释，如果答案是否定的，那么方法论还原就并非总是可行的，而这将对反方法论还原的一方有利。显然，这一战场关乎的认识论还原，因为认识论还原涉及的正是对被还原者的解释。由此可见，尽管讨论方法论还原的意义重大，但这项任务的开展必须得建立在对本体论还原和认识论还原已有充分讨论的基础之上，所以，为了避免犯本末倒置的错误，本研究选择暂且搁置对方法论还原的讨论。综上所述，既然讨论本体论还原的空间有限，讨论方法论还原的时机又不成熟，留在我们研究视野中的就只剩下认识论还原了。庆幸的是，从目前的情势来看认识论还原是科学哲学中一个极具生命力的研究领域。夸张地说，走进今天任何一个综合性的科学哲学会议，在我们一边坐着的多半是一位心灵哲学家，另一边多半是一位研究突现的哲学家，而前文提到认识论还原是这两类哲学家关注的核心问题之一（尽管他们中有些人把认识论还原误会成了本体论还原）。

研究任何一个科学哲学问题至少有两条路径：第一条路径是无情境路径，即在高度抽象的层次上对问题展开分析；第二条路径是情境路径，即把问题放在高度具体的情境中进行分析。路径一的优势在于外推性强，因为它的结论可以自由地外推到任何一个具体情境之中，但成也萧何败也萧何，其劣势同样在于外推性强，因为历史表明想要找到一条能够外推到任意情境中的通用知识往往是徒劳的。相对地，路径二就不会被同样的问题困扰，因为它并不以发现通用知识为直接目的。而且，路径二中的具体情境为研究提供了一种积极的限制，它的作用就好像攀岩壁上的一个个抓手，抓手的存在尽管在一定程度上限制了攀岩路径的选择，但却能够让攀岩者有所方向，不至于悬在空中停滞不前。因此，本研究将选择第二条路径对认识论还原进行讨论，即把认识论还原放置在一个具体情境之中进行考察，而这个具体情境指的就是那些与进化现象沾亲带故的生物学学科，如遗传学、发育生物学、进化生物学等。特别强调，我们将在本文标题和下文中用"生物学"指称这些学科的总和。

迄今为止，有关生物学中还原的讨论为数众多，而这些讨论大致上可以被划分为两个时期。第一个时期通常被称作理论还原时期，之所以这样命名是因为生物学哲学家在这一时期关注的主要问题是经典遗传学能否被理论还原为分子遗传学。理论还原是由内格尔明确提出的一种还原，它的核心思想是，定律 B 被还原为定律 A（或定律集合 A）当且仅当 A 和 B 满足可连接性条件和可推导性条件。① 其中可连接性条件的内容是，存在于定律 B 中但不存在于定律 A（或定律集合 A）中的特征概念能够通过某种表达式与定律 A（或定律集合 A）中的概念联系起来，而内格尔把这些表达式称作桥梁原则；可推导性条件的内容是，以还原定律 A（或定律集合 A）和桥梁原则为前提能够推导出被还原定律 B。内格尔当时是以物理学为背景提出理论还原的，后来生物学哲学家把理论还原直接移植到了生物学之中，用于讨论经典遗传学是否能够被还原为分子遗传学。直觉上说，两个学科似乎理所当然地构成理论还原关系，因为经典遗传学中的很多知识（如孟德尔的分离定律）都能够从分子遗传学中推导出来，但经过很长时间的讨论之后，生物学哲学家发现二者之间貌似可行的理论还原实际上不过是一种幻象。具体来说，生物学哲学家在这一时期提出了众多反理论还原的论证，但总的来看这些论证可以被划分为两类：第一类论证与生物学知识的构成相关，它们认为理论还原的参与者被限定为定律或假定，但分子生物学中几乎不存在这两类知识，因此经典遗传学与分子遗传学不可能构成理论还原关系②；第二类论证与桥梁原则相关，它们认为经典遗传学基因与分子遗传学基因之间无法建立起桥梁原则，这违背了理论还原的可连接性条件，因此两个学科之间无法构成理论还原关系③。有关这两类反理论还原论证我们将在"经典遗传学与分子遗传学之间理论还原的失败"这一部分中做出更为详细的阐述。

在判定了经典遗传学无法被理论还原为分子遗传学之后，生物学家们便进入了有关生物学中还原的第二个时期的讨论，这个时期通常被称作解释还原时期。解释还原指的是仅仅通过系统的部分性质解释整体性质的过程，而哲学家在解释还原时期关注的主要议题包括两个。第一个议题是弱解释还原论，它认为生物学中任意系统的任意整体性质都能够仅仅通过部分性质得到

① 参见 Nagel, E., "The Structure of Science: Problems in the Logic of Scientific Explanation", *Philosophical Review*, 1979, Vol. 1, No. 73。

② 参见 Rosenberg, A., *Darwinian Reductionism: Or, How to Stop Worrying and Love Molecular Biology*, Chicago: University of Chicago Press, 2006, p. 272。

③ 参见 Hull, D. L., "Reduction in Genetics—Biology or Philosophy?", *Philosophy of Science*, 1972, Vol. 4, No. 39, pp. 491–499; Hull, D. L., *Philosophy of Biological Science*, Prentice-Hall, 1974, p. 148; Kitcher, Philip, "1953 and All that: A Tale of Two Sciences", *Philosophical Review*, 1984, Vol. 3, No. 93, pp. 335–373。

解释。弱解释还原论在过去很长一段历史时期内很少受到怀疑（尤其是在自然科学领域），但近年来随着大量突现现象进入我们的视野，弱解释还原论无可争议的正确性开始受到了动摇，人们认为系统突现性质的解释不仅需要部分性质，还需要其他解释元素（例如部分间的组织结构）。[1] 解释还原时期的第二个议题是强解释还原论，它认为生物学中任意系统的任意整体性质都最好仅仅通过部分性质得到解释。跟弱解释还原论类似，强解释还原论在过于很长一段时间内也很少受到质疑，但近年来随着系统生物学的兴起，人们渐渐发现在某些情境中用整体性质解释整体性质要比用部分性质解释整体性质更为简洁，因此强解释还原论的正确性也开始受到了冲击。目前，有关弱解释还原论和强解释还原论的争论仍在继续，我们将在第三章中对此进行细致的讨论。

---

① 参见 Delehanty, M., "Emergent Properties and the Context Objection to Reduction", *Biology and Philosophy*, 2005, Vol. 4, No. 20, pp. 715 – 734; Laubichler, M. D. & Wagner, G. P., "How Molecular is Molecular Developmental Biology? A Reply to Alex Rosenberg's Reductionism Redux: Computing the Embryo", *Biology and Philosophy*, 2001, Vol. 1, No. 16, pp. 53 – 67。

第 二 章

经典遗传学与分子遗传学间的理论还原

有关生物学中还原的讨论可以大致分为前后两个时期，而本章涉及的是前一个时期。在该时期中，哲学家们的关注点集中在理论还原，而他们的主要议题是经典遗传学能否被理论还原为分子遗传学。本章中，我们将首先在第一节对经典遗传学、分子遗传学和内格尔的理论还原分别进行介绍。以此为基础，我们将在第二节中正式讨论为何经典遗传学不能与分子遗传学构成理论还原关系。随后，在第三节提出两个学科实际上构成一种半同构半非同构关系。最后，简要描述内格尔理论还原之外的三个经典理论还原模型。

第一节　经典遗传学、分子遗传学与理论还原

一　经典遗传学

经典遗传学试图解释的是生物体亲代和子代之间性状的遗传现象。具体来说，针对某一性状（如花色），假设亲代中父本和母本的性状值分别为 P_1 和 P_2（P_1 可以等同于 P_2）（如红色和白色），子代数量足够多且子代的性状值包括 p_1，p_2，…，p_n（如红色、白色、黄色……），经典遗传学试图解释是：第一，为什么子代中会出现 p_1，p_2，…，p_n 这 n 种性状值？第二，为什么子代中 p_1，p_2，…，p_n 个体的数量呈现稳定的比例？为了解释上述遗传现象，经典遗传学的创始人孟德尔引入了一个简洁至极的模型，以下我们称之为孟德尔模型。孟德尔模型发展至今已经变得庞大异常，但其内核依然是孟德尔提出的四条预设：①一种性状（如豌豆花色）对应多种等位基因，每

种等位基因（如红色花等位基因）对应一个性状值（如红色花）；②针对一种性状，每个生物体有两个等位基因（同种类或不同种类），这两个等位基因的组合叫作基因型，基因型决定了生物体该性状的性状值；③一种性状的不同种等位基因之间存在显隐关系，例如，假设 A 和 a 为某一性状的两种等位基因，如果 Aa 生物体呈现 A 对应的性状值，那么我们称 A 相对 a 呈显性，或 a 相对 A 呈隐性；④亲代形成配子时，等位基因分离并分别进入两个配子（即孟德尔分离定律）。表面上看，上述四条预设中的每一条都在陈述一个生物学事实，然而这四条预设在孟德尔所处的时代和之后很长一段时间内几乎没有获得任何直接的经验支持，而且孟德尔也并不知道基因（孟德尔称之为遗传因子）的物质构成是什么（虽然他确信基因存在于生物体之中，并且默默地决定着生物体的性状值）。这样来看，孟德尔模型实质上是一个工具性模型，它能够解释前文提到的亲代和子代之间的遗传现象，但它却未必与经验构成同构关系。

那么，孟德尔模型具体是怎样完成其解释任务的呢？我们接下来通过一个案例对此进行说明。图 2-1 是亨廷顿舞蹈症（Huntington's disease）的一个遗传谱系图，其中圆形和正方形分代表男性和女性，黑色和白色分别代表患病和健康，第一行中的个体代表亲代，第二行中的个体代表其子代。该案例中，孟德尔模型需要解释以下两个遗传现象：第一，为什么后代中既存在患病个体又存在健康个体？第二，为什么当子代数量足够大时子代中健康个体与患病个体的比例接近 1：3？首先，根据孟德尔模型第①条，我们用 H 表示对应"患病"的等位基因，h 表示对应"健康"的等位基因。然后，根据孟德尔模型第③条，H 与 h 存在显隐关系，但谁为显性谁为隐性呢？我们先假定 h 相对 H 为显性，那么根据定义，hh、Hh 和 HH 三个基因型对应的性状值分别为健康、健康和患病。此时，亲代个体的基因型必然都是 HH，但这样一来，根据孟德尔模型的第④条，子代的基因型也均为 HH，于是子代中不可能存在健康个体，而这与实际情况矛盾（子代中既有患病个体又有健康个体），因此 h 相对 H 并非我们假设的显性而是隐性，HH、Hh 和 hh 三个基因型对应的性状值分别为患病、患病和健康。在这种情况下，子代中健康个体的基因型只能是 hh，而它们携带的两个 h 必然一个来自父本一个来自母本，这就意味着父本和母本均携带至少一个 h。又因为父本和母本的性状值均为患病，所以父本和母本的基因型都只能是 Hh。一番分析之后，我们回到孟德尔模型试图解释的第一个现象，即为什么子代中既有患病个体又有健康个体。根据孟德尔模型第④条，如果亲代基因型为 Hh，那么子代可能出现三种基因型，HH、Hh 和 hh，它们分别对应患病、患病和健康。因此，尽管亲代均患病，但其后代既可能患病，也可能健康，解释完成。接着我们来看孟德尔模型试图解释的第二个现象，即为什么当子代数量足够大时子代中健康个体与患病个体的比例接近 1:3。根据孟德尔模型第④条，图 2-1 中父本的配子有 H 和 h 两种且数量相等，母本的配子也有 H 和 h 两种且数量相等。假设配子随机结合形成受精卵，那么 HH 子代产生的概率 P（HH）=0.5×0.5=0.25，Hh 子代产生的概率 P（Hh）=2×0.5×0.5=0.5，hh 子代产生的概率 P（hh）=0.5×0.5=0.25。这样一来，当子代数量足够大时子代中健康个体与患病个体的比例将接近 P（hh）/〔P（HH）+P（Hh）〕=1:3，解释完成。至此，孟德尔模型对案例中的两个遗传现象都做出了解释，而这也就是孟德尔模型解释遗传现象的一般性套路。

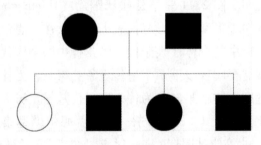

图 2-1　亨廷顿舞蹈症的遗传谱系图

我们在前面说过，孟德尔模型发展至今已经变得庞大异常，而上文中涉及的仅仅是构成其内核的四条预设而已。因此，为了更全面地展示孟德尔模型，接下来我们将简要描述该模型中另外四条重要的预设，它们包括连锁不平衡预设、多基因遗传预设、异位显性预设和性连锁预设。

首先来看连锁不平衡预设。针对某一物种 S 的两个性状，我们假定其中一个性状对应的等位基因为 A 和 a，其中 A 相对 a 呈显性；另一个性状对应的等位基因为 B 和 b，其中 B 相对 b 呈显性。我们进一步假定在物种 S 的某个群体中，所有生物体的基因型均为 AB/ab。此时，该群体可能产生四种基因型的配子，即 AB、Ab、aB 和 ab。如果 A、a 与 B、b 随机组合，那么每种基因型配子的频率将等于构成该基因型的两个等位基因的频率之积，即 P（AB）＝P（A）×P（B），P（Ab）＝P（A）×P（b），P（aB）＝P（a）×P（B），P（ab）＝P（a）×P（b），其中 P（AB）、P（Ab）、P（aB）和 P（ab）分别表示 AB、Ab、aB 和 ab 配子的频率，P（A）、P（a）、P（B）和 P（b）分别表示 A、a、B 和 b 等位基因的频率。然而，如此计算出来的四种配子的比例并不总是与经验相符，这就意味着在某些情况下 A、a 与 B、b 的结合并不是随机的，人们把此类现象叫作连锁不平衡。我们可用重组频率 r＝［P（Ab）＋P（aB）］／［P（AB）＋P（Ab）＋P（aB）＋P（ab）］来描述 A、a 与 B、b 之间的连锁不平衡程度（亦即 A、a 与 B、b 结合的非随机程度）。其中，r 的最大值为 0.5，此时 A、a 与 B、b 随机结合；r 的最小值为 0，此时 A 只同 B 结合，a 只同 b 结合。由于连锁不平衡现象的存在，当我们试图用孟德尔模型解释包含两个（或更多）性状的遗传现象时，我们必须得引入一条新的预设，即两个性状的基因之间有多高的重组频率，我们把该预设叫作连锁不平衡预设。不过这里有一个问题，基因间重组频率的取值明明是一个经验事实，而我们在这里为什么将它称作预设呢？的确，我们今天已经知道基因的物质构成是什么，因此对我们来说重组频率确实是一个经验事实；然而，当摩尔根发现连锁不平衡现象进而把重组频率引入孟德尔模型之时，他和他同时代的人尚不知道基因的物质构成（他们仅仅猜测基因存在于染色体之中），因此当他们说基因间的重组频率为 r 时，他们并非像我们一样在陈述一个经验事实，而只是大胆提出了一个预设，其目的仅仅在于让孟德尔模型的计算输出与经验相符。

下面我们来看一下数量型性状（quantitative traits）预设。前面的亨廷顿舞蹈症案例中，相关性状属于离散性状，因为它的两个性状值（患病和健康）之间不存在过渡状态。然而，生物界中还存在许多非离散性状（或者说连续性状，例如身高），它们的性状值之间通常存在过渡状态，因此构成一个连续（或近似连续）的谱系。那么，孟德尔模型要怎么解释包含这些连续性状的遗传现象呢？答案就是引入数量型性状预设，即预设该连续性状属于数量型性状（性状值由多个基因位点的基因型决定）。具体来说，我们预设某一连续性状为数量型性状（简单起见我们假定性状值由 A 和 B 两个位点的基因型决定），A_1A_2 和 B_1B_2 分别是位点 A、B 上的等位基因），且 A_1B_1/A_1B_1、A_1B_2/A_1B_2、A_1B_1/A_1B_2、A_2B_1/A_2B_1、A_2B_2/A_2B_2、A_2B_1/A_2B_2、A_1B_1/A_2B_1、A_1B_2/A_2B_2、A_1B_1/A_2B_2 和 A_1B_2/A_2B_1 恰好对应该性状的若干性状值。这样一来，我们就可以像处理离散性状那样通过孟德尔模型（包含上面的连锁不平衡预设）计算出子代各种基因型的频率，进而对相关的遗传现象做出解释。值得注意的是，在今天看来一个性状是不是数量型性状是一个经验事实，而我们之所以将其称为预设，原因与连锁不平衡预设中的情形相同，即孟德尔把数量型性状引入其模型时并不知道基因的物质构成，因此当他说某一性状是数量型性状时他实际上是在做出一个预设，其目的仅仅在于让模型的输出与经验相符。

接下来我们讨论一下异位显性预设。假定 A 和 B 为两个基因位点，此时 A 相对 B 呈现异位显性的含义是，B 位点基因型对性状值的贡献受到 A 位点基因型的制约。也就是说，当 A 位点的基因型为某一特定组合时，B 位点基因型的变化不会引起性状值的变化。例如，假定 A 位点的基因型决定个体谢顶与否，B 位点的基因型决定个体头发色素的种类，那么针对发色这一性状而言，B 位点基因型对性状值的贡献受到 A 位点基因型的制约，因为如果 A 位点基因型对应谢顶，那么无论 B 位点基因型如何变化，生物体的发色都不会发生变化。由于异位显性现象的存在，当我们用孟德尔模型解释某些遗传现象时，我们必须要引入一条新的预设，即相关位点之间具有怎样的异位显性关系，否则孟德尔模型的输出结果将无法与经验匹配。与前面两条预设类似，对我们来说位点之间的异位显性关系属于经验事实（我们甚至能够知晓某些异位显性关系的分子生物学机制），而我们之所以称其为预设，原因在于当英国遗传学家贝特森（William Bateson）和庞尼特（R. C. Punnett）最先将异位显性引入孟德尔模型时，基因的物质构成依然是一个未解之谜。因此当他们说两个位点之间具有怎样的异位显性关系时，他们依旧是在做出一个预设，其目的依旧是确保孟德尔模型的计算输出与经验相符。

最后我们来谈一下性连锁预设。到现在为止，按照我们已经给出的孟德尔模型预设，性状值的分布在雌性子代和雄性子代中应当是类似的，然而在很多案例中性状值的分布却呈现出明显的性别差异。因此，孟德尔模型必须要再引入一条预设才可能解释这些反常现象，而这一条预设就是性连锁预设，它的内容是说相关性状的位点处于生物体的性染色体之上。该预设之所以能够奏效，原因在于很多生物体的雄性个体和雌性个体具有不同的性染色体构成（例如，人类男性的性染色体构成为 XY，女性为 XX），而一旦我们预设相关性状的位点在性染色体上，那么雌雄个体间性染色体构成的差异就足以解释性状值在两性之间的分布差异。再次强调，一个基因位点是否在性染色上对我们来说是一个经验问题，但对于将性连锁预设引入孟德尔模型的摩尔根来说，一个基因位点是否在性染色体上却仅仅是一个工具性的预设，因为他并不知晓基因的物质构成，他的实验仅仅让他确信基因存在于染色体之上。

　　添加了这四条预设后，孟德尔模型的解释力可谓如虎添翼，但值得注意的是，孟德尔模型依旧是一个工具性模型，因为当模型建造者把以上任何一条预设纳入模型之时，他们并没有充足的证据表明这些预设与经验之间具有同构关系（他们甚至无从知晓基因的物质构成），引入这些预设的作用仅仅是让孟德尔模型的输出与更多的经验相符。事实上，孟德尔模型很像天文学中的本轮—均轮模型：构成孟德尔模型内核的四条预设就好比均轮，而我们谈到的其他四条预设就好比为了拯救现象而添加的本轮。不过，孟德尔模型要比本轮—均轮模型幸运得多，因为本轮—均轮模型拯救了现象却最终被现象所害，而我们接下来要讨论的分子生物学表明，孟德尔模型拯救了现象之后又幸运地被现象所拯救。

二　分子遗传学

　　分子遗传学与经典遗传学虽同为遗传学，但它们试图解释的现象却迥然不同：经典遗传学关注的是亲代性状值与子代性状值之间的关系，而分子遗传学关注的却是与 DNA 相关的各种生物学过程。在正式展开对分子遗传学的介绍之前，笔者认为有必要就"基因"概念做一个简要的澄清，即"基因"在经典遗传学和分子遗传学中的含义有着微妙的差别。在经典遗传学中，孟德尔模型的建造者并不知晓基因的物质构成，他们引入基因概念是为了让模型的计算输出与经验相匹配，从这个意义上说我们把经典遗传学中的基因归类为理论实体。但在分子遗传学中，基因不再是虚无缥缈的理论实体，而成了实实在在的物理实体（DNA 片段）。具体来说，以真核细胞为例，按照从 DNA 5′端到 3′端的大致顺序，基因包括启动子区、5′端非翻译区、外显子和内含子以及 3′端非翻译区。鉴于两个学科中基因概念的上述区别，在此处需要明确强调，本研究接下来的所有部分中只要出现"基因"二字，如果没有特别解释，那么它指的就是分子遗传学基因。

分子遗传学早期的标志性发现包括 DNA 双螺旋结构、复制机制、转录机制、翻译机制，下面我们将以真核细胞为例对它们分别进行描述。首先，我们来看一下 DNA 双螺旋结构。该结构可以大致描述如下：第一，DNA 由两条脱氧核糖核苷酸单链盘旋而成，每一条单链又由众多脱氧核糖核苷酸串联而成；第二，每个脱氧核糖核苷酸包含一个脱氧核糖、一个磷酸和一个碱基，碱基分为腺嘌呤（A）、鸟嘌呤（G）、胸腺嘧啶（T）和胞嘧啶（C）四种；第三，DNA 两条单链相对位置上的脱氧核糖核苷酸的碱基通过氢键相互连接并呈现特定的配对关系（碱基互补配对规则），即 A 对应 T，G 对应 C。接下来我们来看一下复制机制。DNA 复制开始后，DNA 双螺旋被打开，两条单链分别以自身为模板，在 DNA 聚合酶等多种酶的作用下按照碱基互补配对规则各自形成一个双链 DNA 分子，从而完成复制过程。下面我们来看一下转录机制。转录过程中，基因转录区的一条 DNA 单链在 RNA 聚合酶 II 等多种酶的作用下按照碱基互补配对规则（A 对应 U，G 对应 C）合成一条 RNA 单链，我们把它叫作核 RNA（nRNA）。nRNA 经过一系列转录后修饰成为信使 RNA（mRNA），并参与我们接下来要描述的翻译机制。翻译机制中，核糖体与 mRNA 结合并依次读取 mRNA 上串联的密码子，核糖体按照读取的顺序把密码子对应的氨基酸连接成一条多肽链，该多肽链在经过一番修饰之后将参与蛋白质的组装。至此为止，我们已经蜻蜓点水似的描述了分子遗传学早期的几个标杆性发现，但这一描述并没有真正抓住早期分子遗传学的灵魂，因为该描述仅仅触碰了几个零散的生物学事实，而早期分子遗传学的灵魂是建立在这些生物学事实之上的一个知识体系，也就是即将登场的中心原则。中心原则图 2-2 的内容是：第一，复制过程中，遗传信息借由碱基互补配对规则从亲代 DNA 传递到子代 DNA；第二，转录过程中，遗传信息通过碱基互补配对规则从 DNA 传递到 RNA；第三，翻译过程中，遗传信息借由密码子与氨基酸的对应规则从 RNA 传递到蛋白质。之所以说中心法则是早期分子遗传学的灵魂，一个重要的原因在于它代表了一种以

DNA 编码区为中心来理解生物体性状值的范式。众所周知，蛋白质在决定生物体性状值方面扮演着重要的角色，而如果蛋白质如中心法则所言是 DNA 编码区中信息的外显，那么生物体的性状值在某种程度上也可以看作 DNA 编码区中信息的外显（或表达）。我们把这种以 DNA 编码区为中心来理解生物体性状值的范式称作基因中心范式。基因中心范式一经问世便收获了巨大的成功，而其中尤为值得一提的是，该范式在单基因遗传病领域得到了大量的支持，对此这里将以镰刀型细胞贫血症（sickle-cell anaemia）为例进行说明。[①]

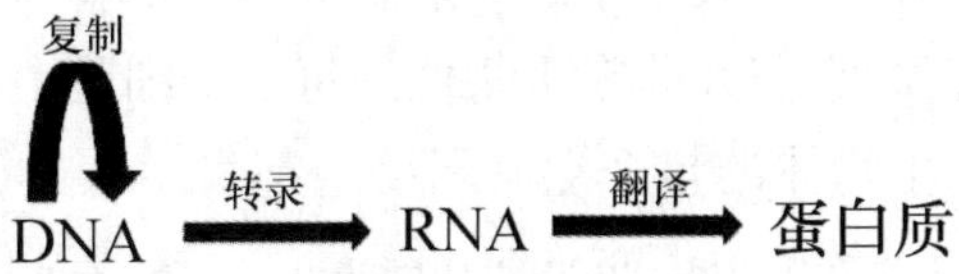

图 2-2　中心法则

　　人体红细胞中的血红蛋白是氧气的载体，它在肺泡与氧气结合，随血液进入身体各处的微循环，并在毛细血管将氧气释放。血红蛋白由四条多肽链构成，两条为 α 链，两条为 β 链，β 链由 β 球蛋白基因编码。镰刀型细胞贫血症的致病基因 s 是 β 球蛋白基因的一个等位基因，它与非致病基因的唯一差别在于 s 某一位置上的碱基序列为 GTG，而非致病基因在该位置的碱基序列为 GAG。换句话说，s 发生了 A→T 替换。因为该替换的存在，s 转录生成的 mRNA 在对应位置上的密码子为 GUG，而非致病基因相应的密码子为 GAG。在密码子表中，GUG 对应的是缬氨酸，GAG 对应的是谷氨酸，因此 s 翻译出的 β 链与非致病基因翻译出的 β 链就有了一个氨基酸的差别。我们将由 s 编码的 β 链构成的血红蛋白记作 HbS，由非致病基因编码的 β 链构成血红蛋白记作 HbA。HbS 与 HbA 在氧浓度较高的状态下区别并不明显，但当氧浓度较低时 HbS 便显现出与 HbA 性质不同的一面，即 HbS 分子会相互

──────────

　　① 参见 Gilbert, S. F., *Developmental Biology*, Tenth Edition, Sinauer Associates, Inc., Publishers, Sunderland, MA, USA, 2014, p. 1; Gilbert, S. F. & Epel, D., *Ecological Developmental Biology: the Environmental Regulation of Development, Health, and Evolution*, Second edition, Sinauer Associates, Inc., Publishers, Sunderland, Massachusetts, U. S. A, 2015, p. 576。

聚合形成纤维状的沉淀物。之所以会发生这种现象，原因在于 HbS 在低氧浓度下会暴露出一个疏水区域，而其 β 链因 A→T 替换而携带的缬氨酸能够与这个疏水区域结合（因为缬氨酸有一个呈疏水性的侧链），使多个 HbS 分子聚合成前面所说的纤维状沉淀物，这些沉淀物就是镰刀型细胞贫血症的元凶。不难看出，上述案例与基因中心范式的契合度可谓天衣无缝，因为在该案例中性状值的转变（从健康到患病）可以完全归因为 DNA 编码区的变化（A→T 替换）。支持基因中心范式的单基因遗传病案例还有不少，但我们真正要指出的是，随着分子遗传学研究的深入，人们逐渐看到了月亮的另外一面，即基因中心范式各种大大小小的缺陷。例如，很多基因的表达具有空间和时间上的局域性，即它们并非在生物体的每一个细胞中都发生表达（转录和翻译），也并非在生物体的整个生命周期中都发生表达，这一现象被叫作基因的差异性表达（differential gene expression）。透过基因的差异性表达我们可以看出，一个蛋白质包含两种信息：一种是蛋白质的构成信息，另一种是蛋白质的时空分布信息（它在哪个发育阶段被表达出来，以及它在哪些细胞中被表达出来）。蛋白质的构成信息当然来自 DNA 编码区，而蛋白质的时空分布信息却来自 DNA 非编码区和 DNA 之外的环境，由于两种信息对于理解生物体的性状值来说缺一不可，所以单凭 DNA 编码区是无法完全理解生物体的性状值的，而这对于基因中心范式无疑是当头一击。

当代分子遗传学依然关注与 DNA 相关的生物学过程，不过其具体的关注点已经从基因表达本身（转录和翻译）转向了生物体对基因表达的调节，即基因调节。该时期的研究发现了大量的基因调节机制，主要包括转录调节、转录后调节和翻译调节，下面我们将以真核细胞为例分别对这几个机制进行介绍。

首先来看转录调节，它指的是发生在转录过程中的基因调节机制。上一部分中我们已简要地描述了转录过程，这里将先给转录过程做一个较为详细的描述。转录大致包括转录起始和转录延伸两个阶段。转录起始阶段中，基因的增强子首先与一系列转录因子结合，这些转录因子可以招募有甲基化或乙酰基化作用的酶，这些酶能够改变基因附近核小体组蛋白尾部的甲基化和乙酰基化状态，使这些核小体的排布变得松散，进而让基因的启动子暴露，RNA 聚合酶 II 趁机与其结合。与此同时，基因的启动子也招募了一批转录因子，它们相互结合并且把增强子与启动子连接在一起，形成了一个环状结构。此时，启动子和增强子之间的一系列分子（增强子招募的转录因子、启动子招募的转录因子、RNA 聚合酶 II 等）就构成了转录起始复合体，该复合体的形成标志着转录起始阶段的结束和转录延伸阶段的开始。转录延伸阶段开始后，RNA 聚合酶 II 从转录起始复合体上释放出来，按照碱基互补配对规则以一条 DNA 单链为模板合成一条 nRNA，nRNA 合成结束后转录延伸阶段也随之结束。介绍完转录过程之后，我们现在重新回到转录调节上来。转录过程的两个阶段中都存在转录调节，但机制不尽相同。起始阶段包含两种转录调节机制，首先来看第一种机制：转录起始阶段的一个重要事件是增强子与多种转录因子的结合，而这种结合具有特异性，即一个增强子只能与一群特定的转录因子结合。因此，如果细胞中缺乏某一增强子对应的转录因子，那么相关基因的转录将无法进行，基因的表达也将随之停止；反之，如果细胞由于某种原因开始生成某一增强子对应的转录因子，那么这些转录因子将与增强子结合并开启转录过程，基因表达也随之开始。这样一来，细胞就能够通过调节转录因子的生成来调节基因的表达。第二种转录调节机制，基因的启动子在某些情境下会发生甲基化修饰，这种修饰一方面能够直接阻止转录起始阶段中各种分子与 DNA 的结合，另一方面能够招募具有甲基化或去乙酰基化作用的酶，改变基因附近核小体组蛋白的甲基化和乙酰基化分布，使核小体排布变得更加紧密，从而间接阻止转录起始阶段中各种分子与 DNA 的结合。以此为基础，细胞就可以通过控制基因的甲基化状态来调节基因的转录，进而调节基因的表达。

以上是发生在起始阶段的转录调节机制，下面我们来看一下发生在延伸阶段的转录调节机制。转录延伸阶段的一个重要事件是 RNA 聚合酶 II 与转录起始复合体分离，而该过程的实现需要转录延伸复合体的帮助，一旦细胞中转录延伸复合体的浓度过低，那么 RNA 聚合酶 II 将被困在起始复合体之上，无法把转录过程延伸下去。基于此，细胞就可以通过调节转录延伸复合体的浓度来调节基因的转录，从而调节基因的表达了。

转录调节就谈到这里，下面来看一下第二大类基因调节机制，即转录后调节。转录后调节指的是发生在 nRNA 转化为 mRNA 过程中的基因调节机制。转录生成的 nRNA 需要经历一系列修饰才能够成为 mRNA，而这当中极其重要的一个步骤就是 RNA 剪接。具体来说，nRNA 上每个内含子的 5′端和 3′端各有一段被称作一致序列（consensus sequence）的碱基序列，由小核 RNA 和剪接因子构成的剪接子能够与这些一致序列结合并将夹在两个一致序列之间的内含子剪切掉，然后再把剩下来的一个个外显子连接起来，这一过程就是 RNA 剪接。RNA 剪接过程中包含两种转录后调节机制，我们首先来看第一种。跟前面提到的增强子与转录因子的结合类似，RNA 剪接中一致序列与剪接子的结合同样具有特异性，即一个一致序列只能跟包含特定剪接因子的剪接子结合。这样一来，如果细胞中的剪接因子种类发生变化，那么 nRNA 的剪接方式也将随之发生变化，其结果是 nRNA 最终将被翻译成其他种类的多肽链。因此，细胞可以通过控制剪接因子的种类来调节 RNA 剪接，进而调节基因的表达。下面我们来看发生在 RNA 剪接过程中的第二种转录后调节机制。nRNA 内含子一致序列的附近有一种被称作剪接增强子的序列，它们能够把某些蛋白质招募过来，而这些蛋白质能够辅助剪接子与一致序列结合，进而辅助 RNA 剪接过程的启动。由于剪接增强子与上述蛋白质的结合同样具有特异性，所以如果细胞中这些蛋白质的种类发生变化，那么 nRNA 的剪接方式也将随之发生变化，其结果是 nRNA 最终被翻译成其他种类的多肽链。基于此，细胞就可以通过控制上述蛋白质的种类来调节 RNA 剪接过程，进而调节基因的表达了。以上就是转录后调节的两个主要机制，下面我们来看一下第三大类基因调节机制，即翻译调节。

翻译调节指的是从 mRNA 合成完毕到多肽链合成完毕这一过程中发生的调节机制，它主要包括 mRNA 寿命调节、蛋白质翻译调节、微 RNA（micro RNA，miRNA）调节和核糖体调节四种具体的调节机制。我们首先来看 mRNA 寿命调节。mRNA 的稳定性在很大程度上取决于其 3′端由腺嘌呤（A）串联而成的 polyA 尾的长短，因此细胞可以通过调节 polyA 尾的长短来调节 mRNA 的寿命，进而调节相关基因的表达。接下来我们看一下蛋白质翻译调节。蛋白质翻译调节指的是由蛋白质介导的发生在翻译过程中的基因调节。例如，两栖动物的卵母细胞中储备有大量的 mRNA，然而这些 mRNA 并不在卵母细胞中表达，这是因为卵母细胞中有一种名为 maskin 的蛋白质，它能够与连在 mRNA 5′端的一种名为 eIF4E 的蛋白质结合，阻止 eIF4E 与另一种名为 eIF4G 的蛋白质发生相互作用，进而阻止 mRNA 与核糖体的结合，结果导致翻译过程无法启动。[1] 所以，卵母细胞通过 maskin 这种蛋白来调节翻译过程，进而实现对基因表达的调节，这就是一个典型的蛋白质翻译调节案例。下面我们来看一下 miRNA 调节。miRNA 是一类小型 RNA 单链，它能够与蛋白质形成 RNA 诱导沉默复合体（RNA-induced silencing complex, RISC），而该复合体能够与 mRNA 3′端非翻译片段互补结合，通过两种途径抑制 mRNA 的翻译。第一种途径中，RISC 与 mRNA 3′端非翻译片段的结合阻碍了核糖体与 mRNA 的结合，从而阻止了翻译过程的开始；第二种机制中，RISC 能够招募核酸内切酶，切掉 mRNA 3′端的 polyA 尾，导致 mRNA 因不稳定而分解，结果同样阻止了翻译过程的开始。基于此，细胞就可以通 miRNA 来调节翻译过程，进而调节基因的表达了。接下来，我们来看一下最后一种翻译调节机制，即核糖体调节。对于某些基因来说，其翻译过程必须依靠某种特殊类型的核糖体才能进行。例如，小鼠 Hox 基因的翻译必须通过一种包含核糖体蛋白质 Rpl38 的核糖体才能进行，一旦 Rpl38 发生突变，Hox 基因将无法表达，而这会导致小鼠骨骼发育异常。[2] 因此，对于这类基因来说，细胞可以通过调节核糖体的种类来调节翻译过程，进而调节基因的表达。

三　内格尔理论还原

内格尔理论还原（以下简称理论还原）的核心思想是，定律 B 被还原为定律 A（或定律集合 A）当且仅当 A 和 B 满足可连接性条件和可推导性条件。[3] 我们来分别看一下两个条件的含义。可连接性条件的内容是，存在于定律 B 中但不存在于定律 A（或定律集合 A）中的特征概念能够通过某种表

---

① 参见 Gilbert, S. F., *Developmental Biology*, Tenth Edition, Sinauer Associates, Inc., Publishers, Sunderland, MA, USA, 2014, p. 1。

② 参见 Gilbert, S. F., *Developmental Biology*, Tenth Edition, Sinauer Associates, Inc., Publishers, Sunderland, MA, USA, 2014, p. 1; Kondrashov N, Pusic A, Stumpf C R, et al., "Ribosome-Mediated Specificity in Hox MRNA Translation and Vertebrate Tissue Patterning", *Cell*, 2009, Vol. 3, No. 145, pp. 383–397。

③ 参见 Nagel, E., "The Structure of Science: Problems in the Logic of Scientific Explanation", *Philosophical Review*, 1979, Vol. 1, No. 73。

达式与定律 A（或定律集合 A）中的概念联系起来，而内格尔把这些表达式称作桥梁原则。具体来说，内格尔把桥梁原则分成了三类。[①] 第一类是逻辑型桥梁原则，在这类桥梁原则中，被还原定律 B 中的特征概念通过意义与还原定律 A（或定律集合 A）中的概念联系起来；第二类是约定型桥梁原则，在这类桥梁原则中，被还原定律 B 中的特征概念通过约定与还原定律 A（或定律集合 A）中的概念联系起来；第三类是经验型桥原则，在这类桥梁原则中，定律 B 中的特征概念通过经验定律与定律 A（或定律集合 A）中的概念联系起来。下面我们来看一下理论还原的另一个条件，即可推导性条件。可推导性条件的内容是，以还原定律 A（或定律集合 A）和桥梁原则为前提能够推导出被还原定律 B。从可推导性条件来看，理论还原实质上是一种科学解释过程（内格尔也是这样认为的），因为按照逻辑实证主义的演绎—规律论模型（deductive-nomological model，D-N 模型），科学解释是从解释者到待解释者的演绎过程，而上述可推导性条件描述的恰恰是这样一种过程。在给出了理论还原的定义之后，接下来看一下内格尔本人给出的一个理论还原案例，即热力学与统计力学之间的理论还原。

热力学与统计力学之间的理论还原是理论还原的经典案例之一。毫不夸张地说，一个不知晓该案例的理论还原讨论者很难被称为一个合格的理论还原讨论者。在该案例中，还原定律是统计力学中的牛顿动力学定律，被还原定律是热力学中的理想气体定律，即在封闭系统中理想气体的压强、体积和温度满足如下关系：

$$pV = nRT$$

其中 p 表示气体压强，V 表示气体体积，n 表示气体物质的量，T 表示气体的热力学温度，R 是理想气体常数。[②] 该理论还原过程包含两个部分：第一部分是桥梁原则的搭建，它对应的是理论还原的可连接性条件；第二部分是牛顿动力学定律向理想气体定律的推导，它对应的是可推导性条件。由于第二部分中涉及的推导过程对本文的讨论并没有太多助益，因此只对第一

---

① 参见 Nagel, E., "The Structure of Science: Problems in the Logic of Scientific Explanation", *Philosophical Review*, 1979, Vol. 1, No. 73。

② 参见 Nagel, E., "The Structure of Science: Problems in the Logic of Scientific Explanation", *Philosophical Review*, 1979, Vol. 1, No. 73。

部分予以介绍。第一部分中，我们总共需要搭建两个桥梁原则，一个与气体压强相关，另一个与气体温度相关，首先来看与气体压强相关的桥梁原则。该桥梁原则的内容是，任一时刻气体的压强 p 是所有气体分子在该时刻传递到容器壁的瞬时动量的平均值 $\overline{P}$，即：

$$p = \overline{P}$$

前面我们说过，内格尔把桥梁原则分成了三类，那么这一桥梁原则属于哪一类呢？内格尔对此并没有做出明确的说明，不过我们可以肯定的是该桥梁原则绝不属于逻辑型桥梁原则，因为逻辑型桥梁原则要求被还原定律中的特征概念（p）通过意义与还原定律（或定律集合）中的概念（$\overline{P}$）联系起来，而这似乎难以做到，因为 p 与 $\overline{P}$ 的意义有着明显的区别。至于说该桥梁原则究竟属于约定型桥梁原则还是经验型桥梁原则，我们认为两种情况都有可能：如果我们是通过实验方法得出桥梁原则 $p = \overline{P}$，那么 p 和 P′ 就是通过经验定律联系起来的，此时该桥梁原则属于经验型桥梁原则；如果我们不是通过实验方法得出桥梁原则 $p = \overline{P}$，而仅仅是通过一个约定行为得出该桥梁原则，是为了辅助理论还原过程取得成功（就像接下来要描述的与气体温度相关的桥梁原则那样），那么该桥梁原则就属于约定型桥梁原则。下面我们来看第二个桥梁原则，即与气体温度相关的桥梁原则。该桥梁原则是内格尔特别强调的一条桥梁原则，它的内容是：

$$nRT = 2E/3$$

其中 T 表示气体的绝对温度，n 表示气体物质的量，R 表示理想气体常数，E 表示气体分子平均动能。我们认为，该桥梁原则与前一条桥梁原则一样，除了不可能属于逻辑型桥梁原则之外（温度 T 的意义与分子平均能 E 的意义截然不同），既可能属于约定型桥梁原则，也可能属于经验型桥梁原则。然而，内格尔显然倾向于认为该桥梁原则属于约定型桥梁原则。具体来说，如果没有该桥梁原则，那么理论还原就只能进行到这一步：

$$pV = 2E/3$$

该表达式与被还原定律（理想气体定律）$pV = nRT$ 只有分毫之差，但就是这分毫之差阻挡着理论还原的顺利完成。不过，只要我们约定 $nRT = 2E/3$（与气体相关的桥梁原则），那么 $pV = 2E/3$ 与 $pV = nRT$ 之间的分毫之差也就灰飞烟灭了，相关的理论还原也就能够顺利完成了。基于此，内格尔认为该桥梁原则属于约定型桥梁原则。不过这里有一个问题，即如果该桥梁原则属于约定型桥梁原则，那么我们凭什么能够做出这一约定呢？换句话说，该约定的可信度来自哪里呢？内格尔并没有对此做出明确的说明，但可以这样来理解该桥梁原则的可信度。一方面，理想气体定律 $pV = nRT$ 是一条经验定律，因此具有经验赋予的可信度；另一方面，上面的表达式 $pV = 2E/3$ 同样具有一定程度的可信度，因为该表达式是由气体分子模型、与压强相关的桥梁原则和牛顿动力学定律等推导得来的。综合以上，既然 $pV = nRT$ 和 $pV = 2E/3$ 都具有一定的可信度，那么由这两个表达式推出的 $nRT = 2E/3$（与气体温度相关的桥梁原则）也就具有了一定程度的可信度。以上便是该案例中理论还原所需的两个桥梁原则，而剩下的工作就是通过这两个桥梁原则和牛顿动力学定律推导出理想气体定律，不过按照我们事先的约定，此处我们将省略对这一部分工作的描述。

　　介绍完理论还原的经典案例之后，我们现在来提炼一下理论还原的几个重要特点。第一，理论还原的参与者被限定为定律和假定。内格尔认为一门学科的知识由四类陈述构成：理论公设及定理、实验定律、观察陈述和借用定律。[①] 其中，理论公设既可以是定律，也可以是假定，而定理通常为定律且由理论公设推导而来；实验定律顾名思义就是通过实验活动获得的定律；观察陈述是一类描述实验程序和实验结果的陈述；而借用定律则指的是实验仪器设计中使用的定律。在这四类陈述之中，能够参与理论还原的包括理论公设、定理和实验定律，因此我们说理论还原的参与者被限定为定律和假定。内格尔之所以做出这样一种限定，一个重要的原因在于内格尔的理论还原是以物理学为背景构建起来的，而定律和假定是物理学的两个主要知识单位。选择物理学作为构建理论还原的背景本来无可厚非，但当我们试图把为物理学量身定制的理论还原套在生物学身上时，问题便出现了，因为生物学知识中的定律和假定少得可怜。事实上，这构成了生物学哲学中反理论还原的一个重要原因。理论还原的第二个特点是，桥梁原则两侧的概念通常是性质概念。内格尔并没有规定桥梁原则两侧概念的属性，然而从上面描述的理

　　① 参见 Nagel, E., "The Structure of Science: Problems in the Logic of Scientific Explanation", *Philosophical Review*, 1979, Vol. 1, No. 73。

论还原案例来看，桥梁原则两侧的概念往往属于性质概念（例如温度、压强、分子平均动能等），而非实体概念。为什么会发生这一现象呢？原因依然在于内格尔是以物理学为背景构建理论还原的。具体来说，理论还原的主要参与者是定律和假定，而大部分物理学定律和假定中的概念（如理想气体定律中的温度、压强、物质的量等）属于性质概念，因此桥梁原则两侧的概念也就自然大都属于性质概念了。不过，在人们把构建于物理学知识之上的理论还原应用于生物学知识之后，一个有趣的现象就发生了，即与实体概念相关的桥梁原则开始大量地出现在人们的讨论之中。例如，在有关经典遗传学与分子遗传学之间理论还原的讨论中，有关"基因"这一实体的桥梁原则是相当一部分哲学家关注的焦点。理论还原的第三个特点是，理论还原中存在着精确与近似之间的张力。理论还原的精确性并不难理解，因为从上面的理论还原案例可以看出，理论还原实质上是一个从还原定律到被还原定律的形式化推导过程。需要略作解释的是理论还原的近似性。事实上，上述案例中理论还原的近似性至少体现在两点上，它们分别是气体分子模型和与温度相关的桥梁原则，我们首先来看第一点。在上面的案例描述中我们几乎没有提到气体分子模型，但实际上该模型在相关的理论还原中扮演了重要的角色。该模型包含若干条目，而其中一条的内容是说气体分子仅仅受到两种力的作用，它们分别是来自其他气体分子的撞击力和来自容器壁的撞击力，毫无疑问这仅仅是一种近似，因为气体分子至少还受到重力的作用。该案例中理论还原的另一个近似之处发生在与温度相关的桥梁原则上。内格尔认为该桥梁原则属于约定型桥梁原则，而我们在前面指出该原则的可信度来自气体分子模型、理想气体定律、与压强相关的桥梁原则和牛顿动力学定律的可信度。因此，如果气体分子模型本身具有近似的成分，那么与温度相关的桥梁原则也会连带着具有近似的成分。综合以上两点，理论还原中的确存在着精确与近似的张力，并且近似性在理论还原中起到的作用毫不逊色于精确性，比如在上述案例中，如果没有气体分子模型和与温度相关的桥梁原则这两个近似，我们根本无法从牛顿动力学定律推出理想气体定律。事实上，内格尔理论还原中近似与精确的张力在沙夫纳提出的理论还原模型中得到了强烈的呼应，下文会予以详述。理论还原的第四个特点在前文中已经有所提及，即理论还原从根本上来说是一个解释过程。这一特点对于本研究来说有着特殊的意义，因为它印证了我们在第一章中对认识论还原的描述——它是一个与解释相关的过程。

以上三小节中，我们分别对经典遗传学、分子遗传学和内格尔理论还原进行了描述。在这些准备工作的基础上，接下来将正式进入我们的议题，即经典遗传学能否被理论还原为分子遗传学。

第二节　经典遗传学与分子遗传学之间理论还原的失败

一　经典遗传学与分子遗传学之间貌似可行的理论还原

表面上看，经典遗传学似乎能够轻而易举地被理论还原为分子遗传学，而这其中的原因至少包括两条。第一条原因是两个学科的特征概念存在着大量重叠。例如，经典遗传学（或者说孟德尔模型）中的几个核心特征概念包括等位基因、显性和隐性、基因型、表现型、连锁、重组、多基因遗传、异位显性和隐性连锁遗传等，而这些概念同样是分子遗传学中的特征概念。特征概念大量重叠的直接后果是，两个学科之间理论还原的可连接性条件轻而易举地就被满足了，因为我们几乎找不到任何存在于经典遗传学中但却不存在于分子遗传学中的特征概念。经典遗传学似乎很容易被理论还原为分子遗传学的另一个原因是，孟德尔模型中的大部分预设都获得了分子遗传学的支持。以构成孟德尔模型内核的四条预设为例，第一条预设说的是每个经典遗传学等位基因对应一个性状值，这一点获得了分子遗传学一定程度上的支持，例如在单基因遗传疾病中，致病的分子遗传学等位基因对应"患病"这一性状值，而非致病的分子遗传学等位基因对应"健康"这一性状值。第二条预设说的是经典遗传学等位基因总是成对出现，这一点在分子遗传学中得到了充分的印证，因为在双倍体生物体中，分子遗传学等位基因通常是成对出现的（某些性染色体基因和细胞质基因除外）。第三条预设说的是经典遗传学等位基因之间存在显隐关系，这一点同样获得了分子遗传学的支持，因为分子遗传学等位基因之间同样存在显隐关系。例如，假定等位基因 G 表达的蛋白质功能正常，而等位基因 g 表达的蛋白质功能缺失，此时对于基因型为 Gg 的生物体来说，如果 G 的表达能力极强，那么该生物体的性状

值将与基因型为 GG 的生物体相同，G 在这种情况下相对 g 呈显性；而如果
G 的表达能力一般，那么该生物体的性状值将与基因型为 gg 的生物体相同，
G 在这种情况下相对 g 呈隐性。孟德尔模型的第四条预设说的是同一生物体
的一对经典遗传学基因在配子形成时分别进入两个配子，这一点获得了分子
遗传学的绝对支持，因为同一双倍体生物体的一对分子遗传学等位基因在配
子形成中同样是分别进入两个配子。经典遗传学还有很多其他预设同样获得
了分子遗传学的支持，而这意味着与可连接性条件的情况类似，理论还原的
可推导性条件在这里也被轻而易举地满足了。

　　从上面的分析来看，我们现在已经可以给"经典遗传学能否被还原为分
子遗传学"这一问题盖棺定论了，但以下要讨论的内容暗示我们事情并没有
那么简单。真实的情况是，人们发现分子遗传学对经典遗传学的理论还原面
临着诸多困难，而且其中的一些困难是人们绞尽脑汁也没能逾越的。那么这
些困难究竟是什么呢？我们把它们分为两大类：第一类与生物学知识的构成
相关；第二类与桥梁原则相关。我们将在接下来的第二、三部分对这两类困
难分别进行讨论。

二　反理论还原论证一：有关生物学知识构成的讨论

　　正如此前所说的，内格尔是以物理学为背景提出理论还原的，而由于定
律和假定是物理学知识的两个主要单位，所以内格尔把理论还原的参与者限
定为定律和假定。然而，当我们把理论还原从物理学嫁接到生物学时问题就
出现了，因为生物学知识的主要单位不是定律和假定，而是机制。以发育生
物学为例，发育生物学重在描述受精卵通过分裂和分化最终发育为成年生物
体的过程，而有关该过程的知识是由大量巧夺天工的机制构成的（例如卵细
胞中的蛋白质和 mRNA 如何指导受精卵通过卵裂成为分裂球以及如何通过
浓度梯度对分裂球不同区域细胞的发育命运进行特化等），我们在其中几乎
看不到任何定律和假定的存在。同样的情形发生在分子遗传学之中，例如
"分子遗传学"部分中涉及的全部分子生物学知识都是由机制构成的（复制
机制、转录机制、翻译机制等），我们在其中全然找不到任何定律和假定的
踪影。于是问题就来了：既然理论还原的参与者被限定为定律和假定，而分
子遗传学中又几乎不存在定律和假定，那么分子遗传学怎么可能与经典遗传

学构成理论还原关系呢？这就是反理论还原的第一类论证。[①] 严格来说，这一反理论还原论证真正要表达的并不是"经典遗传学不能被还原为分子遗传学"，而是"讨论二者之间的理论还原是没有意义的"，因为分子遗传学知识的特点（即以机制作为主要单位）决定了它根本不具备参与理论还原的资格。事实上，后来提出的解释还原正是为分子遗传学以及大部分生物学学科的知识特点（即以机制作为主要单位）量身设计的，因为解释还原关注的一个重要问题是对于一个系统性质而言，是否存在能够解释该性质的、仅仅包含部分性质的机制，对此我们将在第三节中进行讨论。最后值得一提的是，尽管分子遗传学中几乎没有定律和假定，但经典遗传学中却存在着大量的假定。例如，孟德尔模型是由若干预设搭建而成的，而这些预设无疑都是假定。更有趣的是，经典遗传学后来被群体遗传学吸纳，由此导致了群体遗传学知识的主要单位也是假定。不过，总体而言生物学中的知识依然以机制作为主要单位，定律和假定在生物学中所占的分量远远不及机制。

三 反理论还原论证二：有关桥梁原则的讨论

如果说上一类反理论还原论证的特点可以用干净利落来形容，那么接下来我们要讨论的第二类反理论还原论证就显得有些九曲回肠了。第二类反理论还原论证主要围绕着桥梁原则展开，但在正式引入这类论证之前，我们必须首先谈一下桥梁原则在内格尔提出之后经历的一些发展，因为第二类反理论还原论证中涉及的桥梁原则不完全是原汁原味的内格尔版桥梁原则，而是经过发展后的进阶版桥梁原则。

（一）内格尔桥梁原则的发展

在内格尔之后有关理论还原的讨论中，桥梁原则通常被认为是一种定律且具有如下一般形式：

$$Mx \leftrightarrow Nx$$

其中，x 表示主词，↔表示等同关系，M 表示被还原定律中的特征概念，N 表示还原定律中的概念，二者在箭头的两端分别充当谓词，M 和 N 既

---

① 参见 Rosenberg, A., *Darwinian Reductionism*: *Or*, *How to Stop Worrying and Love Molecular Biology*, University of Chicago Press, 2006, p. 272。

可以是实体概念也可以是性质概念，不过当 M 和 N 为实体概念时，M 与 N 必须分别为被还原定律所属学科和还原定律所属学科中的自然类。① 这里有几点值得注意。第一，人们之所以认为桥梁原则具有上述一般形式，原因在于有一种流行的哲学观点认为定律通常具有如下形式：

$$S_1x \rightarrow S_2x$$

其中，x 表示主词，"→" 表示 "如果……那么……" 关系，S_1 和 S_2 表示谓词，并且当 S_1 和 S_2 为实体概念时，二者必须是该定律所属学科中的自然类。② 因此，如果桥梁原则属于定律，那么它就应当具有类似的形式，而这正是人们把 Mx↔Nx 作为桥梁原则的一般形式的原因。第二点值得注意的是，有关桥梁原则中的 "等同关系" 存在许多不同的解读，具体可分为三大类：事件等同关系、意义等同关系和推出等同关系。事件等同关系认为，桥梁原则中的等同关系表示任何 "x 是 M" 事件都等同于 "x 是 N" 事件，反过来，任何 "x 是 N" 事件都等同于 "x 是 M" 事件。③ 换句话说，假定所有 "x 是 M" 事件构成一个集合，所有 "x 是 N" 事件构成一个集合，那么这两个集合相等。例如，假定 Mx↔Nx 表示的是 "酶 x↔蛋白质 x"（这显然是一个错误的命题），那么按照事件等同关系的说法，该表达式的含义是任何 "x 是酶" 事件都等同于 "x 是蛋白质" 事件（即任何酶都是蛋白质），同时任何 "x 是蛋白质" 事件都等同于 "x 是酶" 事件（即任何蛋白质都是酶）。对桥梁原则中等同关系的第二种解读是意义等同关系，该解读认为桥梁原则中的等同关系表示 M 与 N 的意义相同。④ 一种常见的观点认为意义等同关系比事件等同关系更加严苛，即我们能够从意义等同关系推出事件等同关系，但却未必能够从事件等同关系推出意义等同关系。这是因为，虽然在

① 参见 Fodor, J. A., "Special Sciences（or：The Disunity of Science as A Working Hypothesis）", *Synthese*, 1974, Vol. 2, No. 28, pp. 97 – 115；Causey, R. L., "Attribute-Identities in Microreductions", *The Journal of Philosophy*, 1972, Vol. 69, p. 407；Sklar L., "Types of Inter-Theoretic Reduction", *British Journal for the Philosophy of Science*, 1967, Vol. 2, No. 18, pp, 109 – 124。

② 参见 Fodor, J. A., "Special Sciences（or：The Disunity of Science as A Working Hypothesis）", *Synthese*, 1974, Vol. 2, No. 28, pp. 97 – 115。

③ 参见 Fodor, J. A., "Special Sciences（or：The Disunity of Science as A Working Hypothesis）", *Synthese*, 1974, Vol. 2, No. 28, pp. 97 – 115。

④ 参见 Causey, R. L., "Attribute-Identities in Microreductions", *The Journal of Philosophy*, 1972, Vol. 69, p. 407。

事件等同关系和意义等关系中每一个"x 是 M"事件必然都是"x 是 N"事件，每一个"x 是 N"也必然都是"x 是 M"事件，但事件等同关系中的"是"是经验上的"是"，而意义等同关系中的"是"是意义上的"是"，我们能够从意义上的"是"推出经验上的"是"，却似乎未必能从经验上的"是"推出意义上的"是"。例如，如果我们知道在意义上"儿子是男人"，那么我们能够即刻推出在经验中"儿子是男人"；但如果我们仅仅知道在经验中"美国总统是男人"，那么我们并不能由此推出在意义上"美国总统是男人"。不过，我们认为以上看法（即意义等同关系比事件等同关系更严苛）是一种误解，两种等同关系实际上具有相同的严苛程度，即我们不仅能从意义等同关系推出事件等同关系（这一点是显而易见的），还能从事件等同关系推出意义等同关系。具体来说，假定 M 与 N 满足事件等同关系，则按照定义"x 是 M"与"x 是 N"是同一事件。此时，如果 M 和 N 不满足意义等同关系，即 M 和 N 的意义不相同，那么"x 是 M"与"x 是 N"描述的就是 x 的两个不同层面（例如，"x 是波长为 γ 的光"与"x 是红色的光"描述的就是 x 的两个不同层面，前者为物理性质层面，而后者为主观视觉层面），因此"x 是 M"与"x 是 N"描述的就是两个不同的事件（例如，"x 是波长为 γ 的光"描述的事件是有关 x 的物理性质的，而"x 是红色的光"描述的事件是有关 x 给予人的视觉感受的），而这是不可能的，因为我们预设了 M 和 N 满足事件等同关系。所以，我们不仅能从意义等同关系推出事件等同关系，还能从事件等同关系推出意义等同关系。桥梁原则中等同关系的第三种解读是推出等同关系，它认为等同关系表示的含义是"x 是 M"是"x 是 N"的充分必要条件，即从"x 是 M"能够推出"x 是 N"，反过来，从"x 是 N"也能够推出"x 是 M"。推出等同关系比事件等同关系和意义等同关系都要宽松，即从后两者可以推出前者，但从前者却未必能推出后两者。具体而言，如果 M 和 N 满足事件等同关系或意义等同关系，那么每一个"x 是 M"事件都是"x 是 N"事件，每一个"x 是 N"事件都是"x 是 M"事件，此时二者显然满足推出等同关系。然而另一方面，如果 M 与 N 满足推出等同关系，那么二者却未必满足意义等同关系或事件等同关系。例如，根据牛顿第二定律，在地表附近"x 受到重力 G"与"x 具有质量 G/g"（g 表示地表附近的重力加速度）满足推出等同关系，然而重力与质量的意

义并不相同，因此尽管重力和质量满足推出等同关系，二者却并不满足意义
等同关系。又因为我们已经论证过意义等同关系与事件等同关系等价，所以
二者也不满足事件等同关系。综上所述，三种等同关系的严苛程度排序为事
件等同关系＝意义等同关系＞推出等同关系。因此反理论还原者若要表明经
典遗传学和分子遗传学之间不能建立起桥梁原则，只需表明二者之间不能建
立起推出等同关系意义上的桥梁原则即可，而我们马上就会看到这正是反理
论还原者采取的策略。有关桥梁原则第三点值得注意的是，按照定义在 Mx
↔Nx 中当 M 和 N 表示实体概念时 M 和 N 需为自然类，那么什么是自然类
呢？一种常见的观点认为自然类就是出现在定律中的实体概念。[①] 因此，按
照这一观点要定义自然类我们必须首先定义定律，而前文提到，定律常常被
定义为形如 $S_1x \rightarrow S_2x$ 的表达式，其中 S_1 和 S_2 表示谓词且当它们是实体概念
时，它们必须是该表达式所属学科中的自然类。[②] 所以，要定义定律，我们
又得首先定义自然类。由此我们看出，自然类与定律是通过相互定义来获得
各自的含义的，而这一定义方式的后果是让"定律"概念的严苛性（即把
定律局限为形如 $S_1x \rightarrow S_2x$ 的表达式）和"自然类"概念的严苛性（即把自
然类局限为定律中出现的实体概念）双剑合璧，从而将原本已经严苛的两个
概念变得更加严苛。我们很快将会看到，这种概念严苛性的增加是反理论还
原者取得成功的关键。以上我们描述了经过发展之后的进阶版桥梁原则，在
此基础上我们现在正式进入与桥梁原则相关的反理论还原论证。

（二）经典遗传学与分子遗传学间桥梁原则搭建的失败

经典遗传学中最重要的特征概念是经典遗传学基因，表面上看我们不需
要通过桥梁原则将其与分子遗传学中的概念联系起来，因为基因概念同样存
在于分子遗传学中，但实际上这一桥梁原则是不可或缺的，因为我们在"分
子遗传学"这一部分的开头就曾说过，经典遗传学基因与分子遗传学基因虽
然共享"基因"这个名号，但骨子里却是两种不同的实体：经典遗传学基因
属于理论实体，而分子遗传学基因属于物理实体。那么，这一与经典遗传学基

---

① 参见 Fodor, J. A., "Special Sciences（or: The Disunity of Science as A Working Hypothesis）", *Synthese*, 1974, Vol. 2, No. 28, pp. 97 – 115。

② 参见 Fodor, J. A., "Special Sciences（or: The Disunity of Science as A Working Hypothesis）", *Synthese*, 1974, Vol. 2, No. 28, pp. 97 – 115。

因相关的桥梁原则应当具有怎样的形式呢？按照上面的讨论，它的形式应当为
"经典遗传学基因 x↔Nx"，其中 N 是分子遗传学中的一个概念。但 N 具体是
什么呢？人们通常认为这里的 N 是"分子遗传学基因"无疑，原因很简单，
那就是我们几乎想不出分子遗传学中还有另外哪个概念更有可能使上述桥梁
原则成立。所以，经典遗传学要想被还原为分子遗传学，我们必须能够建立起
形如"经典遗传学基因 x↔分子遗传学基因 x"的桥梁原则，而该桥梁原则实
际上包含了两类桥梁原则：第一类桥梁原则连接的是泛指的经典遗传学基因和
泛指的分子遗传学基因；第二类桥梁原则连接的是特指的某一类经典遗传学基
因和特指的某一类分子遗传学基因。相关的讨论中少有对这两类桥梁原则的区
分，但该区分极为重要，因为尽管反理论还原者表明这两类桥梁原则都不能被
搭建起来，但我们马上将会看到它们不成立的原因有着明显的区别。

第一类桥梁原则可以被记作"经典遗传学基因 x↔分子遗传学基因 x"，
其中↔表示推出等同关系。首先来看←这个方向，桥梁原则在该方向读作
"如果 x 是分子遗传学基因，那么 x 是经典遗传学基因"。根据我们对孟德尔
模型的描述，经典遗传学基因有两个重要的特征：第一，针对某一性状，每
个经典遗传学基因对应一个性状值；第二，针对某一性状，每个经典遗传学
基因型决定一个性状值。然而，反理论还原者[①]认为分子遗传学基因并不具
有这两个特征，原因如下。生物体性状值的生成过程是一个由基因元素和非
基因元素（这里的基因指的是分子遗传学基因）共同参与的复杂过程，因
此，当同一分子遗传学基因或分子遗传学基因型与不同的非基因元素相遇
时，生物体可能呈现出不同的性状值，我们下面以反应规范（reaction norm）
为例对此进行说明。生物体的性状具有可塑性，即同一基因型在不同环境中
可能表达出的不同性状值，而如果这些可能的性状值是连续的（例如身
高），那么我们就把这种性状的可塑性称作反应规范。[②] 反应规范广泛存在

---

① 参见 Hull, D. L., "Reduction in Genetics—Biology or Philosophy?", *Philosophy of Science*, 1972,
Vol. 4, No. 39, pp. 491–499；Hull, D. L., *Philosophy of Biological Science*, Prentice-Hall, 1974, p. 148;
Kitcher, Philip, "1953 and All That: A Tale of Two Sciences", *Philosophical Review*, 1984, Vol. 3, No. 93,
pp. 335–373。

② 参见 Sultan, S. E., *Organism and Environment: Ecological Development, Niche Construction, and A-
daption*, First Edition, Oxford University Press, 2015, p. 220。

于生物界之中，例如同一株植物的叶片形态会随着其发育环境中光照强度的变化而变化：当其生长在光线较弱的环境中时，其叶子小且薄，这有利于其捕捉环境中数量贫乏的光子以用于光合作用；反之，当其生长在光线较强的环境中时，其叶子大且厚，这有利于其避免被环境中数量过剩的光子灼伤。① 反应规范的存在表明，一个分子遗传学基因或基因型未必像经典遗传学基因或基因型那样仅仅对应一个性状值，所以我们不能从"x 是分子遗传学基因"推出"x 是经典遗传学基因"，←方向的桥梁原则因此不成立。

接下来我们来看→方向的桥梁原则，该方向的桥梁原则读作"如果 x 是经典遗传学基因，那么 x 是分子遗传学基因"。反理论还原者对这一方向的桥梁原则关注不多，本研究认为该方向的桥梁原则同样不成立，以下我们用表观遗传（epigenetics）作为例子对此进行说明。表观遗传机制指的是一些通过染色体修饰来调节基因表达的生物学机制。例如，前面提到的 DNA 甲基化和核小体组蛋白修饰就是两种重要的表观遗传机制。② 很多表观遗传机制的作用结果是可以从亲代遗传到子代的，这种遗传现象被称作表观遗传。例如，DNA 甲基化是一种常见的表观遗传机制，它通常发生在基因的启动子区域，其作用结果通常是抑制基因的表达。细胞中某个基因发生甲基化后，该甲基化修饰在细胞分裂时能够借由甲基转移酶 Dnmt1 被复制到子细胞中，而如果发生分裂的细胞是生殖细胞，那么甲基化修饰就进入了配子之中，该配子一旦受精，甲基化修饰就从亲代生物体传递到了子代生物体，这就是一个完整的表观遗传过程。

介绍完表观遗传之后，我们接下来要说明的是在上述表观遗传案例中DNA 的甲基化修饰可以被看作一种经典遗传学基因，一旦我们成功地说明

---

① 参见 Sultan, S. E., *Organism and Environment*：*Ecological Development*, *Niche Construction*, *and Adaption*, First Edition, Oxford University Press, 2015, p. 220。

② 参见 Gilbert, S. F., *Developmental Biology*, Tenth Edition, Sinauer Associates, Inc., Publishers, Sunderland, MA, USA, 2014, p. 1；Wu Ct, n. & Morris, J., "Genes, Genetics, and Epigenetics: A Correspondence", *Science*, 2001, pp. 1103 – 1105；Bateson, P., Gluckman, P., "Plasticity, Robustness, Development and Evolution: References", *International Journal of Epidemiology*, 2011, Vol. 1, No. 41, p. 218；Duncan, E. J., Gluckman, P. D. & Dearden, P. K., "Epigenetics, Plasticity, and Evolution: How Do We Link Epigenetic Change to Phenotype?", *Journal of Experimental Zoology Part B*：*Molecular and Developmental Evolution*, 2014, Vol. 322, pp. 208 – 220。

的了这一点，那么从"x 是经典遗传学基因"就不能推出"x 是分子遗传学基因"，→方向的桥梁原则也就因此不成立。假定某双倍体物种在某一位点有两种等位基因 A 和 a，我们把 A 和 a 的甲基化修饰分别记作 MA 和 Ma，下面我们来逐一考察 MA 和 Ma 是否具备经典遗传学基因的特征。首先，每个经典遗传学基因对应一个性状值，而 MA 和 Ma 显然具备这一特征，因为它们都对应"不表达相应蛋白质"这一性状值。其次，每个生物体携带两个经典遗传学基因且这两个基因的组合与生物体的性状值相关，而这一特征显然也适用于 MA 和 Ma。再次，与经典遗传学基因类似，MA、Ma、A 和 a 四者之间同样存在显隐关系，例如 A 相对 MA 呈显性，A 相对 Ma 呈共显性，MA 相对 Ma 呈共显性。最后，与经典遗传学基因类似，配子形成过程中亲代的 MA、Ma、A 和 a 组合同样分别进入两个配子，当然这是在前面提到的甲基转移酶 Dnmt1 的辅助下完成的。从以上几点我们可以看出，甲基化修饰 MA 和 Ma 实际上可以被看作一种经典遗传学基因，由于这种基因并非分子遗传学基因，所以→方向的桥梁原则也不成立。

第二类桥梁原则可以被记作"（经典遗传学基因 G）x↔（分子遗传学基因 g）x"，其中↔依旧表示推出等同关系，G 和 g 则分别特指某一类经典遗传学基因和某一类分子遗传学基因，形象起见我们假定 G 和 g 分别代表经典遗传学中的豌豆红花基因和分子遗传学中的豌豆红花基因。在经典遗传学中 G 这个类之下不存在子类，而在分子遗传学中 g 这个类之下却存在诸多子类 $g_1 \cdots g_n$，它们具有不同的 DNA 序列，但它们编码的蛋白质都具有相同的功能（即让花色呈现红色），这一现象通常被叫作基因多态性（genetic polymorphism）。现在，由于 $g = g_1 \cup \cdots \cup g_n$，上述桥梁原则可以被改写成 Gx↔$(g_1 \cup \cdots \cup g_n)$ x，其中右边读作"x 是 g_1 或……或 g_n"，下面我们就来考察一下这个经过改写的该桥梁原则。首先，根据上面对第一类桥梁原则的反驳，该桥梁原则并不成立。其次，反理论还原论者[1]认为该"桥梁原则"甚至根本不能算是桥梁原则，因为前面提到桥梁原则 Mx↔Nx 两侧的 M 和 N

---

① 参见 Hull, D. L., "Reduction in Genetics—Biology or Philosophy?", *Philosophy of Science*, 1972, Vol. 4, No. 39, pp. 491 – 499; Hull, D. L., *Philosophy of Biological Science*, Prentice-Hall, 1974, p. 148; Kitcher, Philip, "1953 and All That: A Tale of Two Sciences", *Philosophical Review*, 1984, Vol. 3, No. 93, pp. 335 – 373。

需为相关领域中的自然类（当 M 和 N 表示实体概念时），而上述表达式右侧的 $g_1 \cup \cdots \cup g_n$ 不属于自然类，因为按照前面的说法自然类是出现在定律中的实体概念，而分子遗传学中不存在包含 $g_1 \cup \cdots \cup g_n$ 的定律。

综上所述，"经典遗传学基因 x ↔ 分子遗传学基因 x"包含的两类桥梁原则都不能被搭建起来。理论还原的可连接性条件因此不能得到满足，经典遗传学于是不能被理论还原为分子遗传学。这里有两点值得注意。我们在上面讨论两类桥梁原则时，↔ 都被解读为推出等同关系，之所以这样处理，原因我们已经提及，即推出等同关系是 ↔ 的三种解读中最宽松的一种，因此如果在这种解读下桥梁原则都不成立，那么在其他两种解读下桥梁原则也一定不成立。另外一点值得注意的是，反理论还原者在此处之所以能够取得成功，很大程度上是因为他们给桥梁原则添加了太多严苛的限制（例如桥梁原则必须是 Mx ↔ Nx 这样一种形式，以及当 M 和 N 表示实体概念时必须是自然类），而这些限制在内格尔原版的桥梁原则中是不存在的。因此，反理论还原者在此处虽然取得了胜利，但这种胜利却有一点自说自话的感觉。幸运的是"论证一"中的另一个反理论还原论证足够有力，因此上述不足并不会影响经典遗传学不能被理论还原为分子遗传学这一结论的正确性。

第三节　经典遗传学和分子遗传学之间的
关系：半同构半非同构

如果经典遗传学与分子遗传学之间不能构成理论还原关系，那么这两门学科之间构成了一种怎样的关系呢？我们认为两门学科之间构成了一种半同构半非同构的关系。同构关系，即孟德尔模型中的很多预设都获得了分子遗传学的支持。例如，一个经典遗传学基因对应一个性状值，而某些分子遗传学基因也对应一个性状值；经典遗传学基因成对出现，而分子遗传学基因在双倍体生物中也成对出现（某些性染色体基因和细胞质基因除外）；等等。事实上，正是由于两个学科之间显著的同构关系，经典遗传学中的很多特征概念（如基因、基因型、表现型和显隐性等）才得以被沿用到分子遗传学之中。然而，经典遗传学与分子遗传学之间又存在着明显的非同构关系。例如，经典遗传学基因与分子遗传学基因并不完全等同：首先，前者属于理论实体而后者属于物理实体；其次，经典遗传学基因不仅包含分子遗传学基因，还包含 DNA 甲基化修饰等其他实体；最后，一个分子遗传学基因可能对应同一性状的多个性状值（反应规范），而经典遗传学就同一性状来说只对应一个性状值。基于此，本研究认为经典遗传学和分子遗传学之间构成了一种半同构半非同构的关系。不过可惜的是人们往往过度放大二者关系中的"同构"部分而忽视了同样重要的"非同构"部分，其结果就是基因中心论的盛行，即认为分子遗传学基因同经典遗传学基因一样能够决定（至少是在很大程度上决定）生物体的性状值。近年来，反对基因中心论的声音日渐增多，人们开始强调非基因元素在性状值发育中起到的作用①，但这并没有撼动基因中心论的牢固地位，大批的生物学家目前依然在苦苦寻找各种"基因"。事实上，基因中心论是一个极为重要的话题，但我们并不打算在此就其展开讨论，而是把相关的讨论安排在第六章中进行，其目的是不模糊我们在此处的关注点（经典遗传学与分子遗传学之间的关系）。

如果经典遗传学与分子遗传学之间如我们所说存在明显的非同构关系，而分子遗传学与经验之间又存在高度的同构关系，那么这里就有一个问题，即生物学家们为什么没有完全抛弃经典遗传学，而是将其修订之后依旧保留在生物学之中，甚至于将其作为某些子学科（例如群体遗传学）的基础呢？至少有两个原因。尽管在理论上我们能够用分子遗传学解释经典遗传学试图解释的遗传现象，但在部分情境中经典遗传学的解释更容易获得。以群体遗传学中的一个自然选择模型为例，假定在一双倍体群体中我们通过相关参数估算出等位基因 A 和 a 的适合度分别为 w_1 和 w_2，且 A 相对 a 呈显性。此时，如果我们还知道 A→a 的突变率（假定只存在这个方向的突变），那么在有关该群体的一系列假定（例如群体数量足够大、生物体间随机交配等）下我们就能够计算出该群体中 A 和 a 基因频率随时间的变化，而这样计算出来的变化在某些情境中十分接近 A 和 a 基因频率的真实变化，此时我们就认为该模型解释了 A 和 a 基因频率的变化。上述模型显然属于经典遗传学，因为该模型中一个等位基因仅仅对应一个性状值，且一个基因型决定一个性状

① 参见 Oyama, S., Griffiths, P. E. & Gray, R. D., *Cycles of Contingency: Developmental Systems and Evolution*, MIT Press, 2003。

值，而前面说过这正是经典遗传学基因的两个重要特点。不过，按照前文所述这两个预设都是不正确的，因为生物体的性状值不仅取决于基因元素，还取决于非基因元素，而上述模型之所以能够成功地解释基因频率的变化，很多情况下在于这些群体中的非基因元素存在较小的个体间差异，这导致了基因元素成了决定生物体性状值的唯一元素。理论上说，我们能够用分子遗传完成同样的解释工作，不过这个时候我们就不能再说"A 和 a 的适合度分别为 w_1 和 w_2"了，因为与经典遗传学基因不同，分子遗传学基因可能并不仅仅对应一个性状值，而它究竟对应哪个性状值取决于大量的非基因元素（例如 DNA 的非编码区、非转录区域、环境因素甚至于偶然性因素），毫无疑问，这些元素的引入将大大增加相关解释的难度。所以说，在该情境以及类似情境中，经典遗传学的解释尽管不精确，但却抓住了待解释现象中的主要矛盾，从而大大简化了解释过程；反过来，分子遗传学解释的解释尽管精确，但却被大量的变量所牵绊，结果难以获得，而这正是经典遗传学被保留下来的第一个重要原因。经典遗传学被保留下来的另一个重要原因是它能够为分子遗传学提供宝贵的研究线索。还是以上面的那个自然选择模型为例，假设该模型的计算结果与经验存在严重不符，此时我们就有理由怀疑该模型中预设的正确性，例如，我们可能怀疑 A 和 a 所在位点并非决定相关性状的唯一位点，或者我们可能怀疑 A 和 a 之间并非完全显性，而这就为相关的分子遗传学研究提供了线索。例如，第一种怀疑提示我们寻找与该性状相关的其他位点，而第二种怀疑引导我们探究 A 和 a 之间究竟是怎样的显隐关系以及这种显隐关系背后的生物学机制。

第四节　内格尔理论还原之外的理论还原模型

尽管内格尔理论还原是最具影响力的理论还原模型，但理论还原还存在其他模型，因此在这一章的最后我们将简要描述一下内格尔理论还原之外的三个重要的理论还原模型，它们分别是凯梅尼 – 奥本海姆（Kemeny-Oppen-heim）理论还原、沙夫纳理论还原和鲍尔泽 – 达维（Balzer-Dawe）理论还原。

一　凯梅尼 - 奥本海姆理论还原

凯梅尼 - 奥本海姆理论还原的提出者是凯梅尼（Kemeny）和奥本海姆（Oppenheim），他们认为如果科学理论 A 比科学理论 B 更加系统化（systematized），那么我们就说科学理论 B 被还原为科学理论 A，其中"科学理论 A 比科学理论 B 更系统化"指的是科学理论 A 比科学理论 B 更加简洁或者具有更强的解释力（即科学理论 A 的解释范围大于科学理论 B）。[①] 本研究之所以将凯梅尼 - 奥本海姆还原模型归类为理论还原，在于该模型与内格尔理论还原模型都认为科学知识的基本单位是科学理论，科学理论的主要构成单位是理论假定和定律，而还原发生在科学理论之间。[②] 相比于内格尔理论还原，凯梅尼 - 奥本海姆理论还原通常被认为是一种弱的理论还原[③]，原因如下。第一，如果两个理论如果满足内格尔理论还原的条件，那么它们一定构成凯梅尼 - 奥本海姆理论还原关系。假定两个理论构成内格尔理论还原关系且被还原理论能够解释现象 A，此时，按照演绎—规律论解释模型（deductive-nomological account of explanation，简称 D-N 模型）这意味着我们能够从被还原理论演绎出现象 A，又因为我们能够从还原理论演绎出被还原理论（根据内格尔理论还原的可推导性条件），所以我们也就能够从还原理论演绎出现象 A，因此还原理论与现象 A 构成解释关系。由于现象 A 是我们任意选取的，所以还原理论可以解释被还原理论能够解释的一切现象，因此还原理论比被还原理论有更强的解释解释力，二者构成凯梅尼 - 奥本海姆理论还原关系。第二，两个构成凯梅尼 - 奥本海姆理论还原关系的理论未必满足内格尔理论还原的条件，这是因为凯梅尼 - 奥本海姆理论还原的条件是还原理论比被还原理论更系统化，而从这一条件我们至少不能直接推出两个理论符合内格尔理论还原的可连接性条件和可推导性条件。

---

① 参见 Kemeny, J. G., Oppenheim P., "On reduction", *Philosophical Studies*, 1956, Vol. 1, No. 7, pp. 6 – 19。

② 参见 Sarkar, S., *Genetics and Reductionism*, Cambridge University Press, 1998, p. 246。

③ 参见 Schaffner, K. F., "Approaches to Reduction", *Philosophy of Science*, 1967, Vol. 2, No. 34, pp. 137 – 147。

二　沙夫纳理论还原

尽管理论还原的早期提出者是内格尔，但从之前我们对内格尔理论还原的描述中可以看出，内格尔主要是在物理学背景下提出理论还原的，而沙夫纳（Schaffner）则是率先在生物学背景下讨论内格尔理论还原的主要哲学家之一。沙夫纳理论还原保留了内格尔理论还原的主要内容，即可连接性条件和可推导性条件，但与此同时两者又有着显著的差别。具体而言，内格尔理论还原认为理论 A 被还原为理论 B 当且仅当理论 B 能够在桥梁原则的辅助下推导出理论 A，对此，费耶阿本德指出，在这样的定义之下如果被还原理论 A 是错误的而还原理论 B 是正确的，那么我们将不可能从理论 B 和桥梁原则推导出理论 A，因此二者不可能构成还原关系。[①] 例如，孟德尔模型的许多理论假定都或多或少地存在例外（例如一个基因型决定一个性状值），因此严格来说经典遗传学是错误的，此时按照费耶阿本德的说法如果我们认为分子遗传学是正确的，那么我们就不可能从分子遗传学推导出经典遗传学，因此二者不可能构成内格尔理论还原关系。然而，为了保留经典遗传学与分子遗传学的还原关系，沙夫纳采取了以下策略，即他放松了内格尔理论还原的可推导性条件，认为只要还原理论 B 在桥梁原则的辅助下能够推导出理论 A 的修正后理论 A^* 即可（其中 A^* 与 A 极其相似但 A^* 能够做出比 A 更加准确的预测），而这就是我们所说的沙夫纳理论还原。[②] 沙夫纳理论还原当然在一定程度上规避了费耶阿本德指出的问题，但与此同时沙夫纳理论还原本身也存在一处重要的软肋，即它并没有给出"A^* 与 A 极其相似"的具体条件，而这就使得我们在某些情境下无法准确地判定理论 A 与理论 B 之

---

① 参见 Feyerabend, P. K., *Scientific Explanation*, *Space*, *and Time*（eds Feigl, H. & Maxwell, G.）1st edition, University of Minnesota Press, 1962。

② 参见 Schaffner, K. F., "Approaches to Reduction", *Philosophy of Science*, 1967, Vol. 2, No. 34, pp. 137－147; Schaffner, K. F., "The Watson-Crick Model and Reductionism", *British Journal for the Philosophy of Science*, 1969, Vol. 4, No. 20, pp. 325－348; Schaffner, K. F., *Reductionism in Biology*: Prospects and Problems, PSA: Proceedings of the Biennial Meeting of the Philosophy of Science Association 1974, Springer Netherlands, 1976, pp. 613－632; Schaffner, K. F., *Discovery and Explanation in Biology and Medicine*, University of Chicago press, 1993。

间是否构成还原关系。[①] 最后值得一提的是，在此前对内格尔理论还原进行描述时曾经提及，内格尔理论还原的特点之一就是其中存在着精确与近似之间的张力，其中"精确"体现在内格尔理论还原严苛的形式要求上，而"近似"则体现在内格尔列举的具体的理论还原案例之中。上面描述的沙夫纳理论还原正是发展了内格尔理论还原中的"近似"，因为在沙夫纳理论还原中，还原理论不必能够推导出被还原理论，而只需能够推导出与被还原理论近似的修正后理论即可。

三　鲍尔泽-达维理论还原

鲍尔泽-达维理论还原是由鲍尔泽（Balzer）和达维（Dawe）[②] 在讨论经典遗传学与分子遗传学之间的还原关系时提出的，而该理论还原主要建立在苏佩斯（Suppes）[③]、史尼德（Sneed）[④] 和施泰格米勒（Stegmüller）[⑤] 的工作的基础之上。具体来说，鲍尔泽-达维理论还原认为还原发生在理论之间，这点与内格尔理论还原类似。然而在鲍尔泽-达维理论还原中"理论"的呈现方式却大不相同：内格尔理论还原中理论主要由理论假定和定律构成，而在鲍尔泽-达维理论还原中理论则是以集合论的表述呈现出来的。具体而言，鲍尔泽和达维[⑥]认为，理论实际上是由诸多理论元素 X 构成的集合，而每个理论元素 X 又是由内核集合 K 和应用集合 I 构成的集合，即 X =

---

①　参见 Hull，D. L.，*Philosophy of Biological Science*，Prentice-Hall，1974，p. 148. Ruse，M.，*Reduction in genetics*，PSA：Proceedings of the Biennial Meeting of the Philosophy of Science Association 1974. Springer Netherlands，1976，pp. 633 –651。

②　参见 Balzer，W. & Dawe，C. M.，"Structure and Comparison of Genetic Theories：（2）The reduction of character-factor genetics to molecular genetics"，*The British Journal for the Philosophy of Science*，1986，Vol. 37，pp. 177 –191；Balzer，W. & Dawe，C. M.，"Structure and Comparison of Genetic Theories：（Ⅰ）Classical Genetics"，*British Journal for the Philosophy of Science*，1986，Vol. 1，No. 37，pp. 55 –69。

③　参见 Suppes，Patrick，"Introduction to Logic"，*American Mathematical Monthly*，1957，Vol. 2，No. 65，pp. 22 –23。

④　参见 Sneed，Joseph D.，*The Logical Structure of Mathematical Physics*，D. Reidel Pub. Co，1979。

⑤　参见 Stegmüller，W. & Wohlhueter，W.，*The Structure and Dynamics of Theories*，New York：Springer，1976。

⑥　参见 Balzer，W. & Dawe，C. M.，"Structure and Comparison of Genetic Theories：（2）The Reduction of Character-Factor Genetics to Molecular Genetics"，*The British Journal for the Philosophy of Science*，1986，Vol. 37，pp. 177 –191；Balzer，W. & Dawe，C. M.，"Structure and Comparison of Genetic Theories：（Ⅰ）Classical Genetics"，*British Journal for the Philosophy of Science*，1986，Vol. 1，No. 37，pp. 55 –69。

$\{K, I\}$。内核集合 $K = \{M_p, M_{pp}, r, M, C\}$，其中 M_p 表示潜在模型集，该集合中的元素是由理论元素 X 的成分（包括理论成分和非理论成分）构成的模型，这些模型具有 $(n_1, \cdots, n_i, t_1, \cdots, t_j)$ 的形式，n_i 表示理论元素 X 中的非理论成分，t_j 表示理论元素 X 中的理论成分；M_{pp} 表示部分潜在模型集，该集合中的元素是由理论元素 X 中的非理论成分构成的模型，这些模型具有 $(n_1, \cdots, n_i)$ 的形式，n_i 表示理论元素 X 的非理论成分；r 表示从 M_p 到 M_{pp} 的映射，即 $r(n_1, \cdots, n_i, t_1, \cdots, t_j) = (n_1, \cdots, n_i)$；M 是 M_p 的子集，它的元素是 M_p 中与已知定律相符的模型；C 是有关 M_p 的限制条件，它被用于排除 M_p 中与经验不相符的模型，此外，在 C 的基础上存在一个被称作经验内容的集合 A（X），A（X）是 M_{pp} 的子集且其中的元素 $(n_1, \cdots, n_i)$ 满足如下条件，$r^{-1}(n_1, \cdots, n_i) \in M_p$ 且符合条件 C。另一方面，理论元素 X = $\{K, I\}$ 中的应用集合 I 是经验内容 A（X）的子集，其中的元素是 A（X）中人们想要应用于经验的模型。

基于科学理论的上述集合论表述，鲍尔泽和达维[①]给出了两个理论的理论元素 X 和 Y 之间满足弱还原关系和强还原关系的若干必要条件。首先，弱还原关系要求存在一个从被还原理论元素 Y 的部分潜在模型集 M_{pp}^Y 到还原理论元素 X 的部分潜在模型集 M_{pp}^X 的映射 f，且 f 满足如下条件：①f（M_{pp}^Y）$\subset M_{pp}^X$；②对于任意（（$n_1^Y, \cdots, n_i^Y$），（$n_1^X, \cdots, n_i^X$））$\subset M_{pp}^Y \times M_{pp}^X$（×表示两个集合的笛卡尔乘积），如果 f（$n_1^Y, \cdots, n_i^Y$）= （$n_1^X, \cdots, n_i^X$）且（$n_1^X, \cdots, n_i^X$）$\in A(X)$（A（X）表示理论元素 X 的经验内容），那么（$n_1^Y, \cdots, n_i^Y$）$\in A(Y)$（A（Y）表示理论元素 Y 的经验内容）；③对于任意（$n_1^Y, \cdots, n_i^Y$）$\in I(Y)$（I（Y）表示理论元素 Y 的应用集合），存在（$n_1^X, \cdots, n_i^X$）$\in I(X)$ 使得 f（$n_1^Y, \cdots, n_i^Y$）= （$n_1^X, \cdots, n_i^X$）。其次，强还原关系要求存在两个从被还原理论元素 Y 到还原理论元素 X 的映射 g 和 g′，其中 g 是从 Y 的部分潜在模型集 M_{pp}^Y 到 X 的部分潜在模型集 M_{pp}^X 的映射，g′是从 Y 的潜在模型集 M_p^Y 到

①　参见 Balzer, W. & Dawe, C. M., "Structure and Comparison of Genetic Theories：（2）The Reduction of Character-Factor Genetics to Molecular Genetics", *The British journal for the philosophy of science*, 1986, Vol. 37, pp. 177 – 191; Balzer, W. & Dawe, C. M., "Structure and Comparison of Genetic Theories：（I）Classical Genetics", *British Journal for the Philosophy of Science*, 1986, Vol. 1, No. 37, pp. 55 – 69。

X 的潜在模型集 M_p^X 的映射，且两个映射满足如下条件：①g（M_{pp}^Y）$\subset M_{pp}^X$，g'（M_p^Y）$\subset M_p^X$；②对于任意（（$n_1^Y,\cdots,n_i^Y,t_1^Y,\cdots,t_j^Y$），（$n_1^Y,\cdots,n_i^Y,t_1^Y,\cdots,t_j^X$））$\subset M_p^Y \times M_p^X$（×表示两个集合的笛卡尔乘积），如果 g'（$n_1^Y,\cdots,n_i^Y,t_1^Y,\cdots,t_j^Y$）=（$n_1^X,\cdots,n_i^X,t_1^X,\cdots,t_j^X$）且（$n_1^X,\cdots,n_i^X,t_1^X,\cdots,t_j^X$）$\in M^X \cap C^X$，那么（$n_1^Y,\cdots,n_i^Y,t_1^Y,\cdots,t_j^Y$）$\in M^Y \cap C^Y$，其中 M^X 和 M^Y 分别表示前面定义中理论元素 X 和 Y 的内核集合 K 中的集合 M，C^X 和 C^Y 则分别表示理论元素 X 和 Y 的内核集合 K 中的限制条件 C；③对于任意（（$n_1^Y,\cdots,n_i^Y$），（$n_1^X,\cdots,n_i^X$）$\subset M_{pp}^X \times M_{pp}^X$（×表示两个集合的笛卡尔乘积），如果 g（$n_1^Y,\cdots,n_i^Y$）=（$n_1^X,\cdots,n_i^X$）且存在（$n_1^X,\cdots,n_i^X,t_1^X,\cdots,t_j^X$）$\in M^X$ 使得 r^X（$n_1^X,\cdots,n_i^X,t_1^X,\cdots,t_j^X$）=（$n_1^X,\cdots,n_i^X$），那么存在（$n_1^Y,\cdots,n_i^Y,t_1^Y,\cdots,t_j^Y$）$\in M^Y$ 使得 r^Y（$n_1^Y,\cdots,n_i^Y,t_1^Y,\cdots,t_j^Y$）=（$n_1^Y,\cdots,n_i^Y$）且 g'（$n_1^Y,\cdots,n_i^Y,t_1^Y,\cdots,t_j^Y$）=（$n_1^X,\cdots,n_i^X,t_1^X,\cdots,t_j^X$），其中 r^X 和 r^Y 分别表示理论元素 X 和 Y 的内核集合 K 中的映射 r；④对于任意（$n_1^Y,\cdots,n_i^Y$）$\in I^Y$，存在（$n_1^X,\cdots,n_i^X$）$\in I^X$ 使得 g（$n_1^Y,\cdots,n_i^Y$）=（$n_1^X,\cdots,n_i^X$）。从以上的描述中我们不难看出，鲍尔泽和达维的还原模型具有极强的形式化特点，而这也是本书将其归类为理论还原的原因，因为我们在前面曾经提到理论还原本身就具有很强的形式化特点。值得注意的是，正如鲍尔泽和达维自己指出的那样，上述弱还原条件和强还原条件仅仅是理论元素构成还原关系的必要条件而非充分条件，这是因为弱还原条件和强还原条件仅仅是对理论元素的形式要求，而这意味着我们可以设想两个理论元素满足该形式条件，但其内容却与两个完全平行的主题相关。因此，鲍尔泽和达维又提出了若干新的还原条件并将其与上述弱还原条件和强还原条件放在一起作为还原的充分必要条件。①

---

① 参见 Balzer，W. & Dawe，C. M.，"Structure and Comparison of Genetic Theories：（2）The Reduction of Character-Factor Genetics to Molecular Genetics"，*The British Journal for the Philosophy of Science*，1986，Vol. 37，pp. 177 - 191；Balzer，W. & Dawe，C. M.，"Structure and Comparison of Genetic Theories：（I）Classical Genetics"，*British Journal for the Philosophy of Science*，1986，Vol. 1，No. 37，pp. 55 - 69。

第 三 章
生物学中整体与部分间的解释还原

经典遗传学与分子遗传学之间之所以不能构成理论还原关系，其中一个重要的原因在于理论还原的参与者被限定为定律和假定，而生物学知识的主要单位却是机制。因此，与其说经典遗传学与分子生物遗传学之间的理论还原是失败的，倒不如说讨论二者之间的理论还原根本就是不恰当的。基于此，如果我们想要恰当地（或者说有意义地）讨论生物学中的还原，那么首先必须根据生物学知识的特点量身打造出一个还原类型，就像内格尔根据物理学知识的特点量身打造出理论还原那样。而解释还原可以说正是为生物学知识量身打造的还原类型。解释还原包括很多版本，但万变不离其宗，其核心思想说的都是解释还原是一个仅仅通过系统部分性质解释系统整体性质的过程（这显然符合我们在引言中对认识论还原的描述，即认识论还原是一个与解释相关的过程）。不过，为什么说解释还原是为生物学知识量身打造的还原类型呢？这是因为前面说过，生物学知识的主要单位是机制，而机制通常情况下就是一个通过部分性质解释整体性质的过程。例如，DNA 复制机制是通过细胞部分性质（如 DNA 聚合酶的性质）来解释细胞整体性质（即 DNA 复制）的过程，而基因转录也是通过细胞部分性质（如 RNA 聚合酶的性质）来解释细胞整体性质（即转录）的过程。有关解释还原的讨论主要围绕两个议题展开。第一个议题是弱解释还原论，它主张一切整体性质都能够仅仅通过部分得到解释，我们将在第二部分中就其进行讨论。解释还原的第二个议题是强解释还原论，它主张一切整体性质都最好仅仅通过部分性质得到解释，我们将在第三部分中就其展开讨论。不过，在开始这两部分的讨论之前，需要首先以萨卡尔（Sarkar）① 的解释还原为范例给解释还原做一个较为翔实的介绍。

第一节　萨卡尔的解释还原

前面说过，解释还原有许多不同的版本，而我们在此处选择萨卡尔（Sarkar）② 的版本作为范例，原因在于相对于其他版本而言萨卡尔的版本最为宽松，很多其他版本实际上是对萨卡尔版本的进一步限制。简单来说，萨卡尔认为一个过程要想被称为解释还原过程必须满足两个条件：第一，该过程必须属于解释过程；第二，该过程必须属于一种特殊的解释过程。我们将对这两个条件进行说明。

一　解释还原条件一：还原是一种解释

萨卡尔解释还原的第一个条件是，一个过程如果能够被称作解释还原过程，那么它首先必须是一个解释过程。③ 在这一点上，解释还原与理论还原是一致的，因为之前我们提过，理论还原实质上也是一个解释过程，这也再一次印证了我们在开篇对认识论还原的描述，即认识论还原是一个与解释相关的过程。不过，理论还原和解释还原虽同为解释过程但却具有显著的区别，其中很重要的一条就是前一种解释过程只能以"演绎"（而且通常是数学演绎）这一种形式出现，但后一种解释过程却能以多种形式出现。换句话说，解释还原对"解释"的限制条件远远宽松于理论还原，那么解释还原究竟为"解释"设置了那些限制条件呢？总共有四条。

萨卡尔对解释过程的第一个限制条件是，解释通常包括对系统的表征。我们很容易忽视表征在解释中扮演的重要角色，因为我们通常认为表征不过是对系统毫无选择性的客观描述。然而，表征事实上往往具有极强的选择性（即侧重系统的某些方面，同时忽略系统的其他方面），而这种选择性对于

---

① 参见 Sarkar, S., *Genetics and Reductionism*, Cambridge University Press, 1998, p. 246。
② 参见 Sarkar, S., *Genetics and Reductionism*, Cambridge University Press, 1998, p. 246。
③ 参见 Sarkar, S., *Genetics and Reductionism*, Cambridge University Press, 1998, p. 246。

解释过程的成功通常有着至关重要的作用。例如，生物学中对配子形成现象（双倍体生物）的解释大致如下：生殖细胞染色体复制→同源染色体配对并交叉重组→同源染色体分离（第一次减数分裂）→姐妹染色体分离（第二次减数分裂）→配子形成。该案例中生殖细胞是一个系统，这个系统包含很多部分（如细胞膜、染色质），但在上述解释对该系统的表征中我们仅仅发现了染色体这一个部分的存在，其他部分全都被忽略掉了。不仅如此，在该表征对染色体的描述中，我们只能找到对染色体这个整体的描述（如染色体复制），而有关染色体部分的描述完全被忽略掉了。为什么该解释过程要如此选择性地表征细胞这一系统呢？本研究认为至少存在两个原因。首先，作为该案例中的解释者，他们主要关心的是双倍体生殖细胞如何生成单倍体配子，因此他们的注意力集中在染色体数目的变化上，而这就导致了他们在解释过程中倾向于把细胞表征为一个仅仅包含染色体的系统。其次，解释者之所以在表征中忽略了有关染色体部分的描述，在于如果他们这样做了，那么他们得到的解释将包含很多冗余信息。具体来说，如果我们把对染色体部分的描述加入上述表征之中，那么我们得到的解释将具有与上述解释类似的形式，即生殖细胞染色体复制→同源染色体配对并交叉重组→同源染色体分离（第一次减数分裂完成）→姐妹染色体分体（第二次减数分裂完成）→配子形成。只不过在新的解释中上述每一个步骤都需要被进一步解释为染色体部分间的相互作用，因此新解释将比旧解释拥有更多的信息。然而，这些多出的信息并不会让新解释比旧解释更好，因为前面说过，解释者在这里关心的仅仅是染色体数目的变化，而旧解释已经充分满足了解释者的这一好奇，新解释中多出来的信息只会被解释者认为是冗余的。至此我们不难看出，表征的选择性对于解释过程的成功可能起到至关重要的作用，这也正是萨卡尔把"拥有对系统的表征"作为解释过程的第一个限制条件。

　　萨卡尔对解释过程的第二个限制条件是，解释的对象是经过表征后的系统的性质。前面提到理论还原也是一种解释过程，而它的解释对象正是系统性质。例如，在理论还原案例中，理想气体定律作为解释对象就属于系统性质。不过，作为理论还原解释对象的系统性质只能够以定律或假定的形式出现，而对于解释还原来说萨卡尔并没有规定它的解释对象必须以怎样的形式出现，因此这再一次印证了之前所说的解释还原对"解释"的限制条件远远宽松于理论还原。

　　萨卡尔对解释的第三个限制条件是，解释过程中要包含推导行为。该限制条件又一次让我们联想到理论还原，因为理论还原的两个条件之一就是可推导性条件。不过，尽管理论还原中存在推导行为，但这种推导行为通常只能以数学推导的形式出现（如"内格尔理论还原"部分中的案例）且几乎不包含近似成分，而对于解释还原而言，萨卡尔并没有就推导行为的形式进行限定，它当然可以是数学类型推导，但同时也可以是其他类型的推导（如流程图、文字叙述等），不仅如此，解释还原还允许推导行为中存在多种类型和程度的近似成分。

　　萨卡尔对解释过程的第四个限制条件是，解释中必须包含与待解释者（即系统性质）相关的解释元素。这一点是不言而喻的，因为怎么可能会有一个解释过程不包含任何与待解释者相关的解释元素呢？由此可见，萨卡尔对于"解释"的限定实在是太宽松了。以上就是萨卡尔为解释过程设置的全部限制条件，这些条件凑在一起就构成了一个科学解释模型，而这个科学解释模型与现有的其他模型相比显得宽松异常。对此，萨卡尔解释道：还原过程必然是解释过程，但还原过程具有一般解释过程不具备的某些特征，理解这些特征才是理解还原过程的关键，所以当我们讨论还原时，我们不应当把重点放在一个过程构成解释过程的限制条件上，而应当放在一个解释过程构成还原过程的限制条件上，出于这种考虑萨卡尔为解释设置了上述极为宽松的限制条件。[①]

二　解释还原条件二：还原是一种特殊的解释

　　一个过程如果要构成解释还原，那么它不仅要构成上一部分所说的解释过程，它还必须要构成一种特殊的解释过程。具体来说，萨卡尔为这种特殊的解释过程设置了三个限制条件，以下我们将逐一对它们进行介绍。不过，我们必须要事先说明一点，萨卡尔认为解释还原没必要满足下面要说的全部三个条件，而且我们将会看到，萨卡尔正是根据这三个条件被满足的不同情

---

　　① 参见 Sarkar, S., *Genetics and Reductionism*, Cambridge University Press, 1998, p. 246。

况来对解释还原进行分类的。

第一个限制条件被萨卡尔命名为根本主义条件，它的内容是说在解释还原这种特殊的解释过程中解释者所来自的领域要比被解释者所来自的领域更加根本。具体来说，萨卡尔把根本主义条件进一步划分为三个子条件：①解释过程中解释者所来自的领域不同于待解释者所来自的领域；②解释者所在领域中的规则比待解释者所在领域中的规则更加根本；③我们能够在不运用近似的情况下由解释者所在领域的规则推导出待解释者。① 在萨卡尔看来上述三个子条件的权重并不相同，他认为子条件①和②是必须满足的，而子条件③在有些情况下是可以不必满足的。萨卡尔为什么对子条件③网开一面呢？上一部分中，萨卡尔为解释过程设置的其中一个限制条件是说解释过程中必须包含推导行为，而我们在那里说过萨卡尔允许该推导行为中存在近似的成分，因此萨卡尔此处对子条件③的放宽可以看作对上述情况的一种呼应。

接下来看萨卡尔设置的第二个限制条件，他把它称作抽象层级条件。抽象层级条件要求解释过程必须一是将系统表征为一个抽象层级结构，二是该层级结构的构建必须独立于该解释过程，三是解释者必须来自相对于系统而言的较低层级。以上三条中最需要解释的是"抽象层级结构"，而要解释它我们首先得引入另一种层级结构——空间层级结构。顾名思义，空间层级结构首先是一个层级结构（即由许多层级构成），其次在这个层级结构中相邻层级构成空间上的整体—部分关系。抽象层级结构与空间层级结构十分类似，唯一的区别在于抽象层级结构中相邻层级之间不是空间上的整体—部分关系。例如，经典遗传学会解释为什么一株豌豆呈现高茎的性状值：所有豌豆内都存在一个决定茎高的位点，而这株豌豆在该位点上的基因型为 Hh，其中 H 和 h 分别代表对应高茎和矮茎的等位基因，由于 H 相对 h 呈显性，所以这株豌豆呈现高茎的性状值。该解释中存在一个形如"等位基因→位点→基因型→表现型"的结构，而在萨卡尔看来这个结构就是一个抽象层级结构，因为该结构中相邻层级之间并不构成空间上的整体—部分关系。② 不

---

① 参见 Sarkar, S., *Genetics and Reductionism*, Cambridge University Press, 1998, p. 246。

② 参见 Sarkar, S., *Genetics and Reductionism*, Cambridge University Press, 1998, p. 246。

过，本研究认为上述结构并非一个严格的抽象层级结构，因为该结构中的某些层级间并没有体现出明显的层级关系。例如，我们很难看出等位基因与位点之间以及位点与基因型之间存在何种层级关系。不仅如此，萨卡尔对于抽象层级结构的描述极为模糊，他从未明确指出一个抽象层级结构的相邻层级间应当构成怎样的关系。所以，本研究认为，就抽象层级结构而言萨卡尔还有进一步阐述的余地，不过好在抽象层级结构在解释还原中发挥的作用远不及我们上面提到的空间层级结构，故而我们此处对解释还原的讨论并不会因此受到过多的影响。

萨卡尔设置的第三个限制条件被称作空间层级条件，它的内容是说解释过程必须一是将系统表征为一个空间层级结构，二是解释者必须来自相对于系统而言的较低层级。不难发现，空间层级条件与上面的抽象层级条件很像，二者唯一的区别在于前者少了"层级结构的构建必须独立于该解释"这一条件，而这一区别的出现也很容易理解，因为通常来说空间层级结构的构建必然是独立于解释过程的，所以无须特殊强调。

三 萨卡尔解释还原的类型

前面说过，萨卡尔认为解释还原没有必要满足条件二的全部三个子条件，而萨卡尔正是根据这三个子条件被满足的不同情况将解释还原分成了五类，即弱还原（weak reduction）、近似抽象层级还原（approximate abstract hierarchical reduction）、抽象层级还原（abstract hierarchical reduction）、近似强还原（approximate strong reduction）和强还原（strong reduction），以下我们将分别对它们进行介绍。[1]

弱还原指的是仅仅满足根本主义条件的解释还原过程。具体来说，弱还原中解释者来自的领域相比被解释者来自的领域更加根本，但我们在弱还原中既找不到明显的抽象层级结构，也找不到明显的空间层级结构。萨卡尔给出的弱还原案例来自遗传度分析，我们下面对其进行简要描述。遗传度分析通常是为了估算某性状的广义遗传度 $H = VG/V$，其中 V 表示该性状在群体

---

① 参见 Sarkar, S., *Genetics and Reductionism*, Cambridge University Press, 1998, p. 246。

中的方差，VG 表示生物体基因对该方差的贡献。[①] 现在我们假定有一个性状值具有极高的广义遗传度，这意味着就该性状而言某生物体之所以呈现出某性状值，很大一部分原因在于它具有某种特定的基因，换句话说，该生物体的性状值很大程度上能够通过基因得到解释。萨卡尔认为这一解释属于弱还原，即它满足根本主义条件，但却不满足抽象层级条件和空间层级条件，下面我们对其分别进行说明。首先，上述解释满足根本主义条件是显而易见的，因为该解释中待解释者（性状值）通常来自较为宏观的层面（生物体），而解释者（基因）则来自较为微观的层面（DNA），且我们通常认为后一层面中的规则较前一层面而言更为根本。接下来，我们重点看一下为什么上述解释不满足抽象层级条件和空间层级条件。表面上看，上述解释中存在着一个由基因和生物体构成的空间层级结构，可萨卡尔为什么说该解释不满足空间层级条件呢？萨卡尔并未对此给出说明，本研究认为原因可能如下所述。遗传度分析中的"基因"与我们通常所说的"基因"存在一定的区别。我们通常所说的基因就是分子遗传学基因，即一段特殊的 DNA 序列，而遗传度分析中的"基因"却不仅包含分子遗传学基因，还包含与一切能够在亲代与子代之间发生遗传的元素，因为遗传分析不能把这些元素对方差 V 的贡献区分开来，而是把它们的作用都归到 VG 之中。例如，我们在有关桥梁原则的讨论中曾经提到过 DNA 的甲基化修饰，这种修饰能够在亲代和子代之间发生遗传，因此按照上面的说法甲基化修饰也属于遗传度分析中的"基因"。再比如，某些环境因素也能够从亲代遗传到子代，因此这些环境因素也属于遗传度分析中的"基因"。例如，亲代幼年时期所处的抚养环境（包括与父母的交流方式等）能够诱导亲代在成年后为其子代营造类似的抚养环境，而在该抚养环境下成长起来的子代也将为他们的子代营造类似的抚养环境，以此类推，该抚养环境于是就像分子遗传学基因那样在亲代和子代之间遗传。更有趣的是，上述例子中环境的遗传是被动的（因为子代往往是被动地暴露在亲代营造的抚养环境中），而某些环境甚至可以主动地在亲代和子代之间发生遗传，例如携带某些基因的生物体在成年后会主动选择暴露

①　参见 Hartl, D. L., *A Primer of Population Genetics*, Third Edition 3 Sub edition, Sunderland, MA: Sinauer Associates, 2000, p. 221。

于某一特定类型的环境之中，这些生物体的子代由于携带同样的基因也会主动选择暴露于该类环境之中，由此该类环境在亲代和子代之间得以主动地遗传。所以说，遗传度分析中的"基因"除了包含分子遗传学基因之外还包含其他元素，而这样的基因是不能跟生物体构成空间层级结构的，因为上面的例子表明该基因中包含环境因素，而环境因素与生物体之间不可能构成任何整体—部分关系。因此，虽然表面上看上述解释中存在一个由基因和生物体构成的空间层级结构，但这个结构并非真正的空间层级结构，所以萨卡尔认为该解释不满足空间层级条件。至于说为什么萨卡尔认为该解释也不满足抽象层级条件，原因是类似的，即由于遗传度分析中的"基因"包含环境因素，所以它与生物体之间不可能成任何层级结构，无论是空间层级结构还是抽象层级结构。

　　近似抽象层级还原指的是满足抽象层级条件且近似满足根本主义条件的解释还原过程。具体来说，近似抽象层级还原中存在着抽象层级结构，该层级结构中解释者所在层级低于待解释者所在层级，且前一个层级上的规则比后一个更根本，与此同时该解释还原过程中存在一定程度的近似，即解释还原的某些部分与解释者所在层级的规则相违背。萨卡尔给出的近似抽象层级还原案例是连锁分析（linkage analysis），下面我们对其进行简要的介绍。连锁分析的目的之一是为了解释生物体就某一性状（目标性状）而言为何呈现出某一性状值。简单来说它的过程大致如下。我们首先选取一个参考性状X，这个性状通常来说是由一个基因位点上的基因型决定的，并且我们明确地知道这个位点在染色体上的位置，此处我们假定该位点存在 A 和 a 两种等位基因。然后，我们假定目标性状也是由一个基因位点上的基因型决定且该位点上包含 B 和 b 两种等位基因，同时我们预设 B 和 b 之间存在某种显隐关系。随后，我们让基因型为 AB/ab 的个体作为亲代进行交配，并按照两个位点之间不存在连锁的预设求出子代的性状比例。最后，我们将计算出的性状比例与实际测量的性状比例进行比较，如果二者不符，那么这说明目标性状的位点与参考性状很可能存在连锁不平衡，而这说明我们预设的目标性状的位点很可能真实存在，这样一来目标性状的性状值就能够通过生物体在该位点上的基因型得到解释了。① 接下来，看一下萨卡尔为何认为上述解释属于近似抽象层级还原。上述解释在萨卡尔看来显然满足抽象层级条件，因为该解释中存在一个形如"等位基因→位点→基因型→表现型"的结构，而前面提到萨卡尔认为这个结构属于抽象层级结构。下面重点来看一下为什么萨卡尔认为上述解释近似满足根本主义条件。有关这一点萨卡尔并未给出明确的说明，但我们推测其理由大致如下。在该解释中，待解释者来自上面抽象层级结构中的表现型层级，而解释者则来自较为微观的基因型层级，由于我们通常认为后一层面上的规则更为根本，所以该解释满足了根本主义条件的前两个子条件。可惜的是，该解释并不满足根本主义的第三个子条件（即我们能够在不运用近似的情况下由解释者所在领域的规则推导出待解释者），也就是说，上述解释的某些部分与解释者所在层级（基因型层级）的某些规则是相违背的。具体来说，上述解释中有一个步骤是通过子代的基因型比例推算子代的性状比例，该推算背后的一个预设是基因型决定性状值，而该预设是与基因型层级上的规则相违背的，因为该层级上的规则认为基因型相同的生物体可能表现出完全不同的性状值。例如，前面我们在关于桥梁原则的讨论中提到的反应规范就是一个典型的例子，其中基因型相同的个体在不同的发育环境中呈现出不同的性状。再例如，双倍体生物一个基因位点上的两个等位基因分别来自父本和母本，而对于某些位点来说，来自父本或母本的等位基因总是会在配子形成过程中被表观遗传机制抑制（例如前文提到的DNA甲基化修饰），进而无法在子代生物体中表达，这种现象被称作印记（imprinting）。印记现象同样表明携带相同基因型的生物体可能呈现不同的性状值。具体来说，假定生物体某一基因位点存在印记现象且来自父本的等位基因被表观遗传机制抑制，则对于一个基因型为 Aa 的生物体而言，如果 A 来自母方，a 来自父方，那么由于 a 被表观遗传机制抑制，生物体将呈现 A 对应的性状值；反之，如果 A 来自父方，a 来自母方，那么 A 将被表观遗传机制抑制，因而生物体将呈现 a 对应的性状值。综上所述，有关基因型决定性状值的预设实际上是与基因型层级上的规律相违背的，本研究认为这就是萨卡尔认为上述解释仅仅部分满足根本主义条件的原因。

---

① 参见 Sarkar, S., *Genetics and Reductionism*, Cambridge University Press, 1998, p. 246。

抽象层级还原指的是满足抽象层级条件且满足根本主义条件的解释还原过程。具体来说，抽象层级还原与上一部分中的近似抽象层级还原基本相同，二者唯一的区别在于近似抽象层级还原仅仅部分满足根本主义条件，而抽象层级还原完全满足根本主义条件，也就是说，抽象层级还原过程与解释者所在层级的规则完全不相违背。萨卡尔给出的抽象层级还原案例来自经典遗传学中的分离分析（separation analysis）。分离分析的目的与上一部分提到的连锁分析类似，即解释生物体就某一性状而言为何呈现某一性状值。简单来说分离分析的过程大致如下。我们假定生物体某一性状由某一位点的基因型决定，并设定好等位基因之间的显隐关系，然后我们根据亲代的基因型和孟德尔分离定律（等位基因分别进入不同配子）推算出子代的性状比例，如果该比例与实际测量的比例相近，那么该性状就可能如我们的假定所言由某一位点的基因型决定，这样一来生物体该性状的性状值就能够通过该位点上的基因型得到解释了。下面，我们来看一下萨卡尔为什么认为上述解释属于抽象层级还原。该解释显然符合抽象层级条件，原因与上一部分中的连锁分析完全相同，即该解释中存在一个形如"等位基因→位点→基因型→表现型"的结构，而萨卡尔认为这个结构属于抽象层级结构。接下来，我们看一下上述解释是否完全满足根本主义条件。上述解释显然满足根本主义条件的前两个子条件，因为该解释中的解释者和待解释者分别来自上述抽象层级结构中的"基因型"层级和"表现型"层级，而我们通常认为前一个层级的规则比后一个更为根本。现在我们把目光转向关键的第三个子条件（我们能够在不运用近似的情况下由解释者所在领域的规则推导出待解释者），上一部分的连锁分析就是因为不满足该条件而"沦为"近似抽象层级条件，此处的分离分析与连锁分析在很多方面都极为相似（例如，二者具有相同的解释对象和十分类似的解释过程），为何它却能独善其身呢？要理解这一点，我们首先需要区分开分离分析和连锁分析中的"基因"。连锁分析中的"基因"是作为物理实体的分子遗传学基因，因此该情境中"基因型层级上的规则"属于分子遗传学，而由于分子遗传学中基因型并不能决定性状值，所以我们在上一部分说连锁分析与基因型层级上的规则存在相违背之处（因为连锁分析预设了基因型决定性状值），根本主义条件的第三个子条件因此未能得到满足。而在这一部分中，我们讨论的是经典遗传学中的分离分析，所以这里的"基因型层级"属于经典遗传学，由于经典遗传学中预设了基因型决定性状值，所以尽管分离分析同样预设了基因型决定性状值，但却并不会像连锁分析那样与基因型层级上的规则相违背，所以萨卡尔将连锁分析归类为近似抽象层级还原，而将此处的分离分析归类为抽象层级还原。事实上，上述对两种"基因"的区分使我们联想到前面对经典遗传学与分子遗传学之间半同构半非同构关系的讨论。在那里我们提到，人们对两个学科间同构关系的过分强调导致了今天基因中心论的盛行，而在这里我们看到了对二者同构关系过分强调的另一个后果，那就是对两个学科中同名概念的混淆，比如这里面提到的"基因"概念。所以此处我们再次强调，尽管经典遗传学和分子遗传学之间具有明显的同构性，但二者之间的非同构性同样值得我们关注。

近似强还原指的是满足抽象层级条件、空间层级条件且近似满足根本主义条件的解释还原。具体来说，在近似强还原中我们能够找到抽象层级结构和空间层级结构，在这两个层级结构中解释者所在层级低于待解释者，且前一个层级上的规则比后一个更根本，与此同时该解释还原过程中存在近似。萨卡尔给出的近似强还原实例是疏水性，以下我们对其进行简要的描述。一种物质如果具有疏水性，那么当我们把该物质置入水中后，它会因为"疏远"水而通过疏水键的作用聚集成团。物质的疏水性在分子生物学的很多解释过程中扮演着极为重要的角色。例如，当我们试图解释一个蛋白质的功能时，蛋白质的空间构型是我们经常引用的重要解释元素之一（如有关酶的"锁—钥匙"模型），而一个蛋白质的空间构型在很大程度上取决于其氨基酸的疏水性，因为疏水氨基酸倾向于聚集在蛋白质内部，而亲水性氨基酸则倾向于显露在蛋白质的表面。所以，我们往往能够通过物质的疏水性来解释蛋白质的功能，而萨卡尔认为这种解释属于近似强还原，下面我们来看一下他做出该论断的理由。首先，该解释显然满足空间层级条件，因为它里面存在一个形如"氨基酸→蛋白质"的空间层级结构。其次，我们看一下该解释是否满足抽象层级条件。表面上看，我们在该解释中根本找不到任何抽象层级结构，而萨卡尔本人也并没有指出该解释中的抽象层级结构是什么，那么为什么萨卡尔会认为该解释满足抽象层级条件呢？原因在于萨卡尔似乎主张空间层级结构是抽象层级结构的极限情形。前面提到，萨卡尔对于抽象层级结构的描述极为含混，除了说该结构中的相邻层级间不构成空间上的整体—部分关系之外，他只是给出了该结构的一个实例，即"等位基因→位点→基因型→表现型"。而我们之所以推测萨卡尔主张空间层级结构是抽象层级结构的极限情形，原因就在于这个实例。该实例中，等位基因与基因型之间显然构成整体—部分关系，无论这里的"基因"是经典遗传学基因还是分子遗传学基因（当然，如果是经典遗传学基因，那么这种整体—部分关系就不是空间上的，而是抽象的整体—部分关系，因为经典遗传学基因属于理论实体），又因为空间层级结构中相邻层级间构成的正是整体—部分关系，所以我们认为抽象层级结构可以看作空间层级结构的近似，换句话说，空间层级结构可以看作抽象层级结构的极限。如果是这样，那么上述有关疏水性的解释中的空间层级结构就可以看作极限化的抽象层级结构，因此该解释也就满足了抽象层级条件。不过，如果以上是萨卡尔认为该解释满足抽象层级条件的真正原因，那么我们认为他在此处对抽象层级条件的强调是不必要的，因为如果一个解释还原满足了空间层级条件，那么它也就自动满足了抽象层级条件。最后，来看一下为什么上述有关疏水性的解释仅仅近似满足根本主义条件。该解释中，解释者（氨基酸的疏水性）来自上述空间层级结构中的"氨基酸"层级，而待解释者（蛋白质的功能）来自"蛋白质"层级，由于我们通常认为较微观层级上的规则比较宏观层级上的规则更为根本，所以该解释满足根本主义条件的前两个子条件。可惜的是，该解释不满足第三个子条件，因为该解释过程中存在近似：萨卡尔认为有关疏水性的计算依托于一个有关水分子的模型，而这个模型是对实际情形的一种近似。[①]具体来说，在有关疏水性的计算中，我们通常预设每个水分子中的化学键都是刚性化学键，每个水分子都与其他分子形成四个氢键，并且水分子与水分子之间维持一种静态关系。然而，以上预设都不是水分子的真实存在状态，所以建立在它们之上的有关疏水性的计算仅仅是一种近似，而建立在该计算之上的上述有关疏水性的解释也就同样仅仅是一种近似，因此它不满足根本主义条件的第三个子条件。

萨卡尔的最后一个解释还原类型叫作强还原，它指的是满足抽象层级条

---

① 参见 Sarkar, S., *Genetics and Reductionism*, Cambridge University Press, 1998, p. 246。

件、空间层级条件且完全满足根本主义条件的解释还原过程。具体来说，它与上一部分中的近似强还原极为类似，唯一的区别在于近似强还原仅仅是近似满足根本主义条件，而此处的强还原完全满足根本主义条件，也就是说，强还原作为一个解释过程完全不存在近似。当然，鉴于在上一部分中对抽象层级条件的讨论，出于同样的原因我们认为萨卡尔此处对于抽象层级条件的强调是没有必要的。跟前面几种解释还原类型不同，萨卡尔没有给出强还原的实例，因为他认为生物学中不存在严格意义上的强还原：生物学中的解释过程多多少少存在近似的成分（就像上一部分中有关疏水性的解释那样），这与根本主义条件的第三个子条件相违背，所以不能说完全满足根本主义条件。针对于此，萨卡尔以分子生物学为例进行了说明。分子生物学中的很多解释过程包含以下四个预设：①弱相互作用预设，即生物大分子之间的弱相互作用在相关现象的发生中扮演了至关重要的角色；②结构决定功能预设，即生物大分子的结构决定了它的功能；③分子形状预设，即对于一个生物大分子而言，它的核心性质仅仅包括该分子的大小、形状以及其各个区域的常规性质（例如疏水性）；④锁和钥匙预设，即生物大分子之间的结合就如同锁与钥匙之间的结合一样，依靠的是形状上的匹配。① 然而，萨卡尔指出上述四条预设实际上都存在不同程度上的近似，所以对于包含这四条预设的大量分子生物学解释而言，它们都不能算是强还原，而只能算是上一部分中的近似强还原。不过这里有一个问题，为什么我们不把这些近似强还原替换成更为精确的强还原，反而允许前者在分子生物学中大量存在呢？首先，强还原相对于近似强还原的优势是显而易见的，即前者更为精确，因为后者存在近似而前者完全不存在近似。其次，在某些情境中近似强还原相对强还原的优势同样是十分明显的，即前者更为简洁。具体来说，如果我们想要用一个强还原来替换一个近似强还原，那么前者中解释者所在的层级往往要低于后者。例如，如果近似强还原中的解释者是生物大分子，那么相应强还原中的解释者可能就得是构成这些大分子的原子。解释者所在层级下降的一个直接后果就是解释过程的复杂化，因为构成上述大分子的原子数量显然远远大于生物大分子本身的数量，而这意味着相应的解释

① 参见 Sarkar, S., *Genetics and Reductionism*, Cambridge University Press, 1998, p. 246。

要把更多的解释元素纳入考量之中。所以说，针对同一待解释者，我们往往需要在精确的强还原和简洁的近似强还原之间进行一番权衡，如果近似强还原的简洁性足以弥补其精确性上的缺失，那么我们往往会选择近似强还原，而这正是我们允许分子生物学（以及很多其他的生物学子学科）中存在大量近似强还原的原因。

至此我们已经完成了对萨卡尔提出的五种解释还原的介绍，而这五种解释还原存在明显的递进关系：弱还原只满足根本主义条件；近似抽象层级还原和抽象层级还原满足根本主义条件和抽象层级条件，但前者仅仅近似满足根本主义条件，而后者完全满足；近似强还原和强还原满足根本主义条件、抽象层级条件和空间层级条件，不过前者只是近似满足根本主义条件，而后者完全满足。那么，我们在接下来要讨论的解释还原是否包含以上全部五种类型呢？并非如此，事实上我们接下来要讨论的解释还原仅仅涉及后两种包含空间层级结构的解释还原（近似强还原和强还原），而这样做的原因如下。前面提到，生物学哲学中有关解释还原是什么存在众多版本的说法，而以上介绍的仅仅是萨卡尔的一家之言（当然，是我们认为最具有包容性的一种），我们在综合考虑了其他若干具有代表性的版本之后认为，生物学哲学中的解释还原通常指的是仅仅通过部分性质解释整体性质的过程，而这显然对应上述五种解释还原中的近似强还原和强还原，因为这两种解释还原中都包含由整体和部分构成的空间层级结构，且它们都是通过部分层级解释整体层级的解释过程。[1] 现在我们对解释还原已经有了较为充分的了解，接下来就正式进入有关解释还原的讨论，这一部分的讨论大致包含两个议题：弱解释还原论和强解释还原论，我们会在接下来的两节中进行讨论。

---

① Delehanty, M., "Emergent Properties and the Context Objection to Reduction", *Biology and Philosophy*, 2005, Vol. 4, No. 20, pp. 715 – 734. Kauffman S A., "Articulation of Parts Explanation in Biology and the Rational Search for Them", *Psa Proceedings of the Biennial Meeting of the Philosophy of Ence Association*, 1970, pp. 257 – 272. Wimsatt, W. C., *Complexity and Organization*, Topics in the Philosophy of Biology. (eds.) Marjorie Grene, Everett Mendelsohn. Springer, Dordrecht, 1976, pp. 174 – 193. Bechtel, W., "Integrating Sciences by Creating New Disciplines: The Case of Cell Biology", *Biology & Philosophy*, 1993, Vol. 3, No. 8, pp. 277 – 299.

第二节　弱解释还原论：整体是否总能够
仅仅通过部分得到解释？

我们在本研究中用弱解释还原论指称这样一种常见观点，它认为任意系统的任意整体性质都对应着一个解释还原过程，换句话说，任意系统的任意整体性质都能够仅仅通过部分性质得到解释。事实上，后一种表述是弱解释还原论更为常见的表述，因此我们在接下来的讨论中主要使用这一表述。不过，在正式开始有关弱解释还原论的讨论之前，我们有一项至关重要的准备工作要做，那就是辩护讨论弱解释还原论的必要性，因为这项准备工作的缺失显然足以架空我们下面全部有关弱解释还原论的讨论。表面上看讨论弱解释还原论是没有必要的，因为如果我们承认如下意义上的物理主义，即一切系统都只由物质构成，那么我们也就应当接受弱解释还原论，因为我们难以想象对于一个仅由物质构成的系统来说，我们为什么不能把它划分成若干部分，然后通过这些部分的性质解释整体的性质呢？反过来说，如果一个系统不能够仅仅通过部分得到解释，那么唯一可能的原因似乎就是该系统中存在某些神秘的非物质成分，比如活力论中的活力和燃素论中的燃素。然而，正如同罗森伯格指出的那样，尽管大部分人都接受物理主义，但却有相当一部分人不接受弱解释还原论[1]，本研究正是基于这一立场，理由如下。解释活动具有较强的主观性，即它强烈地依赖于认识主体。试想这样一个例子，高中物理和大学物理都涉及对动力学现象的解释，不同的是，前者使用了初等数学，而后者使用了微积分。设想我们把运用微积分的解释放在一个接受了微积分训练的大学生面前，那么他会在一番演算后欣然承认该解释的确成功完成了解释任务；而如果我们把同样的解释放在完全没有接受过微积分训练的高中生面前，那么他会认为该解释并没有完成对相关现象的解释，因为他甚至根本不理解面前的解释究竟说的是什么。由此可见，一个过程是否属于解释强烈地依赖于认识主体的认知水平，而这一洞见的意义在于向我们指

---

① 参见 Rosenberg, A., *Darwinian Reductionism: Or, How to Stop Worrying and Love Molecular Biology*, University of Chicago Press, 2006, p. 272。

出，尽管物理主义的成立保证了系统仅由物质构成，但它却不能保证针对整体性质的仅仅包含构成部分性质的"解释"相对于人类（当然，还包括人类制造的工具）的认知水平而言真的构成一种解释，因为这种解释有可能像上面例子中运用微积分的解释那样，在未接受过微积分训练的高中生来看来并不构成解释。当然，人们可能会质疑说人类的认知水平不会出现类似的局限，或者说即便出现了类似的局限，人类也可以通过工具来突破这一局限。我们并不否认该质疑的合理性，但至于说该质疑是否真的成立，这恐怕仍是一个有待检验的问题，而在该质疑得到验证之前，讨论弱解释还原论成立与否将一直是有意义的。在辩护完讨论弱解释还原论的必要性之后，下面我们正式进入对弱解释还原论的讨论。接下来的四部分是四个极具代表性的反对弱解释还原论的论证（突现论证、情境论证、多重实现论证和原因论证），通过对每一个论证指出其中存在的纰漏，我们为弱解释还原论做出了辩护。我们的结论是，尽管近年来涌现出诸多反对弱解释还原论的论证（以突现论证为首），但它们尚且不能从根本上对弱解释还原论构成威胁。

一 反弱解释还原论证一：突现论证

第一个反对弱解释还原论的论证是突现论证，而它同时也是最具代表性的反弱解释还原论证。突现论证的内容是说，对于一个生物学中的系统而言，它可能具有突现性质（emergent properties），而这些突现性质不能够仅仅通过系统部分的性质得到解释。[①] 显然，该论证中最关键的但同时也最有待解释的概念就是"突现性质"，所以在评判该论证是否成立之前，我们首先厘清一下何为突现性质。与大部分热门词语一样，突现性质在不同学科中往往表达着不同的含义。例如，保罗·威廉·汉弗莱（Paul William Humphreys）曾在他的一个短期课程中提及，他为来自包括计算机、生物学和物理学等不同领域的研究者都做过有关突现现象的报告，而他经常遇到的一个问题就是同样一个性质在一个领域中被接受为突现性质，而在其他领域中却

---

① 参见 Delehanty, M., "Emergent Properties and the Context Objection to Reduction", *Biology and Philosophy*, 2005, Vol. 4, No. 20, pp. 715 – 734; Laubichler, M. D. & Wagner, G. P., "How Molecular is Molecular Developmental Biology? A Reply to Alex Rosenberg's Reductionism Redux: Computing the Embryo", *Biology and Philosophy*, 2001, Vol. 1, No. 16, pp. 53 – 67。

遭到拒斥。由于本书全篇都以生物学为背景展开讨论，所以我们此处仅仅把目光局限在生物学家关注的突现性质上，而有关这类突现性质我们选择了威姆萨特（Wimsatt）给出的定义：一个系统的突现性质指的是依赖于构成该系统的各部分间的组织结构（mode of organization）的性质。[1] 也就是说，只有当系统的各个部分之间呈现出某种特定的组织结构时，该系统才具有相应的突现性质，一旦部分之间的组织结构发生了变化，该系统很可能就不再具有这种性质了。这里，我们选择接受威姆萨特对于突现性质的定义的原因是，生物学家所说的突现性质的标志性特征是"整体大于部分之和"，而威姆萨特的定义恰好反映了这一特征。[2] 要理解这一点，我们首先必须考察一下"整体大于部分之和"的含义。这里的"和"显然对应实数中的加法运算，该运算包含两个重要性质，即交换律"$a+b=b+a$"和结合律"$a+(b+c)=(a+b)+c$"，而这两个性质的直接后果是不论 n 个实数 a_1，a_2，$\cdots$，a_n以怎样的顺序相加，其和都是相同的。因此，"和"的一个重要特点是它仅仅与构成它的各个部分的性质相关（即 a_1，a_2，$\cdots$，a_n的取值），而与部分之间的组织结构无关（即 a_1，a_2，$\cdots$，a_n的排列顺序）。基于此，本研究认为当我们说整体大于部分之和时，我们想要表达的真正含义是整体的性质不仅与部分的性质相关，还与各个部分之间的组织结构相关，而这正是威姆萨特对突现性质的定义。事实上，威姆萨特不仅给出了突现性质的定义，他还进一步给出了突现性质的若干判定条件，当然，这些判定条件的用意都在于检测相关的整体性质是否依赖于部分间的组织结构。具体而言，某系统性质如果能够被称作突现性质，那么它至少需要违背以下四个条件之一。

①可互换（inter-substitution）条件，即当我们调换系统各部分在系统组织结构中的位置后，该系统性质不发生变化；②定性相似（qualitative similarity）条件，即当我们增加或减少系统的某些部分后，该系统性质不会发生定性的变化（出现或消失），尽管它可能发生定量的变化（增强或减弱）；

---

① 参见 Wimsatt, William C., "Aggregativity: Reductive Heuristics for Finding Emergence", *Philosophy of Science*, 1997, p. 64。

② 参见 Wimsatt, William C., "Aggregativity: Reductive Heuristics for Finding Emergence", *Philosophy of Science*, 1997, p. 64。

③拆合（Decomposition and reaggregation）条件，即当我们把系统中的某些部分合并为一个部分，或者把系统中的某一部分拆分为多个部分时，该系统性质不发生变化；④线性（linearity）条件，即如果我们把该系统性质看作部分性质的一个函数 f（x），其中 x =（x_1, …, x_n），x_1, …, x_n 对应 n 个部分相关性质的取值，f（x）表示该系统性质的取值，那么 f 是一个线性函数，即 f（ax + b）= af（x）+ b，而这意味着系统各部分之间处于相对独立的状态，不存在拮抗作用和协同作用。[①] 至此我们已经掌握了生物学中突现性质的定义以及判定标准，但笔者认为在进入有关突现论证的讨论之前我们有必要引入一个突现性质的具体案例，让我们对突现性质有一个更为直观的印象。我们的案例来自发育生物学。在有脊椎动物的肾脏发育过程中，一个重要的事件是两个间介中胚层（Intermediate mesoderm）组织，即输尿管芽（Ureteric bud）和生后肾间质（Metanephrogenic mesenchyme）之间的诱导作用（Induction）。具体来说，生后肾间质诱导输尿管芽生长并分支，反过来，输尿管芽诱导生后肾间质中的间质细胞（Mesenchyme cell）成为上皮细胞（Epithelial cell），而这些上皮细胞最终聚集并发育成为肾单位（Renal nephron）。[②] 然而，如果我们将输尿管芽和生后肾间质分离开来并分别进行培养，那么输尿管芽由于缺失了生后肾间质的诱导作用将不再生长和分支，同时，生后肾间质中的间质细胞由于缺少了输尿管芽的诱导作用会迅速发生细胞凋零。[③] 现在，我们将输尿管芽和生后肾间质看作一个系统，则"能够发育成为肾脏"就是这个系统的一个性质，而该性质完全符合上述有关突现性质的定义（即突现性质依赖于部分间的组织结构），因为当二者的组织结构从"相邻"变为"分离"时，系统将不再具有该性质。不仅如此，该性质甚至还符合"整体大于部分"这一突现性质的标志性特征。具体来说，当我们把输尿管芽和生后肾间质作为一个整体进行培养时，我们得到的是一个肾

---

① 参见 Wimsatt, William C., "Aggregativity: Reductive Heuristics for Finding Emergence", *Philosophy of Science*, 1997, p. 64。

② 参见 Gilbert, S. F., *Developmental Biology*, Tenth Edition, Sinauer Associates, Inc., Publishers, Sunderland, MA, USA, 2014, p. 1。

③ 参见 Gilbert, S. F., *Developmental Biology*, Tenth Edition, Sinauer Associates, Inc., Publishers, Sunderland, MA, USA, 2014, p. 1。

脏；而当我们把它们分开培养时，我们得到的部分之和仅仅是一个不生长且不分支的输尿管芽加上一个凋零的生后肾间质，所以在该情境中整体显然大于部分之和。

解释完突现性质的含义之后，我们现在正式进入有关突现论证的讨论。事实上，一旦我们把生物学中的突现性质理解为依赖于部分间组织结构的整体性质，突现论证便已经失去了相当一部分的效力。之所以这样说，原因在于突现论证的很大一部分效力源自突现性质本身具有的神秘性，而威姆萨特对突现性质的定义彻底驱散了这种神秘性——突现性质不过是一些与部分间组织结构相关的性质。具体来说，以"意识"这一当前备受科学家和哲学家关注的突现性质为例，它显然具有极大的神秘性，因为尽管今天的人们大都接受意识主要产生自大脑，但人们仍然困惑于意识作为一种精神性的存在究竟是何以从大脑这一物质性的基质中生发出来的。这种神秘性的重要后果之一就是动摇了人们把意识还原为大脑各部分性质的信心，比如心灵哲学早期的心身二元论。然而，如果我们接受了上面威姆萨特对于突现性质的定义，即突现性质不过是依赖于系统各部分间组织结构的整体性质，那么有关意识这一突现性质的神秘性就受到了很大程度的削减，因为这意味着物质性的大脑生成精神性的意识不过是大脑神经元之间特殊组织结构产生的效应。事实上，按照威姆萨特对突现性质的定义，我们生活中常见的大部分系统性质都属于突现性质，因此突现性质可以说被威姆萨特彻底祛魅了。[①] 例如，对于我们日常使用的大部分电器而言，如果我们将其功能看作整体性质，那么这些性质显然强烈地依赖于其各个零件之间的组织结构，即一旦这些组织结构发生变化，这些电器将不再具有这些性质，所以这些性质都属于突现性质。

尽管威姆萨特对突现性质的定义去除了突现性质的神秘性，进而对突现论证构成了一定威胁，但这并没有触及突现论证的根本，因为突现性质的神秘性并非支撑突现论证的核心力量。具体来说，按照威姆萨特有关突现性质的定义，突现性质不仅与系统部分的性质相关，还有各部分间的组织结构相

[①] 参见 Wimsatt, William C., "Aggregativity: Reductive Heuristics for Finding Emergence", *Philosophy of Science*, 1997, p. 64。

关，因此当我们试图解释整体的突现性质时，仅仅依靠部分的性质是不够的，我们必须同时引入部分间的组织结构，而由于该组织结构属于整体性质而非部分性质，所以突现性质不能仅仅通过部分性质得到解释，进而弱解释还原论不成立。这才是支撑突现论证的核心力量，下面我们将主要围绕这一点展开讨论。具体来说，突现论证存在两方面的问题。第一个论证，尽管突现性质的解释需要引入部分间的组织结构，但该组织结构可以被转化为部分性质，这样一来突现性质就能够仅仅通过部分性质得到解释了。例如，我们假定系统 X 由三个部分 x_1、x_2 和 x_3 构成，那么这三个部分间的组织结构可以表述为"x_1、x_2 和 x_3 满足关系 R"，此时组织结构显然属于系统 X 的整体性质。然而我们不难发现，该组织结构可以轻而易举地被转换为另一种等价形式：x_1 与 x_2 和 x_3 分别满足关系 r_{12} 和 r_{13}，x_2 与 x_1 和 x_3 分别满足关系 r_{21} 和 r_{23}，以及 x_3 与 x_1 和 x_2 分别满足关系 r_{31} 和 r_{32}。显然，在该等价形式中组织结构被转化成了 x_1、x_2 和 x_3 这三个部分分别具有的性质，而这样一来，整体的突现性质就能够仅仅通过部分性质得到解释了。不过这里有一个问题，那就是弱解释还原论中涉及的"部分性质"指的是部分脱离系统存在时所具有的性质，而上面由组织结构转化而来的部分性质显然不符合这个条件。例如，当 x_1 脱离系统存在时它不可能具有"与 x_2 和 x_3 分别满足关系 r_{12} 和 r_{13}"这样的性质。所以，我们上面的工作并没有把组织结构转化成严格意义上的部分性质，而这导致上面的论证仍然不足以完全撼动突现论证，为此我们引入下面的第二个论证。弱解释还原论主张任意整体性质都能够仅仅通过部分性质得到解释，该主张中的一个关键词是"仅仅"，它的用意显然在于把某些元素从与整体性质相关的解释过程中排除掉，而我们认为部分间的组织结构并不在被排除掉的元素之列，因此，尽管解释突现性质需要引入部分间的组织结构，但它的出现并不会对弱解释还原论造成威胁。具体来说，本研究认为弱解释还原论中的"仅仅"并不是把除了部分性质之外的一切元素都排除在与整体性质相关的解释过程之外，而只是把整体性质从该解释过程中排除掉了。之所以这样说，是因为对于大部分反对弱解释还原论的论证来说，其主要发力点在于指出当我们试图解释某些整体性质时，我们不仅需要引入部分性质，还必须引入其他的整体性质。以此为基础我们来重新审视一下部分间的组织结构，它一方面当然可以被看作整体性质，因此可以被突现论证拿来反对弱解释还原论。但另一方面，部分间的组织结构还可以被看作相关解释的初始条件，而这样一来它的出现就不会对弱解释还原论构成困扰了，因为上面说过整体性质才是弱解释还原论的重点排除对象。当然，突现论证的支持者可能质疑本研究对弱解释还原论中"仅仅"二字的理解，认为它不只排除了整体性质的出现，还排除了初始条件（甚至更多其他元素）的出现。的确，如果我们这样严苛地解读"仅仅"二字，那么弱解释还原论确实就不再成立了，但显然突现论证因此取得的胜利几乎是没有任何意义的，因为如果弱解释还原论要求有关整体性质的解释除了包含部分性质之外不能够包含初始条件（甚至更多其他元素），那么我们根本没有必要讨论弱解释还原论的正确性，因为它显然是错的——生物学中的大部分解释都包含了系统的初始条件。例如，在上面有关肾脏发育的案例中，如果我们要解释肾脏是如何发育的，那么我们必然要引入"输尿管芽和生后肾间质相互毗邻"这一初始条件。再例如，分子生物学中有关基因转录的解释中同样包含相关系统的初始条件，即组蛋白处于松绑状态、DNA 处于暴露状态和转录因子处于生成状态等。[1] 因此，弱解释还原论的讨论要想有意义，其定义中"仅仅"的含义必须被有选择地放宽（即至少不能把初始条件排除在外），而一旦放宽之后，突现论证对弱解释还原论的反驳也就随之失效了。

二　反弱解释还原论证二：情境论证

讨论完突现论证之后，我们现在把视线转向另一个极具代表性的反对弱解释还原论的论证——情境论证。情境论证的内容是说，对于生物学中的很多系统而言，系统的各个部分只有在处于该系统之中时才具有某些性质，这类性质被叫作情境依赖性质，当我们用这些情境依赖性质去解释整体性质时，表面上看解释过程中仅仅包含部分性质，但实际上却被暗中掺杂了整体层级上的元素，因为解释过程中的部分性质依赖于整体的存在，所以在这类情境中整体性质不能仅仅通过部分性质得到解释，弱解释还原论

---

① 参见 Gilbert, S. F., *Developmental Biology*, Tenth Edition, Sinauer Associates, Inc., Publishers, Sunderland, MA, USA, 2014, p. 1。

因此不成立。[①] 情境论证作为一个反弱解释还原论证有着其特殊的意义，因为它对情境依赖性质的强调促成了现今一个新兴生物学学科的诞生——系统生物学，该学科的核心立场之一就是坚持在整体中研究部分，而非把部分抽离出来孤立地进行研究。[②] 与上一部分中有关突现论证的讨论不同，本部分将采用案例式的讨论方式，即首先给出突现论证的一个具体案例，然后就这个案例指出系统部分的情境依赖性质可以被等价地转化为非情境依赖性质（即部分脱离系统存在时具有的性质）加上系统部分间的组织结构，由于上一部分中我们已经指出组织结构的出现不会对弱解释还原论构成威胁，所以情境依赖性质的出现也就不再对弱解释还原论构成威胁了。这就是本部分讨论的一个大致轮廓，而接下来我们立即引入讨论所需的突现论证案例。

我们的案例来自生态学中的一个经典模型——Volterra 模型。生态学家们长期以来都十分关注同一地域内不同物种间对资源的竞争，而 Volterra 模型正是为研究这种竞争而提出的经典模型之一。[③] 假定有 n 个物种共同生存在同一地理环境之中，这些物种间不存在捕食关系，但它们之间相互竞争资源。当这 n 个物种中的任意一个单独生存在该地理环境之中时，我们假定其生物体数量呈现指数式的增长规律，即：

$$\dot{x}_I(t) = \beta_I \cdot x_I(t)$$

其中 $x_I(t)$ 表示 I 物种在 t 时刻的生物体数量，$\dot{x}_I(t)$ 是 $x_I(t)$ 的导数，它表示的是 I 物种在 t 时刻生物体数量的增长率，β_I 是一个常数，它的值越大，I 物种生物体的指数增长越陡峭，这一点可以从上述微分方程的一般解中看出来，

$$x_I(t) = x_I(0) \cdot e^{\beta_I t}$$

① 参见 Delehanty, M., "Emergent Properties and the Context Objection to Reduction", *Biology and Philosophy*, 2005, Vol. 4, No. 20, pp. 715 – 734; Laubichler, M. D. & Wagner, G. P., "How Molecular is Molecular Developmental Biology? A Reply to Alex Rosenberg's Reductionism Redux: Computing the Embryo", *Biology and Philosophy*, 2001, Vol. 1, No. 16, pp. 53 – 67; Gilbert, S. F., *Developmental Biology*, Tenth Edition, Sinauer Associates, Inc., Publishers, Sunderland, MA, USA, 2014, p. 1。

② 参见 Gilbert, S. F., *Developmental Biology*, Tenth Edition, Sinauer Associates, Inc., Publishers, Sunderland, MA, USA, 2014, p. 1。

③ 参见 Luenberger, D. G., *Introduction to Dynamic Systems: Theory, Models, and Applications*, Wiley, New York, 1979, p. 446。

不过，一旦 n 个物种被同时放置在一个地理环境之中，每个物种的生物体数量显然无法再按照上面的指数增长规律发生变化，因为我们已经预设了这 n 个物种间相互竞争资源，而竞争的存在必然会在不同程度上抑制各个物种生物体数量的增长。因此，当 n 个物种共存于一个地理环境之中时，我们用以下微分方程描述物种 i 的生物体数量的变化规律：

$$\dot{x}_i(t) = [\beta_i - \gamma_i F(x(t))] x_i(t)$$

其中 $F(x(t)) = \sum_{i=1}^{n} \alpha_i x_i(t)$。$F(x(t))$ 反映的是 n 个物种资源消耗的总和，其中的 αi 反映的是 i 物种对资源的消耗能力；γ_i 反映的是 i 物种生物体数量的增长率对 $F(x(t))$ 的敏感程度。现在我们令上面微分方程 $\dot{x}_i(t) = [\beta_i - \gamma_i F(x(t))] x_i(t)$ 中的 i 从 1 一直取值到 n，则我们就得到了如下形式的动态系统：

$$\dot{x}_1(t) = [\beta_1 - \gamma_1 F(x(t))] x_1(t)$$
$$\dot{x}_2(t) = [\beta_2 - \gamma_2 F(x(t))] x_2(t)$$
$$\cdots$$
$$\dot{x}_n(t) = [\beta_n - \gamma_n F(x(t))] x_n(t)$$

而这个动态系统就是生态学中的 Volterra 模型，其中我们设定：

$$x(t) = \begin{bmatrix} x_1(t) \\ x_2(t) \\ \vdots \\ x_n(t) \end{bmatrix}$$

那么，这个模型究竟是如何解释存在竞争关系的 n 个物种的生物体数量的变化规律的呢？该动态系统具有 n+1 个平衡点，其中平衡点的含义是说 $\bar{x}$ 是上述动态系统的平衡点当且仅当如果 $x(t_0) = \bar{x}$，那么当 $t > t_0$ 时，$x(t) = \bar{x}$。所以，上述动态系统一旦在某一时刻处于平衡点 $\bar{x}$ 之上，那么在以后的时间里它将一直处于该平衡点之上。接下来我们判定一下这些平衡点的稳定性。上述 n+1 个平衡点之中，一个平衡点是 0，另外 n 个平衡点的形式为：

$$\begin{bmatrix} 0 \\ \vdots \\ 0 \\ \dfrac{\beta_i}{\alpha_i \gamma_i} \\ 0 \\ \vdots \\ 0 \end{bmatrix}$$

其中 i 从 1 一直取到 n。对该动态系统在 $\bar{x}_1$ 处进行线性化处理之后，我们发现当 $\beta_1/\gamma_1 > \beta_i/\gamma_i$ 时，平衡点 $\bar{x}_1$ 是稳定平衡点，这里稳定平衡点的含义是说如果系统的初始状态 $x(0)$ 足够接近平衡点 $\bar{x}_1$，那么从长远来看该系统未来的状态 $x(t)$ 也将位于 $\bar{x}_1$ 的附近，换句话说，如果我们能够绘制出系统状态变化的轨迹，那么该轨迹从长远来看将围绕着平衡点 $\bar{x}_1$ 延伸。现在，我们就能够解释当 $\beta_1/\gamma_1 > \beta_i/\gamma_i$ 时 n 个物种的生物体数量随时间的变化规律了：之所以该条件下除 1 物种之外其他物种的生物体数量都趋向于 0，原因在于该条件下 $\bar{x}_1$ 是稳定平衡点。以上就是 Volterra 模型的大致内容，而接下来我们考虑这样一个问题：为什么上述情境中 $\bar{x}_1$ 是动态系统的稳定平衡点呢？换句话说，如何解释"$\bar{x}_1$ 是动态系统的稳定平衡点"这一系统性质呢？显然，系统之所以具有该整体性质，原因在于 $x(t)$ 具有某种特殊的性质，而这种性质导致了当 $x(0)$ 足够接近 $\bar{x}_1$ 时，从长远来看该系统的状态 $x(t)$ 将趋向于 $\bar{x}_1$。那么，$x(t)$ 又为什么具有这种性质呢？显然这可以通过 $x_i(t)$ 所具有的性质得到解释，而由于 $x_i(t)$ 属于部分性质（因为 $x_i(t)$ 代表的是 i 物种的生物体数量随时间的变化规律），所以表面上看系统的整体性质"$\bar{x}_1$ 是动态系统的稳定平衡点"能够仅仅通过部分性质 $x_i(t)$ 得到解释。然而，情境论证会否定这一结论，其理由如下。$x_i(t)$ 属于情境依赖性质，因为 i 物种只有在处于由 n 个物种构成的系统之中时其生物体数量才会呈现 $x_i(t)$ 的变化规律，一旦 i 物种独立存在，那么其生物体数量将按照 $x_1(t) = x_1(0) \cdot e^{\beta t}$ 的规律发生变化。所以说，当我们用部分性质 $x_i(t)$ 去解释整体性质"$\bar{x}_1$ 是动态系统的稳定平衡点"时，我们实际上在暗中引入了来自整体层级上的某些元素，而这与弱解释还原论的要求相抵触，因此该案例表明弱解释还原论不成立。这就是情境论证的一个具体案例，而接下来我们将就这个案例指出情境论证对弱解释还原论的批评是错误的。

情境论证认为 $x_i(t)$ 属于情境依赖性质，我们完全认同这一点，因为就像上面说的那样，i 物种一旦脱离由 n 个物种构成的系统，它的生物体数量将不再按照 $x_i(t)$ 变化，而是按照 $x_1(t)$ 呈现指数式的增长。然而，我们认为该情境依赖性质可以被等价地转化为非情境依赖性质加上系统部分间的组织结构。具体来说，当 i 物种从独立生存状态进入与其他 $n-1$ 个物种的共同生存状态后，其生物体变化规律之所以从 $x_1(t)$ 变化为 $x_i(t)$，原因就在于它与其他物种之间发生了竞争关系，所以如果我们把这种竞争关系看作系统的组织结构，那么 i 物种在共存状态下生物体数量的变化规律 $x_i(t)$ 就能够通过它独立生存状态下生物体数量的变化规律 $x_1(t)$ 加上由竞争关系构成的组织结构获得解释了。这样一来，我们就把情境依赖性质 $x_i(t)$ 转化成为非情境依赖性质加上系统部分间的组织结构，而由于我们在上面讨论突现论证时曾指出部分间组织结构的存在并不对弱解释还原论构成威胁，所以就该案例而言情境论证并不能否定弱解释还原论。不过这仅仅是一个单独的案例，我们能否把该案例中的结论外推出去呢？本研究认为是可以的，因为站在一般层面上来说，系统部分之所以在脱离系统后就不再具有情境依赖性质，原因是它丢失了与系统其他部分之间的关系，由于这种关系可以被看作系统的组织结构，所以情境依赖性质能够像在上面的案例中那样被等价地转化为非情境依赖性质加上部分间的组织结构，而这样一来上面的结论就能够被外推到一般情形之中了。

三 反弱解释还原论证三：多重实现论证

在生物学哲学中，多重实现论证是一类经典的反还原论证，不过它通常反的并非弱解释还原论，而是理论还原。近年来，随着生物学哲学中有关还原的讨论逐渐由理论还原向解释还原过渡，多重实现论证在一定程度上受到了生物学哲学家的冷落。本研究认为，多重实现论证在今天有关解释还原的讨论中依然具有十分重要的意义，因为第一，多重实现论证不仅能够反理论还原，也能够反弱解释还原；第二，多重实现论证可以看作我们下一部分要讨论的原因论证的雏形，原因论证是最根本的反弱解释还原论证，因为上面的突现论证和情境依赖论证都可以看作从原因论证衍生而来（有关这一点我们将在下一部分讨论原因论证时给出具体的说明）。因此，我们将在这一部分中就多重实现论证进行讨论。具体来说，多重实现论证认为如果一类生物学现象能够在某一个空间层级 A 上获得较为统一的解释，且该解释过程在低于 A 的空间层级 B 上被多重实现，那么无论空间层级 A 上的解释过程在空间层级 B 上是如何实现的，只要空间层级 A 上的解释过程发生，该类生物学现象都会发生，而这就意味着空间层级 B 上的解释过程并非解释相关，空间层级 A 上的解释过程才是解释相关的。由于我们不能够把一个解释相关的解释过程还原为一个解释不相关的解释过程，所以层级 A 上的解释过程不能被还原为层级 B 上的解释过程。[①] 当然，此处的还原原本指的是理论还原，但因为在这个还原过程中空间层级 A 和 B 构成了一个空间层级关系，所以此处的还原也可以理解为解释还原，即将空间层级 A 上的解释过程理解为系统的整体性质，而将空间层级 B 上的解释过程看作通过系统部分的性质对这一整体性质的解释过程。

与上一部分中对情境论证的讨论类似，接下来我们将首先把多重实现论证放置在一个具体案例之中，然后就这个案例对多重实现论证进行讨论。我们的案例来自细胞有丝分裂。[②] 对于有丝分裂这类生物学现象来说，我们给出的解释通常发生在细胞器层级上，而该解释过程大致包括染色体复制、纺锤体形成、姐妹染色单体分离和子细胞形成这几个步骤。现在我们从细胞器层级向下走到大分子层级，这时候我们会发现上述细胞器层级上的解释过程可以在大分子层级上被多重实现，即不同物种（甚至同一物种的不同亚种）的细胞往往使用不同的大分子以不同的机制完成上述解释过程中的每一个步

---

① 参见 Hull, D. L., "Reduction in Genetics—Biology or Philosophy?", *Philosophy of Science*, 1972, Vol. 4, No. 39, pp. 491 – 499; Hull, D. L., *Philosophy of Biological Science*, Prentice-Hall, 1974, p. 148; Kitcher, Philip, "1953 and All That: A Tale of Two Sciences", *Philosophical Review*, 1984, Vol. 3, No. 93, pp. 335 – 373; Fodor, J. A., "Special Sciences (or: The Disunity of Science as A Working Hypothesis)", *Synthese*, 1974, Vol. 2, No. 28, pp. 97 – 115。

② 参见 Kitcher, Philip, "1953 and All That: A Tale of Two Sciences", *Philosophical Review*, 1984, Vol. 3, No. 93, pp. 335 – 373。

骤。然而，不管细胞器层级上的解释过程在大分子层级上是如何被实现的，只要细胞器层级上的解释过程发生，细胞就一定会发生有丝分裂，因此就细胞有丝分裂这一类现象来说，大分子层级上的解释过程并非解释相关，细胞器层级上的解释过程才是解释相关的。由于我们不能把一个解释相关的解释过程还原为一个解释不相关的解释过程，所以细胞有丝分裂在细胞器层级上的解释不能够被还原为大分子层级上的解释。以上就是我们选取的有关多重实现论证的案例，接下来我们将在这个具体案例中讨论多重实现论证对弱解释还原论的批评是否正确。

本研究认为，上述案例中的多重实现论证至少存在两方面的问题。首先，多重实现论证反对的是类与类之间的还原（type-type reduction），而弱解释还原论涉及的是个例与个例之间的还原（token-token reduction），因此多重实现论证瞄错了靶子。具体而言，之所以说多重实现论证针对的是类与类之间的还原，原因在于在多重实现论证中待解释的是一类生物学现象（细胞有丝分裂），因此空间层级 A 和空间层级 B 上的解释过程都属于一类解释过程，而它们两个之间的还原也就自然属于类与类之间的还原。然而，对于弱解释还原论来说，它涉及的是一个系统的整体性质能够仅仅通过部分性质得到解释，因此与弱解释还原论相关的是个例与个例之间的还原，而对于这种还原来说多重实现论证是不成立的。在个例与个例之间的还原中，我们涉及的是某个特定的系统，而对于这个系统来说，有关它的任何现象在任何层级上都只存在一种解释过程，比如在上面的案例中，对于某个特定的生物体来说，细胞有丝分裂现象无论在细胞器层级上还是在大分子层级上都只存在一种解释。这样一来，细胞器层级上的解释过程就不能够在大分子层级上被多重实现，而多重实现论证自此以下的论证也就都随之失效了。接下来我们来看多重实现论证面临的第二个问题。在上述案例中，多重实现论证是为了表明细胞器层级上的解释过程不能被还原为大分子层级上的解释过程，因此按照常理来说它应当关注相对于细胞器层级上的解释过程来说大分子层级上的解释过程是否解释相关，但它实际上关注的却是相对于细胞有丝分裂这一现象来说大分子层级上的解释过程是否解释相关，因此笔者认为多重实现论证再一次瞄错了靶子。而事实上，相对于细胞器层级上的解释过程而言，大分子层级上的解释过程显然是解释相关的，因为它让我们理解了细胞层级上的各种活动是如何通过大分子之间的相互作用来实现的。这就好比说，如果我们要解释一个长方体为什么能够穿过一个圆孔，那么相对于这个待解释的现象来说长方体水平上的解释（即长方体横截面能够被包含在圆孔之内）通常被认为是解释相关的，而分子水平上的解释通常被认为是非解释相关的，因为只要长方体水平上的解释过程发生，不管分子水平上的解释是什么，长方体都能够通过圆孔。然而，我们并不能因此就说相对于长方体水平上的解释来说分子水平上的解释是非解释相关的，因为分子水平上的解释能够让我们理解为什么长方体水平上的解释过程会发生，即为什么长方体横截面能够被包含在圆孔之内。

四　反弱解释还原论证四：原因论证

这部分我们讨论最后一类反弱解释还原论证，即原因论证。与前几个论证不同，原因论证不是被明确表述的一个论证，但这个论证至关重要，因为前面的突现论证和情境论证都可以看作原因论证的衍生物：突现论证强调的是突现性质存在的原因并不仅仅包括部分性质，还包括系统的组织结构，而情境依赖论证强调的是系统整体性质存在的原因并非部分独立存在时具有的性质，而是部分处于系统时具有的性质。原因论证建立在一种被称作干预主义的原因理论之上，因此在给出原因论证的内容之前，我们将首先介绍一下这种叫作干预主义的原因理论。[①]

首先，原因理论关注的是在怎样的条件下我们能够说变量 X 是变量 Y 的原因，换句话说，原因理论关注的是当我们说变量 X 是变量 Y 的原因时我们表达的怎样一种含义。原因理论包含很多类别，而干预主义所属的类别被叫作操纵理论（manipulability theory），它的核心思想大致是说，如果当我

---

①　参见 Pearl, J., *Causality: Models, Reasoning and Inference*, Cambridge University Press, 2009, p. 486; Woodward, J., "Explanation, Invariance, and Intervention", *Philosophy of Science*, 1997, Vol. 64, pp. 26 – 41; Woodward, J., "Explanation and Invariance in the Special Sciences", *The British Journal for the Philosophy of Science*, 2000, Vol. 58, pp. 197 – 254; Woodward, J., *Making Things Happen: A Theory of Causal Explanation*, Oxford University Press, 2005, p. 419; Woodward, J., *Causation with A Human Face*, In H. Price & R. Corry (Eds.), *Causation, Physics, and the Constitution of Reality*, Oxford University Press, 2007, pp. 66 – 105; Woodward, J. & Hitchcock, et al., "Explanatory Generalizations, Part I: A Counterfactual Account", *Nous*, 2003, Vol. 37, pp. 1 – 24。

们操纵 X 的取值时（即将 X 从一个值变化为另一个值） Y 的取值会发生相
应的变化，那么我们就可以说 X 是 Y 的原因。在操纵理论这一类别的原因
理论中，干预主义是出现较晚的一种原因理论，而在它出现之前能动性理论
（agency theory）是操纵理论的主要代表。[1] 能动性理论认为 X 是 Y 的原因的
条件是，对于一个自由的能动者（free agent）而言，操纵 X 的取值是操纵 Y
取值的有效途径。具体来说，能动性理论分为决定论和概率论两个版本。决
定论版本的内容是说，X 是 Y 的原因的条件是，当我们将 X 的取值变化为
x_0 时，Y 的取值总是会跟着变化为 y_0。而概率论版本的内容是说，X 是 Y 的
原因的条件是，如果我们把 Y 取值变化为 y_0 的概率记作 P（Y = y_0），同时把
当 X 的取值变化为 x_0 时 Y 的取值变化为 y_0 的概率记作 P（Y = y_0 | X = x_0），
那么 P（Y = y_0 | X = x_0） ＞ P（Y = y_0），即 X 的取值变化为 x_0 这一动作增加
了 Y 的取值变化为 y_0 的概率，尽管 Y 的取值未必会变化为 y_0。不难看出，
决定论版本可以看作概率论版本中 P（Y = y_0 | X = x_0） ＝1 时的特殊情况。
能动性理论通常被认为是一种还原性的原因理论，因为它将"X 是 Y 的原
因"还原成了人的能动性经验。具体来说，能动性理论认为"X 是 Y 的原
因"意味着操纵变量 X 的取值是能动者操纵变量 Y 的取值的有效途径，而
由于后者属于我们生活中常见的能动性经验，即"通过做一件事来实现另一
件事"，所以我们说能动性理论把"变量 X 是变量 Y 的原因"还原成为人的
能动性经验。[2] 作为一种还原性的原因理论，能动性理论成功地避免了很多
原因理论（包括我们马上就要介绍的干预主义）面临的循环性问题，即用
原因概念解释原因概念。[3] 不过，能动性理论却有着属于自己的问题，即它
仅仅适用于我们作为能动者能够对相关变量进行操纵的情形。例如，在"大
陆板块之间的摩擦是 1989 年旧金山地震发生的原因"这一原因关系中存在

① 参见 Menzies, P. & Price, H., "Causation as a Secondary Quality", *The British Journal for the Philosophy of Science*, 1993, Vol. 2, No. 44, pp. 187 – 203; Price, H., "Agency and Probabilistic Causality", *The British Journal for the Philosophy of Science*, 1991, Vol. 2, No. 42, pp. 157 – 176; Price, H., "Agency and Causal Asymmetry", *Mind*, 1992, Vol. 403, No. 101, pp. 501 – 520。

② 参见 Menzies, P. & Price, H., "Causation as a Secondary Quality", *The British Journal for the Philosophy of Science*, 1993, Vol. 2, No. 44, pp. 187 – 203。

③ 参见 Menzies, P. & Price, H., "Causation as a Secondary Quality", *The British Journal for the Philosophy of Science*, 1993, Vol. 2, No. 44, pp. 187 – 203。

着两个变量，它们分别是"大陆板块之间是否发生摩擦"（我们将其记作X）和"1989年旧金山地震是否发生"（我们将其记作Y），由于今天的我们作为能动者尚且不能够操纵变量X，所以能动性理论无法给出X与Y之间原因关系的含义。[①] 能动性理论的支持者曾试图通过引入模型来化解上述问题，即尽管我们在上述案例中不能够操纵X（大陆板块之间是否发生摩擦），但我们完全可以构建一个相关的地质模型，并对模型中大陆板块之间是否发生摩擦（我们它记作变量X'）进行操纵，然后观察模型是否发生地震（我们把它记作变Y'），而这样一来我们就能够通过理解X'与Y'间的原因关系来间接地理解X与Y之间的原因关系了。[②] 然而，模型的引入并不能完全解决上述问题，因为模型总是存在不同程度的近似，尤其是上面用于研究地震现象的地质模型，它里面往往存在着大量的近似，而这就让人们怀疑我们是否能够安心地通过理解X'与Y'间的原因关系来理解X与Y之间的原因关系。为了避开能动性理论面临的上述问题，人们后来提出了一种新的不依赖于能动者的操纵理论，而这就是我们这一部分的主角——干预主义。与能动性理论类似，干预主义同样包含决定论和概率论两个版本。决定论版本说的是，X是Y的原因的条件是，当干预I作用于X时（其结果为X的值取作x），Y的值将发生变化，此时我们用 $Y_{x,Bi} - Y_{x'}$, Bi 来衡量当X的取值从x变为x'时X作用于Y的原因效果（causal effect），其中 $Y_{x,Bi}$ 表示干预I下Y的取值，$Y_{x'}$, Bi 表示干预I'下（其结果为X的值取作x'）Y的取值，Bi表示X和Y所处的背景情境（background context）。[③] 干预主义的概率论版本说的是，当我们将干预I多次作用于X时（其结果为X的值取作x），如果我们将Y每一次取值看作一个试验，将变量Y看作该试验的一个随机变量，那么X是Y的原因的条件是，我们将干预I作用于X时，随机变量Y的期望值将发生变化，尽管Y的值本身可能并不发生变化，此时我

　　① 参见 Menzies, P. & Price, H., "Causation as a Secondary Quality", *The British Journal for the Philosophy of Science*, 1993, Vol. 2, No. 44, pp. 187 – 203。

　　② 参见 Menzies, P. & Price, H., "Causation as a Secondary Quality", *The British Journal for the Philosophy of Science*, 1993, Vol. 2, No. 44, pp. 187 – 203。

　　③ 参见 Woodward, J. & Hitchcock, et al., "Explanatory Generalizations, Part I: A Counterfactual Account", *Nous*, 2003, Vol. 37, pp. 1 – 24。

们用 $EP_{x,Bi}$（Y）$-EP_{x'},Bi$（Y）来衡量衡量当 X 的取值从 x 变为 x'时候 X 作用于 Y 的原因效果，其中 $P_{x,Bi}$（Y）表示干预 I 下随机变量 Y 的概率分布，$EP_{x,Bi}$（Y）表示此时随机变量 Y 的期望值，$P_{x'},Bi$（Y）表示干预 I'（其结果为 X 的值取作 x'）下随机变量 Y 的概率分布，$EP_{x'},Bi$（Y）表示此时随机变量 Y 的期望值，Bi 表示与 X 和 Y 所处的背景情境。无论在干预主义的决定论版本还是概率论版本之中，"干预"都是定义中的核心概念，因此干预主义对何为干预进行了极为严苛的限制。具体来说，干预 I（当其作用于 X 时，X 的值取作 x）应当满足如下条件[①]：

1. I 必须是 X 的唯一原因；
2. I 不改变相关系统中 X 以外其他变量的原因关系；
3. 如果 I 是 Y 的原因，那么从 I 到 Y 的原因路径必然经过 X；
4. 如果 Z 是 Y 的原因且从 Z 到 Y 的原因路径不经过 X，那么 Z 必然不是 I 的原因；
5. 如果 Z 是 Y 的原因且 Z 不在从 I 到 X 到 Y 的原因路径上，那么 I 的变化不会导致 Z 取值的变化。

在对上述五条分别进行说明之前，我们先停下来考察一下干预 I 究竟是一种怎样的存在。前面我们仅仅说 I 作用于 X 的结果是 X 的值取作 x，但并没有给出有关 I 的实质的描述，而从上面的条件 1 中我们可以看出 I 的实质是 X 的原因。根据干预主义的定义（决定论版本），这意味着当干预 J 作用于 I 时（假定其结果为 I 的值取作 i），X 变量的值将变为 x，而这就是当 I 作用于 X 时 X 的值会取作 x 的原因。不过这里有一个问题，即如果干预主义认为干预的本质是原因，那么当我们用干预主义去理解原因关系时，我们实际上已经预设了何为原因关系，而这就是前面我们提到的用原因概念解释原因概念的循环性问题。干预主义承认存在这一问题，但它认为尽管如此，干

① 参见 Woodward, J. & Hitchcock, et al., "Explanatory Generalizations, Part I: A Counterfactual Account", *Nous*, 2003, Vol. 37, pp. 1-24; Huang S, Ernberg I, Kauffman S., "Cancer Attractors: A Systems View of Tumors from A Gene Network Dynamics and Developmental Perspective", *Seminars in Cell and Developmental Biology*, 2009, Vol. 7, No. 20, pp. 869-876。

预主义依然给出了判定 X 与 Y 之间是否存在原因关系的有效途径，即把一个干预 I 作用于 X 之上，然后观察 Y 是否发生变化，而这种实用层面的有效性是其他原因理论（包括前文中不受循环性问题困扰的能动性理论）所不具备的。有关干预的本质我们就说到这里，下面我们回到主线索之上，分别介绍一下上述五个条件的含义。首先我们来看一下条件 1。我们假定相关系统中只存在 X、P 和 Q 三个变量，且 P 和 Q 都是 X 的原因，我们把这一情形记作 P→X←Q，其中箭头的起点是其终点的原因。此时，条件 1 表示的含义是说当我们引入 I 之后，原有的分别从 P 和 Q 指向 X 的原因箭头将被取缔，取而代之的是从 I 出发指向 X 的原因箭头，即原因图式 P→X←Q 将变化为 X←I。下面我们来看条件 2。在上面的例子中 I 的引入取缔了指向 X 的两个原因箭头，那么 I 的引入对于指向 P 和 Q 的原因箭头是否有所影响呢？条件 2 告诉我们答案是否定的，I 对于指向 X 以外的其他变量的原因箭头没有任何影响。综合条件 1 和条件 2，引入干预 I 之后发生变化的仅仅是 X 周围的原因图式，因此如果之后 X 以外的某一变量 Y 的取值发生了变化，那么该变化只能是由干预 I 之下 X 取值的变化引起的，由此我们就可以判定 X 是 Y 的原因；反之，一旦引入干预之后 X 以外的其他变量周围的原因图式也同时发生了变化，那么我们就难以判定 Y 取值变化的原因究竟是 X 取值的变化还是其他变量周围原因图式的改变，进而难以判定 X 是否为 Y 的原因。接下来我们看一下条件 3。首先我们设想形如 X←I→Y 的一个原因图式，在该原因图式之下，当 I 作用于 X 时，Y 的取值也将同时发生变化，因为 I 同时也是 Y 的原因，而这就意味着按照干预主义的观点 X 是的原因。但显然这是错误的，因为按照我们的预设 X 与 Y 之间根本不存在原因箭头。条件 3 的提出正是为了避免与上述情况类似的矛盾的出现，因为条件 3 从一开始就排除了 X←I→Y 这种原因图式的可能性：条件 3 要求 X 必须在从 I 到 Y 的原因路径上。进一步来说，在上述 X←I→Y 原因图式之中，X 与 Y 之间构成的实际上仅仅是关联关系，即当一个发生变化时另一个也发生变化。原因关系一定是关联关系，但并非所有的关联关系都是原因关系，而对于科学家来说他们的一项重要工作就是鉴别出哪些关系仅仅是关联关系，哪些关系是他们真正需要的原因关系，因此上面的条件 3 以及下面要介绍的条件 4 和 5 都是为了把原因关系与非原因关系的关联关系区分开来。下面我们来看一下条件4。首先我们还是设想一个形如"$X \leftarrow I \leftarrow Z \rightarrow Y$"的原因图式。在该原因图式之下，由于 Z 是 Y 的原因，所以当干预 J 作用于 Z 时，Y 的值将发生变化；另一方面，由于 Z 是 I 的原因，所以当干预 J 作用于 Z 时，I 的值将发生变化，又因为 I 是 X 的原因，所以 X 的值也将跟着发生变化。这样一来，总的情况就是当 I 作用于 X 时 Y 的值将发生变化，而按照干预主义这表明 X 是 Y 的原因。但这显然是不正确的，因为在我们预设的原因图示之中 X 与 Y 之间并不存在原因关系。条件 4 的设置正是为了避免上述矛盾的出现，因为根据条件 4，如果 Z 同时是 Y 和 I 的原因，那么 Z 到 Y 的原因路径必然经过 X，而这样一来我们上面预设的原因图式 $X \leftarrow I \leftarrow Z \rightarrow Y$ 就根本不可能发生了。最后我们来看一下条件 5。我们来考虑形如"$X \leftarrow I \cdots Z \rightarrow Y$"的原因图式，其中"$I \cdots Z$"表示 I 与 Z 之间具有关联关系，但未必是原因关系。由于 Z 是 Y 的原因，所以当干预 J 作用于 Z 时 Y 的值将发生变化；另一方面，由于 I 与 Z 存在关联关系，所以 I 的值也将随之发生变化，又因为 I 是 X 的原因，所以 X 值也将跟着发生变化。这样一来，总的情况就是当 I 作用于 X 时 Y 的值将发生变化，而按照干预主义这表明 X 是 Y 的原因。但这显然是错误的，因为在我们的预设中 X 与 Y 之间并不存在原因关系。条件 5 的提出正是为了避免上述矛盾的出现，因为按照条件 5，如果 Z 是 Y 的原因且 I 的变化可以导致 Z 发生变化，那么 Z 必然在从 I 到 X 到 Y 的原因路径上，这就确保了上面的原因图示"$X \leftarrow I \cdots Z \rightarrow Y$"是不可能发生的。综上所述，干预主义对于干预的限制条件大致包括两类：第一类包括条件 1 和条件 2，其目的在于确保单一变量，即控制 X 以外的变量不变，仅仅对 X 进行干预，从而保证 Y 的变化仅仅与 X 的变化有关；第二类条件包括条件 3、4 和条件 5，其目的在于区分关联关系和原因关系，即确保 X 与 Y 之间不仅仅是关联关系，而是关联关系中更为特殊的原因关系。

以上就是对干预主义原因理论的介绍，在此基础上我们现在正式引入原因论证。原因论证的内容是说，生物学中存在这样的系统性质 X，尽管 X 能够仅仅通过系统部分的性质得到解释，但按照干预主义，这些部分性质并非 X 的原因，这样一来上述针对 X 的仅仅包含部分性质的解释实际上根本不能被称作解释，因为在生物学中当我们说部分性质解释了整体性质时，这里的解释通常必须是因果解释。跟上面两个部分的讨论类似，我们在这一部分将首先给出一个具有代表性的原因论证案例，然后在这个具体案例中考察原因论证对于弱解释还原论的批评是否正确。我们的案例来自细胞发育。在多细胞生物中，不同种类的细胞拥有相同的 DNA 序列，而它们之所以具有不同的表现型，原因在于不同的细胞种类具有不同的基因表达状态，即哪些基因处于激活状态，哪些基因处于抑制状态。理论上说，在知晓了一个生物体的全部 DNA 序列之后，我们就可以根据基因间的相互作用列出该生物体细胞所有可能的基因表达状态，而这些基因表达状态的集合就构成了一个基因表达状态空间（以下简称为空间），该生物体细胞的基因表达状态就在该空间中移动。[①] 如果我们把一个细胞中基因的表达看作一个动态系统，那么上述空间中就会有一些点是该动态系统的稳定平衡点，即当细胞的基因表达状态处于这些稳定平衡点附近时，细胞会义无反顾地朝这些稳定平衡点代表的细胞类型发育而去。形象地说，如果我们把基因表达状态空间想象成一个三维空间中的曲面，那么稳定平衡点就是曲面上凹陷处的最低点，当我们把一个小球放在凹陷处的边沿上时，这个小球在重力的作用下会义无反顾地落入凹陷处的最低点，而这就类比于当细胞的基因表达状态处于稳定平衡点附近时，细胞将义无反顾地朝这些稳定平衡点代表的细胞类型发育而去。[②] 事实上，正是由于稳定平衡点的上述性质，它们也经常被叫作吸引子。现在，我们来考虑"细胞 C 发育成为 A 类细胞"这一性质（我们将其记作 X）。令 g_1，…，g_n 代表细胞 C 中基因 1 到基因 n 的初始表达状态（假定该细胞有 n 个基因），则 X 显然可以通过部分性质 g_1，…，g_n 得到解释，即把 g_1，…，g_n 代入描述细胞 C 的基因表达的动态系统之后，我们会发现 C 的基因表达状态将不断趋向 A 类细胞对应的基因表达状态。然而，原因论证会认为上述

---

① 参见 Huang, S., Ernberg, I., Kauffman, S., "Cancer Attractors: A Systems View of Tumors from A Gene Network Dynamics and Developmental Perspective", *Seminars in Cell and Developmental Biology*, 2009, Vol. 7, No. 20, pp. 869 – 876; Huang, S., Eichler, G., Bar-Yam, Y. & Ingber, D. E., "Cell Fates as High-dimensional Attractor States of A Complex Gene Regulatory Network", *Physical review letters*, 2005, Vol. 12, No. 94, pp. 128701 – 128704。

② 参见 Huang, S., Ernberg, I., Kauffman, S., "Cancer Attractors: A Systems View of Tumors from A Gene Network Dynamics and Developmental Perspective", *Seminars in Cell and Developmental Biology*, 2009, Vol. 7, No. 20, pp. 869 – 876; Huang, S., Eichler, G., Bar-Yam, Y. & Ingber, D. E., "Cell fates as High-dimensional Attractor States of A Complex Gene Regulatory Network", *Physical Review Letters*, 2005, Vol. 12, No. 94, pp. 128701 – 128704。

解释过程根本不能够算作解释，因为按照干预主义该解释中的解释元素 g_1，…，g_n 并非 Y 的原因。具体来说，假定在干预 I 的作用下 g_1，…，g_n 的取值变为 g_1'，…，g_n'，此时只要 g_1'，…，g_n' 距离 g_1，…，g_n 不要太远，细胞 C 依然会被细胞类型 A 对应的稳定平衡点吸引过去（即最终发育为 A 类细胞），因此性质 X 并未因为干预 I 的存在而发生变化，而这意味着按照干预主义 g_1，…，g_n 并非 Y 的原因。

然而，在上述有关细胞发育的案例中原因论证实际上存在着两方面的问题。第一，当 g_1'，…，g_n' 距离 g_1，…，g_n 并不太远时，干预 I 之下 X 的确如原因论证所说不发生变化（即细胞 C 依然能够发育为 A 类细胞），但如果 g_1'，…，g_n' 距离 g_1，…，g_n 过远，那么动态系统理论告诉我们 A 对应的稳定平衡点将不能够再把 g_1'，…，g_n' 朝自己吸引过来，这就好比物体的运动速度一旦超过了第二宇宙速度，地球的引力便不足以把物体束缚在自己的轨道之上。第二，前文提及干预主义包含决定论和概率论两个版本。决定论版本说的是，P 是 Q 的原因的条件是当我们将干预 J 作用于 P 时（其结果是 P 的取值发生变化），Q 的取值会发生变化。按照这一版本，上述案例中 g_1，…，g_n 的确并非 X 的原因，因为当它在 I 的作用下变为 g_1'，…，g_n' 时，X 并未发生变化（即细胞 C 依然会发育为 A 类细胞）。另一方面，干预主义的概率论版本说的是 P 是 Q 的原因的条件是当干预 J 作用于 P 时，Q 的期望值将发生变化，尽管 Q 的实际取值未必发生变化。按照这一版本 g_1，…，g_n 就变成了 X 的原因，因为如果干预 I 之下 g_1，…，g_n 的偏移使它离 A 类细胞对应的稳定平衡点更远，那么偏移之后环境因素和偶然因素就更有可能把细胞的基因表达状态拉到该稳定平衡点的吸引力的有效作用范围之外，进而导致 C 无法发育成为 A 类细胞，此时 X 的期望值将朝 0 的方向移动（假定 X 为真时其取值为 1，为假时取值为 0）；反之，如果干预 I 之下 g_1，…，g_n 的偏移使它离 A 类细胞对应的稳定平衡点更近，那么 X 的期望值将朝 1 的方向移动。当然，如果干预 I 之下 g_1，…，g_n 的偏移并未改变它距离 A 类细胞对应的稳定平衡点的距离，那么此处对原因论证的批评也就不再成立，这时我们只能依靠上面第一个针对原因论证的批评为弱解释还原论做出辩护了。以上我们已经说明了在上述细胞发育的案例之中原因论证是不成立的，但我们能否把从这个特殊案例中得到的结论应用到一般情境中去呢？本研究认为是可以的。原因论证之所以认为部分性质不是系统性质 X 原因，其依据是当干预 I 作用于这些部分性质时系统性质 X 不发生变化，而这体现的其实是系统的稳健性（robustness）。然而，任何系统的稳健性都是有一定限度的，即当我们对部分性质的干预过于强烈时，系统性质必然发生变化。例如，人体经过长期的进化已经是一个具有极强稳健性的系统，但即便是这样一个系统也可能因为部分性质的过度变化而改变自身的性质（例如从健康状态变化为疾病状态）。[①] 因此，上述案例中针对原因论证的第一点批评很容易被推广到一般情境之中。另一方面，对于具有稳健性的系统来说，尽管干预 I 作用于部分性质时系统性质可能并不发生变化，但系统往往会因为干预 I 的作用而变得更倾向于发生变化，而这就意味着系统性质的期望值在干预 I 的作用下发生了变化。例如，当人体这一系统的某一部分性质发生变化时，尽管系统的性质可能不发生变化（例如依然处于健康状态），但其发生变化（例如变化为疾病状态）的可能性往往被增加了。[②] 因此，上述案例中针对原因论证的第二点批评也可以推广到一般情境之中。

在有关多重实现论证的讨论中我们曾说多重实现论证可以看作原因论证的雏形，当时我们承诺将在后文中对此进行详细说明，而现在我们就兑现这一承诺。多重实现论证的内容是说，如果一类生物学现象能够在某一个空间层级 A 上获得较为统一的解释，而该解释在低于 A 的空间层级 B 上被多重实现，那么空间层级 B 上的解释就并非解释相关，空间层级 A 上的解释才是解释相关的，因为无论空间层级 A 上的解释过程在空间层级 B 上是如何实现的，只要空间层级 A 上的解释过程发生，该类生物学现象就会发生，又由于我们不能把一个解释相关的解释过程还原为一个解释不相关的解释过程，所以空间层级 A 上的解释不能被还原为空间 B 层级上的解释。现在，如果我们用变量 X 来表示空间层级 A 上的解释过程，变量 Y 表示空间层级 B 上的解释过程，变量 Z 表示该类生物学现象是否发生，那么上面的论述可以被等价地改写为如下形式：当 X 的取值发生变化时，Z 的取值

① 参见 Hu, J. X., Thomas, C. E. & Brunak, S., "Network Biology Concepts in Complex Disease Comorbidities", *Nature Reviews Genetics*, 2016, Vol. 17, pp. 615–629。

② 参见 Hu, J. X., Thomas, C. E. & Brunak, S., "Network Biology Concepts in Complex Disease Comorbidities", *Nature Reviews Genetics*, 2016, Vol. 17, pp. 615–629。

将发生变化，例如当 X 的取值从发生变化为不发生时，即空间层级 A 的解释过程从发生变化为不发生时，该类生物学现象将从发生变化为不发生，即 Z 的取值将发生变化；而当 Y 的取值发生变化时，Z 的取值不会发生变化，例如当 Y 的取值从空间层级 B 上的一个解释过程变化另一个解释过程时，空间层级 A 上的解释过程一直都会发生，因此该类生物学现象也一直都会发生，即 Z 的取值不会发生变化。当我们把多重实现论证转化为这种形式的表述之后，我们不难看出按照干预主义空间层级 A 上的解释过程（X）是这类生物学现象发生（Z）的原因，而空间层级 B 上的解释过程（Y）不是这类生物学现象发生（Z）的原因，所以多重实现论证主张空间层级 B 上的解释过程并非解释相关，而空间层级 A 上的解释过程才是解释相关。从这个角度来看，本研究认为多重实现论证可以被看作原因论证的雏形。

第三节　强解释还原论：整体是否最好
仅仅通过部分得到解释？

弱解释还原论的内容是说，一切系统的整体性质都能够仅仅通过系统的部分性质得到解释。那么更进一步，是否一切系统的整体性质都最好仅仅通过系统的部分性质得到解释呢？本研究将对该问题的肯定回答记作强解释还原论，并将在本节对它和它的两个重要变体进行讨论。

一　强解释还原论

强解释还原论从实质上来说是一个价值论断，因为它关心的是"怎样的解释是最好的解释"。讨论价值论断是应用伦理学的长项，而它采取的进路大致可分为两类：第一类是先立法再审案，即先给出道德规范，然后拿它来裁度具体案例；第二类是边审案边立法，即事先并不给出硬性的道德规范，案例的裁度发生在理解案例的过程中。第一条进路一劳永逸，但却往往止步于伦理学家对道德规范旷日持久的争议上；第二条进路看起来略显狭隘，但正是这种"狭隘"让伦理学家能够专注地捕捉案例中的每一丝细节，而这对于案例的裁决往往至关重要，因为经验表明，我们之所以在某些案例面前摇摆不定，原因往往不是我们的道德规范本身摇摆不定，而是我们忽视了一些至关重要的细节。我们这里借鉴上述经验，选择进路二对强解释还原论进行讨论，即不事先界定"好解释"的标准，而是在两个具体案例中比较各种不同的解释过程，指出在这两个案例中仅仅包含部分性质的解释并非最好的解释，以此作为强解释还原论的反例。

我们的第一个案例涉及的是动态系统中平衡点的稳定性的判定。我们在论证二中曾经讨论过一个有关物种间相互竞争资源的动态系统，我们在此处完全可以沿用那个案例，不过出于简洁性的考虑，我们在这里将选择连续线性动态系统（continuous linear dynamic systems）的一般形式进行讨论。连续线性动态系统的一般形式为 $\dot{x}(t) = Ax(t) + b$ 其中，系统状态适量（state vector）$x(t) \in R^n$，$x(t) = \begin{bmatrix} x_1(t) \\ x_2(t) \\ \vdots \\ x_n(t) \end{bmatrix}$，系统变量（state variables）$x_1(t), \cdots, x_n(t)$ 分别对应某生物学系统 n 个部分的性质取值，系统矩阵 A 是一个 n ×n 的常量矩阵，$b \in R^n$ 且为常量 $b = \begin{bmatrix} b_1 \\ b_2 \\ \vdots \\ b_n \end{bmatrix}$。此时，设 $\bar{x}$ 为该动态系统的一个平衡点，即一旦系统状态矢量在 t_0 时刻等于 $\bar{x}$，那么在 t_0 之后的全部时间内系统状态矢量将恒等于 $\bar{x}$。有了平衡点之后，我们现在尝试判断一下该平衡点的稳定性。对于连续线性动态系统来说，判定一个平衡点是否为稳定平衡点十分简单，即首先求出系统矩阵 A 的全部复数特征值（eignenvalue），然后考察这些特征值与以原点为圆心的单位圆之间的位置关系，如果这些特征值全部位于单位圆之内，那么平衡点 $\bar{x}$ 就是稳定平衡点，此时无论系统状态矢量的初始值 x（0）是什么，当 t 趋向于无穷大时，x（t）将趋向于 $\bar{x}$，但如果这些特征值中至少有一个位于单位圆之外，那么 $\bar{x}$ 就是不稳定平衡点，此时无论系统状态矢量的初始值 x（0）是什么（除了

是 $\bar{x}$ 以外），当 t 趋向于无穷大时，x（t）将趋向于无穷。[①] 审视上述判定平衡点稳定性的过程之后不难发现，这实质上是一个通过系统整体性质解释系统整体性质的过程。具体来说，上述过程中待解释的性质是"$\bar{x}$ 是稳定平衡点或不稳定平衡点"（记作性质 X），这显然属于系统的整体性质，因为它反映的是系统状态随时间的变化规律；上述过程中用来解释该待解释性质的是系统矩阵 A 的性质，它显然也属于整体性质，因为系统矩阵 A 反映的是系统各部分之间的相互作用。接下来我们要做的是寻找一个针对性质 X 的仅仅包含部分性质的解释，然后把这个解释与上面的解释进行比较，看看前者是否比后者好，如果不是，那么这就构成了强解释还原论的一个反例。针对性质 X 的仅仅包含部分性质的解释并不难找到。简单来说，我们首先求一般解来检验是否无论初始状态 x（0）取值如何，x（t）中的每一个 x_i（t）都趋向于平衡点 $\bar{x}$ 中相应位置上的值，或者是否无论初始状态 x（0）取值如何（除了取值为 $\bar{x}$ 以外），x（t）中都存在 x_i（t）趋向于无穷。这样的解释当然是可行的，但相比前一种解释来说它的过程要复杂得多，因为第一，求动态系统的一般解 x（t）的过程本身就可能是一个极为复杂的过程；第二，如果我们讨论的不是线性系统而是非线性系统，那么求一般解 x（t）近乎是不可能的。所以，尽管此处针对 X 的仅仅包含部分性质的解释是可行的，但跟前面一种解释相比它的简洁程度明显略逊一筹，基于此，本研究认为在这个案例中仅仅包含部分性质的解释并非最好的解释。

跟第一个案例相似，我们的第二个案例在前文中也已经有所涉及，它就是我们在论证四中用于讨论原因论证的细胞发育。简单回顾一下，细胞全部可能的基因表达状态构成了一个空间，而这个空间中有一些点是描述细胞基因表达的动态系统的稳定平衡点，它们通常被叫作吸引子，每个吸引子对应着一种细胞类型，当细胞的基因表达状态位于吸引子附近时，该细胞会义无反顾地朝吸引子对应的细胞类型发育而去。[②] 细胞的发育具有稳健性，即当

---

① 参见 Luenberger, D. G., *Introduction to Dynamic Systems: Theory, Models, and Applications*, Wiley, New York, 1979, p. 446。

② 参见 Huang, S., Ernberg, I., Kauffman, S., "Cancer Attractors: A Systems View of Tumors from A Gene Network Dynamics and Developmental Perspective", *Seminars in Cell and Developmental Biology*, 2009, Vol. 7, No. 20, pp. 869 – 876; Huang, S., Eichler, G., Bar-Yam, Y. & Ingber, D. E., "Cell Fates as High-dimensional Attractor States of A Complex Gene Regulatory Network", *Physical Review Letters*, 2005, Vol. 12, No. 94, pp. 128701 – 128704。

细胞发育到某一阶段后，环境一定程度的改变（例如把细胞从其原本所在的胚胎部位移植到胚胎的其他部位，甚至于移植到其他物种的胚胎上）将不会影响细胞最终的发育命运。[①] 细胞发育的稳健性可以通过上面提到的基因表达状态空间中的吸引子获得部分的解释，即一旦细胞经过一段时间的发育后，其基因表达状态来到了某个吸引子附近，根据吸引子的性质，环境在一定范围内的波动就不能阻止细胞朝吸引子对应的细胞类型发育而去，当然，前提是环境的波动不把细胞的基因表达状态拉到吸引子的吸引力的作用范围之外。不难看出，上述针对细胞发育稳健性的解释过程同样是一个运用整体性质解释整体性质的过程，因为首先待解释性质（细胞发育的稳健性，我们此处记作性质 Y）显然属于细胞这一系统的整体性质，再者我们用于解释该待解释性质的是吸引子的性质，而它显然也属于整体性质，因为它描述的是细胞这一系统在发育过程中的变化规律。跟在上一个案例中一样，我们接下来要做的是寻找一个针对性质 Y 的仅仅包含部分性质的解释，然后把这个解释与上面的解释进行比较，看看前者是否比后者好，如果不是，那么这就构成了强解释还原论的一个反例。针对 Y 的仅仅包含部分性质的解释并不难构想，即我们首先列出描述细胞基因表达的动态系统，然后我们在一定范围内干预动态系统中与环境相关的项，并求出不同干预下每个基因的表达状态随时间变化的函数（以下简称状态函数），最后我们观察当时间趋于无穷时，同一基因在不同干预下的状态函数的极限是否落在同一个点附近，如果是，那么我们就成功地解释了稳健性。上述针对 Y 的仅仅包含部分性质的解释在理论上是可能的，但相比于前一种解释来说它的过程要复杂得多。具体来说，第一，我们很难列出一个包含与环境相关的项的动态系统，因为环境中的相关因素过于繁杂，我们要花费很多的力气决定哪些因素需要被表征出来，哪些特征需要被忽略；第二，即便我们列出了这一系统，我们也很难求出该系统在不同干预下的解，特别是对于非线性动态系统来说尤为如此。因此，相比于前一种针对 Y 的解释而言，此处仅仅包含部分性质的解释虽然原则上可行，但在简洁程度上却明显略逊一筹，基于此，我们认为在这个

---

① 参见 Gilbert, S. F., *Developmental Biology*, Tenth Edition, Sinauer Associates, Inc., Publishers, Sunderland, MA, USA, 2014, p. 1。

案例中仅仅包含部分性质的解释同样并非最好的解释。

以上的两个案例表明，对于某些系统的某些整体性质来说，仅仅包含部分性质的解释虽然存在，但却未必是最好的解释，因此强解释还原论不成立。但在结束这一部分的讨论之前，我们将简单探讨如下这个问题，即在上面的两个案例中仅仅包含部分性质的解释在简洁性上都明显逊色于包含整体性质的解释，出现这一现象的根源在哪里呢？我们说这一现象出现的根源在于当我们运用整体性质解释整体性质时，我们实际上运用了数学中的替换法。替换法是数学中一种常用的计算方法，它的核心思想是用一个大的变量 X 去替代若干小的变量 x，y，z，…，构成的代数结构。例如在求导运算中，为了求出复合函数 f（g（x））的导数，我们可以首先用变量 y 替换 g（x），求出 f（y）的导数 f′（y），然后求出 g（x）的导数 g′（x），进而得到 f′（y）g′（x），最后我们将 y 替换为 g（x），求解完毕。上述两个案例中当我们用整体性质解释整体性质时都运用了类似的替换法。具体来说，在第一个例子中，系统矩阵 A 描述的是系统各部分之间的相互作用，如果我们把 A 看成一个大变量 X，将系统部分间的各种相互作用 x，y，z，…，看作若干小变量，那么当我们用系统矩阵 A 的性质来解释 x̄ 是稳定或非稳定平衡点时，我们实际上首先用 X 替换了 x，y，z，…，然后根据 X 的性质完成了解释过程。在第二个案例中，吸引子是细胞基因表达的一种特殊状态，如果我们将吸引子看作一个大变量 X，将各个基因的表达状态 x，y，z，…，看作若干小变量，那么当我们用吸引子来解释细胞发育的稳健性时，我们实际上首先用 X 替换了 x，y，z，…，然后根据 X 的性质完成了解释过程。替换法在两个案例中的运用大大简化了相关的解释过程，因为它让我们只需要处理一个大变量 X，而不是若干小变量 x，y，z，…，所以在两个案例中仅仅包含部分性质的解释在简洁性上都明显逊色于包含整体性质的解释。不过值得注意的是，上述两个案例中替换法的使用之所以能够简化解释过程，一个重要的前提是存在与大变量 X 相关且与我们的解释目的相关的规律，因为如果没有这样的规律，那么我们的替换显然是没有意义的。比如在第一个案例中，大变量 X 对应的是系统矩阵 A，而与 X 相关且与我们的解释目的相关的规律是系统矩阵的特征值分布与平衡点 x̄ 稳定性之间的关系，这个规律是相应解释过程中的关键，因此缺少了它我们的替换就失去了意义；在第二个例子中，大变量 X 对应的是吸引子，而与 X 相关且与我们的解释目的相关的规律是吸引子的如下性质，即当基因表达状态足够接近吸引子时，基因表达状态最终会趋近于吸引子，这个规律同样是相应解释过程中不可或缺的元素，因此缺少了它我们的替换也就没有了意义。

二　强解释还原论变体一：部分划分得越细，获得的解释越好

强解释还原论认为系统的整体性质最好仅仅通过系统的部分性质得到解释，但一个系统原则上可以按照无数种方式划分为若干部分，而面对系统的这些不同的划分方式，哪个方式对应的仅仅包含部分性质的解释才是最好的解释呢？一种常见的观点认为，最精细的划分方式对应的仅仅包含部分性质的解释就是最好的解释。我们把这种观点记作强解释还原论的第一个变体（以下简称变体一）。

变体一表面上看具有一定的道理，因为我们通常认为针对生物体的某一性质来说，如果我们将生物体划分到原子层级并通过物理学中有关原子的规律对该性质进行解释，那么这样得到的解释要比我们把生物体划分到大分子层级或细胞层级上获得的解释更为本质。不过，我们为什么会认为划分到原子层级上的解释更为本质呢？我们下面以细胞的信号传导为例对此进行探讨。当细胞与配体（如激素）相遇时细胞的状态通常会发生改变，而对这一改变的解释通常发生在大分子层级，即配体与细胞膜上的受体结合→细胞质内相关酶被激活→细胞核中某一基因的表达被激活或抑制，这一过程通常被叫作细胞的信号传导。现在我们考虑这一问题，我们能否把细胞划分得更细一些，在原子层级上对上述现象做出解释呢？生物学中并不常见这样的解释，但我们并不难设想这一解释的大概轮廓，即在某一初始条件下，按照原子间相互作用的规律我们可以得出原子状态随时间的变化规律，并进而通过该变化规律解释细胞与配体相遇后发生的状态变化。现在我们就来考察一下这两种对应不同划分方式的解释（一个划分到大分子层级，另一个划分到原子层级）。两种解释中都使用了规律，其中大分子层级上的解释使用的规律涉及的是生物学大分子的种种性质（例如，配体能够与受体相结合且结合后的二聚体具有某种酶活性），而原子层级上的解释使用的规律是原子间的相互作用规律（例如，原子间的力学作用规律）。这两类规律间最大的区别在

于，前者具有极强的情境依赖性，而后者具有极强的情境非依赖性。具体来说，大分子层级上的解释使用的规律涉及的是生物学大分子的性质，而这些性质具有极强的情境依赖性，即大分子只有在某些环境中才具有这些性质（例如，配体和受体只有在某些环境下才能够结合），这就导致了与这些性质对应的规律具有了极强的情境依赖性；与此形成鲜明对比的是，原子层级上的解释使用的是原子间的相互作用规律，而这些规律与很多其他的物理学规律一样（例如万有引力定律）具有极强的情境非依赖性。相比于具有极强的情境依赖性的规律来说，我们通常认为具有极强的情境非依赖性的规律更为本质，因为后者具有更强的普适性。本研究认为因此在上述案例中人们通常认为原子层级上的解释比大分子层级上的解释更为本质。尽管我们承认最精细的划分方式对应的仅仅包含部分性质的解释最为本质，但这并不能表明该解释在所有仅仅包含部分性质的解释中是最好的，因为判定一个解释的优劣不仅需要本质性维度上的考量，还需要简洁性维度上的考量——一个解释的简洁程度直接影响着人们通过它来理解现象的难易程度。站在简洁性这一维度上我们不难发现，最精细的划分方式对应的仅仅包含部分性质的解释未必是最好的解释，因为在大部分情况下我们对系统划分得越细，得到的解释越复杂（试想一下对宏观物体运动的牛顿动力学解释和量子力学解释），而一旦本质性维度上的优势不足以抵消简洁性维度上的劣势，那么最精细的划分方式对应的仅仅包含部分性质的解释就很可能不再是最好的解释，就好像在上面细胞信号传导的案例中那样，尽管原子层级上的解释的确比大分子层级上的解释更为本质，但由于前者的简洁性远远不及后者，所以我们在生物学中根本找不到前一种解释。基于上述考量，本研究认为强解释还原论的变体一并不成立。

在结束有关变体一的讨论之前，有两点值得强调。第一，上文中我们说在大部分情况下对系统的划分越细，相应的仅仅包含部分性质的解释就越复杂，而并没有说在所有情况下都是如此，这就意味着在某些情况下，精细划分对应的解释可能跟非精细划分对应的解释一样简洁，甚至前者的简洁性可能超过后者。以癌症为例，目前针对癌症发生的主流解释模型是累积突变模型。[①] 该模型认为，人体细胞内存在致癌基因（oncogenes）和抑癌基因（tumor suppressor genes），癌症发生的起点是这些基因中的某个或某几个基因发生了突变，这些突变一方面使细胞获得了无限分裂的能力，另一方面抑制了细胞在分裂过程中对 DNA 复制错误的纠正能力，而后者导致更多的致癌基因和抑癌基因在细胞分裂过程中发生突变，从而形成一个正向反馈（positive feedback），其结果是细胞的突变逐渐累积，同时细胞的分裂能力逐渐增强。上述解释中生物体被划分到了大分子层级，而接下来我们设想一下当我们把生物体仅仅划分到细胞层级时，相应的解释将呈现怎样的状态。大致来说，细胞层级上的解释应当包含癌症发生过程中细胞性质的变化以及这些性质发生变化的细胞与其他细胞之间的相互作用。在人体中，不同组织器官中的细胞具有迥然不同的性质，因此针对不同组织器官中癌症发生的细胞层级上的解释也必将具有较大的差异，这样一来在细胞层级上我们就不可能像在大分子层级上那样，通过一个统一的模型对不同组织器官中的癌症发生进行解释。从这个角度来看，在该案例中尽管大分子层级上的解释对应的划分比细胞层级上的解释对应的划分更为精细，但前者的简洁性并不低于后者，因为前者对癌症发生的解释仅仅包含一个统一的模型，而后者针对不同组织器官中的癌症可能需要建立不同的模型。那么，接下来的一个问题是在该案例中为什么精细划分对应的仅仅包含部分性质解释反而比非精细划分对应的仅仅包含部分性质的解释更为简洁呢？本研究认为，在该案例中大分子层级上的解释（即突变累积模型）之所以简洁，原因在于它抓住了不同种类癌症发生的共性，即基因突变、DNA 修复和细胞分裂之间的正向反馈，从这个意义上说大分子层级上的规律更加契合待解释的系统整体性质（即癌症发生）。相对地，细胞层级上的解释之所以复杂，原因在于癌症发生在细胞层级上的共性不及它在大分子层级上的共性，从这个意义上说细胞层级上的规律不那么契合待解释的系统整体性质。由此可见，解释的简洁程度不仅取决于解释元素的多少，还取决于解释元素所在层级的规律与待解释

---

① 参见 Huang, S., Ernberg, I., Kauffman, S., "Cancer Attractors: A Systems View of Tumors from A Gene Network Dynamics and Developmental Perspective", *Seminars in Cell and Developmental Biology*, 2009, Vol. 7, No. 20, pp. 869 – 876。

现象的契合程度，因此，精细划分对应的仅仅包含部分性质的解释尽管包含更多的解释元素，但这并不意味着该解释的简洁性一定输给非精细划分对应的仅仅包含部分性质的解释，因为前者所在层级上的规律可能像在上述案例中那样更加契合待解释的系统整体性质。这就好比一套包含不同尺寸螺丝刀的工具，针对某一具体任务来说，最适合完成任务的尺寸并不一定是最小的或最大的那个，而是最契合任务本身的那个尺寸。第二，尽管有些时候我们会出于简洁性而选择非精细划分对应的仅仅包含部分性质的解释，但这并不意味着我们不能通过精细划分所在层级上的规律对上述非精细划分对应的仅仅包含部分性质的解释进行补充。这一点不难理解，我们在前面曾说过非精细划分所在层级上的规律具有较强的情境依赖性，因此该层级上的仅仅包含部分性质的解释往往只能在某一范围内成立，一旦超越了这一范围，我们就必须选择精细划分对应的仅仅包含部分性质的解释对其进行补充，因为精细划分所在层级上的规律具有较强的情境非依赖性。

三 强解释还原论变体二：部分不能通过整体得到解释

强解释还原论认为系统的整体性质最好仅仅通过部分性质得到解释，而它的支持者通常认为相反方向的解释过程是行不通的，即部分性质不能够通过整体性质得到解释，我们把这一观点记作强解释还原论变体二（以下简称变体二）。

跟上面的变体一类似，变体二表面上看也具有一定的道理，因为系统的整体性质的生成依赖于系统的部分性质，从这个意义上说整体性质包含了部分性质，而如果我们拿整体性质来解释部分性质 X，那么从某种程度上来说我们是在用部分性质 X 来解释其自身，而这显然是荒谬的。然而，我们接下来将通过生物学中的一个功能解释案例说明变体二实际上同样是不成立的，即在某些情境中部分性质可以通过整体性质得到解释。我们的案例来自动物的战斗或逃跑反应（fight-or-flight）。当动物面临应激因素（例如捕食者）时，动物会产生战斗或逃跑反应，该反应的过程大致如下：杏仁核兴奋→下丘脑兴奋→垂体兴奋并分泌促肾上腺皮质激素（adrenocorticotropic hormone，ACTH）→ACTH 经血液到达肾脏后刺激肾上腺分泌皮质醇和儿茶酚胺类激素（肾上腺素和去甲肾上腺素）→这些激素作用于包括心、肺、肝脏、血管、免疫器官和肠胃等多个靶器官→动物体内产生大量可以直接动用的能量（葡萄糖），从而为动物对抗或逃离应激因素做好准备。现在，如果我们追问上述靶器官为什么会在动物面临应激因素时做出相应的反应，那么我们将获得两种可能的回答。第一种回答的内容就是上面已经列出的因果链条；而第二种回答的内容是说靶器官之所以会在动物面临应激因素时做出相应的反应，是为了给动物的战斗或逃跑做好准备，这样的解释就是我们通常所说的功能解释，即我们用系统（动物）的功能（对抗或逃离应激因素）来解释系统的部分性质（靶器官在动物面临应激因素时做出相应的反应），而这就构成了变体二的一个反例，因为我们可以把系统的功能看作系统的一个整体性质，而这样一来上述功能解释就成了一个通过整体性质解释部分性质的过程。不过，在结束有关变体二的讨论之前，有一点值得强调，即尽管功能解释构成了变体二的反例，但功能解释本身的有效性是有局限的。具体来说，功能解释之所以有效，其根源在于进化理论。例如，在上述案例中如果某一个靶器官不具有其在战斗或逃跑反应中实际拥有的性质，那么该靶器官将不利于动物的战斗或逃跑反应，又因为战斗或逃跑反应对动物的生存和繁殖是有利的，所以具有这类靶器官的动物在自然选择中很可能遭到淘汰，而被保留下来的动物的靶器官将很可能具有其在战斗或逃跑反应中实际拥有的性质，因此我们可以从系统（动物）的功能（对抗或逃离应激因素）来解释系统的部分性质（靶器官在动物面临应激因素时做出相应的反应）。换句话说，我们通常看到的功能解释仅仅是一个缩略版本，它的完整版本应该是，因为生物体具有功能 F、F 有利于生物体的生存和繁殖且生物体的部分 A 的性质 P 有利于 F 的获得，所以如果部分 A 不具有性质 P，那么具有此类部分 A 的生物体将很可能被自然选择淘汰，而最终保留下的生物体的部分 A 很可能都具有性质 P，因此我们可以从生物体具有功能 F 推出生物体具有部分性质 P。不过，功能解释虽然从进化理论中汲取了有效性，但这种有效性是有局限性的，因为我们上面描述的进化理论是一个过于简单的进化理论，即只包含自然选择一种因素。具体来说，即便生物体具有功能 F、F 有利于生物体的生存和繁殖且生物体的部分 A 的性质 P 有利于 F 的获得，自然选择以外的因素的存在（例如遗传漂变、发育限制等）也可能导致大部分生物体的部分 A 不具有性质 P。例如，对于小规模的群体来说，哪种性状值能够更多地在子代中得到体现受到偶然因素的强烈影响，所以在这种情形中尽管 P 有利于生物体的适合度，但它很可能因为偶然因素的作用无法在子代中获得体现。所以说，尽管我们用功能解释作为变体二的反例，但我们必须谨记功能解释的有效性是具有一定的局限性的。

第 四 章

进化生物学中的时间还原

上一章中我们讨论了解释还原，它指的是仅仅通过系统的部分性质解释整体性质的过程，因此在解释还原中存在一个空间层级（整体—部分），出于这个原因我们把解释还原归类为空间还原。基于空间和时间的对称性，我们不禁好奇在生物学中是否存在某种时间还原呢？如果存在，那么这种时间还原将具有怎样的形式呢？这就是我们将在本章试图回答的问题。本研究的观点是：生物学中的确存在时间还原，并且这种时间还原发生在进化生物学中的简单进化理论与进化发育生物学之间，对此我们将在第一节中进行论述。随后，我们将在分别在第二、三节讨论该时间还原对简单进化理论的批判性影响（即该还原否定了简单进化理论中的哪些内容）和建设性影响（即该还原在哪些方面发展了简单进化理论）。

第一节 从简单进化理论到进化发育生物学的时间还原

迄今为止进化理论的发展大致经历了三个时期，它们按照时间顺序分别是达尔文进化理论、现代综合（modern synthesis）和进化发育生物学（evolutionary developmental biology，evo-devo）。[①] 本研究将前两个时期的进化理论合并称作简单进化理论，因为通过我们下面对这两种进化理论的介绍可以看

---

① 参见 Gilbert, S. F. & Epel, D., *Ecological Developmental Biology: the Environmental Regulation of Development, Health, and Evolution*, Second Edition, Sinauer Associates, Inc., Publishers, Sunderland, Massachusetts, U.S.A, 2015, p.576。

出，它们都将生物体的生命周期（life cycle）简化处理为其中的某个时间段，而第三个时期的进化理论没有施行这种简化处理，它把生物体的整个生命周期都纳入自己的考量范围之内。在这一部分中，我们将首先在第一、二部分就简单进化理论和进化发育生物学分别进行介绍，随后在第三部分论述为什么我们认为二者构成时间还原关系。

一　简单进化理论：作为一个时间段的生命周期

达尔文进化理论提出的目的是解释生物多样性，即世界上数量众多的物种是如何产生的。对此达尔文的回答简单来说就是，第一，世界上数量众多的物种都是由共同的祖先进化而来；第二，进化的机制是自然选择，以上两点就构成了我们通常所说的达尔文进化理论。毫无疑问，该理论中的主角是自然选择，因此下面我们就简单陈述一下究竟何为自然选择。列万廷（Lewontin）[①] 认为自然选择机制的发生需要三个条件：第一个条件是变异（variation），即在一个群体中生物体的性质（properties）存在个体间差异；第二个条件是可遗传（heritability），即上述个体间差异是可以遗传给生物体后代的；第三个条件是适合度（fitness），即上述生物体性质的个体间差异导致了生物体适合度的个体间差异（即生物体倾向于产生不同数量的后代）。一个群体一旦具备了上述三个条件，那么按照达尔文的观点，由于携带有利变异的生物体倾向于产生更多数量的后代，且这些后代也因为遗传而同样携带该有利变异，所以该有利变异在群体中的频率将呈现逐代增加的趋势，直至最终这个群体中的绝大部分生物体都具有该有利变异。

以上就是对达尔文进化理论中自然选择机制的一般性描述，而接下来我们将通过两个典型案例来说明该机制具体是如何解释进化现象的。我们的第一个案例中的主角是加拉巴哥群岛（Galapagos Islands）的雀。[②] 自 1976 年开始人们发现加拉巴哥群岛上雀的体型逐渐变得比以往更加庞大，并且它们的喙也逐渐变得比以往更加坚硬，如何解释这一进化现象呢？进化生物学家

[①]　参见 Lewontin, R. C., "The Units of Selection", *Annual Review of Ecology and Systematics*, 1970, Vol. 1, pp. 1 – 18。

[②]　参见 Grant, P. R., *Ecology and Evolution of Darwin's Finches*, Princeton University Press, 1999, p. 524。

们通过调查发现，该群岛上的雀原本以软壳坚果作为主要的食物来源，但在
1976—1977 年间该群岛遭遇了严重的干旱，结果导致了该群岛上的软壳坚
果产量骤减。由于食物来源严重不足，雀的数量也随之减少，而能够存留下
来的雀的体型都比较庞大且喙都比较坚硬，因为这样的性状值使其不仅能够
以软壳坚果为食，还能够以硬壳坚果为食。不难看出，该群岛上的雀群体已
经满足了自然选择的三个条件，第一，该群体中雀的有关体型和喙的性质存
在变异；第二，该变异是可遗传的；第三，体型和喙的性质的个体间差异导
致了不同雀的适合度的个体间差异，因为体型大且喙硬的雀能够获得较为充
足的食物，因此倾向于产生较多数量的后代，而体型小且喙软的雀往往因为
食物不足而死亡，因此倾向于产生较少数量的后代。这样一来，自然选择机
制将在该群岛上的雀群体中发生，其结果就是体型大且喙硬的雀的频率将逐
代增加，而这正是人们观察到的进化现象。我们的第二个案例的主角是英国
曼彻斯特的桦尺蠖。[1] 在 19 世纪以前曼彻斯特的桦尺蠖多为浅色，然而在
19 世纪和 20 世纪初，曼彻斯特的黑色桦尺蠖比率飞涨到了 98%，如何解释
这一进化现象呢？人们发现，在 19 世纪和 20 世纪初曼彻斯特的工业污染极
为严重，工厂排放的大量煤烟染黑了树木枝干，这样一来，栖息在树木枝干
上的浅色桦尺蠖就很容易被捕食者（鸟类）发现，而黑色桦尺蠖却因为颜
色与树干颜色相近而能够很好地掩护自己。不难看出，曼彻斯特的桦尺蠖群
体也满足了自然选择的三个条件：第一，该群体中桦尺蠖的体色存在变异；
第二，该变异是可遗传的；第三，体色的个体间差异导致了桦尺蠖的适合度
的个体间差异，因为相比浅色桦尺蠖来说，黑色桦尺蠖不容易被捕食者发
现，因此倾向于产生更多的后代。这样一来，自然选择机制将在曼彻斯特的
桦尺蠖群体中发生，其结果就是黑色桦尺蠖的频率将逐代增加，而这正是人
们观察到的进化现象。仔细审视上面的两个案例后我们发现，当我们使用达
尔文进化理论中的自然选择机制解释进化现象时，我们并没有把生物体的整
个生命周期纳入考量范围之内，而只是选取了其中的一个时间段，具体来说
在这两个案例中我们选取的都是生物体的成年时期。这样的选取并非随机决

---

[1]　参见 Grant, B. S., Owen, D. F. & Clarke, C. A., "Parallel Rise and Fall of Melanic Peppered Moths in America and Britain", *Journal of Heredity*, 1996, Vol. 5, No. 87, p. 5。

定的，因为如果我们选择生命周期的其他时间段，那么相应的进化现象就可能无法得到解释了。例如在第一个案例中，如果我们选取的是雀的幼年时期，那么体型大且喙硬的雀的适合度将很可能低于体型小且喙软的个体，因为前者可能需要更多的营养摄入，而在食物来源不足的环境中这显然会降低生物体的适合度，因为生物体可能因为营养不足而无法生存至成年。这样一来，按照达尔文进化理论中的自然选择机制，体型大且喙硬的雀的频率将逐代减少，而这与人们实际观察到的进化现象相矛盾。所以说，达尔文进化理论将生物体的生命周期有选择性地简化成为其中的某一个时间段，而这是一个十分重要的洞见，因为它直接关系到接下来第三部分中时间还原的构建。

现代综合又被称作新达尔文主义（neo-Darwinism），它的主要贡献是将遗传学（包括经典遗传学和分子遗传学）引入了达尔文进化理论之中。[①] 现代综合的内容十分丰富，但其最核心的预设却十分简洁——生物体的性状值由其基因型决定。在这条预设之下我们重新审视一下上面达尔文进化理论中的自然选择机制。首先我们来看一下自然选择的三个条件。第一个条件是变异，即在一个群体中生物体的性质存在个体间差异，由于上述预设认为生物体的性状值由其基因型决定，所以该条件可以被等价地表述为在一个群体中生物体的基因型存在个体间差异；第二个条件是可遗传，即生物体性质的个体间差异是可以遗传给生物体后代的，而按照上述预设，该条件之所以可能被满足，原因在于 DNA 是可以从亲代遗传到子代的；第三个条件是适合度，即生物体性质的个体间差异导致了生物体适合度的个体间差异，由于上述预设认为生物体的性状值由其基因型决定，所以该条件可以被等价地表述为生物体基因型的个体间差异导致了生物体适合度的个体间差异。不难看出，当现代综合把"生物体的性状值由其基因型决定"引入达尔文进化理论之后，自然选择的三个条件就从性状层面转移到了基因层面。接下来我们看一下该

① 参见 Dobzhansky, T. & Dobzhansky, T. G., *Genetics and the Origin of Species*, Columbia University Press, 1937, p. 410；Reeve, E. C. R., *Encyclopedia of Genetics*, London: Fitzroy Dearborn, 2014, p. 985；Fisher, R. A., *The Genetical Theory of Natural Selection: A Complete Variorum Edition*, Oxford University Press, 1930, p. 370；Mayr, E., *What Makes Biology Unique?: Considerations on the Autonomy of a Scientific Discipline*, Cambridge University Press, 2007, p. 252；Provine, W. B., *Sewall Wright and Evolutionary Biology*, The University of Chicago Press, 1989, p. 566。

预设之下的自然选择过程。在达尔文进化理论中，一旦自然选择的三个条件得到满足，那么自然选择的过程大致如下：由于携带有利变异的生物体倾向于产生更多数量的后代且这些后代也因为遗传而同样携带该有利变异，所以该有利变异在群体中的频率将呈现逐代增加的趋势，直至最终这个群体中的绝大部分生物体都具有该有利变异。这里的有利变异是相对于性状而言的，而由于上述预设认为生物体的性状值由其基因型决定，所以上述自然选择过程可以被等价地表述为，由于携带有利基因的生物体（假定为单倍体）倾向于产生更多数量的后代且这些后代也因为遗传而同样携带该有利基因，所以该有利基因在群体中的频率将呈现逐代增加的趋势，直至最终这个群体中的绝大部分生物体都携带该有利基因。所以说，跟自然选择的三个条件类似，当现代综合把"生物体的性状值由其基因型决定"这一预设引入达尔文进化理论之后，对自然选择过程的描述也从性状层面转移到了基因层面。综上所述，现代综合通过把"生物体的性状值由其基因型决定"这一预设引入达尔文进化理论把后者从一个性状层面上的理论转化成为一个基因层面上的理论，而这一转化对于进化理论来说具有划时代的意义，因为它在很大程度上把进化理论从一种定性理论转化成为一种定量理论。具体来说，达尔文进化理论尽管能够解释一部分进化现象，但这些解释过程往往是定性的（比如前面的有关加拉巴哥群岛的雀的案例和有关曼彻斯特的桦尺蠖的案例），之所以如此，一个重要的原因在于达尔文进化理论处在性状层面之上，而性状值的遗传缺乏规律性（例如亲代具有的性状值未必能够遗传到子代），这就给数学模型的建立带来了困难。现代综合则不同，它处在基因层面之上，而基因的遗传是具有很强的规律性的（如孟德尔的分离定律），因此我们可以相对容易地把数学模型建立起来，并通过这些模型研究进化现象。事实上，今天以数学模型为特色的群体遗传学正是在现代综合的基础上发展起来的。除此之外，现代综合的另一个优势在于它能够解释达尔文进化理论难以解释的一些现象，而这其中的一个典型案例就是镰刀型细胞贫血症。镰刀型细胞贫血症是一种可遗传且致死率极高的疾病，因此按照达尔文进化理论，在自然选择的作用下"患病"这一性状值的频率应当逐代降低并最终趋向于零。然而，1933 年的一项调查显示，非洲镰刀型贫血症的发病率并非趋向于零[1]，那么如何解释这一异常现象呢？现代综合给出了如下的解释。首先，镰刀型细胞贫血症属于常染色体隐性疾病，也就是说如果我们用 HbA 表示健康等位基因，用 HbS 表示致病等位基因，那么只有基因型为 HbS/HbS 个体才会发病。因此，HbS/HbS 个体的适合度 f_{SS} 低于 HbA/HbA 个体和 HbA/HbS 个体的适合度 f_{AA} 和 f_{AS}。但 f_{AA} 和 f_{AS} 之间的大小关系又是如何呢？表面上看二者是相等的，因为 HbA/HbA 个体与 HbA/HbS 个体都不发病；但实际上前者的适合度要低于后者，这是因为非洲的疟疾发病率极高，而红细胞是疟原虫的主要寄生场所之一，又由于相比于 HbA/HbA 个体来说 HbA/HbS 个体的红细胞比较不适于疟原虫寄生，所以 HbA/HbS 个体的疟疾致死率明显低于 HbA/HbA，这就导致了在非洲这个特殊的环境之中，HbA/HbA 个体的适合度要低于 HbA/HbS 个体。因此，该案例中三种基因型的适合度大小关系为 $f_{AS} > f_{AA} > f_{SS}$。根据现代综合中的自然选择机制我们不难判断，群体中 HbS 的频率不会过高，因为自然选择对 HbS/HbS 个体极为不利；与此同时，HbS 的频率也不会过低，因为自然对 HbA/HbS 极为有利。这样一来，HbS 在群体中将保持一个中等的频率，而这就解释了为什么镰刀型细胞贫血症的发病率在非洲没有趋向于零。最后要强调的一点是，前面介绍达尔文进化理论时我们曾提出过一个重要的洞见，即达尔文进化理论将生物体的生命周期有选择性地简化成为其中的某一个时间段，这一洞见对于现代综合同样适用，因为前面提到过现代综合可以被看作基因层面上的达尔文进化理论。

二　进化发育生物学：作为周期的生命周期

上一部分中我们说现代综合可以被看作遗传学与达尔文进化理论的融合，而在这里进化发育生物学可以被看作发育生物学与达尔文进化理论的融合。具体来说，进化发育生物学的核心主张是，生物体的进化过程实际上是生物体发育模式（developmental patterns）的进化过程，因此当我们要解释 A 物种如何进化为 B 物种时，我们不再像达尔进化理论那样关注 A 物种的性

---

[1]　参见 Diggs, L. W., Ahmann, C. F. & Bibb, J., "The Incidence and Significance of The Sickle Cell Trait", *Annals of Internal Medicine*, 1933, Vol. 6, No. 7, pp. 769 – 778。

状值如何进化为 B 物种的性状值，也不再像现代综合那样关注 A 物种的基因如何进化为 B 物种的基因，我们要关注的是 A 物种的发育模式如何进化成为 B 物种的发育模式。[①] 由于进化发育生物学关注的是生物体的发育模式，所以它是把生物体的整个生命周期纳入考量范围之内，而不是像上一部分中的两种简单进化理论那样把生物体的生命周期有选择性地简化成为其中的某一个时间段。这一对比十分重要，因为它是我们在下一部分中构建简单进化理论与进化发育生物学之间的时间还原的根据。相比于简单进化理论，进化发育生物学有很多方面的优势，对此我们将在第二、三节进行详述，而在这里我们将仅仅列举一个进化发育生物学相比于简单进化理论的优势：简单进化理论不能解释跳跃式的宏观进化（macro-evolution，即种间进化），而进化发育生物学可以解释跳跃式的宏观进化。[②] 具体来说，以往我们通常认为物种的进化是累积式的，但目前有证据表明地球上的物种数量经历过几次大爆炸时期，即在短时间内进化出了大量的新物种，我们把这种进化记作跳跃式的宏观进化。[③] 达尔文进化理论很难解释跳跃式的宏观进化，这是因为该理论预设了在进化过程中生物体性状的变化是累积式的，因此生物体不可能在如此短的时间内发生如此大的性状变化；现代综合同样很难解释跳跃式的宏观进化，这是因为现代综合预设了在进化过程中生物体基因的变化是累积式的，因此生物体不可能在如此短的时间内发生如此大的基因变化。与此相对，进化发育生物学却可以轻易地解释跳跃式的宏观进化。具体来说，进化发育生物学把生物体的进化过程看作生物体发育模式的进化过程，而发育生物学的研究表明发育模式的微小变化就可能带来生物体性状的巨大变化。例如，生物体的身体一般包含三个轴——前—后轴（anterior-posterior axis）、

[①]　参见 Hall, B. K. & Olson, W. M., *Keywords and Concepts in Evolutionary Developmental Biology*, Harvard University Press, 2006, p. 502；Müller, G. B., "Evo-devo: Extending the Evolutionary Synthesis", *Nature Reviews. Genetics*, 2007, Vol. 12, No. 8, pp. 943 – 949。

[②]　参见 Gilbert, S. F. & Epel, D., *Ecological Developmental Biology: the Environmental Regulation of Development, Health, and Evolution*, Second Edition, Sinauer Associates, Inc., Publishers, Sunderland, Massachusetts, U. S. A, 2015, p. 576。

[③]　参见 Gilbert, S. F. & Epel, D., *Ecological Developmental Biology: the Environmental Regulation of Development, Health, and Evolution*, Second Edition, Sinauer Associates, Inc., Publishers, Sunderland, Massachusetts, U. S. A, 2015, p. 576。

腹—背轴（ventral-dorsal axis）和左—右轴（left-right axis），而这三个轴的确定是生物体发育过程中的大事件之一，因为它决定了生物体的身体蓝图。对大部分物种而言，身体轴的确定发生在胚胎发育早期，有的甚至发生于受精卵时期（卵细胞中的母体蛋白质或母体 RNA 的浓度梯度决定了生物体的某个或某几个身体轴）。[①] 因此如果生物体的发育模式在早期发生了哪怕是极为微小的变化，那么这种变化将很可能影响到身体轴的确定，从而引发生物体性状的巨大变化。由此来看，跳跃式的宏观进化在进化发育生物学看来就是极为可能的，因为这可能只需要生物体的发育模式发生极为微小的改变。

三　进化发育生物学对简单进化理论的时间还原：从时间段到周期

上面我们在介绍简单进化理论和进化发育生物学时曾经着重强调了以下对比，即简单进化理论将生物体的生命周期有选择性地简化处理为其中的某一个时间段，而进化发育生物学则把生物体的整个生命周期都纳入考量范围之内。基于这一对比，我们将在这一部分参照第二章中的解释还原定义一种新的发生在简单进化理论和进化发育生物学之间的还原，即时间还原。

解释还原指的是仅仅通过部分性质解释整体性质的过程，由此我们可以提炼出解释还原的两大要素：第一，层级（整体—部分）的存在；第二，一个层级（部分层级）解释了另一个层级（整体层级）。而接下来将要阐述的是，这两大要素同样存在于简单进化理论和进化发育生物学之间。简单进化理论将生物体的生命周期有选择性地简化处理为其中的某一个时间段，而进化发育生物学则把生物体的整个生命周期都纳入考量范围之内，因此二者之间存在一个形如"时间段—周期"的层级。不仅如此，在该层级结构中，周期层级对应的进化发育生物学还解释了时间段层级对应的简单进化理论，因为简单进化理论仅仅预设了性状层面上变异的存在，而进化发育生物学解释了这种变异是通过怎样的机制发育出来的。具体来说，以上文中曼彻斯特的桦尺蠖的案例为例，该案例中待解释的进化现象是桦尺蠖的体色由浅色进

---

① 参见 Gilbert, S. F., *Developmental Biology*, Tenth Edition, Sinauer Associates, Inc., Publishers, Sunderland, MA, USA, 2014, p. 1。

化成了黑色，而两种简单进化理论对该现象的解释思路大致类似，即环境的变化导致了黑色桦尺蠖的相关性状值或相关基因的适合度高于浅色桦尺蠖，因此在自然选择机制的作用下，该性状值或基因的频率会逐代增加，进而导致黑色桦尺蠖的频率逐代增加。不过，这样的解释是不完整的，或者说，这样的解释是需要被进一步解释的，因为上述解释仅仅预设了桦尺蠖体色上的变异的存在，却并没有告诉我们这种变异是通过怎样的机制发育出来的——达尔文进化理论对这种发育机制绝口不提，而现代综合只是说体色的变异发源自基因的变异。进化发育生物学则恰好给出了相应的发育机制。具体来说，在进化发育生物学的视角下，上述案例中的进化过程实质上是桦尺蠖发育模式的进化过程，也就是说一部分浅色桦尺蠖的进化模式 P_1 发生了变化，这种变化可能是由基因突变引发的，也可能是由环境诱导的，其结果是在变化后的发育模式 P_2 下桦尺蠖的体色变化成为黑色，由于黑色的体色相比于浅色的体色更有利于桦尺蠖躲避捕食者，所以 P_2 的适合度高于 P_1，此时按照自然选择机制 P_2 的频率将逐渐增加，而这就导致了我们观察到的进化现象。显然，上述解释过程明确地告诉了我们桦尺蠖体色上的变异是通过怎样的机制发育出来的，而从这一角度来看我们认为进化发育生物学解释了简单进化理论。综上所述，解释还原的两大要素都存在于简单进化理论和进化发育生物学之间，因此有理由将简单进化理论和进化发育生物学之间的关系定义为一种还原关系；与此同时，解释还原中的层级是空间层级（整体—部分），而简单进化理论与进化发育生物学之间的层级是时间层级（时间段—周期），因此我们将简单进化理论与进化发育生物学之间的还原关系定义为时间还原，以此与属于空间还原的解释还原相区别。

本研究并不是第一个提出简单进化理论与进化发育生物学之间构成还原关系的，罗森伯格[1]曾经提出过类似的观点。具体来说，罗森伯格的观点建立在迈尔[2]对终极解释（ultimate explanation）和近端解释（proximate explanation）的区分之上。迈尔曾指出，针对"为什么某一物种具有某一性状

---

[1]　参见 Rosenberg, A., *Darwinian Reductionism: Or, How to Stop Worrying and Love Molecular Biology*, University of Chicago Press, 2006, p. 272。

[2]　参见 Mayr, E., *The Growth of Biological Thought: Diversity, Evolution, and Inheritance*, Harvard University Press, 1982, p. 996。

值"（例如，鸟为什么有翅膀）存在两种类型的解释：第一类解释是与进化
理论相关的解释，即该性状值是自然选择的结果（例如，有翅膀的鸟比没有
翅膀的鸟具有更高的适合度，因此该性状值被进化过程保留了下来），迈尔
将这类解释称作终极解释；第二类解释是与发育生物学相关的解释，即该性
状值是生物体发育的结果（例如，鸟之所以有翅膀，是因为鸟类有其特殊的
发育模式），迈尔将这类解释称作近端解释。罗森伯格认为，终极解释本身
是不完整的，或者说终极解释本身是需要被进一步解释的，因为它仅仅预设
了性状层面上变异的存在，却并没有告诉我们该变异是通过怎样的机制发育
出来的。[①] 例如，在针对鸟为什么有翅膀的解释中，终极解释首先预设了存
在有翅膀的鸟，然后通过自然选择机制说明为什么有翅膀的鸟最终被进化过
程保留下来，却并没有告诉我们"有翅膀"这一性状值是通过怎样的机制
发育出来的。近端解释则恰好给出了这种机制，因为近端解释关注的正是生
物体性状值的发育过程。基于此，罗森伯格认为近端解释解释了终极解释，
并将这一解释过程定义为一种新的还原过程（以下称作罗森伯格式还原）。[②]
不难看出，罗森伯格式还原的定义与上面时间还原的定义几乎一模一样：前
者的终极解释和近端解释分别对应后者的简单进化理论和进化发育生物学：
前者中近端解释之所以构成了对终极解释的解释，原因在于近端解释解释了
终极解释中性状层面上的变异是通过怎样的机制发育出来的，而后者中进化
发育生物学之所以构成了对简单进化理论的解释，同样在于进化发育生物学
解释了简单进化理论中性状层面上的变异是通过怎样的机制发育出来的。尽
管如此，我们此处提出的时间还原与罗森伯格式还原还是有着重要的区别
的，那就是两种还原具有不同的关注点——时间还原关注的是时间层级，而
罗森伯格式还原关注的是空间层级。具体来说，罗森伯格式还原的经典案例
是巴克艾蝴蝶（buckeye butterfly, Preciscoenia）翅膀上的斑点，在该案例中
有关斑点的终极解释发生在性状层级上，即在特定的环境下有斑点的蝴蝶能
够更好地躲避捕食者，而有关斑点的近端解释则发生在基因层级上，即斑点

---

① 参见 Rosenberg, A., *Darwinian Reductionism: Or, How to Stop Worrying and Love Molecular Biology*, University of Chicago Press, 2006, p. 272。

② 参见 Rosenberg, A., *Darwinian Reductionism: Or, How to Stop Worrying and Love Molecular Biology*, University of Chicago Press, 2006, p. 272。

产生的关键在于发育过程中基因间特殊的相互作用。不难看出，在该罗森伯格式还原案例中终极解释和近端解释之间存在着一个形如"性状—基因"的空间层级。不仅如此，空间层级的存在并不仅限于这一个案例，罗森伯格认为一切罗森伯格式还原中的近端解释都应当发生在基因层级上，因此一切罗森伯格式还原中都存在形如"性状—基因"的空间层级。不过，虽然时间还原和罗森伯格式还原一个关注的是时间层级，另一个关注的是空间层级，但这种区别是否意味着我们的时间还原比罗森伯格式还原在某些方面更具优势呢？是的。具体来说，无论是时间还原还是罗森伯格式还原，其实质都在于解释成年时期的性状值（例如桦尺蠖的体色和蝴蝶翅膀上的斑点）是通过怎样的机制发育而来的，而这一过程体现的正是一个形如"成年时期—胚胎至成年时期"的时间层级，因此从这个意义上说时间还原对时间层级的关注更加贴近本质，这就是时间还原相对罗森伯格式还原的优势所在。

综上所述，我们此处定义的时间还原描述的是进化发育生物学对简单进化理论的解释过程，其特点在于存在一个形如"时间段—周期"的时间层级，其实质在于将发育生物学引入了进化理论之中。显然，时间还原的定义完全符合我们在引言中对认识论还原的描述，即认识论还原是一个与解释相关的过程。接下来，在第二、三节中我们将进一步论述的是，时间还原究竟给简单进化理论带来了怎样的影响，或者说，进化理论中发育生物学的引入究竟给简单进化理论带来了怎样的影响。其中，第二节关注的是批判性影响，即发育生物学的引入否定了简单进化理论中的哪些内容；而第三节关注的是建设性影响，即发育生物学的引入在哪些方面发展了简单进化理论。

第二节　时间还原对简单进化理论的批判性影响

一　时间还原对基因中心论的批判

简单进化理论包含达尔文进化理论和现代综合，而后者是今天占据主流的进化理论。前面介绍现代综合时我们曾提到，它最核心的预设是生物体的性状值由其基因型决定，这就使得现代综合具有了强烈的基因中心论色彩。

而在这一部分中我们要论述的是，进化理论中发育生物学的引入构成了对现代综合中基因中心论的批判。

基因中心论的错误性是显而易见的，因为不论是生物学家还是一般公众都十分熟悉环境对生物体性状值的影响。例如，《晏子春秋·内篇杂下》中就有"橘生淮南则为橘，生于淮北则为枳，叶徒相似，其实味不同。所以然者何？水土异也"的说法。然而令人不解的是，尽管基因中心论的错误性显而易见，但它至今依然广泛流行于生物学家与一般公众之中。例如，在今天的生物医学期刊和大众媒体中，我们能够找到大量有关高血压基因、糖尿病基因和肥胖基因等的研究和报道。那么，怎样解释基因中心论如此强大的生命力呢？本研究认为，基因中心论之所以具有如此强大生命力，一个重要的原因在于它受到了以下这个被广为接受的观点的直接支持：生物体的一切性状信息都储存在 DNA 序列之中，生物体的发育过程就是这些信息的表达过程，而非 DNA 元素（例如环境）仅仅起到为上述信息的表达提供了条件。因此，我们说，批判基因中心论的关键不在于指出其本身的错误性（因为它的错误性是显而易见的），而在于指出为基因中心论提供直接支持的上述观点的错误性。基于这样的考量，接下来我们将要论述的就是进化理论中发育生物学的引入是如何能够批判上述观点的。不过在这之前，为了方便起见我们要给上述观点起一个名字。上述观点可以被看作一种特殊的有关生物体发育的先成说（preformism）。具体来说，传统的先成说认为生物体在发育之初就具备其成年时期的一切结构，而发育的过程就是这些结构生长的过程。[1]传统的先成说早已被发育生物学否定，但分子遗传学的兴起让先成说以一种新的形式得以复兴，因为尽管生物体在发育之初并不具备其成年时期的结构，但这些结构被认为以信息的形式储存在 DNA 序列之中，而发育的过程就是这些信息被表达的过程。显然，这种复兴了的先成说正是上述为基因中心论提供直接支持的那种观点，因此我们将那种观点记作基因先成说。为了表明进化理论中发育生物学的引入是如何能够批判基因先成说的，我们下面将引入性状可塑性的概念。性状可塑性（phenotypic plasticity）指称的是发

---

[1]　参见 Gilbert, S. F., *Developmental Biology*, Tenth Edition, Sinauer Associates, Inc., Publishers, Sunderland, MA, USA, 2014, p. 1。

育生物学中的一类重要现象，即同一生物体在不同的环境下可能被诱导发育出不同的性状值，且这些性状值往往适应于相应的环境。例如，Peiridae 蝴蝶生活在北半球，而它们的后翅颜色呈现出明显的性状可塑性：当这种蝴蝶在夏天破茧时，它们后翅的颜色相对较浅；当这种蝴蝶在春天破茧时，它们后翅的颜色相对较深。[①] 这一性状可塑性对于 Peiridae 蝴蝶是极其有利的，因为在北半球夏天的日照时间长且日照强度大，浅色的翅膀可以防止晒伤；而到了春天之后日照时间变短且强度变弱，此时深色翅膀可以吸收更多热量以维持体温。那么，Peiridae 蝴蝶这一性状可塑性发生的机制是什么呢？生物学家们发现，在该性状可塑性案例中环境的温度是性状值（浅色后翅或深色后翅）的诱导者（inducer），它通过调节基因表达调节着与翅膀色素相关的激素的合成，而这种激素能够决定后翅颜色的深浅。[②] 本研究认为这一案例构成了上述基因先成说的一个反例，因为在基因先成说中非 DNA 元素仅仅为 DNA 序列中信息的表达提供了条件，所以在那里非 DNA 元素仅仅起到了一个开关的作用；而在上述案例中温度作为非 DNA 元素决定了 DNA 信息的表达方式（表达为浅色后翅还是深色后翅），并且这种表达方式是与生物体所处的环境相适应的，所以在这里非 DNA 元素扮演的不再是一个开关的角色，而是一个更为智能的诱导者的角色。

除了 Peiridae 蝴蝶案例，生物界还存在众多其他的性状可塑性案例。例如，在蜜蜂的发育过程中，食物作为诱导者能够决定幼虫是发育成蜂王还是工蜂；在部分蛙类的发育过程中，温度作为诱导者能够决定蛙的性别；而在许多鱼类的发育过程中，捕食者的存在与否作为诱导者能够决定鱼的形态。[③] 基于此，生物学家目前主张在生物界中性状可塑性不是特例而是常态，生物体通过这一机制将其所处环境的信息整合到发育过程之中，进而使自己发育出适合该环境的性状值，结果大大提高了生物体对环境在时间上和

① 参见 Gilbert, S. F., *Developmental Biology*, Tenth Edition, Sinauer Associates, Inc., Publishers, Sunderland, MA, USA, 2014, p. 1。

② 参见 Gilbert, S. F., *Developmental Biology*, Tenth Edition, Sinauer Associates, Inc., Publishers, Sunderland, MA, USA, 2014, p. 1。

③ 参见 Gilbert, S. F., *Developmental Biology*, Tenth Edition, Sinauer Associates, Inc., Publishers, Sunderland, MA, USA, 2014, p. 1。

空间上的变化的适应能力。至此我们已经通过性状可塑性说明了进化理论中发育生物学的引入如何批判了基因先成说，进而批判了基因中心论。但在结束这一部分之前，我们将简单谈一下性状可塑性给简单进化理论带来的建设性影响。这一部分内容本应放在第三部分中论述，但因为上面我们对性状可塑性已经进行了较为详细的介绍，所以此处更适合讨论性状可塑性给简单进化理论带来的建设性影响。具体来说，在简单进化理论中性状值通常是一个点，例如在前面曼彻斯特的桦尺蠖的案例中，黑色体色是一个点，浅色体色也是一个点。然而，如果我们将性状可塑性看作一个性状值，那么这个性状值就不再是一个点，而变成了一个映射。例如，在 Pci-ridae 蝴蝶案例中，如果我们将温度的不同取值构成的集合记作 X，将蝴蝶后翅深浅的不同取值构成的集合记作 Y，那么相应的性状可塑性就是一个从 X 到 Y 的映射，记作 f：XY。因此，进化理论中性状可塑性的引入对简单进化理论的一个重要建设性影响就是，它拓展了能够参与到自然选择机制中的性状值种类，即这些性状值不仅包括作为点的性状值，还包括作为映射的性状可塑性。

二　时间还原对生物体—环境二元论的批判

在简单进化理论中环境独立地存在和变化，而生物体在自然选择机制的作用下不断适应于环境，因此环境设定了生物体的进化目标。从这个意义上我们说，简单进化理论中生物体和环境之间的关系是单向的设定关系。在这种单向的设定关系之中，环境是主动的，而生物体只能被动地朝适应于环境的方向进化。因此环境与生物体所处的角色具有明显的区别，这就好像身心二元论中意识和身体所处的角色具有明显的区别那样。基于这种相似性我们将简单进化理论中生物体与环境之间这种单向的设定关系归类为一种二元论，即生物体—环境二元论，而接下来我们将以性状可塑性和生态位构建为例论述进化理论中发育生物学的引入是如何打破这种生物体—环境二元论的。

生物体—环境二元论认为，环境仅仅设定了生物体的进化目标，而发育生物学中的性状可塑性现象表明，在进化过程中环境不仅设定了生物体的进化目标，而且还主动地诱导生物体朝这个目标进化。具体来说，假定物种 X

具有性状可塑性，即 X 个体在不同的环境下能够被诱导发育出不同的性状值，且这些性状值适应于相应的环境。与此同时，我们假定 X 所处的环境在很长一段时间内保持稳定，则在该环境下大部分 X 个体将被诱导发育出适应于该环境的性状值，我们将其记作 x。此时，如果群体中因为基因突变出现了一种新的等位基因 g，并且 g 能够让 X 个体在任何环境下都发育出性状值 x（即 g 抑制了 X 的性状可塑性），那么 g 显然极有可能因为性状值 x 被自然选择保留下来，结果导致群体中大部分 X 个体都携带等位基因 g 并且因此携带性状值 x。这一进化过程被进化生物学家叫作基因同化（genetic assimilation），而我们不难发现在基因同化中环境不仅设定了生物体的进化目标，它还主动地通过性状可塑性诱导生物体朝该目标进化。因此，本研究认为以性状可塑性为基础的基因同化现象打破了简单进化理论中的生物体—环境二元论。不过，这里有两点值得强调。第一，如果我们把基因同化作为一个整体来看，那么环境当然不仅设定了生物体的进化目标，它还主动地诱导生物体朝该目标进化；但如果我们仅仅关注基因同化中有关等位基因 g 的自然选择，那么此时环境就变得如生物体—环境二元论所说的那样仅仅设定了生物体的进化目标。第二，基因同化的基础是生物体的性状可塑性，而性状可塑性往往是生物体长期进化的结果，因此在生物体进化的早期基因同化现象是极为罕见的，在那个时期环境很可能的确如生物体—环境二元论所言仅仅为生物体设定了进化目标。

生物体—环境二元论中环境的存在和变化是独立的，生物体只能被动地适应环境，而发育生物学中的生态位构建（niche construction）表明，环境的存在和变化并非独立，因为生物体能够主动改造其所处的微观环境以适合自身的生存。具体来说，生态位构建指的是生物体改造其所处的微观环境的行为，那么什么是微观环境呢？在简单进化理论中环境通常指的是生物体所处的宏观环境。例如，对于生活在草原上的食草动物而言，它们所处的宏观环境包括草原的温度、湿度和草量等。然而，生物体真正生存在其中的却是它们所处的微观环境。例如，对于生活在草原上的食草动物而言，微观环境包括物种的体表温度、体表湿度和其占有的草量。微观环境与宏观环境往往具有明显的差异。例如，沙漠作为一个宏观环境是干燥和高温的，然而沙漠植物所处的微观环境却通常是湿润和常温的。① 跟前面提到的性状可塑性类似，生态位构建在生物界中也是一种常态，而它的一个典型案例就是老鼠小肠内的共生菌（symbiotic microbes），这些细菌能够调节小肠上皮细胞的基因表达，进而为自己创建一个适宜生存的微观环境。例如，Bacteroides 细菌能够诱导小肠 Paneth 细胞分泌血管生成素 – 4（angiogenin-4）和 RegIII，这两种物质能够抑制其他种类细菌的繁殖，从而有利于 Bacteroides 的生存。② 在进化理论中，真正影响生物体适合度的是微观环境而非宏观环境，而由于在上述生态位构建现象中生物体能够有效地改造微观环境并使其适合自身的生存，所以环境的存在和变化就并非像生物体—环境二元论所说的那样是完全独立的，而是受到来自生物体的强烈影响。与此同时，生物体也并非像生物体—环境二元论所说的那样只能被动地适应环境，而是能够通过生态位构建主动地使环境适应自己。值得一提的是，在一些案例中生物体能极其有效地改造微观环境，结果导致尽管宏观环境发生了较大变化，但微观环境仍然能够保持稳定，最终导致自然选择在很长一段时间内不发生作用，生物体因此在很长一段时间内保持进化上的静止状态。例如，蚯蚓自五千万年前迁徙到陆地上至今几乎没有发生任何进化，这其中的原因在于蚯蚓具有极强的生态位构建能力，它们通过建造地下洞穴为自己提供了适于生存的湿润的微观环境，而由于蚯蚓已经适应了这种微观环境，所以一旦这种微观环境保持稳定，进化过程通常是近乎静止的。③

三　时间还原对悲观进化趋势的批判

人们一般认为，物种的复杂性随着进化过程的推进而不断增加，而这种

① 参见 Sultan，S. E.，*Organism and Environment：Ecological Development，Niche Construction，and A-daption*，First Edition，Oxford University Press，2015，p. 220。

② 参见 Gilbert，S. F. & Epel，D.，*Ecological Developmental Biology：the Environmental Regulation of Development，Health，and Evolution*，Second Edition，Sinauer Associates，Inc.，Publishers，Sunderland，Massachusetts，U. S. A，2015，p. 576。

③ 参见 Gilbert，S. F.，*Developmental Biology*，Tenth Edition，Sinauer Associates，Inc.，Publishers，Sunderland，MA，USA，2014，p. 1。

复杂性的增加尤其体现在生物体的发育过程之中。[①] 例如，包括细菌在内的单细胞生物几乎没有发育过程，因为它们自出生起就是一个发育成熟的个体；而到了脊椎动物这里，发育已经俨然成为一个具有高度复杂性的精密过程，即生物体的发育是来自大分子、细胞、组织和器官等多个层级的无数元素协同作用的结果。[②] 事实上，在历史上很长一段时间内脊椎动物的发育过程的复杂性常被用来证明上帝的存在，因为人们无法想象这样一个处处显示着超越人类智慧的过程除了来自上帝还能来自哪里。[③] 然而，进化过程中生物体发育过程的复杂性的不断增加却给进化过程本身带来了一个严重的问题：随着发育过程复杂性的增加，发育过程参与者之间的联系变得越来越密切，而这就使得任何基因突变都很可能牵一发而动全身，导致携带该突变的生物体无法存活，又由于现代综合认为基因突变是生物体进化的重要动力之一，所以上述现象很可能导致随着进化过程的推进生物体的进化速度越来越慢并最终趋于静止，这就是简单进化理论之下的悲观进化趋势。[④] 然而，本研究认为进化生物学中发育生物学的引入否定了这一悲观的进化趋势，而这要归功于发育生物学中发育模块性（developmental modularity）的发现。

发育模块性说的是生物体的发育是以分包的形式进行的，即生物体在空间上被划分成了若干模块，不同的模块在发育过程中保持相对的独立。[⑤] 那么，发育模块性的发生机制是什么呢？我们曾在第二章第一节介绍过增强子：它是一段不编码蛋白质的 DNA，与转录因子结合后能够激活相应基因的表达。增强子具有一种重要的性质叫作模块性，而增强子的模块性正是发育模块性得以实现的关键。具体来说，增强子模块性说的是生物体的一个结

---

① 参见 Gilbert, S. F., *Developmental Biology*, Tenth Edition, Sinauer Associates, Inc., Publishers, Sunderland, MA, USA, 2014, p. 1。

② 参见 Gilbert, S. F., *Developmental Biology*, Tenth Edition, Sinauer Associates, Inc., Publishers, Sunderland, MA, USA, 2014, p. 1。

③ 参见 Gilbert, S. F., *Developmental Biology*, Tenth Edition, Sinauer Associates, Inc., Publishers, Sunderland, MA, USA, 2014, p. 1。

④ 参见 Wagner, G. P. & Zhang, J., "The Pleiotropic Structure of the Genotype-phenotype Map: the Evolvability of Complex Organisms", *Nature Reviews Genetics*, 2011, Vol. 12, pp. 204 –213。

⑤ 参见 Gilbert, S. F., *Developmental Biology*, Tenth Edition, Sinauer Associates, Inc., Publishers, Sunderland, MA, USA, 2014, p. 1。

构基因通常具有多个增强子，且该结构基因在不同身体部分中的表达往往依赖不同的增强子。例如，Pax6 基因在胰腺、神经管、视网膜、角膜和晶状体中都有表达，但该基因在这些身体部分的表达依赖的却是完全不同的增强子。① 因为有了增强子的模块性，所以一个结构基因在不同身体部分的表达就是相对独立的，即它在一个身体部分中的表达并不影响其在另一身体部分中的表达，而这被认为是发育模块性得以实现的重要前提。有了发育模块性之后，上述简单进化理论之下的悲观进化趋势便显得极为可疑了，因为发育模块性可以把基因突变的后果局限在某一身体部分，而这就大大提高了该基因突变携带者的存活可能性。所以，尽管生物体的进化速度的确有可能随着发育过程复杂性的增加而降低，但发育模块性表明简单进化理论过于高估了进化速度的降低速度。

第三节　时间还原对简单进化理论的建设性影响

一　时间还原带来了新的可进化性状

简单进化理论中生物体的生命周期被有选择地简化处理为其中的某一个时间段，而且这个时间段通常是生物体的成年时期，因此在简单进化理论中参与进化过程的性状往往是时间段性状，即性状仅仅与生命周期的某一个时间段相关，而并非与整个生命周期相关。例如，在关于曼彻斯特的桦尺蠖的案例中参与进化的性状是成年桦尺蠖的体色，而这个性状属于时间段性状，因为它仅仅出现在成年时期这个时间段。然而，经过时间还原后生物体的整个生命周期都被纳入进化理论的考虑范围之内，此时进化生物学家便不仅仅关注上面所说的时间段性状，他们还开始关注那些与生物体的整个生命周期相关的性状，而在这些性状中最受瞩目的就是生物体的生活史（life history）。因此，时间还原对简单进化理论的第一个建设性影响就是，它为后者引入了生活史这一全新类型的可进化性状。然而，生活史指的究竟是什么，

---

① 参见 Gilbert, S. F. & Epel, D., *Ecological Developmental Biology: the Environmental Regulation of Development, Health, and Evolution*, Second Edition, Sinauer Associates, Inc., Publishers, Sunderland, Massachusetts, U. S. A, 2015, p. 576。

而它的引入又有怎样的意义呢？接下来我们将对生活史这一概念进行介绍并将以衰老（senescence）现象为例阐述生活史的引入如何能够解释简单进化理论难以解释的一些进化现象。

　　人类的衰老现象是简单进化理论长期面临的一个解释难题。具体来说，如果我们将衰老看作一个性状值，那么它所属的性状显然属于简单进化理论中的时间段性状，因为该性状仅仅发生在老年时期。然而，按照简单进化理论衰老这一性状值是很难被进化过程保留下来的，因为相对于长生不老来说衰老显然会大大降低生物体的适合度。那么，为什么衰老还是被进化过程保留了下来呢？这便是简单进化理论面对的著名难题之一。然而，当人们把生活史引入简单进化理论之后，这一貌似不可解的进化难题竟然出现了可解的迹象。具体来说，生活史描述的是一个物种典型的生命时间表，即生物体在哪个时间段专注于发育、哪个时间段专注于繁殖后代、是花很长的孕期养育很少的后代还是花很短的孕期养育大量的后代、是花较多的时间对后代进行抚养还是在短时间内开始下一次生殖活动等。[①] 不同物种的生活史可能有天壤之别。例如，人类的孕期极长但每次怀孕养育的后代数量却极少，老鼠的孕期远小于人类但其每次怀孕养育的后代数量却远远超过人类。物种间不同生活史的产生往往是自然选择的结果。例如，如果一个物种面临着来自捕食者的严峻威胁，抑或该物种面临着来自传染性疾病的严峻威胁，那么该物种的平均寿命就会相对较短，此时假定有两种生活史，第一种中生物体花很长的时间发育成熟然后开始繁殖活动，第二种中生物体花很短的时间发育成熟然后开始繁殖活动，显然，第二种生活史在上述情境下具有更高的适合度因此更可能被进化过程保留下来，因为具有第一种生活史的生物体很可能还没等到发育成熟就已经死亡，更不用说产生后代了。现在我们重新回到有关衰老的问题上来。人体内有很多具有拮抗多效性（antagonistic pleiotropy）的基因，即相对于普通基因而言它们在生命前期对人体有益，但在生命后期对人体有害。[②] 因此，拮抗多效性基因对应的生活史的特点就是生命前期身体健

　　① 参见 Gluckman, P., Beedle, A., Buklijas, T., Low, F. & Hanson, M., *Principles of Evolutionary Medicine*, 2 edition, Oxford University Press, 2016, p. 400。

　　② 参见 Gluckman, P., Beedle, A., Buklijas, T., Low, F. & Hanson, M., *Principles of Evolutionary Medicine*, 2 edition, Oxford University Press, 2016, p. 400。

壮且旺盛繁殖，但生命后期的衰老现象明显；普通基因对应的生活史的特点是生命前期身体正常且繁殖正常，而老年时期衰老现象不明显，我们将前一种生活史记作衰老生活史，后一种记作不衰老生活史。表面上看，衰老生活史与不衰老生活史的适合度不相上下，因为前者虽然在生命前期的适合度高于后者，但它在生命后期的适合度却低于后者。然而，实际情况却是衰老生活史的适合度要高于不衰老生活史，这是因为早期人类的寿命通常只有35—40 岁，因此尽管衰老生活史在生命后期的适合度较低，但由于只有少部分早期人类能够存活到这一阶段，所以该生活史整体的适合度并不会因此被明显拉低；另一方面，衰老生活史在生命早期的适合度较高，而由于大部分早期人类的寿命处于生命早期，所以该生活史整体的适合度因此被明显地拉高。于是，根据自然选择机制衰老生活史将被保留下来，而这导致了今天人类的衰老现象。[1] 显然，在上述案例中人们通过把生活史引入简单进化理论彻底改变了我们对衰老这一性状值的适合度的评估，从而解释了简单进化理论无法解释的衰老现象。

二 时间还原带来了新的可遗传变异

在简单进化理论中，性状层面上的可遗传变异通常被认为是由 DNA 序列介导的，且这些 DNA 序列通常被认为是能够编码蛋白质的结构基因。例如，在前面提及的镰刀型细胞贫血症案例中，镰刀型细胞贫血症的遗传是由致病基因 HbS 介导的，而 HbS 就是一种结构基因，它参与了人体血红蛋白的编码。然而，进化理论中发育生物学的引入带来了很多新的可遗传变异类型，而其中三种特别重要的新的可遗传变异类型包括调节基因介导的可遗传变异、表观遗传介导的可遗传变异和共生介导的可遗传变异。

调节基因有时也被称作调节序列，这些基因或者根本不编码蛋白质或者编码转录因子（属于蛋白质）或编码调节 RNA（regulatory RNA），它们的作用是调节结构基因的表达。例如，前面提到的增强子就是一类重要的不编码蛋白质的调节基因，当细胞中的转录因子与增强子结合时，转录因

---

[1] 参见 Gluckman, P., Beedle, A., Buklijas, T., Low, F. & Hanson, M., *Principles of Evolutionary Medicine*, 2 edition, Oxford University Press, 2016, p. 400。

子招募来的各种酶使得增强子附近致密的染色质变得松散，相应基因的启动子因此被暴露，RNA 聚合酶 II 趁机与其结合进而开启相应基因的表达。调节基因在生物体的发育过程中发挥着重要的作用，因为它能够通过异位作用（heterotopy）、异时作用（heterochrony）、异量作用（heterometry）和异型作用（heterotypy）改变生物体的发育轨道，进而产生性状上的可遗传变异。具体来说，异位作用通常由增强子介导，其中增强子的突变导致同一结构基因的表达位置发生了变化。例如，鸡的脚是分蹼的，而鸭的脚是不分蹼的，这其中的原因是在鸡的发育过程中脚部的细胞不表达 Gremlin 蛋白，但在鸭的发育过程中脚部的细胞表达 Gremlin 蛋白，而 Gremlin 蛋白的一个重要功能是抑制旁分泌因子 BMP 对脚趾间细胞凋亡的诱导作用。① 异时作用可以发生在包括基因层级在内的多个层级之上，而当它发生在基因层级之上时，它通常由增强子介导，其中增强子的突变导致同一基因表达时间的长短发生了变化。例如，不同种类的 Hemiergis 蜥蜴具有不同数量的趾，而决定趾的数量的是发育过程中 sonic hedgehog（shh）基因在肢芽区域的表达时间：shh 的表达时间越长，Hemiergis 蜥蜴具有的趾的数量越多。② 异量作用通常由增强子介导，其中增强子的突变导致同一基因的表达数量发生了变化。例如，在前面提到的加拉巴哥群岛雀的例子中，不同种类的雀之所以具有不同形态的喙，是因为在不同种类的雀的发育过程中，旁分泌因子 BMP4 的表达数量不同。具体来说，BMP4 属于生长因子，它能够诱导细胞发生有丝分裂，因此如果 BMP4 的表达数量多，那么喙就会发育得较宽，例如地雀（ground finch），反之喙就会发育得较窄，例如仙人掌雀

① 参见 Gilbert, S. F. & Epel, D., *Ecological Developmental Biology: the Environmental Regulation of Development, Health, and Evolution*, Second Edition, Sinauer Associates, Inc., Publishers, Sunderland, Massachusetts, U. S. A, 2015, p. 576; Laufer, E., Pizette, S., Zou, H., Orozco, O. E. & Niswander, L., "BMP Expression in Duck Interdigital Webbing: A Reanalysis", *Science* (New York, N. Y.), 1997, Vol. 5336, No. 278, p. 305。

② 参见 Gilbert, S. F. & Epel, D., *Ecological Developmental Biology: the Environmental Regulation of Development, Health, and Evolution*, Second Edition, Sinauer Associates, Inc., Publishers, Sunderland, Massachusetts, U. S. A, 2015, p. 576; Shapiro, M. D., Hanken, J. & Rosenthal, N., "Developmental Basis of Evolutionary Digit Loss in the Australian Lizard Hemiergis", *Journal of Experimental Zoology*, Part B, *Molecular and Developmental Evolution*, 2003, Vol. 297, pp. 48 – 56。

（cactus finch）。^① 异型作用通常由编码转录因子的调节基因介导，其中调节
基因的突变导致其编码的转录因子种类发生变化，进而导致结构基因的表达
发生变化。例如，昆虫有六只足，而其他大部分节肢动物的足的数量都超过
六只，这其中的原因在于昆虫 DNA 中的一个调节基因 Ubx 发生了突变，该
突变导致 Ubx 编码的转录因子种类发生了变化，变化后的转录因子对 Distal-
less 基因的表达产生了抑制作用，而 Distal-less 基因编码的蛋白质能够诱导
足的发育。^② 综上所述，发育生物学中的异位作用、异时作用、异量作用和
异型作用表明生物体性状层面上可遗传的变异并非都是由结构基因介导的，
调节基因同样能够介导可遗传的变异。不仅如此，调节基因介导的可遗传变
异还能够解释结构基因介导的可遗传变异难以解释的一些进化现象。具体来
说，进化过程中生物体的性状发生了巨大的变化，而如果性状层面上可遗传
的变异都是由结构基因介导的，那么进化过程中生物体的结构基因也应当发
生了巨大的变化。然而，科学家们早就发现物种间 DNA 的差异远远低于其
性状层面上的差异，而这就构成了结构基因介导的可遗传变异难以解释的进
化现象之一。^③ 而调节基因介导的可遗传变异却可以轻松地解释这一进化现
象，因为从上面的异位作用、异时作用、异量作用和异型作用的案例中我们
不难发现，一个调节基因的突变可能导致生物体性状层面上的巨大变化，例
如鸡的脚和鸭的脚、不同蜥蜴种类的趾的数量等，而这样一来尽管进化过程
中生物体的性状发生了巨大的变化，但这些变化完全可能由少数调节基因的
变化引起，因此不同物种间的 DNA 差异性完全有可能低于其性状层面上的
差异性。事实上，这样的推断已经被提出并且获得了来自众多方面的支持。
例如，黑猩猩和人类在性状层面上最大的差异就是大脑，而研究发现人类大

① 参见 Gilbert, S. F. & Epel, D., *Ecological Developmental Biology: the Environmental Regulation of Development, Health, and Evolution*, Second Edition, Sinauer Associates, Inc., Publishers, Sunderland, Massachusetts, U. S. A, 2015, p. 576; Abzhanov, A., "Bmp4 and Morphological Variation of Beaks in Darwin's Finches", *Science*, 2004, Vol. 3051, pp. 462 – 1465。

② 参见 Galant, R. & Carroll, S. B., "Evolution of A Transcriptional Repression Domain in An Insect Hox Protein", *Nature*, 2002, Vol. 6874, No. 415, pp. 910 – 913。

③ 参见 Gilbert, S. F. & Epel, D., *Ecological Developmental Biology: the Environmental Regulation of Development, Health, and Evolution*, Second Edition, Sinauer Associates, Inc., Publishers, Sunderland, Massachusetts, U. S. A, 2015, p. 576。

脑中 mRNA 的数量是黑猩猩的五倍，这提示二者大脑性状上的巨大差异可能是调节基因通过上面所说的异量作用介导的。[①] 再例如，科学家比较了人类、老鼠和黑猩猩的 DNA 序列之后鉴定出了三个物种的同源序列，并且在其中选择了 3500 个进行比对，结果发现人类在 202 个序列上与其他两者具有明显的区别，而在这 202 个序列中，人类在 HAR1 和 HAR2 这两个序列上与其他哺乳动物的差别最为明显，其中 HAR1 是一个能够编码调节 RNA 的调节基因，其基因产物表达在哺乳动物的大脑皮层，这一发现提示我们 HAR1 很可能通过上面的异型作用介导人类和其他哺乳动物之间在大脑性状上的巨大差异性。[②]

表观遗传机制是近年来发育生物学关注的一类重要现象，而这类现象表明生物体性状层面上的可遗传变异甚至不必由 DNA 序列介导（包括结构基因和调节基因），因此进一步拓宽了简单进化理论中可遗传变异的来源。我们在前面曾经提及过表观遗传机制，它指称的是一系列通过染色体修饰来调节基因表达的生物机制。例如，组蛋白的甲基化和乙酰化可以改变染色质的致密程度，从而影响转录因子与启动子结合的难易程度，进而调节基因的表达。再例如，启动子的甲基化可以影响启动子与转录因子结合的难易程度，进而调节基因的表达。这些生物机制都属于表观遗传机制。近期的研究表明，很多表观遗传机制对染色体的修饰是可以从亲代传递到子代的。[③] 例如，在一项实验中实验人员给怀孕的母鼠提供了低蛋白水平的饮食，结果导致子一代老鼠 DNA 的甲基化分布发生变化（即一些原本没有甲基化的位点发生了甲基化，而另一些原本有甲基化的位点发生了去甲基化）。新的甲基化分布导致子一代老鼠呈现出某些与代谢相关的特殊性状值，而令人惊讶的是这些性状值能够从子一代继续传递到子二代，即便实验人员在子一代母鼠怀孕期间为其提供正常蛋白水平的饮食，而这表明子一代的甲基化分布是可

① 参见 Enard, W., "Intra-and Interspecific Variation in Primate Gene Expression Patterns", *Science*, 2002, Vol. 296, pp. 340 – 343。

② 参见 Pollard, K. S., et al., "An RNA Gene Expressed during Cortical Development Evolved Rapidly in Humans", *Nature*, 2006, Vol. 443, pp. 167 – 172。

③ 参见 Gilbert, S. F., *Developmental Biology*, Tenth Edition, Sinauer Associates, Inc., Publishers, Sunderland, MA, USA, 2014, p. 1。

遗传的。基于此，生物学家认为群体中的很多可遗传变异并非由 DNA 序列介导，而是由包含 DNA 甲基化在内的多种表观遗传机制介导的。

共生是生物界中的一种常见现象，而生物学家近期的研究表明共生介导了很多重要的性状层面上的可遗传变异。广义上说，共生指的是两个物种（或多个物种）之间在每一代都维持稳定的密切关联。共生主要包含三种类型，其中互利共生（mutualism）指的是共生双方都从中获利的共生行为，偏利共生（commensalism）指的是共生双方一方从中获利而另一方无利无害的共生行为，寄生（parasitism）指的则是共生双方一方从中获利而另一方从中受害的共生行为。[①] 一个常常被拿来举例的共生案例是豆科植物与根瘤菌之间的共生。在该共生行为中，豆科植物为根瘤菌提供了舒适的栖身之所和充沛的能量来源，而作为回报，根瘤菌通过固氮作用为豆科植物提供了其生存所必需的核酸和氨基酸，因此该共生行为属于上面提到的互利共生。不过，共生行为是如何能够介导性状层面上的可遗传变异的呢？我们下面分两步回答这一问题。第一，生物学家们发现在共生行为中一方往往能够诱导另一方的发育，进而影响另一方的性状值。例如，哺乳动物与其肠道菌群之间构成了一种常见的共生关系，而在这种共生关系中，肠道菌群对哺乳动物的发育起着以下不容忽视的诱导作用：①肠道菌群诱导了小肠绒毛毛细血管的生成，例如，研究发现小肠内的 B. thetaiotaomicron 细菌能够诱导小肠免疫细胞潘氏（Paneth）细胞分泌血管生成素 – 4（angiogenin-4），而后者能够诱导小肠绒毛毛细血管的生成[②]；②肠道菌群诱导了免疫系统的发育，例如，上述 B. thetaiotaomicron 细菌诱导潘氏细胞分泌的血管生成素 – 4 不仅能够诱导毛细血管的生成，它还具有特异性的杀菌作用，即它能够杀灭肠道致病菌，但却并不伤害正常的肠道菌群，此外，肠道菌群与肠相关淋巴组织（gut-associated lymphoid tissue，GALT）的互动对 B 细胞这一重要的免疫细胞的发

---

① 参见 Gilbert, S. F. & Epel, D., *Ecological Developmental Biology: the Environmental Regulation of Development, Health, and Evolution*, Second Edition, Sinauer Associates, Inc., Publishers, Sunderland, Massachusetts, U. S. A, 2015, p. 576。

② 参见 Stappenbeck, T. S., Hooper, L. V. & Gordon, J. I., "Developmental Regulation of Intestinal Angiogenesis by Indigenous Microbes via Paneth Cells", *Proceedings of the National Academy of Sciences of the United States of America*, 2002, Vol. 99, pp. 15451 – 15455。

育起着至关重要的作用。① 第二，共生行为中一方对另一方性状值的影响往往能够从亲代传递到子代，这是因为共生双方的子代可以通过垂直遗传继承亲代的共生关系。具体来说，垂直遗传指的是共生行为中的一方 A 通过另一方 B 的生殖细胞继续与 B 的子代发生共生关系。例如，蛤蜊的共生微生物能够通过感染蛤蜊的卵细胞进入蛤蜊子代的体内并与之发生共生关系。②通过垂直遗传，子代 B 获得了与亲代 B 完全相同的共生伙伴 A，因此获得了亲代 B 中与 A 相关的性状值，这样一来相关性状的变异就是可遗传的，且这种遗传是由 A 与 B 之间的共生行为介导的。

三 时间还原带来了新的自然选择机制

简单进化理论中进化的主要机制是自然选择，而有关自然选择机制我们在前文中已经做出了较为详细的描述，我们在此处的观点是，进化理论中发育生物学的引入带来了新的自然选择机制，这些新的自然选择机制与传统的自然选择机制尽管在整体上依然保持一致，但在某些重要的细节上却发生了改变。具体来说，我们将以基因同化（genetic assimilation）和工具箱基因（tool kit genes）为例介绍进化理论中发育生物学的引入带来的两种新的自然选择机制。

简单进化理论中自然选择机制的大致模式为：群体中存在随机的可遗传变异→变异导致了生物体适合度的个体间差异→适合度高的生物体携带的变异的频率逐代增加。然而，以发育生物学中的性状可塑性为基础的基因同化

① 参见 Gilbert, S. F. & Epel, D., *Ecological Developmental Biology*: *the Environmental Regulation of Development*, *Health*, *and Evolution*, Second Edition, Sinauer Associates, Inc., Publishers, Sunderland, Massachusetts, U. S. A, 2015, p. 576; Hooper, L. V., et al., "Molecular Analysis of Commensal Host-microbial Relationships in the Intestine", *Science* (New York, N. Y.), 2001, Vol. 291, pp. 881 – 884; Rhee, K.-J., Sethupathi, P., Driks, A., Lanning, D. K. & Knight, K. L., "Role of Commensal Bacteria in Development of Gut-associated Lymphoid Tissues and Preimmune Antibody Repertoire", *Journal of Immunology*, 2004, Vol. 172, pp. 1118 – 1124。

② 参见 Gilbert, S. F. & Epel, D., *Ecological Developmental Biology*: *the Environmental Regulation of Development*, *Health*, *and Evolution*, Second Edition, Sinauer Associates, Inc., Publishers, Sunderland, Massachusetts, U. S. A, 2015, p. 576; Endow, K. & Ohta, S., "Occurrence of Bacteria in the Primary Oocytes of Vesicomyid Clam Calyptogena Soyoae", *Marine Ecology Progress Series*, 1990, Vol. 3, No. 64, pp. 309 – 311。

现象表明还存在另一种自然选择机制，该机制与上述机制大体相似，唯一的区别在于该机制中可遗传变异的产生并非随机的。具体来说，简单进化理论认为群体中可遗传变异的产生是随机的，而这里"随机"的含义是说生物体发生有利变异和有害变异的概率是相同的。简单进化理论之所以持有这样的观点，是现代综合认为变异产生的主要机制之一是基因突变，而基因突变通常被认为是完全随机的。然而，以发育生物学中的性状可塑性为基础的基因同化现象表明简单进化理论的上述观点并非在任何情境下都是正确的。具体来说，我们在前面曾经简单介绍过基因同化现象，它的大致模式可以表述如下：环境通过性状可塑性诱导出某一性状值，如果该环境长期保持稳定且该性状值适应该环境，那么该性状值的频率在自然选择机制的作用下将逐代增加；随后，如果有一个等位基因能够固定这个性状值，即在该基因的作用下生物体无须环境诱导也能够发育出上述性状值，那么该基因显然具有较高的适应度，因此它的比率在自然选择机制的作用下将逐代增加，最终群体中的大部分生物体都将携带该基因并将因此携带相应的性状值，而我们通常把这类基因叫作修饰基因（modifier genes）。[①] 基因同化现象的一个经典案例来自沃丁顿（Waddington）和施马尔豪森（Shmalgauzen）两人分别独立完成的果蝇实验。[②] 具体来说，果蝇后横脉（posterior crossvein）的形态具有性状可塑性，即在正常发育环境中果蝇的后横脉不存在缝隙，但如果果蝇的蛹在发育过程中受到了热冲击，那么一部分果蝇的后横脉就会出现缝隙。实验者首先将果蝇的蛹进行热冲击处理，待这些蛹发育为成年果蝇之后，实验者让后横脉存在缝隙的变异个体和后横脉不存在缝隙的正常个体分开交配，并将前者子代的蛹再进行热冲击处理，以此类推。经过几代之后，变异组中后横脉存在缝隙的果蝇的比率增长到了90%，而更令人惊讶的是，经过14代之后，变异组中的一部分个体即使不经受热冲击也会出现后横脉存在缝隙这一

---

① 参见 Gilbert, S. F. & Epel, D., *Ecological Developmental Biology: the Environmental Regulation of Development, Health, and Evolution*, Second Edition, Sinauer Associates, Inc., Publishers, Sunderland, Massachusetts, U. S. A, 2015, p. 576。

② 参见 Waddington, C. H., "Canalization of Development and the Inheritance of Acquired Characters", *Nature*, 1942, Vol. 3811, No. 150, pp. 91－97; Shmalgauzen, I. I. & Dobzhansky, T., *Factors of evolution: the Theory of Stabilizing Selection*, University of Chicago Press, 1986, p. 327。

性状值。为什么会发生这一现象呢？研究人员发现这是因为在变异组中发生了基因同化现象。具体来说，热冲击通过性状可塑性诱导出后横脉存在缝隙这一性状值，而由于热冲击在每一代都持续进行且后横脉存在缝隙这一性状值在变异组中具有较高的适合度（因为在变异组中只有具有该性状值的个体才能够进行交配），所以在自然选择机制的作用下该性状值的比率将逐代增加。随后，变异组果蝇中出现了一个上面提到的修饰基因，它让果蝇无须热冲击就能够发育出存在缝隙的后横脉，该基因显然在变异组中具有较高的适合度，因此在自然选择机制的作用下它的频率将逐代增加，最终变异组中的大部分果蝇都携带该基因并因此无须热冲击也能够发育出存在缝隙的后横脉。在基因同化现象中，可遗传变异的产生往往并非如简单进化理论所言是随机的，这是因为基因同化中可遗传变异产生的根源在于性状可塑性，而性状可塑性作为一种性状往往是自然选择的结果，这就意味着环境通过性状可塑性诱导出来的性状值倾向于是适应于环境，因此对生物体自身有利的性状值。因此，基因同化提供了一种区别于简单进化理论中的自然选择机制的新的自然选择机制：环境通过性状可塑性诱导产生非随机的可遗传变异→变异导致了生物体适合度的个体间差异→适合度高的变异的频率逐代增加→修饰基因出现并具有较高的适合度→修饰基因的频率逐代增加。该自然选择机制与简单进化理论中的自然选择机制唯一的区别在于，后者中可遗传变异的产生是随机的，而前者是非随机的。值得一提的是，相比于简单进化理论中的自然选择机制，我们此处描述的自然选择机制往往能够更快地让生物体适应环境，而这里面的原因主要有两个。第一，简单进化理论中的变异是随机的，因此生物体往往要花费很多时间才能产生有利变异；而在我们描述的自然选择机制中变异的产生不是随机的，而是倾向于适应于生物体所处的环境，因此生物体可以在很短的时间内就发生有利变异。第二，简单进化中的变异的产生是随机的，因此在一个群体中携带有利变异的个体数目往往较少，而这样一来有利变异很可能因为随机因素的作用在群体中消失，这无疑将延误生物体对环境的适应；而在我们描述的自然选择机制中，由于相关的性状可塑性在群体中具有较高的频率，所以在环境的诱导下群体中相当一部分生物体都会发生有利变异，此时随机因素比较不容易影响生物体朝适应环境的方向进化。①

　　在简单进化理论的自然选择机制中，物种间性状层面上大的可遗传变异的产生通常被认为是一个白手起家式的一度创作过程，而发育生物学中工具箱基因的发现表明在很多情境下物种间性状层面上大的可遗传变异的产生其实是一个就地取材式的二度创作过程，因此我们说发育生物学中工具箱基因的发现提供了一种不同于简单进化理论的新的自然选择机制。具体来说，工具箱基因通常具有以下三个特点。第一，工具基因广泛存在于不同物种之中且它们在进化历史上都复制自同一个基因，也就是说，工具箱基因属于同源基因（homologous genes），例如，最著名的工具箱基因之一就是 Hox 基因家族，该家族的基因几乎存在于整个动物界且它们在进化历史上都复制自同一个基因。第二，工具箱基因在生物体的发育过程中往往发挥着极为重要的作用，例如 Hox 基因在不同物种的发育过程中都发挥着同一个重要作用，即确定生物体的前—后轴。② 第三，在很多情况下，物种间性状层面上大的可遗传变异的产生并非如简单进化理论所言是白手起家式的一度创作，而是在已有的工具箱基因之上的二度创作。例如，苍蝇的眼和脊椎动物的眼虽然功能类似，但结构上却存在巨大的差别，不过，在两个物种的眼的发育过程中，扮演组织者角色的却是同一个工具箱基因 Pax6。③ 因此，如果我们把苍蝇的眼和脊椎动物的眼看作可遗传变异，那么该变异的产生显然是在已有的工具箱基因 Pax6 基础之上的二度创作，而非简单进化理论所说的一度创作。事实上，发育生物学家们目前认为物种间性状层面上很多大的可遗传变异都源自生物体对工具箱基因的排列组合，因此相比于简单进化理论而言我们在此处描述的自然选择机制很可能是生物界中的常态。值得一提的是，相比于简单进化理论中的自然选择机制，我们此处描述的自然选择机制既可能加速进

　　① 参见 Gilbert, S. F. & Epel, D., *Ecological Developmental Biology: the Environmental Regulation of Development, Health, and Evolution*, Second Edition, Sinauer Associates, Inc., Publishers, Sunderland, Massachusetts, U.S.A, 2015, p.576。

　　② 参见 Gilbert, S. F. & Epel, D., *Ecological Developmental Biology: the Environmental Regulation of Development, Health, and Evolution*, Second Edition, Sinauer Associates, Inc., Publishers, Sunderland, Massachusetts, U.S.A, 2015, p.576。

　　③ 参见 Gehring, W. J., "New Perspectives on Eye Development and the Evolution of Eyes and Photoreceptors", *Journal of Heredity*, 2005, Vol.96, pp.171–184。

化过程的推进，同时也有可能限制进化过程的方向。具体来说，相比于白手起家式的一度创作，就地取材式的二度创作显然具有较低的难度，因此我们此处描述的自然选择机制更容易发生，所以我们说这种自然选择机制可能加速进化过程的推进。然而，相比于白手起家式的一度创作，就地取材式的二度创作显然受到了已有工具箱基因的限制，因此我们此处描述的自然选择机制只能把进化过程朝某个或某些方向推进，所以我们说这种自然选择机制可能限制进化过程的方向。

第　五　章
发育生物学中的基因还原

在结束了有关时间还原的讨论之后，我们现在再次回到第三章中的解释还原。解释还原描述的是仅仅通过部分性质解释整体性质的过程，这是一种比较弱的还原，因为它并没有要求主要用哪个或哪些部分的性质来解释整体性质。那么，生物体中有没有一种做出了这些要求的更强的还原呢？答案是肯定的，而这种还原就是基因还原。简单来说，基因还原描述的是以 DNA 作为主要解释元素的解释还原过程，而根据基因还原所在的学科的不同，我们将其分为本章要讨论的发育生物学中的基因还原和下一章要讨论的进化生物学中的基因还原。

发育生物学中的基因还原（以下简称发育基因还原）指的是这样一类解释过程，即它的解释对象是生物体的发育过程，它的主要解释元素是 DNA，它的解释思路是 DNA 序列中包含着生物体发育过程的完整指令，而生物体的发育过程就是这些指令之下的建设过程。① 不难看出，发育基因还原的雏形是我们在前面提到的基因先成说，即生物体的一切性状信息都储存在 DNA 序列之中，生物体发育的过程就是这些信息的表达过程。不过，二者又有着明显的区别：在基因先成说中，生物体的性状值以蓝图（blueprint）的形式储存在 DNA 之中，因此发育的过程是一个依样葫芦的过程；而在发育基因还原中，生物体的性状值以指令的形式储存在 DNA 之中，因此发育的过程也是一个依样葫芦的过程。不过，为什么基因先成说后来进化成为发育基因还原呢？这其中的原因要追溯到乳糖操纵子模型

---

① 参见 Oyama, S., Griffiths, P. E. & Gray, R. D., *Cycles of Contingency*: *Developmental Systems and Evolution*, MIT Press, 2003。

的发现。[①] 乳糖操纵子是大肠杆菌的一段 DNA 序列，它由三个结构基因（lacZ、lacY 和 lacA）和三个调节基因（启动子、终止子和操纵基因）构成，而操纵子模型的主要内容就是启动子和操纵基因对结构基因 lacZ 表达的调节作用。具体来说，大肠杆菌内 lacl 基因长期处于激活状态，因此该基因的产物乳糖阻遏蛋白（lactose repressor）长期与乳糖操纵子中的操纵基因结合，结果遮挡了位于操纵基因上游的启动子，从而阻碍了启动子与转录因子的结合，最终抑制了 lacZ 基因的表达。然而，当细胞内乳糖浓度增加时，乳糖能够与乳糖阻遏蛋白结合并使其从乳糖操纵子中的操纵基因上脱落下来，进而激活 lacZ 基因，而该基因的产物是 β - 半乳糖苷酶（β-galactosidase），它能够将乳糖分解为葡萄糖和半乳糖以供细胞利用。在乳糖操纵子模型问世之前，人们普遍认为 DNA 的大部分序列都是结构基因，而它们的产物让生物体具有特定的性状值（例如，lacZ 的产物让生物体具有乳糖耐受这一性状值）。在这样的观点之下，DNA 的确如基因先成说所言是生物体性状值的蓝图。然而，乳糖操纵子模型的出现让人们看到了 DNA 的另一个全新维度，即 DNA 中存在着大量的调节基因，而它们的主要功能是调节结构基因的表达。在这一全新维度之下，人们对发育过程有了全新的看法，即发育过程实质上是结构基因在调节基因的作用下在恰当的时间和恰当的部位进行表达，换句话说，调节基因包含着发育的指令，而这些指令让生物体获得了各种各样的性状值。[②] 在这样的观点之下，人们不再认为生物体的性状值如基因先成说所言以蓝图的形式储存在结构基因之中，而是如发育基因还原所言以指令的形式存在于调节基因之中。

我们在这一章里的任务十分简明，即判断发育基因还原是否成立。不过，在讨论发育基因还原是否成立之前，我们将首先追溯一下发育基因还原的来源，而这样做的目的在于让我们对于发育基因还原有一个更为全面和深刻的理解。

---

① 参见 Jacob, F. & Monod, J., "Genetic Regulatory Mechanisms in the Synthesis of Proteins", *Journal of Molecular Biology*, 1961, Vol. 3, pp. 318 – 356。

② 参见 Bonner, J., *The Molecular Biology of Development*, Oxford University Press, 1966。

第一节 发育基因还原的来源

一 物种本质主义

发育基因还原认为 DNA 序列中包含了生物体发育所需的全部指令，而这就意味着 DNA 序列在很大程度上构成了一个生物体以至于一个物种的本质，因此我们说古老的本质主义是发育基因还原的来源之一。一般意义上的本质主义可以一直追溯到古希腊时期，它的核心观点是说世界上的存在可以被划分为一个个自然类（natural kinds），而每个自然类都有一个由若干性质构成的本质，一个存在属于一个自然类当且仅当它具有这个自然类的本质。① 具体到生物学中，本质主义主要体现在人们对物种这一概念的理解之上，因此本研究将其记作物种本质主义。物种本质主义认为，每个物种都有一个由若干性质构成的本质，而一个生物体属于一个物种当且仅当它具有该物种的本质。物种本质主义一度十分盛行（例如，著名的林奈物种分类体系就是物种本质主义的忠实呈现），但后来却遇到了一个棘手的问题：同一物种的个体间在几乎全部性质上都呈现出显著的个体间差异，因此我们几乎找不到一个性质是被一个物种的全部个体所共有的，而这就意味着物种很可能并没有本质。② 面对这一问题生物学家和生物学哲学家提出了诸多拯救本质主义的方案，而发育基因还原就可以被看作其中的一个方案：如果 DNA 序列中真的包含了生物体发育所需的全部指令，那么一个生物体以至于一个物种的本质很可能就是这些 DNA 序列。因此，我们认为物种本质主义是发育基因还原的一个重要来源。

二 发育先成说

我们在本章的一开始就曾说过，发育基因还原的前身是基因先成说，而在这里我们要说的是，无论是发育基因还原还是基因先成说，它们都源自更

---

① 参见 Wilson, R. A., *Genes and the Agents of Life: the Individual in the Fragile Sciences*, Biology, Cambridge University Press, 2005, p. 296。

② 参见 Wilson, R. A., *Genes and the Agents of Life: the Individual in the Fragile Sciences*, Biology, Cambridge University Press, 2005, p. 296。

为古老的发育先成说。具体而言，历史上有关生物体的发育存在两派观点——先成说（prefmormation）和渐成说（epigenesis）。先成说的代表人物是17世纪意大利的马尔比基（Marcello Malpighi），他认为精子或卵细胞中存在成年生物体的袖珍版本，这一版本拥有成年生物体的一切结构，而发育的过程就是这些结构不断生长的过程。渐成说的代表人物包括亚里士多德和17世纪英国的威廉·哈维（William Harvey），他们的观点与先成说刚好相反，他们认为成年生物体的结构在精子或卵细胞中并没有所谓的袖珍版本，成年生物体的所有结构都是从无到有地建造出来的，因此发育的过程并非如先成说所言是一个简单的生长过程，而是一个复杂的形成（formation）过程。[①] 我们曾经论述过，基因先成说可以被看作发育先成说的进阶版本，因为按照基因先成说，尽管精子或卵细胞中并没有成年生物体的袖珍版本，但受精卵的 DNA 序列却包含着生物体一切性状值的蓝图，而这些蓝图完全可以被看作成年生物体抽象的袖珍版本。另一方面，发育基因还原同样可以被看作发育先成说的进阶版本，而且是更为进阶的版本，因为第一，按照发育基因还原，受精卵的 DNA 序列包含着生物体发育所需的全部指令，而这些指令可以被看作成年生物体抽象的袖珍版本；第二，相对于基因先成说中的蓝图，发育基因还原中的指令显然是成年生物体更为抽象的袖珍版本，因为蓝图好比直观的建筑沙盘，通过它我们能够较为直观地看到建筑物的真实面貌，而指令好比更为抽象的建造说明书，我们很难通过它直接洞见建筑物的真实面貌。

三　基因遗传中心论

发育基因还原认为 DNA 序列中包含了生物体发育所需的全部指令，因此发育基因还原显然是把 DNA 放到了生物体发育的核心位置上，基于此，我们认为基因遗传中心论是发育基因还原的另一个重要来源。具体来说，历史上人类很早就发现了遗传现象，即子代与亲代在性状上的相似，但人类在很长一段时期内并不知道究竟是什么介导了遗传现象，人们一直认为一定有

---

① 参见 Gilbert, S. F., *Developmental Biology*, Tenth Edition, Sinauer Associates, Inc., Publishers, Sunderland, MA, USA, 2014, p. 1。

一种神秘的遗传物质从亲代传递给了子代，且这种遗传物质造成了亲代和子代之间性状上的相似，但人们并不知道这种遗传物质究竟是什么。后来，随着 20 世纪 DNA 双螺旋结构的发现及随之而来的分子遗传学的兴起，人们才开始确信 DNA 就是那种神秘的遗传物质，因为它能够从生物体亲代传递到子代，且它通过编码蛋白质介导亲代和子代之间性状上的相似。这种由 DNA 构成的遗传系统通常被称作基因遗传系统（genetic inheritance system），而自从这一系统被发现至今，人们始终倾向于认为基因遗传系统是唯一的遗传系统，或者换一种较为温和的说法，基因遗传系统是生物体最重要的遗传系统，我们把这样一种观点记作基因遗传中心论。那么，为什么我们认为基因遗传中心论是发育基因还原的来源之一呢？遗传现象指的是生物体是亲代和子代之间性状上的相似，而这种性状上的相似显然来自亲代和子代发育过程上的相似，由于基因遗传中心论认为基因遗传系统是介导遗传现象的最重要的系统，所以基因遗传系统自然也就是介导亲代和子代之间发育过程上的相似性的最重要的系统，而要做到这一点，基因遗传系统显然必须得在生物体的发育过程中发挥最重要的作用，而我们在前面提到这正是发育基因还原所主张的，因为发育基因还原认为 DNA 序列中包含了生物体发育所需的全部指令，这就把 DNA 放到了生物体发育的核心位置上。所以，我们认为基因遗传中心论是发育基因还原的另一个十分重要的来源。

四　计算主义

发育基因还原中的一个关键词是"指令"，而这强烈地提示我们发育基因还原与计算主义这一 20 世纪的伟大隐喻有着千丝万缕的关联。事实上，我们认为计算主义的确是发育基因还原的一个重要来源。具体来说，计算主义有着丰富的内涵，但简单来说计算主义的理想是将世界描述为一个图灵机，而要理解这个理想我们就得在此处简单地介绍一下图灵机。图灵机是一架想象中的机器，它主要包含带子（tape）、读写头（head）、状态寄存器（state register）和控制规则表（table）四个部分，它的工作原理如下。如图 5-1 所示，图灵机的读写头 H 位于带子之上，带子则被分为一个个小方格，每个方格中有一个字符（0，1，…）。在图 5-1 显示的这一时刻，读写头所指的字符为"0"，如果我们假定图灵机此时处于状态 A，那么根据这两条信息我们就能够根据图灵机的控制规则表确定图灵机下一步的动作，即读写头将其现在所指格子中的字符修改为什么字符，修改之后读写头向左还是向右移动一个方格以及图灵机将从状态 A 变化为什么状态。在经历了这样的动作之后，图灵机将处于一个类似于图 5 - 1 的状态，只不过读写头原来所指格子中的字符可能不再是原来的"0"、读写头现在所指的格子可能不再是原来的格子以及图灵机的状态可能不再是原来的状态 A。在这些信息的基础之上，我们可以通过图灵机的控制规则表再次确定图灵机下一步的动作，如此往复，直到图灵机处于名为接受状态（accepting states）的一组特殊状态，这时图灵机才停止运作，否则它将一直运作下去。

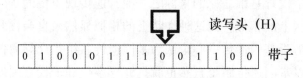

图 5 - 1　图灵机的读写头与带子

图灵机的功能是解决问题，而它解决问题的方式很是特别。例如，假定我们现在要通过图灵机解决的问题是"判断一个数是否为偶数"，那么我们就要设计出满足以下要求的控制规则表，即当我们把一个偶数转化成带子上的字母串并把它写在带子之上时（例如，通常我们会把十进制数字变为二进制），图灵机按照上述控制规则表将运行到接受状态 A，而当我们对一个奇数进行同样的操作时，图灵机将运行到接受状态 B。这样一来，我们就可以根据图灵机最终运行到的接受状态来判断一个数的奇偶性了。在这个例子中，图灵机对问题的解决方式显然远比不上人脑对这个问题的解决方式，但在很多其他情境中图灵机对问题的解决方式相对于人脑却具有明显的优势。例如，如果我们的问题不是判断一个数的奇偶性，而是判断一个数是否为质数，那么图灵机的解决方式将明显优于人脑，因为当数的取值十分巨大时，人脑几乎没有办法判断它是否为质数，但图灵机却能够较为轻松地做到。不过，为什么我们说计算主义是发育基因还原的来源之一呢？要理解这一点，我们首先要看出基因翻译机制与图灵机的高度相似性。具体来说，有关基因翻译机制笔者已经在第二章第一节的第二部分进行了描述，而下面我们来看一下有关基因翻译机制的一个经典示意图：

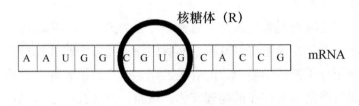

核糖体（R）

图5-2　翻译过程中的核糖体和 mRNA

　　从直观上我们就不难看出，图5-2与上面的图灵机示意图5-1在结构上具有高度的相似性：图5-2中的核糖体对应着图5-1的读写头，而图5-2中 mRNA 对应着图5-1中的带子。不仅如此，两图在功能上也具有高度的相似性，而这种相似性主要体现在两个方面。第一，图5-1中读写头的位置和图灵机的状态决定着图灵机下一步的动作，而图5-2中核糖体的位置和细胞翻译系统的状态决定着翻译系统下一步的动作，即核糖体所处的位置决定了翻译系统下一步将 mRNA 上的哪些密码子翻译成为氨基酸，而细胞翻译系统的状态决定了翻译系统下一步是否还将继续把翻译过程进行下去。第二，图5-1中的图灵机的核心部件之一是控制规则表，而图5-2也有一个类似的核心部件，它就是我们所熟知的密码子表：控制规则表规范的是图灵机的运行规则，即图灵机面对读写头所指的字符应当如何行动，而密码子表规范的是翻译系统的运行规则，即翻译系统面对核糖体所在的碱基序列应当如何行动。基于图灵机与细胞翻译系统之间如此高的相似性，再结合细胞翻译在生物体发育过程中发挥的重要作用，我们不难把生物体的发育系统看作一个大型的图灵机，这个图灵机的带子就是 DNA 序列，它的读写头是核糖体以及基因表达过程中与核糖体功能类似的组件（例如转录过程中的转录复合体），它的控制规则表是密码子表以及基因表达过程中与其性质类似的规则表（例如转录过程中的碱基互补配对规则）。在这一类比之下，由于图灵机是在带子的指令之下运行的，所以发育系统这个大图灵机就是在 DNA 序列这个带子的指令之下运行的，而这显然正是发育基因还原的核心观点，因此我们把计算主义认定为发育基因还原的来源之一。

五　经典遗传学

发育基因还原与经典遗传学有着密不可分的关系。具体来说，经典遗传学中的核心概念是经典遗传学基因，而我们在第二节中曾经说过，经典遗传学基因不同于分子遗传学基因，前者是孟德尔模型为了解释而创造出来的理论实体，而后者是实实在在的物理实体。然而，正如我们在第二章第三节中指出的那样，人们往往过分地强调二者的相似性，认为分子遗传学基因跟经典遗传学基因一样能够决定生物体的性状值，或者更为温和地，分子遗传学基因在生物体性状值的发育过程中起到了核心作用，而这显然为发育基因还原把 DNA 放在发育过程的核心位置上奠定了基础，因此经典遗传学也是发育基因还原的一个重要来源。

第二节　对发育基因还原的批评

在探究了完发育基因还原的来源之后，我们在这一部分开始对发育基因还原的讨论。发育基因还原认为 DNA 序列中包含生物体发育过程所需的全部指令，且发育过程就是在这些指令的指导下进行的。针对于此，大量发育基因还原的批评者已经指出，生物体发育过程中的指令并不全部储存在 DNA 序列之中，还有大量的指令储存在生物体所处的环境之中。[①] 我们认同这一批评，但认为它并不全面，因为近期发育生物学的研究表明发育指令远非仅仅储存在生物体的 DNA 序列和生物体所处的环境之中。所以，在接下来的几个部分之中我们将首先简单地描述一下已经被广泛提及的存在于环境中的发育指令，然后列出 DNA 序列和环境之外的几个重要的发育信息的储存地点，以此作为对发育基因还原的批评。

一　来自环境的发育指令

环境在生物体的发育过程中发布指令的主要案例就是我们在前面多次提

---

① 参见 Oyama, S., Griffiths, P. E. & Gray, R. D., *Cycles of Contingency：Developmental Systems and Evolution*, MIT Press, 2003。

及的生物体的性状可塑性，即同一生物体在不同环境中可能发育出不同的性
状值，且这一性状值往往适应于诱导其产生的环境。有关性状可塑性的具体
案例我们已经给出了一个有关蝴蝶后翅颜色深浅的经典案例，在这里将再提
供一个发生在我们人类之中的经典性状可塑性案例，并以此说明环境是怎样
通过性状可塑性发布发育指令的。流行病学研究很早就表明孕期母体营养不
良往往会导致婴儿早产，且这些早产的婴儿往往会在日后出现肥胖问题。不
过，这一现象背后的原因是什么呢？原来，胚胎在子宫内的发育时间和胚胎
代谢系统的发育是具有可塑性的两个性状：当孕期母体的营养水平较低时，
胚胎在子宫内的发育时间会相应缩短，这能够减少胚胎在低营养环境中的驻
留时间，从而降低其死亡率；当孕期母体的营养水平较低时，胚胎的代谢系
统将倾向于发育成为吝啬型（thrifty phenotype），而这种吝啬型代谢系统的
特点是它能够极为高效地利用能量并把节约下来的能量极为高效地储存在体
内，这一方面当然有利于胚胎在低营养水平的母体环境中生存，另一方面还
有利于胚胎出生后的生存，因为母体的营养水平在一定程度上预示着胚胎出
生后所处环境的营养水平。[①] 不过，如果这些胚胎出生后所处环境的营养水
平并非母体的低营养水平，那么胚胎发育系统就做出了一个错误的预测，而
这就导致了吝啬型代谢系统会将过剩的能量以脂肪的形式大量储存在身体之
中，进而导致了日后的肥胖问题。[②] 显然，在这一性状可塑性案例中，发育
的指令并非来自 DNA 序列，而是来自环境（即母体的营养水平），并且这
些指令往往能够帮助生物体适应其现在甚至未来所处的环境。

二　来自母方的发育指令

对于大部分生物体而言，只有当胚胎发育到一定阶段后，其自身的
DNA 才开始表达蛋白质，而在这之前，胚胎发育所需的蛋白质全部来自母
方储存在卵细胞中的蛋白质和 mRNA，因此生物体发育过程中很重要的一部
分发育指令实际上来自生物体的母方。以软体动物为例，它们的卵细胞中储

---

① 参见 Gluckman, P., Beedle, A., Buklijas, T., Low, F. & Hanson, M., *Principles of Evolutionary Medicine*, 2 edition, Oxford University Press, 2016, p. 400。

② 参见 Gluckman, P., Beedle, A., Buklijas, T., Low, F. & Hanson, M., *Principles of Evolutionary Medicine*, 2 edition, Oxford University Press, 2016, p. 400。

存着大量由母方合成的蛋白质和 mRNA，且这些大分子能够通过受精过程进入受精卵之中。受精卵自身的 DNA 在软体动物发育早期并不发生表达，而这就意味着软体动物胚胎的早期发育完全由来自母方的蛋白质和 mRNA 指导进行。具体而言，这些母方蛋白质和 mRNA 在受精卵中呈现不均匀分布的状态，即同一大分子在受精卵不同区域的浓度有着显著的差异，这就导致了当受精卵开始发生卵裂（cleavage）之后，不同细胞中的母体蛋白质和 mRNA 的构成也就存在着显著的差异，而这一差异决定了这些细胞不同的发育命运。事实上，软体动物这种完全由母方物质决定细胞发育命运的发育模式就是发育生物中常说的自主发育（autonomous development），而这些母方物质通常被叫作形态发生决定物（morphogenetic determinants）。[1] 很明显，在自主发育过程中主要的发育指令并非来自胚胎自身的 DNA 序列，而是来自母方的形态发生决定物。

三　来自随机因素的发育指令

生物体发育过程中充满了各种各样的随机因素，而很多重要的发育指令就来自它们，这方面的一个典型案例就是两栖动物腹—背轴的发育。在两栖动物的发育过程中，精子进入卵细胞的位置是随机的，但这个随机确定的位置却决定了胚胎的腹—背轴（ventral-dorsal axis）。[2] 具体来说，随着精子进入卵细胞，精子里的中心粒开始组织卵细胞中的微管（microtubules）成为一缕一缕的致密结构。这个致密结构位于受精卵的植物端，它作为一个屏障把细胞质分成两层，里面一层是富含卵黄的内部细胞质，外面一层是较为致密的皮层细胞质。接下来，皮层细胞质将相对内部细胞质旋转30度，旋转之后，精子进入点正对的位置就是原肠胚形成过程（gastrulation）的起点，它将最终发育成为胚胎的背部，而精子进入点将发育成为胚胎的腹部。[3] 显

---

① 参见 Gilbert, S. F., *Developmental Biology*, Tenth Edition, Sinauer Associates, Inc., Publishers, Sunderland, MA, USA, 2014, p. 1。

② 参见 Gilbert, S. F., *Developmental Biology*, Tenth Edition, Sinauer Associates, Inc., Publishers, Sunderland, MA, USA, 2014, p. 1。

③ 参见 Gilbert, S. F., *Developmental Biology*, Tenth Edition, Sinauer Associates, Inc., Publishers, Sunderland, MA, USA, 2014, p. 1。

然，在这一案例中腹—背轴发育的指令并非来自胚胎的 DNA 序列，而是来自精子的进入点，而后者属于随机因素的范畴。

四 来自性状层面的发育指令

DNA 序列之外的发育指令不仅存在于上面所说的环境、母方和随机因素之中，它们还可能来自胚胎本身的性状层面，而这其中最典型的案例就是发育生物学中的表型匹配现象（phenotypic accommodation）。表型匹配描述的是生物体发育过程中的这样一类现象，即当生物体性状 A 的性状值由于基因或环境因素发生变化时，与该性状相关的性状的性状值也会发生相应的变化，且这些变化是与性状 A 的性状值的变化相匹配的。[1] 例如，Slijper 羊是一只具有先天缺陷的山羊，它出生时前肢就已经瘫痪，因此终生只能靠后肢像袋鼠一样蹦跳行走。而令人惊奇的是，如果我们把前肢瘫痪看作一个性状值，那么很多与之相关的性状的性状值都发生了相应的变化，且这种变化显然是配合性的。例如，Slijper 羊的骨盆形状明显有别于正常山羊，前者坐骨更加水平且更长，这被认为有助于 Slijper 羊长期处于双腿站立姿势，因为袋鼠的坐骨也具有类似的形状；位于 Slijper 羊骨盆周围的臀肌也发生了显著的变化，它不但加厚加长，而且还通过一条正常山羊中不存在的肌腱连接到骨盆之上，这些变化显然有助于 Slijpe 羊长期的跳跃行走；此外，Slijper 羊的后肢骨骼、胸腔和胸骨都发生了相应的变化，且这些变化都与前肢瘫痪这一性状值相匹配。[2] 那么，表型匹配现象究竟是如何发生的呢？发育过程中有一个重要的现象叫作诱导（induction），它指的是发育系统中空间上相邻但具有不同发育历史和性质的细胞或组织间的相互作用。[3] 例如，在脊椎动物眼睛的发育过程中，胚胎大脑上的一对被叫作视泡（optic vesicles）的区

---

[1] 参见 Gilbert, S. F. & Epel, D., *Ecological Developmental Biology: the Environmental Regulation of Development, Health, and Evolution*, Second Edition, Sinauer Associates, Inc., Publishers, Sunderland, Massachusetts, U.S.A, 2015, p.576。

[2] 参见 Gilbert, S. F. & Epel, D., *Ecological Developmental Biology: the Environmental Regulation of Development, Health, and Evolution*, Second Edition, Sinauer Associates, Inc., Publishers, Sunderland, Massachusetts, U.S.A, 2015, p.576。

[3] 参见 Gilbert, S. F., *Developmental Biology*, Tenth Edition, Sinauer Associates, Inc., Publishers, Sunderland, MA, USA, 2014, p.1。

域向外膨胀并因此趋近位于头部表面的外胚层，视泡分泌的旁分泌因子诱导其相对的外胚层发育成为眼睛的晶状体，而外胚层分泌的旁分泌因子则诱导其相对的视泡发育成为视网膜，这就是一个十分典型的诱导作用。[①] 表型匹配现象发生的原因正是这种诱导作用。具体来说，当生物体性状 A 的性状值发生变化时，与该性状相关的细胞和组织将通过诱导作用改变其周围细胞和组织的发育方式，进而导致与这些细胞和组织相对应的性状值发生变化，且这种变化往往与 A 性状值的变化相匹配（之所以如此很可能是自然选择的结果），于是就产生了表型匹配现象。[②] 不难看出，在表型匹配现象之中生物体性状 A 之外的性状的发育指令并非来自生物体的 DNA 序列，而是来自其性状 A 的性状值的变化，即来自性状层面。

第三节　发育基因还原之后的路：发育系统理论及其带来的范式变化

如果说我们在上面的讨论能够说服大部分人发育基因还原至少是具有极大的局限性的，那么接下来的一个很自然的问题就是我们能够用什么理论来取代发育基因还原呢？发育基因还原的局限性的主要来源是它赋予了 DNA 序列在发育过程中的无上地位，因此替代发育基因还原的理论应当把 DNA 序列从这个位置上拉下来，或者说，它应当赋予发育过程中 DNA 序列以外的资源与 DNA 序列平等的地位，而这正是近年来新兴的发育系统理论（developmental systems theory，DST）的核心观点，因此我们认为发育系统理论很可能成为发育基因还原的替代者。在接下来的两部分中，我们将首先对发育系统理论本身做一个精练的描述，然后将重点讨论一旦发育系统理论真的替代了发育基因还原，这种替代对于我们理解生物体的发育、遗传和进化将带来怎样范式性的改变。

---

① 参见 Gilbert, S. F., *Developmental Biology*, Tenth Edition, Sinauer Associates, Inc., Publishers, Sunderland, MA, USA, 2014, p. 1。

② 参见 Gilbert, S. F. & Epel, D., *Ecological Developmental Biology: the Environmental Regulation of Development, Health, and Evolution*, Second Edition, Sinauer Associates, Inc., Publishers, Sunderland, Massachusetts, U. S. A, 2015, p. 576。

一　发育系统理论

发育系统理论认为，生物体的发育过程是包含 DNA 序列在内的多种资源共同参与的过程，且每一种资源在发育过程中发挥的作用都是平等的。[①] 上述观点中的一个关键词是"平等"，而有关它的含义我们至少可以从两个层面上进行理解。第一，在发育基因还原中发育指令仅仅存在于 DNA 序列之中，因此这样的发育过程是集权式的，且 DNA 位于权力金字塔的顶端。然而，在发育系统理论看来，发育指令分布在发育过程的各个资源之中（例如上面提到的环境、母方、随机因素等），而发育过程是这些资源相互作用的结果。因此，发育系统理论视角下的发育过程是民主式的，每个发育资源都就坐于权力的圆桌之上，它们共同决定着发育过程的走向，这就是发育系统理论中"平等"的第一重理解。第二，我们曾说过，发育基因还原的一个重要来源是基因遗传中心论，而基因遗传中心论认为基因遗传系统（即 DNA 序列）是生物体唯一的遗传系统，或者更温和地说，基因遗传系统是生物体最重要的遗传系统。然而，近年来随着表观遗传现象的不断发现，生物学家们开始意识到，DNA 不仅并非唯一的遗传系统，而且并非唯一重要的遗传系统。例如，贾布隆卡（Eva Jablonka）[②] 在其《遗传的系统》（*The Systems of Inheritance*）一文中就列举了四种遗传系统，它们包括基因遗传系统、表观遗传系统、行为遗传系统和符号遗传系统。其中，后三种非基因遗传系统在遗传现象中发挥的作用并不逊色于基因遗传系统。例如，我们前面提及的 DNA 甲基化就是一类常见的表观遗传系统，这种甲基化常发生在基因启动子的碱基之上，基因被甲基化修饰后其表达通常会受到抑制且这种甲基化修饰能够通过甲基化转移酶 Dnmt1 传递给子代细胞，而如果子代细胞是配子，那么甲基化修饰就从亲代生物体传递到了子代生物体，进而能够介

[①] 参见 Oyama, S., Griffiths, P. E. & Gray, R. D., *Cycles of Contingency：Developmental Systems and Evolution*, MIT Press, 2003。

[②] 参见 Oyama, S., Griffiths, P. E. & Gray, R. D., *Cycles of Contingency：Developmental Systems and Evolution*, MIT Press, 2003。

导相应性状值的遗传。① 显然，子代要想遗传亲代的性状值，单单靠基因遗传系统是不够的，甲基化修饰所属的表观遗传系统同样发挥着重要的作用，因为如果亲代和子代 DNA 的甲基化模式不同，那么二者的基因表达模式也就不同，而这会导致二者具有不同的性状值。由此可见，非基因遗传系统与基因遗传系统在生物体的遗传现象中发挥着同等重要的作用，而这就是发育系统理论中"平等"的第二重理解。

二　从发育基因还原到发育系统理论的范式变化

从上一部分对发育系统理论粗线条的描述中不难看出，发育系统理论无疑克服了发育基因还原的关键性局限，即发育基因还原赋予了 DNA 序列在发育过程中的无上地位，但作为科学哲学研究者的我们更加关心的是，一旦我们接受了发育系统理论，它是否会带来某种或某些范式性的变化呢？答案是肯定的，发育系统理论将给我们理解发育、遗传和进化带来范式性的变化。

（一）发育从独裁过程变为分权过程

毋庸多言，从发育基因还原到发育系统理论，我们对生物体发育过程的理解发生了显著的变化，而对此科学哲学家们通常总结为，发育从一个展开过程（unfolding）转变成为一个建造过程（construction）。然而，本研究认为这样的总结并没有彻底抓住这一范式转变的实质。我们将这一转变重新总结为，发育过程从一个独裁过程转变成为一个分权过程。具体来说，我们曾经提及，发育基因还原的一个重要来源是发育先成说，即生物体的精子或卵细胞中存在成年生物体的袖珍版本，而生物体发育过程仅仅是一个生长过程，或者说，生物体的发育过程仅仅是把那个已有的袖珍版本展开的过程，而非从无到有的建造过程。与此相对，发育系统理论的理论根源通常被认为是前文提及的与发育先成说相对的发育渐成说，即精子和卵细胞中并不存在先成说所谓的成年生物体的袖珍版本，一切成年生物体的结构都是从无到有地建造出来的。基于这种对比，科学哲学家们通常认为从发育基因还原到发

---

① 参见 Gilbert, S. F., *Developmental Biology*, Tenth Edition, Sinauer Associates, Inc., Publishers, Sunderland, MA, USA, 2014, p. 1。

育系统理论的转变对应着发育过程从一个展开过程到建造过程的转变。然而，本研究认为这样的总结并不完全准确，因为按照发育基因还原，发育过程同样是在 DNA 序列中的指令下的一个从无到有的建造过程，而按照发育系统理论，发育过程的某些环节同样具有发育先成说的特点，因此这些环节同样属于展开过程。具体来说，尽管发育先成说是发育基因还原的重要来源，但二者并不完全相同，因为前者认为生物体的精子或卵细胞中存在成年生物体的袖珍版本，而后者并不这样认为，后者认为生物体的受精卵中仅仅存在生物体发育所需的指令且这些指令全部储存在 DNA 序列之中，而发育的过程就是在这些指令之下的建造过程。因此，跟发育系统理论一样，发育基因还原也认为发育过程是一个从无到有的建造过程。一方面，发育系统理论强调生物体发育的指令存在于生物体发育所需的各种资源之中，而这些资源中很重要的一项就是来自母方的形态发生决定物。前面曾提到，来自母方的形态发生决定物在胚胎发育的很早期，甚至在卵细胞受精之前（例如果蝇①）就通过自主发育完全或部分决定了某些细胞的发育命运，而这些细胞显然可以被看作成年生物体中相应结构的袖珍版本。因此自主发育过程具有典型的发育先成说色彩，而这就导致即便是在发育系统理论的视角之下生物体发育过程的某些环节依然具有发育先成说的特点并因此属于展开过程。基于以上两点，我们认为用"展开"和"建造"作为对发育基因还原和发育系统理论的总结并不准确，相比之下，"独裁"和"分权"这两个词似乎更加贴合两个理论的主旨。具体来说，就发育基因还原而言我们认为它的主旨绝对不在于否定生物体的发育过程是一个从无到有的建造过程，而实际上在于强调生物体的发育过程是一个"怎样的"从无到有的建造过程，即生物体的发育过程是一个完全在 DNA 序列的指挥下进行的建造过程。换句话说，DNA 序列在这一建造过程中具有至高无上的独裁地位。另一方面，就发育系统理论而言，其核心绝不在于否定生物体发育过程中的某些环节具有发育先成说的特点并因此属于展开过程，而实际上在于将取消 DNA 序列在发育过程中独裁者的身份，将发育中的权力分配到发育过程所需的各种资源之

---

① 参见 Gilbert, S. F., *Developmental Biology*, Tenth Edition, Sinauer Associates, Inc., Publishers, Sunderland, MA, USA, 2014, p. 1。

中。基于此我们认为，相比于"从展开到建造"而言"从独裁到分权"能够更贴切地描述发育系统理论给我们理解发育过程带来的范式性的变化。

（二）遗传从稳健过程变为可塑过程

广义上说，遗传现象指的就是亲代和子代在性状上的相似，而由于生物体的性状是发育的结果，所以上一部分中发育系统理论给我们理解发育过程带来的范式性变化必然会传导到遗传层面，进而改变我们对生物体遗传过程的理解，我们在这里将这种改变总结为生物体的遗传过程从一个从稳健过程转变成为一个可塑过程。按照发育基因还原的观点，如果子代生物体遗传了亲代生物体的全部 DNA 序列，那么子代也就遗传了与亲代完全相同的发育指令，因此在 DNA 序列之外的发育资源充足的前提下，子代必然拥有与亲代完全相同的性状值，无论 DNA 序列以外的发育资源发生怎样的变化。从这个意义上说，在发育基因还原的视角下生物体的遗传过程一个稳健过程。然而，按照发育系统理论的说法，即便子代遗传了亲代的全部 DNA 序列，子代也未必遗传与亲代完全相同的发育指令，因为发育系统理论认为生物体的发育指令不仅来自 DNA 序列，它们还来自发育过程中的其他各种资源（例如环境、母方形态发生决定物和随机因素等）。在这种该情况下，即便 DNA 以外的发育资源充足，如果这些资源的性质发生了变化，那么子代的性状值也将很可能发生变化。从这个意义上说，在发育系统理论的视角下遗传过程并非一个稳健过程，而是一个可塑过程。不难看出，遗传过程从稳健过程到可塑过程的转变与上一部分中发育过程从独裁过程到分权过程的转变是相对应的，因为如果生物体的发育过程由 DNA 序列独裁，那么 DNA 序列以外的发育资源将很难干预生物体的发育，这时候遗传过程将呈现稳健状态。但如果发育过程由 DNA 序列和 DNA 序列以外的发育资源分权，那么 DNA 序列以外的发育资源就容易干预生物体的发育，这时候遗传过程将呈现可塑状态。在这里有三点值得注意。第一，当我们在上面说发育过程在发育基因还原看来是一个稳健过程时，我们给出了一个重要的前提，即 DNA 序列之外的发育资源充足，而提出这个前提的意义在于如果 DNA 序列以外的发育资源缺乏，那么即便在发育基因还原的视角下，一个遗传了亲代全部 DNA 的子代也很可能不会发育出亲代的性状，而这个时候发育过程就不再是一个稳健过程了。第二，当我们在上面说发育过程在发育系统理论看来是一个可塑过程时，我们同样给出了 DNA 序列以外的发育资源充足这一前提，而在这里我们提出这一前提的意义在于可塑性通常暗示着适应，即生物体最终发育出的性状值与诱导该性状值发育的 DNA 序列以外的发育资源存在着适应关系，而当 DNA 序列以外的发育资源匮乏时，生物体最终发育出的性状值往往并非一种适应，而仅仅是由于 DNA 序列以外的发育资源的缺乏而导致的失灵。这就好像一根弹簧，当我们在其弹性限度内对其进行拉伸时，弹簧的反应是对我们拉伸行为的一种适应，而一旦我们的拉伸动作超越了其弹性限度，弹簧的反应将不再是一种适应，而仅仅是一种失灵。第三，尽管发育系统理论认为遗传过程具有可塑性，但这种可塑性并不是无限的。具体来说，发育生物学中有一类重要的现象被叫作发育渠管化（developmental canalization），它指的是当 DNA 序列和 DNA 序列以外的发育资源在一定范围内变化时，生物体的性状值并不发生改变，就好像有一条渠管约束着发育的走向一样。[①] 显然，发育渠管化的存在表明 DNA 序列以外的发育资源并不能随心所欲地把生物体的性状塑造成任何可能的样子，而这就是为什么我们说遗传过程的可塑性实际上是受到约束的。

（三）进化从单维度过程变为多维度过程

发育和遗传是生物进化过程中的两个核心事件，因此发育系统理论给我们对前两者的理解带来的范式性变化势必会波及进化层面，进而改变我们对进化过程的理解。我们在这里将这种变化总结为进化过程从单维度过程转变为多维度过程。前面我们曾经给出过自然选择机制发生的三个条件，即个体间存在变异、变异可遗传以及变异与个体适合度相关。[②] 一般情况下，上述条件中的"个体"被默认为是生物体（organism），但实际上对于其他生物学层级（例如细胞层级、基因层级等）上的个体来说，如果它们满足上述三个条件，那么自然选择机制同样可能在相应的生物学层级上发生，而这就是多层级选择的理论基础。[③] 不过，无论是在哪个生物学层级上发生的自然

① 参见 Gilbert, S. F., *Developmental Biology*, Tenth Edition, Sinauer Associates, Inc., Publishers, Sunderland, MA, USA, 2014, p. 1。

② 参见 Lewontin, R. C., "The Units of Selection", *Annual Review of Ecology and Systematics*, 1970, Vol. 1, pp. 1–18。

③ 参见 Okasha, S., *Evolution and the Levels of Selection*, Oxford University Press, 2008, p. 263。

选择，当人们对其进行讨论时，人们的关注点通常被局限在基因遗传系统之上，就仿佛进化过程是由基因遗传系统独自介导的。我们认为这一现象与发育基因还原有着密切的联系，因为我们曾经阐述过，基因遗传中心论是发育基因还原的重要来源之一。然而，一旦我们接受了发育系统理论，那么基因遗传系统显然就不再是唯一重要的遗传系统，因为按照发育系统理论生物体发育过程中的各种资源都可能有效地介导遗传（例如环境、母方形态发生决定物等），而这样一来自然选择过程就不仅可以由基因遗传系统介导，它还可以由多种非基因遗传系统介导。① 基于此，本研究认为发育进化理论的引入将进化过程从一个由基因遗传系统单一介导的过程转变成为一个由众多遗传系统共同介导的过程，从这个意义上说发育系统理论将进化过程从一个单维度过程转变成为一个多维度过程。不过，上述范式转变的意义究竟在哪里呢？事实上，如果不同维度上的进化过程是相互独立的，那么维度的增加并不会给我们理解进化过程带来更多的新意，因为在这种情况下多维度的进化过程不过是多个单纬度进化过程的简单叠加。幸运的是，不同维度的进化过程之间并不是相互独立的。例如，我们曾经对基因同化过程进行过描述，简单来说，基因同化过程的内容大致如下：环境通过性状可塑性诱导产生非随机的可遗传变异→变异导致了生物体适合度的个体间差异→适合度高的变异的频率逐代增加→修饰基因出现并具有较高的适合度→修饰基因的频率逐代增加。在基因同化过程中实际上存在着两个维度上的自然选择过程，其中，第一个维度上的自然选择过程是由环境介导的（环境通过性状可塑性诱导产生非随机的可遗传变异→变异导致了生物体适合度的个体间差异→适合度高的变异的频率逐代增加）。因为在该自然选择过程中子代之所以遗传了亲代的性状值，在于子代和亲代在发育过程中以同样的方式被环境诱导；而第二个维度上的自然选择过程是由基因遗传系统介导的（修饰基因出现并具有较高的适合度→修饰基因的频率逐代增加），因为在该自然选择过程中子代之所以遗传了亲代的性状值，在于子代遗传了亲代的修饰基因。不难看出，这

---

① 参见 Oyama, S., Griffiths, P. E. & Gray, R. D., *Cycles of Contingency*: *Developmental Systems and Evolution*, MIT Press, 2003。

两个维度上的自然选择过程之间并非独立，因为由环境遗传系统介导的第一个自然选择过程显然为由基因遗传系统介导的第二个自然选择过程规定了方向。因此，进化过程从单纬度过程到多纬度过程的转变不仅意味着纬度数目的单纯增加，它还意味着不同维度间相互作用的出现，而后者无疑将极大地影响我们对于进化过程的理解。

第 六 章
进化生物学中的基因还原

　　基因还原不仅存在于发育生物学中，还存在于进化生物学中。这一对称性的存在并非巧合，因为发育与进化这两个不同时间尺度上的过程之间存在着密切的关联。简单来说，进化在实质上是生物体发育模式的变化，而生物体的发育模式又限制或促进着生物体未来的进化。[①] 这一命题的前半段我们在第四章中介绍进化发育生物学时已经给出了较为详细的剖析，因此我们下面把重点放在该命题的后半段。我们在第五章第二节曾经介绍过自主发育现象，即受精卵或卵细胞中来自母方的形态发生决定物的分布决定了胚胎不同区域的细胞的发育命运。然而，自主发育仅仅是生物体发育的模式之一，生物体的另一种重要的发育模式是诱导发育，即一个细胞的发育命运并不取决于它所包含的来自母方的形态发生决定物质，而取决于其周围细胞对它的诱导作用。[②] 显然，两种发育模式形成了鲜明的对比：对于自主发育来说，一个细胞无论处于怎样的环境之中，它都倾向于朝特定的细胞命运发育；而对于诱导发育来说，一个细胞的发育命运将随着其所处环境的变化而变化。大部分生物体的发育过程中都既包含自主发育也包含诱

---

　　① 参见 Gilbert, S. F., *Developmental Biology*, Tenth Edition, Sinauer Associates, Inc., Publishers, Sunderland, MA, USA, 2014, p. 1; Gilbert, S. F. & Epel, D., *Ecological Developmental Biology: the Environmental Regulation of Development, Health, and Evolution*, Second Edition, Sinauer Associates, Inc., Publishers, Sunderland, Massachusetts, U. S. A, 2015, p. 576; Buss, L. W., *The Evolution of Individuality*, Princeton University Press, 1987, p. 201。

　　② 参见 Gilbert, S. F., *Developmental Biology*, Tenth Edition, Sinauer Associates, Inc., Publishers, Sunderland, MA, USA, 2014, p. 1。

导发育，但二者的比重存在着明显的物种间差异。① 现在试想，如果一个物种的发育模式主要是自主发育，那么子代 DNA 序列对于子代发育过程的影响就将偏弱，因此子代中可遗传变异的数量将偏低（因为这些子代个体都具有相同的来自母方的形态发生决定物），而这显然对生物体未来的进化过程构成了一种限制；反之，如果一个物种的发育模式主要是诱导发育，那么子代 DNA 序列对于子代发育过程的影响将超过来自母方的形态发生决定物，因此子代中可遗传变异的数量将明显高于上一种情况（因为子代个体具有不同的 DNA 序列），而这显然对生物体未来的进化过程构成了一种促进。因此，上述命题的后半段说生物体的发育模式限制或促进着生物体未来的进化。现在我们还是回到基因还原这一话题上来，在本章里我们要讨论的进化生物学中的基因还原（以下简称进化基因还原）描述的是这样一个解释过程，它的解释对象是进化现象，而它的主要解释元素是 DNA 序列。显然，进化基因还原与上一章中的发育基因还原在形式上具有极大的相似性，不过跟发育基因还原不同的是，进化基因还原实际上包含两种不同的含义②，我们将其分别称为过程性进化基因还原（以下简称过程基因还原）和后果性进化基因还原（以下简称后果基因还原）。下面将分别就这两种进化基因还原展开讨论。

第一节　过程基因还原

过程基因还原指的是这样一类解释过程，它的解释对象是进化现象，它的解释工具是基因层级上的进化，而它的解释思路是任何进化现象的实质都是基因层级上的进化。③ 显然，过程基因还原中的关键词之一就是"基因层级上的进化"，而这个关键词的出处就是在前文中曾经点出过的多层级进化

---

① 参见 Gilbert, S. F., *Developmental Biology*, Tenth Edition, Sinauer Associates, Inc., Publishers, Sunderland, MA, USA, 2014, p. 1。

② 参见 Okasha, S., *Evolution and the Levels of Selection*, Oxford University Press, 2008, p. 263。

③ 参见 Okasha, S., *Evolution and the Levels of Selection*, Oxford University Press, 2008, p. 263；Williams, G. C., *Adaptation and Natural Selection*, Reprint Edition, Princeton University Press, 1996, p. 320；Dawkins, R., *The Selfish Gene*, 40th Anniversary Edition, Oxford University Press, 2016, p. 544。

理论（multi-level evolution）。① 具体来说，自然选择机制的三个条件包括个体间存在变异、变异可遗传和变异与个体适合度相关。通常情况下这里面的"个体"指的是生物体，但它实际上也可以指基因、细胞、组织、器官、群体和物种等，因为无论是处在哪一个生物学层级上的个体，只要它们满足自然选择机制的上述三个条件，那么自然选择就会在相应的生物学层级上发生。因此，进化过程在理论上说可能发生在各个生物学层级之上，而这也就是多层级进化理论的立论之本。由此，我们便不难理解过程基因还原的上述定义中基因层级上的进化的含义了。过程基因还原直至今日依然是一个极具影响力的观点，但在接下来的几部分中我们将试图从四个方面指出过程基因还原中存在的问题，以此作为对过程基因还原的反驳。

一　反驳过程基因还原一：现代综合是伪过程基因还原

表面上看现代综合的出现似乎已经完成了过程基因还原，但本研究认为现代综合实际上仅仅是一种伪过程基因还原。具体来说，在第四章的开头我们曾经详细描述过进化理论从最初的达尔文进化理论发展成现代综合，继而发展成今天的进化发育生物学的大致历程。在达尔文进化理论中，进化发生在生物体层级上，因为第一，达尔文进化理论中存在变异的性状值是生物体层级上的性状值，例如在当时我们列举的加拉巴哥群岛上的雀的案例中，存在变异的性状值是雀的喙的形态，而这可以被看作生物体层级上的性状值；第二，达尔文进化理论中适合度的单位是生物体，即一个具有某一性状值的生物体的适合度指的是它倾向于产生的后代生物体数量；第三，达尔文进化理论中变异的遗传也发生在生物体层级，因为它依靠的是生物体的生殖过程。随后，现代综合把"基因型决定性状值"这一预设引入了达尔文进化理论之中并因此将其转化为一个基因层面上的进化理论，因为按照该预设生物体性状值的变异被等价于相关等位基因在序列上的变异，性状值的遗传被等价于等位基因的遗传，而适合度的单位也从生物体被等价地转换成为基因。所以，通过现代综合大部分的进化现象都能够获得基因层面上的解释，

---

① 参见 Okasha, S., *Evolution and the Levels of Selection*, Oxford University Press, 2008, p. 263。

因此现代综合似乎已经完成了过程基因还原。① 然而，本研究认为现代综合并没有真正完成过程基因还原，因为在现代综合中，基因层面上的解释所涉及的并非基因层级上的进化，而依然是生物体层级上的进化，原因如下。第一，现代综合中适合度的单位依旧是生物体，而非基因。表面上看，现代综合中适合度的单位的确是基因，因为它的含义是某一等位基因倾向于产生多少子代等位基因。不过，当我们去计算一个等位基因 A 倾向于产生的子代基因数量时，我们算的不是亲代某个细胞中的 A 倾向于复制出多少 A，也不是算亲代所有细胞中的 A 倾向于复制出多少 A，我们实际上算的是一个携带 A 的亲代生物体倾向于产生多少子代生物体。因此，在现代综合中尽管适合度被看作基因的性质之一，但其单位依旧是生物体。第二，现代综合中变异的遗传发生在生物体层级，而非基因层级。在现代综合中，当我们说子代基因 A 遗传了亲代基因 A 的序列时，我们实际上说的是携带 A 的亲代生物体的子代生物体遗传了等位基因 A，而且这种遗传依赖的依然是生物体的生殖过程。因此，在现代综合中，遗传尽管表面上发生在基因之间，但实际上却发生在生物体层级之上。第三，在现代综合中，基因之间的竞争实际上发生在生物体之间。形象地来说，自然选择机制是一个进化单位之间互相竞争的过程，而尽管现代综合中的确存在 A 与 a 之间的竞争，但该竞争实际上仅仅发生在携带这两个等位基因的生物体之间，我们看不到发生在同一生物体中的两个等位基因之间的竞争。基于上述三个原因，我们说现代综合是一个伪过程基因还原，它的确为一部分进化现象提供了基因层面上的解释，但这些解释所涉及的并不是真正的基因层级上的进化，而只不过是基因化了的生物体层级上的进化。

二　反驳过程基因还原二：非基因层级上的进化不是基因层级上的进化的跨层级副现象

　　如果过程基因还原真的成立，那么一切进化现象的实质就都是基因层级上的进化，而这样一来那些原本用来解释进化现象的非基因层级上的进化也就变成了基因层级上的进化的跨层级副现象（cross-level by-products），但我

① 参见 Okasha, S., *Evolution and the Levels of Selection*, Oxford University Press, 2008, p. 263。

们接下来要表明的是这样的结论是不成立的。在多层级进化理论中，跨层级副现象指的是表面上层级 A 和层级 B 上都存在进化过程，但实际上进化过程仅仅发生在层级 A 上，而层级 B 上的类进化过程仅仅是层级 A 上的进化过程的一个体现，就好像镜子中像的运动仅仅是物的运动的一个体现。[①] 具体来说，我们假定 A 层级为生物体层级，B 层级为群体层级，同时我们设定 A 层级上的性状值为变量 z、个体的适合度为变量 w 以及个体的平均适合度为变量 W，B 层级上的性状值为变量 Z、亲代平均性状值（所有亲代个体性状值的平均值）与子代平均性状值（所有子代个体性状值的平均值）的差异为变量 $\overline{\Delta x}$、亲代性状值与该亲代的子代平均性状值的差异为变量 ΔZ 以及个体的适合度为变量 Y。此时，描述 B 层级上进化过程的 Price 等式为：

$$\overline{Y}\overline{\Delta Z} = Cov(Y, Z) + E(Y\Delta Z)$$

其中，左边平均性状值的变化 $\overline{\Delta Z}$ 代表了 B 层级上的进化过程；右边第一项表示 B 层级个体性状值与其适合度之间的协方差，当它为 0 时个体性状值与适合度无关，因此不存在自然选择过程，当它不为 0 时，个体性状值与适合度相关，因此可能存在自然选择过程，所以 Cov（Y，Z）在统计上对应的是自然选择过程对进化的贡献；右边第二项表示 YΔZ 这一变量的期望值，即经过适合度加权后的亲代个体的性状值与该亲代的子代平均性状值的差异的平均值，因此它在统计上对应的是子代相对亲代的变异对进化的贡献。[②]
现在我们假定 A 层级上个体的平均适合度 W 与 B 层级上个体的适合度 Y 之间存在正向因果关联（即 W 越大 Y 越大），A 层级上个体的性状值 z 与 B 层级上个体的性状值 Z 之间存在关联，A 层级上个体的性状值 z 与 A 层级上个体的适合度 w 之间存在因果关联，以及 B 层级上个体的性状值 Z 与 B 层级上的个体适合度之间不存在因果关联。此时，由于 Z 与 z 相关联、Y 通过 W 与 w 相关联并且 z 与 w 之间又存在因果关联，所以 Z 也就与 Y 相关联了起来，这样一来 Cov（Y，Z）显然不等于 0。我们前面曾经说过，Cov（Y，Z）在统计上对应的是自然选择过程对进化的贡献，所以上述结果意味着 B 层级上存在着类似自然选择的过程，或者说 B 层级上发生了类似进化的过

①　参见 Okasha, S., *Evolution and the Levels of Selection*, Oxford University Press, 2008, p. 263。
②　参见 Okasha, S., *Evolution and the Levels of Selection*, Oxford University Press, 2008, p. 263。

程。然而，B 层级上这一类似进化的过程实际上却仅仅是 A 层级上进化过程的一个体现。具体来说，假定 B 层级上选择出了 $Z = Z_0$ 的个体，表面上这是因为 Z_0 的个体具有较高的适合度 Y_0，但按照我们的预设这实际上却是因为 Z_0 与 A 层级上的性状值 z_0 相关联，z_0 作为原因导致 A 层级上的个体具有较高的适合度 w_0，于是 A 层级上 z_0 被选择出来，而这一现象体现在 B 层级上就是 z_0 对应的 Z_0 被选择出来。所以 B 层级上的类似进化的过程仅仅是 A 层级上进化过程的一个副现象。[①] 下面我们来看一个有关跨层级副现象的具体案例。[②] 假定在某一环境中生存着若干物种并且在该环境中生物体的身高与其适合度之间存在因果关联，以此对应上文中 A 层级上 z 与 w 之间的因果关联。我们这样的预设并不荒谬，因为在现实中的大部分情况下，生物体的身高越高，它在获取食物、抵御攻击和竞争配偶等方面越容易占据优势，因此倾向于拥有较高的适合度。现在我们把视线从生物体层级转移到物种层级，并以物种层级对应上文中的 B 层级。在物种层级上，每个物种被当作一个个体且个体的适合度等于一个物种倾向于进化出的物种数量，因此在物种层级上个体的适合度 Y 与构成该物种的生物体的平均适合度 W 之间显然存在正向因果关联，即生物体的平均适合度越高，其所在的物种越容易在进化过程中产生较多的子代物种。接下来，我们用 Z 表示一个物种中生物体的平均身高值并以此作为物种层级上的一个性状值，此时 Z 显然与生物体层级上的性状值 z（生物体身高值）存在关联。现在，因为 z 与 w 之间存在因果关联，z 与 Z 之间存在关联，w 通过 W 与 Y 之间存在因果关联，所以 Y 与 Z 之间也就存在了关联，即一个物种的平均身高值越大，它越倾向于进化出更多的物种，此时 Cov（Y，Z）显然不等于 0。我们在上文中说过，Cov（Y，Z）在统计上对应的是自然选择过程对进化的贡献，所以上述结果意味着 B 层级上存在着类似自然选择的过程，或者说 B 层级上发生了类似进化的过程，而在该过程中被选择出来的物种显然是具有最大 Z 值的物种，我们在此处将 Z 的最大值记作 Z_0。然而，B 层级上类似进化的过程实际上仅仅是生物体层级上进化过程的副现象，原因如下。一方面，生物体层级上存在着进化过程，因

---

① 参见 Okasha, S., *Evolution and the Levels of Selection*, Oxford University Press, 2008, p. 263。
② 参见 Okasha, S., *Evolution and the Levels of Selection*, Oxford University Press, 2008, p. 263。

为生物体性状值 z 与生物体适合度之间存在因果关联，而该进化过程的结果是 z 的最大值 z_0 被选择出来，因为生物体的身高值越大，其适合度也就越高。另一方面，由于 Z 是 z 的平均值，所以 z 的最大值 z_0 对应着 Z 的最大值 Z_0，这就意味着伴随着生物体层级上的进化，物种层级上个体的性状值 Z 将趋向于 Z_0，因此物种层级（B 层级）上类似进化的过程实际上仅仅是生物体层级（A 层级）上进化过程的一个体现，或者说仅仅是后者的一个副现象。从上述案例不难看出，判断 B 层级上的进化过程究竟是不是 A 层级上的进化过程的副现象的关键在于判断 B 层级上个体的性状值 Z 是否与其适合度 Y 存在因果关联：如果二者存在因果关联，那么即使 A 层级上的个体性状值 z 及其适合度 w 之间的因果关联被取消（即 A 层级上的进化过程被取消），B 层级上的进化过程也将继续存在，此时 B 层级上的进化过程独立于 A 层级上的进化过程，因此前者不是后者的副现象；而如果 B 层级上个体的性状值 Z 与其适合度 Y 之间不存在因果关联，那么 Z 与 Y 之间的关联就一定来自 A 层级上个体性状值 z 与其适合度 w 之间的因果关联，此时一旦我们取消了 z 与 w 之间的因果关联（即取消了 A 层级上的进化过程），那么 Z 与 W 之间的关联也将随之被取消，B 层级上的进化过程于是将不复存在，所以在这种情况下 B 层级上的进化过程依赖于 A 层级上的进化过程，因此前者为后者的副现象。

现在让我们回到本部分的开头，在那里我们曾指出如果过程基因还原成立，那么一切进化现象的实质都是基因层级上的进化，这样一来那些原本能够解释进化现象的非基因层级上的进化就都成了基因层级上的进化的跨层级副现象。现在，在我们对跨层级副现象进行了细致的描述之后，我们将指出这一结论是不成立的，并以此作为对过程基因还原的反驳。具体来说，按照我们在上面给出的判定跨层级副现象的方法，上述结论意味着非基因层级上个体的性状值 Z 与其适合度 W 之间不存在因果关系，而二者的关联来自基因层级上的性状值 z 及其适合度 w 之间的因果关联。这一结论显然是缺乏支持的，因为迄今为止有关生物体层级上性状值与适合度之间的因果关联已经积累了大量的记录，这一点已无须多言。更重要的是，群体层级上同样存在着性状值与其适合度之间的因果关联，而这方面的例子不仅包括蜜蜂和蚂蚁在内的社会性昆虫，还包括近年来备受关注的共生现象。① 在共生现象中，如果我们将共生的生物体 M 和生物体 N（它们分别来自不同的物种）看作一个整体 MN，那么在很多情况下 MN 的适合度（即 MN 倾向于产生多少子代 MN）与 MN 的某些性状值存在着重要的因果关联，例如在人类与人体肠道菌群的共生现象中，对于由人体 M 和肠道菌群 N 构成的整体 MN 而言，MN 的适合度显然与"人体对肠道菌群的免疫反应强度"这一 MN 的性状值存在因果关联，因为如果人体对肠道菌群的免疫反应强度过大，那么肠道菌群的数量将急剧下降，而这将直接影响到 MN 这一整体的适合度。

三　反驳过程基因还原三：基因层级上的进化具有生物体层级上的进化的特点

我们在本章开头曾提出，尽管现代综合为大量的进化现象提供了基因层面上的解释，但这些解释所涉及的并非基因层级上的进化，而是基因化了的生物体层级上的进化。在这一部分中，我们将以减数分裂驱动（meiotic drive）和细胞质雄性不育（cytoplasmic male sterility）现象为例讨论真正的基因层级上的进化，进而指出即便对于这些真正的基因层级上的进化来说，它们实际上依然具有生物体层级上的进化的特点。因此，过程基因还原认为一切进化现象的实质都是基因层级上的进化显然是值得怀疑的。

减数分裂驱动指的是这样一类现象，即在基因型为 Aa 的生物体发生减数分裂之后，生殖细胞中 A 和 a 的比例不是我们通常认为的 1∶1，某一等位基因（例如 A）在生殖细胞中的比例明显高于另一个等位基因（例 a）。② 那么，减数分裂驱动发生的原因是什么呢？通常情况下，如果基因型为 Aa 的生物体产生的生殖细胞数量足够多，那么按照孟德尔分离定律，A 和 a 在生殖细胞中的比例将接近 1∶1。然而，如果分得等位基因 A 的生殖细胞相

① 参见 Gilbert, S. F., *Developmental Biology*, Tenth Edition, Sinauer Associates, Inc., Publishers, Sunderland, MA, USA, 2014, p. 1; Gilbert, S. F. & Epel, D., *Ecological Developmental Biology: the Environmental Regulation of Development, Health, and Evolution*, Second Edition, Sinauer Associates, Inc., Publishers, Sunderland, Massachusetts, U. S. A, 2015, p. 576。

② 参见 Okasha, S., *Evolution and the Levels of Selection*, Oxford University Press, 2008, p. 263。

比于分得等位基因 a 的生殖细胞更有可能发育成熟，那么生殖细胞中 A 的数量显然就会就远远超过 a，而这正是大部分减数分裂驱动现象发生的原因。一旦上面描述的减数分裂驱动现象发生，那么等位基因 A 的适合度显然就会高于等位基因 a，因为减数分裂驱动导致 A 的数量多于 a，而这就意味着 A 通过受精作用进入子代生物体的概率将高于 a。这时候，自然选择机制的三个条件就都得到了满足，即存在 A 和 a 之间在 DNA 序列上的变异、该变异通过 DNA 的复制是可遗传的且 A 和 a 之间存在适合度的差异，因此进化过程将在 A 与 a 所在的基因层级上发生。不同于前面提到的现代综合涉及的进化过程，这里减数分裂驱动导致的进化过程是货真价实的基因层级上的进化，因为跟前者不同，后者中的竞争并非发生在生物体之间，而是发生在同一生物体的两个等位基因 A 和 a 之间，即 A 与 a 争夺进入子代生物体的可能性。不过，尽管减数分裂驱动导致的进化过程属于真正的基因层级上的进化，但我们认为在该进化过程中依然能够找到生物体层级上的进化的若干影子。第一，在减数分裂驱动导致的进化过程中，变异的遗传依然发生在生物体层级上。在减数分裂驱动中，基因变异的遗传依靠的是这样一个过程，即亲代生物体中的 A 或 a 通过减数分裂进入生殖细胞，然后经由受精作用进入子代生物体，因此在这一情境下变异的遗传依托的依旧是生物体层级上的生殖过程，而这表明减数分裂驱动导致的基因层级上的进化依然具有生物体层级上进化的某些特征。第二，在减数分裂驱动中，适合度的测量在某种程度上依然是以生物体为单位的。在减数分裂驱动中，A 的适合度大于 a 的含义是说 A 能够在生殖细胞中占据更多的比率，从而在子代生物体中占据更多的比率，所以，当我们测量 A 的适合度时，我们算的并非 A 总共通过复制产生了多少子代 A，而是 A 产生了多少携带 A 的子代生物体，因此减数分裂驱动中适合度的测量在某种程度上依旧是以生物体为单位的，而这再一次表明减数分裂驱动导致的基因层级上的进化具有生物体层级上的进化的某些特征。

细胞质雄性不育描述的是以下这样一类现象，即在某些植物中细胞质基因会抑制雄性生殖细胞的形成，从而让生殖细胞中的雌性比率明显增加。[1]

---

[1] Okasha, S., *Evolution and the Levels of Selection*, Oxford University Press, 2008, p.263.

跟上面的减数分裂驱动类似，细胞质雄性不育同样可以导致基因层级上的进化，具体过程如下。我们将某双倍体植物细胞核中的某对常染色体上的某对等位基因记作 N/n，并将细胞质中抑制雄性生殖细胞形成的某一基因记作 M。然后，由于通常情况下植物产生的雄性生殖细胞数量远远超过雌性生殖细胞，所以我们假定当细胞质雄性不育现象不曾发生时雌性生殖细胞在全部生殖细胞中的比率为 1%。此时，由于细胞质基因仅存在于雌性生殖细胞中，所以 M 在全部生殖细胞中的比率同样为 1%，而按照孟德尔分离定律，N 在生殖细胞中的比率为 50%。然而，如果发生了细胞质雄性不育，那么相应的情况将大为不同。具体来说，细胞质雄性不育将导致雌性生殖细胞的比率明显增加，我们假定这个比率是 90%。此时，M 在生殖细胞中的比率将相应地增长至 90%。而另一方面由于 N/n 在常染色体之上，所以这两个等位基因在生殖细胞中的相对比例与雌雄生殖细胞比例没有关系，因此 N 在生殖细胞中的比率依然为 50%。显而易见，由于细胞质雄性不育的发生，基因 M 在生殖细胞中的比率（90%）变得高于 N（50%）（当然也高于 n），而这意味着子代生物体中携带 M 的生物体将高于携带 N 的生物体。至此，自然选择机制的三个条件都已经得到了满足，即存在 M 与 N 在 DNA 序列上的变异、该变异借由 DNA 复制是可遗传的，且 M 和 N 之间存在适合度上的差异，因此进化过程将在 M 与 N 所在的基因层级上发生。与前面的减数分裂驱动类似，细胞质雄性不育导致的进化过程之所以被认为是真正的基因层级上的进化，原因在于在这一过程中竞争发生在同一生物体的两个基因 M 和 N 之间，即它们竞争进入子代的机会。不过，我们认为细胞质雄性不育导致的基因层级上的进化依然具有生物体层级上的进化的特征，而其原因与上面的减数分裂驱动完全一致：第一，在细胞质雄性不育导致的进化过程中，变异的遗传依靠的是生物体层级上的生殖过程，即 M 与 N 通过减数分裂进入生殖细胞，然后通过受精作用进入子代生物体；第二，在细胞质雄性不育导致的进化过程中，适合度在某种程度上依然是以生物体作为单位的，因为当我们计算 M 和 N 的适合度时，我们算的并不是它们各自复制出了多少子代 M 和 N，而是它们各自产生了多少携带 M 和 N 的子代生物体。

四　反驳过程基因还原四：基因层级上的进化受到生物体层级上的进化的抑制

在上一部分中我们的核心思想是基因层级上的进化往往具有明显的生物体层级上的进化的特点，这可以理解为前者对后者的依赖性；在这一部分中，我们将阐述的是后者对前者的抑制性，即生物体层级上的进化往往抑制着基因层级上的进化的发生，而如果这一观点成立，那么相对生物体层级上的进化而言，基因层级上的进化将处于相对边缘的地位，这就使得基因层级上的进化过程不可能如过程基因还原所言是一切进化现象的实质。具体来说，我们还是以上一部分中的减数分裂驱动为例来探讨生物体层级上的进化对基因层级上的进化的抑制作用。假定对于基因型为 Aa 的生物体来说携带等位基因 A 的生殖细胞相比携带等位基因 a 的生殖细胞更有可能发育成熟，此时该生物体的生殖细胞中 A 的比例将明显超过 a，于是在该生物体的子代中携带 A 的生物体也将明显超过携带 a 的生物体，这就是我们在上一部分所说的减数分裂驱动现象，并且按照当时的讨论，该减数分裂驱动现象将导致基因层级上的进化且该进化过程的结果是适合度较高的 A 被选择出来。现在，我们假定 A 对于生物体而言是一种有害变异而 a 对于生物体而言是一种有利变异，此时携带 A 的生物体平均来看将具有相对较低的适合度，而携带 a 的生物体平均来看将具有较高的适合度，因此进化过程将在生物体层级上发生，而该进化过程的结果显然是 a 被选择出来。这样一来，摆在我们面前的就是两个方向相反的进化过程，即倾向于把 A 选择出来的基因层级上的进化和倾向于把 a 选择出来的生物体层级上的进化，那么此时进化究竟会朝哪个方向发展呢？在大多数情况下，进化的方向将与生物体层级上的进化的方向保持一致，因为生物体层级上的进化往往能够抑制基因层级上的进化。具体来说，尽管基因层级上的进化能够导致子代中 A 的比率逐代增加，但由于在生物体层级上的进化中携带 A 的子代生物体的适合度低于携带 a 的生物体，所以 A 将难以从子代生物体继续朝后代传播下去，这显然降低了基因层级上的进化中 A 的适合度并因此抑制了基因层级上的进化过程，结果导致进化过程朝生物体层级上的进化过程的方向发展而去。

第二节　后果基因还原

　　过程基因还原是一种十分激进的进化基因还原，道金斯（Dawkins）[1]
在早期曾经主张过程基因还原，即认为一切进化现象的实质都是基因层级上
的进化，但在后期却转向了较为温和的后果基因还原。具体来说，后果基因
还原指的是这样一种解释过程，其解释对象依然是进化现象，其主要解释元
素是 DNA，其解释思路是尽管基因层级上的进化过程未必是一切进化现象
的实质，但一切进化现象的后果都可以看作对相关基因有利，换句话说，一
个进化现象之所以发生，其原因可能是非基因层级上的进化过程，但这一进
化现象通常总是有利于相关基因的频率的增加。[2] 有关后果基因还原的成功
案例有很多，而其中最广为人知的案例之一就是利他行为的进化。[3] 简单来
说，如果我们假定 A 是决定生物体利他行为的等位基因，那么由于携带 A
的生物体发出的利他行为的主要受益者通常是其亲属，而其亲属中的相当一
部分由于亲缘关系同样携带 A，所以利他行为尽管有可能降低携带 A 的生物
体的适合度，但它却能够有助于基因 A 的比率的增加。从这个角度上说，不
论利他行为的进化是发生在基因层级、生物体层级还是群体层级，其结果总
是对基因 A 有利的，而这正是后果基因还原希望看到的。尽管后果基因还
原相比于过程基因还原已经温和了很多，但笔者在接下来的两个部分中将指
出这种弱化虽然规避掉了过程基因还原面临的不少棘手问题，但弱化后的后
果基因还原依旧存在着严重的问题。

一　反驳后果基因还原一：后果基因还原预设了基因中心论

　　基因中心论在本书中已经被提及了很多次，它主张的是生物体的基因型

---

　　① 参见 Dawkins，R.，*The Selfish Gene*，40th Anniversary Edition，Oxford University Press，2016，
p. 544。

　　② 参见 Okasha，S.，*Evolution and the Levels of Selection*，Oxford University Press，2008，p. 263；Wil-
liams，G. C.，*Adaptation and Natural Selection*，Reprint Edition，Princeton University Press，1996，p. 320。

　　③ 参见 Okasha，S.，*Evolution and the Levels of Selection*，Oxford University Press，2008，p. 263。

决定了其性状值，而这一部分中我们将阐述的是后果基因还原实际上预设了基因中心论，因此我们在前文中指出的基因中心论存在的问题也就自然而然地波及了后果基因还原。具体来说，后果基因还原的主要理论支持来自复制子—互动子（replicator-interactor）模型，而该模型认为：①生物体的基因是复制子，因为它们能够通过碱基互补配对原则在亲代生物体和子代生物体之间高保真地复制，而生物体本身则是互动子，因为生物体与环境直接发生互动；②复制子决定了互动子的表现型，互动子的表现型决定了互动子的适合度，而互动子的适合度决定了生物体层级上的进化的方向，即适合度最高的互动子种类将成为群体中的绝大多数，相应地，这些获胜者对应的复制子种类也将成为群体基因库中的绝大多数，因此进化过程表面上看是互动子相互竞争的过程，实际上却是互动子背后的复制子相互竞争的过程，互动子仅仅充当了复制子的载体。[①] 不难看出，复制子—互动子模型为后果基因还原提供了有力的支持，因为按照复制子—互动子模型一切进化现象的实质都是复制子（基因）的角逐，因此一切进化现象的后果当然是对角逐中获胜的复制子（基因）有利的，而这正是后果基因还原的主张。然而，由于复制子—互动子模型显然预设了基因中心论（复制子决定了互动子的表现型），所以一切有关基因中心论的批评也就通过复制子—互动子模型最终传导到了后果基因还原身上。当然，上述反驳后果基因还原的方式有些过于简洁，因为在基因中心论和后果基因还原之间还隔着一个复制子—互动子模型，因此我们接下来将要给出一个更为直接的针对后果基因还原的反驳。

二　反驳后果基因还原二：进化现象未必一定对基因有利

我们曾在第五章第三节提及过 DNA 序列之外的遗传系统，这里将以此为基础说明进化现象未必一定是对基因有利的。自 DNA 双螺旋结构和中心法则被发现至今，基因遗传系统一直被认为是生物体最主要的遗传系统，其他遗传系统的作用与之相比就像星星的光芒与太阳的光芒相比那样不值一提。然而，近年来表观遗传学的发展，尤其是与染色质修饰相关的研究表

[①] 参见 Dawkins, R., *The Selfish Gene*, 40th Anniversary Edition, Oxford University Press, 2016, p. 544。

明，一直以来人们都大大低估了非基因遗传系统在遗传现象中发挥的作用，就像人们在望远镜出现之前曾经忽略了很多与太阳一样灿烂的恒星的光芒一样。① 现在，我们任取一个基因遗传系统之外的遗传系统，设定该遗传系统中的 a 元素导致 A 性状值的产生，b 元素导致 B 性状值的产生。此时，我们套用上一部分的复制子—互动子模型，即①a 和 b 都属于复制子，因为它们能够在亲代和子代之间发生复制，而生物体为互动子，因为生物体与环境之间直接发生互动；②按照我们的预设，复制子决定了互动子的表现型，又因为互动子的表现型决定了互动子的适合度，而互动子的适合度决定了生物体层级上的进化的方向，即适合度最高的互动子种类将成为群体中的绝大多数（我们此处假定为携带性状值 A 的互动子），所以这些获胜者对应的复制子种类也将成为群体中的大多数（我们此处相应地假定为决定性状值 A 的复制子 a）。这样一来，根据我们上一部分的讨论，进化现象将对获胜的复制子 a 有利，但跟上一部分不同的是那里的复制子是基因，此处的复制子却并非基因，而是某个非基因遗传系统中的元素。那么，在该案例中相关基因是否也从该进化现象中获利了呢？我们将用以下两个例子表明相关基因并未从中获利。第一个例子中，我们假定这里的非基因遗传系统是第四节中提及的由 DNA 甲基化介导的表观遗传系统，此时 a 代表的是基因 g 上的一个甲基化修饰。在该情境中，由于我们前面说过进化现象对 a 有利，所以进化现象也就连带着对 a 所栖身的基因 g 有利，因此表面上看该情境中进化现象不仅对非基因元素 a 有利，而且还对基因 g 有利。但事实并非如此。后果基因还原要求的并非仅仅是随便哪一个基因从进化现象中获利，而是"相关基因"从进化现象中获利，而这里的"相关"指的是该基因与进化产生的表现型相关②，例如在前文提及的利他行为案例中，进化产生的表现型是利他行为，此时相关基因指的就是导致生物体发出利他行为的基因，而并非生物体的随便哪一个基因。因此，在上述情境中尽管基因 g 的确从进化现象中获利，但由于与进化产生的表现型 A 相关的并非基因 g，而是 g 上的甲基化修

---

① 参见 Oyama, S., Griffiths, P. E. & Gray, R. D., *Cycles of Contingency: Developmental Systems and Evolution*, MIT Press, 2003。

② 参见 Dawkins, R., *The Selfish Gene*, 40th Anniversary Edition, Oxford University Press, 2016, p. 544。

饰 a（因为 g 失去甲基化修饰 a 之后，生物体将不再呈现表现型 A），所以在该情境中并不存在"相关基因"，所以也就谈不到相关基因从进化现象中获利。第二个例子中，我们假定上述非基因遗传系统是由母体子宫中的环境因素构成的，也就是说母体和子代之所以发生遗传现象，原因在于母体和子代在胚胎时期所处的子宫中具有类似的环境因素且这种环境因素可以在亲代和子代之间进行传递。在该情境下，a 代表的就是子宫中的某一种环境因素，而 a 之所以能够让生物体产生性状 A，原因往往在于它能够通过反应规范调节某个（或某些）基因的表达，我们把这个基因记作 g。此时，由于进化现象对 a 有利，所以进化现象也就连带着对与 a 相关联的基因 g 有利，因此表面上看上述案例中进化现象不仅对非基因元素 a 有利，而且还对基因 g 有利。但事实同样并非如此。尽管基因 g 的确从进化现象中获利，但与进化产生的表现型 A 相关的并非基因 g，而是作用于 g 上的环境因素 a（因为如果作用于 g 的是 a 以外的其他环境因素，那么生物体将不再呈现表现型 A），因此跟上一个例子一样，该例子中同样不存在"相关基因"，因此也就谈不上相关基因从进化现象中获利。综上所述，我们看到在很多由非基因遗传系统介导的进化现象中，进化现象对非基因遗传系统中的元素当然是有利的，但相关的基因往往并非如后果基因还原所说的那样从这些进化现象中获利。

第三节　进化基因还原之后的路：多层级 进化理论与进化发育生物学

进化基因还原存在的问题与第五节中的发育基因还原大致相似，即二者分别强调 DNA 序列在发育过程和进化过程中的作用，结果导致其解释方案是单一维度的，从而不足以应对发育过程和进化过程中纷繁复杂的现象。因此，二者都需要向多维度的理论进行过渡。在第五节第三部分中，我们指出与发育基因还原相对应的多维度理论是发育系统理论，后者在承认 DNA 序列对发育的重要贡献的基础上强调一切发育资源在发育中发挥的作用。相应地，本研究认为进化基因还原也存在其对应的多维度理论。不过，与发育基因还原不同的是，进化基因还原有两个与其对应的多维度理论，一个是多层级进化理论，它对应的是过程基因还原，另一个是进化发育生物学，它对应的是后果基因还原。

一　多层级进化理论

我们在前文中已经提及过多层级进化理论，之所以说它是过程基因还原对应的多维度理论，其原因在于后者将一切进化现象视作基因层级上的进化的结果，其他一切层级上的进化不过是基因层级上的进化的影子，而前者则认为进化现象是不同层级上的进化过程相互作用的结果，每个层级上的进化过程都有自己固定的领地。有关多层级进化理论我们曾经在本节第一部分中给出过极为简略的描述，而实际上这一理论却有着极为丰富的内涵。[①] 不过，笔者并不打算在此处就多层级进化理论本身展开一个详细的描绘，笔者在这一部分真正要谈的是一个比多层级进化理论更基础的问题，即层级本身的进化。之所以这样做，原因在于层级的进化对于过程基因还原有着特殊的意义，因为如果层级是从 DNA 层级往上逐个产生的，那么过程基因还原很可能在地球的某个历史阶段（只有 DNA 层级的历史阶段）内是正确的，而它正确性的消亡是由 DNA 以上层级的出现所导致的，也就是说过程基因还原之所以从一个正确理论变为错误理论，在于世界本身发生了变化。这将是一个不太寻常的现象，因为我们通常认为当一个理论发生错误时，原因在于理论本身而非理论试图解释的世界，例如当伽利略站在比萨斜塔上展示亚里士多德的理论的谬误时，他绝不可能认为这一谬误的发生是世界本身发生变化的结果，相反，世界从来都是那个样子，谬误的产生是由于亚里士多德的理论没能像一个精湛的画师一样描绘出它真实的容貌。

多层级进化理论一开始就预设了各个层级的存在，例如基因层级、细胞层级、生物体层级和群体层级等，但这些层级并非在生命起源之初就全部存在，例如在单细胞细菌独霸地球的时期，我们根本找不到细胞层级以上的层级。更为有趣的是，进化生物学家认为今天真核细胞中的每个细胞器曾经都是独立生存的细菌个体，它们长期的共生行为最终让它们融合成了今天我们常见的真核细胞，如果这是真的，那么在融合发生之前的漫长岁月中，我们

---

① 参见 Okasha, S., *Evolution and the Levels of Selection*, Oxford University Press, 2008, p. 263。

在地球上随处可见的将只是细胞器及其以下的层级。① 所以，生物学中的层级实际上是进化而来的，并且每个新层级的产生往往都代表着进化史上的一个重大转折。② 全面地讲述层级的进化是一个不太现实的工作，因为目前进化生物学家们对它还知之甚少，所以此处我们将仅仅截取层级进化的一个片段进行讲述，而这个片段指的就是从细胞层级到生物体层级的进化过程。表面上看，生物体层级的出现似乎是一件很容易的事，因为那不过意味着一群孤立的细胞决定携起手来共同面对大自然的风霜雨雪。然而事实并非如此，因为如同人类社会中的一切大小联盟一样，细胞联盟的维持同样面临着以利而聚必将以利而散的风险。也就是说，当联盟中的一些细胞因为突变背叛了盟约，贪婪地向同伴们索取利益却又不肯提供一丝一毫的回报时，联盟中的忠诚者将很快死于自己的忠诚，留下的则尽是些自私的背叛者，而他们的相互残杀会将类似生物体的联盟摧毁得无影无踪。事实上，时至今日我们仍然能够在某些单细胞生物中看到上述联盟崩塌现象的影子，即这些单细胞生物在遭遇恶劣环境时会暂时聚在一起结为联盟，可一旦环境得到改善它们就会立即四散而去。③ 所以，进化生物学家早就意识到生物体层级的产生绝非易事，它的产生必定伴随着种种强悍的督查机制（policing mechanisms）的出现，以便有效地打击细胞联盟中的背叛者。④ 至今为止，进化生物学家们已经发现了不少监督机制，而这其中有两个机制最为核心：一个是第五章第二节中提及的自主发育，它的意义在于防微杜渐，抑制背叛出现；另一个则是体细胞/生殖细胞分化（soma-germ differentiation），它的意义在于亡羊补牢，将背叛的影响压制到最低限度。⑤ 具体来说，在自主发育中来自母方的形态发生决定物在受精卵中不均匀分布，而每个区域的形态发生决定物的种类和

　　① 参见 Calcott, B., Sterelny, K. & Szathmáry, E., *The Major Transitions in Evolution Revisited*, MIT Press, 2011, p. 319。

　　② 参见 Maynard Smith, J. & Szathmáry, E., *The Major Transitions in Evolution Reprinted*, Oxford University Press, 2010, p. 346。

　　③ 参见 Calcott, B., Sterelny, K. & Szathmáry, E., *The Major Transitions in Evolution Revisited*, MIT Press, 2011, p. 319。

　　④ 参见 Calcott, B., Sterelny, K. & Szathmáry, E., *The Major Transitions in Evolution Revisited*, MIT Press, 2011, p. 319。

　　⑤ 参见 Buss, L. W., *The Evolution of Individuality*, Princeton University Press, 1987, p. 201。

浓度决定了该区域最终将发育成为哪些种类的细胞。因此，对于自主发育来说每个细胞的命运在发育的初期就已经被预言，它们只能沿着母方为它们铺设的发育轨道行走，一直到达它们一早就被告知的命运终点，以已分化细胞的身份履行它们在行程之初就被赋予的职责，或者作为红细胞为生命带来氧气，或者作为肌细胞为生命带来灵动，或者作为神经细胞为生命带来智慧。所以，在自主发育的模式下背叛者的产生是困难异常的，因为那需要背叛者冲破高大坚固的发育轨道，而这在通常情况下是不可能的，因为生物体已经进化出了多种手段来把细胞限定在其特定的发育轨道中，不论基因和环境如何进行干扰，这也就是我们在前面提到的渠限化（canalization）。^① 未雨绸缪固然高明，但与人类社会中的各类监督机制相似，自主发育也难免放过一些漏网之鱼，这是因为发育过程的进行并非一场交响音乐会，每一个音符都在音乐会开始之前被明明白白地写在乐谱之上，发育过程更像是一场充满了随机因素的爵士乐演奏，就连演奏者本身也无法预知旋律线条今天的明确走向，因此难保有几个随机因素在发育的某个阶段将一些细胞从其固有的轨道中拖拽出来，并将其转变为背叛者。这时，第二个监督机制，即体细胞/生殖细胞分化，就要开始发挥作用了。在胚胎发育的很早时期，体细胞的祖先就与生殖细胞的祖先分道扬镳，即有一些细胞的后代将注定成为生殖细胞，而另一些细胞的后代将注定成为体细胞，这一现象被称为体细胞/生殖细胞分化。^② 现在，试想胚胎中有一个细胞摆脱了既定的发育轨道，成为一个背叛者，它疯狂地掠夺其他细胞的利益，却吝啬地不肯挤出一分钱的报酬。表面上看，背叛者此时风光无限，但实际上它的风光大都只是昙花一现。这是因为，背叛者要想得到永生就必须从亲代生物体进入子代生物体，而这就需要背叛者在体细胞/生殖细胞分化这个交叉路口成为生殖细胞的祖先。庆幸的是，这通常是不大可能的，因为背叛者的产生大都来源于突变且突变多发生在细胞分裂过程中，而体细胞/生殖细胞分化发生在胚胎发育的极早时期，这个时候细胞分裂才进行了屈指可数的几轮分裂，因此细胞突变出现的可能

---

① 参见 Gilbert, S. F., *Developmental Biology*, Tenth Edition, Sinauer Associates, Inc., Publishers, Sunderland, MA, USA, 2014, p. 1。

② 参见 Gilbert, S. F., *Developmental Biology*, Tenth Edition, Sinauer Associates, Inc., Publishers, Sunderland, MA, USA, 2014, p. 1。

性微乎其微，所以在体细胞/生殖细胞分化这个时间点的附近，背叛者产生的概率极低。如此一来，体细胞/生殖细胞分化就将背叛者的危害降到了最低，从而巧妙地避免了细胞联盟的瓦解。自从以上两种监督机制进化出来以后，生物体中背叛者的气焰得到了有效压制，大部分细胞都忠于职守，它们一方面享用其他细胞创造的牛奶，另一方面也勤勤恳恳地为其他细胞提供面包，默默地支撑着生物体这一细胞联盟的存在，使其免遭瓦解的命运，于是便诞生了生物体层级。[①] 必须指出的是，生物体层级诞生的背后绝非仅有以上两种监督机制，不仅如此，生物体层级的产生甚至有可能无须依赖任何监督机制[②]，而这似乎再次印证了大自然的想象力和创造力是人类在短短百年的寿命内无法企及的。但无论如何，层级的产生不是一蹴而就的，新的层级被进化过程输送出来，然后又作为新的输入融合到进化过程中去，进而输出另一个新的层级，如此往复不息，就好像那条用嘴衔着自己尾巴的蛇。因此，过程基因还原在基因层级以上的层级尚未产生之时是行得通的（这样的时期是否真实尚且存疑），它的错误性是新层级进化出来的结果，也就是说，它之所以错了，是因为世界本身发生了变化。按照这个逻辑，从过程基因还原走向多层级进化理论的必要性已经无须多言，目前真正的问题在于：第一，究竟存在多少层级；第二，层级和层级在进化中的关系是什么；第三，对一个具体的进化现象来说，哪些层级是相关的。遗憾的是，从目前有关个体性的讨论中可以看出，生物学家和生物学哲学家就这三个问题远没有达成共识。[③] 细究这些问题将是很有意义的工作，但这显然超出了本文所能承载的篇幅，所以我们将在此止住这一部分的内容，转而讨论后果基因还原之后的路，即进化发育生物学。

二　进化发育生物学

进化发育生物学在本书已经被多次提及，而它的核心思想是说生物体的

---

① 参见 Buss, L. W., *The Evolution of Individuality*, Princeton University Press, 1987, p. 201。

② 参见 Calcott, B., Sterelny, K. & Szathmáry, E., *The Major Transitions in Evolution Revisited*, MIT Press, 2011, p. 319。

③ 参见 Calcott, B., Sterelny, K. & Szathmáry, E., *The Major Transitions in Evolution Revisited*, MIT Press, 2011, p. 319。

进化过程实质上是生物体发育模式的进化过程，也就是说，物种 A 进化为物种 B 的过程实质上是 A 物种的发育模式进化为 B 物种的发育模式的过程。[①] 不过，为什么我们认为进化发育生物学是与后果基因还原对应的多维度理论呢？按照进化发育生物学，某一种类的生物体之所以能够在进化过程中被保留下来，原因在于该类生物体的发育模式使得该类生物体具有较高的适合度，因此一旦该类生物体在进化过程中取得了胜利，那么与其相对应的发育模式也就取得了胜利，而这就意味着该发育模式之内的全部可遗传的发育资源（基因资源和非基因资源）的频率都可能逐代增加。所以说进化过程不仅可能对基因有利，它对生物体的一切可遗传的发育资源都可能是有利的。从这个意义上说，我们认为进化发育生物学是与后果基因还原对应的多维度理论。事实上，与后果基因还原不同，按照进化发育生物学基因未必总是进化过程的受益者，这是因为某种发育模式频率的增加未必意味着该模式中某个基因 g 的频率也会相应增加。具体来说，我们在前文中曾经提及生物体的发育过程具有很强的稳健性，因此在很多情况下某个基因序列的变化并不会造成发育模式明显的偏差，这样一来下面这种情境将是完全可能发生的，即尽管生物体的某一发育模式的频率逐代增加，但这些新增的发育模式并未使用基因 g，而是采用了其他的基因。显然，在这一情境中尽管进化过程对发育模式是有利的，但它对 g 却未必是有利的。原则上我们已经可以结束这一部分的讨论，因为我们在第四节中已经较为详细地介绍过进化发育生物学的主要思想，不过，我们将在下面用一小段篇幅描述一个新近提出的比进化发育生物学更为激进的进化理论，而介绍这一个更为激进的进化理论的目的在于畅想一个远景式的问题，即如果进化发育生物学是后果基因还原之后的路，那么进化发育生物学之后的路又可能是怎样的呢？

这一比进化发育生物学更为激进的进化理论是由格里菲斯（Griffiths）和格雷（Gray）[②] 提出的，不过他们并没有明确地给该理论起一个名字，为了指称方便起见，在此处姑且称之为过程进化理论。我们在第四章中的讨论

---

①　参见 Gilbert, S. F., *Developmental Biology*, Tenth Edition, Sinauer Associates, Inc., Publishers, Sunderland, MA, USA, 2014, p. 1。

②　参见 Oyama, S., Griffiths, P. E. & Gray, R. D., *Cycles of Contingency: Developmental Systems and Evolution*, MIT Press, 2003。

表明，进化发育生物学之所以比简单进化理论更进一步，在于后者中生物体的生命周期被有选择地简化为某个时间段，而前者将生物体的整个生命周期都纳入考量范围之内。不过，进化发育生物学并没有因此与简单进化理论完全平行开来，它们还有一个重要的交点，即在两个进化理论中主要的进化单位都是生物体。具体来说，达尔文进化理论中的进化单位显然是生物体，这一点无须多言；现代综合中的进化单位表面上看是基因，但我们在本节开头已经指出现代综合中的进化单位实际上是生物体；至于为什么进化发育生物学中的进化单位是生物体，这一点也不难理解，因为进化发育生物学与达尔文进化理论基本相同，只不过进化发育生物学把生物体的整个发育过程当作生物体的一个性状。与上面的情形不同，格里菲斯和格雷提出的过程进化理论的激进之处就在于，他们认为进化的单位不是作为物存在的生物体，而是作为过程存在的生物体的发育过程。具体来说，群体中的不同生物体可能具有不同的发育过程，方便起见，我们假定仅仅存在两种发育过程 A 和 B。发育过程当然是可以自我复制的，因为子代生物体与亲代生物体往往具有类似的发育过程，同时，不同的发育过程往往具有不同的适合度，因为携带不同发育过程的生物体往往具有不同的适合度。现在，自然选择机制的三个条件，即变异、可遗传和适合度相关，显然都已经得到满足，因此具有较高适合度的发育过程（我们设定为 A）的频率将逐代增加。显然，该进化过程中的进化单位不是生物体而是发育过程，这就是我们将格里菲斯和格雷的进化理论命名为过程进化理论的原因。从计算的角度来看，过程进化理论与进化发育生物学是等价的，因为前者不过是将后者中的性状（即发育过程）当作了进化单位本身，这有点像数学中常见的替换法。不仅如此，过程进化理论的进化单位从本质上也与进化发育生物学相同，即都是生物体。因为第一，发育过程本来就是生物体层级上的性状；第二，发育过程的复制依赖于生物体的生殖过程；第三，发育过程的适合度实际上是生物体的适合度。然而，两个理论在视角上或者说在对世界的表征方式上却有着显著的差别。具体来说，在进化发育生物学看来，在地球上漫长的进化历程中相互竞争的主要是作为物的生物体，发育模式仅仅是它们用以攻击对方的武器；而在过程进化理论看来，真正的战争发生在发育模式之间，生物体仅仅是发育模式的承载者。这就好比在科幻电影中，敌对双方一直以为斗争发生在两个机构之间，数据仅仅是它们相互攻击的武器，但后来才发现真正的博弈发生在数据之间，两个机构不过是数据虚拟出来的，它们扮演的仅仅是数据承载者的角色。视角的变化往往是范式更替的前兆，这一科学史规律在此处是否适用我们暂且不得而知，但毫无争议的是，一旦进化生物学家的观察点从生物体本身转移到生物体的发育过程，发育生物学与进化生物学的结合将有望变得更为紧密。

本编结语

经过以上对生物学中还原的漫长讨论，本研究的结论可以概括如下。第一，有关生物学中还原的讨论已经从理论还原过渡到解释还原，这一过渡是合理的，因为理论还原与生物学的知识构成格格不入，而解释还原就好像是为生物学的知识构成量身定制的。第二，就解释还原来说，有关它的讨论主要围绕着弱解释还原论和强解释还原论展开。一方面，弱解释还原论尽管在近年来饱受突现现象的挑战，但本研究认为从目前已知的证据来看尚不存在能够否定弱解释还原论的生物学事实；另一方面，强解释还原论则面临着诸多难以驳倒的反例。第三，解释还原是一种包含空间层级的还原，实际上生物学中还存在一种包含时间层级的重要还原，它发生在简单进化理论和进化发育生物学之间，我们将这种还原定义为时间还原。第四，相比于解释还原，基因还原是生物学中更为苛刻的一类还原，因为它不仅跟解释还原一样要求仅仅通过部分性质解释整体性质，它还更加苛刻地要求仅仅通过"基因"这个指定部分的性质解释整体性质。其中，基因还原主要发生在发育生物学和进化生物学这两门学科之中，而本研究认为这两门学科之中的基因还原都不成立。以上四点就是本研究的主要结论，接下来我们将对本研究进行一个发散性的漫谈，以此作为这部分的结尾。

我们要谈的第一点是关于生物学中的还原从理论还原向解释还原的过渡，这与第二、三章的内容相关。表面上看，这一过渡不过是发生在生物学哲学圈子内的一个局域性事件，圈子之外的人似乎全然没有对其产生兴趣的必要。然而，我们说在这一过渡的背后是两个古老解释模式之间的角力。为了揭开这两种解释模式的面纱，让我们首先暂时把目光从生物学转移到数学中的几何学。几何学有两个古老的分支学科，即欧式几何学和解析几何学。欧式几何学的解释过程是具体的，因为整个解释过程的关注点一直放在空间形状上；解析几何学的解释过程则是抽象的，因为该解释过程的主要部分是代数运算，而当代数运算发生时，我们的目光会从空间形状上移开，转向抽象的代数符号。比如，在欧式几何中，当我们试图证明两个角相等时，我们的目光片刻也不会离开面前二维或三维的空间形状，我们会细细地检查每一条线的走向，期待着在某个角落中发现重要的蛛丝马迹，甚至于我们会在必要的时候添加一些辅助线，希望它们能够拉近我们与待证明结论之间的距离。然而，在解析几何中情况却迥然不同，例如，当我们试图证明两个图形交于两个点时，我们的目光会首先在空间形状上停留片刻，其目的是得到这些空间形状的方程，一旦目的达成，我们的目光便果断地从空间形状上移开，转向时而简便时而烦琐的代数运算。两类解释给人带来的主观感受是不同的。欧式几何学的解释仅仅围绕着空间形状展开，这让我们时刻都能较为清楚地把握解释的走向，即明白这个解释过程是在干什么，因此我们把这种解释过程代表的解释模式称作透明式解释。另外，解析几何学的解释把很大一部分过程分配给了代数运算，这让我们在有的时候因为沉溺于理解代数运算而丢失了对整个解释走向的把握，结果当我们抵达解释的终点时，我们仿佛全然不知自己是怎么到达这里的，整个过程就好像一个大的黑箱子，因此我们把这种解释过程代表的解释模式称作黑箱式解释。透明式解释和黑箱式解释就是这两种古老的解释模式，事实上，解释还原和理论还原就分别对应着这两种解释模式。如第二章所言，理论还原是一个从还原定律向被还原定律的演绎过程（当然是在桥梁原则的帮助之下），而按照科学解释的 D-N 模型，该过程属于解释过程。演绎过程通常是一个在外行人看来十分枯燥的过程，这一点尤其体现在现代物理学中（例如量子力学和广义相对论），当我们阅读这些演绎过程时，我们通常会有这样的感觉，即在很长一段时间内我们深陷在复杂的代数运算之中，以至于有时全然忘记了这些运算的目的，而当我们最终抵达演绎的终点时，我们在欣喜之余却仿佛全然不知自己是怎么来到这里的，整个过程就好像一个大黑箱子。描述至此，我们的意图已经呼之欲出，即理论还原对应着上面所说的黑箱式解释。下面我们来看看解释还原是否对应着透明式还原。如第三章所言，解释还原是仅仅通过部分性质解释整体性质的过程，且这里的"解释"具有十分宽松的限制条件，它并不必须是形式化的演绎过程。事实上，解释还原在很多情况下具有讲故事的特点，例如，我们大致上会这样解释细胞的有丝分裂过程，即第一步染色体复制，第二步纺锤体形成，第三步姐妹染色单体分离，第四步细胞质分离，细胞分裂完成。在这样的解释过程中，我们的目光始终落在细胞这个物理实体之上，这让我们时刻都能较为清晰地把握解释的走向，即明白这个解释是在干什么，而这正是上文中透明式解释的特点。综上所述，本研究认为理论还原和解释还原分别对应着黑箱式解释和透明式解释这两个古老的解释模式，前面两者在生物学哲学中的更替实际上反映了后面两者的角力。正如本段开头所言，尽管生物学哲学中从理论还原到解释还原的过渡发生在生物学哲学这个小圈子内，但有关该过渡背后的黑箱式解释和透明式解释很多圈外人都会颇有兴趣，下面就来阐述一下这种看法的根据。在生物学哲学这个小范围内，解释还原取代了理论还原，因此透明式解释取得了局域性的胜利。然而，如果我们把目光投向更为广阔的科学界，那么我们会惊讶地发现，黑箱式解释已经以压倒性的优势占据了世界上几乎每一间实验室、每一本学术期刊和每一场学术报告。具体来说，今天大部分的科学研究早已不再是把标本放在显微镜下观察那么简单，它们通常需要处理海量的数据，而这些数据的处理不可能由实验者本人在算术本上完成，它们只能被交付给计算机。因此，对于今天科学界的大部分解释活动来说，它们的数据处理部分对于我们来说就好像一个黑箱，我们信任这个黑箱的输出，但我们却并不能够把握黑箱里发生的每一个细节，不仅如此，对于很多实验者来说，他们根本无须理解黑箱里发生的任何一个细节，因为这是编码数据处理程序的工程师应当担心的事情。从这个角度上来说，我们说相比于透明式解释，黑箱式解释取得了更为广泛性的胜利。不过，黑箱式解释存在着如下一个明显的软肋。在黑箱式解释中，我们只能把握一部分解释的走向，而把另一部分交给了黑箱，黑箱是我们按照理论建造的，这就意味着黑箱输出的准确性取决于这些理论的正确性，而一旦其中的某一理论存在谬误，所有包含这个黑箱的解释都将轰然倒塌。从这一点出发，我们可以引出许多有意义的哲学和科学问题，比如黑箱的理论渗透如何影响科学理论的检验、如何通过更好的黑箱设计来避免黑箱的错误输出等，这些问题对许多生物学哲学的圈外人，例如科学家和从事一般科学哲学研究的哲学家，显然具有不小的吸引力。

　　本部分的讨论一直围绕着生物学中的认识论还原展开，可正如我们在开篇所说的，方法论还原的重要性丝毫不亚于认识论还原，因此这一部分中我们将就方法论还原展开一些讨论，主要讨论生物学中还原方法与整体方法（或者被称作系统方法）之间旷日持久的张力。还原方法和整体方法是生物学中黑白分明的两种研究进路，而且从目前的情势来看，支持整体方法的哲学家在数量上似乎略胜一筹，这里面一个重要的心理学原因在于还原方法总是让人联想起古板的逻辑实证主义，而整体方法却能够让人联想到历史主义中充满浪漫色彩的范式革命。还原方法和整体方法就好像希腊神话中的两个神明，他们在被赋予神力的同时也被赋予了各自的软肋。首先让我们看一下还原方法。还原方法就是把一个系统拆分成为一个个部分，然后分别对这些部分进行研究，最后通过对部分的理解达到对系统的理解。还原方法的最大优势在于它的可操作性，这一点已经被迄今为止无可计数的生物学实践所证实。因此，今天的生物学家们大都坚信只要我们理解了系统的部分，那么我们在大多数情况下就能够理解系统本身，而一旦我们在理解系统的某一部分时遇到了障碍，那么我们只需把该部分继续拆分成更小的部分，如果这样做还不行，那我们就把它们拆分成更小的部分，以此类推。当然，这样的拆分若要奏效，前提是我们必须能够观察到拆分后的部分，而这正是推进生物学观察技术不断进步的关键动力之一，例如，显微镜的发明让我们能够把细胞拆分到细胞器层级，而今天的免疫杂交技术、聚合酶链反应技术（PCR）和DNA 杂交技术让我们能够把细胞进一步拆分到大分子层级。不过，还原方法最大的软肋在于它忽视了部分之间的关系，也就是第三节第二部分中提及的系统的组织结构，而这一忽视的直接后果是，如果系统性质与其组织结构密切相关，那么即便我们对系统每一部分的性质都已经了如指掌，我们也不能仅凭这些知识就完成对系统的理解。这方面的典型案例之一是人类基因组计划。尽管人类基因组计划描绘出了人类基因组的全部序列，但令科学家们失望的是，仅仅依靠这些有关基因组部分的知识远远不足以让我们理解基因组这个整体的性质，这是因为基因组的性质与其各个部分之间的组织结构有着密不可分的联系，而这里的组织结构主要指的是调节基因对结构基因表达的操控，对此我们在第二节的第一部分中曾有介绍。下面让我们把目光转向整体方法。整体方法的精髓在于当我们用这一方法探究一个系统的性质时，我们必须时刻把一部分注意力投放在整个系统的组织结构上，例如，近年来新兴的系统生物学就是应用整体方法的一个典型例子，因为它强调当我们试图理解生物学系统的任意性质时，我们都一定要把系统的组织结构考虑在内。不难看出，整体方法的主要优势在于它对系统组织结构的高度关注，而这恰好对应了还原方法的软肋，即前文提到的它对系统组织结构的忽视。更加巧合的是，我们接下来要谈的整体方法的软肋，即弱操作性，恰好对应了还原方法的优势，即上文所说的可操作性。具体来说，整体方法的弱操作性是很容易理解的，因为该方法要求我们必须时刻把一部分注意力投放在整个系统的组织结构上，这一要求对于小型系统来说并不难实现，可当我们面对一个大型系统时，这一要求就构成了执行整体方法的主要障碍之一。例如，当我们运用还原方法研究某一生态系统时，我们会把生态系统分成若干子系统，然后对每个系统进行独立的研究，最后完成对整个大系统的理解；而如果我们选择用整体方法开展同一研究，那么当我们对任意一个子系统进行研究时，我们就不能像在还原方法中那样把它孤立起来研究，而必须充分考虑到整个生态系统的组织结构，换句话说，整个研究过程从开始到结束，我们不可能仅仅面对一个子系统，我们面对的永远是一个整体的生态系统，而这为研究者带来的挑战是显而易见的。因此，相对还原方法的可操作性来说，整体方法往往具有较弱的操作性。综上所述，还原方法具有较强的可操作性，但却忽视了系统的组织结构，整体方法高度重视系统的组织结构，却因此导致了较弱的可操作性。有趣的是，两种方法的上述特点强烈地影响着它们各自的主要拥护人群。生物学家大多拥护还原方法，这很好理解，因为对于任何一项科学研究来说，可操作性往往是研究者的首要考量之一。另一方面，生物学哲学家大多拥护整体方法，这同样很好理解。首先，哲学家对可操作性的痴迷远远不及科学家，因为前者很少需要像后者那样亲身操作还原方法或者整体方法。其次，哲学家对完备性的痴迷远远超过了科学家，即哲学家往往希望一次性地找出某一现象的全部原因，而科学家往往满足于每次找出一个原因即可，这一区分导致哲学家更容易不满足于还原方法对系统组织结构的忽视，因为系统的组织结构是很多系统性质的原因。不过，两种方法的支持人群目前正在发生着微妙的变化，即不少生物学家开始重视整体方法在其研究中的应用，比如前面说的系统生物学的兴起，而这无疑会给未来的生物学研究带来许多全新的视角。

　　最后我们将把话题转向伦理学。在本篇的开篇部分，我们曾经就何为还原给出了一个试探性的答案，即还原就是一个寻找本质的过程。现在，当我们站在结尾往回看时，我们会对这一答案的贴切性有了较强的信心，因为在形形色色的还原中，没有一种还原不可以被归为寻找本质的过程。例如，理论还原寻找的是被还原定律的本质，解释还原寻找的是系统整体性质的本质，时间还原寻找的是变异发生的本质，而基因还原寻找的是生物体发育和进化的本质。如果还原的确是一个寻找本质的过程，那么我们就不难理解为什么要在这里把话题从还原转向伦理学：寻找本质的过程同时是一个抛弃非本质的过程，而这两个过程合在一起就是一个价值判断的过程，即什么是本质的（因此是有价值的），什么是非本质的（因此是缺少价值的）。由于篇幅有限，这里我们以第五节中的发育基因还原为代表，看看有关这种还原的讨论究竟是怎样将其影响力蔓延到伦理学领域，尤其是生命伦理学领域的。我们来回顾一下第五章中发育基因还原的含义。发育基因还原指的是这样一类解释过程，即它的解释对象是生物体的发育过程，它的主要解释因素是DNA序列，它的解释思路是DNA序列中包含着生物体发育过程所需的完整指令。显然，如果发育基因还原成立，那么生物体的性状值将完全或主要由其基因决定（即基因中心论成立），而这就意味着，一旦我们完全掌握了自由编辑基因的技艺，我们就能够把一个人轻而易举地改造成另一个人的样子，甚至于改造成非人的样子。由此不难理解，当社会中的大部分人认可发育基因还原时，基因编辑技术的任何进步都会引发强烈的伦理学争议，例如，有关基因编辑的最近的一次争论就是伴随着 CRISPR/Cas9 技术的兴起而爆发的①。然而，第五节的讨论表明发育基因还原是不成立的，而其主要硬伤在于忽略了 DNA 序列以外的种种发育指令，所以说我们之前高估了基因在决定性状值方面的重要性，而这就意味着，我们至今为止一方面高估了基因编辑技术可能引发的伦理学问题，另一方面低估了与发育指令的非基因来源相关的伦理学问题。例如，第五章中提到环境是 DNA 序列以外的一个重要的发育指令来源，而围绕着它有很多重要的伦理学问题值得讨论，比

---

　　① 李建会、张鑫：《胚胎基因设计的伦理问题研究》，《医学与哲学》（A）2016 年第 13 期，第 8—13 页。

如，考虑到母方的孕期行为（例如饮酒）对胚胎发育的重要影响，政府是
否应当加强对孕期行为的干预（例如禁止孕期妇女购买酒精饮料）？再比
如，考虑到母方在孕期的饮食对胚胎发育的重要影响，政府是否应当对孕期
妇女进行适当的营养补助？可惜的是，在发育基因还原盛行的今天，这些伦
理学问题的光辉几乎完全被与基因编辑相关的伦理学问题掩盖了。当然，伦
理学家们选择研究主题有着他们自己的逻辑和规范，但我们此处试图说明的
仅仅是，有关还原的讨论是完全有可能将其影响力蔓延到伦理学领域的。

第二编　生物学中的目的论和功能解释

第 七 章

生物学中的目的论和功能解释的问题的提出

第一节　生物功能与生物适应

在自然界中，生物体展现出来的适应一直是生物学家和生物哲学家深深为之着迷却又难以统一意见的生物现象。通过讨论生物功能来分析生物适应常常被看作解释适应现象的一条捷径①，因为适应往往是通过生物功能的实现展现出来的。然而，已有的关于生物功能的讨论并未达成一致意见，且不同的生物功能理论采纳了不同的解释路径。过去四十年间，生物功能溯因解释（The Etiological Accounts of Biological Functions，下称"功能溯因解释"）和功能分析路径（The Functional Analysis Approach of Biological Functions）被视为讨论生物功能的两大经典解释路径，它们关注的问题形式分别是功能性状为何存在的为什么（Why）式问题和功能性状如何发挥功能的怎么样（How）式问题。与这两种问题形式相对应的解释策略分别是历史分析和功能分析。据此，一般认为，功能溯因解释适用于进化生物学，功能分析路径

---

① 参见 Sterelny，Kim & Griffiths，Paul，E.，*Sex and Death：An Introduction to Philosophy of Biology*，University of Chicago press，1999，p. 220。

适用于实验生物学（Experimental biology）。[1] 本研究拟讨论功能溯因解释，借此分析生物适应。

那么，生物功能与生物适应之间有何关联呢？大部分学者认为，生物性状的功能就是适应。[2] 在这个意义上，所讨论的生物适应更接近于适应主义（Adaptationism）。这是因为，功能溯因解释的标准理论形式——"选择效果功能理论（The Selected Effects Theory of Functions）"强调根据生物性状的自然选择历史解释功能性状的存在，进而实现对生物功能的解释。同样的，适应主义的核心论点强调自然选择是进化中唯一重要的动力。一般而言，适应主义的讨论往往可追溯至进化生物学家斯蒂芬·杰·古尔德（Stephen Jay Gould）和生物哲学家理查德·列万廷（Richard Lewontin）于 1979 年发表的《圣·马可的三角拱肩与潘哥洛斯范式：适应主义纲领的一个批判》（*The Spandrels of San Marco and the Panglossian Paradigm：A Critique of the Adaptationist Programme*）（下称《拱肩》）。在这篇文章中，适应主义纲领被正式提出来，由此开启了进化生物学中关于适应主义的讨论。[3] 此后，生物哲学家彼得·戈弗雷-史密斯（Peter Godfrey-Smith）在"三种适应主义"（*Three Kinds of Adaptationism*）[4] 中区分了三种不同类型的适应主义，这三种适应主

---

[1] 实验生物学，又称功能生物学（Functional Biology），它是与进化生物学相对的生物学研究领域。一般认为，关于生物性状的生物学讨论中存在两种相互独立的解释形式——进化解释和功能解释（Godfrey-Smith 1993，p. 200），它们分别对应于动物行为学家尼可拉斯·廷伯根（Nikolass Tinbergen）在讨论生物性状时所提出的进化（Evolution）和因果机制（Causation）、生存价值（Survival value）、个体发育（Ontogeny）这四个方面（Tinbergen 1963，pp. 413 – 429）。迈尔等学者将进化解释与功能解释的区分延伸到了生物学学科层面，他们认为所有生物学学科都可划归于进化生物学和功能生物学这两个相对独立的研究领域当中（Mayr 1965，pp. 34 – 35）。其中，进化生物学包括行为生态学等基于进化历史回应生物性状为何存在等为什么（Why）式问题的生物学学科。实验生物学或功能生物学包括生理学等基于生物性状或生物活动的作用机制回应生物性状如何发挥作用等怎么样（How）式问题的生物学学科。

[2] 参见 Nagel, E., "Functional Explanations in Biology", *The Journal of Philosophy*, 1977b, Vol. 5, No. 74, pp. 280 – 301；Amundson, Ron & Lauder, George V., "Function Without Purpose", *Biology and Philosophy*, 1994, Vol. 9, No. 4, pp. 443 – 469；Ayala, Francisco J., "Teleological Explanations in Evolutionary Biology", *Philosophy of Science*, 1970, Vol. 1, No. 37, pp. 1 – 15。

[3] 参见 Gould, Stephen Jay & Lewontin, Richard C., "The Spandrels of San Marco and the Panglossian Paradigm：A Critique of the Adaptationist Programme", *Proceedings of the Royal Society of London. Series B. Biological Sciences*, 1979, Vol. 1161, No. 205, pp. 581 – 598。

[4] 参见 Godfrey-Smith, Peter, "Three Kinds of Adaptationism", In Orzack, S. H. & Sober, E. (eds.), *Adaptationism and Optimality*, Cambridge University Press, 2001, pp. 335 – 357。

义成为适应主义理论最经典的理论形式。①

　　就适应主义纲领的内容而言，在《拱肩》中，古尔德和列万廷认为适应主义纲领包含了两个步骤。第一步，适应主义纲领主张对生物体进行原子化处理，并为作为原子的、各自分离的性状提供相应的适应故事作为解释。② 根据适应主义纲领，生物体是性状的集合，性状是由自然选择设计的最佳结构的功能表现。第二步，适应主义纲领承认了部分性状的次优，但认为部分性状的次优服务于生物体整体的最优。③ 可以说，根据适应主义纲领，并不是每一个性状都是最优的，性状与性状之间存在着相互竞争的需求，这些需求之间的和解保证了生物体整体的最优。这里，性状所做出的牺牲被称为"权衡（Trade-off）"，"权衡"造成了性状的次优。概言之，适应主义纲领强调生物体被原子化为若干分离的性状，并且这些性状是自然选择作用的产物，它们具有次优性，基于"权衡"服务于整体的最优。

　　在论文"三种适应主义"中，戈弗雷－史密斯将适应主义区分为经验论适应主义（Empirical Adaptationism）、方法论适应主义（Methodological Adaptationism）和解释论适应主义（Explanatory Adaptationism）。其中，经验论适应主义以生物哲学家艾利奥特·索伯（Elliott Sober）、动物行为学家吉欧夫·帕克（Geoff A. Parker）和进化生物学家约翰·梅纳德·史密斯（John Maynard Smith）为代表，它强调以生物界的调查研究为依据支持自然选择。经验论适应主义者认为"自然选择是一种强有力而且普遍存在的力量，在生物变异的过程中几乎没有限制因素的存在，在很大程度上，只发挥选择的作用就有可能预测和解释进化过程的结果"④。据此，经验论适应主

---

　　① 卢恩斯（2009）基于戈弗雷－史密斯的三种适应主义，进一步提出了七种适应主义。由于这七种适应主义是对三种适应主义的细化，这里不做赘述。本部分的要义在于说明适应主义并不等同于生物适应，而是生物适应的强纲领。

　　② 参见 Gould, Stephen Jay & Lewontin, Richard C. , "The Spandrels of San Marco and the Panglossian Paradigm: A Critique of the Adaptationist Programme", *Proceedings of the Royal Society of London. Series B. Biological Sciences*, 1979, Vol. 1161, No. 205, p. 151。

　　③ 参见 Gould, Stephen Jay & Lewontin, Richard C. , "The Spandrels of San Marco and the Panglossian Paradigm: A Critique of the Adaptationist Programme", *Proceedings of the Royal Society of London. Series B. Biological Sciences*, 1979, Vol. 1161, No. 205, p. 151。

　　④ 参见 Orzack, Steven Hecht, et al. , eds. , *Adaptationism and Optimality*, Cambridge University Press, 2001, p. 336；Orzack, Steven Hecht & Forber, Patrick, "Adaptationism", *Stanford Encyclopedia of Philosophy*, 2010. 于小晶、李建会：《自然选择是万能的吗？——进化论中的适应主义及其生物学哲学争论》，《自然辩证法研究》2012 年第 6 期，第 26 页。

义者提出用科学模型来检验经验论适应主义的可靠性，如索伯的"审查模型"等。检验结果表明，自然界中的大量事实可由自然选择解释而无须求助于其他进化力量，经验论适应主义具有一定的正当性。方法论适应主义以迈尔为代表，它强调将适应主义作为一种启发法，启示科学家通过寻找适应和好的设计特点不断地理解生物系统。[1] "与经验论适应主义不同的是，方法论适应主义不是关于世界中选择的真实作用的主张。因为方法论适应主义者承认自然选择可能最终被证明对一个特定性状的进化不会具有重大影响。"[2]但是，这并不妨碍把适应主义作为认识自然界的首要方法。解释论适应主义以进化生物学家理查德·道金斯（Richard Dawkins）、哲学家丹尼尔·丹尼特（Daniel Dennett）为代表，它从生物学中的主要问题（自然界中明显的设计痕迹、适应现象等）出发，将自然选择作为回答这些主要问题的首要答案，予以评测。也就是说，解释论适应主义像方法论适应主义一样，没有肯定地接纳自然选择，而是把它视为一种优先的解释。"自然选择是对设计问题的唯一的自然主义的和非神学的解释，这也是解释论适应主义对哲学的重要意义所在。"[3]

由此可见，三种适应主义各有侧重，各自都给予了自然选择相应的定位，它们将对适应问题的讨论上升到了哲学层面，从对自然选择作用力的认识出发，权衡自然选择在进化生物学中的作用。因此，古尔德和列万廷批评的适应主义纲领与戈弗雷－史密斯的三种适应主义是相容的，后者对适应主义类型的区分细化了对适应主义的认识，使得适应主义能够更有针对性地接

---

[1]　参见 Orzack, Steven Hecht, et al., eds., *Adaptationism and Optimality*, Cambridge University Press, 2001, pp. 337 – 338; Mayr, Ernst, "How to Carry out the Adaptationist Program?", *The American Naturalist*, 1983, Vol. 3, No. 121, p. 153; 于小晶、李建会《自然选择是万能的吗？——进化论中的适应主义及其生物学哲学争论》，《自然辩证法研究》2012 年第 6 期，第 26 页。

[2]　Orzack, Steven Hecht, et al., eds., *Adaptationism and Optimality*, Cambridge University Press, 2001, p. 336. Orzack, Steven Hecht & Forber, Patrick, "Adaptationism", *Stanford Encyclopedia of Philosophy*, 2010. 于小晶、李建会：《自然选择是万能的吗？——进化论中的适应主义及其生物学哲学争论》，《自然辩证法研究》2012 年第 6 期，第 26 页。

[3]　Orzack, Steven Hecht, et al., eds., *Adaptationism and Optimality*, Cambridge University Press, 2001, p. 336. Orzack, Steven Hecht & Forber, Patrick, "Adaptationism", *Stanford Encyclopedia of Philosophy*, 2010. 于小晶、李建会：《自然选择是万能的吗？——进化论中的适应主义及其生物学哲学争论》，《自然辩证法研究》2012 年第 6 期，第 26 页。

受检验。考虑到研究视角，这里不再论及适应主义所遭遇的诸多挑战，而是专注于生物功能溯因解释与生物适应之间的关联。

第二节 国内外研究现状

一 国内研究现状

国内关于生物功能溯因解释的已有研究以译介①为主。在译介之外，大多数国内学者虽然重视关于生物功能的哲学分析，但该哲学分析的重点并不是任何已有的生物功能研究路径，而是生物功能解释本身。确切地说，国内学者将生物功能的哲学分析纳入了关于目的论解释的讨论之中。② 在目的论解释的相关讨论中，国内学者们将目的论解释是否可还原为因果解释作为判定生物学是否独立于物理学、化学等自然科学的关键问题。

就围绕目的论解释的讨论而言，国内学者们的相关讨论离不开由生物学是否独立于物理学、化学等自然科学这一问题而产生的分支论与自主论之争这一大背景。在这一大背景下，目的论解释是否可还原为因果解释这一问题则被看作决定分支论与自主论胜负的关键。针对这一问题，大多数国内学者认为，目的论解释与因果解释是两种不同类型的解释形式，目的论解释不可还原为因果解释。鉴于目的论解释在生物学中不可或缺，而因果解释是物理学、化学等自然科学中的主要解释形式，生物学并不是物理学、化学等自然科学的分支学科而是具有自身特性的一门独立学科。由此可见，厘清国内学者们关于目的论解释的讨论，需要对分支论与自主论之争、目的论解释与因果解释的关系等问题进行讨论。

其中，在分支论与自主论之争中，学者们争论的核心在于生物学究竟是

---

① 参见［英］蒂姆·卢恩斯《功能//生物学哲学》，［加］莫汉·马修，［加］克里斯托弗·斯蒂芬编，赵斌译，北京师范大学出版社 2013 年版，第 642—652 页；赵斌《浅析生物学解释中的目的论问题》，《科学技术哲学研究》2009 年第 4 期，第 42 页。

② 参见费多益《目的论视角的生命科学解释模式反思》，《中国社会科学》2019 年第 4 期，第 142—159、207 页；李建会《分支论与自主论——当代生物学哲学的两大派别》，《自然辩证法研究》1991 年第 4 期，第 56—58 页；李建会《功能解释与生物学的自主性》，《自然辩证法研究》1991 年第 9 期，第 17—22 页；李建会《目的论解释与生物学的结构》，《科学技术与辩证法》1996 年第 5 期，第 15—18 页。

物理学、化学等自然科学的一个分支还是一门独立自主的科学。分支论者认为，由于生物有机体是由物理材料——运动中的原子和分子组成的，物理学和化学能够为生物学提供一个"确定性的基础"，据此，整个生物学在本质上是物理学、化学等自然科学的一个特殊分支。① 20世纪中叶，分子生物学的成功为分支论提供了强大的理论支持。根据分子生物学，"生物学中的许多现象都可以根据 DNA 分子的结构得到解释。分子生物学的成功使许多生物学家以及生物哲学家坚信，生物学的所有现象最终都可以根据它们组成部分的物理化学规律完全得到说明，物理化学的方法完全适合生物学的研究"②。与此相反，自主论者认为，"尽管物理化学方法在生物学研究中过去曾取得过振奋人心的成绩，但是物理化学的方法并不能适合生物学的主题内容"③。此外，自主论者指出，生物学与物理学等自然科学在研究问题、观察和实验方法、解释框架以及它们所采纳的规律上均存在本质上的差异。因此，生物学是一门独立于物理学、化学的自主学科。具体而言，在研究问题上，生物学的研究问题往往涉及"生物体的结构以及与之有关的各种生命现象"，而物理学等自然科学的研究问题往往是可以诉诸物理学规律、化学规律进行解释的非生命现象。在观察和实验方法上，自主论者指出，虽然生物学和物理学等自然科学都运用观察、实验、测量和计算等科学方法，但是"生物学中有许多特殊的观察和实验技巧，比如那些涉及有机体组织解剖的技术，它们在物理学中就不存在。同样，物理学也运用与当今生物学毫不相关的方法，比如高能物理学中的技术"④。在解释框架上，生物学和物理学等自然科学的解释框架分别是目的论解释和因果解释。其中，生物学中目的论解释揭示了生物体的整体性特征，它诉诸生物体所要实现的目的、目标或功能，对相关联的现象进行解释。与目的论解释不同，因果解释对应于机械

---

① 参见李建会《功能解释与生物学的自主性》，《自然辩证法研究》1991年第9期；李建会《分支论与自主论——当代生物学哲学的两大派别》，《自然辩证法研究》1991年第4期，第56页。

② 李建会：《分支论与自主论——当代生物学哲学的两大派别》，《自然辩证法研究》1991年第4期，第56页。

③ 李建会：《分支论与自主论——当代生物学哲学的两大派别》，《自然辩证法研究》1991年第4期，第56页。

④ 李建会：《分支论与自主论——当代生物学哲学的两大派别》，《自然辩证法研究》1991年第4期，第57页。

论，机械论强调"一个系统的行为唯一地由它的组成部分的牛顿性质——位置和动量决定的"①。换句话说，因果解释对某一现象的分析是基于将该现象分解成其组成部分的力学行为来实现的。因此，目的论解释与因果解释在解释框架上大为不同。在生物学与物理学等自然科学所采纳的规律上，自主论者认为，生物学的整体性和复杂性决定了生物学中所采纳的规律并不都是因果规律，生物学中特有的生物体的目标导向行为只能用目的论规律来说明。②但是，物理学等自然科学中所采纳的规律是因果规律而非目的论规律。因此，如果说研究问题、观察和实验方法上的差异只是表明了生物学与物理学等自然科学在研究策略上的不同的话，它们在解释框架以及所采纳规律上的差异则揭示了两者在根本上的不同。正是这种根本上的不同使得生物学成为一门独立于物理学等自然科学的自主学科。

为了进一步反驳自主论，反对者们试图通过将目的论解释还原为非目的论的因果解释，进而将生物学最终转译为物理学等自然科学，实现对分支论的支持。如此，上述分支论与自主论之争的关键便在于如何看待目的论解释与因果解释之间的关系。在《目的论解释与生物学的结构》一文中，国内学者李建会着重分析了目的论解释本身的特点。基于对目的论解释的发展史的分析，李建会引入了迈尔所综合的对目的论解释的四种反驳意见："使用目的论陈述和解释就意味着在科学中承认无法证实的各种目的论的或形而上学的学说"；"如果我们承认对生物现象的说明不同于非生物现象，就是否认物理化学解释"；"目的论解释的反向因果关系的外观似乎和平常所说的因果关系概念完全矛盾"；"目的论语言似乎表示了令人厌恶的拟人论"。③针对这些反驳意见，他强调了生物学对为什么式问题的重视，指出目的论在当代科学中的复兴并不是完全回到了亚里士多德。通过引入进化生物学家弗朗西斯科·阿耶拉（Francisco J. Ayala）对目的论解释类型的划分，如"功能行为""自我调节行为""指向目标行为""有意识的行为"，李建会指

① 李建会：《分支论与自主论——当代生物学哲学的两大派别》，《自然辩证法研究》1991年第4期，第57页。

② 参见李建会《分支论与自主论——当代生物学哲学的两大派别》，《自然辩证法研究》1991年第4期，第58页。

③ 李建会：《目的论解释与生物学的结构》，《科学技术与辩证法》1996年第5期，第16页。

出，这些解释类型在解释框架是一致的，即"用一个最终状态来解释先前的事件"①。需要指出的是，该解释框架区别于物理科学中的因果解释。一般认为，正是由于解释框架上的不同，生物学才在本质上与物理科学区分开。由此可见，目的论解释在生物学中具有重要地位。那么，他又是如何看待目的论解释与因果解释之间的关系呢？

在《功能解释与生物学的自主性》一文中，李建会指出，两种解释类型之间是否存在还原关系是建立在对生物体特性的分析之上的。考虑到生物体的整体性、有机性和复杂性特征，目的论解释与因果解释之间的还原关系并不适用于分子生物学之上的大多数生物学。但是，这一点仅仅证明了生物学目的论在实践上的自主性，并不能证明它在理论上不可还原为非目的论的因果解释。因此，李建会虽然否认了目的论解释可完全还原为非目的论的因果解释，借此否认了分支论，但他并未就此支持自主论。② 在具体论证中，通过引入生物学中目的论解释或功能解释的历史沿革、讨论适用于物理科学的覆盖定律模型并不能够包含适用于生物学的解释模型，他突出了生物学中的目的论解释是建立在实现生物系统的特定目标或目的这一前提之上的。换句话说，在生物学的目的论解释中，功能总是与目的联系在一起，功能的执行有助于目的的达成。反对者认为，即便如此，生物学中的功能规律也不一定是自主的，这是因为生物学中目的论解释的存在并不影响将生物学中的目的论解释还原为非目的论的因果解释，科学哲学家欧内斯特·内格尔（Ernest Nagel）的功能说即是如此。根据内格尔的功能说，功能系统在本质上是一种定向组织系统，该系统目标的实现可看作由较低层次子系统在活动上的因果交互实现的。③ 据此，自主论者指出，内格尔的功能说必须以了解所涉及功能系统的内在组成部分为基础。这就是说，如果无法弄清楚所涉及功能系统的内在组成部分及它们的活动，生物学中的目的论解释便不能还原为非目的论的因果解释。自主论者进一步指出，生物体本身所具有的整体性、有机性和复杂性等特征决定了生物学中的目的论解释不能还原为非目的论的

① 李建会：《目的论解释与生物学的结构》，《科学技术与辩证法》1996 年第 5 期，第 17 页。
② 参见李建会《功能解释与生物学的自主性》，《自然辩证法研究》1991 年第 9 期，第 22 页。
③ 参见李建会《功能解释与生物学的自主性》，《自然辩证法研究》1991 年第 9 期，第 19 页。

因果解释。首先，生物体的整体性和有机性特征意味着生物体中某一内在组成部分的变化往往会影响到其他相关组成部分，这就使得生物体中若干内在组成部分之间的相互作用不一定能促成该生物体特定目标的实现。其次，即便研究者能够描述涉及实现生物体特定目标的所有内在组成部分及它们的活动，生物体本身的复杂性也使得将目的论解释还原为非目的论的因果解释在实践上不可行。最后，在自然界中，不同物种虽拥有不同的内在组成部分，但它们可实现同样的目标。譬如，人和鱼实现呼吸的内在组成部分不同。此外，在同一情境中，同一物种也可运用不同的方式实现同样的目标。譬如，在面临老鹰猎杀时，有的兔子选择混在同色石头中伪装，有的兔子选择拼命奔跑。据此，"即便我们能够完全列举出一组子系统的所有组成部分，能够完全列举那些把它们彼此之间与目的状态联系起来的规律，我们仍然必须认识所有其它组同样可以获得相同目标的子系统的运转"[①]。在这种情况下，理论上，如果目的论解释可还原为非目的论的因果解释，那么我们最终会得到若干符合条件的非目的论因果解释。也就是说，目的论解释与将其还原得到的非目的论的因果解释构成了一与多的关系。李建会进一步指出，将目的论解释还原为非目的论的因果解释的分析方法只适用于分子结构水平，不适用于分子结构水平之上的组织水平，这是因为分子结构水平之上的组织水平涉及的子系统数目庞大且对这些子系统的详细描述不可能实现。因此，生物体本身的特性决定了生物学中的目的论解释不能完全还原为非目的论的因果解释，分支论不成立。进言之，由于极端自主论主张生物学中的目的论解释在实践上和理论上都是自主的，但它又"缺乏令人信服的哲学基础使人相信生物学和物理学之间是不可通约的"，且我们无法认识"自然中实现的功能过程和目的性过程的详细内在机制"，所以极端的自主论也是不可取的。因此，通过讨论目的论解释与因果解释之间的关系，李建会在一定程度上肯定了目的论解释在生物学中的独特性。

与李建会观点相近，国内学者费多益在其《目的论视角的生命科学解释模式反思》一文中，通过澄清目的论解释，揭示了目的论解释在生物学中的不可替代性。她回应了目的论解释的主流解释所面临的自然化目的论批评及

---

① 李建会：《功能解释与生物学的自主性》，《自然辩证法研究》1991 年第 9 期，第 21 页。

反向因果问题，在此基础上，保留了目的论解释的解释力，为目的论解释的合法性进行了辩护。在费多益看来，自然化目的论指责对于"仅将进化的历史融入起因解释的做法"（即选择效果功能理论）是恰当的，它反映了该做法在逻辑学和语义学层面不够清晰。[①] 但是，这并不能说明目的论解释本身是不恰当的。这是因为，自然化目的论所主张的观点——"把目的论说明当作因果说明的一个特例"本身是有问题的。费多益指出，目的论解释强调未来将要实现的目标对现在行为的约束，因果解释反映的则是从原因产生的现实结果。目的论解释与因果解释之间"具有不可还原的异质性"，它们在逻辑上存在根本的不同，它们构成了"不同视角的科学说明"。[②] 就具体论证来说，在对目的论解释及其所面临"无法被自然化""因果颠倒"以及"非存在的意向性客体"困境进行讨论之后，费多益指出目的论解释虽然带有主观成分，但它并不是"随意的或缺少客观性"[③]。通过分析科学解释的本质及其逻辑结构，费多益讨论了非因果解释与因果解释之间的不同以及它们各自的合理性。她指出，不同于因果解释，非因果解释强调"解释项中的谓词所涉及的特性对于被解释项而言不一定是因果有效的"，它"注重的是支配某一现象的重要规律"[④]，它包括律则模型、发生学模型、目的论解释等解释形式。尽管如此，费多益并未轻视因果解释在科学说明中的重要性，她更加支持因果解释与非因果解释并用的多元解释方式。她认为，采用不同的解释形式说明同一个现象，可以揭示出该现象的"不同结构或结构的不同方面"。但是，她也指出，这些解释形式之间通常是无法等同或彼此还原的。[⑤]将这一观点落实到生物学中，得出的结论为：目的论解释无法还原为非目的论的因果解释。支持这一结论的论据来自费多益对分子遗传学中基本理论性质的评析。费多益认为，"分子遗传学的基本理论并不独立于较高层次的理论，前者无法建立起关于整套生命现象（如发育、遗传）的解释"[⑥]。这是因为，

---

① 费多益：《目的论视角的生命科学解释模式反思》，《中国社会科学》2019 年第 4 期，第 143 页。
② 费多益：《目的论视角的生命科学解释模式反思》，《中国社会科学》2019 年第 4 期，第 143 页。
③ 费多益：《目的论视角的生命科学解释模式反思》，《中国社会科学》2019 年第 4 期，第 144—153 页。
④ 费多益：《目的论视角的生命科学解释模式反思》，《中国社会科学》2019 年第 4 期，第 155 页。
⑤ 费多益：《目的论视角的生命科学解释模式反思》，《中国社会科学》2019 年第 4 期，第 156 页。
⑥ 费多益：《目的论视角的生命科学解释模式反思》，《中国社会科学》2019 年第 4 期，第 156 页。

生物体所拥有的特征是整体性的，该整体性特征的出现是由于其组成部分间的相互作用而非组成部分本身。此外，分子、细胞层面的变化往往会影响到其所在生物体整体性特征的变化。因此，分子生物学并不足以支持上述分支论。在此基础上，费多益重新强调了生物学的独特性，并从目的论解释出发讨论了生命观的发展，最后点出了目的论解释趋于细化、具体化的研究趋势。

　　除了关于目的论解释与因果解释之间关系的讨论，少数国内学者评议了国外学者的目的论解释。在分支论与自主论之争的大背景下，在《浅析生物学解释中的目的论问题》一文中，赵斌同样指出了生物学的解释模式与以物理主义为代表的传统科学解释模式不同，且这种不同很大程度上经由生物学中目的论解释的独特性呈现出来。[①] 在此文中，赵斌评析了国外学者关于生物学中目的论解释的不同认识，指出了生物学中目的论解释及相关理论所面临的诸多问题，进而强调了目的论解释对于当前生物学研究的启发意义。赵斌指出，生物学中目的论解释面临着"意向的困扰"，该困扰在迈尔的"规律目的性过程（teleomatic processes）"和"程序目的性过程（teleonomic processes）"、内格尔的"目标指向过程（goal-directed processes）"和"非目标指向过程（non-goal-directed processes）"中均有体现，它使得其中的目的论解释因"反向心智归因"而趋向于非决定论，并致使目的论解释评价主体的多元化。[②] 在赵斌看来，正是由于评价主体的多元化，生物学中的目的论解释才争议不断。通过将目的论解释的陈述模式表述为"对于 A 来说，B 为了 C 而导致 D"，赵斌明确了评价主体多元化的症结所在：根据这一陈述模式，C 是 D 的原因，B 是 C 的原因，A 是这一陈述模式成立的终极原因。[③]换句话说，如果研究者从不同的层次探寻原因，那么他便会遭遇评价主体多元化问题。此外，由于目的论解释依据从结果到原因的逆向推断方式对评价主体进行判定，它也面临着反向因果问题。鉴于此，赵斌否认了从心智意向的角度为目的论解释寻求合理性依据的可行性，主张从解释文本的角度出发，对生物学中的目的论问题进行客观分析。

①　参见赵斌《浅析生物学解释中的目的论问题》，《科学技术哲学研究》2009 年第 4 期，第 40 页。

②　参见赵斌《浅析生物学解释中的目的论问题》，《科学技术哲学研究》2009 年第 4 期，第 41 页。

③　参见赵斌《浅析生物学解释中的目的论问题》，《科学技术哲学研究》2009 年第 4 期，第 41 页。

除了指出目的论解释所面临的"意向的困扰"，赵斌还讨论了目的论解释的主流观点——"病因学途径（etiological approach）"及其缺陷。赵斌指出，密立根所主张的病因学功能说明机制的特点在于根据功能解释功能项的存在，但该解释并不能有效区分"目前处于优势的功能"和"退化的功能"，因而是不恰当的。相比之下，尼安德的病因学解释虽然全面考虑了现代生物学的因素，提出了生物体的某一功能性状虽具有恰当功能，但该功能性状并没有使其所在生物体获得全面适应，从而导致它的基因型在基因库中"成比例的增加"①。但是，尼安德的这种解释"无法复制经典遗传学在性状学说解释上的成功，而将功能的优势定义为局部相对的优势"。加之，尼安德的这种解释依然没有区分"目前处于优势的功能"和"退化的功能"。②因此，尼安德的病因学解释也是成问题的。基于此，赵斌概述了整个病因学途径的不足：①在功能单位的界定上存在偏差；②未注意到某些物种的功能优势必须依赖于其他物种的存在才能实现；③在这种情况下，目的论解释成为一种选择性解释。赵斌将这些不足归于功能定义的局限，并试图从分子遗传学角度明确功能概念的语义指向。他指出，"在基因序列代码的基础上，符号所构建的功能项体系是客观和均一的，并不受外在的目的论系统直接影响"③。基于此，功能可以看作当前系统 S 内事项 i 的选择性功能。因而，总体看来，通过评析已有的研究成果，赵斌指出了生物学中目的论解释所面临的种种困境。即便如此，他仍然主张保留目的论解释在生物学中的应用，这是因为"目的论的解释对于目前生物学来说还是具有积极的启发意义"④。需要注意的是，赵斌文中所探讨的病因学途径即本文的研究主题——生物功能溯因解释，采用不同译名的原因在于：病因学是作为一门独立的学科而存在的，译为溯因更能体现生物功能研究本身的特点。

综上所述，国内关于生物功能溯因解释的讨论十分有限，直接的研究成果以译介为主，间接的研究成果专注于生物功能溯因解释所属的目的论解释的讨论。在对目的论解释的讨论中，国内学者更加专注于讨论目的论解释与

①　赵斌：《浅析生物学解释中的目的论问题》，《科学技术哲学研究》2009 年第 4 期，第 42 页。
②　赵斌：《浅析生物学解释中的目的论问题》，《科学技术哲学研究》2009 年第 4 期，第 42 页。
③　赵斌：《浅析生物学解释中的目的论问题》，《科学技术哲学研究》2009 年第 4 期，第 43 页。
④　赵斌：《浅析生物学解释中的目的论问题》，《科学技术哲学研究》2009 年第 4 期，第 45 页。

因果解释之间是否可还原，以及由此引发的生物学与物理学、化学等自然科学之间存在的分支论与自主论之争。考虑到这些间接的研究成果大多产自20世纪90年代，而直接的研究成果在近十几年以译介的方式缓缓引入，我们可以看到国内关于生物功能溯因解释的研究整体上比较缺乏且在进展上也有限。基于此，本书的使命在于引入国际生物哲学界关于生物功能解释的直接研究成果并从生物功能溯因解释的研究视角出发，尝试理解生物适应，突出生物功能溯因解释的研究价值。

二　国外研究现状

国外关于生物功能溯因解释的已有研究十分成熟。一般认为，生物功能溯因解释和功能分析路径是讨论生物功能的两大经典解释路径。考虑到这两大经典解释路径的问题形式和解释策略不同，即生物功能溯因解释专注于分析功能性状为何存在的为什么式问题，功能分析路径专注于分析功能性状如何发挥功能的怎么样式问题，很多学者认为它们分别适用于进化生物学和实验生物学两类生物学学科。[1] 基于此，进化生物学中生物功能解释的标准解释形式是生物功能溯因解释。

概括地说，生物功能溯因解释自科学哲学家拉里·赖特（Larry Wright）[2] 的功能溯因理论发端，后经心灵哲学家露丝·密立根（Ruth Millikan）[3]、心灵哲学家卡伦·尼安德（Karen Neander）[4]、戈弗雷-史密

---

① 参见 Godfrey-Smith, Peter, "Functions: Consensus without Unity", *Pacific Philosophical Quarterly*, 1993, Vol. 3, No. 74, pp. 196 – 208; Amundson, Ron & Lauder, George V., "Function Without Purpose", *Biology and Philosophy*, 1994, Vol. 9, No. 4, pp. 443 – 469; Griffiths, Paul, E., "Function, Homology, and Character Individuation", *Philosophy of Science*, 2006, Vol. 73, No. 1, pp. 1 – 25。

② 参见 Wright, Larry, "Functions", *The Philosophical Review*, 1973, pp. 139 – 168。

③ 参见 Millikan, Ruth Garrett, *Language, Thought, and Other Biological Categories: New Foundations for Realism*, MIT press, 1984; Millikan, Ruth Garrett, "In Defense of Proper Functions", *Philosophy of Science*, 1989a, Vol. 56, No. 2, pp. 288 – 302; Millikan, Ruth Garrett, "An Ambiguity in the Notion 'Function'", *Biology and Philosophy*, 1989b, Vol. 2, No. 4, pp. 172 – 176。

④ 参见 Neander, Karen Lee, *Abnormal Psychobiology: A Thesis on the "Anti-psychiatry Debate" and the Relationship Between Psychology and Biology*, La Trobe University, 1983; Neander, Karen Lee, "Functions as Selected Effects: The Conceptual Analyst's Defense", *Philosophy of Science*, 1991a, Vol. 2, No. 58, pp. 168 – 184; Neander, Karen Lee, "The Teleological Notion of 'Function'", *Australasian Journal of Philosophy*, 1991b, Vol. 4, No. 69, pp. 454 – 468。

斯①、生物哲学家保罗·格里菲斯（Paul，E. Griffiths）等学者的发展，先后发展出了选择效果功能理论、"现代历史理论（A modern History of Functions）"等理论形式，其理论形式渐趋成熟、解释范围逐步拓展。一般认为，生物功能溯因解释的标准理论形式选择效果功能理论满足了一个成功功能理论所要求满足的两个标准——解释性维度（The explanatory dimension of function）和规范性维度（The normative dimension of function）。② 与之相比，作为功能溯因解释的竞争解释形式，功能分析路径虽自成一脉，但因其不符合这两个标准，因而不能作为分析进化生物学中生物功能的最佳解释。通过进一步讨论生物功能溯因解释的综合，国外学者们将生物功能溯因解释的研究推到了极致，这种极致体现在选择效果功能理论的适用范围不再受限于进化生物学，而是扩展到了包括实验生物学在内的所有生物学研究领域。

因此，国外关于生物功能溯因解释的已有研究系统且深入。考虑到研究主题，本研究拟引入国外生物哲学界关于生物功能溯因解释的研究成果，借此分析生物功能溯因解释与生物适应的关联。在这个过程中，进化生物学中生物功能溯因解释的研究价值得以显现。

---

① 参见 Godfrey-Smith，Peter，"Functions：Consensus without Unity"，*Pacific Philosophical Quarterly*，1993，Vol. 3，No. 74，pp. 196 – 208。

② 参见 Garson，Justin，*A Critical Overview of Biological Functions*，Springer International Publishing，2016，pp. 1 – 7；Lewens，Tim，"Functions"，*Philosophy of Biology*，Mohan Matthen，and Christopher Stephens（eds.），Amsterdam：Elsevier，2007，pp. 530 – 531。一般认为，解释性维度指的是功能理论必须发挥解释作用，能够解释功能事项的存在。对此，也有学者认为，解释性维度指的是拥有解释作用但并没有将解释作用限定在解释功能事项的存在上。规范性维度指的是功能理论作为一个评判功能事项是否发挥恰当功能的规范，能够将恰当功能与偶然（accidental）功能区分开、能够解释功能失灵（malfunction）等功能现象。

第 八 章

关于生物功能的目的论讨论

关于生物功能的讨论最早可以追溯到亚里士多德，其后，伴随着目的论理论形式和内容的不断变化，关于生物功能的目的论解释也随之变化着。但在目的论因遭遇诸多质疑而被一些人彻底否定时，生物学家却坚持认为目的论语言和目的论思维方式揭示了生物体所具有的显著目的性特征（the apparently purposive character of living organisms），它们在生物学中不可或缺。这一僵局直到进化生物学家恩斯特·迈尔发展了时间生物学家科林·皮特德雷（Colin S. Pittendrigh）等学者提出的目的性（teleonomy）这一新术语才被打破。目的性取代了原有术语目的论（teleology），用以特指自然界中的目标导向行为或目标导向活动，这些行为或活动常常用诸如"'功能'、'目的'和'目标'等术语以及某物存在是'为了'或者做某事是'为了'这类陈述"来表述。[1] 目的性的引入不仅保留了目的论语言和目的论思维方式在生物学中的运用，而且还避免了目的论这一术语所带来的诸多困境，它使得关于生物功能的目的论解释重获新生。但是，目的性分析遭到了阿耶拉、内格尔等学者的反驳。其中，阿耶拉认为目的性术语并未对目的论本身做出清晰的说明，内格尔认为目的性分析本身并不合理。尽管如此，本研究认为，目的性分析仍然对后来的目的论讨论作出了不可磨灭的贡献，它的贡献体现在它为后来的目的论讨论所带来的认识论转变上——目的性的引入揭示了自然界中生物目的论现象的独特性，开启了后来研究者对这一现象的自然化讨论。

---

[1] Mayr, Ernst, "Teleological and Teleonomic, A New Analysis", *Boston Studies Philos. Sci*, 1974, Vol. 14, p. 91.

相比于目的性分析，20 世纪 70 年代早期，学者们围绕目标解释而产生的哲学争论更是为后来关于生物功能的哲学分析提供了研究背景。概括地说，关于生物功能的哲学分析源自 20 世纪 70 年代早期学者们围绕目标解释而产生的哲学争论。通过讨论早期的目标解释，我们可以认识到目标解释与功能解释的差异，为后文讨论进化生物学中的生物功能廓清道路。一般认为，上述目标解释的兴起植根于 20 世纪二三十年代控制系统、自体调节系统等科学上的发展。确切地说，通过对控制系统和自体调节系统所具有的、与意识无关的目标导向行为进行哲学分析，学者们引入了对这些系统的目标导向特性的目标解释。加森将这一目标解释的理论形式[1]概括为：目标导向的行为分析（the behavioristic analysis of goal directedness）和目标导向的机制分析（the mechanistic analysis of goal directedness）[2]。其中，目标导向的行为分析强调根据目标导向系统的外在行为所展现出来的可塑性（plasticity）和持续性（persistence）特征解释该系统的目标导向。目标导向的机制分析主张根据产生目标导向系统外在行为的内在机制解释该系统的目标导向。由此，尽管在解释内容上存在差别，目标导向的行为分析和目标导向的机制分析的共同点在于它们都是目标解释，该目标解释与功能解释一起构成了目的论解释的两种解释类型。

内格尔在其对一般目的论陈述的讨论中指出，目标描述（Goal ascriptions）和功能描述（Function ascriptions）[3]的根本差别在于它们的解释模式不同[4]。对此，阿耶拉在其对生物学中目的论解释的讨论中、生物哲学家蒂

①　在其目的论讨论中，内格尔对目标解释的理论形式有不同的见解，详见后文。

②　参见 Garson, Justin, *A Critical Overview of Biological Functions*, Springer International Publishing, 2016, p. 17。

③　目标描述和功能描述分别对应于目标解释和功能解释，目标描述和目标解释可交替使用，功能描述和功能解释亦可交替使用。此外，内格尔对目标描述与功能描述的区分是标志性的，这一区分恰当地揭示了目的论陈述自身所蕴含的异质性。鉴于此，本章第三节关于目标解释和功能解释的区分以内格尔的这一区分为蓝本展开。

④　参见 Nagel, E., "Goal-directed Processes in Biology", *The Journal of Philosophy*, 1997, Vol. 5, No. 74, pp. 261－279；Nagel, E., "Functional Explanations in Biology", *The Journal of Philosophy*, 1977, Vol. 5, No. 74, pp. 280－301。

姆·卢恩斯（Tim Lewens）在其对生物学中功能解释的讨论①中都从不同角度出发进行了回应，他们在不同程度上揭示了目标解释和功能解释的差异。其中，阿耶拉分析了目的论观念产生的根源。他认为，目标解释和功能解释属于其关于目的论解释所适用的三种不同情况中的两种情况。② 卢恩斯讨论了不同功能理论背后的理论模型。他认为，不同功能理论或来源于人造物模型（the artefact model of organic function）或来源于主体模型③（the agent model of organic function）。本研究认为，卢恩斯关于人造物模型和主体模型的区分实现了内格尔对目标解释与功能解释的区分的升华，它揭示了目标解释和功能解释的差异在本质上是人类认识论层面上的差异。具体而言，人造物模型强调有机体与人造物之间的相似性，主张将有机体组成部分的功能类比于人造物组成部分的功能进行解释。据此，如同设计历史是人造物及其组成部分功能的原因一样，外在于有机体的选择历史决定了有机体及其组成部分的功能。不同于人造物模型，主体模型强调有机体与人造物之间的差异性，主张将有机体组成部分的功能类比于实现主体目标的工具。据此，如同主体行为受到由其内在动因所产生的目标的驱使一样，内在于有机体的发育或内在组织所产生的目标指导着有机体的行为。据此，基于人造物模型的功能理论符合内格尔的功能描述，基于主体模型的功能理论符合内格尔的目标描述，卢恩斯关于人造物模型和主体模型的区分揭示了目标解释和功能解释的差异在本质上是人类认识论层面上的差异。因此，目标解释和功能解释是目的论解释的两种解释类型，它们均可构成相对独立的解释。考虑到目的论解释在不同科学中的应用，主流的目的论解释类型逐渐由目标解释过渡到了功能解释。回到本研究的主题，过去四十年间，关于进化生物学中生物功能解释的分析以生物功能溯因解释（The Etiological Approach of Biological Functions）为主，生物功能溯因解释为解读生物适应提供了研究视角。

---

① 内格尔所讨论的一般目的论陈述、阿耶拉所讨论的生物学中的目的论解释以及后面卢恩斯所讨论的生物学中的功能解释等在本质上都是目的论讨论，差别仅是名称上的。

② 参见 Ayala, Francisco J., "Teleological Explanations in Evolutionary Biology", *Philosophy of Science*, 1970, Vol. 1, No. 37, pp. 1 – 15。

③ 参见 Lewens, Tim, "Functions", In Matten, Mohan & Stephens, Christopher (eds.), *Philosophy of Biology*, Elsevier, 2007, pp. 525 – 547。（注：采用赵斌的译法）

综上所述，本章的主旨在于为后文讨论进化生物学中的功能溯因解释提供研究背景。在第一部分"生物功能与传统目的论"中，我们将简要介绍传统目的论，引入迈尔对传统目的论所遭遇困境及困境来源的分析。借此，生物界中目的论现象的独特性得以凸显，迈尔运用目的性术语取代目的论术语的理论基础得以奠定。在第二部分"生物功能与目的性"中，我们将详细讨论迈尔的目的性分析以及该分析所遭遇的反驳，突出迈尔的目的性分析为后来目的论研究所带来的认识论转变。在第三部分"生物功能与目的论的解释模式"中，通过详细分析目的论的解释模式——目标解释和功能解释以及这两种解释之间的关系，我们将明确这两种解释之间的差异，突出功能解释的自身特性。

第一节　生物功能与传统目的论

关于生物功能的解释，最早可以追溯到古希腊哲学家亚里士多德（Aristotle）的目的因[①]（Final Cause）。亚里士多德诉诸目的因，试图解释生物个体在其发育过程中所显现出来的有序性、目的性和整个世界由无序走向有序的自然现象。[②] 因此，亚里士多德的目的因解释是建立在自然观察基础上的，它反映了自然界目的论现象的自然发生过程而非将目的论现象强加于生物体。亚里士多德进一步指出，生物体发育过程中的目的性行为应归因于生物体的内在潜能，而生物体的内在潜能与生物体的灵魂休戚相关。换句话

---

① 关于亚里士多德目的论有着不同的论述方式，考虑到本研究主要讨论生物功能，本部分只讨论涉及生物功能的目的论部分。除此之外，哲学家大卫·查尔斯（David Charles）（1988）全面介绍了亚里士多德著作中的目的论论述。该论述围绕两类目的论概念展开，它们分别是：以能动者为中心的目的论（Agency-centred teleology）和关于生物体的目的论（Teleology pertaining to natural organisms）。前者可进一步区分为行为目的论（Behavioral teleology）和人工目的论（Artifactual teleology），它强调根据能动者的欲望来解释能动者的行为或是能动者所创造出来的人工物。后者可进一步区分为形式目的论（Formal teleology）和功能目的论（Functional teleology），它强调解释自然界中的目的论现象，而不是把目的论强加在自然事物之上。前者和后者的最大区别在于前者诉诸能动者的欲望和意向，后者突出了生物体目的论行为的自然发生过程并否认了欲望和意向对生物体目的论行为的影响（Ariew, Robert Cummins and Mark Perlman, 2002: 9; Charles, 1988: 1–53）。

② 参见 Mayr, Ernst, "Cause and Effect in Biology", In Lerner, Daniel (ed.), *Cause and Effect: The Hayden Colloquium on Scientific Method and Concept*, Massachusetts Institute of Technology, 1965, p. 39。

说，根据亚里士多德的目的因解释生物体的目的性行为，往往要涉及生物体的灵魂。这一点成为亚里士多德目的论为人所诟病的一个原因。此外，亚里士多德目的论还面临着时间反演难题（Time-reversal Problem），即用未来目标（自然位置）来解释生物体的当前行为，这一点稍后详述。总之，在亚里士多德看来，目的因是负责有序实现一个预存终极目标的原因。据此，所有寻求目标的行为都被看作目的论的。①

亚里士多德后，机械论神学家们承袭并着重发展了亚里士多德的宇宙目的论，他们提出了宏观设计目的论（Grand-design teleology），主张将宇宙及其组成部分的运行方式归因于造物主的宏观设计。② 宏观设计目的论一度被奉为经典目的论，但它的神学教条同时也加剧了目的论论证所面临的危机。哲学家弗朗西斯·培根（Francis Bacon）和勒内·笛卡尔（Rene Descartes）拒斥了宏观设计目的论，他们主张将一切目的论语言从科学中驱逐出去③，但生物学家们坚持认为目的论语言和目的论思维方式在生物学中发挥着不可替代的作用，不可清除。为了解决这一困局，迈尔进一步发展了皮特德雷等人提出的术语目的性（teleonomy），替代了原有术语目的论（teleology），试图规避使用目的论这一术语所带来的困境，与此同时，保留目的论语言和目的论思维方式在生物学中的运用。

迈尔分析了使用目的论术语为传统目的论带来的四类困境④，并将这些困境归因于以往学者对目的论现象的混淆。基于区分目的论现象，迈尔论证了目的论语言和目的论思维方式在生物学中的有用性。基于分析目的性这一新术语，迈尔正确描述了自然界的生物功能现象。可以说，目的性这一新术语的引入和展开开启了对生物功能的自然化分析，后来的生物功能溯因理论

① 参见 Mayr, Ernst, "Cause and Effect in Biology", In Lerner Daniel (ed.), *Cause and Effect: The Hayden Colloquium on Scientific Method and Concept*, Massachusetts Institute of Technology, 1965, pp. 33 – 50。

② 参见 Reese, Hayne W., "Teleology and Teleonomy in Behavior Analysis", *The Behavior Analyst*, 1994, Vol. 1, No. 17, pp. 76 – 77。

③ 参见 Mayr, Ernst, "Teleological and Teleonomic, A New Analysis", *Boston Studies Philos. Sci*, 1974, Vol. 14, p. 91。

④ 参见 Mayr, Ernst, "Teleological and Teleonomic, A New Analysis", *Boston Studies Philos. Sci*, 1974, Vol. 14, pp. 93 – 94。

延续了自然化的分析方式并成为进化生物学中生物功能讨论的主流解释形式。就传统目的论遭遇的困境而言，其一，批评者认为，目的论陈述和目的论解释暗含着对未被证实的神学教条或形而上学教条的认同。[①] 古希腊哲学家和自然神学家往往支持运用非物质活力（如灵魂、造物主的干预）来解释生理过程、生物体对环境的适应还有生物体的目的性行为。其二，批评者认为，解释生物现象的目的论论述并不能用于解释非生物界现象，故而构成了对物理、化学解释的反驳。尤其是，自伽利略（Galileo）和牛顿（Newton）时代以来，自然科学家倾向于用自然法则来解释自然界中的一切现象。[②] 但是，对生物功能现象的目的论论述往往导向了神秘主义和超自然信念，违背了物理法则和化学法则。其三，传统目的论论述导致了时间反演问题，违背了因果解释原则。自亚里士多德以来，传统目的论认为未来目标是当前事态的原因，这一点违背了时间顺序，也背离了原因在先、结果在后的逻辑原则。其四，传统目的论论述显现了拟人论。一般而言，目的论语言，如"有目的的""受到目标指导的"这类用语与人的意图、意向性等人类特性有关，且"意向的、有目的的人类行为往往被界定为目的性的"。[③] 因此，采用目的论语言描述生物体的行为，如候鸟冬天由北向南迁徙、羚羊从捕食者那里逃跑等是不恰当的，生物体的目的性行为应该与人类行为区分开。迈尔认为，传统目的论所遭遇的上述四类困境植根于以往学者们对目的论现象的一概而论，忽视了自然界中目的论现象本身的异质性（The Heterogeneity of Teleological Phenomena）。

为了回应传统目的论所遭遇的上述困境，迈尔区分了自然界中的目的论现象，明确了生物界目的论现象的特殊性。需要指出的是，迈尔通过发展皮特德雷的目的性，实现了对生物界目的论现象的描述。为了规避传统目的论面临的上述困境并保留目的论语言和目的论思维在生物学中的运用，皮特德

---

① 参见 Mayr, Ernst, "Teleological and Teleonomic, A New Analysis", *Boston Studies Philos. Sci*, 1974, Vol. 14, p. 93。

② 参见 Mayr, Ernst, "Teleological and Teleonomic, A New Analysis", *Boston Studies Philos. Sci*, 1974, Vol. 14, p. 93。

③ Mayr, Ernst, "Teleological and Teleonomic, A New Analysis", *Boston Studies Philos. Sci*, 1974, Vol. 14, p. 94.

雷拒斥了亚里士多德目的论，主张引入目的性来描述生物界的一切目标导向系统。但是，皮特德雷误解了亚里士多德目的论，认为亚里士多德目的论是一个动力因原则（Efficient causal principle）。① 迈尔指出了皮特德雷的这一误解，同时发展了皮特德雷的目的性②，用以描述生物界的目的论现象。具体而言，迈尔将自然界中的目的论现象分为三类：第一类是单向进化序列（进步论，直向演化）[Unidirectional evolutionary sequences（progressionism, orthogenesis）]；第二类是表面上或实际上的目标导向过程（Seemingly or genuinely goal-directed processes）；第三类是目的论系统（Teleological systems）。③ 其中，第一类单向进化序列的代表理论是进步论和直生论，它们都强调生物演化具有趋向完美的方向性。其中，进步论吸收了18世纪之前广为流行的自然阶梯观念和当时社会文化中的进步主义思想，认为生物体或受到超自然力（如智能设计者）的指导，或受到内驱力的指导，逐步从最简单的生命形态（单细胞生物）向最复杂的生命形态（人类）演化。④ 直生论可以看作进步论的一种特殊形式，它认为生物体本身具有朝着一个方向变化的内部倾向，这种内部倾向独立于环境因素持续发挥作用。因此，单向进化序列式的目的论现象主要涉及生物学史上提及的目的论现象。第二类表面上或实际上的目标导向过程区分了生物界和非生物界的目的论现象。迈尔将生物界中的目的论现象称为目的性过程（Teleonomic processes），非生物界的目的论现象称为自动目的过程（Teleomatic processes）。其中，目的性过程突出了生物体的迁徙、获取食物、求偶、个体发育以及繁殖等生物体生命过程中的诸多活动，自动目的过程突出了受到物理化学等自然法则约束的所有非生物体的

① 参见 Pittendrigh, Colin S., *Adaptation, Natural Selection, and Behaviour*, Behavior and Evolution, Anne Roe and George Gaylord Simpson（eds.）, Yale University Press, 1958, p. 394。

② 参见 Mayr, Ernst, "Cause and Effect in Biology", In Lerner Daniel（ed.）, *Cause and Effect: The Hayden Colloquium on Scientific Method and Concept*, Massachusetts Institute of Technology, 1965, pp. 39–43。

③ 参见 Mayr, Ernst, "Teleological and Teleonomic, A New Analysis", *Boston Studies Philos. Sci*, 1974, Vol. 14, p. 95。

④ 参见 Mayr, Ernst, "Teleological and Teleonomic, A New Analysis", *Boston Studies Philos. Sci*, 1974, Vol. 14, p. 95; Ariew, André, Robert Cummins & Mark Perlman, eds., *Functions: New Essays in the Philosophy of Psychology and Biology*, Oxford University Press, USA, 2002, p. 52。

被动活动。例如，石头落地而非上升等现象。① 第三类有关目的论系统的讨论主要包含两个部分重叠但却截然不同的现象。第一个现象涉及具有执行目的性行为潜能的系统，它混淆了系统的功能特性与目标导向，系统的功能特性指向的是系统的目的性或功能性，但具有功能特性的系统绝不是目标导向的，如同胶囊里的毒药具有杀死人的功能特性，但这一特性并没有让胶囊成为一个目标导向的主体。② 第二个现象涉及完美适应系统。迈尔指出，适应性陈述并不是目的论的，因为适应本身只属于成功的性状，它是一种事后陈述。③ 迈尔认为，目的论系统本身是一个有问题的表述，它掩盖了目的论本身对目标导向的强调，该目标导向指涉的是行为或过程的目的性，与系统的功能特性无关。此外，迈尔指出，目的论系统讨论中涉及的近端原因（proximate causes）和远端原因（ultimate causes）要严格区分开。④ 在迈尔看来，生物学由两个相对独立的研究领域——功能生物学（Functional Biology）和进化生物学（Evolutionary Biology）组成，它们各自的问题形式分别是怎么样（How）式问题（如某物是如何操作的？某物是如何发挥作用的？）和为什么（Why）式问题（如某一生物性状为什么会产生?)⑤。相应地，它们各自适用的原因形式分别是近端原因和远端原因。为了区分近端原因和远端原因，迈尔讨论了生活在新罕什布尔州的鸣禽为什么在 8 月 25 日夜间开始向南飞。⑥ 迈尔引入了四个原因：生态原因（An ecological cause）；遗传原因（A genetic cause）；内在生理原因（An intrinsic physiological cause）；外在生理原因（An extrinsic physiological cause）。其中，生态原因是

① 参见 Mayr, Ernst, "Teleological and Teleonomic, A New Analysis", *Boston Studies Philos. Sci*, 1974, Vol. 14, pp. 97 – 98。

② 参见 Mayr, Ernst, "Teleological and Teleonomic, A New Analysis", *Boston Studies Philos. Sci*, 1974, Vol. 14, pp. 105 – 106。

③ 参见 Mayr, Ernst, "Teleological and Teleonomic, A New Analysis", *Boston Studies Philos. Sci*, 1974, Vol. 14, pp. 106。

④ 参见 Mayr, Ernst, "Teleological and Teleonomic, A New Analysis", *Boston Studies Philos. Sci*, 1974, Vol. 14, p. 108。

⑤ 参见 Mayr, Ernst, "Cause and Effect in Biology", In Lerner Daniel (ed.), *Cause and Effect: The hayden Colloquium on Scientific Method and Concept*, Massachusetts Institute of Technology, 1965, pp. 34 – 39。

⑥ 参见 Mayr, Ernst, "Cause and Effect in Biology", In Lerner Daniel (ed.), *Cause and Effect: The hayden Colloquium on Scientific Method and Concept*, Massachusetts Institute of Technology, 1965, pp. 37 – 38。

指上述鸣禽是以吃虫子为生的。如果一直待在新罕什布尔州，该鸣禽会在冬天因缺乏食物而饿死。遗传原因是指鸣禽所属物种的进化历史使得鸣禽获得了一种能够对环境中的刺激做出恰当反应的遗传结构，该遗传结构使得鸣禽在 8 月 25 日夜间开始向南飞。内在生理原因是指鸣禽向南迁徙与光周期现象有关，而光周期现象是对日长减少的一种反应，一旦日光时长低于一定值，鸣禽就准备好迁徙了。外在生理原因是指冷空气会在 8 月 25 日之后降临到鸣禽生活的区域，外部温度低促使鸣禽从生理上准备迁徙。迈尔认为，在这四个原因中，内在生理原因和外在生理原因是近端原因，它用于解释生物个体在其生命过程中，对遗传信息程序的检测和解码，可以解释生物个体对其所在环境中即时因素的反应。生态原因和遗传原因是远端原因，它诉诸生物体的进化历史解释了生物体的完美适应，使得生物体得以拥有不断更新和不断改进的遗传信息程序。因此，近端原因和远端原因所涉及的是对一个生物现象的不同层面的解读。换句话说，近端原因所涉及的是由一个遗传程序控制的单个个体或单个系统的目标导向行为或者是目标导向发育过程，远端原因所涉及的是对遗传信息程序的稳定改良，该改良机制是自然选择。①迈尔认为，只有将近端原因和远端原因结合起来，才能够为一个生物现象提供完整的解释。因此，在第三类关于目的论系统的讨论中，通过指出具有执行目的性行为潜能的系统和完美适应系统各自的模糊性，迈尔揭示了目的论系统本身是一个有问题的表述，他强调了目的论本身对目标导向的重视。考虑到该目标导向所指涉的是行为或过程的目的性，与系统的功能特性无关，它可对应于第二类目的论现象中的目的性过程。进而，无论是第三类目的论现象中目的论的目标导向还是第二类目的论现象中的目的性过程，它们均可由近端原因进行解释。这是因为，它们关注的是具体的目的性过程。在这个意义上，迈尔的目的性分析从属于功能生物学，而非进化生物学。

　　综上所述，通过分析使用目的论术语为传统目的论带来的四类困境以及造成这四类困境的原因，迈尔强调了自然界中目的论现象本身的异质性。通过区分自然界中的目的论现象，迈尔突出了生物界目的论现象的特殊性。确

---

　　① 参见 Mayr, Ernst, "Cause and Effect in Biology", In Lerner Daniel (ed.), *Cause and Effect: The Hayden Colloquium on Scientific Method and Concept*, Massachusetts Institute of Technology, 1965, pp. 40 – 43。

切地说，在迈尔的分析中，生物界的目的论现象主要是指生物体所展现出来的目的性过程。为了解释该目的性过程，迈尔发展了皮特德雷用以替代目的论术语的新术语——目的性，从而实现了对该现象的科学描述。

第二节　生物功能与目的性

如上所述，迈尔主张发展目的性这一术语来描述生物界中的目的论现象。对此，阿耶拉曾指出，用目的性取代目的论并不能使目的论本身得到澄清。他认为，无论用什么样的术语取代目的论，问题的关键都在于对目的论本身作出清晰的说明。[①] 内格尔则认为，迈尔的目的性分析只是目的论讨论中的一种理论形式且它本身并不合理。尽管如此，本研究认为，迈尔的目的性分析依然推进了学界对生物界目的论现象的讨论。确切地说，目的性的引入使得意识、意向性等元素不再掺杂在生物目的论的讨论之中，它开启了生物学家和生物哲学家们对生物界目的论现象的自然化讨论。换句话说，迈尔的目的性分析可能有问题，但它扭转了人们对生物界目的论现象的基本认识。在这个意义上，目的性分析在生物界目的论现象的讨论中应有一席之地。

迈尔认为，目的性过程或者行为就是把生物体的目标导向行为归因于相应遗传程序的执行，该遗传程序表明了目的性过程或行为的目标导向，也表明了目的性过程或行为是动态的。在他看来，目的性行为或过程主要有两个部分组成，一个是相应的遗传程序，另一个是该遗传程序中所包含的目标导向。迈尔指出，遗传程序中的程序是从信息理论中借鉴来的术语，该程序是物质性的，同时先于目的性行为或过程的启动而存在，由此保证了目的性程序与因果解释相一致。需要指出的是，迈尔的程序观念并没有把生物体的目标导向行为与人造机械的目标导向行为区分开。例如，他认为人造钟表的报时行为也是程序执行的产物。[②] 此外，迈尔进一步区分了闭合程序（Closed

---

① 参见 Ayala, Francisco J. , "Teleological Explanations in Evolutionary Biology", *Philosophy of Science*, 1970, Vol. 1, No. 37, p. 14。

② 参见 Nagel, E. , "Goal-directed Processes in Biology", *The Journal of Philosophy*, 1997, Vol. 5, No. 74, p. 268。

Program）和开放程序（Open Program），认为两者异曲同工，在描述生物体的目的性行为或过程中发挥了相同的作用。其中，闭合程序完全被置于 DNA 中，它可以解释生物体所有的目的性行为或过程。例如，燕八哥虽然在成熟之前，从未离开过自己的父母，但它仍然能够在离巢之后，识别自己的同类，这种识别同类的行为可以归因到燕八哥的遗传程序中。相比于闭合程序，开放程序以吸收外界信息的方式被建构起来，开放程序在吸纳了环境中的信息之后，发挥着和闭合程序一样的作用。例如，刚出生的鸭子或鹅在第一次睁开眼睛之前并没有对自己母亲的认知，它们会把它们睁开眼睛后看到的第一个移动物体当作自己的母亲，这种行为即对外界环境信息的吸纳。通过吸收外界环境信息，它们完善了自己的开放程序，该开放程序可以解释它们的目的性行为或者过程。迈尔认为，开放程序证明了一个遗传程序的来源和由该遗传程序控制的行为的目的性本质完全不同。进而，对遗传程序的界定不应该包含它的历史，即遗传程序虽然是过去自然选择的产物，但是关于遗传程序的功能分析与过去的自然选择过程无关。也就是说，目的性概念中所包含的遗传程序是自然选择的结果，相应的自然选择过程在遗传程序的界定中仅作为发生背景而存在。这一点使得迈尔的目的性概念从属于他所界定的功能生物学而不是进化生物学。这是因为，功能生物学追问目的性行为或过程是如何发生的，它强调对单个个体、单个器官、单个细胞、单个细胞中的某一部分的功能进行揭示。[①] 进化生物学追问目的性过程或过程为什么如此发生，它强调一个生物体的历史。在这种情况下，迈尔的目的性概念不是一个历史性定义（Historical Definition），它不能解释进化生物学中的生物功能现象。

此外，迈尔的目的性分析还遭遇了阿耶拉、内格尔等学者的反驳。阿耶拉认为，运用目的性术语取代目的论术语的做法并未澄清生物学中目的论解释的本质，因而是无意义的。不同于阿耶拉，内格尔认为，迈尔的目的性分析本身面临着无法解决的困境，因而是不成功的。内格尔指出，迈尔的目的

---

① 参见 Mayr, Ernst, "Cause and Effect in Biology", In Lerner Daniel（ed.）, *Cause and Effect: The hayden Colloquium on Scientific Method and Concept*, Massachusetts Institute of Technology, 1965。

性分析从属于其目的论讨论中的目标描述（Goal ascriptions），其理论形式是目标导向过程程序观（The "program view" of goal-directed processes）。根据内格尔的分析，生物目的论包括目标描述和功能描述（Function ascriptions）两种有差别的目的论描述类型。[①] 其中，目标描述往往依托于从前提到结论这样的解释形式，且所有的前提都是因果法则，它们描述了最终要实现的目标是如何与各种前提条件相互关联的，正是在这种意义上，目标描述是因果解释。[②] 就目标描述的理论形式而言，除了上述目标导向过程程序观，目标导向过程的理论类型还包括目标导向过程意向观（The "intentional" view of goal-directed processes）和目标导向过程系统特性观（The "system-property" view of goal-directed processes）。与目标描述不同，功能描述的解释形式强调根据生物系统中某事项的功能解释该事项在生物系统中的存在，但是，由于当前作用效果的发挥并不是相应事项存在的前提条件，因此功能解释不是因果解释。基于对功能概念的不同理解，不同的功能理论得以发展。据此，内格尔先后讨论了功能描述中性说（The "neutral" view of functional ascriptions）、功能描述选择能动者说（The "selective agency" view of functional ascriptions）、功能描述启发说（The "heuristic view" of functional ascriptions）和功能描述福祉说（The "welfare view" of functional ascriptions）。因此，如果说皮特德雷、迈尔等通过用目的性术语替换目的论术语，保留了目的论语言和目的论思维方式在生物学中的应用的术语，内格尔关于目标描述和功能描述的区分则明确了生物目的论的内在特性，为后来讨论生物功能奠定了理论基础。后文将对内格尔生物目的论中所涵盖的上述理论形式进行说明，这里主要讨论内格尔对迈尔目的性分析的批判。

如上所述，内格尔依托于目标导向过程程序观，质疑了迈尔目的性术语的合理性。内格尔认为，目标导向过程程序观主要根据迈尔所强调的上述遗

[①] 参见 Nagel, E., "Goal-directed Processes in Biology", *The Journal of Philosophy*, 1997a, Vol. 5, No. 74, p. 263。

[②] 参见 Nagel, E., "Functional Explanations in Biology", *The Journal of Philosophy*, 1977b, Vol. 5, No. 74, pp. 198 – 301。

传程序，试图对目标导向过程进行分析。① 但是，内格尔认为迈尔的程序性观念与目标导向过程之间有着无法逾越的鸿沟，因而无法对目标导向过程进行解释。其根本原因在于，根据当时分子生物学的研究进展，程序性观念所依托的遗传程序无法解释由其所指导的行为或过程所要朝向的目标是什么、从何而来，因而它无法保证由一个遗传程序控制的行为或过程是目标导向的，也无法区分目标导向过程与非目标导向过程。基于此，内格尔认为，迈尔的目标导向过程程序观是不成功的。此外，内格尔还质疑了迈尔的目的性（Telenomic）本身。如前所述，迈尔的目的性是相对于其自动目的性（Teleomatic）而言的，它们分别对应于生物界的目的论现象和非生物界的目的论现象。但内格尔认为，这两者之间的区分并不明确，以致目的性的适用边界十分模糊，目的性本身的清晰性受到挑战。在内格尔看来，有些自动目的过程中的现象可以归于目的性过程，如化学元素铀的放射性特征来自铀本身，而不是由外力决定的。有些目的性过程中的现象也可以归于自动目的过程。如机械手表的表征时间过程即是执行手表程序的结果，但机械手表的表征时间过程完全可以通过分析手表发挥作用过程中的机械力和相关条件进行解释。② 因此，无论是程序性观念无法解释目标导向过程中的目标是什么、从何而来，还是目的性自身的模糊性，都使得迈尔的程序性观念陷入困境当中。

总体看来，迈尔的目的论分析虽能自成一体，解释功能生物学中的生物功能现象，但它本身并不成功。阿耶拉指出，运用目的性术语取代目的论术语并未澄清目的论解释。内格尔指出，由于目的性分析的核心概念——遗传程序无法解释目标导向过程中的目标是什么、从何而来，并且目的性概念自身的适用边界十分模糊，所以目的性分析自身并不合理。本研究认为，阿耶拉和内格尔的批评都有道理，但不能否认的是目的性术语的引入为解释生物目的论现象所带来的认识论转变。确切地说，目的性术语的引入将意识、意向性等剔除出了生物目的论讨论，打破了自然界中生物目的论现象的神秘

① 参见 Nagel, E., "Goal-directed Processes in Biology", *The Journal of Philosophy*, 1997a, Vol. 5, No. 74, p. 267。

② 参见 Nagel, E., "Goal-directed Processes in Biology", *The Journal of Philosophy*, 1997a, Vol. 5, No. 74, p. 271。

性，开启了后来研究者对这一现象的自然化讨论。因此，目的性术语的引入在关于生物目的论的讨论中始终占有一席之地，它所发挥的认识指导作用远超于它所发挥的解释作用。

第三节　生物功能与目的论的解释模式

一般而言，目的论的解释模式包括目标解释和功能解释两种类型。内格尔在其上述目的论讨论中，对目标描述（即目标解释）和功能描述（即功能解释）的区分恰当地揭示了目的论解释所蕴含的内在异质性。对此，阿耶拉在其对生物学中目的论解释的讨论中、卢恩斯在其对生物学中功能解释的讨论中都从不同角度出发进行了回应，他们在不同程度上发掘了目标解释和功能解释的差异。本节首先以内格尔的上述区分为蓝本，分别讨论目标解释和功能解释。基于阿耶拉和卢恩斯的上述解释，本节接着进一步深化对目标解释和功能解释的差别的分析，指出目标解释和功能解释的差别有着深刻的认识论根源。

一　目标解释

如上所述，目标解释是目的论的解释模式之一，它强调对系统的目标导向特性进行哲学分析。在理论形式上，加森（Justin Garson）从判断目标导向的依据出发，将目标解释的理论形式概括为目标导向的行为分析和目标导向的机制分析两种形式。这两种目标解释理论的共同点在于它们都承认可塑性和持续性是符合目标导向行为的两个特征。其中，可塑性是指实现目标的方法和出发点可以多种多样，要视具体情况而定。持续性是指无论系统在实现目标的过程中遇到了什么困难，它都倾向于克服困难、实现目标。① 这两种目标解释理论的不同点在于它们分别强调从目标导向系统的外在行为和产生目标导向行为的内在机制出发，对系统的目标导向特性进行解释。与加森不同，内格尔在上述讨论中，从目标描述的解释形式出发，认为目标

① 参见 Garson，Justin，*A Critical Overview of Biological Functions*，Springer International Publishing，2016，p. 21。

描述的理论形式除了上述目标导向过程程序观，还包括目标导向过程意向观、目标导向过程系统特性观。其中，目标导向过程系统特性观同样围绕满足目标导向的可塑性和持续性两个特征所需的条件展开讨论，它从属于目标导向的机制分析。本部分拟对目标导向的行为分析、目标导向的机制分析、目标导向过程意向观进行探讨，旨在突出目标解释自身的特点，与下文关于功能解释的探讨形成比较，为讨论进化生物学中的生物功能解释打下基础。

根据行为分析理论，如果目标导向系统的外在行为具有可塑性和持续性两大特征，那么该行为是目标导向的。换句话说，系统的目标导向特性往往通过它的外在行为表现出来，这一外在行为释放出了该系统具有目标导向特性的信号，即它具有可塑性和持续性，使得系统的目标导向特性被识别出来。由此可见，在行为分析理论中，无论是可塑性还是持续性，它们都是对系统外在行为的描述，不涉及系统实现目标的内在机制。[①] 生物学家沙默霍夫（G. Sommerhoff）对目标导向的行为分析理论进行了模式化处理。在他看来，任一目标导向系统都涉及如下三个变量：目标导向系统 S、处于目标导向系统所在环境中但独立于它的目标对象 E 和目标 G。其中，变量 S 和变量 E 均有不同的值，它们可表示为 V_S（代表 S 某些特性的变量）和 V_E（代表 E 某些特性的变量）。沙默霍夫的核心思想是当我们将一个系统称为目标导向系统时，我们实际上是在描述以下这种情况，即若 V_E 在给定范围内、以若干方式发生变化，那么 V_S 在保证实现 G 的条件下，也会发生相应的变化。[②] 例如，当我们把猎鹰看作一个目标导向系统时，它所追踪的目标对象——地面上的兔子由于奔跑，位置一直在变化。这时，猎鹰在保证抓到兔子的条件下，往往会对自己的飞行高度和飞行方向做出调整。在这一案例中，猎鹰抓兔子的行为满足了目标导向行为所要求的可塑性和持续性特征，该行为是目标导向行为。反对者认为，由于沙默霍夫对关于目标导向的行为分析的模式化处理面临着过度宽泛难题（the problem of overbreadth），它无

---

① 参见 Garson, Justin, *A Critical Overview of Biological Functions*, Springer International Publishing, 2016, p. 21。

② 参见 Garson, Justin, *A Critical Overview of Biological Functions*, Springer International Publishing, 2016, p. 22; Sommerhoff, G., *Analytical Biology*, Oxford University Press, 1950, p. 54。

法将目标导向系统与明显不是目标导向系统的系统区分开。例如，根据上述行为分析传统，一颗弹珠滚向一个玻璃碗的底部这一行为因表现出了可塑性（它可以从不同的起点到达玻璃碗的底部）和持续性（它可以在面临阻碍时改变轨迹，最终到达玻璃碗底部）特征，所以可以看作目标导向行为。[1] 然而，这是反事实的，弹珠的行为显然不是目标导向行为。

为了克服这一难题，学者们引入了围绕目标导向的机制分析理论。一般认为，机制分析理论强调系统的目标导向特性可以通过分析该系统目标导向行为的内在机制获得解释。机制分析理论并不排斥上述行为分析理论，它同样承认目标导向系统的外在行为具有可塑性和持续性特征。但与上述行为分析理论不同的是，机制分析理论还要求对产生具有可塑性和持续性特征的外在行为的内在机制做出说明。通过概括机制分析理论的两个特征，加森揭示了机制分析理论对系统目标导向特性的解释。他指出，机制分析理论的第一个特征是要求目标导向系统必须受到负反馈系统（negative feedback system）的调控，第二个特征是目标导向系统的内在组成部分必须彼此独立，但在实现系统目标时，能够进行恰当的相互协作。[2] 其中，第一个特征中的负反馈系统是自然界中最常见的反馈系统，它与正反馈系统（positive feedback system）一起构成了通常意义上的反馈系统，即一种特殊的输入—输出系统（input-output system）。在反馈系统中，系统汲取其所在环境的信息作为输入部分，经内在加工后输出，该输出物反过来又影响系统自身。[3] 由此，反馈系统通过输入和输出的操作，形成了一个反馈圈（loop），它包括正反馈系统（圈）和负反馈系统（圈）两种类型。其中，正反馈系统是指在汲取环境信息后，其输出物强化同一行为的反馈系统。例如，在心理学实验中，小鼠在按压隔板、得到食物后，它按压隔板的行为会得到强化。小鼠按压隔板的行为和得到食物之间形成了一个正反馈系统。负反馈系统是指在汲取环境

---

① 参见 Garson, Justin, *A Critical Overview of Biological Functions*, Springer International Publishing, 2016, p. 23。

② 参见 Garson, Justin, *A Critical Overview of Biological Functions*, Springer International Publishing, 2016, p. 25。

③ 参见 Garson, Justin, *A Critical Overview of Biological Functions*, Springer International Publishing, 2016, p. 26。

信息后，产出相反行为、弱化先前行为的反馈系统。例如，在人体中，血液中水分正常占比 90%。肾脏和肌肉、皮肤分别发挥着降低血液中水浓度和升高血液中水浓度的作用。当血液中水浓度比率高于 90% 时，肾脏通过排出水分，降低该比率。当血液中水浓度低于 90% 时，肌肉、皮肤等通过将储存的水分释放到血液中，提高该比率。[①] 因此，人体血液中水浓度的调控系统是一个负反馈系统。回到弹珠的例子，我们可以说，由于控制弹珠滚向玻璃碗底的行为的内在机制并不符合产生目标导向行为的复杂内在机制。因此，该行为不是目标导向行为。需要指出的是，机制分析理论要求目标导向系统必须受到负反馈系统的调控这一特征受到了诸多质疑。其一，反馈系统的界定十分模糊。其二，假设忽略反馈系统所面临的界定模糊问题，反馈系统对于解释系统的目标导向特性而言既不充分也不必要。也就是说，包含反馈系统的系统不一定是目标导向系统（例如，电视），目标导向系统也可以不包含反馈系统（例如，青蛙捕捉蚊虫）。[②] 其三，假设反馈系统的界定是有意义的，我们同样会遭遇缺乏目标对象难题（The problem of the missing goal object）。例如，很多时候，我们确立了一个目标，但并不存在一个具体的目标对象。在这种情况下，我们不会收到来自目标对象的信息反馈，我们的目标只是一种意识状态。因此，我们应该谨慎对待将负反馈系统看作目标导向系统的一个标志性特征。如果负反馈系统不是目标导向系统的本质特征，那么机制分析理论并没有解决上述行为分析理论所面临的过度宽泛难题。

对此，需要考虑目标导向系统的第二个特征，即对产生目标导向行为的内在组成部分及它们之间的关系进行讨论。这里，区分上述行为分析理论和机制分析理论各自所适用的目标导向系统是必要的。在上述行为分析理论中，目标对象独立于目标导向系统而存在，实现目标是对目标导向系统指向目标对象的一种关系表达。但是，在机制分析理论中，目标导向系统既可以是与目标对象分离的系统，也可以是自体调节系统。在前一种系统中，对产

[①] 参见 Nagel, E., "Goal-directed Processes in Biology", *The Journal of Philosophy*, 1997a, Vol. 5, No. 74, pp. 272 – 273。

[②] 参见 Garson, Justin, *A Critical Overview of Biological Functions*, Springer International Publishing, 2016, p. 27。

生目标导向行为的内在机制进行分析必须涉及若干不同的系统内在组成部分。在后一种系统中，对产生自稳态行为（homeostatic behavior）的内在机制进行分析也必须涉及若干不同的系统内在组成部分。并且，无论前后哪一种系统，在正常情况下，它们的内在组成部分均独立于彼此发挥作用。但是，当要实现某一系统目标时，它们的组成部分就会以某种恰当的方式、共同发挥作用、促成系统目标的实现。[1]　内格尔在其目标描述的第三种理论类型中——关于目标导向过程的系统特性观，对此进行了详细论证。需要指出的是，内格尔的系统特性观中所讨论的系统是自体调节系统，它围绕满足目标导向的可塑性和持续性两个特征所需的条件展开讨论。这里，可塑性的含义与上述目标解释的界定保持一致，但持续性是指目标状态本身能够在系统中得以维系。[2]　因此，在内格尔的目标导向过程系统特性观中，可塑性和持续性仍然是判定系统是不是目标导向系统的主要依据，该观点即目标导向的机制分析。

　　具体而言，内格尔指出，系统在目标状态里是由系统的内部组成部分和外部环境条件的值共同决定的。假设外部环境条件 E 保持不变，若将系统简化为由 A、B、C 三个组成部分构成，它们的值域分别是 A_x（A_1，A_2）；B_y（B_1）；C_z（C_1，C_2）。在 t_0 时，S 在目标状态 $A_0B_0C_0$ 中。在 t_1 时，A_x 的值由 A_0 变成了 A_1。那么在 t_1，S 若要维持在目标状态，B_y 和 C_z 的值都要与 A_x 一起发生相应变化，$A_1B_1C_1$ 与目标状态 $A_0B_0C_0$ 的效力一样，保证了 S 在 t_1 时刻仍处于目标状态。内格尔指出，在外在环境稳定的情况下，只有系统 S 的所有组成成分一起发生同步的变化，才能保证 S 始终处于目标状态。否则，S 就要脱离目标状态，如 $A_1B_0C_0$、$A_1B_1C_0$、$A_1B_0C_1$ 等都不可以。[3]　内格尔指出，系统中的 A、B、C 三个组成部分相互独立（各自的值由自身决定），特定系统的目标状态将它们联系起来，使得它们的值之间产生关联，这既满足

———————

　　[1]　参见 Garson, Justin, *A Critical Overview of Biological Functions*, Springer International Publishing, 2016, p. 23。

　　[2]　参见 Nagel, E., "Goal-directed Processes in Biology", *The Journal of Philosophy*, 1997a, Vol. 5, No. 74, p. 272。

　　[3]　参见 Nagel, E., *The Structure of Science: Problems in the Logic of Scientific Explanation*, Routledge and Kegan Paul, 1961, pp. 411 – 418。

目标导向的持续性特征，系统内部组成部分的同步调整，也保证了系统处于目标状态中。此外，在实例中，系统所在的环境是十分复杂的，环境值的变化始终影响着系统。因此，系统要想实现目标状态，就需要根据环境状况，结合内在部分做出调整。在不同环境中，系统有不同的反应，系统对环境的回应即满足了目标导向的可塑性特征。基于此，内格尔的目标导向过程系统特性观即目标导向的机制分析理论，它的论证方式揭示了目标描述在本质上是因果解释。根据该观点，上述行为分析理论所面临的过度宽泛难题在一定程度上得到了解决。根据内格尔的分析，如果一个系统能够分解为彼此独立的若干内在组成部分，并且这些内在组成部分在实现目标状态的条件下能够以特定的方式相交互，那么该系统是目标导向系统。据此，目标导向系统与其他系统可以区分开。但是，由于分解系统的方法由研究者提出，所以过度宽泛难题的解决并不彻底。①

除了目标导向的行为分析和目标导向的机制分析，根据内格尔的目标描述，目标导向过程意向观也是目标解释的理论形式之一。在内格尔看来，目标导向过程意向观强调了目标的初始含义——目标是人类或是高级动物意向性的产物。相应地，目标导向行为是具有意向性的人类或者高级动物为了实现目标而做出的行为。这里，人类或者高级动物的意向性一方面产生了想要实现某一目标的内在心灵状态，另一方面相信采取特定行动，可以实现该目标。② 内格尔认为，由于意向性观念明确指出目标导向行为中的目标源自人类或者高级动物的意向性，这就使得关于目标导向过程的意向性观念与因果解释（Causal explanation）、可塑性相容，但无法解释自然界存在的大多数目标导向行为或活动。其中，因果解释强调原因在先、结果在后。同理，意向性观念主张人类或者高级动物的意向性在先，目标导向行为在后。可塑性强调实现目标的方法和出发点可以是多样的，要具体情况具体分析。同理，意向性观念认为判定一个行为是不是目标导向的依据是意向性，而无关于该目

①　参见 Garson, Justin, *A Critical Overview of Biological Functions*, Springer International Publishing, 2016, p. 30。

②　参见 Nagel, E., "Goal-directed Processes in Biology", *The Journal of Philosophy*, 1997a, Vol. 5, No. 74, pp. 264 – 265。

标实现与否。① 但自然界存在的大多数目标导向行为是没有意向性或者意识的生物做出的，所以意向性观念纵然清晰，但无助于分析自然界中的大多数目标导向行为，因此它不适用于生物学。对此，哲学家安德鲁·伍德菲尔德（Andrew Woodfield）提出用类比的方法，将机械系统的内在状态（Internal states）类比于上述意向状态②，试图扩展目标导向过程意向观的适用范畴。然而，由于缺乏具体可行的类比方法，且类比项之间的可比性并不强，伍德菲尔德本人也放弃了这种尝试。③ 此外，内格尔指出，意向性观念的适用范围十分受限，因为即便是人类或者高级动物，其分子层面的组成部分的目标导向行为也不能用意向性来解释，如与血液温度相关的复杂腺体和其他部位的活动。并且，非生物系统的目标导向活动也不能用意向性观念来解释，如自动控制机械的活动。因此，对于生物学中的目标导向行为分析来说，关于目标导向行为的意向性观念应予排除。

　　总体看来，目标解释的上述理论形式或依据系统的外在行为，或依据产生目标导向行为的内在机制，或依据产生目标的意向性，对系统的目标导向特性进行解释。它们的共同点在于它们都强调目标导向行为发生在系统中、它们所提供的目标解释在本质上都是因果解释。它们的不同点在于目标导向的行为分析和目标导向的机制分析强调目标导向行为的可塑性和持续性特征，目标导向过程意向观则认为目标即目标意向本身。据此，目标导向的行为分析和目标导向的机制分析可以看作目标解释的自然化分析，它们试图抓住目标导向的本质。但是，恰如烟是着火的信号而非火本身一样，由于可塑性和持续性始终是系统具有目标导向特性的信号，所以行为分析和机制分析始终无法证实拥有它们的系统实际上拥有目标导向特性，它们面临着解释鸿沟问题。④ 尽管如此，行为分析和机制分析依然揭示了目标解释的特点，即它在本质上是因果解释，它在

---

① 参见 Nagel, E., "Goal-directed Processes in Biology", *The Journal of Philosophy*, 1997a, Vol. 5, No. 74, pp. 264 – 265。

② 参见 Woodfield, Andrew, *Teleology*, Cambridge, 1976, p. 164。

③ 参见 Woodfield, Andrew, *Teleology*, Cambridge, 1976, p. 195。

④ 参见 Garson, Justin, *A Critical Overview of Biological Functions*, Springer International Publishing, 2016, p. 25。

解释中未采用任何习惯上的目的论术语。因此，目的论的目标解释与科学
解释的结构相近。

二　功能解释

与目标解释相比，目的论的另一解释模式——功能解释[①]强调根据生物
系统中某事项的功能解释该事项在生物系统中的存在。但是，由于当前作用
效果的发挥并不是相应事项存在的前提条件，因此，功能解释不是因果解
释。基于对生物学中功能概念的不同理解，内格尔先后讨论了功能描述中性
说、功能描述选择能动者说、功能描述启发说和功能描述福祉说等不同的功
能理论。

其中，功能描述中性说由进化生物学家沃尔特·伯克（Walter Bock）和
植物分类学家格尔德·冯·沃勒特（Gerd Von Wahlert）[②] 提出。他们认为，
生物体中一个给定事项的功能是该事项在各种环境中的所有行为和倾向性，
以及该事项本身所具有的特征。[③] 这里，伯克和沃勒特所理解的功能是基于
生物作用（biological role）这一术语而采纳的功能概念的习惯性用法，而生
物作用是指生物体在其生命历程中对其身体组织的作用和使用。但是，由于
他们并未进一步讨论生物作用的本质，功能描述中性说并未得到很多支持。

不同于功能描述中性说，功能描述选择能动者说基于如下前提展开，即
任一目的论术语的基本内涵都适用于以下行为陈述中——该行为是由有目的
的能动者所指导，以实现被选择目的的行动。[④] 据此，关于非人类行为的目
的论描述是类比于人类行为的目的论描述展开的。赖特[⑤]支持这种类比。他

---

① 即内格尔的功能描述。内格尔在其生物学的功能解释中，区分了功能陈述（Functional state-
ments）与功能解释（Functional explanation）。其中，功能陈述直接将功能赋予某对象，功能解释则根据
系统中某事项的作用效果，解释该事项在系统中的存在（Nagel，1977b，p. 280）。

② 参见 Bock，Walter J. & Gerd Von Wahlert，"Adaptation and the Form-function Complex"，*Evolution*，
1965，Vol. 3，No. 19，pp. 269 – 299。

③ 参见 Nagel，E.，"Functional Explanations in Biology"，*The Journal of Philosophy*，1977b，Vol. 5，
No. 74，pp. 280 – 281。

④ 参见 Nagel，E.，"Functional Explanations in Biology"，*The Journal of Philosophy*，1977b，Vol. 5，
No. 74，p. 281。

⑤ 赖特的功能说即其功能溯因理论。这里，内格尔对赖特功能说的讨论更加强调赖特功能说中蕴
含的类比倾向。

认为，生物学中的功能解释正是基于这种类比展开的。① 根据赖特的解读，意识功能强调功能是由有意识的制造者赋予制造物的。反过来说，正是由于制造者认为某事项能够在其所在系统中发挥特定的作用效果，所以他才在该系统中制造了这一事项。也就是说，某事项在其所在系统中的存在是因为它能够在系统中发挥特定的作用效果。赖特进一步指出，只有这一特定作用效果可以称作上述事项的功能，而上述事项所发挥的其他作用效果因不能解释上述事项在其所在系统中的存在而不是上述事项的功能。同理，赖特认为，由于自然功能的解释模式与意识功能的解释模式相同，自然功能描述一般也传达了两个信息。其一，某一作用效果是相应生物性状在生物体中存在的一个结果。其二，该生物性状之所以在生物体中存在正是因为它能够发挥上述作用效果。② 因此，可以说，在赖特的自然功能描述中，自然选择替代了有意识的制造者，它赋予了生物性状相应的生物功能。不仅如此，赖特认为，他的功能解释是一种因果分析，其依据在于生物性状与其作用效果之间的既有因果关系导致了生物性状在其所在生物体中的当前存在。反对者认为，赖特的论证并不成立。其一，赖特的界定过于理想化，不符合生物学研究事实。一般情况下，虽然生物学家们断言了生物体中某些性状的功能，但他们并不知道或者并不相信生物性状的存在与某一作用效果是该性状的作用效果之间存在因果决定关系。③ 其二，一个功能事项如此这般的存在是因为它所拥有的功能这一论断既不适用于意识功能，也不适用于自然功能。首先，在意识功能中，某一功能事项之所以如此这般的存在于系统中部分是因为制造者的知识和设置而非仅仅因为它的作用效果。其次，在自然功能中，生物体的某一生物性状之所以存在是因为该性状的作用效果在过去受到了选择。置于当前语境中，该论述有两种解读方式。其一，这一论述是关于特定生物体中特定生物性状在特定时刻存在的因果条件。其二，这一论述是关于某类生

---

① 参见 Nagel, E., "Functional Explanations in Biology", *The Journal of Philosophy*, 1977b, Vol. 5, No. 74, p. 282。

② 参见 Nagel, E., "Functional Explanations in Biology", *The Journal of Philosophy*, 1977b, Vol. 5, No. 74, p. 283; Wright, Larry, "Functions", *The Philosophical Review*, 1973, p. 161。

③ 参见 Nagel, E., "Functional Explanations in Biology", *The Journal of Philosophy*, 1977b, Vol. 5, No. 74, pp. 284 – 285。

物体中某类生物性状存在的因果条件。反对者认为，这两种解读都是有问题的。① 针对第一种解读，反对者指出，某一特定生物性状在其所在生物体中的存在应由该生物体的相应发育过程来解释。例如，某个人的心脏之所以存在是由于特定配子的发育所导致的，自然选择或者有意识地选择并没有在这个人心脏形成的过程中发挥作用，该心脏循环血液的作用效果也不能解释这个人心脏的存在。针对第二种解读，反对者认为，赖特的解释是基于对进化理论的解读进行的，但这种解读并不恰当。根据现代综合论，有性繁殖生物体所拥有的可遗传性状取决于该生物体所携带的基因，该基因或从亲代那里继承而来或是所继承基因的突变形式，而亲代会将什么样的基因传递给后代是由发生在性细胞有丝分裂和受精中的随机过程决定的，不是由该基因在亲代或子代中所产生的作用效果决定的。更重要的是，基因的突变是随机发生的，它独立于突变基因在下一代生物体中可能产生的作用效果。所以，反对者认为第二种解读也不成立。基于此，内格尔并不支持功能描述选择能动者说，功能描述选择能动者说所面临的威胁②是根本上的。

需要指出的是，生物哲学家迈克·鲁斯同样赞成赖特将非人类行为的目的论描述类比于人类行为的目的论描述这一研究思路，但他主要通过探讨进化生物学中目的论思维的本质，回应了为什么目的论语言在进化生物学中是恰当的，但在物理学中是不恰当的。在鲁斯看来，目的论思维方式和目的论语言弥漫于进化生物学中，且它们并不适用于物理学。通过回顾生物学的历史，鲁斯发现进化生物学与物理学的上述差别在于进化生物学所采纳的分析方式是类比于人类世界和人工物而进行的。③ 换句话说，在描述人工物时，我们经常会用到功能、目的等这类术语。类比于自然界，我们会发现生物学家们倾向于认为自然界中大部分动植物具有设计特征，这些设计特征同样可以运用功能、目的等术语来描述。鲁斯将这类术语称为目的论语言（teleo-

① 参见 Nagel, E., "Functional Explanations in Biology", *The Journal of Philosophy*, 1977b, Vol. 5, No. 74, pp. 286–287。

② 赖特的功能说是本书的研究主题——生物功能溯因解释的思想起点，它所遭遇的难题由生物功能溯因解释后来的发展理论——回应。

③ 参见 Ariew, André, Robert Cummins & Mark Perlman, eds., *Functions: New Essays in the Philosophy of Psychology and Biology*, Oxford University Press, 2002, p. 33。

logical language)，即试图根据未来理解现在或是过去的语言。鲁斯指出，在物理化学中，该目的论语言并不适用，这是因为物理化学的研究对象与人类制造的人工物并不相像，它们不像是被设计出来的。[①] 因此，诸如，火星的目的是什么？氢和氧的结合是"为了（in order to）"产生水等这些陈述均是不恰当的。鲁斯认为，如果非生物界的事物也呈现出了设计特征，那么目的论语言将同样适用于非生物界。[②] 据此，在鲁斯那里，正是将自然界中的生物体看作具有设计特征的生物体这种观念保证了目的论语言在生物学中的合理性和适用性。

鲁斯指出，设计观念自古希腊哲学家柏拉图发端，此后陆续被基督教的神学家、后来的哲学家接纳并发展，以至于它最开始只是一种令人信服的观念，但到后来，却成为一种人人认同的事实。[③] 至于对设计现象的解释，自然神学家威廉·佩利（William Paley）在其《自然神学》（Natural Teleology）一书中，将其看作智能设计者设计的产物。博物学家查尔斯·达尔文在其《物种起源》（On the origin of species by means of natural selection）中，将其看作自然选择的产物。[④] 由此可见，达尔文与佩利的区别在于如何解释设计现象，而非否认设计观念本身，这就保留了目的论语言在进化生物学中的运用。鲁斯进一步指出，将设计观念运用于自然界中，实际上是从解释人工物的视角看待自然界，而不是真的在自然界中发现了什么。鲁斯将这种做法称作隐喻（Metaphor）。他认为，这一隐喻的关键在于它让我们认识到关于设计的所有问题都是认识论的而非本体论的，这就使得进化生物学中的目的论语言并不会暗示生物体自身受到了非物质力量的指导，也不会引入相应的非物质实体[⑤]，它自身具有科学性特征。需要指出的是，自达尔文以来，生物

---

① 参见 Ariew, André, Robert Cummins & Mark Perlman, eds., *Functions: New Essays in the Philosophy of Psychology and Biology*, Oxford University Press, 2002, pp. 41 –42。

② 参见 Ariew, André, Robert Cummins & Mark Perlman, eds., *Functions: New Essays in the Philosophy of Psychology and Biology*, Oxford University Press, 2002, p. 42。

③ 参见 Ariew, André, Robert Cummins & Mark Perlman, eds., *Functions: New Essays in the Philosophy of Psychology and Biology*, Oxford University Press, 2002, p. 37。

④ 参见 Ariew, André, Robert Cummins & Mark Perlman, eds., *Functions: New Essays in the Philosophy of Psychology and Biology*, Oxford University Press, 2002, p. 38。

⑤ 参见 Ariew, André, Robert Cummins & Mark Perlman, eds., *Functions: New Essays in the Philosophy of Psychology and Biology*, Oxford University Press, 2002, p. 40。

学家运用目的论语言时，必然要考虑自然选择，这是因为自然选择通过解释设计现象，保证了目的论语言的合理性。这一考虑与我们的研究主题——生物功能溯因解释相对应。由此可见，基于进化生物学中的设计观念，目的论语言在进化生物学中的运用是合理的。除此之外，鲁斯肯定了目的论语言在进化生物学中所发挥的启发作用。① 他指出，在进化生物学中，进化生物学家往往通过询问事物在当时是如何起作用的，提出假设并进行验证，借此分解研究难题、推进研究工作。据此，鲁斯认为，如果将目的论语言从进化生物学中清除出去，就要付出巨大的代价。② 因此，与赖特相比，鲁斯虽然采用了同样的类比方法，但是他的解释目标不同于赖特。

此后，内格尔分别讨论了功能描述启发说和功能描述福祉说。其中，功能描述启发说③是基于将功能描述看作具有方法论或启发意义的认识而确立起来的功能解释观点④。哲学家布罗德（C. D. Broad）的目的论解释是功能描述启发说的代表，它预设了智能设计者的存在。在这一预设下，研究者所研究的系统是智能设计者所构造的。若研究者在分析该系统时发现了新的部分或者以往未发现的部分间的新关联，且这些新发现与上述预设相一致，那么该系统便是布罗德所称的目的论系统。布罗德认为，生物体即目的论系统。⑤ 进而，由于智能设计者的设计能力远远超出了我们所熟知的任何意志的理智能力，因此，布罗德的目的论解释陷入了不可知论。内格尔认为，经验探究可取代设计者的设计意愿，这似乎能够拯救启发观，但他并未深入讨论。他认为，功能描述福祉说要比上述功能描述观点都合理。

---

① 参见 Ariew, André, Robert Cummins & Mark Perlman, eds., *Functions: New Essays in the Philosophy of Psychology and Biology*, Oxford University Press, 2002, p. 46。

② 参见 Ariew, André, Robert Cummins & Mark Perlman, eds., *Functions: New Essays in the Philosophy of Psychology and Biology*, Oxford University Press, 2002, p. 47。

③ 康德是功能描述启发说的先驱。康德虽然主张运用纯粹机械法则解释自然界中的一切现象，但他也承认生物体显著的目的性特征无法运用纯粹机械法则得到解释。据此，康德保留了目的论解释在生物学中的运用。但是，他认为，由于我们对目的论作用机制的理解是基于我们自身行为的认识而进行的，所以目的论解释并不是关于自然界功能现象的事实描述，它的价值在于它能够启发研究者探究生物体的作用机制（Nagel, 1977b, p. 289; Lewens, 2007, pp. 544 - 545）。

④ 参见 Nagel, E., "Functional Explanations in Biology", *The Journal of Philosophy*, 1977b, Vol. 5, No. 74, p. 288。

⑤ 参见 Nagel, E., "Functional Explanations in Biology", *The Journal of Philosophy*, 1977b, Vol. 5, No. 74, pp. 289 - 290。

　　功能描述福祉说的主旨在于功能或有助于生物个体的福祉，或有助于生物种群的福祉，或有助于生物个体所属物种的福祉。① 内格尔分别讨论了科学哲学家卡尔·亨普尔（Carl Hempel）和鲁斯②的生物功能说。在亨普尔看来，系统中所含事项的功能为该系统的正常运行提供了必要条件（类比于生物性状与生物个体，即有助于生物个体的福祉），正如脊椎动物心脏的功能是循环血液，循环血液保证了脊椎动物体内营养的输送和垃圾的移除，而这两者都是脊椎动物个体正常活动的必要条件。此外，亨普尔通过逻辑分析的方式，回应了功能解释需解释生物体中某事项的存在这一要求，具体如下：（i）在某一时刻某一环境中，生物体能够正常运作；（ii）若生物体正常运作，那么某一条件需得到满足；（iii）若某一事项在该生物体中存在，它所发挥的作用效果能够满足生物体正常运作所需的上述条件。③ 但内格尔认为，（i）（ii）（iii）这些前提条件并不能解释生物体中某事项为何存在。对此，亨普尔修正了（iii），代之以（iii）′：只要某一事项存在于该生物体中，生物体正常运作所需条件就能得到满足。但是，亨普尔认为，通常情况下没有理由这么做。事实上，他认为，只要任何一个所发挥作用类似于上述事项的替代事项存在，生物体正常运作所需的条件都可得到满足。譬如，理想状态下，人工泵若能发挥和心脏一样的泵血作用，人体也能正常运作。因此，亨普尔得出结论，即功能解释只具有启发价值而不具有解释价值。内格尔认为，如果功能解释真如亨普尔的理论所分析的那样，那么功能解释确实不能回应功能事项为何存在这一问题。但是，在他看来，至少在生物学中，功能解释的理论形式并不是亨普尔所分析的那样。例如，在正常人体内，心脏是循环血液的必要条件，这是因为，在正常人体内，并不存在影响血液循环的其他作用机制。那种认为通过其他机制循环血液的考虑在物理上是可能的，但它与生理学家所观察到的正常人体内血液循环的作用机制是不相干的。此

---

① 参见 Nagel, E., "Functional Explanations in Biology", *The Journal of Philosophy*, 1977b, Vol. 5, No. 74, p. 290。

② 鲁斯早期的功能描述福祉说与其后来对目的论语言在生物学中的合理性的论证（Ruse, 2002）是一致的。

③ 参见 Nagel, E., "Functional Explanations in Biology", *The Journal of Philosophy*, 1977b, Vol. 5, No. 74, p. 291。

外，在有些系统中，不同的事项发挥着共同的功能，以至于这些事项中没有哪一个对于它们共同功能的执行是必要的。例如，在正常人体中，人的左耳、右耳或是双耳的存在对于听力的发挥都是必要的。因此，在这类案例中，功能解释解释了系统中一个事项集合的存在。[①] 内格尔进一步指出，如果生物体在其自然状态下正常活动的前提是一些必要条件得到满足的话，那没有理由去怀疑特定器官或其他部位的存在可能对与它们有关的功能的执行是必要的。关于人体的生理学研究表明，人体绝大多数器官和身体部位对于它们功能的执行都是必要的。内格尔反思了亨普尔为何将部分作用效果的发挥与该部分所在系统的正常运行结合起来。内格尔认为，亨普尔这样做可以将不正确的功能描述排除出去。例如，人体中心脏的一个功能是制造心脏重击声音。但是，这一论断存在争议，因为根据亨普尔的功能解释，若系统中一个事项的作用效果为该系统的正常运行提供了必要条件，那它便是该事项的功能。在这个例子中，尽管在其他环境、其他时代中，心脏噪声并未做出任何有益于人体正常运作的事情，但是在今天，它对于医生有诊断价值。在这种情况下，心脏噪声是否被看作心脏的功能呢？于是，亨普尔功能解释的难题便在于，如果无法提供一个关于生物体正常运作是什么的答案，那么便很难用亨普尔的功能解释去区分功能与偶然功能。反过来，正是因为亨普尔并未讨论生物体正常运作是什么，他的功能解释才具有了其他功能解释所不具有的普遍性，许多其他的功能解释往往被看作亨普尔功能解释的子集。

与亨普尔不同，鲁斯的功能描述福祉说是建立在他对内格尔功能分析的批评之上的。内格尔的生物功能说是生物功能的支持目标观（the goal-supporting view of biological functions），它不仅预设了所讨论系统是目标导向的[②]，而且强调了该系统中某一事项的功能有助于实现或维持该系统的目标[③]。因此，内格尔的生物功能说与他所支持的目标导向过程系统特性观

---

① 参见 Nagel, E., "Functional Explanations in Biology", *The Journal of Philosophy*, 1977b, Vol. 5, No. 74, p. 293。

② 该目标导向符合他所支持的上述目标导向过程系统特性观中的目标导向（Nagel, 1977b, p. 295）。

③ 参见 Nagel, E., "Functional Explanations in Biology", *The Journal of Philosophy*, 1977b, Vol. 5, No. 74, p. 296。

具有内在一致性。对此，鲁斯反驳道，内格尔的这一界定无法规避反事实案例。例如，如果长毛狗的长毛藏跳蚤，并且该长毛的目标指向生存，那么该长毛的功能就是藏跳蚤。退一步说，如果长毛狗的长毛藏跳蚤，长毛狗身上因此有很多跳蚤咬的疤痕，而这些疤痕使得长毛狗免疫于一些寄生虫（这些寄生虫往往会缩短那些没有蚤咬疤痕的长毛狗的寿命），那么该长毛的功能是藏跳蚤。在这个意义上，身上长跳蚤便是生物学家们所说的适应，它将适应性优势赋予长跳蚤的长毛狗。由此，鲁斯的功能描述福祉说可概述如下：生物体中某事项的功能是做某事，这传达了两个信息：其一，生物体运用某事项做了某事；其二，所做的某事是一种适应，即它有助于生物体的生存和繁殖活动。[1] 对此，内格尔认为，鲁斯误解了他所说的系统是目标导向这一前提。内格尔指出，他在隐含意义而非直接意义上说功能描述中的系统是目标导向的。但他也承认，无论在哪种意义上，鲁斯的反例都符合他的功能陈述，即长毛狗身体上长毛的功能是藏跳蚤。但内格尔进一步指出，他的功能陈述不仅预设了目标导向的系统，而且也预设了赋予一个事项的功能要有助于其所在系统目标的实现或维持，且正是由于其所在系统目标的实现或维持，该系统才是自我组织的。根据这一观点，在上述反例中，藏跳蚤显然并不有助于长毛狗所要实现或维持的目标，它并不能威胁到内格尔的功能描述。

总体看来，通过讨论功能描述中性说、功能描述选择能动者说、功能描述启发说、功能描述福祉说以及其关于生物功能的支持目标观，内格尔重申了功能解释的解释模式——根据生物系统中某事项的既有功能解释该事项在生物系统中的当前存在。换句话说，某事项所发挥的当前作用效果并不是该事项在其所在系统中存在的前提条件，它不能从因果上解释该事项在其所在系统中的存在。因此，功能解释在本质上不是因果解释。

三　目标解释与功能解释之再分析

根据内格尔的分析，目标解释和功能解释是两种不同类型的目的论解释

---

① 参见 Nagel, E. , "Functional Explanations in Biology", *The Journal of Philosophy*, 1977b, Vol. 5, No. 74, p. 296。

形式，它们的分殊揭示了目的论解释本身的内在异质性。阿耶拉在其对生物学中目的论解释的讨论中、卢恩斯在其对生物学中功能解释的讨论中，表达了相似的观点。但与内格尔不同的是，阿耶拉从分析目的论观点产生的根源入手，将目标解释和功能解释视作其关于目的论解释所适用的三种不同情况中的两种情况。卢恩斯则挖掘了目标解释和功能解释背后的认识论根源。通过讨论阿耶拉和卢恩斯的观点，我们将进一步强化对生物学中目的论解释内在异质性的认识，并且看到卢恩斯所作的认识论归因在根本上实现了对内格尔上述区分的升华。正是基于卢恩斯的认识论归因，目标解释与功能解释才得以真正区分开。

根据阿耶拉对生物学中目的论解释的分析，目的论观念在现代科学中饱受诟病是因为人们将目的论观念等同于如下信念：未来事件在未来事件自身的实现过程中充当着主动能动者（active agents）的角色。[①] 阿耶拉认为，这种等同关系不成立，上述信念并不必然蕴含在目的论观念中。在他看来，目的论解释在生物学中不可或缺，且目的论解释与因果解释完全相容。[②] 通过分析目的论解释的来源以及其适用范围，阿耶拉支持了此论点。就目的论解释的来源而言，阿耶拉指出，目的论解释的产生源自人们对自身目标导向活动的反思。在日常生活中，人们的大多数活动都是目标导向的。譬如，为了缓解口渴而喝水的行为、为了锻炼身体而跑步的行为等。其中，缓解口渴、锻炼身体是人们做出喝水行为和跑步行为时期望达到的目标，它们来源于人们的意识。但是，赋予喝水行为和跑步行为以目标导向特征的并不是缓解口渴、锻炼身体这些目标本身，而是喝水行为、跑步行为与缓解口渴、锻炼身体这些目标之间所存在的指向关系，即通过喝水、跑步这些行为，人们能够实现缓解口渴、锻炼身体这些目标。换句话说，如果喝水行为和缓解口渴之间、跑步行为与锻炼身体之间不存在上述指向关系，那么，至少在实现缓解口渴、锻炼身体这些目标上，喝水行为和跑步行为不是目标导向的。因此，虽然人的目标导向活动中的目标在本质上来自人的意识，但是该目标并不是

---

① 参见 Ayala, Francisco J., "Teleological Explanations in Evolutionary Biology", *Philosophy of Science*, 1970, Vol. 1, No. 37, p. 8。

② 参见 Ayala, Francisco J., "Teleological Explanations in Evolutionary Biology", *Philosophy of Science*, 1970, Vol. 1, No. 37, p. 8。

判定人的行为或活动是否具有目标导向特性的决定性因素，判定人的行为或活动是否具有目标导向特性的决定性因素是人的行为或活动与其目标之间的指向关系。对于该指向关系的说明就是目的论解释，即通过说明人的行为或活动有助于实现某一具体目标，解释了人的行为或活动为何会发生。阿耶拉认为，该目的论解释完全可以加以扩展，用以解释任何展现出朝向某一特定目标或终极状态倾向性的行动、对象或者过程，无须考虑这些目标导向的行动、对象或者过程是不是有意识地朝向其目标，也无须考虑它们是否受到了某一外在能动者的引导。[①] 据此，阿耶拉强调，一般意义上的目的论解释是依据某一系统对象或系统过程有助于实现或者维持该系统的特定状态或者特定性质，实现对该系统对象或系统过程在该系统中的存在的解释。确切地说，目的论解释要求系统对象或系统过程有助于其所在系统特定状态或特定性质的维系。反过来，正是由于系统对象或系统过程对其所在系统的贡献，它们才得以在系统中存在。[②]

阿耶拉进一步指出，根据系统对象或系统过程与它们所在系统目标之间的关系，生物学中的目的论解释适用于以下三种情况。[③]（1）当能动者有意识地期望实现特定目标时，他的行动就是有目的的行动。这种情况通常发生在人类或者其他动物中。例如，人们喝水的行为是为了缓解口渴，野兔逃跑的行为是为了避开猎鹰的追捕。（2）自调节系统或目的性系统所进行的操作也是目的性行为，这是因为系统的内在机制使得系统能够不受环境干扰，实现或维持某一系统特性。例如，哺乳动物的体温调节，恒温器对室温的调控等。其中，在对生物体自体调节系统的说明中，阿耶拉引入了生物学家所区分的两种自我平衡类型——生理自我平衡（physiological homeostasis）和发育自我平衡（developmental homeostasis）。其中，类似于人体血液中水浓度、盐分浓度的调节属于生理自我平衡。相比之下，发育自我平衡指的是生

---

① 参见 Ayala, Francisco J., "Teleological Explanations in Evolutionary Biology", *Philosophy of Science*, 1970, Vol. 1, No. 37, p. 8。

② 参见 Ayala, Francisco J., "Teleological Explanations in Evolutionary Biology", *Philosophy of Science*, 1970, Vol. 1, No. 37, p. 8。

③ 参见 Ayala, Francisco J., "Teleological Explanations in Evolutionary Biology", *Philosophy of Science*, 1970, Vol. 1, No. 37, p. 9。

物体在从配子到成体的发育过程中可能会遵循不同的发育路径，对这些发育路径的调节即发育自我平衡。（3）在解剖学意义和生理学意义上被设计成实现特定功能的结构，如眼睛、心脏等。① 据此，阿耶拉同样揭示了生物学中目的论解释的内在异质性，他所讨论的（2）和（3）两种情况分别对应于前面目的论解释中的目标解释和功能解释。

　　与阿耶拉相比，卢恩斯对功能概念以及不同功能理论的分析虽与内格尔对目标描述和功能描述的区分相近，但他进一步挖掘了这两种描述背后的认识论根源。具体而言，通过将功能概念区分为重度功能讨论（heavy function talk）和轻度功能讨论（light function talk），卢恩斯强调了功能概念在生物学、化学、物理学等领域研究中的重要性和复杂性。通过指出不同功能理论或基于人造物模型（the artefact model of organic function）或基于主体模型（the agent model of organic function）展开，卢恩斯揭示了造成不同功能理论差异的认识论原因。我们认为，这种认识论上的归因不仅与内格尔对目标描述与功能描述进行区分时的出发点一致，而且实现了对内格尔上述区分的升华。换句话说，卢恩斯对人造物模型和主体模型的区分从根本上揭示了上述功能解释（描述）和目标解释（描述）的不同是认识论上的不同。

　　在具体讨论中，通过分析功能概念的特性，卢恩斯将功能概念区分为重度功能讨论和轻度功能讨论。② 其中，重度功能讨论是指具有解释性、能够区分功能与偶然功能（accidental benefits）、能够解释功能失灵（malfunction）等部分或全部内涵的功能描述，它适用于描述设计者设计的人工物、设计者进行的活动或生物功能现象。例如，雄孔雀花哨尾巴的功能是为了吸引异性这一表述可以理解为：雄孔雀的花哨尾巴是为了吸引配偶；吸引配偶在一定程度上解释了雄孔雀为什么会拥有花哨的尾巴。③ 在这一表述中，对

　　① 参见 Ayala, Francisco J., "Teleological Explanations in Evolutionary Biology", *Philosophy of Science*, 1970, Vol. 1, No. 37, p. 9。

　　② 参见 Lewens, Tim, "Functions", In Matthen, Mohan & Stephens, Christopher (eds.), *Philosophy of Biology*, Elsevier, 2007, p. 525。

　　③ 参见 Lewens, Tim, "Functions", In Matthen, Mohan & Stephens, Christopher (eds.), *Philosophy of Biology*, Elsevier, 2007, p. 525。

雄孔雀花哨尾巴的功能描述是重度功能讨论，该描述具有解释性。轻度功能讨论是指对某一研究对象的功能作出一般描述的功能描述，它适用于物理学、化学中的一般功能描述。例如，化学家会试图描述出一个无机过程中，某些试剂的准确功能，但化学家不会说氟氯烃的功能是破坏臭氧层。① 基于此，卢恩斯强调了功能概念的重要性和复杂性，并主张通过讨论不同功能理论间的差异来分析生物功能。

在卢恩斯看来，不同功能理论或来源于人造物模型，或来源于主体模型。根据人造物模型，有机体组成部分的功能可类比于人造物组成部分的功能进行解释。据此，如同设计历史是人造物及其组成部分功能的原因一样，外在于有机体的动因——选择历史决定了有机体还有其组成部分的功能。在这种情况下，有机体的组成部分可直接描述为具有功能的组成部分。相比之下，根据主体模型，有机体组成部分的功能可类比于实现主体目标的工具。据此，如同主体的内在动因所产生的目标指导了主体的行为一样，内在于有机体的发育或其内在组织所产生的目标指导了有机体的行为。卢恩斯进一步指出，目标导向（goal-directedness）描述对应于主体模型，它强调目标在逻辑上先于功能，即有机体组成部分的功能作用于有机体整体目标的实现。② 这一点与人造物模型中所强调的功能在先的思想相反。据此，我们认为，基于人造物模型的功能理论符合内格尔的功能描述，基于主体模型的功能理论符合内格尔的目标描述。

进言之，在卢恩斯看来，人造物模型和主体模型的根本不同在于它们是看重生物体与人造物之间的相似性还是差异性。他认为，人造物模型强调生物体与人造物之间的相似性，它延续了自然神学的分析传统，主张将生物体类比于人造物进行分析。主体模型则强调生物体与人造物之间的差异性，它延续了亚里士多德和康德的分析传统，主张将生物体类比于目标导向的主体进行分析。因此，可以说，人造物模型和主体模型的区分揭示

---

① 参见 Lewens, Tim, "Functions", In Matthen, Mohan & Stephens, Christopher（eds.）, *Philosophy of Biology*, Elsevier, 2007, p. 525。

② 参见 Lewens, Tim, "Functions", In Matthen, Mohan & Stephens, Christopher（eds.）, *Philosophy of Biology*, Elsevier, 2007, p. 526。

了学者们在对功能概念的哲学分析中所呈现出的最初方向，即采用两种不同的类比方式①，这两种不同的类比方式从根本上反映了上述目标解释和功能解释的不同是认识论上的不同。在这个意义上，本研究所讨论的进化生物学中的生物功能溯因解释因其从属于目的论解释中的功能解释而从根本上蕴含着对生物体与人造物之间相似性的强调。

---

① 参见 Lewens, Tim, "Functions", In Matthen, Mohan & Stephens, Christopher (eds.), *Philosophy of Biology*, Elsevier, 2007, p. 527。

第 九 章

功能解释——功能分析路径[①]的
提出及其发展

　　过去四十年间，功能分析路径被视作与功能溯因解释分庭抗礼的功能解释路径，它自柯明斯的功能分析理论发端，后经阿蒙森和劳德、戴维斯的发展，逐渐成熟完善。与功能溯因解释不同，功能分析路径所倡导的因果作用功能（Causal role function）概念[②]强调根据某一事项的作用如何有助于其所在系统的整体能力，界定该事项的功能，它所采纳的解释策略是功能分析。本章拟讨论功能分析路径的理论形式，揭示该路径的上述特点，据此进一步突出功能溯因解释在进化生物学中的重要性。

　　本章研究框架如下：在第一节"功能分析路径的提出——柯明斯的功能分析理论"中，通过引入柯明斯的功能分析理论，功能分析路径的研究特点得以奠定；在第二节"功能分析路径的发展——阿蒙森和劳德的因果作用功能"中，我们将引入阿蒙森和劳德对功能分析理论所遭遇反驳意见的回应并讨论因果作用功能的适用范围；在第三节"功能分析路径的发展——戴维斯的因果作用功能统一论"中，戴维斯对选择效果功能理论的吸收和拒斥将得到说明。

---

　　①　一般认为，功能溯因解释的竞争解释形式是功能分析路径。实际上，讨论功能的文献十分多元且繁杂，但考虑到可比性，这里主要讨论功能分析路径。

　　②　参见 Neander, Karen Lee, "Functions as Selected Effects: The conceptual Analyst's Defense", *Philosophy of Science*, 1991, Vol. 2, No. 58, p. 181。

第一节　功能分析路径的提出——柯明斯的
　　　　功能分析理论

一　功能分析路径的提出背景

　　根据柯明斯的功能分析理论，相对于 s 能力 ψ 的分析性解释 A，系统 s 中组成部分 x 的功能是 ϕ，条件是 s 中的 x 能够展开 ϕ 活动，并且通过（部分地）诉诸 s 中 x 的能力 ϕ，A 恰当地解释了 s 的能力 ψ。[①] 在这一界定中，柯明斯的功能概念是相对于功能事项所在系统和对功能事项所在系统相关整体能力的解释而提出的，它采纳了柯明斯所称的分析策略（The analytical strategy），由此确立了其自身的分析特性。本部分拟通过引入柯明斯对当时已有功能解释的评析和柯明斯关于功能描述的两种解释策略，揭示柯明斯功能分析理论中功能概念的分析特性，明确功能分析理论所开创的功能分析路径在讨论生物功能方面所具有的独特意义。

　　在柯明斯看来，其时已有的功能理论是基于如下两个前提提出的：（A）科学中功能描述的要点在于解释功能描述事项的存在；（B）某物发挥其功能即某物在其所在系统中拥有特定的作用效果，该作用效果或有助于某物所在系统某些整体活动的执行，或有助于某物所在系统某些整体状态的维系。[②] 对此，柯明斯认为，前提（A）因不符合因果解释，应予拒斥，前提（B）因不是一个完整的功能解释，应予谨慎对待。具体而言，在对前提（A）的拒斥中，柯明斯重点讨论了亨普尔（1959）和内格尔（1961）的功能说。根据亨普尔的功能说，一个事项的功能有别于该事项的作用效果，区分的标准是该事项的功能为该事项所在系统的正常运行提供了必要条件，该事项的作用效果则无法发挥这样的作用。例如，脊椎动物中心脏的功能之所以是循环血液而不是发出声音是因为脊椎动物的心脏具有循环血液的作用效果，该作用效果为相应脊椎动物身体的正常运行（Proper working）提供了必

　　[①]　参见 Cummins, Robert, "Functional Analysis", *The Journal of Philosophy*, 1976, Vol. 20, No. 72, p. 762；Sober, Elliott, ed., *Conceptual Issues in Evolutionary Biology*, MIT Press, 1994, p. 64。

　　[②]　参见 Cummins, Robert, "Functional Analysis", *The Journal of Philosophy*, 1976, Vol. 20, No. 72, p. 741；Sober, Elliott, ed., *Conceptual Issues in Evolutionary Biology*, MIT Press, 1994, p. 49。

要条件。① 那么，如何依据功能解释功能事项的存在呢？亨普尔认为，关于系统 s 中 i 存在的解释如下：

（a）在 t 时刻、c 条件（特定的内在条件和外在条件）下，s 运作正常；

（b）只有必要条件 n 得到满足，c 条件中的 s 才能运作正常；

（c）如果 i 出现在 s 中，条件 n 就会得到满足；

（d）因此，在 t 时刻，i 存在于 s 中。②

据此，系统 s 中 i 的存在是条件 n 得到满足的充分条件，而条件 n 的满足是系统 s 正常运行的必要条件。回到脊椎动物心脏功能的例子中，脊椎动物心脏的存在是脊椎动物循环系统正常发挥作用的充分条件，而脊椎动物循环系统正常发挥作用是脊椎动物身体正常运行的必要条件。因此，脊椎动物心脏的存在可以由它循环血液的功能进行解释，因为循环血液的功能保证了脊椎动物心脏的存在是脊椎动物循环系统正常发挥作用的充分条件。问题在于，在亨普尔的演绎推理图式中，（d）并不能由（a）→（b）→（c）推出来，因为 i' 有可能促进了条件 n 的实现。于是，（c）′便取代了（c），即只有 i 出现在 s 中时，条件 n 才能得到满足。这样一来，亨普尔的上述演绎推理图式就变成了（a）→（b）→（c）′→（d）。然而，在现实中，理想状态下，人工泵也可以循环血液，促使条件 n 得到满足。这就意味着，无论是（a）→（b）→（c）→（d）还是（a）→（b）→（c）′→（d），都是有问题的。采纳前者，我们并不能真正解释系统 s 中 i 的存在，采纳后者，我们可以解释系统 s 中 i 的存在但违背事实。③ 因此，亨普尔依托于演绎推理图式中的充分条件解释功能事项存在的尝试是不成功的。

---

① 参见 Cummins, Robert, "Functional Analysis", *The Journal of Philosophy*, 1976, Vol. 20, No. 72, p. 742; Sober, Elliott, ed., *Conceptual Issues in Evolutionary Biology*, MIT Press, 1994, p. 50。

② 参见 Cummins, Robert, "Functional Analysis", *The Journal of Philosophy*, 1976, Vol. 20, No. 72, p. 743; Sober, Elliott, ed., *Conceptual Issues in Evolutionary Biology*, MIT Press, 1994, p. 50; Hempel, Carl G., "The logic of functional analysis", *Readings in the Philosophy of Social Science*, 1994, p. 310。

③ 参见 Cummins, Robert, "Functional Analysis", *The Journal of Philosophy*, 1976, Vol. 20, No. 72, p. 743; Sober, Elliott, ed., *Conceptual Issues in Evolutionary Biology*, MIT Press, 1994, pp. 50 -51。

内格尔支持亨普尔演绎推理图式的修正版（a）→（b）→（c）′→（d），他依托于演绎推理图式中的必要条件尝试解释功能事项存在。在内格尔看来，"拥有结构 C 的系统 S 中 A 的功能是使 S 在环境 E 中参与到过程 P 中去"这一功能陈述可以转化为：在环境 E 中，每一个拥有结构 C 的系统 S 都参与到了过程 P 中，条件是，如果在环境 E 中，拥有结构 C 的系统 S 不拥有 A，那么 S 便无法参与到过程 P 中。因此，拥有结构 C 的 S 必须拥有 A。[①] 据此，系统 S 中 A 的存在是系统 S 在环境 E 中能够参与到过程 P 中的必要条件。柯明斯认为，内格尔的这种处理依然无法回避人工泵在理想情况下同样有助于其所在脊椎动物的正常活动这类事实。[②] 对此，内格尔引入了正常情况（Normal circumstances），即事实中的大多数情况，以作说明。内格尔指出，在当前进化阶段，脊椎动物（未受手术干扰）体内循环活动得以进行的一个必要条件是心脏的存在。也就是说，如果符合以下三个条件：其一，某一给定脊椎动物体内进行了循环活动；其二，该脊椎动物未受手术干扰；其三，该脊椎动物处于当前进化阶段，我们便可以从逻辑上推出该脊椎动物拥有一个心脏。[③] 内格尔的这一辩护有一定的合理性，它可以回应亨普尔无法回应的类似于脊椎动物体内心脏存在的案例。但是，内格尔的这一辩护并不完备，它面临着类似于肾脏的功能及其存在的反驳。[④] 在正常情况下，肾脏（包括左肾和右肾）的功能是移除血液中的垃圾。尽管实际真正发挥这一功能是左肾，但只有在右肾失灵的情况下，我们才能说左肾的存在对于移除血液中的垃圾是必要的。在正常情况下，肾脏的存在而非左肾的存在才是移除血液中垃圾的一个必要条件。据此，内格尔依托于演绎推理图式中的必要条件解释功能事项存在的尝试也是行不通的。因此，无论是亨普尔

① 参见 Cummins, Robert, "Functional Analysis", *The Journal of Philosophy*, 1976, Vol. 20, No. 72, p. 743；Sober, Elliott, ed., *Conceptual Issues in Evolutionary Biology*, MIT Press, 1994, p. 51；Nagel, E., *The Structure of Science: Problems in the Logic of Scientific Explanation*, London: Routledge and Kegan Paul, 1961, p. 403。

② 参见 Cummins, Robert, "Functional Analysis", *The Journal of Philosophy*, 1976, Vol. 20, No. 72, pp. 743 – 744；Sober, Elliott, ed., *Conceptual Issues in Evolutionary Biology*, MIT Press, 1994, p. 51。

③ 参见 Cummins, Robert, "Functional Analysis", *The Journal of Philosophy*, 1976, Vol. 20, No. 72, p. 744；Sober, Elliott, ed., *Conceptual Issues in Evolutionary Biology*, MIT Press, 1994, p. 51。

④ 参见 Cummins, Robert, "Functional Analysis", *The Journal of Philosophy*, 1976, Vol. 20, No. 72, p. 744；Sober, Elliott, ed., *Conceptual Issues in Evolutionary Biology*, MIT Press, 1994, p. 52。

依托于演绎推理图式中的充分条件解释功能事项存在的尝试还是内格尔依托于演绎推理图式中的必要条件解释功能事项存在的尝试，两者均面临着困境，困境的出现说明前提（A）本身是有问题的。柯明斯认为，前提（A）的问题在于功能和相应功能事项的存在之间并无因果关联。①

柯明斯认为，依据某一事项的功能解释该事项的存在不符合因果解释。这是因为，能够实现相应功能的事项并不限于该事项。在这种情况下，我们需要回答为什么相应功能的实现只解释了该事项的存在，而没有解释能够实现该功能的其他事项的存在？在柯明斯看来，之所以会出现这种情况是因为功能事项的功能和它的存在之间并不存在因果关联。他认为，前提（A）所对应的解释对象是人工物及其组成部分而非自然系统（Natural systems）。概括地说，人工物及其组成部分的功能反映了设计者的设计意图，设计者的设计意图是相应功能事项存在的原因，相应功能事项的功能直观反映了设计者的这种设计意图。例如，开瓶器的功能是打开酒瓶盖，这一功能直观反映了设计者的设计意图——打开酒瓶盖，设计者的设计意图解释了开瓶器为何存在。因此，对开瓶器功能的解释符合前提（A）。进而，由于自然系统并不是任何设计意图的产物，我们不能运用功能来解释相应自然系统的存在，如我们不能说脊椎动物心脏所发挥的循环血液的功能解释了心脏的存在。这样一来，对自然系统功能的解释不符合前提（A）。需要指出的是，即便在人工物及其组成部分语境下，前提（A）也需要加以限制，才能在一定范围内发挥解释作用。这是因为，对于那些由设计者设计意图之外的作用力产生的、具有相应功能的功能事项而言，关于该类功能事项功能的解释实际上并不符合前提（A）。例如，由于建筑物坍塌而形成的日晷，它在人们的日常生活中发挥着计时的功能，该计时功能并不是特定设计者设计意图的直观显现，因为该日晷并不是特定设计者设计的产物。② 在这种情况下，该日晷的计时功能并不能解释该日晷的存在，前提（A）不成立。因此，在人工物及其组成部分中，前提（A）具有有限的合理性，在自然系统中，前提（A）

① 参见 Cummins, Robert, "Functional Analysis", *The Journal of Philosophy*, 1976, Vol. 20, No. 72, p. 746; Sober, Elliott, ed., *Conceptual Issues in Evolutionary Biology*, MIT Press, 1994, p. 53。

② 参见 Cummins, Robert, "Functional Analysis", *The Journal of Philosophy*, 1976, Vol. 20, No. 72, p. 747; Sober, Elliott, ed., *Conceptual Issues in Evolutionary Biology*, MIT Press, 1994, p. 53。

在根本上不合理。

　　既然如此，哲学家们为何坚持诉诸功能事项的功能解释它自身的存在呢？柯明斯指出，这是因为哲学家们并未区分目的论解释和功能解释。确切地说，功能概念采纳了目的论的解释形式，由此彰显了它的解释力。[①] 对此，柯明斯予以驳斥。他认为，这样做虽然会带来最佳解释（The best explanation），但最佳解释本身就是错误的。[②] 例如，对脊椎动物体内循环活动的最佳解释需要诉诸心脏的存在，但由于心脏存在本身是关于相应脊椎动物体内循环活动的最佳解释的一部分，从该最佳解释再推出心脏的存在便是空洞的。这种空洞性可以归之于研究者对功能事项的功能与其存在之间因果相关性的误判。也就是说，功能事项的功能与它的存在之间并不存在因果相关性。在生物学中，生物哲学家们之所以支持前提（A）是因为他们误解了生物学中常用的功能概念。一般认为，生物学中存在两种常用的功能概念。(i) 运用功能解释功能事项所在生物体如何展示出特定的特征或行为。例如，原生生物体内收缩泡的功能是将多余水分从原生生物体内排出去，这一功能解释了多余水分是如何从原生生物体内清除出去的。(ii) 运用功能解释功能事项所在生物体的持续存在，方式是说明功能事项所在生物体的生存值（Survival value）是凭借该生物体所拥有的功能事项得到保证的。例如，原生生物所拥有的收缩泡使得原生动物能够吸入氧气，排出多余水分。[③] 在柯明斯看来，正是出于对（ii）的误解，我们很容易偏向于支持前提（A）。根据（ii），自然选择似乎为生物体内某事项的活动和该事项在生物体中的存在之间提供了因果联结的可能性。据此，原生生物体内伸缩泡的功能（受到自然选择的支持）帮助原生生物存活下来，原生生物的存活反过来保证了伸缩泡在原生生物所在种群中的持续存在。这一解释策略不符合实际情况，海洋原生生物体内伸缩泡的功能可以反驳这一解释策略。在自然界中，海洋

　　① 参见 Cummins, Robert, "Functional Analysis", *The Journal of Philosophy*, 1976, Vol. 20, No. 72, pp. 747-748; Sober, Elliott, ed., *Conceptual Issues in Evolutionary Biology*, MIT Press, 1994, p. 54。

　　② 参见 Cummins, Robert, "Functional Analysis", *The Journal of Philosophy*, 1976, Vol. 20, No. 72, p. 748; Sober, Elliott, ed., *Conceptual Issues in Evolutionary Biology*, MIT Press, 1994, p. 54。

　　③ 参见 Cummins, Robert, "Functional Analysis", *The Journal of Philosophy*, 1976, Vol. 20, No. 72, p. 749; Sober, Elliott, ed., *Conceptual Issues in Evolutionary Biology*, MIT Press, 1994, p. 55。

原生生物体内伸缩泡的功能和淡水原生生物体内伸缩泡的功能刚好相反，这是因为海洋原生生物体内并不存在排水问题。按照上述解释策略，海洋原生生物体内伸缩泡的功能和它对海洋原生生物生存所起到的作用与淡水原生生物体内伸缩泡的功能相同，但这显然不符合实际情况。① 因此，原生生物体内伸缩泡的存在与它的功能完全无关，它应由原生生物体内相应的遗传计划来解释。同样的，自然选择的作用在于修饰遗传计划而非充当原生生物体内伸缩泡的存在与其功能之间的因果连接环。因此，前提（A）应予拒斥，功能事项的功能与其存在之间并无因果关联。

那么，功能事项的功能究竟发挥着什么作用呢？柯明斯认为，功能事项的功能仅与功能事项所在系统的活动有关。② 这样看来，前提（B）似乎是可取的。根据前提（B），某物发挥其功能即某物在其所在系统中拥有特定的作用效果，该作用效果或有助于某物所在系统某些整体活动的执行，或有助于某物所在系统某些整体状态的维系。据此，我们很容易区分功能事项的功能与作用效果，区分标准是某物的作用效果是否有助于其所在系统的正常运行，该正常运行或指向某物所在系统某些整体活动的执行，或指向某物所在系统某些整体状态的维系。③ 如果答案是肯定的，那么相关的作用效果就是该物的功能。反之，相关的作用效果便是该物的作用效果。对此，柯明斯指出，若此法可行，那么必定存在界定功能事项所在系统特定状态或特定活动的方法。考虑到相关功能事项的所有作用效果在相应的语境下或有助于该事项所在系统特定状态的维系或有助于该事项所在系统特定活动的执行，该事项的所有作用效果在相应语境下都是该事项的功能。因此，运用前提（B）区分功能事项的功能和作用效果是行不通的。

为解决这一问题，亨普尔通过将功能事项所在系统的特点限定为恰当运

① 参见 Cummins, Robert, "Functional Analysis", *The Journal of Philosophy*, 1976, Vol. 20, No. 72, p. 750; Sober, Elliott, ed., *Conceptual Issues in Evolutionary Biology*, MIT Press, 1994, pp. 55 – 56。

② 参见 Cummins, Robert, "Functional Analysis", *The Journal of Philosophy*, 1976, Vol. 20, No. 72, p. 751; Sober, Elliott, ed., *Conceptual Issues in Evolutionary Biology*, MIT Press, 1994, pp. 56 – 57。

③ 参见 Cummins, Robert, "Functional Analysis", *The Journal of Philosophy*, 1976, Vol. 20, No. 72, p. 752; Sober, Elliott, ed., *Conceptual Issues in Evolutionary Biology*, MIT Press, 1994, p. 57。

行（Proper working），即能够恰当地执行其功能，界定功能事项的功能。于是，前提（B）可修正为：某一系统 G 中组成部分 F 的功能是 f，条件是，通常情况下，f 是 F 的作用效果，该作用效果有助于 G 功能的实现。[①] 对此，柯明斯认为，由于功能事项所在系统的功能是什么始终未得到解释，这一界定并不是一个完整的功能解释，它不能用于区分某一事项的功能与作用效果。例如，根据这一界定，通常情况下，上述原生生物体内伸缩泡具有排出多余水分的作用效果，该作用效果有助于它所在原生生物某一功能的实现。这里，如果相关原生生物没有功能，那么这一功能界定便是错的。如果原生生物有功能，那么我们需要说明该功能是什么。由于该功能是什么并未明示，因此这一功能界定并不是完整的功能解释。退一步来说，如果某事项的作用效果有助于其所在系统的功能弱化为有助于其所在系统的特定活动，那么该作用效果是否可以称作该事项的功能呢？柯明斯指出，答案仍然是否定的。这是因为：其一，这不适用于人工物。在人工物中，正常运行的人工物就是能够正常发挥其功能的人工物；其二，这不适用于生物体。对于生物体来说，生物性状的功能往往会涉及生物体，但不会明确涉及生物体的功能。此外，除了功能，生物性状发挥着若干非功能的作用效果。鉴于此，某事项的功能与其作用效果之间的区分原则仍需要加以说明。亨普尔将功能事项所在系统的正常运行指向相关系统的存活和健康，这使得他无法回应如下反例[②]，即有些正常运作的器官造成了其持有者的死亡，如蚕蛾、某些鲑鱼产卵后死亡；有些有助于其所在系统存活和健康的事项的作用效果实际上并不是该事项的功能，如超重个体体内的肾上腺素虽有助于新陈代谢，促进了超重个体体内有害脂肪的清除，但肾上腺素的功能是帮助相关个体应对突发刺激（恐惧、兴奋等）而非清除有害脂肪。不同于亨普尔，柯明斯引入了一个更为合理的提议。他指出，在进化生物学中，生物体组成部分所发挥的、被判定为其功能的作用效果有助于其所在生物体特定状态的维持或特定活动

---

① 参见 Cummins, Robert, "Functional Analysis", *The Journal of Philosophy*, 1976, Vol. 20, No. 72, p. 753; Sober, Elliott, ed., *Conceptual Issues in Evolutionary Biology*, MIT Press, 1994, p. 58。

② 参见 Cummins, Robert, "Functional Analysis", *The Journal of Philosophy*, 1976, Vol. 20, No. 72, pp. 754 – 755; Sober, Elliott, ed., *Conceptual Issues in Evolutionary Biology*, MIT Press, 1994, p. 59。

的执行，这使得生物体有助于其所在物种生存的能力得以维持或增加。① 根据这一提议，如果功能性状的作用效果通过有助于其所在生物体特定状态的维持或特定活动的执行而增强了其所在生物体在维系该生物体所在种群生存方面的能力，那么该作用效果就是相应功能性状的功能。在进化生物学中，出于实用的考虑，我们往往将符合这一提议的作用效果看作相关性状的功能。但是，由于很难理解功能性状所在生物体的能力如何有助于该生物体所在种群的生存，我们的确无法回应为什么相关的作用效果被看作相关性状的功能。因此，前提（B）及其变体均不是完整的功能解释，它们始终未曾真正回答这一终极哲学问题：为什么某些作用效果被看作相关事项的功能？②

综上所述，柯明斯主张拒斥前提（A），谨慎对待前提（B），其中原由可概括为：前提（A）不符合因果解释，前提（B）并非完整的功能解释。以此为理论背景，柯明斯引入了他自己对功能解释的思考。在他看来，功能解释在本质上并不有别于科学解释。③ 故而，他更专注讨论诉诸功能所能解决的问题。④

二　功能分析理论的解释策略

在柯明斯看来，功能在本质上是一种倾向性（Dispositions），将功能赋予某物意味着将一种倾向性赋予某物。换句话说，如果系统组成部分的功能是做某事，那么该系统组成部分便具有了做某事的倾向性。⑤ 在脊椎动物心脏循环血液的案例中，心脏所拥有的循环血液功能指的是在正常情况下，心脏具有循环血液的倾向性。在这个意义上，解释心脏的功能即解释心脏所拥

① 参见 Cummins, Robert, "Functional Analysis", *The Journal of Philosophy*, 1976, Vol. 20, No. 72, p. 755; Sober, Elliott, ed., *Conceptual Issues in Evolutionary Biology*, MIT Press, 1994, pp. 59 - 60。

② 参见 Cummins, Robert, "Functional Analysis", *The Journal of Philosophy*, 1976, Vol. 20, No. 72, p. 757; Sober, Elliott, ed., *Conceptual Issues in Evolutionary Biology*, MIT Press, 1994, p. 61。

③ 这也是戴维斯所关注的重点。戴维斯致力于说明功能解释是科学解释的一部分而非一种独特的解释形式。

④ 参见 Cummins, Robert, "Functional Analysis", *The Journal of Philosophy*, 1976, Vol. 20, No. 72, p. 757; Sober, Elliott, ed., *Conceptual Issues in Evolutionary Biology*, MIT Press, 1994, p. 61。

⑤ 参见 Cummins, Robert, "Functional Analysis", *The Journal of Philosophy*, 1976, Vol. 20, No. 72, p. 758; Sober, Elliott, ed., *Conceptual Issues in Evolutionary Biology*, MIT Press, 1994, p. 61。

有的倾向性，心脏所拥有的倾向性与相关的倾向性规则①（Dispositional regularity）有关，该倾向性规则指涉的是针对心脏行为的规则，它解释了处于正常情况下的心脏具有循环血液的倾向性（或功能）。那么，究竟该如何理解处于正常情况下的心脏所发挥的倾向性呢？为了回答这一问题，柯明斯引入了两个解释策略：包含策略（The subsumption strategy）和分析策略（The analytical strategy）。通过支持分析策略，柯明斯实现了他的功能分析。

　　根据包含策略，相关倾向性规则是一般科学法则的子集，它的独特之处在于它涉及处于特定情境中的特定事项。正是对于处于特定情境中的特定事项而言，相关的倾向性规则能够解释该事项的倾向性。确切地说，某事项所具有的倾向性符合与该事项有关的倾向性规则，该倾向性规则包含在如下事实中，即某类事件（的发生）将使得该事项显现出它所具有的倾向性。② 这里，某类事件可以视作相关事项显现出其倾向性的诱发事件，它与倾向性显现之间的关联可通过探寻相关事项本身的特点得到揭示。反过来说，相关事项本身的特点决定了当诱发事件发生时，相关事项会显现出它所具有的相关倾向性。例如，淡水原生生物体内伸缩泡的特点决定了当淡水原生生物被置于淡水中时，它的伸缩泡会显现出排出其体内多余水分的倾向性。柯明斯将符合倾向性规则的这类案例看作符合某个或若干一般法则的案例，它们与运用阿基米德定律解释水中物体所具有的上浮倾向这类案例一样，并无特殊之处。③ 因此，包含策略的核心在于将倾向性规则置于一般法则之中。进而，倾向性规则对于具有相应倾向性的对象而言是独特的，但包含倾向性规则的一般法则对于具有相应倾向性的对象而言并不特殊。

　　不同于包含策略，分析策略采用分解法解释所讨论对象 a 所拥有的倾向性 d。据此，相关倾向性 d 可分解为 $d_1 \cdots d_n$，它们分别由 a 或 a 的组成部分

---

　　① 柯明斯的倾向性规则并不明确，我们理解的是具体情况与一般自然法则的结合，即不同的讨论对象类型对应于不同的倾向性规则。

　　② 参见 Cummins, Robert, "Functional Analysis", *The Journal of Philosophy*, 1976, Vol. 20, No. 72, p. 758; Sober, Elliott, ed., *Conceptual Issues in Evolutionary Biology*, MIT Press, 1994, p. 62。

　　③ 参见 Cummins, Robert, "Functional Analysis", *The Journal of Philosophy*, 1976, Vol. 20, No. 72, p. 759; Sober, Elliott, ed., *Conceptual Issues in Evolutionary Biology*, MIT Press, 1994, p. 62。

所持有，它们的总体实现相当于 d 的实现。[①] 柯明斯指出，在分析策略中，能力（Capacities）这一术语比倾向性更为常用。因此，柯明斯分析策略中的能力即是他所说的倾向性。在柯明斯看来，流水线作业恰如其分地反映了分析策略的运作方法。通常情况下，流水线作业的终点是生产产品，它将生产产品这一任务划分为若干不同的任务，流水线上每个点都对应着相应的任务，流水线上每个点的工人或机器具有完成相应任务的功能。在这个意义上，如果我们认为流水线具有生产产品的能力，那么该能力的发挥是由于如下事实：每个点上的工人或机器具有完成相应任务的功能。此外，每个点上的工人或机器以一种有序的方式完成了各自的任务，使得最终的产品得以产生。所以，每个点上的功能或机器的相应功能是相对于它们所在流水线及该流水线的某一整体能力而言的。[②]

生物学中的功能分析与流水线作业十分相似。柯明斯认为，通过将生物个体的整体能力分解为其各个组成系统（如循环系统、消化系统、神经系统等）的子能力，该整体能力可以看作这些子能力有序交互的结果。在这个过程中，循环系统、消化系统、神经系统等组成系统分别可进一步分解为较低层级的相应组成部分，这些较低层级组成部分之间能力交互的结果即是相应高层级组成部分的能力。继而，较低层级的相应组成部分又可进行进一步的分解，直至最低层级的生理活动可以借由一般法则进行解释。这样一来，分析策略最终和包含策略结合起来了。[③] 反过来说，包含策略从根本上支持着分析策略的合理性。例如，研究表明，脊椎动物的循环系统分为心血管系统和淋巴系统。其中，心血管系统包括心脏、动脉、毛细血管、静脉、血液。淋巴系统包括毛细淋巴管、淋巴管、淋巴导管、淋巴结和淋巴液。[④] 值得一提的是，柯明斯更加关注分析策略在心理学领域而非生物学领域的应用。他认为，分析策略为解释生物体如何习得复杂行为能力以及如何练习复杂行为

① 参见 Cummins, Robert, "Functional Analysis", *The Journal of Philosophy*, 1976, Vol. 20, No. 72, p. 759；Sober, Elliott, ed., *Conceptual Issues in Evolutionary Biology*, MIT Press, 1994, pp. 62 - 63。

② 参见 Cummins, Robert, "Functional Analysis", *The Journal of Philosophy*, 1976, Vol. 20, No. 72, pp. 759 - 760；Sober, Elliott, ed., *Conceptual Issues in Evolutionary Biology*, MIT Press, 1994, p. 63。

③ 参见 Cummins, Robert, "Functional Analysis", *The Journal of Philosophy*, 1976, Vol. 20, No. 72, p. 761；Sober, Elliott, ed., *Conceptual Issues in Evolutionary Biology*, MIT Press, 1994, p. 63。

④ 参见程红《脊椎动物循环系统的比较》，《生物学通报》2000 年第 8 期，第 16 页。

能力这类心理学研究任务提供了方法论依据。尽管如此，柯明斯的分析策略仍是其功能分析的主要方法论依据。

如前所述，根据柯明斯的功能分析理论，相对于 s 能力 ψ 的分析性解释 A，系统 s 中组成部分 x 的功能是 φ，条件是 s 中的 x 能够展开 φ 活动，并且通过（部分地）诉诸 s 中 x 的能力 φ，A 恰当地解释了 s 的能力 ψ。① 由此可见，在分析功能的语境中，分析策略的实行表明柯明斯的功能解释是相对于功能事项所在系统和对功能事项所在系统相关整体能力的解释而提出的。据此，相对于脊椎动物心脏所在的循环系统和对相应循环系统血液循环能力的解释而言，脊椎动物心脏的功能是循环血液而非发出声音。进言之，以功能事项所在的参照系统和对该参照系统能力的解释为背景，柯明斯的功能分析理论可以区分某一事项的功能与偶然功能。需要注意的是，研究者的研究兴趣限定了柯明斯功能分析理论的研究背景。概括地说，研究者的研究兴趣规定了功能事项所在系统的哪一项整体能力会得到功能分析。② 除此之外，为了进一步明确功能分析理论在区分某一事项的功能与偶然功能中所发挥的作用，柯明斯对其功能分析理论中的要素进行了限制，提出了一个判定恰当功能分析科学重要性的内在标准。③ 他指出，功能分析应具有以下三个特点：(i) 受分析能力（The analyzed capacities）要比分析能力（The analyzing capacities）具有更高的复杂性；(ii) 受分析能力在类型上不同于分析能力；(iii) 分析策略所适用的系统本身具有相对复杂性。其中，(iii) 与 (i) 和 (ii) 呈正相关关系，即 (i)(ii) 值越大，(iii) 的值也越大。

因此，根据柯明斯的功能分析理论，某事项的功能即该事项的倾向性，该倾向性可由相关的倾向性规则进行解释，柯明斯提供的解释策略包括包含策略和分析策略。其中，包含策略揭示了功能解释是科学解释的子集；分析策略受到包含策略的支持，揭示了功能解释的解释机制，决定了功能解释的

① 参见 Cummins, Robert, "Functional Analysis", *The Journal of Philosophy*, 1976, Vol. 20, No. 72, p. 762; Sober, Elliott, ed., *Conceptual Issues in Evolutionary Biology*, MIT Press, 1994, p. 64。

② 参见 Davies, Paul Sheldon, "The Nature of Natural Norms: Why Selected Functions are Systemic Capacity Functions", *Noûs*, 2000, Vol. 1, No. 34, p. 87。

③ 参见 Cummins, Robert, "Functional Analysis", *The Journal of Philosophy*, 1976, Vol. 20, No. 72, p. 764; Sober, Elliott, ed., *Conceptual Issues in Evolutionary Biology*, MIT Press, 1994, p. 66; Amundson, Ron & Lauder, George V., "Function Without Purpose", *Biology and Philosophy*, 1994, Vol. 9, No. 4, p. 448。

非历史性特征。鉴于此，柯明斯将分析策略作为其功能分析理论的方法论支撑，强调某一事项的功能即该事项有助于其所在系统整体能力的作用效果。这里，其所在系统的整体能力由研究者的研究兴趣来决定。进而，相对于功能事项所在系统及功能事项所在系统的特定整体能力而言，我们可以明确该功能事项的功能是什么、偶然功能是什么。

三　功能分析理论与两个标准

如上所述，柯明斯功能分析理论的核心在于它根据功能事项如何有助于其所在系统的整体能力，界定功能事项的功能。这种界定方式全然不同于选择效果功能理论根据选择历史界定相关性状功能的界定方式，它被视作选择效果功能理论的替代解释，它所开辟的功能分析路径也被视为是功能溯因路径的替代解释路径。[①] 然而，柯明斯的功能分析理论因其理论特点而无法满足作为一个成功功能理论的两个标准——解释性维度和规范性维度，继而面临着诸多难题。

根据解释性维度，功能理论必须言之有物，发挥解释作用。确切地说，一个功能理论应通过引入功能解释功能事项的存在。这一点显然与柯明斯功能分析理论的初衷相悖，因为该理论立论的前提之一便是拒斥前提（A）——科学中功能描述的要点在于解释功能描述事项的存在（见本章第一节第一部分）。即便如此，我们可以说功能分析理论的解释性体现在它采纳分析策略，根据某一事项如何有助于其所在系统的整体能力，界定该事项的功能。这里，研究哪一项整体能力由研究者的研究兴趣决定。根据规范性维度，功能理论作为一个评判功能事项是否发挥恰当功能的规范，能够将恰当功能与偶然功能区分开、能够解释功能失灵等功能现象。这一点使得柯明斯的功能分析理论饱受诟病。如果说依据柯明斯所提出的功能分析的三个特点，我们可以实现对恰当功能与偶然功能的区分。那么，柯明斯的功能分析理论仍旧面临着将功能赋予非功能性状、无法解释功能失灵现象的

---

① 参见 Amundson, Ron & Lauder, George V., "Function Without Purpose", *Biology and Philosophy*, 1994, Vol. 9, No. 4, p. 443。

难题。①

　　首先，由于柯明斯功能分析理论的理论特点，它往往将功能赋予非功能性状。据此，我们甚至可以在一定程度上将一个性状的所有作用效果都视作它的功能。在这个意义上，功能分析理论无法真正实现对功能与偶然功能的区分。例如，在现代医学中，若研究者感兴趣的是心电图机的工作原理，那么根据功能分析理论，当前脊椎动物心脏的功能是其电活动。② 另外，如果研究者感兴趣的是生物个体在称重时致使天平倾斜的能力，那么根据功能分析理论，当前脊椎动物心脏的功能是其本身所具有的重量。③ 然而，无论是电活动还是重量，它们都只是当前脊椎动物心脏的作用效果（或偶然功能）而非恰当功能。对此，加森指出，功能分析理论并非无法实现对某一事项功能与偶然功能的区分，而是无法真正确立某一事项的所有作用效果中哪些是恰当功能，哪些是偶然功能。④ 但是，这一问题的症结在于功能分析理论的方法论依据——分析策略，因为分析策略强调任一事项的功能均是相对于它所在系统及该系统的相应整体能力而言的。据此，加森认为，这一批评意见无法真正威胁功能分析理论，它只能说明适用于功能分析理论的很多案例是违反事实的，如脊椎动物心脏的功能是发出声音等。

　　其次，由于功能分析理论是非历史解释⑤，它也无法解释功能失灵现象⑥。确切地说，根据功能分析理论，由于功能在本质上是一种倾向性，某事项的功能就是在特定条件下，它所发挥的倾向性。据此，由于病变心脏或畸形心脏在当前无法泵血，即它们不具有泵血的倾向性，因此它们便不具有

---

　　① 参见 Amundson, Ron & Lauder, George V., "Function Without Purpose", *Biology and Philosophy*, 1994, Vol. 9, No. 4, pp. 452 - 453; Neander, Karen Lee, "Functions as Selected Effects: The Conceptual Analyst's Defense", *Philosophy of Science*, 1991a, Vol. 2, No. 58, p. 181; Garson, Justin, *A Critical Overview of Biological Functions*, Springer International Publishing, 2016, pp. 86 - 89。

　　② 虽然柯明斯在前一部分（第二章第一节第二部分）中否认了脊椎动物心脏的功能是发出声音，但他所讨论的发出声音是相对于脊椎动物整体的声音特性而言的，跟这里的讨论还是有差别的。

　　③ 参见 Sober, Elliott, *Philosophy of Biology* (Second Edition), Westview Press, 2000, p. 87。

　　④ 参见 Garson, Justin, *A Critical Overview of Biological Functions*, Springer International Publishing, 2016, p. 86。

　　⑤ 参见 Amundson, Ron & Lauder, George V., "Function Without Purpose", *Biology and Philosophy*, 1994, Vol. 9, No. 4, p. 463。

　　⑥ 参见 Amundson, Ron & Lauder, George V., "Function Without Purpose", *Biology and Philosophy*, 1994, Vol. 9, No. 4, p. 453。

泵血的功能。反观选择效果功能理论，密立根和尼安德均认为只有选择效果
功能理论能够实现对功能失灵现象的说明，选择效果功能理论的说明依据是
选择历史决定了选择功能，这一点使得选择功能成为划分生物类别的标准。
据此，无论病变心脏或畸形心脏在当前是否发挥了泵血作用，由于它们从属
于"心脏"这一类别，它们始终具有泵血的恰当功能。

因此，从解释性维度和规范性维度这两个评价功能理论的标准出发，
功能分析理论并不能被称作一个成功的功能理论。退一步来说，即便功能
分析理论因有着自己的解释特性而符合解释性维度，它也因未能提供界定
功能的规范而不符合规范性维度。正是在规范性维度这一标准上，功能分
析理论还面临着将功能赋予非功能性状、无法解释功能失灵现象的反驳，
前一反驳意见说明功能分析理论因其方法论依据而无法真正实现对某一事
项功能与偶然功能的区分，后一反驳意见说明功能分析理论因其非历史性
特征而无法界定生物类别，进而无法解释功能失灵现象。这两个反驳意见
均揭示了功能分析理论自身的宽泛性，功能分析理论的特点决定了它们无
法从根本上威胁到功能分析理论。尽管如此，在我们看来，这两个批评意
见说明了功能分析理论及其功能观念因不符合规范性维度而无法成为一个
完整的功能理论。

第二节　功能分析路径的发展——阿蒙森
和劳德的因果作用功能

一般认为，柯明斯的功能分析理论所提供的功能解释是功能溯因解释的
替代解释形式，它的独特性在于它既不认同进化在功能分析中发挥着作用也
不认同目标或目的在功能分析中发挥着作用①，而是强调分析本身。阿蒙森
和劳德将柯明斯式功能解释称为因果作用解释（Causal role account），他们
的因果作用功能（Causal role function）即是与柯明斯功能解释相近的解释形
式，该因果作用功能同样不认同目标或目的在功能分析中发挥着作用，但该

---

① 参见 Amundson, Ron & Lauder, George V., "Function Without Purpose", *Biology and Philosophy*,
1994, Vol. 9, No. 4, pp. 443 – 444。

因果作用功能适用于进化生物学。[①] 通过证明因果作用功能在比较解剖学（Comparative Anatomy）和功能解剖学（Functional Anatomy）的研究中不可或缺，阿蒙森和劳德证实了这一点，这是因为比较解剖学和功能解剖学为生物进化提供了直接证据。在这个意义上，阿蒙森和劳德的因果作用功能间接地适用于进化生物学。据此，阿蒙森和劳德挑战了选择效果功能论者的这一共同信念——进化生物学所采纳的功能概念只有选择功能，在一定程度上明确了因果作用功能的适用范围。

一 因果作用功能与反驳意见

如上所述，功能分析理论（即这里的因果作用功能）因不符合规范性维度而面临着将功能赋予非功能性状、无法解释功能失灵现象的反驳。相比之下，选择效果功能理论因诉诸进化历史而符合规范性维度。正是在符合规范性维度的意义上，选择功能可以作为生物类别的划分依据，这里的生物类别又称作功能类别（Functional Categories），同一功能类别既包括正常运作的事项也包括功能失灵的事项。更确切地说，凡属于同一功能类别下的事项都拥有同样的恰当功能。那么，功能类别是否必须由选择功能来界定呢？一般认为，答案是肯定的。但是，阿蒙森和劳德持否定意见，他们认为生物类别的划分依据既不是选择功能也不是因果作用功能，而是第三种非功能来源。[②]

为了说明这一点，阿蒙森和劳德引入了比较解剖学中生物类别的划分标准，强调了解剖学术语、形态学术语还有其他非目的术语在生物学概念中的重要性。通过比较功能术语和解剖术语，他们指出，具有同源关系的解剖特征往往被赋予同一个名称，也就是被归于同一个生物类别。需要指出的是，这里的同源并非传统达尔文式的同源定义（有着共同的来源），而是系统发育式的同源定义（Phylogenetic definition），即同源性状能够界定有关物种的自然进化枝（Natural clades of species）。据此，麻雀的翅膀和猫头鹰的翅膀

---

① 参见 Amundson, Ron & Lauder, George V., "Function Without Purpose", *Biology and Philosophy*, 1994, Vol. 9, No. 4, p. 443。

② 参见 Amundson, Ron & Lauder, George V., "Function Without Purpose", *Biology and Philosophy*, 1994, Vol. 9, No. 4, p. 453。

之所以同源是因为翅膀这一性状界定了麻雀和猫头鹰所从属的鸟这一自然进化枝。麻雀的翅膀和昆虫的翅膀之所以不同源是因为没有任何证据证明麻雀和昆虫是一个进化枝。① 这里，麻雀的翅膀和昆虫的翅膀具有相同的选择功能并因此具有相似的结构特征，故它们具有同功（Analogy）关系。因此，同源才是生物类别的划分标准，而由于相同生物功能、相似形态结构的生物性状在本质上仅具有同功关系。进言之，同源而非同功为达尔文提供了生物进化的强有力证据，该证据由比较解剖学、形态学的研究揭示出来。② 据此，如果依据选择功能来界定生物类别，那么同源及依据同源界定的生物类别便无法得到说明。

但是，不可否认的是，确实存在依据选择功能来界定的生物类别（即功能类别），它蕴含着同功关系。例如，翅膀、眼睛、心脏等。那么，依据选择功能来界定的功能类别与依据同源来界定的生物类别之间究竟是什么关系呢？以脊椎动物的肾脏为例，脊椎动物的肾脏之所以叫作肾脏是由于同源而非选择功能。也就是说，我们单凭形态学关联（Morphological connectedness）和发育起源便可以将相关的器官称作肾脏。但是，由于脊椎动物的肾脏均发挥着相同的功能（排出体内代谢废物），它似乎也可以依据选择功能来界定。在这种情况下，阿蒙森和劳德指出，既然对脊椎动物肾脏的命名可由解剖标准单独确定而无须指出所有的肾脏均发挥着相同的选择功能，那么脊椎动物的肾脏至少在本质上不是一个功能类别。同理，脊椎动物的心脏也可完全依据其解剖学特征来界定。③ 因此，当某一功能类别内的所有成员在同一类别中具有同源关系时，它们均可由相应的解剖学标准来界定。当不存在同源关系时，它们之间具有同功关系，该同功关系是建立在已有生物类别的划分之上的，而已有生物类别的划分依据是同源。换句话说，依据选择功能界定的功能类别要么与依据同源界定的生物类别同构，要么以依据同源界定的

---

① 参见 Amundson, Ron & Lauder, George V., "Function Without Purpose", *Biology and Philosophy*, 1994, Vol. 9, No. 4, p. 454。

② 参见 Amundson, Ron & Lauder, George V., "Function Without Purpose", *Biology and Philosophy*, 1994, Vol. 9, No. 4, pp. 454 –455。

③ 参见 Amundson, Ron & Lauder, George V., "Function Without Purpose", *Biology and Philosophy*, 1994, Vol. 9, No. 4, p. 456。

生物类别为前提。

因此，选择功能并不能作为生物类别的划分依据，解剖学家完全可以通过细致的组织检查将病变的生物组织结构判定为其所属的生物类别，如病变心脏虽无法泵血但它依然是心脏。进而，解剖学家也完全可以通过细致的组织检查实现对健康心脏和病变心脏的区分。通过说明功能解剖学家所运用的功能术语与因果作用功能十分吻合，阿蒙森和劳德进一步说明了因果作用功能所面临的、来自规范性维度的反驳意见是毫无根据的。具体而言，在他们看来，柯明斯功能分析理论（即因果作用功能）对功能事项所在系统相应组成部分因果能力的强调、对目标或目的的不认同这些特点与功能解剖学对生物组成部分相应因果能力的强调、对系统（外在）目标的不采纳是共通的。[①] 为了证明这种共通性，阿蒙森和劳德引入了功能解剖学家所采纳的、由伯克和沃勒特（1965）所提出的、关于形式—功能复杂性（Form-function complex）的经典解释。众所周知，形式与功能的先后之争由来已久。伯克和沃勒特的形式—功能复杂性并未陷入先后之争中，他们认为任一解剖性状的形式和功能都是作为方法论基础而存在的，它们处于功能解剖学分析的最低层次。[②] 其中，形式指的是解剖性状的物理形态和组成，功能指的是由相应解剖性状的形式产生的所有物理化学特点。无论形式还是功能，它们均与生物体所在的环境无关，这就使得伯克和沃勒特的功能不仅排除了诉诸进化历史的选择功能，而且排除了诉诸目标的其他理论形式。在这种情况下，伯克和沃勒特将涉及生物重要性、选择价值和选择历史的概念都置于比解剖功能高的分析层次。反过来说，解剖功能是它们成立的证据基础（Evidentiary base）。[③] 由此可见，伯克和沃勒特的功能概念要比柯明斯的功能概念更为宽泛。柯明斯只将功能赋予那些出现在功能分析中的系统组成部分，伯克和沃勒特则将一个解剖性状所产生的所有物理化学特点都看作它的功能。这就意

[①] 参见 Amundson, Ron & Lauder, George V., "Function Without Purpose", *Biology and Philosophy*, 1994, Vol. 9, No. 4, p. 448。

[②] 参见 Amundson, Ron & Lauder, George V., "Function Without Purpose", *Biology and Philosophy*, 1994, Vol. 9, No. 4, p. 449。

[③] 参见 Amundson, Ron & Lauder, George V., "Function Without Purpose", *Biology and Philosophy*, 1994, Vol. 9, No. 4, p. 449。

味着，伯克和沃勒特的功能概念既包括有用的性状特点，也包括无用的性状特点。阿蒙森和劳德认为，撇开无用的性状特点，功能解剖学家所采纳的功能概念符合柯明斯的功能概念。[①] 因此，功能解剖学家所运用的功能术语与柯明斯的功能概念（因果作用功能）十分吻合，因果作用功能所面临的、来自规范性维度的反驳意见是毫无根据的。

二　因果作用功能与功能解剖学

如上所述，功能解剖学家所运用的功能术语与柯明斯的功能概念（因果作用功能）十分吻合，因果作用功能所面临的、来自规范性维度的反驳意见是毫无根据的。不仅如此，通过证明选择功能并不适于功能解剖学，阿蒙森和劳德进一步强化了因果作用功能在功能解剖学中不可或缺。

他们指出，将选择功能运用于功能解剖学需要满足两个条件：其一，自然选择发挥作用的种群结构本身是历史地产生的；其二，通过增强（上述结构的）某一具体作用效果，自然选择具体增加了以往种群的适合度，该作用效果即上述结构的功能。在阿蒙森和劳德看来，这一运用面临着三大难题。其一，一个结构可能拥有一个以上的功能，这些功能在进化过程中可能会发生改变。在这种情况下，我们如何判定该结构的功能是什么？例如，在关于昆虫翅膀起源的分析中，生物哲学家乔·金索弗和科尔（Joel G. Kingsolver & M. A. R. Koehl, 1985）采用空气动力模型实验（Aerodynamic modeling experiments）去了解早期昆虫翅膀可能具有的功能。[②] 实验证明，早期昆虫的短翅膀没有为它们带来任何空气动力学优势而是带来了调节体温的优势。也就是说，早期昆虫的短翅膀在增加体温方面具有显著效果，体温的增加对于增加肌肉收缩活动和加速身体移动都十分重要。基于此，早期昆虫的短翅膀可能会被视为具有调节体温的选择功能。如果这一判定成立，那又如何理解

---

① 参见 Amundson, Ron & Lauder, George V., "Function Without Purpose", *Biology and Philosophy*, 1994, Vol. 9, No. 4, p. 450。

② 参见 Amundson, Ron & Lauder, George V., "Function Without Purpose", *Biology and Philosophy*, 1994, Vol. 9, No. 4, p. 460; Kingsolver, Joel, G. & Koehl, M. A. R., "Aerodynamics, Thermoregulation, and the Evolution of Insect Wings: Differential Scaling and Evolutionary Change", *Evolution*, 1985, Vol. 3, No. 39, pp. 488 – 504。

现代昆虫的翅膀具有飞翔的选择功能呢？昆虫翅膀的选择功能从什么时候开始由调节体温变成了飞翔呢？这些问题均挑战了选择功能在功能解剖学中的运用。其二，假如我们将一个结构中第一个受选择支持的作用效果称作其功能，那么我们如何确定这一功能是什么呢？许多结构产生于亿万年前，在这段时间里，环境和选择压力均发生了很大改变。或许我们可以通过建立模型来确定，但问题在于许多结构（尤其是成为化石的结构）并不适合这样的分析。[1] 其三，若要识别一个结构的选择功能，关键在于说明该结构是什么。但是，生物学研究表明，基因多效性（Pleiotropic effects of the genes）的存在说明对一个性状的选择作用将会影响到许多其他性状。例如，在一个蜥蜴种群中，对增加奔跑耐力的选择往往会产生增强心脏质量、肌肉中的酶浓度、体型以及产卵量等附带效果。不仅如此，由于许多表型都是通过共同的发育控制和基因控制联结起来的，这就使得将任何单独性状及其作用效果分离出来十分困难，这种困难在实验室的选择实验中可以克服，但在面对野生种群时无法克服。[2] 除了这三大难题，选择功能论者必须认清的一个事实是在现存物种中，受选择作用效果要比相应的受选择性状更容易识别出来。例如，在昆虫飞行实验中，对飞行耐力增加这一选择功能的判定在前，对相应选择性状的判定在后，后者需要更多与昆虫飞行耐力增加有关的实验数据。假如研究发现只有一个变量——翅膀面积与昆虫飞行耐力增加呈正相关关系，即翅膀面积越大，飞行耐力越强，那么翅膀面积就是与飞行耐力增加这一选择功能相对应的选择性状。但实际上，受选择作用效果与许多变量有关。与昆虫飞行耐力增加有关的变量可能包括肌肉生理学的许多方面、神经系统活动、飞行肌肉酶浓度、飞行肌肉酶动力以及许多其他生理特点，等等。如果我们不能识别出这些相关变量之间的因果关系以挑出选择性状，那么我们就不能把选择功能赋予相关的选择性状。[3] 在这种情况下，我们知道

---

① 参见 Amundson, Ron & Lauder, George V., "Function Without Purpose", *Biology and Philosophy*, 1994, Vol. 9, No. 4, p. 461。

② 参见 Amundson, Ron & Lauder, George V., "Function Without Purpose", *Biology and Philosophy*, 1994, Vol. 9, No. 4, pp. 460–461。

③ 参见 Amundson, Ron & Lauder, George V., "Function Without Purpose", *Biology and Philosophy*, 1994, Vol. 9, No. 4, p. 462。

选择功能是什么，却不知道哪一个性状具有该选择功能。因此，选择功能在功能解剖学中行不通，它面临着诸多无法回避又无法克服的难题。

因此，柯明斯的功能概念（因果作用功能）与功能解剖学家所运用的功能术语十分吻合，选择功能不符合功能解剖学家所运用的功能概念。对于前者，功能解剖学家对相关结构形式的功能讨论与相关生物体所在的环境无关，它所涉及的只有相关结构形式的因果能力。除却无用因果能力，功能解剖学家所运用的功能概念等同于因果作用功能。对于后者，选择功能在功能解剖学中的运用困难重重，它不仅面临着相关结构的功能是什么的诘问，还面临着判定相关选择功能的选择性状是什么的问题。因此，与选择功能相比，因果作用功能更适用于功能解剖学。在功能解剖学语境下，因果作用功能所面临的、来自规范性维度的反驳意见是毫无根据的。

三 因果作用功能与进化历史

一般认为，因果作用功能在本质上是一个非历史功能概念，即它并不依据性状的历史来界定性状的功能。阿蒙森和劳德支持这一观点，但他们同样分析了采纳因果作用功能的功能解剖学家和进化形态学家在什么意义上对进化历史感兴趣，以此揭示因果作用功能与进化历史的联系。[1] 根据阿蒙森和劳德的分析，选择功能论者和因果作用功能论者与进化历史的关联分别平行于分析生物结构和功能的两种解释模式：平衡路径（The equilibrium approach）和转化路径（The transformational approach）。[2] 通过讨论这两种解释模式，我们可以厘清因果作用功能与进化历史的联系，说明因果作用功能在进化生物学中的作用。

其中，平衡路径预设了生物设计与环境压力之间的平衡，它注重研究生物体结构与环境变量、生态变量之间的关系。平衡路径的目标在于理解外在影响（如温度、风速或对资源的竞争等）对生物形态的作用，该路径适用

---

[1] 参见 Amundson, Ron & Lauder, George V., "Function Without Purpose", *Biology and Philosophy*, 1994, Vol. 9, No. 4, p. 463。

[2] 参见 Amundson, Ron & Lauder, George V., "Function Without Purpose", *Biology and Philosophy*, 1994, Vol. 9, No. 4, pp. 463 –464。

于分析当前选择类型和适应。① 转化路径强调形态变化的历史模式（Historical patterns）是内部组织特性造成的，该内部组织特性是特定种系的显著标识，它可能影响（特定种系）进化转化的方向。例如，节肢状身体结构的出现影响到了其所在进化枝（节肢动物）随后的进化转化，这种影响可以通过以下实验②揭示出来：检验处于不同环境条件下的、持有节肢状身体结构的若干进化枝各自表现出来的系统发育多样化特征。如果这些系统发育多样化特征展现出了可归因于节肢状身体结构的某些共同特征（使身体更加灵活），那么可以证明节肢状身体结构对其所在进化枝的进化转化确实有影响。这里，节肢状身体结构是其所在进化枝的显著标识，它一出现就为其所在进化枝带来了竞争优势。继而，与它有关的适应性辐射（Adaptive radiation）随之出现，节肢状身体结构和其所在进化枝都因此发生了改变，这类改变可理解为进化转化。同理，海底双壳类生物的成功适应要归因于它们所拥有的管状口器这一形态特征，管状口器的出现使得海底双壳类生物比其他缺乏这一形态特征的类别成员具有竞争优势，它对海底双壳类生物的进化转化有很大影响。③ 因此，无论是节肢状身体结构还是管状口器，它们对于它们所在进化枝进化转化的影响是不言而喻的，这种影响反过来又会影响到它们自身形态的变化。在这个意义上，因果作用功能可以看作转化路径成立的起点，它为相应形态乃至于相应生物体、相应进化枝发生变化提供了可能。需要注意的是，对于一些结构来说，其组成部分间的排列缺乏灵活性，这是因为如此这般的排列对于特定功能的发挥是必要的，如构成下颌的骨骼、肌肉、神经、韧带等的排列有助于张嘴这一功能的实现。据此，这些组成部分各自的因果作用功能发挥了进化限制的作用。也就是说，如果这些组成部分的构成或者排列发生了改变，那么就会影响到整个结构功能的发挥。

总体来看，分析生物结构和功能的转化路径蕴含着因果作用功能与进化

---

① 参见 Lewontin, Richard C., "The Bases of Conflict in Biological Explanation", *Journal of the History of Biology*, 1969, Vol. 1, No. 2, p. 431; Amundson, Ron & Lauder, George V., "Function Without Purpose", *Biology and Philosophy*, 1994, Vol. 9, No. 4, p. 464。

② 参见 Amundson, Ron & Lauder, George V., "Function Without Purpose", *Biology and Philosophy*, 1994, Vol. 9, No. 4, p. 464。

③ 参见 Lauder, George V., "Form and Function: Structural Analysis in Evolutionary Morphology", *Paleobiology*, 1981, Vol. 4, No. 7, p. 433。

历史之间的关联。概括地说，特定生物形态的因果作用功能为其所在生物
体、其所在进化枝的进化转化提供了契机和限制，但它本身也受到了其所在
生物体、其所在进化枝的进化过程的影响，这种影响的存在说明了因果作用
功能与选择功能并不是竞争关系而是并存关系。据此，阿蒙森和劳德支持生
物功能多元论，他们承认了因果作用功能和选择功能在进化生物学和哲学上
的合理性。[1] 在他们看来，因果作用功能的合理性是认识论层面上的，它离
不开功能解剖学家的专业知识背景。需要注意的是，他们对因果作用功能的
辩护采纳了密立根、尼安德的辩护方法——拒斥对功能概念的日常语言
分析。[2]

第三节　功能分析路径的发展——戴维斯的因果作用功能统一论

一　因果作用功能统一论

不同于阿蒙森和劳德的功能多元论，戴维斯主张运用因果作用功能同化
选择功能，从而实现对功能现象的统一分析[3]，由此发展了柯明斯的功能分
析理论。在这个意义上，我将戴维斯的因果作用功能理论称为因果作用功能
统一论。考虑到因果作用功能的解释策略，戴维斯的因果作用功能统一论与
一般科学的理论和假设兼容，这使得戴维斯功能观念的合理性得以增强。本
小节拟探讨戴维斯的因果作用功能统一论及他对选择功能的因果作用功能化
处理。

具体而言，戴维斯接纳了柯明斯在其功能分析理论中对功能的初始定
义，即根据某事项如何有助于其所在系统的整体能力或其所在系统内较高层
次的系统能力，界定它的功能。通过补充四个实质命题（Substantive the-

---

[1]　参见 Amundson, Ron & Lauder, George V., "Function Without Purpose", *Biology and Philosophy*, 1994, Vol. 9, No. 4, p. 465。

[2]　参见 Amundson, Ron & Lauder, George V., "Function Without Purpose", *Biology and Philosophy*, 1994, Vol. 9, No. 4, p. 465。

[3]　戴维斯的因果作用功能统一论重点讨论了自然性状的功能，排除了对人工物功能的讨论。戴维斯认为，人工物的功能并不能作为自然性状功能的模板，反过来也不能成立（Davies, 2001, p. 7）。

ses），戴维斯或扩展或修正了柯明斯关于功能的初始定义。戴维斯对四个实质命题①的说明如下：其一，功能分析路径（即因果作用功能解释）在应用范畴上比历史路径（即功能溯因解释）更普遍，它涵盖了历史路径，确切地说，功能分析路径不仅将功能赋予受选择影响的系统（如种群），而且将功能赋予其他未受选择影响的系统；其二，功能分析路径受限于分析具有层级性组织特征的系统，这使得它可以避免类似于对功能的描述过于宽泛这类批评；其三，上述规范性维度所涵盖的对功能与偶然功能的划分、对功能失灵现象的解释均是错误的，错误的根源在于心理学，换句话说，戴维斯认为，任何功能概念都无法完成这样的任务，规范性维度因涉及心理学，应予摒弃；其四，功能分析路径是自然主义路径，该路径所倡导的功能概念既可以接受经验检验，又可以接受理论检验，更为重要的是，大量实例论据支持了该路径。基于这四个实质命题，戴维斯引入了对功能分析路径的公式化处理。其中，A 指的是将系统 S 分为若干系统任务及相应系统组成部分的分析，C 指的是研究者感兴趣的系统能力，系统中组成部分 I 具有系统功能 F，当且仅当：

（i）I 有能力做 F；

（ii）A 恰当地解释了 S 所具有的能力 C；

（iii）（ii）的实现部分诉诸 I 做了 F；

（iv）A 明确说明了 S 中的物理机制，该物理机制保证了 S 各项系统能力（的合理性）。②

在这个公式中，条件（i）、（ii）和（iii）直接延续了柯明斯的功能分析，条件（iv）体现了戴维斯的创见，它使得戴维斯的因果作用功能规避了柯明斯功能分析所要面临的功能相对性问题。如上所述，柯明斯的功能分析是相对于功能事项所在系统及功能事项所在系统的整体能力或较高层次的系

① 参见 Davies, Paul Sheldon, *Norms of nature: Naturalism and the Nature of Functions*, MIT Press, 2001, pp. 4-5。

② Davies, Paul Sheldon, *Norms of Nature: Naturalism and the Nature of Functions*, MIT Press, 2001, p. 27.

统能力而提出的，这就意味着同一功能事项的系统功能具有相对性，我们无法确认哪一项能力才是相应功能事项的功能。条件（iv）的引入使得戴维斯借助于对功能事项所在系统物理机制的分析，明确了相关系统各层级的能力是什么，由此规避了功能相对性问题。需要注意的是，对应于柯明斯（1983）对系统能力（Systematic capacities）和形态能力（Morphological capacities）的区分①，戴维斯讨论了两种不同类型的系统能力——交互系统能力（Interactive systemic capacities）和形态系统能力（Morphological/Structural systemic capacities），以此强调了因果作用功能的作用机制。② 其中，交互系统能力强调某一系统中较高层次的系统能力是通过较低层次组成部分间的因果交互实现的。例如，心脏泵血功能的实现涉及若干不同能力的交互作用，如来自大脑的电信号、肌肉的收缩、血液的流动、血管的收缩等。不同于交互系统能力，形态系统能力强调某一系统中较高层次的系统能力是由较低层次组成部分的结构特征所造成的，它不涉及较低组成部分间的交互。以哲学家约翰·郝格兰德（John Haugeland，1978）③ 对光纤电缆传输图像能力的分析为例，光纤电缆所具有的传输图像能力是由它所包含的每一条光纤的传导光束能力所构成的。更确切地说，光纤电缆由许多细长的光纤构成，这些细长光纤紧密地并排在一起，它们在整条电缆中的相对位置也是固定的，这保证了从光纤电缆初始端输入的图像能够完整地传输到光纤电缆的终端。这是因为，每一根光纤的两端都是点阵，它们所在光纤电缆的两端是两个相同的点阵，从它们所在光纤电缆的初始端传输图像相当于将一个图像的点阵传输到终端，该点阵由亮度和颜色构成。据此，一条光纤电缆所具有的传输图像能力并非由它所包含的所有光纤间的交互实现的，而是由它所包含的所有光纤的结构特征所决定的。也就是说，一条光纤电缆所包含的所有光纤的有组

---

① 柯明斯对形态能力和系统能力的区分取自赫戈兰德对形态分析和系统分析的区分（Haugeland 1978：216）。

② 参见 Cummins, Robert, *The Nature of Psychological Explanation*, MIT Press, 1983, pp. 31 – 32; Davies, Paul Sheldon, "The Nature of Natural Norms: Why Selected Functions are Systemic Capacity Functions", *Noûs*, 2000, Vol. 1, No. 34, p. 90; Davies, Paul Sheldon, *Norms of Nature: Naturalism and the Nature of Functions*, MIT Press, 2001, pp. 27 – 28。

③ 参见 Haugeland, John, "The Nature and Plausibility of Cognitivism", *Behavioral and Brain Sciences*, 1978, Vol. 2, No. 1, pp. 215 – 226。

织作用效果使得该光纤电缆传输图像的能力得以实现。因此，交互系统能力和形态系统能力是两种不同类型的系统能力，它们反映了因果作用功能的作用机制。

回到戴维斯对功能分析路径的公式化处理，我们可以看到，戴维斯所支持的功能概念与柯明斯的功能概念在本质上并无差别，戴维斯所支持的功能概念可以看作对柯明斯功能概念的修正。除此之外，戴维斯功能概念的特别之处在于他对因果作用功能统一性的强调。严格地说，通过说明选择效果功能理论是因果作用功能理论的一种理论形式，戴维斯突出了因果作用功能理论的统一性并为摒弃选择效果功能理论提供了理论依据。

具体而言，戴维斯对选择功能的因果作用化处理分三步进行：在第一步中，为了分析生物种群在其选择环境中的进化变化或者趋向于平衡的倾向性，戴维斯将相关生物种群划分为不同的集合，划分依据是生物体的繁殖率。确切地说，在相关生物种群中，具有相同繁殖率的生物体构成了一个集合，相关生物种群可视作由具有不同繁殖率的若干集合组成的系统。进而，这些集合在繁殖率上的差异导致了相关生物种群在其选择环境中的进化变化或趋向于平衡的倾向性。因此，戴维斯对选择功能的因果作用化处理的第一步是将生物种群看作一个系统，该系统由具有不同繁殖率的组成部分（生物体集合）构成。戴维斯进一步指出，如果对选择功能的因果作用化处理止于这一步，那么所涉及的因果作用类型是形态系统能力①，这是因为相关生物种群组成部分的组织特征而非交互解释了它的进化变化或趋向于平衡的倾向性。在第二步中，戴维斯将具有选择优势的生物体划分为若干组成部分，这些组成部分均影响了相关生物体的繁殖率，它们的因果作用类型可以是形态系统能力也可以是交互系统能力。这里，戴维斯采纳了生物哲学家罗伯特·布兰顿（Robert Brandon）（1990）对受选择性状的生态解释（Ecological explanation），即关于分辨选择环境需求及满足这些需求的生物性状的解释。根据生态解释，我们能够确认满足相关选择环境需求的生物性状是什么。例

① 参见 Davies, Paul Sheldon, "The Nature of Natural Norms: Why Selected Functions are Systemic Capacity Functions", *Noûs*, 2000, Vol. 1, No. 34, p. 92; Davies, Paul Sheldon, *Norms of Nature: Naturalism and the Nature of Functions*, MIT Press, 2001, p. 50。

如，19 世纪末 20 世纪初，在英国"工业黑化"背景下，桦尺蠖（*Biston Betularia*）物种中黑色蛾子因在当时的生态环境中能够更好地伪装而不容易被捕食者发现。结果，在当时的生态环境中，相比于拥有白色蛾子，黑色蛾子以高达 90% 的比率存活下来，而前者的数量急剧下降。[①] 相比之下，在当时的乡村以及空气质量改善之后的英国，黑色蛾子并没有如此高的比率，占比都偏低。在这个案例中，满足"工业黑化"生态环境需求的生物性状是蛾子身体上的黑色，该黑色具有伪装作用，该伪装作用是形态系统能力。再如，在澳洲草原上，澳洲野狗捕食袋鼠等其他大型猎物的捕食能力与头领的判断力、长途奔袭能力等密切相关。其中，头领判断力的来源大多是经验性的，长途奔袭能力则与它的腿、心脏、眼睛等多个身体部位相关，这些身体部位的作用效果是交互系统能力，它们的交互决定了头领的长途奔袭能力，影响了头领所处种群的生存能力乃至繁殖率。因此，第二步中所涉及生物体组成部分的作用类型可以是形态系统能力也可以是交互系统能力，这取决于生物体所在的生态环境和满足该生态环境需求的生物性状是什么。在第三步中，戴维斯对具有因果作用的生物性状进行进一步分析，分析的终点是最简单的生物性状及其作用效果。[②] 例如，桦尺蠖物种中黑色蛾子为什么是黑色的？这可以诉诸黑色蛾子体内负责黑色素编码的若干基因型的作用效果，这些基因型的作用效果就是它们的因果作用能力，它们的因果作用能力是交互系统能力。这是因为，这些基因型作用效果的交互使得黑色蛾子拥有了黑色的表型。由此可见，戴维斯对选择功能的因果作用化处理的三个步骤是层层递进的：从生物种群的进化变化或趋向于平衡的倾向性到它所包含生物体的不同繁殖率；从它所包含生物体的不同繁殖率到影响繁殖率的生物性状；从影响繁殖率的生物性状到影响生物性状的基因型。根据具体的作用机制，这三个步骤中涉及的因果作用功能可以是形态系统能力，也可以是交互系统

---

① 参见 Mitton, Jeffry B. & Grant, Michael C., "Genetic Variation and the Natural History of Quaking Aspen", *Bioscience*, 1996, Vol. 1, No. 46, pp. 25 – 31；李亚娟、李建会《环境在适应中的作用：从"筛子"到"能动者"》，《科学技术哲学研究》2019 年第 3 期，第 14 页。

② 参见 Davies, Paul Sheldon, "The Nature of Natural Norms: Why Selected Functions are Systemic Capacity Functions", *Noûs*, 2000, Vol. 1, No. 34, p. 93; Davies, Paul Sheldon, *Norms of Nature: Naturalism and the Nature of Functions*, MIT Press, 2001, p. 49。

能力。

除了对选择功能的因果作用化处理，戴维斯进一步指出因果作用功能还能够解释由遗传漂变等非选择动力带来的生物种群进化[①]，以此说明了因果作用功能理论不仅可以同化选择效果功能理论，而且可以解释受非选择动力影响的生物功能现象，证明了因果作用功能理论的统一性。戴维斯认为，当生物体之外的作用力（如气候变化）造成了生物种群内生物体繁殖率的差异时，遗传漂变会引起相关生物种群基因库中基因型的重新分布，这种重新分布的直观结果便是该生物种群的进化变化。根据因果作用功能理论，这里的系统是生物种群及其所处的环境特征。关于相应种群系统能力的分析即是关于相应种群基因库中基因型重新分布的分析。进而，我们可以将因果作用功能赋予相应的组成部分。据此，因果作用功能理论的适用范围要比选择效果功能理论广。换句话说，在一般意义上，因果作用功能理论的适用范围既适用于受选择影响的系统，也适用于不受选择影响的系统。[②]

综上所述，戴维斯的因果作用功能理论实际上是因果作用功能统一论，它的关键点在于对选择功能的因果作用化处理。这一处理涉及两个重要点：其一，戴维斯的因果作用理论可以分析一切选择功能；其二，戴维斯对选择功能的因果作用化处理是在解释相关生物种群如何通过自然选择发生进化变化或维持平衡的语境下进行的。[③] 这两个重要点保证了凡是选择功能所及的适用范围，戴维斯的因果作用功能都适用。在这种情况下，戴维斯主张摒弃选择效果功能理论，只保留因果作用功能理论。

二 因果作用功能统一论与相似理论的博弈

通过讨论格里菲斯（1993）、生物哲学家丹尼斯·沃尔什和安德烈·阿

---

① 参见 Davies, Paul Sheldon, "The Nature of Natural Norms: Why Selected Functions are Systemic Capacity Functions", *Noûs*, 2000, Vol. 1, No. 34, p. 91; Davies, Paul Sheldon, *Norms of Nature: Naturalism and the Nature of Functions*, MIT Press, 2001: 47。

② 参见 Davies, Paul Sheldon, "The Nature of Natural Norms: Why Selected Functions are Systemic Capacity Functions", *Noûs*, 2000, Vol. 1, No. 34, p. 91; Davies, Paul Sheldon, *Norms of Nature: Naturalism and the Nature of Functions*, MIT Press, 2001, p. 47。

③ 参见 Davies, Paul Sheldon, "The Nature of Natural Norms: Why Selected Functions are Systemic Capacity Functions", *Noûs*, 2000, Vol. 1, No. 34, p. 94; Davies, Paul Sheldon, *Norms of Nature: Naturalism and the Nature of Functions*, MIT Press, 2001, pp. 50–51。

瑞尔（1996）[①]、布勒（1998）等学者提出的相似理论[②]，戴维斯突出了因果作用功能统一论的独特性和不可替代性。在戴维斯看来，虽然格里菲斯的新溯因解释、沃尔什和阿瑞尔的功能分类观（A taxonomy of functions）[③] 以及布勒的弱溯因解释均将选择功能视作一种特殊的因果作用功能，但是它们或直接或间接地延续了功能溯因解释的历史视角，从而在根本立场上不同于因果作用功能统一论。通过引入这三种相似理论与因果作用功能统一论的比较，戴维斯强化了因果作用功能统一论的统一性特征和非历史视角。戴维斯认为，三种相似理论与因果作用功能统一论的不同有三点。

其一，三种相似理论的研究起点是生物体而非生物种群。概括地说，在新溯因解释中，通过对功能性状所在生物体在相关生物种群中的适合度进行近端选择解释，格里菲斯界定了功能性状的恰当功能。在功能分类观中，沃尔什和阿瑞尔将某一性状个例（该性状个例从属于相应性状类型）的选择功能看作一种因果作用功能，该因果作用功能（在选择环境中）有助于其持有者的平均适合度。[④] 在弱溯因解释中，布勒所讨论的性状功能虽不涉及自然选择，但却有关于生物体的适合度。[⑤] 不同于这三种相似理论，在因果作用功能统一论中，戴维斯的分析目标与进化生物学家的分析目标一致，他们都致力于解释生物种群的进化变化或趋向于平衡的倾向性。[⑥] 因此，因果作用功能统一论与三种相似理论的第一个不同点是研究起点的不同。

其二，三种相似理论均保留了选择效果功能理论，因果作用功能统一论则从根本上剔除了选择效果功能理论。在这个意义上，三种相似理论延续了

---

① 参见 Walsh, Denis M. & Ariew, André, "A Taxonomy of Functions", *Canadian Journal of Philosophy*, 1996, Vol. 26, No. 4, pp. 493 – 514。

② 参见下一章。

③ 沃尔什和阿瑞尔的功能分类观围绕选择功能与因果作用功能之间的关系进行讨论，他们认为选择功能在本质上是一种关系性功能。

④ 参见 Walsh, Denis M. & Ariew, André, "A Taxonomy of Functions", *Canadian Journal of Philosophy*, 1996, Vol. 26, No. 4, pp. 501 – 509。

⑤ 参见 Ariew, André, Robert Cummins & Mark Perlman, eds., *Functions: New Essays in the Philosophy of Psychology and Biology*, Oxford University Press, 2002, pp. 230 – 231。

⑥ 参见 Davies, Paul Sheldon, "The Nature of Natural Norms: Why Selected Functions are Systemic Capacity Functions", *Noûs*, 2000, Vol. 1, No. 34, p. 90; Davies, Paul Sheldon, *Norms of Nature: Naturalism and the Nature of Functions*, MIT Press, 2001, p. 44。

功能溯因解释的历史视角，因果作用功能统一论则与功能溯因解释划清了界限。[①] 进一步来说，戴维斯指出，三种相似理论之所以要保留选择效果功能理论是因为它们均承认选择效果功能理论提供了功能规范，能够解释功能失灵现象。对此，戴维斯提出了反对意见。他认为，选择效果功能理论不能解释功能失灵现象，因为它缺乏理论依据。确切地说，选择效果功能理论诉诸选择功能界定功能类别，以此保证当前性状个例拥有恰当功能的正当性。戴维斯指出，这一做法意味着功能失灵的性状个例后代不再拥有相关功能类别所赋予的恰当功能正当性，所以它们也不再是相关功能类别的成员。在这种情况下，它们并不是功能失灵的而仅仅是非功能的（Non-functional）。[②] 因此，功能失灵本身是有问题的表达，选择效果功能理论并不能解释功能失灵现象，因果作用功能统一论也不能解释功能失灵现象。考虑到因果作用功能统一论对选择效果功能理论的因果作用化处理，选择效果功能理论并不具有高于因果作用功能统一论的解释力，选择效果功能理论本身应予拒斥。

其三，三个相似理论或未回应[③]柯明斯因果作用功能理论所面临的混乱（Promiscuous）问题，即柯明斯的因果作用功能理论过于宽泛，无法区分真正功能与非功能[④]，或通过将系统限制为适应性系统回应了这一难题[⑤]。戴维斯认为，布勒的回应并未走远，混乱难题的关键在于我们是否应该取消选

① 参见 Davies, Paul Sheldon, *Norms of Nature: Naturalism and the Nature of Functions*, MIT Press, 2001, p. 66。

② 参见 Davies, Paul Sheldon, "The Nature of Natural Norms: Why Selected Functions are Systemic Capacity Functions", *Noûs*, 2000, Vol. 1, No. 34, pp. 93 – 94; Davies, Paul Sheldon, *Norms of Nature: Naturalism and the Nature of Functions*, MIT Press, 2001, pp. 51 – 52。本研究认为，戴维斯这一回应是失败的，因为选择效果功能理论之所以能够解释功能失灵现象是因为它的历史视角，历史视角保证了凡属于某一功能类别的生物性状，无论正常或是畸变，均拥有恰当功能。这里，我们暂且顺着戴维斯的分析逻辑，以明确因果作用功能统一论的独特性。关于因果作用功能统一论是否能够回应功能失灵现象的问题，我们在下一部分展开讨论。

③ 参见 Walsh, Denis M. & Ariew, André, "A Taxonomy of Functions", *Canadian Journal of Philosophy*, 1996, Vol. 26, No. 4, pp. 493 – 514。

④ 参见 Davies, Paul Sheldon, "The Nature of Natural Norms: Why Selected Functions are Systemic Capacity Functions", *Noûs*, 2000, Vol. 1, No. 34, p. 103; Davies, Paul Sheldon, *Norms of Nature: Naturalism and the Nature of Functions*, MIT Press, 2001, p. 69。

⑤ 参见 Ariew, André, Robert Cummins & Mark Perlman, eds., *Functions: New Essays in the Philosophy of Psychology and Biology*, Oxford University Press, 2002。

择效果功能理论并支持更具一般性的因果作用功能统一论。① 通过指出因果作用功能理论所面临的混乱难题毫无根据，戴维斯消解了这一难题。在他看来，混乱难题的前提是错误的。根据混乱难题的前提假设，自然对象的作用效果中存在着真正功能与非功能的区分。戴维斯认为，这一前提假设的本质在于它肯定了内在功能规范（Intrinsic norms of performance）的存在，但这违背了自然选择的进化理论中的理论和假设。在他看来，自然选择虽然能够引起某一性状类型的持续存在或繁衍，但是它不能赋予因果功能以规范性。这是因为，因果作用功能统一论既适用于受选择影响的系统也适用于不受选择影响的系统。若赋予因果作用功能以规范性只适用于受选择影响的系统而不适用于不受选择影响的系统，那便是不合理的。② 不仅如此，戴维斯指出，虽然诉诸自然选择有助于我们解释功能性状如何维系，但这只能说明相应因果机制的存在，我们很难由此推断出这一因果机制授予了后来性状个例以表现规范。③ 因此，混乱难题的前提假设是成问题的。尽管如此，戴维斯承认，对我们而言，有些自然对象似乎比其他自然对象更具功能性，这种功能性可以通过因果作用功能统一论进行解释，条件是所讨论的系统具有层次结构特征。④ 据此，因果作用功能统一论可以从根本上规避混乱难题。

综上所述，因果作用功能统一论与三个相似理论在研究起点、对待选择效果功能理论的态度以及回应因果作用功能所遭遇的混乱难题这三点上是不同的，三个不同点或反映了因果作用功能统一论的统一性特征，或揭示了因果作用功能统一论的非历史视角，或强化了因果作用功能统一论的合理性。对此，我们认为，如果因果作用功能统一论与三个相似理论的比较成立，那么第二点和第三点中所涉及的内在功能规范需谨慎对待。在上述讨论中，戴维斯取消内在功能规范的处理方式并不具有说服力，因为内在功能规范是由

---

① 参见 Davies, Paul Sheldon, "The Nature of Natural Norms: Why Selected Functions are Systemic Capacity Functions", *Noûs*, 2000, Vol. 1, No. 34, p. 103。

② 参见 Davies, Paul Sheldon, *Norms of Nature: Naturalism and the Nature of Functions*, MIT Press, 2001, p. 67。

③ 参见 Davies, Paul Sheldon, *Norms of Nature: Naturalism and the Nature of Functions*, MIT Press, 2001, p. 67。

④ 参见 Davies, Paul Sheldon, "The Nature of Natural Norms: Why Selected Functions are Systemic Capacity Functions", *Noûs*, 2000, Vol. 1, No. 34, p. 104。

选择历史保证的，关于这一点的讨论详见下一部分。

三　因果作用功能统一论与两个标准

如上所述，因果作用功能统一论发展了柯明斯的功能分析理论，它强调因果作用功能对功能现象的统一分析，这种统一分析主要体现在戴维斯对选择功能的因果作用化处理上。这种处理方式使得戴维斯的功能统一论有别于生物哲学家菲利普·基切尔（Philip Kitcher）（1993）的设计统一论，同时也反映了因果作用功能比选择功能更基础。那么，具有理论统一性和比较优势的因果作用功能统一论是否能够符合解释性维度和规范性维度这两个评价标准呢？通过讨论因果作用功能统一论的理论统一性和比较优势，本部分拟再次说明因果作用功能统一论的理论特点并对该问题做出否定回答。

在戴维斯看来，基切尔的设计统一论从根本上是错误的，因果作用功能统一论实现了对功能现象的统一分析。按照基切尔的分析，选择效果功能理论和因果作用功能理论可统一于更具一般性的设计概念之下。[1] 不仅如此，该设计概念还能够实现对人工功能和自然功能的统一分析。在人工功能中，设计源于设计者的意向性，在自然功能中，设计源于自然选择。对此，戴维斯提出了反驳意见。他认为，基切尔的设计概念在人工功能和自然功能中并不一致，因而无法真正实现对功能现象的统一分析。他进一步指出，设计概念本身是不合理的，尤其是自然界中的设计。这是因为，自达尔文以来，自然界中的设计仅仅是一种认识论假设，该认识论假设是自然选择的进化理论成立的前提。确切地说，自然界中的设计并不是实际存在的，而是我们解释自然现象的一个支点。在这个意义上，人工功能中的设计不同于自然功能中的设计，因为前者是真实存在的而后者指的是自然界中的明显设计特征。[2] 需要注意的是，自然界中的明显设计特征是一种比喻意义上的说法，它并不

① 参见 Kitcher, Philip, "Function and Design", *Midwest Studies in Philosophy*, 1993, Vol. 1, No. 18, pp. 379 – 397; Davies, Paul Sheldon, "The Nature of Natural Norms: Why Selected Functions are Systemic Capacity Functions", *Noûs*, 2000, Vol. 1, No. 34, p. 98; Davies, Paul Sheldon, *Norms of Nature: Naturalism and the Nature of Functions*, MIT Press, 2001, p. 58.

② 参见 Davies, Paul Sheldon, "The Nature of Natural Norms: Why Selected Functions are Systemic Capacity Functions", *Noûs*, 2000, Vol. 1, No. 34, p. 98; Davies, Paul Sheldon, *Norms of Nature: Naturalism and the Nature of Functions*, MIT Press, 2001, pp. 58 – 59.

是说自然界是设计的产物，只是引导着我们在不考虑设计者的情况下，对它做出解释。因此，基切尔设计统一论中所借用的设计概念本身不合理，这使得设计统一论行不通。与之相比，戴维斯的功能统一论并不执着于用一般概念去解释所有功能现象，而是在已有功能理论的基础上，支持一种，摒弃另一种。这种做法使得戴维斯的功能统一论保留了功能理论的解释力，它既可以解释生物科学中的功能属性也可以解释非生物科学中的功能属性。[①] 此外，戴维斯的功能统一论并没有违背廷伯根（1963）、迈尔（1965）等学者对进化解释和功能解释的区分。相反，它们是相容的。如前所述，进化解释和功能解释是关于生物性状的生物学讨论中的两种相互独立的解释形式。从因果作用功能统一论的视角看，这两种解释形式分别涉及对生物种群的系统能力进行分析和对生物个体的系统能力进行分析，由此保证了因果作用功能统一论与两种解释形式的兼容。因此，相比于基切尔的设计统一论，因果作用功能的理论统一性特征更具说服力。

因果作用功能理论的理论统一性反映了因果作用功能比选择功能更基础，这种基础性既体现在本体论上，又体现在认识论上。其中，本体论上的基础性体现在选择功能成立的前提是因果作用功能已经存在，选择功能即受选择支持的因果作用功能。[②] 认识论上的基础性体现在研究者对选择功能的解释需以对相关性状的因果作用功能的了解为认识前提，不然无法实现对选择功能的追踪。[③] 戴维斯同样采用了金索弗和科尔（1985）研究昆虫翅膀的案例。他指出，无论是早期昆虫翅膀并非因为飞翔而受到选择这一结论，还是早期昆虫翅膀因调节体温而受到选择这一结论，它们均是通过提出假设并进行实验检验提出的。这样做的前提是金索弗和科尔在此前已经知道了早期昆虫的体型、翅膀大小及厚度、翅膀与身体的比例、翅膀的结构等并对早期

---

① 参见 Davies, Paul Sheldon, "The Nature of Natural Norms: Why Selected Functions are Systemic Capacity Functions", *Noûs*, 2000, Vol. 1, No. 34, p. 100。

② 参见 Davies, Paul Sheldon, "The Nature of Natural Norms: Why Selected Functions are Systemic Capacity Functions", *Noûs*, 2000, Vol. 1, No. 34, p. 94; Davies, Paul Sheldon, *Norms of Nature: Naturalism and the Nature of Functions*, MIT Press, 2001, pp. 53 – 55。

③ 参见 Davies, Paul Sheldon, "The Nature of Natural Norms: Why Selected Functions are Systemic Capacity Functions", *Noûs*, 2000, Vol. 1, No. 34, pp. 96 – 98; Davies, Paul Sheldon, *Norms of Nature: Naturalism and the Nature of Functions*, MIT Press, 2001, pp. 55 – 56。

昆虫翅膀的因果作用功能有所了解，这些背景知识使得他们能够对昆虫翅膀的进化提供有说服力的论据支撑。[①] 因此，无论在本体论上还是认识论上，因果作用功能都比选择功能更基础。

那么，因果作用功能统一论是否符合判定一个成功功能理论的解释性维度和规范性维度呢？答案是否定的。按照解释性维度，功能理论需发挥解释功能事项存在的解释作用，这一点显然与因果作用功能统一论的立论初衷不符，因为因果作用功能统一论在根本上延续了柯明斯功能分析理论的精神特质，致力于分析功能事项如何发挥作用而非解释功能事项为何存在。这样一来，与其说因果作用功能统一论不符合解释性维度，不如说它与解释性维度无关。退一步来说，因果作用功能统一论确实言之有物，只不过它所言之物不符合生物哲学家的期待。按照规范性维度，功能理论需确立功能规范性，以实现对功能与偶然功能的区分、实现对功能失灵现象的解释。如前所述，由于因果作用功能统一论从根本上否认了功能规范性的存在，它自然也不符合规范性维度。因此，因果作用功能统一论既不符合解释性维度也不符合规范性维度，它不是一般意义上的成功功能理论。

---

① 参见 Kingsolver, Joel, G. & Koehl, M. A. R., "Aerodynamics, Thermoregulation, and the Evolution of Insect Wings: Differential Scaling and Evolutionary Change", *Evolution*, 1985, Vol. 3, No. 39, pp. 488 – 504; Davies, Paul Sheldon, "The Nature of Natural Norms: Why Selected Functions are Systemic Capacity Functions", *Noûs*, 2000, Vol. 1, No. 34, pp. 96 – 97。

第　十　章

功能解释——功能溯因解释的
兴起及其发展

功能溯因路径①（The Etiological Approach of Functions）是讨论功能的主流哲学理论，它根据对性状的溯因，界定性状的功能。② 过去四十年间，功能溯因路径与功能分析路径分庭抗礼，共同成为讨论生物功能现象的两大解释路径。一般认为，相比于功能分析路径，功能溯因路径因其溯因特点而更适于解释进化生物学中的生物功能现象。为了便于区分，本书将功能溯因路径在进化生物学中的应用统称为功能溯因解释。根据功能溯因解释，生物性状的自然选择历史决定了生物性状的功能，并且解释生物性状的功能相当于解释生物性状为何存在。

如前所述，国内学者对功能溯因解释的已有研究以译介为主。③ 在译介之外，大多数国内学者将对生物功能的分析纳入了关于目的论解释的讨论④之中。进而，在目的论解释的相关讨论中，国内学者们将目的论解释是否可

---

① 功能溯因路径又称功能溯因解释（The etiological accounts of functions），两者的差别只是名称上的。

② 参见 Mossio, Matteo, Saborido, Cristian & Moreno, Alvaro, "An Organizational Account of Biological Functions", *The British Journal for the Philosophy of Science*, 2009, Vol. 6, No. 4, p. 189。

③ 参见［英］蒂姆·卢恩斯《爱思维尔科学哲学手册：生物学哲学》，［加］莫汉·马修，［加］克里斯托弗·斯蒂芬编，赵斌译，北京师范大学出版社 2013 年版，第 642—652 页；赵斌《浅析生物学解释中的目的论问题》，《科学技术哲学研究》2009 年第 4 期，第 42 页。

④ 参见李建会《功能解释与生物学的自主性》，《自然辩证法研究》1991 年第 9 期，第 17—22 页；李建会《目的论解释与生物学的结构》，《科学技术与辩证法》1996 年第 5 期，第 15—18 页；费多益《目的论视角的生命科学解释模式反思》，《中国社会科学》2019 年第 4 期，第 142—159、207 页。

还原为因果解释作为判定生物学是否独立于物理学等其他自然科学的关键问题。在国际研究中，功能溯因解释最早借由赖特的功能溯因路径发端，后经密立根、尼安德的发展，逐步走向成熟。密立根和尼安德均受到了赖特功能溯因理论①的影响，但她们并未全盘接受赖特的功能分析，而是各自独立提出了"选择效果功能理论（The Selected Effects Theory of Function）"②、试图为功能失灵（Malfunction）等现象并提供解释。戈弗雷－史密斯、格里菲斯等都是选择效果功能理论的支持者，他们提出了功能的"现代历史理论（A modern History of Functions）"，致力于解释功能性状的当前存在，丰富了功能溯因解释的理论形式。因此，自赖特之后，功能溯因解释的理论形式逐渐确定，选择效果功能理论、现代历史理论等均为解释进化生物学中的生物功能现象提供了理论依据。

本章致力于讨论功能溯因解释的上述理论形式，为进化生物学中的生物功能现象提供解释。本章的整体框架如下：在第一节"功能溯因解释的缘起——赖特的功能溯因理论"中，我们将引入对赖特功能溯因理论的讨论，旨在说明功能溯因解释的基本特点在于它对历史视角的强调；在第二节"功能溯因解释的发展——选择效果功能理论"中，密立根、尼安德的选择效果功能理论将得到说明；在第三节"功能溯因解释的发展——现代历史理论"中，我们将引入格里菲斯和戈弗雷－史密斯的现代历史理论。

第一节　功能溯因解释的缘起——赖特的功能溯因理论

功能溯因理论最早由赖特于 1973 年在其《功能》（Functions）一文中提

---

① 功能溯因理论这一名称并非由赖特本人提出，而是后来学者对赖特功能理论的称谓，这一称谓的依据是赖特在《功能》一文中一再强调了对功能理论的溯因特点。

② 选择效果功能理论这一名称是后来学者对密立根、尼安德等学者的功能理论的别称，之所以采纳它是因为它在现有文献中被普遍使用。在名称上，选择效果功能理论分别对应于尼安德的生物功能溯因理论（The Etiological Theory of Biological Functions）和密立根对恰当功能（Proper function）的理论分析。需要指出的是，密立根虽未对其功能理论进行命名，但她的功能理论与尼安德的生物功能溯因理论大体一致，详见后文。另外，无论是密立根还是尼安德，她们都在论述中承认了对方对选择效果功能理论的独立发现（Millikan, 1989a, p. 291；Neander, 1991, p. 168）。

出。在这篇文章中，赖特指出哲学家莫顿·贝克纳（Morton Beckner）
（1959）、哲学家约翰·坎菲尔德（John Canfield）（1964）的功能分析既不
能区分功能（Functions）和偶然功能（Accidental Functions）[1]，也不能为自
然功能（Natural functions）和意识功能（Conscious functions）[2] 提供统一的
解释，因而是不恰当的。在此基础上，赖特提出了一个替代解释——功能溯
因理论，以弥补贝克纳和坎菲尔德所提供的功能分析的不足。根据功能溯因
理论，赖特能够区分功能和偶然功能，并为自然功能和意识功能提供一种统
一的解释。对此，医学哲学家克里斯托弗·布尔斯（Christopher Boorse）、哲
学家丹尼尔·克雷默（Daniel M. Kraemer）、哲学家马特奥·莫西奥（Matteo
Mossio）等学者提出了反驳意见，他们或认为赖特的功能溯因理论过于宽
泛，或认为赖特功能溯因理论的解释力有限，或质疑赖特功能溯因理论的科
学有效性。即便如此，自赖特始，功能溯因解释的显著特征——历史视角被
奠定下来并成为所有功能溯因理论的共同点。关于这一点在后面的分析中还
会再次提到。本部分将依次讨论赖特对贝克纳、坎菲尔德的功能分析的批
评、赖特的功能溯因理论以及布尔斯等学者对赖特功能溯因理论的反驳，突
出赖特功能溯因理论的历史视角。

一　赖特对已有功能分析的批评

就赖特所批评的功能分析而言，贝克纳（1959）的功能分析强调"系
统 s′ 中的一个事项 s 具有功能 F′，就是说，在一组情况中，当 s′ 拥有 s 的时
候，F′ 就会发生；当 s′ 不拥有 s 的时候，F′ 不会发生"[3]。这也就是说，在一
组情况中，系统事项拥有其功能的充分条件是该系统事项在系统中存在。例

---

[1]　功能与偶然功能的区分涉及对功能事项所产生的作用效果或活动的区分。换句话说，一个事项
的某些作用效果是该事项的功能，某些作用效果是该事项的偶然功能。例如，人体心脏的作用效果包括
泵血、发出重击声、产生电活动等。其中，只有泵血才是人体心脏的功能，发出重击声和产生电活动等
都是人体心脏的偶然功能。赖特指出，功能理论需要明确区分功能与偶然功能（Wright, 1973, p. 141;
Sober, 1994, p. 29）。

[2]　一般而言，自然功能是指生物学所研究的生物器官和生物体组成部分的功能，意识功能是由设
计者的设计意图所决定人工物的功能（Wright, 1973, p. 145; Sober, 1994, pp. 29 - 30）。

[3]　Beckner, Morton, *The Biological Way of Thought*, University of California Press, 1959, p. 113;
Wright, Larry, "Functions", *The Philosophical Review*, 1973, p. 144; Sober, Elliott, ed., *Conceptual Issues
in Evolutionary Biology*, MIT Press, 1994, pp. 30 - 31.

如，根据贝克纳的功能分析，鸟的翅膀拥有飞翔功能就意味着：在一组情况中，当鸟拥有翅膀时，它就会飞翔；当鸟不拥有翅膀时，它就不会飞翔。换句话说，鸟的翅膀拥有飞翔功能的充分条件是鸟拥有翅膀。这里，贝克纳并未说明系统事项在系统中的存在对于其功能的发挥是不是必要的，这使得他的功能分析并不能为自然界中的大多数功能现象提供恰当的解释。这是因为，如果系统事项在系统中的存在不是其功能发挥的必要条件，那么系统事项在系统中的存在对于其功能的发挥而言只是不多余的。例如，在理想状态下，鸟的翅膀在被替代之后，替代部位同样使得鸟会飞翔。在这种情况下，贝克纳的功能分析将适用于非功能现象，即将某一事项的所有作用效果或活动视作该事项的功能。例如，人体心脏的存在是心脏发出重击声音的充分条件，但是发出重击声音不是人体心脏的功能，而是偶然功能。由于贝克纳的功能分析不能区分功能与偶然功能，它不能作为识别功能的判断标准。需要指出的是，在上述功能分析中，贝克纳并未区分自然功能和意识功能，但他后来的功能理论[①]倾向于对自然功能和意识功能进行统一分析。

赖特将贝克纳后来的功能理论分为八个不同部分展示出来。根据贝克纳后来的功能理论，系统 S 中 P 的功能是 F，当且仅当：

1. P 是 S 的一部分；
2. P 促成了 F（P 作为 S 的一部分使得 F 的出现更为可能）；
3. F 是 S 中的活动；
4. S 由一些重要的组成部分构成，这些组成部分的存在促成了它们自身的活动还有系统的整体活动；
5. S 的组成部分及它们之间的相互关系是由系统 S 中 P 的功能是 F 这一界定来规定的；
6. S 的组成部分及它们的活动一定会有助于系统 S 整体能力的实现；

① 参见 Beckner, Morton, "Function and Teleology", *Journal of the History of Biology*, 1969, Vol. 2, No. 1, pp. 151-164。

7. F 是/有助于系统 S 的一个活动 A（的实现）；

8. A 是 S 的整体能力之一，它由系统组成部分和组合部分的活动所促成。①

根据这一界定，系统 S、系统 S 的组成部分 P、P 的活动 F 之间并不是简单的因果关系，它们与系统的其他组成部分以及系统的整体活动休戚相关。因此，要说明系统 S 中 P 的功能是 F，必须考虑到诸多因素，这同时适用于分析自然功能和意识功能。对此，赖特指出，贝克纳后来的功能分析面临着诸多困境。其一，贝克纳后来的功能分析在讨论自然功能和意识功能时，并不能很好地识别出意识功能所在的系统。确切地说，在自然功能中，系统 S 很容易从环境中分离出来，因此它的功能不难识别。但在意识功能中，人工物就是根据设计者的意愿、为实现某种功能而被创造出来的，因此它只有回退到环境中才能发挥功能作用。在这种情况下，识别系统 S 成为一个难题。例如，手表长秒针的功能是让秒数更易读取。根据贝克纳的分析，我们不仅要找到长秒针作为组成部分的系统，还要找到让秒数更易读取这一活动所在的系统，更要说明这一活动有助于系统整体能力的实现。② 但是，这样一来，在关于手表长秒针功能的陈述中，长秒针的功能始终与其所适用的环境密切相关。换句话说，在不同的环境中，长秒针所在的系统是不同的。可是，贝克纳并没有提供识别系统的方法。在这个意义上，贝克纳后来的功能分析不能实现对自然功能和意识功能的统一分析。其二，贝克纳后来的功能分析将系统组成部分的功能界定为一种活动，但在实际生活中，系统组成部分的功能不一定是活动。例如，汽车外带具有防滑功能，该防滑功能并不是活动，它就是功能。③ 其三，贝克纳后来的功能分析不能区分功能和偶然功能。根据贝克纳后来的功能分析，系统组成部分完全可以偶然地有助

① Wright, Larry, "Functions", *The Philosophical Review*, 1973, p. 150. Sober, Elliott, ed., *Conceptual Issues in Evolutionary Biology*, MIT Press, 1994, pp. 34 – 35; Beckner, Morton, *The Biological Way of Thought*, University of California Press, 1959, pp. 154 – 160.

② 参见 Wright, Larry, "Functions", *The Philosophical Review*, 1973, pp. 151 – 152; Sober, Elliott, ed., *Conceptual Issues in Evolutionary Biology*, MIT Press, 1994, p. 35.

③ 参见 Wright, Larry, "Functions", *The Philosophical Review*, 1973, p. 152; Sober, Elliott, ed., *Conceptual Issues in Evolutionary Biology*, MIT Press, 1994, p. 36.

于系统整体能力的实现，但系统组成部分的这一偶然作用并不是它的功能。例如，在一个运转的内燃机中，一个松掉的小螺母恰好掉到了调整气阀的某个螺丝钉上，这个小螺母恰好与该螺丝钉相契合。在这种情况下，这个小螺母恰好有助于内燃机的正常运行。根据贝克纳后来的功能分析，这个小螺母具有调整螺丝钉的功能。但实际上，这个小螺母所发挥的只是偶然作用，调整螺丝钉并不是它的功能。其四，贝克纳后来的功能分析并不能解释设计意图在意识功能中的显著作用。在意识功能中，功能是由设计者的设计意图决定的。反过来说，由设计意图决定的意识功能是一种应然功能，它不涉及该意识功能的发挥是否有助于系统整体能力的实现，也不涉及意识功能的发挥所带来的任何可能后果。因此，贝克纳的功能分析并不恰当。作为一个功能理论，它既不能实现对功能与偶然功能的区分，也不能实现对自然功能和意识功能的统一分析。

与贝克纳不同，坎菲尔德（1964）明确指出他的功能分析只讨论自然功能，不考虑意识功能。[①] 坎菲尔德认为，"系统 S 中某一事项 I 的功能是做 C 意味着该事项 I 做了 C 且 C 的完成对系统 S 是有用的"[②]。例如，人体心脏的功能是泵血意味着人体心脏泵血并且泵血对于人体是有用的。由此可见，在坎菲尔德的功能分析中，系统事项所做的事情对其所在系统的有用是其功能分析的核心点。[③] 可以说，舍弃了这一点即舍弃了坎菲尔德的功能分析。尽管坎菲尔德不讨论意识功能，但是赖特依然通过分析坎菲尔德功能分析在意识功能中不适用，否认了坎菲尔德的功能分析能够实现对自然功能和意识功能的统一分析。在赖特看来，自然功能和意识功能具有相近的功能内涵。[④] 如果坎菲尔德的功能分析不能解释意识功能，那么它也不能解释自然

① 参见 Canfield, John, "Teleological Explanation in Biology", *The British Journal for the Philosophy of Science*, 1964, Vol. 14, No. 56, p. 291。

② Canfield, John, "Teleological Explanation in Biology", *The British Journal for the Philosophy of Science*, 1964, Vol. 14, No. 56, p. 290; Wright, Larry, "Functions", *The Philosophical Review*, 1973, p. 145; Sober, Elliott, ed., *Conceptual Issues in Evolutionary Biology*, MIT Press, 1994, p. 31.

③ 参见 Wright, Larry, "Functions", *The Philosophical Review*, 1973, p. 145; Sober, Elliott, ed., *Conceptual Issues in Evolutionary Biology*, MIT Press, 1994, p. 31。

④ 参见 Wright, Larry, "Functions", *The Philosophical Review*, 1973, p. 142; Sober, Elliott, ed., *Conceptual Issues in Evolutionary Biology*, MIT Press, 1994, p. 29。

功能。具体而言，在对意识功能的讨论中，赖特指出，坎菲尔德的功能分析面临着识别系统的难题，即在哪个系统中，系统事项在发挥作用，在哪个系统中，系统事项所发挥的作用必须对系统有用。① 例如，上述手表长秒针的案例中，长秒针发挥功能的系统是手表。但是，我们很难理解让秒数更易读取对手表本身是有用的。在日常生活中，让秒数更易读取对戴表者是有用的，但这又不能反过来说戴表者是长秒针发挥功能的系统。因此，坎菲尔德的功能分析在分析意识功能时，面临着识别系统的难题。此外，赖特进一步指出，坎菲尔德所强调的系统事项所做的事情对系统事项所在系统有用这一核心点并不是意识功能成立的必要条件。例如，让秒数更易读取对戴表者有用并不是它是长秒针功能的必要条件。实际上，钟表匠设计长秒针的设计意图决定了长秒针的功能是让秒数更易读取，无论长秒针的功能是否有用。因此，坎菲尔德功能分析的核心点受到了质疑，系统事项所做的事情对其所在系统有用并不能决定它所做的事情就是它的功能。在这种情况下，赖特将系统事项的功能须对系统有用弱化为系统事项的功能通常对系统有用②并否认了这一做法的可行性。他指出，在许多案例中，系统事项虽然拥有功能，但它们的功能并不具有有用性。例如，开瓶器的功能是开瓶，但开瓶对于开瓶器本身不具有有用性。至此，赖特通过否认坎菲尔德功能分析的核心点，否认了坎菲尔德功能分析对于判定某事项拥有其功能（意识功能）是必要的。通过说明坎菲尔德功能分析对于判定某事项拥有其功能是不充分的，赖特彻底否认了坎菲尔德功能分析的正当性。例如，在战场上，士兵身上的皮带搭扣替士兵挡了子弹，救了士兵一命。③ 这符合坎菲尔德的功能分析，皮带搭扣挡子弹是有用的，但这一有用性并不能决定挡子弹是皮带搭扣的功能。这里，挡子弹只是士兵皮带搭扣的偶然功能。因此，坎菲尔德的功能分析既不能解释意识功能，也无法区分意识功能中的功能与偶然功能。由于自然功能

① 参见 Wright, Larry, "Functions", *The Philosophical Review*, 1973, p. 145; Sober, Elliott, ed., *Conceptual Issues in Evolutionary Biology*, MIT Press, 1994, p. 31。

② 参见 Wright, Larry, "Functions", *The Philosophical Review*, 1973, p. 146; Sober, Elliott, ed., *Conceptual Issues in Evolutionary Biology*, MIT Press, 1994, p. 32。

③ 参见 Wright, Larry, "Functions", *The Philosophical Review*, 1973, p. 147; Sober, Elliott, ed., *Conceptual Issues in Evolutionary Biology*, MIT Press, 1994, p. 32。

和意识功能在内容上一致，赖特认为，坎菲尔德的功能分析也不能解释自然功能。在对自然功能的解释中，坎菲尔德功能分析中的有用性指的是某事项的功能对于它所在系统的生存率或繁殖率有直接影响。[①] 也就是说，拥有功能的系统要比不拥有功能的系统具有更高的生存可能性或繁殖可能性。但是，赖特指出，坎菲尔德所说的有用性本身是成问题的。例如，人鼻子可以架起眼镜，架起眼镜对视力有问题的人十分有用。但是，架起眼镜是人鼻子的偶然功能，人鼻子的功能是使得吸入的空气湿润、温暖。因此，在对自然功能的解释中，坎菲尔德的功能分析同样不能区分功能与偶然功能。由此看来，坎菲尔德的功能分析尽管和贝克纳的功能分析不同，但却因为相似的原因而无法实现对功能的恰当解释。

二 功能溯因理论

赖特认为，贝克纳和坎菲尔德所提供的上述功能分析之所以不恰当是因为它们均未注意到功能描述的解释性（explanatory）特征。[②] 由功能描述的解释性特征入手，赖特引入了他的功能溯因理论。

在赖特看来，功能描述的解释性特征之所以如此重要主要有两个原因。其一，功能描述中的“为了”（in order to）是目的论意义上的“为了”（in order to），它能够回应功能性状为何存在。其二，功能描述可以回应具有相同语境效果的几个不同问题。例如，X 的功能是什么？（What is the function of X?）为什么 C 拥有 X？（Why do C's have X's?）为什么 X 做了 Y？（Why do X's do Y?）等这些不同的问题均可通过说明 X 的功能是什么进行回应。正是在为什么 C 拥有 X？为什么 X 做了 Y？这两类问题的语境中，功能描述才被视作具有解释性的。[③] 因此，赖特对功能描述解释性特征的揭示是与为什么式（Why）问题相对应的。需要注意的是，赖特所说的功能描述是在日常

① 参见 Wright, Larry, "Functions", *The Philosophical Review*, 1973, p. 149; Sober, Elliott, ed., *Conceptual Issues in Evolutionary Biology*, MIT Press, 1994, p. 34。

② 参见 Wright, Larry, "Functions", *The Philosophical Review*, 1973, p. 154; Sober, Elliott, ed., *Conceptual Issues in Evolutionary Biology*, MIT Press, 1994, p. 37。

③ 参见 Wright, Larry, "Functions", *The Philosophical Review*, 1973, p. 154; Sober, Elliott, ed., *Conceptual Issues in Evolutionary Biology*, MIT Press, 1994, p. 37。

语言层面提及的，它不涉及功能事项的有用性。[①]

　　根据赖特的功能溯因理论，X 的功能是 Z 的条件是：（1）X 存在，因为 X 做了 Z（X is there because it does Z）；（2）Z 是 X 存在的一个结果（Z is a consequence /result of X's being there）。[②] 在这一界定中，赖特明确了其功能理论的溯因（etiological）特性，该溯因特性指的是所分析功能现象所蕴含的因果背景。换句话说，在赖特的功能溯因理论中，描述一个性状的功能即描述产生该性状的因果历史。[③] 当然，这里的因果是在扩展意义上谈及的，它指的是一个功能事项是如何成为如此这般地存在的整个历史过程。在赖特看来，如果将产生功能事项的整个历史过程考虑进来，功能事项的功能是什么将得到充分地说明。[④] 在这种情况下，功能与偶然功能将得到明确的区分。确切地说，一个事项的功能是由产生它的历史过程决定的，除此之外，该事项的任何作用效果或活动都只能是它的偶然功能。在上述心脏的案例中，产生人体心脏的历史过程决定了泵血是心脏的功能，而心脏重击、心脏的电活动等都只是人体心脏的偶然功能。需要注意的是，在赖特的功能溯因理论中，"因为（because）"是在解释意义而非证据意义上进行理解的，它强调的是溯因。[⑤] 由此，功能溯因理论的基本理论形式被确定下来，即通过询问功能性状为何存在，对性状的功能进行解释。可以说，赖特将功能溯因理论的问题形式规定为为什么式问题，并认为这类问题与询问 X 的功能是什么具有同样的效力，它们的答案都可通过溯因来实现。

　　那么，上述功能溯因理论中的条件 1 和条件 2 在界定功能时分别发挥了什么作用呢？赖特认为，条件 1（X 存在，因为 X 做了 Z）是将 Z 作为 X 的

　　① 参见 Wright, Larry, "Functions", *The Philosophical Review*, 1973, p. 155; Sober, Elliott, ed., *Conceptual Issues in Evolutionary Biology*, MIT Press, 1994, pp. 37 - 38。

　　② 参见 Wright, Larry, "Functions", *The Philosophical Review*, 1973, p. 161; Sober, Elliott, ed., *Conceptual Issues in Evolutionary Biology*, MIT Press, 1994, p. 42。

　　③ 参见 Wright, Larry, "Functions", *The Philosophical Review*, 1973, p. 156; Sober, Elliott, ed., *Conceptual Issues in Evolutionary Biology*, MIT Press, 1994, pp. 38 - 39。

　　④ 参见 Wright, Larry, "Functions", *The Philosophical Review*, 1973, p. 156; Sober, Elliott, ed., *Conceptual Issues in Evolutionary Biology*, MIT Press, 1994, p. 38。

　　⑤ 参见 Wright, Larry, "Functions", *The Philosophical Review*, 1973, p. 157; Sober, Elliott, ed., *Conceptual Issues in Evolutionary Biology*, MIT Press, 1994, pp. 34, 9。

功能的一个必要条件。[1] 据此，功能与偶然功能的区分得以确立，这一区分同时适用于意识功能和自然功能。其中，在意识功能中，人工物所做的事情至少在部分上决定了它为什么会被创造出来。例如，长秒针之所以存在于手表中至少在部分上是因为它让秒数更易读取。[2] 在自然功能中，自然选择历史保证了某一事项的自然功能是该事项如此这般存在的原因。符合自然选择历史的事项作用是该事项的功能。除此之外，该事项其余的作用效果或活动都是偶然功能。例如，自然选择历史决定了人体心脏的功能是泵血而非发出重击声或进行电活动。这里，人体心脏所发出的重击声或所进行的电活动都是偶然功能。因此，功能溯因理论中的条件 1 是界定功能的必要条件，它使得功能与偶然功能之间的区分十分明晰。但是，条件 1 并不是界定功能的充分条件。换句话说，满足条件 1 的事项，其活动不一定是它的功能。例如，根据条件 1，在人体血液中，氧气存在于血液中，因为氧气能够与血液中的血红蛋白相结合。据此，可以说与血液中的血红蛋白相结合是人体血液中氧气的功能。但实际上，人体血液中氧气的功能是在氧化反应中提供能量，它与血红蛋白的结合只是实现这一功能的一个步骤。[3] 赖特指出，"人体血液中氧气的存在是因为它产生能量"与"人体血液中氧气的存在是因为它与血红蛋白的结合"中的"因为"是两种不同的溯因。[4] 根据自然选择历史，只有产生能量才是人体血液中氧气存在的原因。因此，条件 1 是界定功能的必要条件，而非充分条件。赖特进一步指出，条件 1 需要辅之以条件 2 才能真正实现对功能的界定。换句话说，当我们说 X 的功能是 Z 时，我们既是在说 X 存在，因为 X 做了 Z，同时也是在说 Z 是 X 如此这般存在的一个结果。[5] 由此，条件 2 弥补了条件 1 在界定功能时的不充分性。在人体血液中

---

[1] 参见 Wright, Larry, "Functions", *The Philosophical Review*, 1973, p. 158; Sober, Elliott, ed., *Conceptual Issues in Evolutionary Biology*, MIT Press, 1994, pp. 39–40。

[2] 参见 Wright, Larry, "Functions", *The Philosophical Review*, 1973, p. 158; Sober, Elliott, ed., *Conceptual Issues in Evolutionary Biology*, MIT Press, 1994, p. 40。

[3] 参见 Wright, Larry, "Functions", *The Philosophical Review*, 1973, p. 159; Sober, Elliott, ed., *Conceptual Issues in Evolutionary Biology*, MIT Press, 1994, p. 40。

[4] Wright, Larry, "Functions", *The Philosophical Review*, 1973, p. 159; Sober, Elliott, ed., *Conceptual Issues in Evolutionary Biology*, MIT Press, 1994, p. 40。

[5] 参见 Wright, Larry, "Functions", *The Philosophical Review*, 1973, p. 160; Sober, Elliott, ed., *Conceptual Issues in Evolutionary Biology*, MIT Press, 1994, p. 41。

氧气的功能这一案例中，虽然可以说人体血液中氧气存在，因为它与血红蛋白相结合，但是与血红蛋白相结合却不是氧气在人体血液中存在的结果，产生能量才是。因此，条件1与条件2的结合解释了人体血液中氧气的功能不是与血红蛋白相结合，而是产生能量。同理，根据功能溯因理论的条件1和条件2，植物中叶绿素的存在是因为叶绿素使得植物能够发挥光合作用，发挥光合作用是叶绿素存在于植物中的一个结果。[①] 总体看来，赖特功能溯因理论是条件1和条件2的结合，这种结合保证了赖特的功能溯因理论在分析功能时的正当性。

就功能溯因理论的适用性而言，在赖特看来，功能溯因理论中的溯因充分揭示了功能描述的解释性特征，从而保证了功能溯因理论既能实现对功能与偶然功能的区分，又能够为自然功能和意识功能提供统一分析。首先，功能溯因理论通过诉诸产生功能现象的因果背景（历史过程），实现了对功能与偶然功能的区分。功能现象的因果背景主要涉及追问具有该功能的事物是如何成为现在这个样子的。根据它，功能溯因理论可以彻底地区分开功能与偶然功能，因为只有功能能够回答上述问题，而偶然功能因其偶然性，无法为上述问题提供答案。其次，功能溯因理论既适用于分析自然功能，也适用于分析意识功能。对于自然功能而言，生物性状存在的原因是因为它的作用效果通过了自然选择的筛选，故生物性状存在的原因就是生物性状的作用效果，正如叶绿素存在于植物中是因为叶绿素让植物完成了光合作用。[②] 对于意识功能而言，人工物存在的原因是因为人工物的作用，而这作用是通过创造者已付出的努力获得的。例如，当我们说开瓶器的功能是开瓶时，我们是在说为了获得开瓶器，我们致力于让开瓶器能够开瓶，故让开瓶器开瓶是开瓶器存在的原因。因此，赖特的功能定义可以为自然功能和意识功能提供统一分析。换句话说，根据功能溯因理论，自然功能或意识功能都强调通过生物性状或人工物的作用来解释生物性状或人工物的存在。至此，赖特的功能溯因理论实现了对功能与偶然功能的区分，也实现

---

① 参见 Wright, Larry, "Functions", *The Philosophical Review*, 1973, p. 160; Sober, Elliott, ed., *Conceptual Issues in Evolutionary Biology*, MIT Press, 1994, p. 41。

② 参见 Wright, Larry, "Functions", *The Philosophical Review*, 1973, p. 160; Sober, Elliott, ed., *Conceptual Issues in Evolutionary Biology*, MIT Press, 1994, p. 41。

了对自然功能与意识功能的统一分析，弥补了贝克纳和坎菲尔德上述功能分析的不足。

三 关于功能溯因理论的反驳意见

综上所述，赖特功能溯因理论的核心在于溯因，该溯因指的是所讨论功能事项的因果历史，它保证了功能溯因理论能够区分功能与偶然功能，能够实现对自然功能与意识功能的统一分析，能够回应功能事项为何存在。对此，不同学者从不同角度出发进行了批判性分析。其中，布尔斯对功能溯因理论的批评是基于对溯因的质疑展开的，哲学家约翰·毕格罗和罗伯特·帕盖特（John Bigelow & Robert Pargetter，1987）、克雷默（1976）、莫西奥（2009）等其他学者的批评则比较具体。鉴于此，本部分围绕功能溯因理论的评析将主要讨论布尔斯的观点，在文末简要提及其他学者的批评意见。

首先，布尔斯认为，功能溯因理论中的溯因所指不清，功能溯因理论在根本上是不合理的。具体而言，布尔斯指出，在赖特的功能讨论中，自然功能和意识功能所涉及的是两种不同的溯因类型。其中，符合自然功能的溯因类型是进化历史，符合意识功能的溯因类型是设计者的意向。在布尔斯看来，这两种溯因类型无法在自然功能和意识功能中交换使用。这是因为，如果将设计者的意向匹配自然功能，用于解释自然功能现象的话，就会出现如下反例：一个人被朝他咆哮的狗激怒，于是，出于让狗疼痛的意向，他踢了狗一脚，导致狗的一条腿骨折了。那么，根据上述功能溯因理论，狗腿骨折的存在是因为造成狗腿骨折的人意欲使它给狗带来痛苦，狗的痛苦是狗腿骨折的一个结果。在这种情况下，狗腿骨折的功能就是给狗带来痛苦。[①] 但是，在现实生活中，我们不会认为狗腿骨折有什么样的功能，更不会使用这样表达。因此，在功能溯因理论中，符合意识功能的溯因类型并不符合自然功能。那么，符合自然功能的溯因类型能否用于解释意识功能现象呢？布尔斯认为，答案同样是否定的。在他看来，如果将进化历史匹配意识功能，用

---

① 参见 Boorse，Christopher，"Wright on Functions"，*The Philosophical Review*，1976，Vol. 85，No. 1，p. 72。

于解释意识功能现象的话，也会出现反例。例如，实验室中的软管上出现了裂缝，致使软管中的气体泄漏。在实验人员意识到这个裂缝的存在之前，我们可以设想软管上裂缝的存在是选择历史的结果。换句话说，根据功能溯因理论，软管上裂缝的存在是因为它泄漏了软管中的气体，泄漏软管中的气体是软管上裂缝存在的一个结果。只要实验人员不发现，从而进行干预（如堵住裂缝），软管上裂缝的存在都可理解为是由自然选择支持它泄漏气体来保证的。但是，这显然是反事实的，进化历史并不能用于解释意识功能现象（涉及人工物的功能现象）。因此，进化历史和设计者的意向是两种不同的溯因类型，它们不能在对自然功能和意识功能的解释中交换使用。这样一来，为了规避上述反例，赖特只能接受对功能溯因理论中的溯因进行区分，该区分将直接导致赖特的功能溯因理论无法真正实现对自然功能和意识功能的统一分析。

布尔斯进一步指出，即便承认功能溯因理论中包含两种不同的溯因类型，功能溯因理论中的意识功能定义和自然功能定义依然不可避免地会遭遇大量反例。在这种情况下，将上述两种不同的溯因类型作为解释生物性状的功能或人工物的功能的依据是有待商榷的。具体而言，在意识功能中，设计者的意向可以看作意识功能成立的充要条件。但是，布尔斯指出，设计者的意向对于意识功能的成立而言既不充分也不必要。[1] 其中，在充分条件的意义上，根据赖特的分析，无论人工物组成部分的功能是否真正实现，设计者的意向完全可以决定人工物组成部分的功能是什么。也就是说，一旦设计者决定了人工物组成部分的功能，该功能就会一直存在。但是，布尔斯指出，这一判定并不适用于对意识功能和自然功能进行统一分析。这是因为，在意识功能中，如果一台空调的过滤器的功能是清除一种大气污染物 A，那么即便这种大气污染物 A 最终完全从大气中消失了，该空调过滤器的功能依然是清除大气污染物 A。[2] 但是，在自然功能中，阑尾等痕迹器官的功能实际上发生了退化，这种退化现象并不能通过赖特的功能分析获得解释。这里，

---

① 参见 Boorse，Christopher，"Wright on Functions"，*The Philosophical Review*，1976，Vol. 85，No. 1，p. 73。

② 参见 Boorse，Christopher，"Wright on Functions"，*The Philosophical Review*，1976，Vol. 85，No. 1，p. 73。

布尔斯关于痕迹器官功能的讨论显然不符合他对意识功能和自然功能的上述区分。按照他的上述区分，痕迹器官的功能属于自然功能范畴，并不适合在讨论意识功能时进行讨论。换句话说，痕迹器官的功能解释与设计者的意向是不是意识功能成立的充分条件无关。退一步来说，即便相关，它也不能真正实现对设计者的意向是意识功能成立的充分条件的否认。相反，布尔斯空调过滤器的案例支持了设计者的意向是意识功能成立的充分条件这一论断。那么，设计者的意向是不是意向功能成立的必要条件呢？布尔斯对这一问题的回答是否定的。他指出，在许多案例中，人工物组成部分拥有其设计者并不知道的功能。例如，酵母在酒精发酵中的功能一开始并不为化学家或酿酒师所知，但这并不妨碍它的功能是产生一种发挥催化作用的酶，在这种酶的作用下，糖转换成了二氧化碳和酒精。同理，草木灰的漂白功能一开始也不为肥皂制造商所知，但这也不妨碍草木灰拥有这样的功能。[①] 根据这些案例，设计者的意向不是意识功能成立的必要条件。因此，布尔斯部分地反驳了设计者的意向是解释意识功能的依据这一判定，设计者的意向是意识功能成立的充分条件而非必要条件。

除了对意识功能的分析，布尔斯指出，赖特根据进化历史解释自然功能的做法也是不合理的。首先，这一做法不符合生物史实。例如，生物学家哈维发现血液循环时，进化理论还没有产生，因此不能说血液循环是进化历史的结果。但是，我们并不能由此得出前达尔文时期的生理学家相信神创论这一结论。[②] 相反，布尔斯指出，生理学家研究生物器官的功能时从未考虑过进化历史，他们倾向于对生物体的身体结构进行描述。因此，赖特围绕自然功能所采用的进化历史分析方法并不适用于解释一切自然功能。其次，布尔斯指出，根据赖特的功能分析，没有进化历史的生物便不具有功能。但是，我们完全可以设想狮子物种在某一个时间点瞬间出现在某一可能世界中，假设我们碰巧知道了该狮子是哺乳动物，那么我们马上就可以推断出它心脏的功能是循环血液。最后，根据进化历史解释自然功能的做法还遭遇了诸如肥

---

① 参见 Boorse, Christopher, "Wright on Functions", *The Philosophical Review*, 1976, Vol. 85, No. 1, p. 73。

② 参见 Boorse, Christopher, "Wright on Functions", *The Philosophical Review*, 1976, Vol. 85, No. 1, p. 74。

胖的功能是导致肥胖者无法运动这类反例。例如，根据赖特的功能分析，肥胖之所以持续存在是因为肥胖者无法运动，无法运动是肥胖的一个结果，因此，肥胖的功能是导致肥胖者无法运动。[①] 据此，布尔斯认为，赖特根据进化历史解释自然功能的做法是有问题的。

　　总体来看，布尔斯对赖特功能溯因理论的反驳是依托大量反例而提出的。根据反例，布尔斯说明了功能溯因理论中存在设计者的意向和进化历史两种有差别的溯因类型，因此，该理论并不能实现对意识功能和自然功能的统一分析。不仅如此，布尔斯进一步指出，即便将意识功能和自然功能分开讨论，功能溯因理论对意识功能和自然功能的分析依然分别遭遇了大量反例，因而是不合理的。与布尔斯不同，毕格罗和帕盖特认为，功能溯因理论是否成立取决于进化理论。如果进化理论为假，那么功能溯因理论便无法解释生物功能。[②] 克雷默指出，赖特的功能溯因理论无法解释退化的性状[③]，如人的阑尾等。莫西奥等学者指出，赖特的理论形式过于粗糙，其科学有效性是存疑的。[④] 毫无疑问，这些反对意见为功能溯因解释后来的发展提供了方向。但是，与它们相比，功能溯因理论所引入的历史视角更需加以强调，该历史视角是判定功能理论是不是功能溯因解释的基本依据，也是后来所有功能溯因理论的共同点。

第二节　功能溯因解释的发展——选择效果功能理论

　　继赖特之后，密立根和尼安德基于不同的研究兴趣，分别独立提出了选择效果功能理论，试图回应上述功能溯因理论所遭遇的反驳意见并对功能失灵（Malfunction）现象进行解释，扩展功能溯因路径的解释范畴。为了突出

---

　　① 参见 Boorse, Christopher, "Wright on Functions", *The Philosophical Review*, 1976, Vol. 85, No. 1, pp. 75 – 76。

　　② 参见 Bigelow, John & Pargetter, Robert, "Functions", *Journal of Philosophy*, 1987, Vol. 84, No. 4, p. 188。

　　③ 参见 Kraemer, Daniel M., "Revisiting Recent Etiological Theories of Functions", *Biology & Philosophy*, 2014, Vol. 29, No. 5, p. 748。

　　④ 参见 Mossio, Matteo, Saborido, Cristian & Moreno, Alvaro, "An Organizational Account of Biological Functions", *The British Journal for the Philosophy of Science*, 2009, Vol. 6, No. 4, p. 820。

其功能讨论的历史视角，密立根提出了恰当功能（Proper function）[1] 概念，认为一个性状的功能应由其进化历史而非当前特点所决定。自此，选择效果功能理论的进化历史基调被进一步奠定，进化历史视角成为选择效果功能理论的标签。尼安德与密立根的功能说大体一致，她批评了来自非历史视角的反对意见，强调依据进化历史对性状的功能进行解释。需要注意的是，密立根和尼安德均未限定恰当功能中自然选择发挥作用的时间点，这使得她们无法真正解释功能性状的当前存在。通过限定恰当功能中自然选择发挥作用的时间点，格里菲斯和戈弗雷－史密斯分别独立提出了现代历史理论（A Modern History of Functions）[2]，即依据性状的现代进化历史，解释功能性状的当前存在，完善了选择效果功能理论。因此，自赖特之后，功能溯因理论的支持者将功能分析限定在了生物功能上并发展出了选择效果功能理论、功能的现代历史理论等理论形式，试图为功能失灵、功能性状的当前存在等问题提供解释方案，成为生物功能讨论中的重要理论成果。

一　选择效果功能理论的方法论辨析

一般认为，选择效果功能理论由密立根和尼安德分别独立提出，它强调根据生物性状的进化历史解释生物性状的功能，并认为解释生物性状的功能相当于解释生物性状为何存在。其中，密立根所提出的选择效果功能理论是基于她对恰当功能的讨论实现的。在对恰当功能的讨论中，密立根继承了赖特的历史视角。她认为，一个事物是否具有恰当功能取决于它是否拥有正确的历史类型而不是它的当前特性。[3] 但与赖特不同的是，密立根主张运用理论定义（Theoretical Definition）而非概念分析（Conceptual analysis）的方法，界定恰当功能。在密立根看来，概念分析所采纳的定义方法是描述定义

---

① 密立根之所以讨论恰当功能是为了解释语义理论中的意向性。但是，由于密立根所界定的恰当功能符合功能溯因理论的核心思想，后来的学者将她看作选择效果功能理论的提出者之一。

② 现代历史理论这一名称取自戈弗雷－史密斯，但格里菲斯稍早于戈弗雷－史密斯提出了关于恰当功能的新溯因解释（A new etiological theory）。考虑到现代历史理论更能凸显戈弗雷－史密斯和格里菲斯关于恰当功能分析的理论特点以及学者们的讨论习惯，本章第三节的标题定为现代历史理论。但是，为表区别，下文讨论中仍采用格里菲斯的新溯因解释和戈弗雷－史密斯的现代历史理论两种叫法。

③ 参见 Millikan, Ruth Garrett, "In Defense of Proper Functions", *Philosophy of Science*, 1989a, Vol. 56, No. 2, p. 289。

（Descriptive Definition）①，该描述定义与约定定义（Stipulative Definition）一样，均不能实现对恰当功能的准确界定。密立根认为，上述功能溯因理论所遭遇的大多数反驳意见都可归因于赖特对概念分析方法的运用。通过采纳理论定义界定恰当功能，密立根在一定程度上规避了上述功能溯因理论所遭遇的反驳意见。尼安德不认同密立根对选择效果功能理论的辩护。在她看来，拒斥概念分析并不能够实现对选择效果功能理论的维护。相反，只有接纳概念分析并将概念分析和理论定义结合起来，才能真正实现对上述功能溯因理论所遭遇反驳意见的反驳，真正实现对选择效果功能理论的辩护。因此，概括地说，密立根和尼安德对选择效果功能理论的辩护是基于不同的方法论立场展开的。通过运用不同的分析方法，她们回应了上述功能溯因理论所遭遇的反驳意见，各自独立提出了选择效果功能理论。基于选择效果功能理论，她们将上述功能溯因理论所倡导的历史视角进一步限定在进化历史上，实现了对进化生物学中生物功能现象的理论分析。

　　具体而言，密立根和尼安德的方法论分歧主要集中在概念分析是否能够用于界定恰当功能。对此，密立根持否定意见，尼安德表示支持。需要注意的是，密立根和尼安德对概念分析的理解并不一致。在密立根看来，概念分析多见于日常语言当中，它所采纳的是描述定义，该描述定义关注的是术语使用者在使用术语时对所使用术语本身特性的描述②，它不涉及研究对象的本质。例如，运用描述定义界定水相当于描述水这一术语所包含的特征（如无色液体、缓解口渴等）而非描述现实世界中的水（水是 HOH）。这里，水这一术语所包含的特征是术语使用者大脑活动的产物，它是在认识论层面而非本体论层面提及的。因此，密立根认为，描述定义以及采纳描述定义的概念分析因未论及现实世界中研究对象的本质而无法实现对其恰当功能的界定。

　　对此，尼安德认为，如果密立根所说的概念分析指的是在使用术语时，为该术语的使用提供相应的充分条件和必要条件，那么这样的概念分析确实

① 参见 Millikan, Ruth Garrett, "In Defense of Proper Functions", *Philosophy of Science*, 1989, Vol. 56, No. 2, p. 291。

② 参见 Millikan, Ruth Garrett, "In Defense of Proper Functions", *Philosophy of Science*, 1989, Vol. 56, No. 2, pp. 290 – 291。

不可取。① 但是，尼安德重新界定了概念分析。她否认了密立根对概念分析的拒斥，并且主张将概念分析和理论定义结合起来，为选择效果功能理论提供方法论依据。尼安德指出，概念分析所关注的是语言共同体（The Linguistic Community）成员在运用术语时、在思想上普遍接受的应用标准，该应用标准可在统计意义上进行理解。② 确切地说，该应用标准指的是人们在大多数时间、大多数情况下，对相关术语的标准用法。尼安德进一步指出，当相关语言共同体的成员是专家时，该语言共同体所使用的术语即是这些专家在思考和交流时所运用的专业术语，这类专业术语往往植根于清晰的相关理论当中。③ 在这种情况下，专家们针对某一专业术语所采用的应用标准要比人们在日常生活中对某一术语所采用的应用标准表现出更高程度的一致性。正是在这个意义上，概念分析在界定恰当功能时发挥着重要作用。这是因为，对恰当功能的界定需符合生物学家的恰当功能观念，而生物学家的恰当功能观念是认识论层面上的，它需要运用尼安德意义上的概念分析方法才能得到说明。反过来说，通过运用尼安德意义上的概念分析方法，生物学家在何种意义上理解恰当功能将得到说明。不仅如此，尼安德指出，只有将概念分析和理论定义结合起来，才能真正实现对恰当功能的准确界定。在她看来，概念分析限定了理论定义的讨论范围。④ 确切地说，尼安德的概念分析决定了所讨论的术语是哪个领域中的术语以及相应术语的使用者们在何种意义上使用该术语。以界定水为例，根据尼安德的概念分析，分子结构是 HOH 的液体是当代西方化学家们共同承认的、界定水的认识标准，这一认识标准不仅将水的理论定义限定在当代化学领域中，而且与水的理论定义一致，即水是 HOH。需要注意的是，这里的水是 HOH 是本体论层面的，它揭示了现实世界中水的本质。因此，尼安德所提倡的概念分析和理论定义相结合的分析方

---

① 参见 Neander, Karen Lee, "Functions as Selected Effects: The Conceptual Analyst's Defense", *Philosophy of Science*, 1991, Vol. 58, No. 2, pp. 170 – 171。

② 参见 Neander, Karen Lee, "Functions as Selected Effects: The Conceptual Analyst's Defense", *Philosophy of Science*, 1991, Vol. 58, No. 2, p. 171。

③ 这里，有关专业术语与它们背后理论的讨论与科学哲学家托马斯·库恩（Thomas Kuhn）对科学共同体及科学共同体所遵循的范式的讨论有相似之处。

④ 参见 Neander, Karen Lee, "Functions as Selected Effects: The Conceptual Analyst's Defense", *Philosophy of Science*, 1991, Vol. 58, No. 2, p. 172。

法兼顾了所界定术语在认识论层面和本体论层面的内涵，能够实现对所界定术语的准确界定。

二 密立根的选择效果功能理论

回到对功能的界定上，通过采纳理论定义，密立根对恰当功能的讨论主要在现实世界中进行。密立根指出，她的恰当功能概念是一个技术性术语（Technical term），它之所以能够引起人们的兴趣是因为它可以解决某些问题，而非因为它与目的、功能等日常用语一致或者不一致。① 概括地说，密立根研究恰当功能的意义在于，根据某物的恰当功能，我们可以判定某物所属的生物类别（Biological category）。② 也就是说，某物的恰当功能是某物的本质属性，它足以把该物贴上某一生物类别成员的标签。例如，心脏的恰当功能是泵血决定了心脏从属于心脏这一生物类别。需要指出的是，密立根的恰当功能无关于所讨论事物的当前特性，它由所讨论事物是否拥有正确的历史类型决定。③ 在心脏这一案例中，泵血与心脏的当前特性无关，心脏的进化历史决定了泵血是心脏的恰当功能。因此，密立根的恰当功能讨论延续了赖特上述功能分析中的历史视角，她强调恰当功能的核心在于它所蕴含的历史转向（Historical Turn）。密立根进一步指出，恰当功能所蕴含的历史转向保证了恰当功能具有递归（Recursive）特征④，这一递归特征揭示了恰当功能概念自身的特点，它是在某一功能事物是以往已存事物的繁殖物的意义上谈及的。在这个意义上，密立根的恰当功能理论可以看作对赖特功能溯因理论的修正，它实现了对赖特功能溯因理论中功能事项及其活动的约束，由此规避了赖特功能溯因理论所遭遇的布尔斯式反例。依据恰当功能的来源，密立根将恰当功能区分为直接恰当功能（Direct Proper Function）和衍生恰当

① 参见 Millikan, Ruth Garrett, *Language, Thought, and Other Biological Categories: New Foundations for Realism*, MIT press, 1984, p. 18。

② 参见 Millikan, Ruth Garrett, *Language, Thought, and Other Biological Categories: New Foundations for Realism*, MIT press, 1984, p. 17。

③ 参见 Millikan, Ruth Garrett, "In Defense of Proper Functions", *Philosophy of Science*, 1989a, Vol. 56, No. 2, p. 289。

④ 参见 Millikan, Ruth Garrett, "In Defense of Proper Functions", *Philosophy of Science*, 1989a, Vol. 56, No. 2, p. 288。

功能（Derived Proper Function）两种类型，试图尽可能地扩展恰当功能的解释范围，为其语义理论提供概念工具。

（一）直接恰当功能

其中，直接恰当功能适用于分析可直接诉诸所讨论事物的历史进行解释的功能现象。例如，脊椎动物心脏的功能是泵血，鸟类翅膀的功能是飞翔等。在密立根看来，拥有直接恰当功能的事项必须是繁殖确立的家族（Reproductively established family）的成员，这里的繁殖确立的家族由彼此相似的事项所组成，繁殖（Reproduction）的持续发生保证了繁殖确立的家族成员间的彼此相似。[①] 例如，脊椎动物的心脏、鸟类的翅膀都是拥有直接恰当功能的事项，它们分别从属于不同的繁殖确立的家族。为了清晰地界定直接恰当功能，密立根依次界定了繁殖、繁殖确立的家族。在密立根看来，繁殖能够解释为什么两个事物在某些方面具有相似性。[②] 例如，为什么两个红苹果具有一样的红颜色。密立根对繁殖的定义如下。

一个个体 B 是一个个体 A 的繁殖物，当且仅当：

（1）B 和 A 一样具有一些确定特性（Determinate property）p_1、p_2、p_3等，且条件（2）得到满足；

（2）B 和 A 所拥有的确定特性 p_1、p_2、p_3 等可以由一种自然法则或者是适用于具体情境的法则（Laws operative in situ）来解释，适用于具体情境的法则满足条件（3）；

（3）对于每一个确定特性 p_1、p_2、p_3 等，适用于具体情境的法则能够解释为何 B 在这些特性上与 A 相像，这样的法则必须与 p 所代表的确定特性相关，而 p 所代表的确定特性从属于更大范围的可决定特性（Determinable property）。适用于具体情境的法则与确定特性的相关性，使得任何影响 A 确定特性的事物同样会影响 B 的相应确定特性。也就

[①] 参见 Millikan, Ruth Garrett, *Language*, *Thought*, *and Other Biological Categories*: *New Foundations for Realism*, MIT press, 1984, pp. 18 - 19。

[②] 参见 Millikan, Ruth Garrett, *Language*, *Thought*, *and Other Biological Categories*: *New Foundations for Realism*, MIT press, 1984, p. 19。

是说，适用于具体情境的法则保证了从 A 到 B 的直向因果关系。①

这里，密立根的繁殖定义并不是日常用语中的繁殖，它的独特之处在于它是一种关系陈述，它描述的是繁殖物 B 因适用于具体情境的法则而具有与模板 A 相似的繁殖确定特性（Reproductively established properties）p。② 其中，适用于具体情境的法则是自然法则与产生繁殖物时所存在的实际情境条件的结合③，它保证了繁殖物具有繁殖确定特性。繁殖确定特性与确定特性相似，确定特性从属于可决定特性，确定特性与可决定特性之间的关系正如红色和色彩、方形和形状之间的关系一般。由此，密立根的繁殖定义可以通过解释适用于具体情境的法则和繁殖确定特性得到界定。密立根进一步指出，她的繁殖定义要求对繁殖物的因果历史进行追溯。④ 换句话说，通过描述繁殖物的因果历史，我们可以证明模板与繁殖物之间繁殖关系的存在，这种繁殖关系解释了为什么模板与繁殖物拥有相似的确定特性。尤为重要的是，对繁殖物因果历史的追溯保证了密立根恰当功能分析的历史视角。

密立根进一步指出，某一事物所拥有的繁殖确定特性可同时从若干不同的模板复制而来。例如，一个与橄榄藤相像的银十字架，它所具有的一些繁殖确定特性源自基督教十字架的早期形态，另外一些繁殖确定特性源自艺术家为制作十字架所研究的橄榄叶。在这个案例中，银十字架的繁殖确定特性至少来源于两个模板。其中，当涉及源自艺术家的繁殖确定特性时，适用于具体情境的法则部分来自艺术家个体神经系统的结构和状态。⑤ 除此之外，密立根指出，只有当繁殖物拥有恰当功能时，它们所涉及的繁殖才是有意义

① Millikan, Ruth Garrett, *Language, Thought, and Other Biological Categories: New Foundations for Realism*, MIT press, 1984, pp. 19 – 20.

② 在繁殖定义中，密立根将 A 称作 B 的模板，将确定特性 p 称作 B 的繁殖确定特性（Millikan 1984, p. 20）。

③ 参见 Millikan, Ruth Garrett, *Language, Thought, and Other Biological Categories: New Foundations for Realism*, MIT press, 1984, p. 20。

④ 参见 Millikan, Ruth Garrett, *Language, Thought, and Other Biological Categories: New Foundations for Realism*, MIT press, 1984, p. 20。

⑤ 参见 Millikan, Ruth Garrett, *Language, Thought, and Other Biological Categories: New Foundations for Realism*, MIT press, 1984, p. 21。

的。可以说，密立根运用繁殖界定了恰当功能，反过来也用恰当功能限定了她所研究的繁殖物类型。在生物界，满足这一条件的繁殖物类型是肢体器官和本能行为。① 但是，无论是肢体器官还是本能行为，与它们对应的繁殖物之间都不存在直接繁殖关系。② 例如，孩子的心脏并不是父亲心脏或母亲心脏的直接繁殖物，棘鱼的求偶舞蹈也不是直接从它父亲那里繁殖而来的。也就是说，即便父亲或者母亲的心脏因后天生病（不遗传）无法很好地泵血，他们依然能够生出拥有正常心脏的孩子。即便棘鱼的父亲受伤了，跳出了不同的求偶舞蹈，这也不影响它的孩子跳出正常的求偶舞蹈。这里，孩子的心脏和棘鱼的求偶舞蹈实际上就是父母心脏和棘鱼父亲求偶舞蹈的繁殖物，但不是直接繁殖物。密立根借助于基因解释了这两种繁殖物案例，即孩子的基因和棘鱼的基因是它们各自父母所拥有相应基因的繁殖物，相似的基因产生了相似的产物。③ 进而，孩子的基因和棘鱼的基因之所以能够存在是因为它们各自父母乃至于它们早期祖先的相似基因所产生的表现型在过去发挥了恰当功能，该恰当功能的发挥使得负责这些表现型的基因能够保留下来并进行繁衍。正是在这个意义上，我们才能判定什么样的繁殖物是拥有恰当功能的繁殖物。

根据密立根的分析，拥有恰当功能的繁殖物组成了相应的繁殖确立的家族。如前所述，只要某一事项是某一繁殖确立的家族的成员，该事项就拥有相应的直接恰当功能。出于对基因的考虑，密立根将繁殖确立的家族区分为一阶繁殖确立的家族（First-Order Reproductively Established Families）和高阶繁殖确立的家族（Higher-Order Reproductively Established Families）。④ 根据一阶繁殖确立的家族的界定，任何事项的集合组成一阶繁殖确立的家族的条件是这些事项拥有相同或相似的繁殖确定特性，这些繁殖确定特性是通过

---

① 参见 Millikan, Ruth Garrett, "In Defense of Proper Functions", *Philosophy of Science*, 1989, Vol. 56, No. 2, p. 289。

② 参见 Millikan, Ruth Garrett, *Language, Thought, and Other Biological Categories: New Foundations for Realism*, MIT press, 1984, p. 21。

③ 参见 Millikan, Ruth Garrett, *Language, Thought, and Other Biological Categories: New Foundations for Realism*, MIT press, 1984, p. 21。

④ 参见 Millikan, Ruth Garrett, *Language, Thought, and Other Biological Categories: New Foundations for Realism*, MIT press, 1984, p. 22。

不断复制同一模板的同一个特征或诸多不同模板的同一个特征而衍生出来
的。① 也就是说，一阶繁殖确立的家族之成立要求满足 3 个条件，且这 3 个
条件之间构成层层递进的关系：（1）从属于一阶繁殖确立的家族的成员们
必须共同拥有相同或相似的繁殖确定特性；（2）它们所拥有的相同或相似
繁殖确定特性来自不断地复制；（3）不断复制的对象是同一模板的同一特
征或诸多不同模板中的同一个特征。由此可见，一阶繁殖确立的家族要求繁
殖物和模板之间存在直接因果关联，据此它适用于分析日常生活现象但并不
适用于分析生物现象。概括地说，密立根认为，所有具有传统意味的事项或
者行为都是一阶繁殖确立的家族的成员。她引入了梅里亚姆·韦伯斯特
（Merriam Webster, 1961）的 *Third New International Dictionary*（《新国际词典
第三版》）。根据 Webster 的定义，传统的（conventional）具有两种含义：其
一是由共同约定、协议中的规定、契约中的约定形成的；其二是从日常用法
中产生出来的，这类传统往往与相应的文化相联系。例如，在尚左文化中，
见面握左手就是一阶繁殖确立的家族中的成员。这是因为，在相应社会共同
体中，见面握左手的行为之所以再现是因为其他人这么做。②

　　不同于一阶繁殖确立的家族，高阶繁殖确立的家族更适于分析生物现
象，密立根区分了三种高阶繁殖确立的家族。

　　（1）第一种高阶繁殖确立的家族的定义如下——由同一繁殖确立的家
族的成员所产生的相似事项所构成的集合是高阶繁殖确立的家族的条件是：
①产生这些相似事项是同一繁殖确立的家族的一项直接恰当功能；②产生过
程符合正常解释（Normal explanations）。③

　　（2）第二种高阶繁殖确立的家族的定义如下——由同一设置（The same
device）所产生的相似事项所构成的集合是高阶繁殖确立的家族的条件是：
①该同一设置的恰当功能之一是让后来产生的事项匹配较早产生的事项；
②后来产生事项与较早产生的事项之间的相似性符合正常解释；③符合的原

　　① 参见 Millikan, Ruth Garrett, *Language, Thought, and Other Biological Categories: New Foundations for Realism*, MIT press, 1984, p. 23。

　　② 参见 Millikan, Ruth Garrett, *Language, Thought, and Other Biological Categories: New Foundations for Realism*, MIT press, 1984, pp. 23 - 24。

　　③ 在下文讨论直接恰当功能时展开。

因是上述设置恰当功能的执行。

（3）第三种高阶繁殖确立的家族的定义如下——一个设置的一项直接恰当功能是产生出一个较高阶繁殖确立家族 R 的一个成员或若干成员，x 也是该设置的产物之一。x 在某些方面跟 R 的正常成员相似。之所以如此是因为 x 的产生条件与 R 成员的产生条件在某种程度上相似，符合 R 成员产生时的正常解释。所以，x 也是 R 的一个成员。[①]

其中，人的心脏符合第一种高阶繁殖确立的家族的定义。[②] 确切地说，对于人的心脏而言，同一繁殖确立的家族的成员是能够形成心脏的基因，同一繁殖确立的家族成员所产生的相似事项是心脏，心脏的集合是高阶繁殖确立的家族。之所以如此解释是因为，（1）产生心脏是同一繁殖确立的家族（能够形成心脏的基因所组成的家族）的一项直接恰当功能；（2）在正常条件下，心脏会产生。换句话说，孩子所携带的、能够形成心脏的基因是其父母所携带的、能够形成心脏的基因的繁殖物，因此孩子和父母拥有的这些基因从属于同一繁殖确立的家族。在正常条件下，孩子和父母所拥有这些基因的恰当功能之一是产生心脏。因此，他们的心脏共同构成了更高阶的繁殖确立的家族。于是，根据第一种高阶繁殖确立的家族的界定，在符合正常条件的情况下，较高阶繁殖确立的家族的成员往往是较低阶繁殖确立的家族成员的恰当功能的产物。与第一种高阶繁殖确立的家族不同，第二种高阶繁殖确立的家族强调产生高阶繁殖确立的家族成员的是同一设置而非同一繁殖确立的家族的成员。密立根认为，通过训练或试错过程产生出来的习得行为符合第二种高阶繁殖确立的家族的定义。例如，经过驯兽师的训练（该训练过程保持不变），海豹们都学会了跳离水面。这里，不同海豹跳离水面的行为共同组成了高阶繁殖确立的家族。在正常条件下，它们由驯兽师的同一训练过程产生出来，驯兽师的同一训练过程保证了所有接受训练的海豹的跳离水面行为具有相似性。第三种高阶繁殖确立的家族的定义放宽了第一种定义和第二种定义中的条件，为繁殖确立的家族中功能失灵了

[①] 参见 Millikan, Ruth Garrett, *Language*, *Thought*, *and Other Biological Categories*: *New Foundations for Realism*, MIT press, 1984, pp. 24 – 25。

[②] 参见 Millikan, Ruth Garrett, *Language*, *Thought*, *and Other Biological Categories*: *New Foundations for Realism*, MIT press, 1984, p. 25。

的成员提供了空间。① 确切地说，第三种高阶繁殖确立的家族并不要求必须满足正常解释。在密立根看来，如果某一事物的产生机制与高阶繁殖确立的家族的其他成员完全一致，只是由于它的产生条件与高阶繁殖确立的家族成员的产生条件并不完全一致而仅仅是相近，那么，该事物同样是该高阶繁殖确立的家族的成员。如此一来，功能失灵的事项完全可以包含到高阶繁殖确立的家族中，因为它们和高阶繁殖确立的家族的成员拥有相同的产生机制。

如此，基于对繁殖、繁殖确立的家族的界定，密立根再次强调，如果 m 是一个繁殖确立的家族 R 的成员，且 R 具有繁殖确定特性 C，那么 m 所具有的功能 F 是直接恰当功能，当且仅当：

（1）m 的某些祖先曾经发挥了功能；

（2）在 m 祖先的案例中，拥有特征 C 与功能 F 的发挥间存在着一种直接因果关联，在包含 m 祖先的事项集 S 中，C 与 F 呈显著正相关关系，其他不具有 C 的事物则没有表现出这种正相关关系；

（3）对此，合理解释之一是参照 S 中 C 与 F 的显著正相关关系，解释 m 的当前存在。S 中 C 与 F 的显著正相关关系或直接导致了 m 的繁殖，或解释了 R 能够繁殖的原因并因此解释了 m 的当前存在。②

根据这一界定，m 的当前存在是由于其祖先过去因拥有 C 而能够执行 F，其他未拥有 C 的事物不能执行 F，执行 F 使得 m 的祖先比其他未拥有 C 的同时期事物具有更高的适合度，m 的祖先因此得以幸存、繁衍，m 即是其祖先繁衍的产物。换句话说，拥有直接恰当功能 F 的事项就是拥有特征 C 的事项，拥有特征 C 的事项是相应繁殖确立的家族的成员。因此，只要是繁殖确立的家族的成员，该成员就拥有相应的直接恰当功能。以脊椎动物的现代心脏为例，脊椎动物的现代心脏构成了一个繁殖确立的家族，其依据是相比于拥有较原始心脏的早期脊椎动物，以往拥有现代心脏的早期脊椎动物因现

---

① 参见 Millikan, Ruth Garrett, *Language, Thought, and Other Biological Categories*：*New Foundations for Realism*，MIT press，1984，p. 25。

② Millikan, Ruth Garrett, *Language, Thought, and Other Biological Categories*：*New Foundations for Realism*，MIT press，1984，p. 28。

代心脏在过去所发挥的泵血作用而更适应于环境。进而，现代心脏的基因型在脊椎动物的基因库中固定了下来，代代相传。如此，今天脊椎动物的心脏也是该繁殖确立的家族的成员，它是上述基因型的表现型，它具有现代心脏所具有的特征，因而也具有相应的直接恰当功能。据此，我们也可以说，现代心脏与其泵血功能之间的直接因果关系解释了现代心脏为何会持续繁殖。

密立根进一步指出，如果一个繁殖确立的家族的任一成员具有一个直接恰当功能，那么以该成员为祖先的所有后来成员都具有该直接恰当功能。[1]此外，她指出，一个事项拥有直接恰当功能并不要求该事项真正地执行该直接恰当功能。在现实生活中，一些繁殖确立的家族的成员是功能失灵的，它们无法恰当地执行直接恰当功能。例如，因交通事故而断裂的双腿是无法行走的，但这双腿依然从属于腿这一繁殖确立的家族。这是因为，是否具有直接恰当功能取决于一个事项的历史而不是它的当前特性。[2] 因此，按照密立根的分析，恰当功能可以很好地回应生物界的功能失灵现象，进而为现代医学研究疾病提供理论参考。

除了对功能失灵现象的分析，密立根也考虑到了直接恰当功能在时间推移过程中所显现出来的变化性以及直接恰当功能的载体——生物性状有可能同时拥有若干直接恰当功能。密立根指出，用以解释性状繁殖的直接恰当功能会随着时间的流逝而发生变化。在这种情况下，当我们说一个性状的直接恰当功能时，我们是在说一系列的直接恰当功能。[3] 根据以往性状类型与当前性状个例的时间间隔，密立根将同一性状随着时间的推移而具有的一系列直接恰当功能区分为历史的近端功能（Historically proximate）和历史的远端功能（Historically remote）。其中，历史的近端功能是指与当前性状个例存在时间间隔短的以往性状类型的直接恰当功能，历史的远端功能是指与当前性状个例存在时间间隔长的以往性状类型的直接恰当功能。由于生物功能的变

① 参见 Millikan, Ruth Garrett, *Language, Thought, and Other Biological Categories：New Foundations for Realism*, MIT press, 1984, p. 28。

② 参见 Millikan, Ruth Garrett, *Language, Thought, and Other Biological Categories：New Foundations for Realism*, MIT press, 1984, p. 29。

③ 参见 Millikan, Ruth Garrett, *Language, Thought, and Other Biological Categories：New Foundations for Realism*, MIT press, 1984, p. 32。

化会引起相应生物结构的变化，因此我们很难在生物界找到能够说明历史的近端功能和历史的远端功能的例子。① 即便如此，这两种直接恰当功能的特点依然能够被描绘出来。根据密立根的分析，最近端的直接恰当功能往往能够特别详尽地体现出当前性状个例如何执行一种直接恰当功能，最远端的直接恰当功能有可能会涉及该性状的其他作用效果但不细致。② 基于对直接恰当功能的变化性的关注，密立根引入了对上述正常解释的说明。密立根认为，直接恰当功能的正常解释就是一个特定繁殖确立的家族过去如何历史地执行一种特定恰当功能的解释。③ 考虑到直接恰当功能的变化性，密立根对直接恰当功能的正常解释也是以时间为尺度的。如此一来，便有很多不同程度的近端直接恰当功能。当然，正常解释需要辅之以所讨论性状所在的正常条件才能成立，这里的正常条件指的是在以往的大量案例中，某一性状发挥其直接恰当功能时所存在的大体条件。需要注意的是，繁殖确立的家族成员发挥直接恰当功能的正常条件并不是其成员们发挥直接恰当功能时所存在条件的平均条件。④ 因此，相比于性状因在时间流逝中的变化而引出的近端直接恰当功能、远端直接恰当功能等一系列直接恰当功能，直接恰当功能的正常解释也分近端解释和远端解释，它们具有不同程度的近端特征。并且，正常解释的条件之一是正常条件，而正常条件是通过对大多数以往案例中性状执行直接恰当功能时的条件进行统计分析，得出的大体条件而非平均条件。

　　另外，在密立根看来，一个生物性状可以同时拥有若干直接恰当功能，这些直接恰当功能可统称为集中恰当功能（Focused proper function）。⑤ 密立根无意界定集中恰当功能究竟是什么，她区分了三种集中恰当功能：分离功能（Disjunctive functions）、一致功能（Simultaneous / Conjunctive functions）

　　① 参见 Millikan, Ruth Garrett, *Language, Thought, and Other Biological Categories: New Foundations for Realism*, MIT press, 1984, p. 32。

　　② 参见 Millikan, Ruth Garrett, *Language, Thought, and Other Biological Categories: New Foundations for Realism*, MIT press, 1984, p. 33。

　　③ 参见 Millikan, Ruth Garrett, *Language, Thought, and Other Biological Categories: New Foundations for Realism*, MIT press, 1984, p. 33。

　　④ 参见 Millikan, Ruth Garrett, *Language, Thought, and Other Biological Categories: New Foundations for Realism*, MIT press, 1984, pp. 33 - 34。

　　⑤ 参见 Millikan, Ruth Garrett, *Language, Thought, and Other Biological Categories: New Foundations for Realism*, MIT press, 1984, pp. 34 - 35。

和系列功能（Serial functions），试图为集中恰当功能提供解释。其中，分离功能指的是一个性状所拥有的若干功能间相互独立发挥作用。也就是说，在不同情况下，同一性状会发挥不同的功能。例如，鸟类的羽毛在不同的情境中可分别用于飞翔、保暖或是求偶。① 一致功能是指一个性状所拥有的若干功能必须一起发挥作用。例如，血液所具有的携带氧气、携带营养物、携带荷尔蒙、运送代谢物等若干功能必须同时进行。② 系列功能是指一个性状所拥有的若干功能依次发挥作用。例如，人的心脏发挥了泵血功能、泵血引起了氧气通过血管循环到全身其他器官、这使得大脑能够恰当地思考、大脑的恰当思考引起了恰当的人类行为等。密立根认为，在系列功能中，越是远端的功能，越要跟其他器官的恰当功能交互，其他器官的恰当功能作用构成了原初器官发挥远端功能的正常条件。③ 因此，人的心脏之所以能够有助于人类行为的发挥是因为血管、血液、大脑还有人体四肢的协同作用。显然，一个事项最近端的恰当功能也要受到其他相关事项所发挥功能的影响。例如，如果肺不能提供氧气或者髓质不允许红细胞携带这些氧气，那么心脏就不能泵血。但是，为什么我们把泵血归于心脏而不是肺呢？为什么我们把为血液供氧而不是帮助心脏泵血看作肺的功能呢？这是因为泵血是心脏做的第一件事，提供携带氧气的血液是肺做的第一件事，这就引出了一个解释近端性原则④（Explanatory Proximity）⑤。密立根进一步延伸了关于系列功能的讨论。在她看来，有时候，一个事项具有一个单独的系列功能集，其中的每一个功能都需要在其他事项功能的辅助下得到执行，但是这个功能系列整体并不需要任何事项功能的辅助，就可以通过若干阶段、持续下去。退一步来说，即便有的事项功能能够与该功能系列整体的功能一起发挥作用或者是能够替代

---

① 参见 Millikan，Ruth Garrett，*Language*，*Thought*，*and Other Biological Categories*：*New Foundations for Realism*，MIT press，1984，p. 35。

② 参见 Millikan，Ruth Garrett，*Language*，*Thought*，*and Other Biological Categories*：*New Foundations for Realism*，MIT press，1984，p. 35。

③ 参见 Millikan，Ruth Garrett，*Language*，*Thought*，*and Other Biological Categories*：*New Foundations for Realism*，MIT press，1984，p. 35。

④ 尼安德也提出了该原则。

⑤ 参见 Millikan，Ruth Garrett，*Language*，*Thought*，*and Other Biological Categories*：*New Foundations for Realism*，MIT press，1984，pp. 35 – 36。

它发挥作用，这样的功能最终仍然会回归到该功能系列整体上去。密立根认为，该功能系列整体的最后一个功能就是该事项的集中功能（Focused functions），它是该系列功能开始分化之前所执行的最后一个功能。进一步来说，有时候，一个事项会拥有若干不同的系列功能集，所有这些系列功能集会聚合成一个集中功能。例如，位于下丘脑上的几个特殊小细胞具有启动若干系列功能集发挥作用的恰当功能，结果是：（1）更多的血液流经皮肤的毛细血管；（2）汗腺分泌汗液；（3）降温行为，所有这些系列功能集的终点都一样，那就是有助于将体温控制在98.6华氏度。[1]继这些小细胞的功能分化之后，体温98.6华氏度是几乎所有体内器官发挥作用的必要条件。那么，将体温维持在98.6华氏度就是下丘脑上几个特殊小细胞的集中恰当功能。至此，我们会发现，密立根对集中恰当功能的解释具有模糊性。尽管如此，集中恰当功能的核心在于繁殖确立的家族成员可同时拥有若干直接恰当功能。

因此，密立根的直接恰当功能是一个十分复杂的概念，它基于繁殖、繁殖确立的家族的界定而产生，它本身在时间推移过程中显现出了一定程度的变化性，它的载体（生物性状）可能同时拥有若干直接恰当功能。正因为如此，密立根的直接恰当功能可以回应那些直接诉诸事物的历史进行解释的功能现象，它揭示了事物的本质属性，从而将事物划归于它们所属的相应类别中。[2]据此，密立根的直接恰当功能能够为功能失灵现象提供恰当的解释，即凡是功能失灵的事项，它们仍是相关功能类别下的成员，依然拥有直接恰当功能。密立根自己也意识到直接恰当功能无法对新出现的功能现象进行直接解释，但她认为任何新功能在本质上都是恰当功能，她将它们称为衍生恰当功能。

（二）衍生恰当功能

衍生恰当功能来自直接恰当功能，它是直接恰当功能的功能表现。以变色龙的肤色变化为例，产生变色装置是变色龙所在高阶繁殖确立的家族的直

---

① 参见 Millikan, Ruth Garrett, *Language, Thought, and Other Biological Categories*: *New Foundations for Realism*, MIT press, 1984, p. 36。

② 参见 Millikan, Ruth Garrett, "In Defense of Proper Functions", *Philosophy of Science*, 1989, Vol. 56, No. 2, pp. 295 – 297。

接恰当功能之一。如果将某一变色龙置于棕绿斑点物上，它的肤色就会变为棕绿斑点色，这一肤色使得该变色龙能够伪装起来、不被捕食者看到，进而躲过被吃掉的命运活下来。[①] 这里，棕绿斑点色发挥了伪装作用，这一伪装作用即是棕绿斑点色的衍生恰当功能。由于棕绿斑点色是上述变色龙的变色装置在遭遇棕绿斑点色时发生的反应，它的衍生恰当功能也可看作上述变色装置的功能表现。因此，直接恰当功能是衍生恰当功能发生的前提条件。那么，如何理解衍生恰当功能的理论形式呢？

为了界定衍生恰当功能，密立根先后讨论了关系性恰当功能（Relational proper functions）和适应性恰当功能（Adapted proper functions）。她认为，衍生恰当功能是基于适应性恰当功能提出的，而适应性恰当功能是基于关系性恰当功能提出的。根据密立根的分析，直接恰当功能的发挥引出了关系性恰当功能，这一关系性恰当功能指的是某一功能事项所发挥的与另一事项存在某种特定关系的功能。[②] 回到变色龙肤色变化的例子中，上述直接恰当功能的产物——变色装置与具有该变色装置的变色龙所在环境之间存在着某种特定关系，即该变色装置会因环境变化而产生与环境色彩一致的肤色变化。这里，该变色装置所发挥的功能即是一种关系性恰当功能。进而，如果将拥有关系性恰当功能的装置置于与它密切相关的具体事物中，该装置就会发挥适应性恰当功能。相应地，与适应性恰当功能密切相关的具体事物也被称作发挥相应适应性恰当功能装置的适配器（为讨论之便，下文将适配器称作适应对象）（The adaptor for the device）。[③] 在变色龙肤色变化的例子中，当变色龙被置于棕绿斑点物上时，它的变色装置就发挥了适应性恰当功能——产生一种棕绿斑点的肤色，这一变色装置的适应对象是棕绿斑点物。在密立根看来，由变色龙变色装置所产生的棕绿斑点肤色是一种适应性装置（Adapted device），该适应性装置的恰当功能就是衍生恰当功能，即发挥伪装作用。在

---

① 参见 Millikan, Ruth Garrett, *Language, Thought, and Other Biological Categories*: *New Foundations for Realism*, MIT press, 1984, p. 42。

② 参见 Millikan, Ruth Garrett, *Language, Thought, and Other Biological Categories*: *New Foundations for Realism*, MIT press, 1984, p. 39。

③ 参见 Millikan, Ruth Garrett, *Language, Thought, and Other Biological Categories*: *New Foundations for Realism*, MIT press, 1984, p. 40。

这个意义上，当适应性装置无法匹配适应对象时，该适应装置就是不适应的（Maladapted），导致这种不适应发生的有两种情况。其一，当适应对象存在时，相关联的装置并不能作出恰当的反应，以至于适应性设置无法出现。例如，当变色龙处于绿棕斑点物上时，它的变色装置并未发挥作用，使得它的肤色变成棕绿斑点状（棕绿斑点状是这里的适应性装置）。其二，当适应对象并不存在时，相关联的装置所作出的反应都是不适应的。例如，当变色龙所处的环境中并不存在任何绿棕斑点物时，它的变色装置让它的肤色变成了绿棕斑点状。这两种不适应情况的发生说明，当不适应情况发生时，同一适应性装置有可能同时拥有相互冲突的衍生恰当功能。[1] 但是，真正的衍生恰当功能必须参考相关的关系性恰当功能进行说明，而关系性恰当功能必须依赖于直接恰当功能。根据推理原则，对真正的衍生恰当功能的说明在间接上也参考了直接恰当功能。因此，可以说，衍生恰当功能的出现间接依赖于直接恰当功能，这种间接依赖关系体现在如下论述中：衍生恰当功能是指适应性装置的恰当功能，适应性装置是拥有相关关系性恰当功能的装置对某一特定适应对象的具体反应，拥有相关关系性恰当功能的装置的产生是相关关系性恰当功能持有者所在高阶繁殖确立的家族的一种直接恰当功能。

综上所述，根据密立根的恰当功能分析，直接恰当功能和衍生恰当功能是有区别但更有联系的两种恰当功能类型。概括地说，两种恰当功能的区别之处在于直接恰当功能来源于继承，衍生恰当功能来源于直接恰当功能。据此，直接恰当功能和衍生恰当功能分别能够解释自然界常见的生物功能现象和新出现的生物功能现象。两种恰当功能的联系之处在于直接恰当功能是衍生恰当功能出现的前提。直接恰当功能和衍生恰当功能或直接或间接地蕴含着功能分析的历史视角，这一历史视角由赖特开启，在密立根这里得到了更为细致的揭示。如上所述，直接恰当功能的界定基于对繁殖、繁殖确立的家族的界定而提出，它强调拥有繁殖确定特性的繁殖确立的家族成员均拥有直接恰当功能。这里，繁殖、繁殖确立的家族均保证了直接恰当功能的历史视角。与直接恰当功能略有不同，衍生恰当功能的历史视角在根本上由衍生恰

---

① 参见 Millikan, Ruth Garrett, *Language, Thought, and Other Biological Categories: New Foundations for Realism*, MIT press, 1984, p. 43。

当功能来源于直接恰当功能这一关系来保证。换句话说，衍生恰当功能的历史视角实际上是它所依赖的直接恰当功能的历史视角。据此，可以说，通过限制赖特功能溯因理论中的功能事项并对直接恰当功能和衍生恰当功能进行说明，密立根规避了该理论所遭遇的布尔斯式反例，实现了对其恰当功能理论的辩护。因而，无论是直接恰当功能还是衍生恰当功能，它们对自然界生物功能现象的解释在根本上都是历史解释，与该历史解释相对应的是进化历史。

三　尼安德的选择效果功能理论

如前所述，与密立根一样，尼安德同样是生物功能溯因解释的支持者，她也沿袭了赖特所开辟的历史路径并独立提出了选择效果功能理论。但是，与密立根不同的是，尼安德主张运用概念分析和理论定义相结合的定义方法界定恰当功能。这种定义方法的运用既体现在尼安德对赖特功能溯因理论所遭遇的上述批评意见的回应中，也体现在尼安德对赖特功能溯因理论的修正版本——选择效果功能理论可能遭遇的反驳意见的回应中。通过回应赖特功能溯因理论所面临的上述批评意见，尼安德提出了选择效果功能理论。通过回应选择效果功能理论可能遭遇的反驳意见，尼安德实现了对选择效果功能理论的辩护。尼安德强调了选择效果功能理论的核心在于所讨论生物性状的进化历史决定了它的恰当功能，这一观点与密立根的生物功能解释完全一致。

在尼安德看来，恰当功能是一种目的论概念，选择效果功能理论是解释恰当功能的最佳解释。[①] 根据选择效果功能理论，一个生物性状的功能即它所在性状类型过去所发挥的作用效果，该作用效果的发挥使得该性状类型在过去受到了自然选择的支持。[②] 确切地说，一个生物性状之所以具有当前的

---

① 参见 Neander, Karen Lee, "The Teleological Notion of 'Function'", *Australasian Journal of Philosophy*, 1991b, Vol. 69, No. 4, p. 454; Neander, Karen Lee, "Misrepresenting & Malfunctioning", *Philosophical Studies*, 1995, Vol. 79, No. 2, p. 110。

② 参见 Neander, Karen Lee, "Functions as Selected Effects: The Conceptual Analyst's Defense", *Philosophy of Science*, 1991, Vol. 58, No. 2, p. 168。这里，自然选择对以往生物性状类型的作用效果的支持是 selected for，自然选择对相应生物性状的支持是 selected of。

功能是由于以往相同性状类型所发挥的作用效果有助于持有该性状类型的先前生物体的适合度，从而保证了该性状类型受到了自然选择的支持，该性状类型的基因型在相应生物种群的基因库中固定下来，由此保证了该性状类型的性状个例及其功能能够通过繁殖，不断再现。[1] 例如，人的对生拇指的功能是帮助抓握物体，这是因为帮助抓握物体使得对生拇指有助于人类祖先的适合度，这就使得对生拇指的基因型在人类基因库中最终固定下来，该基因型的表现型即我们的对生拇指。[2] 由此可见，根据尼安德的选择效果功能理论，生物性状的进化历史决定了它的恰当功能。

需要注意的是，尼安德的选择效果功能理论是基于对赖特功能溯因理论的修正而提出的。如上所述，赖特的功能溯因理论遭到了布尔斯、毕格罗和帕盖特、克雷默、莫西奥等学者的批评。通过重新表述赖特的功能溯因理论，尼安德重点回应了布尔斯提出的三种反驳意见[3]，借此提出了选择效果功能理论。根据第一种反驳意见，赖特的功能溯因理论遭遇了大量布尔斯式反例。例如，实验室中软管上裂缝的功能是泄漏软管中的气体。对此，尼安德指出，通过重新表述赖特功能定义中的条件1——X 存在，因为 X 做了 Z，功能溯因理论完全能够规避这类反例。尼安德认为，当赖特依据某一功能事项的作用效果解释该功能事项的存在时，他实际上引入了选择过程（Selection process），该选择过程保证了这一功能事项在过去因其作用效果的发挥而受到选择的支持，继而得以再现。[4] 由于布尔斯式反例并不涉及选择过程，而选择过程是条件1成立的一部分，因此，布尔斯式反例对功能溯因理论的反驳并不成立。基于此，尼安德将赖特功能定义中的条件1重述为：X 之所以存在是因为它在过去受到了选择，它之所以在过去受到选择是因为它

---

[1] 参见 Neander, Karen Lee, "Functions as Selected Effects: The Conceptual Analyst's Defense", *Philosophy of Science*, 1991, Vol. 58, No. 2, p. 174。

[2] 参见 Neander, Karen Lee, "Functions as Selected Effects: The Conceptual Analyst's Defense", *Philosophy of Science*, 1991, Vol. 58, No. 2, p. 174; Neander, Karen Lee, "The Teleological Notion of 'Function'", *Australasian Journal of Philosophy*, 1991, Vol. 69, No. 4, p. 461。

[3] 参见 Neander, Karen Lee, *Abnormal Psychobiology: A Thesis on the "Anti-Psychiatry Debate" and the Relationship Between Psychology and Biology*, La Trobe University, 1983, p. 102。

[4] 参见 Neander, Karen Lee, *Abnormal Psychobiology: A Thesis on the "Anti-Psychiatry Debate" and the Relationship Between Psychology and Biology*, La Trobe University, 1983, p. 103。

做了 Z（X is there because it was selected because it does/results in Z）。① 根据第二种反驳意见，功能溯因理论无法解释功能失灵现象。确切地说，赖特功能定义中的条件 2——Z 是 X 存在的一个结果，无法回应以下两种情况：其一，即便 X 的功能是做 Z，但当 X 发挥功能 Z 所需的特定条件并未出现时，X 无法做 Z；其二，即便 X 的功能是做 Z，但当 X 在形态上畸形或在功能上受损时，X 无法做 Z。② 据此，尼安德主张将条件 2 从赖特的功能定义中剔除。③ 她认为，条件 1 完全可以回应功能失灵现象，前提是对事项类型和事项个例进行区分。其中，事项类型相当于一个类别，事项个例是这个类别中的成员。尼安德指出，一个事项的功能属性首先与事项类型相关，继而在衍生意义上与事项个例相关。④ 这一点由在生物学中发挥作用的选择过程的本质所决定，即选择是在种群层面而非个体层面发生的。基于此，尼安德将条件 1 进一步重述为：一个生物性状个例 i 的功能是做 C，当且仅当，i 所在性状类型 I 因 I 过去所做的 C 而受到了选择，使得 I 在其持有者中能够如此这般的存在。⑤ 在心脏的案例中，一个人的心脏的功能是泵血，当且仅当，这个人的心脏所属的心脏类型因在过去发挥了泵血作用而受到了选择的支持，该心脏类型的每一次再现都对应着一个具体的心脏个例。因此，这个人心脏的功能是泵血。由此可见，心脏的泵血功能是由心脏的进化历史决定的，该进化历史足以解释功能失灵现象。也就是说，如果一个人的心脏发生了病变、无法泵血，那么这个人的心脏依然具有泵血功能，该泵血功能是在应然意义而非实然意义上提及的，即这个人的心脏应该泵血而不是它实际上在泵血。根据第三种反驳意见，功能溯因理论无法实现对意识功能和生物功能的统一解释，因为意识功能和生物功能分别涉及意识选择和自然选择两种不同

　　① 参见 Neander, Karen Lee, *Abnormal Psychobiology*: *A Thesis on the "Anti-Psychiatry Debate" and the Relationship Between Psychology and Biology*, La Trobe University, 1983, p. 103。

　　② 参见 Neander, Karen Lee, *Abnormal Psychobiology*: *A Thesis on the "Anti-Psychiatry Debate" and the Relationship Between Psychology and Biology*, La Trobe University, 1983, pp. 104 – 105。

　　③ 参见 Neander, Karen Lee, *Abnormal Psychobiology*: *A Thesis on the "Anti-Psychiatry Debate" and the Relationship Between Psychology and Biology*, La Trobe University, 1983, p. 104。

　　④ 参见 Neander, Karen Lee, *Abnormal Psychobiology*: *A Thesis on the "Anti-Psychiatry Debate" and the Relationship Between Psychology and Biology*, La Trobe University, 1983, p. 105。

　　⑤ 参见 Neander, Karen Lee, *Abnormal Psychobiology*: *A Thesis on the "Anti-Psychiatry Debate" and the Relationship Between Psychology and Biology*, La Trobe University, 1983, p. 106。

的选择形式，这两种选择形式不可互换使用，互换使用将带来反例。对此，尼安德指出，根据概念分析和理论定义相结合的定义方法，在现代生物学中，功能定义只涉及自然选择。[①] 据此，尼安德最终将功能溯因理论修正为选择效果功能理论，即一个生物性状的功能是它所在性状类型过去所发挥的作用效果，该作用效果的发挥使得该性状类型在过去受到了自然选择的支持。通过驳斥选择效果功能理论所面临的非历史解释批评，尼安德维护了讨论生物功能的进化历史视角，实现了对选择效果功能理论的辩护。

具体而言，首先，非历史解释者认为，选择效果功能理论不符合生物史实。[②] 例如，哈维发现血液循环时，自然选择理论还没有产生，因此不能说血液循环是自然选择的结果。对此，尼安德指出，科学术语的内涵是由其背景理论决定的，而任一科学术语的背景理论均是变化的，这就使得科学术语的内涵也会随着相应背景理论的变化而变化，这种变化体现在不同时期同一领域内的研究者对同一术语有着不同的认识。确切地说，不同时期的研究者对同一术语的使用标准有不同的认识。回到上面的例子中，哈维在研究心脏时，他的思想观念中并没有任何关于自然选择的想法，但这并不代表现代生物学家们不具备有关自然选择的认识。据此，选择效果功能理论并不违背生物史实。相反，它十分贴合生物史实，这是因为它十分符合现代生物学家们所理解的恰当功能。其次，非历史解释者认为，选择效果功能理论会带来经验问题和神学问题。在他们看来，根据选择效果功能理论，自然选择的真假直接决定了恰当功能是否存在。若自然选择为假，那么恰当功能便不存在。[③] 对此，尼安德指出，自然选择的真假涉及应用标准的变化，该标准会因人、因时而异。在现代生物学中，自然选择为真是一个基本条件。因此，选择效果功能理论并不会遭遇经验问题和神学问题。其中，对经验问题的规

---

① 参见 Neander, Karen Lee, *Abnormal Psychobiology: A Thesis on the "Anti-Psychiatry Debate" and the Relationship Between Psychology and Biology*, La Trobe University, 1983, p. 107。

② 参见 Neander, Karen Lee, "Functions as Selected Effects: The Conceptual Analyst's Defense", *Philosophy of Science*, 1991a, Vol. 2, No. 58, pp. 175 – 176; Neander, Karen Lee, *Abnormal Psychobiology: A Thesis on the "Anti-Psychiatry Debate" and the Relationship Between Psychology and Biology*, La Trobe University, 1983, pp. 108 – 110。

③ 参见 Neander, Karen Lee, "Functions as Selected Effects: The Conceptual Analyst's Defense", *Philosophy of Science*, 1991, Vol. 58, No. 2, p. 177。

避是基于尼安德所采纳的概念分析和理论定义相结合的定义方法来实现的，这是因为理论定义本身回应的就是现实世界中的经验问题。对于神学问题的规避是基于现代生物学这一理论背景而实现的。非历史解释者认为，自然选择和神创论均回应了设计问题。如果神创论被证明是正确的，那么自然选择有可能会被取代。在这种情况下，上帝意志就会取代自然选择并出现在恰当功能的界定中，由此带来神学问题。① 针对这种情况，尼安德指出，选择效果功能理论仅仅回应了现代生物学中的功能概念是什么，以此为前提，该理论并不会遭遇神学问题。换句话说，从现代生物学的立场出发，为神创论进行辩护是不恰当的。因此，基于现代生物学的选择效果功能理论自然不会面临任何神学问题。最后，非历史解释者认为，功能是一个非历史观念，即使生物没有进化历史，它也依然具有功能。非历史解释者的论据来自可能世界的反例。例如，可能世界中的瞬时狮子（Instant lions）与现实世界中的狮子十分相像，这种相像体现在它与现实世界中的狮子一样拥有复杂的身体器官，这些身体器官的交互使得瞬时狮子能够像现实世界中的狮子一样活动。② 非历史解释者认为，我们完全可以参照现实世界中的狮子，分析该瞬时狮子各个器官的功能。尼安德不认同这样的做法。在她看来，没有进化历史的生物功能在生物学中没有任何理论作用，因为它们不能用生物学中已有的术语来表达，只能用自己的术语自说自话。通过反驳这三种反驳意见，尼安德强化了功能分析的进化历史视角，支持了选择效果功能理论。

需要指出的是，除了这三种主要的反驳意见，尼安德还回应了新功能现象以及功能退化（Vestigal）现象。其中，新功能现象包括由突变产生的新功能和已有性状获得的新功能两种情况。反对者认为，尽管由突变产生的、对生物体有益的适应性作用效果并未受到自然选择的支持，但是拥有该适应

---

① 参见 Neander, Karen Lee, *Abnormal Psychobiology：A Thesis on the "Anti-Psychiatry Debate" and the Relationship Between Psychology and Biology*, La Trobe University, 1983, p. 108。

② 参见 Neander, Karen Lee, *Abnormal Psychobiology：A Thesis on the "Anti-Psychiatry Debate" and the Relationship Between Psychology and Biology*, La Trobe University, 1983, pp. 117 – 118；Neander, Karen Lee, "Functions as Selected Effects：The Conceptual Analyst's Defense", *Philosophy of Science*, 1991, Vol. 58, No. 2, p. 179。

性作用效果的性状是功能性状。[1] 问题在于，这一适应性作用效果并不能解释该功能性状的存在。[2] 尼安德认为，由突变产生的适应性作用效果实际上是在偶然情况下出现的偶然作用效果，这一偶然作用效果或许可以转化为受选择支持的作用效果、成为生物功能，或许仅仅出现了一两次、随即消失掉。[3] 无论哪一种情况，由突变产生的适应性作用效果因未受到时间、环境的检验而不能被称作生物功能。因此，它也不能反驳选择效果功能理论。与这种情况不同，已有性状在其演化过程中可能会获得新功能。针对这种情况，尼安德认为，已有性状在其演化过程中获得的新功能对应于发生变异的已有性状，它符合选择效果功能理论。换句话说，任一获得新功能的已有性状与未获得新功能之前的同一性状相比，它们在结构上存在着细微差别。据此，发生改变的已有性状的存在可以依据受选择的新功能得到解释，这种解释与围绕已有性状旧功能的选择效果功能解释在本质上是一样的。因此，反对者所提及的新功能现象并不构成对选择效果功能理论的威胁。同理，功能退化现象也不能反驳选择效果功能理论。众所周知，现代人的阑尾不再具有人类祖先阑尾所具有的消化纤维素的选择功能。但是，随着现代人的阑尾不再具有消化纤维素的选择功能，现代人的阑尾在形态结构上也十分不同于人类祖先的阑尾。因此，功能退化现象并不能反驳选择效果功能理论。在这种情况下，阑尾的不存在才是现代人阑尾所具有的选择功能，这是因为阑尾的存在带来了阑尾炎等潜在的疾病威胁。[4] 至此，尼安德回应了选择效果功能理论可能面临的非历史解释批评，实现了对选择效果功能理论的辩护。

基于对选择效果功能理论的辩护，尼安德进一步强调了选择效果功能理论在生物学中的理论地位。尼安德指出，选择效果功能理论揭示了恰当功能的应然性，即一个事项的功能指的是该事项应该做什么而不是实际在做什

---

① 参见 Wimsatt, William C., "Teleology and the Logical Structure of Function Statements", *Stud. Hist. Phil. Sci*, 1972, Vol. 68, p. 2。

② 参见 Neander, Karen Lee, *Abnormal Psychobiology: A Thesis on the "Anti-Psychiatry Debate" and the Relationship Between Psychology and Biology*, La Trobe University, 1983, p. 116。

③ 参见 Neander, Karen Lee, *Abnormal Psychobiology: A Thesis on the "Anti-Psychiatry Debate" and the Relationship Between Psychology and Biology*, La Trobe University, 1983, p. 116。

④ 参见 Neander, Karen Lee, *Abnormal Psychobiology: A Thesis on the "Anti-Psychiatry Debate" and the Relationship Between Psychology and Biology*, La Trobe University, 1983, p. 116。

么，这种应然性使得恰当功能成为界定生物类别的唯一可靠依据。[①] 由于生物类别的划分又是大多数生物学研究的前提，所以选择效果功能理论在生物学中不可或缺。在心脏的案例中，心脏之所以是心脏是因为心脏具有循环血液的选择功能。尼安德指出，这一界定适用于对不同物种所拥有的、不同形态的心脏进行说明。例如，鱼只有一心房一心室，两栖动物和大多数爬行动物有两心房一心室，鸟类和哺乳类有两心房两心室，但是它们的心脏都发挥着循环血液的功能，这一功能使得它们的心脏同属于心脏这一生物类别。[②]进而，考虑到生物性状的演化过程，尼安德（2002）在后来的讨论中对生物性状分类标准进行了复杂化处理。确切地说，尼安德主张依据同源为主、选择功能为辅的复合标准对生物性状进行分类。根据尼安德的论证，系统发育树可看作一条连续的信息分支流。[③] 依据同源划分生物性状就是依据生物性状所携带的遗传信息是否来自同一个祖先，将它们置于该信息分支流上的不同点位，从而形成较高层次的、在功能上有差异的同源性状。例如，某些哺乳动物的内耳骨、某些爬行动物的下颚骨、某些鱼的鳃弓等。[④] 尼安德进一步指出，这些较高层次的同源性状可衍生出相应的性状转化序列，依据选择功能能够区分在这些性状转化序列中凸显出来的诸多生物性状。反过来说，正是由于某些生物性状发挥了受到自然选择支持的新功能，它们才能够在其所在的性状转化序列中凸显出来。

因此，尼安德所支持的生物性状分类依据是以同源为主、选择功能为辅的复合标准。在这种情况下，选择功能依然是生物性状分类的主要依据，依然在生物学中不可或缺。除此之外，考虑到选择功能的应然性，即使是病变或畸形的功能性状依然具有选择功能。例如，病变或畸形的心脏虽然实际上

---

① 参见 Neander, Karen Lee, "Functions as Selected Effects: The Conceptual Analyst's Defense", *Philosophy of Science*, 1991, Vol. 58, No. 2, p. 180。

② 参见 Neander, Karen Lee, "Functions as Selected Effects: The Conceptual Analyst's Defense", *Philosophy of Science*, 1991, Vol. 58, No. 2, p. 180。

③ 参见 Karen Neander, "Types of Traits. Function, Structure, and Homology in the Classification of Traits", *European Journal of Organic Chemistry*, 2002, Vol. 2005, No. 9, p. 403。

④ 参见 Karen Neander, "Types of Traits. Function, Structure, and Homology in the Classification of Traits", *European Journal of Organic Chemistry*, 2002, Vol. 2005, No. 9, p. 398; Amundson, Ron & Lauder, George V., "Function Without Purpose", *Biology and Philosophy*, 1994, Vol. 9, No. 4, p. 455。

无法循环血液，但是它们仍具有循环血液的选择功能。因此，尼安德认为，选择功能以及选择效果功能理论既是生物分类的主要依据，又是回应生物功能失灵现象的恰当理论，它在生物学中不可或缺。

四 小结

综上所述，通过比较密立根的恰当功能理论和尼安德的选择效果功能理论，我们发现尽管两者的出发点、研究方法不同，但是当论及生物功能时，它们所遵循的理论精神是一致的，即生物性状的进化历史决定了它的功能，它的功能反过来构成了对其当前存在的解释。据此，在赖特之后，密立根和尼安德的功能分析成为功能溯因解释中居于主导地位的解释形式，她们的恰当功能分析具有如下解释力：其一，恰当功能可以回应赖特功能溯因理论所遭遇的上述反驳意见；其二，恰当功能是生物性状分类的主要依据；其三，恰当功能可以解释功能失灵现象。但是，无论是密立根还是尼安德，她们均未对恰当功能中自然选择发挥作用的时间点进行细致的界定。

对此，格里菲斯和戈弗雷－史密斯分别独立提出了关于生物功能的现代历史理论。他们认为，只有发生在近期的自然选择过程才能真正解释功能性状的当前存在，之所以如此是基于三点考虑。其一，原始选择（Original selection）和近期选择（Recent selection）是本质上不同的选择过程。在这种情况下，根据原始选择解释生物性状的恰当功能是不恰当的。这是因为，一方面，我们并不清楚原始选择是如何发挥作用的，另一方面，即便我们了解原始选择的作用机制，原始选择所支持的生物功能与我们今天所看到的生物功能也是十分不同的。例如，鸟类羽毛最开始的作用是调节体温，后来才具有了飞翔这一作用。这里，调节体温是原始选择的结果，飞翔是近期选择的结果。其二，选择效果功能理论并不符合生物学家对解释类型的区分。一般认为，关于生物性状的生物学讨论中存在两种相互独立的解释形式——进化解释和功能解释①，它们分别对应于廷伯根在讨论生物性状时所提出的进化（Evolution）和因果机制（Causation）、生存价值（Survival value）、个体发

---

① 参见 Godfrey-Smith, Peter, "Functions: Consensus without Unity", *Pacific Philosophical Quarterly*, 1993, Vol. 74, No. 3, p. 200。

育（Ontogeny）这四个方面。① 迈尔等学者将进化解释与功能解释的区分延伸到了生物学学科层面，他们认为所有生物学学科都可划归于进化生物学和功能生物学这两个相对独立的研究领域当中。② 其中，进化生物学包括行为生态学等基于进化历史回应生物性状为何存在等为什么（Why）式问题的生物学学科。实验生物学或功能生物学包括生理学等基于生物性状或生物活动的作用机制回应生物性状如何发挥作用等怎么样（How）式问题的生物学学科。据此，功能解释不同于进化历史解释。但是，选择效果功能理论似乎忽略了功能解释和进化历史解释之间的差异，不符合生物学家对生物功能的使用习惯。其三，选择效果功能理论无法实现对退化性状的恰当说明。格里菲斯认为，任何生物性状在退化之前都曾发挥过重要的功能。如果不对自然选择发挥作用的时间点加以限制，根据选择效果功能理论，退化性状依然是功能性状，这不符合生物学理论。

基于对这三点的考虑，选择效果功能理论需进一步发展为现代历史理论。需要注意的是，格里菲斯和戈弗雷－史密斯均是现代历史理论的提出者，只不过他们的关注点和使用的理论术语是不同的，详见"第三节功能溯因解释的发展——现代历史理论"。

第三节 功能溯因解释的发展——现代历史理论

现代历史理论由格里菲斯和戈弗雷－史密斯分别独立提出，他们或将选择效果功能理论中的古代历史（Ancient history）替换为进化重要时间段（An Evolutionarily significant time period），或将选择效果功能理论中的古代历史替换为现代历史（Modern history），以此来界定恰当功能。就理论共性而言，格里菲斯的新溯因解释和戈弗雷－史密斯的现代历史理论均延续了恰当功能分析的历史视角，修正了密立根和尼安德的选择效果功能理论，试图进一步明确选择效果功能理论中自然选择发挥作用的时间范围，以实现对功

---

① 参见 Tinbergen, Niko, "On Aims and Methods of Ethology", *Zeitschrift für Tierpsychologie*, 1963, Vol. 20, No. 4, pp. 413–429。

② 参见 Mayr, Ernst, "Cause and Effect in Biology", In Lerner Daniel (ed.), *Cause and Effect: The Hayden Colloquium on Scientific Method and Concept*, Massachusetts Institute of Technology, 1965, pp. 34–35。

能性状当前存在的合理解释。就理论差异来看，格里菲斯的新溯因解释和戈弗雷 - 史密斯的现代历史理论的最大不同在于它们的理论术语不同。在新溯因解释中，格里菲斯引入了进化重要时间段、近端选择解释（Proximal selective explanation）等术语。在现代历史理论中，戈弗雷 - 史密斯引入了现代历史等术语。此外，在定义上，格里菲斯并未在密立根或尼安德的基础上，界定恰当功能。但是，戈弗雷 - 史密斯直接修正了密立根的恰当功能定义。即便如此，格里菲斯的新溯因解释和戈弗雷 - 史密斯的现代历史理论在核心观点上高度一致。在回应功能性状的当前存在这一问题上，两者均引入了生物性状所在的生物系统及该生物系统的适合度、生物性状获得恰当功能的相应演化时间范围。

一　格里菲斯的新溯因解释

根据格里菲斯的界定，S 类系统中性状 i 的恰当功能是 F，当且仅当：关于持有 i 的 S 类系统的当前非零占比（The current non-zero proportion）的近端选择解释，必须将 F 作为（S 类系统）适合度的组成部分，F 是 i 在先前系统中发挥的功能。[1] 为便于区别，格里菲斯将这一恰当功能定义称作关于恰当功能的新溯因解释。

在这一界定中，S 类系统在大多数情况下被看作生物体。除此之外，它也可以是基因和具有延展表型（Extended phenotype）的生物体。[2] 格里菲斯指出，如果将 S 类系统看作基因（仅指对自身有利的基因），相应的 i 也是基因自身，它所产生的作用效果对自身有利但对携带它的生物个体有害。例如，当造成埃利伟氏综合症（Ellis-van Creveld Syndrome）的突变基因以纯合子形式出现在人体中时，基因自身得以在生殖细胞中增殖，但其表型却对携带者不利。携带者通常会出现短肢侏儒症、心脏缺损、多指症（六根手指）

---

① 参见 Griffiths, Paul, E., "Functional Analysis and Proper Functions", *The British Journal for the Philosophy of Science*, 1993, Vol. 44, No. 3, p. 418; Griffiths, Paul, E., *Trees of Life*: *Essays in Philosophy of Biology*, Vol. 11. Springer Science & Business Media, 1992, p. 128。

② 参见 Griffiths, Paul, E., "Functional Analysis and Proper Functions", *The British Journal for the Philosophy of Science*, 1993, Vol. 44, No. 3, pp. 415 – 416。

等不良症状。① 如果将 S 类系统看作具有延展表型的生物体，相应的 i 是在其他生物体上寄生的性状，该性状的作用效果对寄生生物有利但对寄主不利。在自然界中，这种情况十分常见。例如，瘿蜂在橡树上留下的虫瘿，这种虫瘿是瘿蜂的育儿房但对宿主橡树有害。② 格里菲斯承认，将具有延展表型的生物体纳入恰当功能的界定中会带来很多奇怪的论述。例如，动物所食食物的功能是喂养动物，这是因为喂养动物是这种食物祖先过去所拥有的、增强了其适合度的作用效果。即便如此，考虑到自然界中存在着寄居蟹将软体动物丢弃的外壳视作躲避捕食者的避难所这种情况，格里菲斯仍有意将具有延展表型的生物体纳入恰当功能的界定中。③ 因此，相较于上述选择效果功能理论，格里菲斯将持有生物性状的生物体视作一种系统，这使得格里菲斯的新溯因解释与上述柯明斯式的系统分析相一致。这种一致性在对持有 i 的 S 类系统的当前非零占比的近端选择解释中更为显著。

根据格里菲斯的分析，持有 i 的 S 类系统的当前非零占比就是 S 类系统在其所在种群中的适合度（生存和繁殖能力），相关的近端选择解释或涉及在上一个进化重要时期（The last evolutionarily significant period）中发挥作用的选择动力，或者涉及在突变尚未发生之前的一个时期中发挥作用的选择动力。④ 这里，上一个进化重要时期是指功能性状开始退化前的最近一个进化重要时期。格里菲斯将上一个进化重要时期界定为：在给出控制生物性状 T 所在基因位点的突变率以及 T 所在种群大小的前提下，如果 T 已经不再有助于它所在生物体的适合度，那么即便 T 的所有变体都已显现，T 依然会发生后退演化⑤（Regressive evolution）⑥。据此，进化重要时期决定了格里菲斯选

① 参见 Rosenbaum, Peter Andrew, *Volpe's Understanding Evolution*, McGraw-Hill, 2011, pp. 8–9。

② 参见 Griffiths, Paul, E., "Functional Analysis and Proper Functions", *The British Journal for the Philosophy of Science*, 1993, Vol. 44, No. 3, p. 416。

③ 参见 Griffiths, Paul, E., "Functional Analysis and Proper Functions", *The British Journal for the Philosophy of Science*, 1993, Vol. 44, No. 3, p. 416。

④ 参见 Griffiths, Paul, E., "Functional Analysis and Proper Functions", *The British Journal for the Philosophy of Science*, 1993, Vol. 44, No. 3, p. 418。注：如果发生了突变，就会进入下一个进化重要时期。

⑤ 后退演化是指由于产生某一无用性状的代价较大，无用性状倾向于衰退的过程（Griffiths 1993, P416）。例如，企鹅的前肢。

⑥ 参见 Griffiths, Paul, E., "Functional Analysis and Proper Functions", *The British Journal for the Philosophy of Science*, 1993, Vol. 44, No. 3, p. 417；Griffiths, Paul, E., *Trees of Life: Essays in Philosophy of Biology*, Vol. 11. Springer Science & Business Media, 1992, p. 128。

择解释的近端特性，该近端特性保证了格里菲斯的恰当功能能够区分退化性
状（Vestigial traits）和当前功能性状（Currently functional traits），由此完善
了密立根和尼安德的选择效果功能理论。如上所述，密立根的恰当功能讨论
旨在为分析意向性提供一种概念工具。尽管如此，密立根的恰当功能分析依
然是功能溯因解释的主要理论形式。问题在于，由于密立根并未对决定生物
性状恰当功能的演化时间加以限制，她的恰当功能分析无法区分退化性状和
当前功能性状。同样的，尼安德虽然解释了退化性状，但她也未对生物性状
恰当功能的演化时间进行说明，故而不能区分这两种性状。面对这一问题，
格里菲斯引入了进化重要时期，实现了对退化性状和当前功能性状的区分。

　　具体而言，格里菲斯认为，在一个进化重要时期，一个生物性状是否退
化是相对于它过去所发挥的功能是否有助于该性状持有者的适合度而言的。
也就是说，退化性状就是不再发挥它过去所拥有的任何功能的生物性状，符
合这一界定的退化性状不仅包括完全退化（穴居动物的眼睛）的性状这种
情况，而且还包括相对于某一以往功能是退化的但由于其他新功能的发挥而
在生物体中保存下来的性状、由于缺乏突变而在生物体中保留下来（无用
DNA）的性状这些情况。[1] 与退化性状不同，当前功能性状可以理解为拥有
恰当功能的生物性状，该恰当功能即相关生物性状在上一个进化重要时期所
发挥的、有助于其持有者适合度的作用效果。回到格里菲斯的恰当功能定义
中，由于相关的近端选择解释必须将 F 作为（S 类系统）适合度的组成部
分，i 的恰当功能 F 在本质上符合柯明斯式功能分析。实际上，格里菲斯主
张将关于恰当功能的溯因解释并入柯明斯的系统分析中。[2] 据此，一个生物
性状的恰当功能就是在对该性状所在生物体的适合度这一整体能力进行功能
分析时，该性状有助于该适合度的作用效果。反过来说，对应于该性状所在
生物体适合度这一整体能力的是许多相关性状的作用效果，这些作用效果因
有助于该适合度而使得相关性状受到了自然选择的支持并保证它们在各自的

---

[1]　参见 Griffiths, Paul, E., "Functional Analysis and Proper Functions", *The British Journal for the Philosophy of Science*, 1993, Vol. 44, No. 3, p. 417; Griffiths, Paul, E., *Trees of Life: Essays in Philosophy of Biology*, Vol. 11. Springer Science & Business Media, 1992, p. 128。

[2]　参见 Griffiths, Paul, E., "Functional Analysis and Proper Functions", *The British Journal for the Philosophy of Science*, 1993, Vol. 44, No. 3, p. 412。

进化重要时期内不断繁衍、再现，这些作用效果也因此成为相应性状的恰当功能。

基于此，相比于上述选择效果功能理论，格里菲斯的新溯因解释呈现出了两个特点：其一，与柯明斯式功能分析相关；其二，引入进化重要时期并界定近端选择解释。

二 戈弗雷-史密斯的现代历史理论

戈弗雷-史密斯的现代历史理论是基于赖特和密立根的功能理论而提出的，它的理论形式可以看作对密立根恰当功能定义的完善。根据戈弗雷-史密斯的界定，一个性状 m 的功能是 F，当且仅当：

（i）m 是繁殖确立的家族 T 的成员之一；

（ii）繁殖确立的家族 T 的成员们是 S 类生物系统的组成部分；

（iii）繁殖确立的家族成员所拥有的繁殖确立特性是能够做 F 的特性或特性簇 C；

（iv）m 当前存在的原因之一是由于如下事实：通过积极有助于 S 类生物系统的适合度，繁殖确立的家族 T 的以往成员在不久之前的选择中获得了选择优势；

（v）繁殖确立的家族 T 的成员们因它们曾经做了 F 而受到了选择，它们之所以能够做 F 是因为它们具有 C。[1]

与密立根恰当功能定义相比，条件（ii）和条件（iii）显示了戈弗雷-史密斯功能定义的创见。其中，条件（ii）的引入使得戈弗雷-史密斯能够回应生物学家们对赖特和密立根功能理论的责难，即功能应该在直观上有用或者具有建设性，而不仅仅是用于解释功能性状的存在。[2] 例如，根据赖特和密立根的功能理论，染色体中的无用 DNA 碎片具有无为的功能，因为无

---

[1] Godfrey-Smith, Peter, "A Modern History Theory of Functions", *Noûs*, 1994, Vol. 28, No. 3, p. 359.

[2] 参见 Godfrey-Smith, Peter, "A Modern History Theory of Functions", *Noûs*, 1994, Vol. 28, No. 3, p. 347。

为是以往无用 DNA 类型所做的事情，它解释了无用 DNA 的当前存在。但是，在生物学家看来，染色体中无用 DNA 的碎片并不具有任何作用。① 除了无用 DNA 碎片，生物学家认为，自私 DNA 虽然在生物体内"积极"发挥作用、具有选择优势，以至于它们能够在基因组中自由移动并在自由移动过程中复制自身、不断扩散，但是它们对携带它们的生物体产生了有害的影响，并不具有功能。② 在戈弗雷－史密斯看来，条件（ii）的引入可以规避这类问题。就是说，染色体中无用 DNA 和自私 DNA 因无助于它所在生物系统的适合度而不具有任何功能。相比之下，一个人的心脏之所以具有循环血液的功能是因为：（i）这个人的心脏是人的心脏这一繁殖确立的家族的成员之一；（ii）人的心脏这一繁殖确立的家族的成员们是人这类生物系统的组成部分；（iii）人的心脏这一繁殖确立的家族成员所拥有的繁殖确立特性是能够循环血液的繁殖确立特性；（iv）这个人的心脏之所以在当前存在的原因之一是由于如下事实：通过积极有助于人的适合度，人的心脏这一繁殖确立的家族的以往成员获得了选择优势。换句话说，人类祖先的心脏因过去有助于人体的适合度而获得了选择优势，（v）人的心脏这一繁殖确立的家族的成员们因人类祖先的心脏因曾经发挥了循环血液作用而受到了选择，它们之所以能够循环血液是因为它们具有繁殖确立特性。因此，在戈弗雷－史密斯看来，对功能性状的当前存在进行解释需要将该性状置于一个更大的生物系统中，且该性状的作用效果促进了上述更大生物系统的适合度。通过这种方式，戈弗雷－史密斯能够回应生物学家们对赖特和密立根功能理论的批评，与此同时，保留分析生物功能的历史视角。

条件（iii）的引入使得戈弗雷－史密斯能够回应选择效果功能理论所遭遇的另一个有力反驳，即不符合生物学文献中的功能解释。③ 如上所述，自廷伯根以来，生物学家们普遍认为，功能解释和进化解释是两种不同的解释

---

① 参见 Godfrey-Smith, Peter, "A Modern History Theory of Functions", *Noûs*, 1994, Vol. 28, No. 3, p. 348。

② 参见 Godfrey-Smith, Peter, "A Modern History Theory of Functions", *Noûs*, 1994, Vol. 28, No. 3, p. 348。

③ 参见 Godfrey-Smith, Peter, "A Modern History Theory of Functions", *Noûs*, 1994, Vol. 28, No. 3, p. 351。

类型。但是，如果选择效果功能理论为真，功能与进化历史的区分便被抹杀了。如此一来，廷伯根讨论生物性状的经典四问题也将变成三问题。面对这种情况，戈弗雷－史密斯通过将密立根功能理论中的古代历史（Ancient history）替换为现代历史（Modern history），重塑了功能解释。也就是说，戈弗雷－史密斯所界定的生物功能是一个性状所拥有的、能够解释该性状在自然选择下的当前维系（Recent maintenance）的倾向性和能力。[①] 这里，自然选择指的是在不久之前发生的自然选择或当前选择（Recent selection）。相应地，廷伯根意义上的功能解释可以看作进化解释的一个子集，因为它强调的是具有当前生存价值的作用效果，而具有当前生存价值的作用效果通常是当前受到自然选择支持的作用效果。因此，戈弗雷－史密斯的现代历史理论可以克服选择效果功能理论所面临的不符合生物学文献中的功能解释这一反驳，它符合生物学家对生物性状功能的判定和使用。

那么，当前选择究竟是什么呢？戈弗雷－史密斯指出，当前选择是相对于古代选择（Ancient selection）而提出的，当前选择和古代选择的区分可用于解释同一个生物性状的功能在时间流逝过程中所发生的变化。确切地说，伴随着时间的流逝，当前存在的有些生物性状发生了退化，它们不再拥有它们曾经拥有的恰当功能。例如，企鹅的前肢、人的阑尾等。当前存在的有些生物性状虽然不再拥有它们曾经拥有的恰当功能，但却拥有了新的恰当功能。例如，鸟类的羽毛等。在戈弗雷－史密斯看来，这些退化性状和功能发生变化的性状均可基于古代选择和当前选择的区分，获得合理的解释。关键在于，当我们谈及某个生物性状的恰当功能时，我们所谈的是由该性状的现代历史所决定的恰当功能。因此，现代历史理论依然能够发挥解释作用，即回应生物性状为何如此这般的存在、区分功能与偶然功能、解释功能失灵现象。

因此，格里菲斯的新溯因解释和戈弗雷－史密斯的现代历史理论在精神气质上是一致的，它们在回应功能性状的当前存在这一问题上，均引入生物性状所在的生物系统及该生物系统的适合度、生物性状获得恰当功能的相应

① 参见 Godfrey-Smith, Peter, "A Modern History Theory of Functions", *Noûs*, 1994, Vol. 28, No. 3, p. 356。

演化时间范围。它们的最大不同在于它们的理论术语不同。在新溯因解释中，格里菲斯引入了进化重要时期、近端选择解释等术语。在现代历史理论中，戈弗雷－史密斯引入了现代历史等术语。此外，在定义上，格里菲斯并未在密立根或尼安德的基础上，界定恰当功能。但是，戈弗雷－史密斯直接修正了密立根的恰当功能定义。

第 十 一 章
功能溯因解释的综合

如上所述，通常情况下，一个成功的功能理论要同时满足功能的解释性维度和功能的规范性维度。按照此标准，选择效果功能理论同时解释了功能性状为何存在（解释性维度）和功能失灵现象（规范性维度），而因果作用功能理论只能解释某一事项的功能如何发生（解释性维度），不能解释功能失灵现象（规范性维度）。因此，选择效果功能理论在解释力上胜于因果作用功能理论，选择效果功能理论所代表的功能溯因解释在解释力上也胜于因果作用功能理论所代表的功能分析路径。考虑到两种功能路径的适用范围和本文的讨论域，功能溯因解释无疑是分析进化生物学中生物功能现象的最佳解释路径。因此，本章拟讨论功能溯因解释的综合，突出功能溯因解释的新发展并为后文讨论进化生物学中生物功能解释与生物适应之间的关系提供理论支撑。

在第一节"功能溯因解释的综合一：强弱溯因理论"中，我们将讨论布勒基于功能溯因解释的不同理论形式所区分的"强溯因理论（The Strong Etiological Theory）"和"弱溯因理论（The Weak Etiological theory）"①，试图揭示功能溯因解释内部的理论张力，扩展其适用范围。在第二节"功能溯因解释的综合二：一般选择效果功能理论"中，近年来加森提出的"一般选择效果功能理论（The Generalized Selected Effects Theory of Function）"将得到说明。概括地说，通过对选择概念的一般化处理，加森将功能溯因解释的范围推向极致。他认为，生物学所有分支领域中的生物功能现象都可诉诸一

---

① Ariew, André, Cummins, Robert & Perlman, Mark, eds., *Functions: New Essays in the Philosophy of Psychology and Biology*, Oxford University Press, 2002, pp. 230–231.

般选择效果功能理论得到解释。在第三节"生物功能多元论的范式转换？——从学科间多元论到学科内多元论"中，我们将讨论由一般选择效果功能理论带来的生物功能说的转变。通过分析这一转变的可行性，一般选择效果功能理论自身的理论不足将得到揭示，后面章节对进化生物学中生物功能解释与生物适应之间关系的分析正是基于对该理论的修正实现的。

第一节   功能溯因解释的综合一：强弱溯因理论

布勒支持功能溯因解释，但他认为功能溯因解释所涵盖的上述理论形式具有本质上的差异，他将这种差异以强溯因理论和弱溯因理论的形式体现出来，认为强弱溯因理论的区别在于自然选择在两者的功能定义中发挥了不同的作用。布勒比较了强溯因理论和弱溯因理论，认为强溯因理论是弱溯因理论的子集，弱溯因理论对功能具有更高的解释效力。此外，布勒用弱溯因理论将进化生物学、行为生态学中的功能概念（恰当功能）与生理学、发育生物学中的功能概念（系统功能，即因果作用功能）统一起来，在某种程度上实现了对生物功能的统一分析。

一   强溯因理论

根据布勒的分析，密立根、尼安德以及戈弗雷－史密斯等所倡导的选择效果功能理论是强溯因理论。如前所述，一般认为，选择效果功能理论的标准理论形式是在进化历史中，由于性状所产生的作用效果，该性状被选择出来，从而保证了该性状的当前形式具有产生上述作用效果的功能。[1] 这一标准理论形式是密立根和尼安德一贯坚持的，它的核心在于根据自然选择历史定义一个性状的功能，但它遭遇了生物学家的挑战。生物学家不接受将破坏行为称为功能，他们认为功能应被赋予有益的性状。[2] 例如，因发挥破坏减数分裂作用而获得生存的分离破坏基因虽符合上述标准理论形式的定义，但

---

① 参见 Buller, David J., "Etiological Theories of Function: A Geographical Survey", *Biology and Philosophy*, 1998, Vol. 13, No. 4, p. 506。

② 参见 Godfrey-Smith, Peter, "A Modern History Theory of Functions", *Noûs*, 1994, Vol. 28, No. 3, pp. 348 – 349。

生物学家认为它不是功能。① 为了回应这一挑战，戈弗雷－史密斯将受到选择的性状纳入一个更大的系统中，保证受到选择的性状有助于该更大系统的适合度。布勒将这一修正的选择效果功能理论称为强溯因理论，强溯因理论强调过去的性状个例通过发挥其作用效果，促进了先前生物体的适合度。据此，过去的性状个例被选择出来，得以繁衍，从而保证了当前生物体的当前性状个例具有发挥上述作用效果的功能。② 概括地说，根据强溯因理论，一个当前性状个例的功能，即相应以往性状个例在其持有者中所发挥的、致使相应以往性状个例受到选择的作用效果。因此，强溯因理论成立的条件是：（1）性状必须是可遗传（Hereditary）的；（2）在相同的选择环境（A common selective environment）中，性状会发生变异；（3）在相同的选择环境中，性状的持有者要比其变体的持有者具有更高的适合度，因为性状的持有者拥有性状。③

在布勒看来，强溯因理论的这一界定蕴含着柯明斯的功能分析，强溯因理论需要借助柯明斯的功能分析澄清其重要观念，即之所以选择性状个例 T 是由于 T 有助于其持有者 O 先祖们的适合度。确切地说，根据强溯因理论，对当前性状个例的选择是由于相应的以往性状个例曾因发挥其作用效果而有助于其持有者的适合度。那么，在强溯因理论中，柯明斯的功能分析是如何发挥澄清作用的呢？如上所述，柯明斯功能分析的要点在于它对功能的界定是相对于功能事项所在系统以及功能事项所在系统的整体能力而言的。在这种情况下，通过将功能事项所在系统的整体能力分解④为该系统若干较简单组成部分的若干能力，该系统的整体能力作为这些若干能力交互的产物得到解释。进而，所讨论功能事项的功能即该事项在它所在系统整体能力实现过程中所发挥的因果作用。据此，如果将强溯因理论中的性状个例和其持有者

① 参见 Godfrey-Smith, Peter, "A Modern History Theory of Functions", Noûs, 1994, Vol. 28, No. 3, p. 348。

② 参见 Ariew, André, Cummins, Robert & Perlman, Mark, eds., Functions: New Essays in the Philosophy of Psychology and Biology, Oxford University Press, 2002, p. 230。

③ 参见 Ariew, André, Cummins, Robert & Perlman, Mark, eds., Functions: New Essays in the Philosophy of Psychology and Biology, Oxford University Press, 2002, pp. 230 – 231。

④ 这里的分解可以有若干次，分解的终点是系统基本组成部分的能力可以运用一般的自然法则，如物理或化学定律进行解释。

分别看作柯明斯功能分析中的功能事项和功能事项所在系统，那么相应以往性状个例曾经发挥的、有助于该以往性状个例所在生物体适合度的作用效果即强溯因理论中所讨论性状个例的功能，其中的以往性状个例和该以往性状个例所在生物体适合度分别对应于以往功能事项和以往功能事项所在系统的整体能力。由此可见，强溯因理论对性状功能的判定完全匹配柯明斯的功能分析。考虑到这一点，布勒将强溯因理论的理论形式进一步概括为：自然选择曾支持某一性状 T 所产生的某些作用效果 E，条件是在 T 受选择的进化历史时期，相对于 T 持有者的某一适合度组成部分（A component of fitness）而言，T 曾发挥了产生 E 的柯明斯式功能。[①] 这里，某一适合度组成部分是相对于适合度而提出的。一般认为，适合度由生存能力（Viability）、繁殖能力（Fertility）、产卵能力（Fecundity）以及交配能力（Mating ability）组成，这些能力又由生物体各个关键系统内的复杂因果过程或各个关键系统间的复杂因果过程组成。[②] 在此基础上，对适合度进行解释就是分析相关功能性状所产生的作用效果如何有助于涉及该适合度组成部分的复杂因果过程。对此，布勒认为，只有柯明斯的功能分析能够解释一个功能性状的作用效果如何在因果上有助于其所在生物体的适合度或适合度组成部分。在这一点上，强溯因理论与弱溯因理论有着共通之处。关于弱溯因理论中适合度的探讨见下文。

这里，需要注意的是，强溯因理论所谈及的适合度指的是相对适合度（Relative fitness），该相对适合度由强溯因理论对自然选择的强调来保证。确切地说，强溯因理论对自然选择的强调使得强溯因理论只涉及拥有功能性状变体（Variants）的生物体的相对适合度，即功能性状之所以受到繁殖是因为它的持有者们曾比其变体的持有者们拥有更高的适合度。[③] 相比之下，弱溯因理论因不涉及功能性状的变体，故而它所讨论的适合度并不是相对适

　　① 参见 Buller, David J. , "Etiological Theories of Function: A Geographical Survey", *Biology and Philosophy*, 1998, Vol. 13, No. 4, p. 511。

　　② 参见 Buller, David J. , "Etiological Theories of Function: A Geographical Survey", *Biology and Philosophy*, 1998, Vol. 13, No. 4, p. 509。

　　③ 参见 Buller, David J. , "Etiological Theories of Function: A Geographical Survey", *Biology and Philosophy*, 1998, Vol. 13, No. 4, p. 509。

合度。除此之外，尽管柯明斯的功能分析在澄清强溯因理论上述重要观念时发挥了十分重要的作用，但我们并不能据此得出强溯因理论在本质上从属于柯明斯的功能分析这一结论，这是因为：其一，强溯因理论本身是上述选择效果功能理论的统称，它在本质上有别于柯明斯的功能分析；其二，即便按照布勒的分析，柯明斯的功能分析只能从属于强溯因理论，强溯因理论依然维持着上述功能溯因解释的历史视角，该历史视角体现在强溯因理论对自然选择的强调中。

二 弱溯因理论

与强溯因理论相比，弱溯因理论同样主张一个功能性状有助于其先前生物体的适合度，但它并不认为自然选择在对功能性状的选择中发挥了作用。更确切地说，相比于强溯因理论，弱溯因理论虽然支持对功能性状的历史分析，但它并不认为自然选择在该历史分析中发挥了作用。据此，布勒认为，强溯因理论是弱溯因理论的子集，弱溯因理论因其适用条件相对宽泛而具有更高的解释效力。

根据弱溯因理论，生物个体 O 的某一当前性状个例 T 具有产生 E 类型作用效果的功能，条件是以往性状个例 T 通过产生 E 类型的作用效果曾有助于其所在生物个体 O 先祖们的适合度，并因此在因果上有助于 O 所在种系中性状 T 的繁殖。[1] 在这一界定中，生物个体 O 先祖们的适合度和 O 所在种系中性状 T 的繁殖是弱溯因理论成立的两个关键点。如上所述，生物个体 O 先祖们的适合度并非上述强溯因理论中的相对适合度，因为它不涉及功能性状的变体。据此，自然选择在弱溯因理论中并未发挥任何作用。根据布勒的分析，在弱溯因理论中，以往性状个例 T 的作用效果在因果上曾有助于生物个体 O 先祖们的适合度可以转化为以往性状个例 T 的作用效果在因果上曾有助于涉及相应适合度组成部分的复杂因果过程，这里的复杂因果过程是相应适合度各组成部分的组成要素。那么，如何理解以往性状个例 T 的作用效

---

① 参见 Ariew, André, Cummins, Robert & Perlman, Mark, eds., *Functions: New Essays in the Philosophy of Psychology and Biology*, Oxford University Press, 2002, p. 231; Buller, David J., "Etiological Theories of Function: A Geographical Survey", *Biology and Philosophy*, 1998, Vol. 13, No. 4, p. 507。

果在因果上有助于该复杂因果过程呢？布勒认为，只有柯明斯的功能分析理论能够回应这一问题。在他看来，弱溯因理论中功能性状所发挥的功能符合柯明斯的功能分析。确切地说，弱溯因理论将柯明斯的系统限定为适应性系统，试图对适应性系统中功能性状有助于其适合度的作用效果进行解释。根据布勒的解释，如果性状 T 所产生的 E 类型作用效果出现在对某一适合度组成部分的柯明斯式功能分析中，那么 T 在因果上有助于该适合度组成部分，并因此有助于该适合度本身。① 布勒进一步指出，除了适合度，弱溯因理论还强调以往性状个例 T 在因果上有助于 T 自身的繁殖，这就要求 T 本身具有可遗传性，可遗传性由先前性状个例的作用效果对先前生物体适合度的贡献来保证，由此维持了弱溯因理论的历史分析立场，使得弱溯因理论与柯明斯的功能分析理论区分开来。② 之所以如此是因为对于任一可遗传性状而言，如果它因其作用效果而在因果上有助于生存能力、繁殖能力、产卵能力以及交配能力这些适合度组成部分，那么通过在因果上有助于该性状对应基因型的繁殖，该性状最终将有助于它自身的繁殖。因此，弱溯因理论可将功能赋予任何性状，这样的性状需要满足以下两个条件：（1）该性状必须是可遗传的；（2）在先前生物体的适合度中，该性状个例们的一个后代发挥了柯明斯意义上的功能。③ 这里，柯明斯意义上的功能是指一个生物体可遗传性状的功能，该性状功能的执行有助于该性状在生物体所在种系中的繁衍和再现。

总体来看，强溯因理论和弱溯因理论的共同点在于，它们都认为只要一个性状能够产生某类有助于先前生物体适合度的作用效果，并且该性状是可遗传的，那么该性状在当前生物体中就具有产生同样作用效果的功能。④ 它

---

① 参见 Buller, David J., "Etiological Theories of Function: A Geographical Survey", *Biology and Philosophy*, 1998, Vol. 13, No. 4, pp. 509 – 510。

② 参见 Buller, David J., "Etiological Theories of Function: A Geographical Survey", *Biology and Philosophy*, 1998, Vol. 13, No. 4, p. 510。

③ 参见 Ariew, André, Cummins, Robert & Perlman, Mark, eds., *Functions: New Essays in the Philosophy of Psychology and Biology*, Oxford University Press, 2002, pp. 230 – 231; Buller, David J., "Etiological Theories of Function: A Geographical Survey", *Biology and Philosophy*, 1998, Vol. 13, No. 4, p. 510。

④ 参见 Buller, David J., "Etiological Theories of Function: A Geographical Survey", *Biology and Philosophy*, 1998, Vol. 13, No. 4, p. 511。

们的不同点在于强溯因理论还要求在进化历史的某一时期，上述性状因其产生了作用效果而必须受到自然选择的作用，这就要求性状本身发生变异，同时，性状所在的生物体要比变异性状所在的生物体具有更高的适合度。然而，弱溯因理论对性状功能的说明并未引入自然选择，而是仅仅诉诸功能性状（可遗传）对相关适合度的贡献历史。据此，布勒认为，弱溯因理论要比强溯因理论的适用范围更广，强溯因理论是弱溯因理论的子集。[①] 布勒从逻辑和现实两个方面出发论证了这一点。在逻辑上，布勒假定某一可遗传生理性状（A hereditary physiological trait）T 在配子生产过程中发挥着因果作用，进而由于出现了以下任意一种情况：（a）经过遗传偶然事件，产生 T 替代形式的必要突变从未发生过；（b）由突变产生的 T 的替代形式并未出现在同一个选择环境中，T 并未受到自然选择的作用。在这种情况下，由于 T 在配子生产过程中发挥着因果作用，它在因果上有助于其持有者的适合度。即便如此，按照强溯因理论，T 并不具有功能。但是，按照弱溯因理论，T 的确因它有助于它持有者的适合度而具有了功能，该功能就是它有助于它持有者适合度时所发挥的因果作用，该因果作用也保证了 T 在代际传递过程中的繁殖。[②] 因此，在逻辑可能世界中，弱溯因理论比强溯因理论的适用范围广。这一点在现实中也成立，这是因为：其一，遗传漂变有时也会产生出有助于生物体适合度的遗传性状来；其二，生理性状和生化性状所拥有的超低变异率[③]表明，当面对同一选择环境时，它们的变异率只会更低。在这个意义上，如果生理性状和生化性状在同一选择环境、同一自然种群中不发生变异，那么尽管它们有助于它们持有者的适合度，它们也不会受到自然选择的作用。对此，按照强溯因理论，这两种情况中的性状并不具有功能。但是，按照弱溯因理论，它们因有助于相关适合度而具有相应的功能。因此，在现实中，弱溯因理论同样比强溯因理论的适用范围广。除此之外，布

---

① 参见 Buller, David J., "Etiological Theories of Function：A Geographical Survey", *Biology and Philosophy*, 1998, Vol. 13, No. 4, p. 512。

② 参见 Buller, David J., "Etiological Theories of Function：A Geographical Survey", *Biology and Philosophy*, 1998, Vol. 13, No. 4, p. 512。

③ 生理性状和生化性状的超低变异率是相对于形态性状的较高变异率而言的。研究表明，对形态性状的选择要远远高于对生理性状和生化性状的选择，造成这种情况最可能的原因便是形态性状的变异率要远高于生理性状和生化性状的变异率（Buller, 1998, p. 512）。

勒认为，在自然界中，功能性状的复杂性使得它们自身便是由若干可遗传组成部分组成的。在这种情况下，这些可遗传组成部分所发挥的作用效果是它们所在功能性状发挥其功能所需的条件。因此，在某一功能性状 T 的变体中，组成部分 t_1 可能从未发生变异，发生变异的是其他组成部分。进而，鉴于 t_1 所发挥的作用效果在因果上是 T 所发挥受选择作用效果 E 的必要条件，当 E 被看作 T 的功能时，t_1 的作用效果也应被看作 t_1 的功能。[①] 当然，这是弱溯因理论而非强溯因理论的判定，它再次论证了弱溯因理论比强溯因理论的适用范围广。问题在于，这样的论据只存在于逻辑分析层面，我们很难在现实世界中找到实例。尽管如此，通过引入逻辑上和现实上的论证，布勒证实了弱溯因理论相较于强溯因理论具有更高的解释力。

三　弱溯因理论与两种功能

一般认为，恰当功能和柯明斯式功能[②]是生物学中两种不同的功能概念，它们分别适用于不同的生物学研究领域。其中，恰当功能适用于进化生物学、行为生态学等解释功能性状为何存在于其持有者中的研究领域，柯明斯式功能适用于生理学、发育生物学等解释功能事项如何有助于其持有者某一特性的研究领域。[③] 布勒并不认同这种划分。在他看来，弱溯因理论为解释生物学中的功能现象提供了统一解释，它不仅适用于进化生物学、行为生态学等研究领域，还适用于生理学、发育生物学等研究领域。通过回应柯明斯功能分析所遭遇的上述反驳意见，布勒实现了对弱溯因理论的辩护。在此基础上，弱溯因理论实现了对恰当功能和柯明斯式功能的融合，这一融合使得弱溯因理论能够将生物功能溯因解释的解释范畴从进化生物学、行为生态学领域扩展到了生理学、发育生物学领域，在一定程度上实现了对生物学中生物功能现象的统一解释。

---

①　参见 Buller, David J., "Etiological Theories of Function: A Geographical Survey", *Biology and Philosophy*, 1998, Vol. 13, No. 4, pp. 512 – 513。

②　恰当功能和柯明斯式功能分别相当于前面的选择功能和因果作用功能。

③　参见 Godfrey-Smith, Peter, "Functions: Consensus without Unity", *Pacific Philosophical Quarterly*, 1993, Vol. 74, No. 3, pp. 200 – 201; Griffiths, Paul, E., "Function, Homology, and Character Individuation", *Philosophy of Science*, 2006, Vol. 73, No. 1, p. 3; Buller, David J., "Etiological Theories of Function: A Geographical Survey", *Biology and Philosophy*, 1998, Vol. 13, No. 4, p. 514。

　　布勒认为，弱溯因理论的理论特点决定了弱溯因理论可以回应柯明斯功能分析所遭遇的诸如自由主义反驳（The liberality objection）、功能失灵反驳（The malfunction objection）以及无法解释功能性状存在的反驳（The "unexplained presence" objection）等反驳意见。① 具体而言，其一，密立根认为，柯明斯的功能分析因未能限定柯明斯式功能所适用的系统而面临着自由主义的反驳。② 例如，根据柯明斯的功能分析理论，我们可以将地球上的水循环看作一个系统并对它进行功能分析。继而，在水循环系统中，由于云造出的雨有助于地面上植被的生长，云的柯明斯式功能便是使地面上的植被生长。但是，这显然不是云的功能。对此，布勒的弱溯因理论虽采纳了柯明斯的功能分析理论，但它也把柯明斯的功能分析理论所涉及的系统限定在了拥有适合度特征的系统中。这里，拥有适合度特征的系统是自然选择所支持的适应性系统（Selection of adapted systems）。③ 在这个意义上，当我们根据弱溯因理论判定该适应性系统中组成部分的功能时，我们的依据是以往系统组成部分对它们所在适应性系统适合度的贡献。换句话说，弱溯因理论中的适应性系统涉及自然选择，但弱溯因理论对适应性系统组成部分功能的判定并不涉及自然选择。正是在这个意义上，弱溯因理论不涉及自然选择。反观强溯因理论，强溯因理论主张依据对功能性状的选择（Selection for）来判定功能性状的功能。回到弱溯因理论对柯明斯功能分析所面临的自由主义反驳的回应上，由于弱溯因理论将柯明斯功能分析所涉及的系统限定为拥有适合度特征的适应性系统，加之，弱溯因理论规定了所讨论性状是可遗传性状，弱溯因理论的讨论对象是生物功能，它避免了自由主义反驳。

　　其二，由于柯明斯的功能分析理论将功能事项有助于其所在系统某一整体能力的当前特性视作该功能事项的功能，该理论视域下的病变器官或者畸

　　① 对此，强溯因理论诉诸选择历史，规避了这些反驳意见，这是因为选择历史将强溯因理论中柯明斯功能分析的系统限定为生物系统，它决定了所讨论生物性状的功能应该是什么，进而从根本上回答了当前功能性状为何存在这一问题。

　　② 参见 Millikan, Ruth Garrett, "An Ambiguity in the Notion 'Function'", *Biology and Philosophy*, 1989, Vol. 4, No. 2, pp. 175; Buller, David J., "Etiological Theories of Function: A Geographical Survey", *Biology and Philosophy*, 1998, Vol. 13, No. 4, p. 516。

　　③ 参见 Buller, David J., "Etiological Theories of Function: A Geographical Survey", *Biology and Philosophy*, 1998, Vol. 13, No. 4, p. 516。

形器官由于并不能即时发挥相应的功能而被视作是没有功能的。然而，实际上，一个性状的功能具有应然性，我们不能根据它实际的功能状态来判定它是否具有功能。换句话说，即便是不能发挥功能的病变器官或者畸形器官，它们依然具有功能，这一点使得柯明斯的功能分析理论遭遇了功能失灵的反驳。① 对此，弱溯因理论自身的溯因理论特征保证了它不会遭遇功能失灵的反驳。如前所述，弱溯因理论保留了功能溯因解释的历史视角，该历史视角体现在弱溯因理论中以往性状个例对相应适合度的贡献上，它保证了弱溯因理论中当前性状个例的功能是由以往性状个例对其相应适合度的贡献历史决定的，该贡献历史保证了弱溯因理论中当前性状个例的功能具有应然性，这种应然性可以对功能失灵现象进行解释。也就是说，在弱溯因理论中，病变器官或者畸形器官仍然具有功能，它们的功能与正常器官的功能相同。

其三，柯明斯的功能分析理论遭遇的另一个反驳是它无法解释功能性状的存在。② 根据柯明斯的功能分析理论，功能事项的功能是该事项在它所在系统整体能力实现过程中所发挥的因果作用，这里的因果作用是功能事项的当前特性，它不能解释功能事项为何存在。对此，弱溯因理论虽然吸纳了柯明斯的功能分析理论，但它仍旧能够解释功能性状在其所在生物体中的存在。根据弱溯因理论，只要一个性状是可遗传的，该可遗传性状又促进了先前系统的适合度，那么相应功能性状的当前存在就可以得到解释。需要注意的是，在布勒看来，在当前性状个例存在这一层面上，自然选择并不是功能性状存在的一个原因。但在性状类型存在这一层面上，自然选择发挥了作用。之所以如此是因为性状类型的存在涉及性状类型在相应种群中的分布频率。因此，柯明斯功能分析所遭遇的无法解释功能性状存在的反驳并不能反驳弱溯因理论。

综上所述，弱溯因理论虽然吸纳了柯明斯的功能分析理论，但它却以自身的理论特性回应了柯明斯功能分析理论所遭遇的三个挑战。进而，通过把

---

① 参见 Buller, David J., "Etiological Theories of Function: A Geographical Survey", *Biology and Philosophy*, 1998, Vol. 13, No. 4, p. 518。

② 参见 Buller, David J., "Etiological Theories of Function: A Geographical Survey", *Biology and Philosophy*, 1998, Vol. 13, No. 4, p. 519。

功能赋予所有可遗传性状，弱溯因理论统一了恰当功能和柯明斯式功能两种功能概念。概括地说，在布勒看来，引入自然选择将导致恰当功能与系统功能产生分立，这是因为自然选择只支持前一种功能概念，而将后一种功能概念归入了柯明斯功能分析理论的讨论范畴。[①] 但布勒认为，通过将柯明斯的系统限定为适应性系统，与自然选择无关的弱溯因理论完全可以统一这两种功能概念。在适应性系统中，一个性状的功能既是柯明斯式功能又是恰当功能。其中，柯明斯式功能体现在该性状作用于先前系统的适合度，恰当功能体现在该性状因作用于先前系统的适合度而得到了再现，并具有跟先前性状同样的功能。通过统一这两种功能概念，布勒将功能溯因解释的解释范畴从进化生物学、行为生态学领域扩展到了生理学、发育生物学领域，在某种程度上实现了对生物学中生物功能现象的统一解释。因此，布勒认为，弱溯因理论完全可以统一这两种功能概念，同时可以避免柯明斯功能分析理论面临的自由主义反驳、功能失灵反驳以及无法解释性状存在的反驳意见。

第二节 功能溯因解释的综合二：一般选择效果功能理论

一 一般选择效果功能理论

根据选择效果功能理论，一个生物性状的功能是其以往受自然选择支持的作用效果。一般认为，选择效果功能理论的这一界定预设了自然选择是自然界中唯一一个能够赋予生物性状以功能的选择过程，且自然选择是在一个进化时间范畴（an evolutionary time scale）内、作用于生物个体的选择过程。[②] 加森指出，选择效果功能理论的这一预设使它在解释人脑中神经功能现象时，面临着两个解释难题。其一，许多人脑特性的进化历史是不清楚的。其二，人脑中常常会出现新的进化功能，如视觉文字形成区域中阅读能

---

① 参见 Buller, David J., "Etiological Theories of Function: A Geographical Survey", *Biology and Philosophy*, 1998, Vol. 13, No. 4, pp. 512–513。

② 参见 Garson, Justin, "Function, Selection, and Construction in the Brain", *Synthese*, 2012, Vol. 189, No. 3, p. 452。

力的产生。① 为了解决这些难题并实现选择效果功能理论对神经功能现象的解释，加森引入了对选择概念的一般化处理。基于对选择概念的一般化处理，加森提出了上述选择效果功能理论的修正版本——一般选择效果功能理论。

根据一般选择效果功能理论，一个性状的功能即其作用效果，该作用效果历史地有助于该性状在其生物种群中具有差别繁殖特征（Differential reproduction）或差别维系特征（Differential retention/Differential persistence）。② 其中，该性状的差别繁殖特征或差别维系特征分别体现了一般选择效果功能理论对选择效果功能理论的继承和发展③，这种继承和发展从根本上来源于加森对选择概念的一般化处理。加森指出，上述选择效果功能理论中所涉及的选择概念并不限于自然选择，自然选择只是自然界中普遍存在的诸多选择过程中的一种。除了自然选择，自然界中还存在着神经选择（Neural Selection）、抗体选择（Antibody Selection）、试错学习（Trial and Error）等多种选择过程。④ 这些选择过程的共同点在于：它们均发生在生物个体的生命过

---

① 参见 Garson, Justin, "Function, Selection, and Construction in the Brain", *Synthese*, 2012, Vol. 189, No. 3, p. 452。

② 参见 Garson, Justin, "Selected Effects and Causal Role Functions in the Brain: The Case for an Etiological Approach to Neuroscience", *Biology & Philosophy*, 2011, Vol. 26, No. 4, p. 555; Garson, Justin, "Function, Selection, and Construction in the Brain", *Synthese*, 2012, Vol. 189, No. 3, pp. 459 – 460; Garson, Justin, *A Critical Overview of Biological Functions*, Springer International Publishing, 2016, p. 58; Garson, Justin, "A Generalized Selected Effects Theory of Function", *Philosophy of Science*, 2017, Vol. 84, No. 3, p. 534; Garson, Justin, *What Biological Functions Are and Why They Matter*, Cambridge University Press, 2019, p. 93。加森新近的功能讨论均采纳了本书中的界定。需要指出的是，加森对一般选择效果功能理论的另一种界定是：一个性状的功能即其作用效果，该作用效果历史地有助于其持有者在其生物种群中具有差别繁殖特征或差别维系特征（Garson, 2017b, p. 532），笔者在论文《大卫·布勒和贾斯汀·加森的生物功能溯因解释》（2019b）中采纳了该界定。

③ 上述选择效果功能理论能够对具有差别繁殖特征的功能性状做出说明而无法解释具有差别维系特征的功能性状，这是因为上述选择效果功能理论的理论基础是自然选择的进化理论（Evolution by natural selection），而变异（Variation）、遗传（Heredity）和繁殖物差异（differences in reproductive output）通常被看作自然选择（作用下）的进化发生的三个必要因素（Godfrey-Smith, 2009, p. 19）。

④ 参见 Garson, Justin, "Selected Effects and Causal Role Functions in the Brain: The Case for an Etiological Approach to Neuroscience", *Biology & Philosophy*, 2011, Vol. 26, No. 4, pp. 553 – 555; Garson, Justin, "Function, Selection, and Construction in the Brain", *Synthese*, 2012, Vol. 189, No. 3, pp. 65 – 77; Garson, Justin, *A Critical Overview of Biological Functions*, Springer International Publishing, 2016, pp. 56 – 58; Garson, Justin, "How to be a Function Pluralist", *The British Journal for the Philosophy of Science*, 2018, Vol. 69, No. 4, pp. 1101 – 1122; Garson, Justin, "A Generalized Selected Effects Theory of Function", *Philosophy of Science*, 2017, Vol. 84, No. 3, pp. 529 – 531。

程中，且适用于不同的研究领域；它们能够类比于自然选择，使得同一生物种群中的一些实体因其自身特点而比其他实体具有更高的繁殖可能性或更高的生存可能性，从而在其所在的生物种群中占据优势。① 这里，具有更高繁殖可能性或更高生存可能性的实体即具有差别繁殖特征或差别维系特征的实体。据此，加森指出，选择过程是一个宽泛的概念，它不仅能够解释已有的进化功能，而且能够解释新的进化功能的出现。

为了解释神经生物学中的神经功能现象，加森重点讨论了神经选择，尤其是突触选择（Synapse selection）。在加森看来，神经选择是指在生物个体的生命过程中，发生在突触、神经元甚至神经元群体等不同神经层次之上的选择现象。② 由于突触、神经元（Neurons）、神经元群体（Groups of neurons）等具有差别强化（Differential strengthening）特征或差别弱化（Differential weakening）特征但不具有繁殖特征，上述选择效果功能理论无法将功能赋予它们。③ 但是，根据一般选择效果功能理论，突触、神经元、神经元群体等所具有的差别强化特征或差别弱化特征可以理解为它们的差别维系特征。也就是说，它们因其自身特点而比它们所在种群④中的其他同类具有更高或更低的生存可能性。因此，一般选择效果功能理论能够解释突触、神经元、神经元群体等不同神经层次上出现的神经功能现象，它的解释依据是神

---

① 参见 Garson, Justin, "Function, Selection, and Construction in the Brain", *Synthese*, 2012, Vol. 189, No. 3, p. 452。

② 参见 Garson, Justin, "Selected Effects and Causal Role Functions in the Brain: The Case for an Etiological Approach to Neuroscience", *Biology & Philosophy*, 2011, Vol. 26, No. 4, p. 553；Garson, Justin, "How to be a Function Pluralist", *The British Journal for the Philosophy of Science*, 2018, Vol. 69, No. 4, p. 1114。

③ 参见 Garson, Justin, "A Generalized Selected Effects Theory of Function", *Philosophy of Science*, 2017, Vol. 84, No. 3, p. 531。

④ 加森指出，一般选择效果功能理论是一个历史性概念，它由差别繁殖特征、差别维系特征和所涉及的生物种群三个部分组成（Garson, 2017b, p. 534）。加森回顾了生物哲学家罗伯塔·米尔斯坦（Roberta L. Millstein）（2009）界定生物种群的三种方法：空间界限（Spatial boundaries）、因果交互（Causal interactions）和历史（History），并接纳了根据因果交互界定生物种群的方法。需要指出的是，这里的因果交互是影响适合度的交互，但加森并未对影响适合度的交互是什么进行深入探讨。加森之所以引入影响适合度的交互是为了区分神经选择和神经建构。在加森看来，神经选择的一个本质特征是突触、神经元或神经元群体之间存在着影响彼此适合度（它们的自我维系）的交互，因此它们才构成了相应的种群。相比之下，神经建构并不必然涉及影响适合度的交互，它专注于已有突触、神经元或神经元群体自身的扩大或增强。

经选择。问题在于，由于所有突触都具有差别强化特征或差别弱化特征，故而我们可以说所有突触的形成都是神经选择的结果。但是，事实上，突触的产生机制有两种：独立于活动（Activity-independent）的产生机制和依赖于活动（Activity-dependent）的产生机制。①

其中，由独立于活动的产生机制所产生的神经结构具有活动独立性，其联通（Connectivity）方式并不基于对该神经结构的激活产生。例如，神经电位（Electrical potentials）的产生、神经递质（NeurotransMITter）的释放等。② 相反，由依赖于活动的产生机制所产生的神经结构具有活动依赖性。可以说，神经活动部分地决定了神经结构。③ 那么，神经活动是如何影响神经结构的形成的呢？对此，存在两个回答：神经选择和神经建构（Neural construction）。其中，神经选择预设了种群（Population）的存在，相应种群的成员可以是突触或神经元或神经元群体，相应种群的成员们会围绕特定的共同资源（通常是神经营养因子）展开竞争，这种竞争关系呈现出了零和博弈（Zero-sum game）的特点。④ 也就是说，当一个种群中某些成员因其自身作用的发挥而获得了共同资源并由此得以维系时，同一种群中的其他成员获得该共同资源的机会将同时被剥夺掉，这些未获得共同资源的其他成员最终会被剔除。因此，那些获得共同资源的成员相较于这些未获得共同资源的其他成员便具有了差别维系特征。因此，神经选择是一个集种群、竞争关系和共同资源三个要素为一体的选择过程，该选择过程的结果是产生出具有差别维系特征的突触或神经元或神经元群体。正是在这个意义上，神经选择是一种依赖于活动的产生机制，它在多种神经结构的形成中发挥了作用，而成熟的神经结构进一步巩固了以往的作用效果。相比于神经选择，神经建构虽

---

① 参见 Garson, Justin, "Function, Selection, and Construction in the Brain", *Synthese*, 2012, Vol. 189, No. 3, p. 462。

② 参见 Garson, Justin, "Function, Selection, and Construction in the Brain", *Synthese*, 2012, Vol. 189, No. 3, p. 462。

③ 参见 Garson, Justin, "Function, Selection, and Construction in the Brain", *Synthese*, 2012, Vol. 189, No. 3, p. 463。

④ 参见 Garson, Justin, "How to be a Function Pluralist", *The British Journal for the Philosophy of Science*, 2018, Vol. 69, No. 4, p. 1114; Garson, Justin, "A Generalized Selected Effects Theory of Function", *Philosophy of Science*, 2017, Vol. 84, No. 3, p. 532。

然也是一种依赖于神经活动、非随机的（Non-random）、产生神经结构的重要机制，但是它与神经选择存在着明显的差异。这种差异体现在神经建构并不是通过剔除在竞争中趋于劣势的已有突触、强化在竞争中占据优势的已有突触进行的，而是由新突触的活动依赖性产物形成的。[1] 也就是说，神经建构关注的是神经活动如何促进了新突触结构的形成。[2] 例如，神经元 A 的突触附着在神经元 B 上，通过 A 激活 B 可能会触发 B 的新树突和 A 的新轴突终端的生长和扩展，或者是 B 的膜通道的上调。也就是说，通过一种依赖于活动的神经建构方式，A 与 B 的联结强度将会增加。[3] 由此可见，在神经建构中，大脑基于需要（as-needed），触发了突触的生长，由此降低了对神经选择的需要。进一步来说，通常情况下，神经建构过程致力于扩展和强化已存在且受到频繁使用的突触，它不会像神经选择一样导致新神经功能的产生，之所以如此是因为神经建构因其自身特点，只能赋予受建构突触以维系（Persistence）特征但并不会赋予受建构突触以差别维系特征。[4] 因此，神经建构和神经选择均是通过神经活动影响神经结构形成的重要机制，它们的不同在于神经建构是通过神经活动，扩展和强化已存在且受到频繁使用的突触进行的，神经选择则是通过神经活动，剔除无法获得共同资源的已有突触、保留获得共同资源的已有突触进行的。这种作用机制上的不同直接导致了神经建构无法导致新神经功能的出现，但神经选择可以。进而，加森从突触、神经元、神经元群体等不同神经层次出发，论证了神经选择在神经科学中发挥的重要作用。

突触选择是神经科学家[5]普遍接受的一种神经选择形式，原因在于大量

---

① 参见 Garson, Justin, "Selected Effects and Causal Role Functions in the Brain: The Case for an Etiological Approach to Neuroscience", *Biology & Philosophy*, 2011, Vol. 26, No. 4, p. 558。

② 参见 Garson, Justin, "Function, Selection, and Construction in the Brain", *Synthese*, 2012, Vol. 189, No. 3, p. 468。

③ 参见 Garson, Justin, "Function, Selection, and Construction in the Brain", *Synthese*, 2012, Vol. 189, No. 3, p. 469。

④ 参见 Garson, Justin, "Selected Effects and Causal Role Functions in the Brain: The Case for an Etiological Approach to Neuroscience", *Biology & Philosophy*, 2011, Vol. 26, No. 4, p. 558。

⑤ 见神经科学家让 - 皮埃尔·尚高和安东尼·丹钦（Jean-Pierre Changeux & Antoine Danchin, 1976）的研究。

的神经科学案例都支持突触选择。[①] 以哺乳动物视皮层中异常眼优势柱（Abnormal ocular dominance columns）的形成为例，神经科学家大卫·休伯尔（David Hubel）和托斯坦·维厄瑟尔（Tortsen Wiesel）[②] 的实验研究（20世纪60年代）表明突触选择是哺乳动物视皮层中异常眼优势柱形成的重要机制[③]。正常情况下，新生哺乳动物视皮层的大多数细胞都能对来自两只眼睛的视觉刺激作出反应，这些细胞被称作双目驱动细胞（Binocularly driven cells）。与之相对，新生哺乳动物视皮层上的一小部分细胞只能对其中一只眼睛所受的视觉刺激作出反应，这一小部分细胞被称作单目驱动细胞（Monocularly driven cells）。休伯尔和维厄瑟尔的实验表明，如果在新生幼猫发育初期几个月，人为剥夺掉它一只眼睛的视觉刺激（遮盖住这只眼睛），那么几周之后，该新生幼猫视皮层中的大多数视觉细胞就会是单目驱动细胞，它们只能对来自未被剥夺视觉刺激的另外一只眼睛的视觉刺激作出反应。[④] 之所以出现这种情况是因为该新生幼猫的视皮层发生了重组，致使未被剥夺视觉刺激的另外一只眼睛的视敏度（Visual acuity）最大化。[⑤] 进而，由于一个视细胞的眼优势轮廓（The ocular dominance profile）并不完全独立于其相邻细胞，具有相同轮廓的视细胞们倾向于聚集成群，形成眼优势柱。[⑥] 在正常的视觉系统中，眼优势柱是一种条纹束，它沿着具有相同宽度的视皮层分

---

① 参见 Garson, Justin, "Function, Selection, and Construction in the Brain", *Synthese*, 2012, Vol. 189, No. 3, p. 466。

② 参见 Wiesel, Torsten N. & Hubel, David H., "Single-cell Responses in Striate Cortex of Kittens Deprived of Vision in one Eye", *Journal of Neurophysiology*, 1963, Vol. 26, No. 5, pp. 1003 – 1017; Hubel, David H. & Torsten N. Wiesel, "Binocular Interaction in Striate Cortex of Kittens Reared with Artificial Squint", *Journal of Neurophysiology*, 1965, Vol. 28, No. 6, pp. 1041 – 1059。

③ 参见 Garson, Justin, *A Critical Overview of Biological Functions*, Springer International Publishing, 2016, pp. 464 – 465; Garson, Justin, "How to be a Function Pluralist", *The British Journal for the Philosophy of Science*, 2018, Vol. 69, No. 4, pp. 1114 – 1122; Garson, Justin, "A Generalized Selected Effects Theory of Function", *Philosophy of Science*, 2017, Vol. 84, No. 3, p. 532。

④ 参见 Wiesel, Torsten N. & Hubel, David H., "Single-cell Responses in Striate Cortex of Kittens Deprived of Vision in one Eye", *Journal of Neurophysiology*, 1963, Vol. 26, No. 5, pp. 1003 – 1017。

⑤ 参见 Garson, Justin, "Function, Selection, and Construction in the Brain", *Synthese*, 2012, Vol. 189, No. 3, p. 466; Garson, Justin, "How to be a Function Pluralist", *The British Journal for the Philosophy of Science*, 2018, Vol. 69, No. 4, pp. 1101 – 1122。

⑥ 参见 Garson, Justin, "Function, Selection, and Construction in the Brain", *Synthese*, 2012, Vol. 189, No. 3, pp. 464 – 465。

布。休伯尔和维厄瑟尔认为，遮盖新生幼猫单只眼睛的后果可以根据与每只眼睛相关联的眼优势柱的不同宽度得到体现。① 也就是说，实验中被遮盖眼睛的眼优势柱在宽度上十分不同于未被遮盖眼睛的眼优势柱。在休伯尔和维厄瑟尔看来，实验后新生幼猫两只眼睛在眼优势柱宽度上的不同是突触选择的结果。确切地说，在与被遮盖眼睛相关联的突触与未被遮盖眼睛相关联的突触之间出现了竞争。② 由于与未被遮盖眼睛相关联的突触要比那些与被遮盖眼睛相关联的突触受到的激活频率更高，它们便被保留下来并具有了差别维系特征。需要指出的是，那些与被遮盖眼睛相关联的突触之所以受到剔除并不是因为它们未受到使用，而是因为那些与未被遮盖眼睛相关联的突触因受激活频率更高而被保留了下来。换句话说，前者的剔除是由两类突触之间的竞争所导致的，与未被遮盖眼睛相关联的突触的保留促成了对与被遮盖眼睛相关联的突触的剔除。

为了证明这一点，休伯尔和维厄瑟尔将处于发育初期几个月的新生幼猫置于黑暗的环境中，结果发现它们视皮层的大多数视细胞与处于正常环境中的新生幼猫一样，能够对来自两只眼睛的视觉刺激作出同等程度的反应。③ 这一实验表明，上述那些与被遮盖眼睛相关联的突触之所以受到剔除并不是因为它们未受到使用，因为处于黑暗环境中的新生幼猫的眼睛也未受到使用，但即便在发育初期几个月后，后一实验中新生幼猫的眼睛依然和在正常环境中成长的新生幼猫的眼睛具有同样的视力效果。因此，哺乳动物视皮层中异常眼优势柱的形成是突触选择的结果，该突触选择的关键在于不同突触间的相互竞争，这种竞争关系导致了其中一些突触因其自身特点比另外一些突触更有优势，从而受到保留、具有了差别维系特征。对此，加森认为，在目标神经元上，如果一种突触类型因其作用效果比另外一些突触类型更易受

① 参见 Garson, Justin, "Function, Selection, and Construction in the Brain", *Synthese*, 2012, Vol. 189, No. 3, p. 465。

② 参见 Wiesel, Torsten N. & Hubel, David H., "Single-cell Responses in Striate Cortex of Kittens Deprived of Vision in one Eye", *Journal of Neurophysiology*, 1963, Vol. 26, No. 5, p. 1015。

③ 参见 Garson, Justin, "Function, Selection, and Construction in the Brain", *Synthese*, 2012, Vol. 189, No. 3, p. 465。

到保留，那么该突触类型就获得了新功能。① 回到哺乳动物视皮层中异常眼优势柱形成的案例中，实验中的单目驱动细胞（与未被遮盖眼睛相关联的视细胞）具有了将视觉信息传递给大脑的功能。据此，可以说，这种功能解释了相应单目驱动细胞为何会持续存在。除了哺乳动物视皮层中异常眼优势柱形成的案例，神经科学家对哺乳动物神经肌肉接点（The neuromuscular junction in mammals）的研究同样证明了突触选择的存在。② 实验表明，刚出生哺乳动物的每一个肌肉纤维通常与若干个不同的运动神经元相联结。几周后，其中一些神经元收缩了，一种一对一的联结模式出现了。之所以会出现这种情况是因为哺乳动物肌肉中所含的、有限数量的营养物质只能为其中一些居于支配地位的神经元所吸收，这种吸收反过来成为相应突触得以维系的必要条件。③ 在这种情况下，这些吸收了该营养物质的神经元以及相应突触会受到保留、具有差别维系特征，那些未能吸收该营养物质的神经元以及相应突触就会受到剔除。进一步说，这些吸收了该营养物质的神经元以及相应突触的活动就是它们的功能，该功能解释了它们为何会拥有差别维系特征。

除了突触选择，在加森看来，正如进化语境中的自然选择有层次一样，在神经科学语境中也存在着不同层次的选择。④ 如前所述，突触选择是神经科学家普遍接受的一种神经选择形式。在突触选择之外，整个神经元层面的选择也常为神经科学家所提及。加森指出，神经元选择是指涉及其中的神经元整体们为有限的支配区域或者有限的营养物质而竞争，它主要由神经细胞（程序性⑤）凋亡现象所证实。一般认为，神经细胞凋亡现象是指在脊椎动

① 参见 Garson, Justin, "How to be a Function Pluralist", *The British Journal for the Philosophy of Science*, 2018, Vol. 69, No. 4, pp. 1104 – 1122。

② 参见 Garson, Justin, "Selected Effects and Causal Role Functions in the Brain: The Case for an Etiological Approach to Neuroscience", *Biology & Philosophy*, 2011, Vol. 26, No. 4, p. 553。

③ 参见 Brown, M. C., Jansen, J. K. & Essen, David Van, "Polyneuronal Innervation of Skeletal Muscle in New-born Rats and its Elimination During Maturation", *The Journal of Physiology*, 1976, Vol. 261, No. 2, pp. 387 – 422。

④ 参见 Garson, Justin, "Selected Effects and Causal Role Functions in the Brain: The Case for an Etiological Approach to Neuroscience", *Biology & Philosophy*, 2011, Vol. 26, No. 4, p. 554; Garson, Justin, "Function, Selection, and Construction in the Brain", *Synthese*, 2012, Vol. 189, No. 3, p. 466。

⑤ 神经细胞程序性凋亡是指在生物个体发育过程中由基因决定的、细胞主动地、有序地凋亡或死亡方式，它是生理性变化，不同于病理学意义上的细胞坏死。

物胚胎发育时期，继神经细胞增殖和迁移之后所出现的大量细胞凋亡的现象。这种现象最先由神经科学家维克多·汉布格尔和丽塔·莱维－蒙塔尔奇尼（Viktor Hamburger & Rita Levi-Montalcini）于1949年首先认识到，他们通过观察小鸡脊髓中运动神经的退化，证实了大量细胞在胚胎早期的特定阶段会发生细胞凋亡。[①] 神经细胞凋亡的主要功能是定量性（Quantitative）的：它使得一个给定神经元群体的大小与该神经元群体的神经支配区域的大小相匹配，该神经支配区域是指受上述给定神经元群体支配的目标神经元或目标感受器的总数。[②] 这一观点得到了实验事实的支持：例如，在肢体移植中，增加神经支配区域的大小就会增加在细胞凋亡过程中存活下来的运动神经元的数量，而在肢体移除中，减少神经支配区域的大小也会减少在细胞凋亡过程中存活下来的运动神经元的数量。[③] 对此，加森认为，神经元选择可以解释神经细胞凋亡现象。在他看来，有限的资源，通常是有限的神经营养因子（Neurotrophic factors）或有限的目标突触位点，决定了那些竞争成功的神经元能够保留下来，而另外一些竞争失败的神经元会凋亡。此外，神经细胞凋亡也可以是神经元间直接消极交互（Direct negative interactions）的结果。据此，携带高营养信号的神经元通过释放出一种凋亡信号（Apoptosis signal），杀死了携带低营养信号的神经元。[④] 在此基础上，那些竞争成功的神经元获得了新功能，也就是使它们竞争成功的作用效果或活动，这些作用效果或活

① 参见 Garson, Justin, "Function, Selection, and Construction in the Brain", *Synthese*, 2012, Vol. 189, No. 3, p. 466; Hamburger, Viktor & Levi-Montalcini, Rita, "Proliferation, Differentiation and Degeneration in the Spinal Ganglia of the Chick Embryo Under Normal and Experimental Conditions", *Journal of Experimental Zoology*, 1949, Vol. 111, No. 3, p. 457。

② 参见 Garson, Justin, "Function, Selection, and Construction in the Brain", *Synthese*, 2012, Vol. 189, No. 3, p. 466; Cowan, W. Maxwell, "Neuronal Death as a Regulative Mechanism in the Control of Cell Number in the Nervous System", *Development and Aging in the Nervous System*, Morris Rockstein (eds.), New York: Academic Press, 1973, pp. 19 – 41。

③ 参见 Garson, Justin, "Function, Selection, and Construction in the Brain", *Synthese*, 2012, Vol. 189, No. 3, pp. 466 – 467; Detwiler, Samuel Randall., *Neuroembryology: An Experimental Study*, The Macmillan Company, 1936; Hollyday, Margaret & Hamburger, Viktor, "Reduction of the Naturally Occurring Motor Neuron Loss by Enlargement of the Periphery", *Journal of Comparative Neurology*, 1976, Vol. 170, No. 3, pp. 311 – 320。

④ 参见 Garson, Justin, "Function, Selection, and Construction in the Brain", *Synthese*, 2012, Vol. 189, No. 3, p. 467。

动反过来解释了那些竞争成功的神经元为何持续存在。

在神经元选择之上，加森讨论了生物化学家埃德尔曼（Edelman）（1987）所提出的神经群选择。在加森看来，神经群选择是三种神经选择形式中最具争议的一种选择形式，原因在于神经生物学中并不存在支持神经群选择的直接证据。[①] 但考虑到概念上的可能性，加森依然引入了神经群层面的神经选择。根据神经群选择，诸如模式识别等基本认知能力是对神经元群体进行选择的结果。[②] 一般认为，生物个体正常发育的结果之一就是对神经元群体的大多数活动（Repertoires）进行建构。在这个过程中，出现在相应活动中的每一个神经群都展现了一种不同的内在联结类型并对同一个刺激类型作出了不同程度的反应。据此，出现在相应活动中的所有神经群因具有相似的反应表现而在功能上同构，但它们也因反应程度不同而在结构上不同构。最终，那些能够对相应刺激类型作出最具体反应的神经群相较于其他神经群而言具有了差别强化（Differentially strengthened）特征，即它们更容易受到强化。[③] 相应地，根据推理原则，那些具有差别强化特征的神经群获得了新功能，该新功能是促使它们获得差别强化特征的作用效果或活动，这些作用效果或活动反过来解释了那些具有差别强化特征的神经群为何持续存在。

综上所述，神经选择是在生物个体发育过程中，发生在突触、神经元、神经元群体等不同神经层次上的选择过程，这些选择过程使得一般选择效果功能理论能够对在生物个体发育过程中出现的新神经功能进行解释，相应的新神经功能反过来也能够解释相关的突触、神经元、神经元群体为何会持续存在。据此，一般选择效果功能理论扩展了上述选择效果功能理论的解释范围。需要指出的是，一般选择效果功能理论的理论基础是对选择概念的一般

---

① 参见 Garson, Justin, "Selected Effects and Causal Role Functions in the Brain: The Case for an Etiological Approach to Neuroscience", *Biology & Philosophy*, 2011, Vol. 26, No. 4, p. 554; Garson, Justin, "Function, Selection, and Construction in the Brain", *Synthese*, 2012, Vol. 189, No. 3, pp. 467–468。

② 参见 Garson, Justin, "Function, Selection, and Construction in the Brain", *Synthese*, 2012, Vol. 189, No. 3, p. 468。

③ 参见 Garson, Justin, "Selected Effects and Causal Role Functions in the Brain: The Case for an Etiological Approach to Neuroscience", *Biology & Philosophy*, 2011, Vol. 26, No. 4, p. 554; Garson, Justin, "Function, Selection, and Construction in the Brain", *Synthese*, 2012, Vol. 189, No. 3, p. 468。

化处理。除了神经选择，加森还讨论了抗体选择、试错选择等选择过程。[①]
概括地说，与神经选择的作用机制相似，适用于免疫学的抗体选择是指生物
个体由于暴露在相关的抗原中，从而使得一些抗体比其他抗体在血液中具有
更高的繁殖可能性，于是这类抗体具有了对抗相应抗原的新功能。同理，试
错选择等学习类型因其导致了具有差别维系特征的行为而被称为选择过程。
例如，迷宫中的白鼠在尝试了不同的路线之后，找到了出口并获得了食物。
此后，当被置于同样的迷宫中时，该白鼠的活动路线会逐渐固定下来，更快
找到出口并获得食物。在这个例子中，白鼠对不同路线的选择符合加森的选
择概念，因为有些路线相比于其他路线更有可能更快地找到出口并获得食
物，所以这些路线具有了差别维系特征。需要指出的是，并不是所有学习类
型都符合加森的选择概念。例如，小孩模仿大人握手的行为是学习行为，但
不是选择过程。因此，通过对选择概念的一般化处理，加森修正了上述选择
效果功能理论，提出了一般选择效果功能理论：一个性状的功能即其作用效
果，该作用效果历史地有助于该性状在其生物种群中具有差别繁殖特征或差
别维系特征。

二 一般选择效果功能理论的测试案例

为了检验一般选择效果功能理论在神经科学中的适用性，加森引入了神
经科学中的三个测试案例：案例1——杏仁核的功能是产生恐惧反应（Fear
responses）；案例2——视皮层中视觉文字形成区域（The visual word form ar-
ea）的功能是促使相关个体具备识别英文拼写规则的能力；案例3——俄罗
斯方块玩家因玩俄罗斯方块而加厚的大脑区域BA22的功能是提升玩家的多

① 参见 Garson, Justin, "Selected Effects and Causal Role Functions in the Brain: The Case for an Etio-logical Approach to Neuroscience", *Biology & Philosophy*, 2011, Vol. 26, No. 4, p. 555; Garson, Justin, *A Critical Overview of Biological Functions*, Springer International Publishing, 2016, p. 57; Garson, Justin, "How to be a Function Pluralist", *The British Journal for the Philosophy of Science*, 2018, Vol, 69, No. 4, p. 1113; Garson, Justin, "A Generalized Selected Effects Theory of Function", *Philosophy of Science*, 2017, Vol. 84, No. 3, pp. 531 – 532; Garson, Justin, *What Biological Functions Are and Why They Matter*, Cambridge University Press, 2019, pp. 69 – 77。

模式整合能力（Multimodal integration capacities）。[①] 针对这三个测试案例，学者们通常认为因果作用功能理论要比选择效果功能理论更具解释力，这是因为除了案例 1、2 和案例 3 中的功能均是生物个体后天习得的新进化功能，我们无法判定它们是否有助于生物个体的生存或繁殖。[②] 加森承认因果作用功能理论能够解释三个测试案例，但他也证明了一般选择效果功能理论同样能够为这三个测试案例提供合理解释。

在案例 1 中，杏仁核的功能是产生恐惧反应，即调节恐惧。对此，因果作用功能理论专注于杏仁核功能的两个不同方面，解释杏仁核的功能。一方面，它将杏仁核分解为若干组成部分和活动过程。另一方面，在调节相关个体情绪活动这一情境下，它把不同部分和相应的活动过程整合起来，对杏仁核的功能进行解释。[③] 确切地说，根据因果作用功能理论，对于调节恐惧这一能力来说，杏仁核主要负责识别恐惧刺激并触发适当的生理反应。需要注意的是，如果研究者专注于杏仁核的另外一种作用，因果作用功能理论将给出一种截然不同的功能描述。例如，在对同情这一情绪的作用中，杏仁核似乎在理解他人面部表情时，发挥着关键作用。[④] 如此一来，因果作用功能理论对杏仁核的功能是调节恐惧的解释是情境式的，这就使得因果作用功能理论无法揭示杏仁核的功能究竟是什么。因此，因果作用功能理论对杏仁核功能的解释是带有缺憾的。与因果作用功能理论的解释机制不同，选择效果功能理论通过引入杏仁核的进化历史，同样能够解释杏仁核的功能。[⑤] 加森认为，根据选择效果功能理论，那些具有体验一定程度恐惧能力的人类先祖比当时那些不具有此种能力或具有体验重度恐惧能力的人类具有更高的适合度。据此，杏仁核这一大脑组织因在过去发挥了调节恐惧的作用而受到了选

---

① 参见 Garson, Justin, "Selected Effects and Causal Role Functions in the Brain: The Case for an Etiological Approach to Neuroscience", *Biology & Philosophy*, 2011, Vol. 26, No. 4, pp. 550 – 552。

② 参见 Garson, Justin, "Selected Effects and Causal Role Functions in the Brain: The Case for an Etiological Approach to Neuroscience", *Biology & Philosophy*, 2011, Vol. 26, No. 4, p. 550。

③ 参见 Garson, Justin, "Selected Effects and Causal Role Functions in the Brain: The Case for an Etiological Approach to Neuroscience", *Biology & Philosophy*, 2011, Vol. 26, No. 4, p. 551。

④ 参见 Garson, Justin, "Selected Effects and Causal Role Functions in the Brain: The Case for an Etiological Approach to Neuroscience", *Biology & Philosophy*, 2011, Vol. 26, No. 4, p. 551。

⑤ 参见 Garson, Justin, "Selected Effects and Causal Role Functions in the Brain: The Case for an Etiological Approach to Neuroscience", *Biology & Philosophy*, 2011, Vol. 26, No. 4, p. 550。

择，杏仁核因此具有了调节恐惧的功能，该功能解释了杏仁核为何会存在。在这种情况下，功能失灵的杏仁核依然能够得到解释，这是因为杏仁核的功能是由其选择历史而非当前特性所决定的。考虑到一般选择效果功能理论是选择效果功能理论的修正版，根据推理原则，一般选择效果功能理论同样能够解释案例1。反过来说，案例1支持了一般选择效果功能理论，只不过其理论形式依然是经典的选择效果功能理论。

在案例2中，当前神经成像研究表明，视皮层中视觉文字形成区域具有促使相关个体具备识别英文拼写规则（阅读）的能力。由于英语出现的时间并不长，自然选择不可能为分析视觉文字形成一个新的大脑区域。因此，识别英文文字（英文文字符合英文拼写规则）的能力显然是人类个体后天习得的新进化功能。除此之外，关于阅读能力增强了人类个体的适合度这一说法也是存在争议的。研究表明，教育成就往往与较低的生育率有关。[1] 在这种情况下，选择效果功能理论无法解释人脑视觉文字形成区域的功能。与之相对，因果作用功能理论能够根据其解释机制，实现对人脑视觉文字形成区域功能的解释。根据因果作用功能理论，研究者首先会专注于人脑视觉文字形成区域所具有的、促使相关个体获得阅读英文文字和理解英文文字的能力，然后会检验人脑视觉文字形成区域对这些能力的作用，从而形成解释。[2] 问题在于，因果作用功能理论仍然要面临无法解释人脑视觉文字形成区域的功能究竟是什么这一诘问。对此，加森指出，通过引入神经选择，一般选择效果功能理论可以实现对案例2的解释。[3] 根据神经选择，人脑视觉文字形成区域之所以具有上述功能是因为神经选择作用于相应突触或神经元的结果。具体而言，在人脑发育初期存在大量原初突触或神经元，但随着人脑的发育，这些原初突触或原初神经元由于受激活频率不同而受到了选择，结果是那些受激活频率高的突触或神经元被保留下来，另外一些受激活频率

---

① 参见 Garson, Justin, "Selected Effects and Causal Role Functions in the Brain: The Case for an Etiological Approach to Neuroscience", *Biology & Philosophy*, 2011, Vol. 26, No. 4, p. 551。

② 参见 Garson, Justin, "Selected Effects and Causal Role Functions in the Brain: The Case for an Etiological Approach to Neuroscience", *Biology & Philosophy*, 2011, Vol. 26, No. 4, p. 552。

③ 参见 Garson, Justin, "Selected Effects and Causal Role Functions in the Brain: The Case for an Etiological Approach to Neuroscience", *Biology & Philosophy*, 2011, Vol. 26, No. 4, p. 556。

低或未受激活的突触或神经元则凋亡了。于是，那些受激活频率高的突触或神经元被固定下来，成为与特定大脑功能相对应的大脑区域。换句话说，这些大脑区域具有了相应的大脑功能。据此，对应于人脑视觉文字形成区域的大脑功能便是促使相关个体具备识别英文拼写规则（阅读）的能力。认知神经科学家布拉德利·施拉格（Bradley L. Schlaggar）和布鲁斯·莫坎勒斯（Bruce D. McCandliss）对人类阅读能力的研究支持了这一点①，他们根据与尚高和丹钦突触选择相一致的作用机制，描述了人脑视觉文字形成区域的功能专门化现象②。研究发现，随着阅读能力的成熟，包括视觉文字形成区域在内的大脑区域得以固定下来，这一固定过程符合神经选择。这是因为调节阅读能力最有效的大脑回路（Brain circuitry）具有差别强化（Differentially reinforced）特征，相比之下，其他大脑回路则被有差别地弱化了或者是剔除了。③ 因此，一般选择效果功能理论能够解释案例 2，案例 2 支持了一般选择效果功能理论。

在案例 3 中，俄罗斯方块玩家因玩俄罗斯方块而加厚的大脑区域 BA22 的功能是提升玩家的多模式整合能力④，该功能和案例 2 中的功能一样都是新进化功能，我们同样无法判定它是否有助于生物个体的适合度。基于此，案例 3 无法根据选择效果功能理论进行解释。与之相对，因果作用功能理论可以解释案例 3。根据因果作用功能理论，研究者首先专注于与俄罗斯方块玩家赢得游戏有关的能力有哪些，继而通过系统分析法分析这些能力是如何产生出来的，从而实现对玩家加厚的大脑区域 BA22 的功能解释。但是，因果作用功能理论所具有的、依赖于研究者的研究兴趣判定所讨论性状的功能这一理论特征决定了它无法揭示玩家加厚的大脑区域 BA22 的功能究竟是什

① 参见 Schlaggar, Bradley L. & McCandliss, Bruce D., "Development of Neural Systems for Reading", *Annu. Rev. Neurosci*, 2007, Vol. 30, pp. 475 – 503。

② 参见 Garson, Justin, "Selected Effects and Causal Role Functions in the Brain: The Case for an Etiological Approach to Neuroscience", *Biology & Philosophy*, 2011, Vol. 26, No. 4, p. 556。

③ 参见 Garson, Justin, "Selected Effects and Causal Role Functions in the Brain: The Case for an Etiological Approach to Neuroscience", *Biology & Philosophy*, 2011, Vol. 26, No. 4, p. 556。

④ 2009 年新墨西哥大学的研究者研究了玩俄罗斯方块对大脑的影响。研究者发现，经常玩俄罗斯方块的人们，他们的某一大脑区域的皮质厚度有了明显增加，尤其是与多感官信息整合相关的 BA22 这一大脑区域。研究者认为，加厚的大脑区域 BA22 具有提升玩家多模式整合能力的功能，该功能有助于玩家赢得游戏（Haier et al., 2009; Garson, 2011, p. 552）。

么。对此，加森指出，虽然没有直接证据表明俄罗斯方块玩家加厚的大脑区域 BA22 的功能是由神经选择产生的，但多巴胺介导（Dopamine-mediated）的奖励学习作用表明该功能的某些组成部分可能是由神经选择产生的。[①] 根据神经学家沃弗拉姆·舒尔茨（Wolfram Schultz）（1998）对多巴胺富集的腹侧被盖区（Ventral tegmental area）和脑内合成多巴胺的主要核团黑质（Substantia nigra）中多巴胺神经元如何介导操作性条件反射（Operant conditioning）模型的研究，对某些突触的激活会导致一个行为的发生。[②] 据此，俄罗斯方块玩家在游戏中的行为决定可以看作由相应大脑区域中突触的激活所引起的，那些成功的行为决定触发了玩家脑中腹侧被盖区和黑质中多巴胺的激活，它们释放出多巴胺、给玩家带来了愉悦的感觉体验。反过来，这些多巴胺的释放强化了相关的突触联结以及由相关突触联结所导致的行为决定。在这种情况下，根据一般选择效果功能理论，相关突触联结便具有了产生上述行为的功能。[③] 因此，一般选择效果功能理论能够解释案例 3，案例 3 支持了一般选择效果功能理论。进言之，根据一般选择效果功能理论，我们可以解释神经科学中大脑新功能的产生。

综上所述，一般选择效果功能理论能够解释神经科学中的三个测试案例。对于案例 1——杏仁核的功能而言，一般选择效果功能理论采纳了经典的选择效果功能理论进行解释。对于案例 2 和案例 3——视皮层中视觉文字形成区域的功能和 BA22 的功能而言，一般选择效果功能理论依托于神经选择，发挥了解释力。需要注意的是，在对这三个测试案例的解释过程中，一般选择效果功能理论具有因果作用功能理论所不具备的解释优势，即它可以明确回应因果作用功能理论所不能回应的、某一部分的功能究竟是什么这一问题，它的依据是选择过程。进而，该选择过程的多样性决定了一般选择效果功能理论的解释范围不再受限于进化生物学，而是扩展到神经科学、免疫

---

① 参见 Garson, Justin, "Selected Effects and Causal Role Functions in the Brain: The Case for an Etiological Approach to Neuroscience", *Biology & Philosophy*, 2011, Vol. 26, No. 4, p. 556。

② 参见 Garson, Justin, "Selected Effects and Causal Role Functions in the Brain: The Case for an Etiological Approach to Neuroscience", *Biology & Philosophy*, 2011, Vol. 26, No. 4, p. 556; Schultz, Wolfram, "Predictive reward signal of dopamine neurons", *Journal of Neurophysiology*, Ariew, Vol. 1, No. 80, p. 15。

③ 参见 Garson, Justin, "Selected Effects and Causal Role Functions in the Brain: The Case for an Etiological Approach to Neuroscience", *Biology & Philosophy*, 2011, Vol. 26, No. 4, pp. 556 – 557。

学等实验生物学学科。据此，一般选择效果功能理论实现了对选择效果功能理论的发展。

三　一般选择效果功能理论与其他相似理论的博弈

在加森之前，哲学家威廉姆·威姆萨特（William C. Wimsatt，1972）、密立根（1984/1989）、哲学家大卫·帕皮诺（David Papineau，1987/1993/1995）等学者曾尝试对与功能相关的选择概念进行一般化处理。通过讨论这些理论形式，加森揭示了一般选择效果功能理论的理论特点。

其中，威姆萨特认为，"关于选择过程的操作并不是生物学的独特现象，它是它所发生的目的论和目的活动（Purposeful activity）的核心"[1]。但是，考虑到非生物学意义上的反例，威姆萨特并没有把选择过程作为其功能定义的必要条件。在威姆萨特看来，如果将选择过程纳入对功能的界定中，就会出现诸如星体（Stars）具有功能这种反直觉的判断。之所以如此是因为威姆萨特的选择过程并不限于能够繁殖的事物，它还能导致一个系统中不能繁殖事物的、有差别地强化（Differential reinforcement）。[2] 据此，如果将选择过程纳入对功能的界定中，不能繁殖的星体因具有不同的存活率而具有了功能。[3] 然而，事实情况是，星体间之所以会出现有的星体存活时间长、有的星体存活时间短这种现象是因为它们各自经历的阶段不一样。当我们以同一时间段作为参照单位时，必然会出现有的星体比其他星体存活时间长的结论。但是，这并不是选择的产物，选择的作用对象应该是处于同一个种群中的成员们。在威姆萨特看来，符合其选择过程界定的是所有解决问题的行

① 参见 Wimsatt, William C., "Teleology and the Logical Structure of Function Statements", *Stud. Hist. Phil. Sci*, 1972, Vol. 3, p. 13; Garson, Justin, "Selected Effects and Causal Role Functions in the Brain: The Case for an Etiological Approach to Neuroscience", *Biology & Philosophy*, 2011, Vol. 26, No. 4, p. 559; Garson, Justin, "Function, Selection, and Construction in the Brain", *Synthese*, 2012, Vol. 189, No. 3, p. 456。

② 参见 Garson, Justin, "Selected Effects and Causal Role Functions in the Brain: The Case for an Etiological Approach to Neuroscience", *Biology & Philosophy*, 2011, Vol. 26, No. 4, p. 559。

③ 参见 Wimsatt, William C., "Teleology and the Logical Structure of Function Statements", *Stud. Hist. Phil. Sci*, 1972, 3, p. 16; Garson, Justin, "Selected Effects and Causal Role Functions in the Brain: The Case for an Etiological Approach to Neuroscience", *Biology & Philosophy*, 2011, Vol. 26, No. 4, p. 559; Garson, Justin, "Function, Selection, and Construction in the Brain", *Synthese*, 2012, Vol. 189, No. 3, p. 456。

为，这类行为是选择过程的结果，相应的选择过程涉及盲目变异（Blind variation）（在探索可能的解决路径时产生的）和选择性保留（Selective retention）（维持有效果的解决路径）。① 与之相比，加森认为，一般选择效果功能理论和威姆萨特的功能讨论之间存在着两个主要差别。其一，威姆萨特并没有将功能限定在生物系统的组成部分上，但加森的一般选择效果功能理论所讨论的就是生物功能。其二，威姆萨特并没有把选择过程作为其功能定义的组成部分，但加森将选择过程作为一般选择效果功能理论中功能定义的核心。② 因此，与威姆萨特的功能理论相比，一般选择效果功能理论的特点在于它将选择概念纳入了其对生物功能的界定中。

威姆萨特之后，如前所述，密立根同样对选择概念进行了一般化处理③，并根据该选择概念来界定恰当功能。在密立根看来，能够赋予功能的选择过程不仅包括进化语境下的自然选择，也包括一些学习类型，如操作性条件反射。④ 在她看来，在一个个体所拥有的全部行为类型中，那些带来奖励的行为类型要比那些没有带来奖励的行为类型更容易再现并因此具有差别繁殖特征（Differentially replicated）。⑤ 值得一提的是，密立根的恰当功能讨论是基于她对繁殖确立的家族的界定而提出的，这使得相关的讨论对象必须具有繁殖特征。据此，神经选择并未被纳入密立根所讨论的选择类型中，这是因为突触、神经元、神经元群体等是在生物个体发育过程中出现的、自身不繁殖的神经选择作用对象。从这一点上看，密立根似乎不能对大脑新功能的出现进行直接解释。实际上，根据密立根的恰当功能理论，衍生恰当功能能够解释大脑新功能的出现。如前所述，衍生恰当功能来自直接恰当功能，它是直接恰当功能的功能表现，通常用于解释新出现的生物功能现象。回到

① 参见 Garson, Justin, "Selected Effects and Causal Role Functions in the Brain: The Case for an Etiological Approach to Neuroscience", *Biology & Philosophy*, 2011, Vol. 26, No. 4, p. 559。

② 参见 Garson, Justin, "Selected Effects and Causal Role Functions in the Brain: The Case for an Etiological Approach to Neuroscience", *Biology & Philosophy*, 2011, Vol. 26, No. 4, p. 559。

③ 这一论述与密立根的恰当功能理论并不矛盾。

④ 参见 Millikan, Ruth Garrett, *Language, Thought, and Other Biological Categories: New Foundations for Realism*, MIT press, 1984, pp. 27-28; Millikan, Ruth Garrett, "In Defense of Proper Functions", *Philosophy of Science*, 1989a, Vol. 56, No. 2, p. 289。

⑤ 参见 Garson, Justin, "Function, Selection, and Construction in the Brain", *Synthese*, 2012, Vol. 189, No. 3, p. 457。

神经选择的相关案例中，视皮层中视觉文字形成区域的功能可以看作衍生恰当功能，该衍生恰当功能从属于相关个体视觉文字形成区域，相关个体视觉文字形成区域的产生是相关个体所在高阶繁殖确立家族的一种直接恰当功能。但是，关于相关个体所在高阶繁殖确立家族是什么这一点很难判定。对此，加森认为，一般选择效果功能理论比密立根的恰当功能理论更简洁，它可以根据不同选择过程，对不同生物科学研究领域内的新功能现象进行直接解释。① 如上所述，这种直接解释或涉及具有繁殖特征的讨论对象的差别繁殖特征，或涉及不具有繁殖特征的讨论对象的差别维系特征。这里，差别繁殖特征和差别维系特征分别体现了一般选择效果功能理论与选择效果功能理论的继承和发展。

帕皮诺的观点与威姆萨特和密立根接近。② 他同样试图超越自然选择的限制，将一些足以产生功能的学习类型纳入选择过程中。③ 但是，他并没有将繁殖作为所讨论对象拥有功能的一个必要条件，这一点使得他的观点得以与密立根的恰当功能理论有所区分，更接近于威姆萨特的功能说。帕皮诺的主要问题在于他对信念（Belief）领域的说明。在他看来，信念形成的神经机制因信念的确立而受到了选择。④ 也就是说，信念的确立是相关神经机制的功能。但是，帕皮诺并未将神经选择与其他自我延续（Self-perpetuating）或自我扩增（Self-amplifying）的神经过程区分开，之所以如此是因为他并未对因其效果而具有维系特征的突触和因其效果，相比于其他突触而具有差别维系特征的突触这两种不同的表述进行区分。⑤ 对这种区分的忽视不仅直接导致了帕皮诺无法将神经选择视作一种独特的、功能赋予的选择过程，而且

---

① 参见 Garson, Justin, "Function, Selection, and Construction in the Brain", *Synthese*, 2012, Vol. 189, No. 3, p. 458。

② 参见 Papineau, David, *Reality and Representation*, Blackwell, 1987, pp. 65 – 67。

③ 参见 Garson, Justin, "Selected Effects and Causal Role Functions in the Brain: The Case for an Etiological Approach to Neuroscience", *Biology & Philosophy*, 2011, Vol. 26, No. 4, p. 560; Garson, Justin, "Function, Selection, and Construction in the Brain", *Synthese*, 2012, Vol. 189, No. 3, p. 459。

④ 参见 Papineau, David, *Philosophical Naturalism*, Blackwell, 1993, p. 78; Garson, Justin, "Function, Selection, and Construction in the Brain", *Synthese*, 2012, Vol. 189, No. 3, p. 459。

⑤ 参见 Garson, Justin, "Function, Selection, and Construction in the Brain", *Synthese*, 2012, Vol. 189, No. 3, p. 459。

使得他的功能理论在解释大脑新功能时显得空洞无物①，之所以会出现这种情况是因为说明神经选择在所有神经结构形成机制中的位置十分重要。与之相比，加森指出，维系和差别维系之间的区分可以在神经选择和神经建构的区分中看到，神经建构能够扩展和强化已存在且受到频繁使用的突触，由此使得相关突触具有维系特征。但是，由于神经建构并不涉及同一种群内突触间的竞争，它并不会赋予相关突触差别维系特征。② 因此，与帕皮诺的功能说相比，加森的一般选择效果功能理论更加清晰。

由此可见，通过与威姆萨特、密立根、帕皮诺等学者的观点进行比较，加森的一般选择效果功能理论具有以下特点：其一，一般选择效果功能理论的讨论范围是生物功能；其二，一般选择效果功能理论既讨论了具有繁殖特征的事物也讨论了不具有繁殖特征的事物；其三，一般选择效果功能理论既讨论了发生在进化时间范畴上的进化功能也讨论了发生在生物个体发育时间范畴上的、诸如大脑新功能等生物新功能。据此，一般选择效果功能理论具有了这些相似理论所不具有的包容性和解释力。

第三节　生物功能多元论的范式转换?
——从学科间多元论到学科内多元论

如上所述，过去四十年间，生物功能理论研究以选择效果功能理论（The Selected Effects Theory of Function）和因果作用功能理论（The Causal Role Theory of Function）为蓝本，提出了选择功能和因果作用功能两种功能概念，试图为自然界中普遍存在的生物功能现象提供解释，进而尝试为实验生物学研究提供理论工具。其中，选择效果功能理论③强调根据生物性状的

---

① 参见 Garson, Justin, "Function, Selection, and Construction in the Brain", *Synthese*, 2012, Vol. 189, No. 3, p. 459。

② 参见 Garson, Justin, "Selected Effects and Causal Role Functions in the Brain: The Case for an Etiological Approach to Neuroscience", *Biology & Philosophy*, 2011, Vol. 21, No. 4, pp. 558 – 561。

③ 参见 Millikan, Ruth Garrett, *Language, Thought, and Other Biological Categories: New Foundations for Realism*, MIT press, 1984; Millikan, Ruth Garrett, "In Defense of Proper Functions", *Philosophy of Science*, 1989, Vol. 56, No. 2, pp. 288 – 302; Neander, Karen Lee, "Functions as Selected Effects: The Conceptual Analyst's Defense", *Philosophy of Science*, 1991, Vol. 58, No. 2, pp. 168 – 184。

进化历史解释生物性状的功能，并认为解释生物性状的功能相当于解释生物性状为何存在。例如，根据选择效果功能理论，当前脊椎动物心脏的功能之所以是泵血，是因为它满足了以下几个条件：（1）先祖脊椎动物的心脏能够泵血；（2）相比于缺乏心脏泵血能力或心脏泵血能力弱的其他同类生物体，先祖脊椎动物因其心脏的泵血作用而更能满足其生存环境的需要，在这种情况下，先祖脊椎动物的心脏类型受到了自然选择的支持并在基因层面固定下来；（3）因为先祖脊椎动物更能满足其生存环境的需要，先祖脊椎动物比其同类生物体拥有更多的后代；（4）先祖脊椎动物的这些后代继承了其基因，包括具有泵血作用的心脏类型的基因型；（5）在恰当环境（类似于先祖脊椎动物心脏发挥泵血作用的生存环境）中，这一基因型的表现型即当前脊椎动物的心脏，该心脏具有泵血功能。因此，根据选择效果功能理论，生物性状的进化历史决定了生物性状具有什么功能，并且询问当前脊椎动物的心脏具有什么功能等同于询问当前脊椎动物为何拥有心脏。不同于选择效果功能理论，因果作用功能理论[①]主张根据性状作用如何有助于其所在系统的整体能力，界定性状的功能。这里，研究哪一项整体能力由研究者的研究兴趣决定。例如，根据因果作用功能理论，当前脊椎动物心脏的功能是泵血，需要满足以下几个条件：（1）研究者感兴趣的是当前脊椎动物的血液循环能力；（2）当前脊椎动物的血液循环能力对应于其心血管系统；（3）该心血管系统由体循环系统和淋巴循环系统组成，其中，体循环系统由心脏和周身血管两部分组成；（4）心脏的泵血作用与周身血管的运输作用协同作用，保障了体循环系统的正常运行，进而，体循环系统与淋巴循环系统的协同作用保障了上述心血管系统的正常运行；（5）上述心血管系统的正常运行保障了当前脊椎动物血液循环能力的实现。因此，根据因果作用功能理论，相对于心血管系统的血液循环能力，当前脊椎动物心脏的功能是泵血。但是，若研究者感兴趣的是心电图机的工作原理，那么根据同一分析方法，当前脊椎动物心脏的功能是其电活动。由此可见，与选择效果功能理

① 参见 Cummins, Robert, "Functional Analysis", *The Journal of Philosophy*, 1976, Vol. 72, No. 20, pp. 741 – 765; Amundson, Ron & Lauder, George V., "Function Without Purpose", *Biology and Philosophy*, 1994, Vol. 9, No. 4, pp. 443 – 469; Davies, Paul Sheldon, "The Nature of Natural Norms: Why Selected Functions are Systemic Capacity Functions", *Noûs*, 2000, Vol. 34, No. 1, pp. 85 – 107。

论相比，因果作用功能理论既不注重生物性状的进化历史，也无意于解释生物性状为何存在，它强调的是生物性状如何作用于其所在系统的整体能力。

学科间多元论（Between-discipline Pluralism）是对选择效果功能理论所支持的选择功能概念和因果作用功能理论所支持的因果作用功能概念之间关系的一种解读，它由加森命名并与加森所提出的学科内多元论（Within-discipline Pluralism）共同构成了生物功能多元论的重要理论形式。[①] 笔者将学科间多元论与学科内多元论之间的转换称为生物功能多元论的范式转换，学科间多元论和学科内多元论分别代表了生物功能多元论的旧新范式。就具体内容而言，学科间多元论的核心论点来自戈弗雷-史密斯、阿蒙森和劳德以及格里菲斯等学者，它强调基于选择效果功能理论和因果作用功能理论的选择功能概念和因果作用功能概念分别回应了关于功能性状为何存在的为什么（Why）式问题和关于功能性状如何发挥作用的怎么样（How）式问题，因而分别适用于进化生物学或涉及进化问题的进化生物学和实验生物学两类生物学学科，两者相互兼容，并行不悖。加森反驳这种论点，认为学科间多元论错误判定了选择功能的适用范畴，因而从根本上不可行。他重新解读了选择效果功能理论中的选择概念，提出了选择效果功能理论的修正版本——一般选择效果功能理论，进而主张以该理论所支持的学科内多元论取代学科间多元论。在他看来，学科内多元论的核心思想是根据一般选择效果功能理论，选择功能同时适用于进化生物学和实验生物学。通过分析一般选择效果功能理论的合理性，本小节试图讨论生物功能多元论范式转换的可行性。

一 生物功能多元论的旧范式：学科间多元论

学科间多元论是生物功能多元论的旧范式，戈弗雷-史密斯、阿蒙森和劳德以及格里菲斯等学者对学科间多元论的论证分两步进行。

第一步论证由戈弗雷-史密斯作出，它的核心论点是选择功能和因果功

[①] 参见 Garson, Justin, "How to be a Function Pluralist", *The British Journal for the Philosophy of Science*, 2018, Vol. 69, No. 4, pp. 1101 – 1122; Garson, Justin, *A Critical Overview of Biological Functions*, Springer International Publishing, 2016, pp. 90 – 94。

能分别适用于进化生物学和实验生物学。戈弗雷 – 史密斯根据赖特式功能（Wright Functions）和柯明斯式功能（Cummins Functions）在问题形式和解释策略的差异，提出了两者分别适用于行为生态学和生理学两类生物学学科的观点。这里，赖特式功能和柯明斯式功能分别等同于选择功能和因果作用功能[①]，行为生态学和生理学则分别代表了进化生物学和实验生物学[②]。确切地说，在戈弗雷 – 史密斯看来，赖特式功能概念依托于赖特功能理论的修正版本——密立根的选择效果功能理论而提出[③]，因而该概念在本质上等同于选择功能概念。如上所述，根据赖特的功能理论，X 的功能是 Z 的条件是：（1）X 存在，因为 X 做 Z；（2）Z 是 X 存在的一个结果。[④] 在戈弗雷 – 史密斯看来，赖特的这一功能理论遭遇了自由主义的反驳。例如，按照赖特的功能定义，溪流中小石头的存在是因为它支撑了大石头，而支撑大石头解释了小石头为什么在那里，于是该小石头具有支撑大石头的功能[⑤]，但这显然是反事实的。密立根对赖特功能理论中的实体进行了限定，她认为该实体之所以具有功能是由于该实体的进化历史，借此，她修正了赖特的功能理论，保留了赖特功能理论的历史视角并规避了该理论所遭遇的自由主义反驳。因此，赖特式功能概念就是选择功能概念。此外，不同于赖特式功能概念所蕴含的理论变迁，柯明斯式功能概念是因果作用功能概念的别称，原因在于柯明斯式功能概念植根于上一部分所谈及的因果作用功能理论。进而，在戈弗雷 – 史密斯看来，由于赖特式功能概念和柯明斯式功能概念在问题形式和解释策略上大相径庭，因而两者分别适用于行为生态学和生理学这两类彼此独立的生物学学科。这里，行为生态学和生理学都是

---

① 参见 Godfrey-Smith, Peter, "Functions: Consensus without Unity", *Pacific Philosophical Quarterly*, 1993, Vol. 74, No. 3, pp. 198。

② 参见 Godfrey-Smith, Peter, "Functions: Consensus without Unity", *Pacific Philosophical Quarterly*, 1993, Vol. 74, No. 3, pp. 200 – 201。

③ 参见 Godfrey-Smith, Peter, "Functions: Consensus without Unity", *Pacific Philosophical Quarterly*, 1993, Vol. 74, No. 3, p. 6。

④ 参见 Wright, L., "Functions", In Sober, Elliott (ed.), *Conceptual Issues in Evolutionary Biology*, MIT Press, 1994, p. 42。

⑤ 参见 Godfrey-Smith, Peter, "Functions: Consensus without Unity", *Pacific Philosophical Quarterly*, 1993, Vol. 74, No. 3, p. 4; Boorse, Christopher, "Wright on Functions", *The Philosophical Review*, 1976, Vol. 1, No. 85, pp. 70 – 86。

广义上的生物学学科①，它们分别对应于进化生物学和实验生物学。

为了支持这一论点，戈弗雷-史密斯批评了以基切尔为代表的功能统一论。基切尔认为，由人类意志或者自然选择所产生的设计（Design）可以统一所有功能理论，所有功能理论或与设计直接相关，或与设计间接相关。②其中，与设计直接相关的功能理论以选择效果功能理论为代表，该理论所依据的自然选择历史保证了它与设计直接相关。与设计间接相关的功能理论以因果作用功能理论为代表，该理论虽然强调某一性状的功能是它对其所在系统整体能力的贡献，但由于该性状所在系统是设计的产物③，因而该理论与设计间接相关。戈弗雷-史密斯通过质疑因果作用功能理论与设计间接相关的必然性，反驳了基切尔的功能统一论。他指出，除了自然选择，由随机突变或限制所产生的生物性状同样具有因果功能，它们均与设计无关。例如，在自然界中，蛾子所拥有的翅膀类型往往能够发挥伪装作用，从而有助于蛾子避开捕食鸟的攻击。在这种情况下，我们往往会设想拥有最出众翅膀类型的蛾子会因为被捕食鸟看到的概率最低而具备选择优势，从而成为它们所在区域内唯一幸存的蛾子类型。但实际上，由于种种偶然因素，这种情况从未在现实中发生过，我们总是会在同一个区域内看到拥有不同翅膀类型的蛾子。在猎食情况特别严重的地区，迫于环境压力，蛾子的翅膀类型会发生突变，并且由突变产生的某些翅膀类型因具有更好的伪装作用而具有了保护其持有者避开捕食鸟攻击的功能，该功能是因果作用功能，它与设计无关。同样地，在种群生物学家理查德·莱文斯（Richard Levins）的果蝇实验④中，果蝇由于自身结构限制而产生的新陈代谢特性具有调节体型大小的因果作用功能，这使得果蝇能够通过平衡新陈代谢与环境需求而在特定环境中生存下

① 参见 Godfrey-Smith, Peter, "Functions: Consensus without Unity", *Pacific Philosophical Quarterly*, 1993, Vol. 74, No. 3, pp. 6–7。

② 参见 Godfrey-Smith, Peter, "Functions: Consensus without Unity", *Pacific Philosophical Quarterly*, 1993, Vol. 74, No. 3, pp. 201–202; Kitcher, Philip, "Function and Design", *Midwest Studies in Philosophy*, 1993, Vol. 18, No. 1, pp. 390–391。

③ 参见 Godfrey-Smith, Peter, "Functions: Consensus without Unity", *Pacific Philosophical Quarterly*, 1993, Vol. 74, No. 3, p. 201。

④ 参见 Godfrey-Smith, Peter, "Functions: Consensus without Unity", *Pacific Philosophical Quarterly*, 1993, Vol. 74, No. 3, pp. 202–204。

来。例如，在干热的环境中，为避免脱水，果蝇体型都偏大，翅膀偏小。但是，该因果作用功能与设计无关，拥有它的果蝇之所以能够应对环境需求并生存下来完全是由于偶然。若换一个环境，果蝇是否能够生存下来，尚未可知。因此，戈弗雷－史密斯认为，具有因果作用功能的生物性状可以是随机突变或者限制的产物，由此推翻了因果作用功能理论与设计间接相关的必然性。他进一步指出，即便因果作用功能理论与设计有关，基切尔的功能统一论也是有问题的。这是因为，系统组成部分对系统整体能力的贡献决定了它的功能，这一点与系统是否由设计产生无关。需要注意的是，戈弗雷－史密斯所论及的生物性状和生物性状所在的生物系统从属于两个层面，通过说明生物性状的产生机制可以是随机突变或者限制，质疑因果作用功能理论所强调的生物系统是设计的产物这一观点并不具有说服力。即便如此，戈弗雷－史密斯所倡导的关于生物功能的学科间多元论思想依然具有重要的启发意义。通过生物功能的学科间多元论思想，他说明了不同领域中功能现象的独特性、不可兼容性，这种独特性和不可兼容性决定了并不存在一个统一的功能概念。正是这一思想为随后的生物功能研究开辟了新的可能性，研究者们不再拘泥于对已有生物功能理论之间关系的讨论，而是尝试从新的维度出发分析生物功能。

在戈弗雷－史密斯之后，阿蒙森和劳德、格里菲斯[1]分别发展了学科间多元论，完成了对学科间多元论的第二步论证，该论证的核心论点是选择功能和因果作用功能分别适用于进化生物学或涉及进化问题的进化生物学和实验生物学两类生物学学科。格里菲斯并未对此观点进行直接论证，而是通过讨论生物性状的分类依据以及关于实验生物学中包括非正常类别在内的类别（abnormality inclusive categories）[2]的解释，否定了选择功能及选择效果功能理论在实验生物学中的存在价值，间接支持了此观点。

---

[1]　鉴于阿蒙森和劳德与格里菲斯的观点接近，在学科间多元论的第二步论证中，本书主要讨论格里菲斯的论证。

[2]　参见 Griffiths, Paul, E., "Function, Homology, and Character Individuation", *Philosophy of Science*, 2006, Vol. 73, No. 1, p. 18; Neander, Karen, *Types of Traits: The Importance of Functional Homologues*, Ariew, André, Cummins, Robert & Perlman, Mark, eds., *Functions: New Essays in the Philosophy of Psychology and Biology*, Oxford University Press, 2002, p. 392。

　　在关于生物性状分类依据的讨论中，密立根、尼安德等学者认为，选择功能是生物性状分类的主要依据①，而生物性状的确立是实验生物学研究得以进行的前提。因此，关于实验生物学中功能现象的分析至少在隐含意义上运用了选择功能，选择功能及选择效果功能理论在实验生物学中不可或缺。为了反驳这一观点，格里菲斯批评了尼安德所主张的生物性状复合分类标准，即依据同源为主、选择功能为辅的复合标准对生物性状进行分类，进而强调生物性状的分类依据是同源，无关其他。根据尼安德的论证，系统发育树可看作一条连续的信息分支流②，依据同源划分生物性状就是依据生物性状所携带的遗传信息是否来自同一个祖先，将它们置于该信息分支流上的不同位点，从而形成较高层次的、在功能上有差异的同源性状，例如，某些哺乳动物的内耳骨、某些爬行动物的下颚骨、某些鱼的鳃弓等③。尼安德进一步指出，这些较高层次的同源性状可衍生出相应的性状转化序列，依据选择功能能够区分在这些性状转化序列中凸显出来的诸多生物性状。反过来说，正是由于某些生物性状发挥了受到自然选择支持的新功能，它们才能够在其所在的性状转化序列中凸显出来。因此，尼安德所支持的生物性状分类依据是以同源为主、选择功能为辅的复合标准。对此，格里菲斯批评道，生物性状间并不存在尼安德所预设的连续性特征，它们之所以同源是因为它们是同一个先前性状的不同变体或者从属于同一个发育过程。此外，生物学实践证明，生物体的组成部分之所以会有现在的区分并不是因为它们的功能，而是因为它们的解剖结构。④ 格里菲斯进一步指出，生物性状分类的依据是同

　　① 参见 Millikan, Ruth Garrett, "In Defense of Proper Functions", *Philosophy of Science*, 1989a, Vol. 56, No. 2, p. 295; Neander, Karen, *Types of Traits: The Importance of Functional Homologues*, Ariew, André, Cummins, Robert & Perlman, Mark, eds., *Functions: New Essays in the Philosophy of Psychology and Biology*, Oxford University Press, 2002, p. 391。

　　② 参见 Neander, Karen, *Types of Traits: The Importance of Functional Homologues*, Ariew, André, Cummins, Robert & Perlman, Mark, eds., *Functions: New Essays in the Philosophy of Psychology and Biology*, Oxford University Press, 2002, p. 403。

　　③ 参见 Amundson, Ron & Lauder, George V., "Function Without Purpose", *Biology and Philosophy*, 1994, Vol. 9, No. 4, pp. 455; Neander, Karen, *Types of Traits: The Importance of Functional Homologues*, Ariew, André, Cummins, Robert & Perlman, Mark, eds., *Functions: New Essays in the Philosophy of Psychology and Biology*, Oxford University Press, 2002, p. 398。

　　④ 参见 Griffiths, Paul, E., "Function, Homology, and Character Individuation", *Philosophy of Science*, 2006, Vol. 73, No. 1, p. 15。

源。依据同源，所有生物性状都可归入同一个具有层级特征的进化分支图
（Cladogram）① 中，该分支图中的不同节点代表了不同性状。例如，欧洲家
燕的翅膀与火烈鸟的翅膀同源，因为两者都是鸟类翅膀的不同变体。鸟类翅
膀与蜥蜴的前肢同源，因为两者都是四足动物前肢的变体。四足动物的前肢
与肉鳍鱼的胸鳍同源，因为两者都是肉鳍鱼类胸前成对附属物的变体。如
此，同源作为一个认识论原则，它允许生物学家们以一种有原则的方式，对
看起来十分不同的生物性状进行统一概括。② 进而，通过区分类别同源
（Taxic homology）和发育同源（Developmental homology）③，格里菲斯分别回
应了不同生物体在性状上的同源和代际更替中子代与亲代在性状上出现的相
似性、同一生物体内的系列同源（Serial homology）现象，如脊柱上的不同
脊椎间、节肢动物的不同节肢间都具有系列同源关系。④ 因此，格里菲斯认
为，生物性状分类可依据同源实现，无须考虑选择功能。

此外，格里菲斯否认了尼安德对实验生物学中包括非正常类别在内的类
别的解释，从而进一步否认了选择功能及选择效果功能理论在实验生物学中
的存在价值。尼安德认为，实验生物学中的生物类别既包括正常的生物类别
也包括非正常的生物类别，因而是包括非正常类别在内的类别。⑤ 例如，正
常心脏和病变心脏都属于心脏这一包括非正常类别在内的类别。这是因为，
病变心脏虽然实际上无法泵血，但它和正常心脏一样，都拥有泵血的选择功
能，该选择功能由心脏以往的选择历史来保证。同理，尼安德认为，实验生
物学中的非正常生物类别在本质上是历史范畴，它由选择功能来界定，选择

① 参见 Griffiths, Paul, E., "Function, Homology, and Character Individuation", *Philosophy of Science*, 2006, Vol. 73, No. 1, pp. 5 – 8。

② 参见 Griffiths, Paul, E., "Function, Homology, and Character Individuation", *Philosophy of Science*, 2006, Vol. 73, No. 1, pp. 5 – 6。

③ 参见 Griffiths, Paul, E., "Function, Homology, and Character Individuation", *Philosophy of Science*, 2006, Vol. 73, No. 1, pp. 9 – 11。

④ 参见 Griffiths, Paul, E., "Function, Homology, and Character Individuation", *Philosophy of Science*, 2006, Vol. 73, No. 1, p. 10。

⑤ 参见 Neander, Karen, *Types of Traits: The Importance of Functional Homologues*, Ariew, André, Cummins, Robert & Perlman, Mark, eds., *Functions: New Essays in the Philosophy of Psychology and Biology*, Oxford University Press, 2002, pp. 392 – 393。

功能及选择效果功能理论在实验生物学中不可或缺。格里菲斯反驳道，只要非正常的生物类别与正常的生物类别一样来自同一个正常的祖先，那么非正常的生物类别即与正常的生物类别同源，两者均由同源界定，无须考虑选择功能。此外，非正常的生物类别也不必然是历史性的，它可以是发育过程中的意外情况导致的。[1] 因此，尼安德的这一论证也不成立。

据此，格里菲斯否认了选择功能及选择效果功能理论在实验生物学中的存在价值。他认为，实验生物学中所采纳的功能概念是因果作用功能。但是，他也承认，当实验生物学涉及进化问题时，它所采纳的功能概念是选择功能。[2] 换句话说，格里菲斯强调了选择功能和因果作用功能分别适用于进化生物学或涉及进化问题的实验生物学和实验生物学两类生物学学科这一学科间多元论思想。对此，加森认为，如果该学科间多元论是正确的，那么通过判定研究者所研究的生物学学科，便可推出研究者所采纳的功能概念是什么。[3] 但是，在他看来，该学科间多元论是错误的，这是因为该观点植根于狭义的选择效果功能理论。[4]

二 生物功能多元论的新范式：学科内多元论

如前所述，加森指出，选择效果功能理论中所涉及的选择概念并不限于自然选择，通过对选择概念进行一般化处理，选择效果功能理论可扩展为一般选择效果功能理论。基于一般选择效果功能理论，加森推翻了学科间多元论，代之以生物功能多元论的新范式——学科内多元论。根据学科内多元论，任一生物学分支学科都可采纳多种功能概念[5]，依据是其中所涉及的问

---

[1] 参见 Griffiths, Paul, E., "Function, Homology, and Character Individuation", *Philosophy of Science*, 2006, Vol. 73, No. 1, p. 18。

[2] 参见 Griffiths, Paul, E., "Function, Homology, and Character Individuation", *Philosophy of Science*, 2006, Vol. 73, No. 1, p. 3。

[3] 参见 Garson, Justin, "How to be a Function Pluralist", *The British Journal for the Philosophy of Science*, 2018, Vol. 69, No. 4, p. 1113。

[4] 参见 Garson, Justin, "How to be a Function Pluralist", *The British Journal for the Philosophy of Science*, 2018, Vol. 69, No. 4, p. 1114。

[5] 参见 Garson, Justin, "How to be a Function Pluralist", *The British Journal for the Philosophy of Science*, 2018, Vol. 69, No. 4, p. 1101。

题形式是为什么式问题还是怎么样式问题①。

在加森看来，上述选择效果功能理论中的选择概念并不受限于自然选择，它还包括神经选择、抗体选择、试错选择等多种选择过程②，这些选择过程的共同点在于：它们能够类比于自然选择，使得同一生物种群中的一些实体因其自身特点而比其他实体具有更高的繁殖可能性或更高的生存可能性。但与自然选择不同的是，这些选择形式大多发生在生物个体的发育过程中，且适用于不同的研究领域。譬如，适用于神经科学的神经选择是在生物个体的发育过程中，发生在突触、神经元甚至神经元群体等不同神经层次之上的选择现象③，它在人脑视觉文字形成区域、杏仁核等多种神经结构及其功能的形成中发挥着重要作用。根据神经选择，人脑视觉文字形成区域和杏仁核的功能分别是人类的阅读能力和调节恐惧能力④，它们之所以具有这样的功能是因为神经选择作用于相应突触或神经元的结果。与神经选择的作用机制相似，适用于免疫学的抗体选择是指生物个体由于暴露在相关的抗原中，从而使得一些抗体比其他抗体在血液中具有更高的繁殖可能性，于是这类抗体具有了对抗相应抗原的新功能。同理，试错选择等学习类型因其导致了具有差别维系特征的行为而被称为选择过程。例如，迷宫中的白鼠在尝试了不同的路线之后，找到了出口并获得了食物。此后，当被置于同样的迷宫中时，该白鼠的活动路线会逐渐固定下来，更快找到出口并获得食物。在这

① 参见 Garson, Justin, "How to be a Function Pluralist", *The British Journal for the Philosophy of Science*, 2018, Vol. 69, No. 4, p. 1117。

② 参见 Garson, Justin, "Selected Effects and Causal Role Functions in the Brain: The Case for an Etiological Approach to Neuroscience", *Biology & Philosophy*, 2011, Vol. 26, No. 4, pp. 553 – 555; Garson, Justin, "Function, Selection, and Construction in the Brain", *Synthese*, 2012, Vol. 189, No. 3, pp. 65 – 77; Garson, Justin, *A Critical Overview of Biological Functions*, Springer International Publishing, 2016, pp. 56 – 58; Garson, Justin, "How to be a Function Pluralist", *The British Journal for the Philosophy of Science*, 2018, Vol. 69, No. 4, pp. 1111 – 1117; Garson, Justin, "A Generalized Selected Effects Theory of Function", *Philosophy of Science*, 2017, Vol. 84, No. 3, pp. 529 – 531。

③ 参见 Garson, Justin, "Selected Effects and Causal Role Functions in the Brain: The Case for an Etiological Approach to Neuroscience", *Biology & Philosophy*, 2011, Vol. 26, No. 4, p. 553; Garson, Justin, "How to be a Function Pluralist", *The British Journal for the Philosophy of Science*, 2018, Vol. 69, No. 4, p. 1114。

④ 参见 Garson, Justin, "Selected Effects and Causal Role Functions in the Brain: The Case for an Etiological Approach to Neuroscience", *Biology & Philosophy*, 2011, Vol. 26, No. 4, pp. 550 – 551。

个例子中，白鼠对不同路线的选择符合加森的选择概念，因为有些路线相比于其他路线更有可能更快地找到出口并获得食物，所以这些路线具有了差别维系特征。需要指出的是，并不是所有学习类型都符合加森的选择概念。例如，小孩模仿大人握手的行为是学习行为，不是选择过程。因此，通过对选择概念的一般化处理，加森修正了上述选择效果功能理论，提出了一般选择效果功能理论：一个性状的功能即其作用效果，该作用效果历史地有助于该性状在其生物种群中具有差别繁殖特征或差别维系特征。① 其中，该性状的差别繁殖特征或差别维系特征是选择的结果。

如前所述，加森认为，由于上述选择效果功能理论预设了自然选择是自然界中唯一一种能够赋予生物性状功能的选择过程②，所以它只能解释具有差别繁殖特征的生物性状功能现象而无法解释具有差别维系特征的生物性状功能现象。于是，它的适用范畴只能受限于进化生物学或涉及进化问题的实验生物学。但是，根据一般选择效果功能理论，自然选择、神经选择、抗体选择、试错选择等均是能够赋予相关实体功能的选择过程，它们分别适用于进化生物学或涉及进化问题的实验生物学、神经科学、免疫学、动物行为学等不同研究领域。相应地，一般选择效果功能理论的适用范畴也适用于这些研究领域。根据推理原则，我们甚至可以说，基于一般选择概念，选择功能的适用范畴自进化生物学或涉及进化问题的实验生物学扩展到了生物学的所有分支领域，前提是这些分支领域所探讨的是为什么式问题。如果生物学分支领域探讨的是怎么样式问题，那么因果作用功能便适用。这一思想即加森所倡导的学科内多元论。因此，加森通过重新解读选择效果功能理论中的选择概念，提出了一般选择效果功能理论，最终引入了学科间多元论的替代范

---

① 参见 Garson, Justin, "Selected Effects and Causal Role Functions in the Brain: The Case for an Etiological Approach to Neuroscience", *Biology & Philosophy*, 2011, Vol. 26, No. 4, p. 555; Garson, Justin, "Function, Selection, and Construction in the Brain", *Synthese*, 2012, Vol. 189, No. 3, pp. 459 – 460; Garson, Justin, *A Critical Overview of Biological Functions*, Springer International Publishing, 2016, p. 58; Garson, Justin, "A Generalized Selected Effects Theory of Function", *Philosophy of Science*, 2017b, Vol. 84, No. 3, p. 534; Garson, Justin, "What Biological Functions Are and Why They Matter, *Cambridge University Press*, 2019, p. 93。

② 参见 Garson, Justin, "Function, Selection, and Construction in the Brain", *Synthese*, 2012, Vol. 189, No. 3, p. 452。

式——学科内多元论。

三 生物功能多元论范式转换的可行性分析

如上所述，加森意义上生物功能多元论范式转换成立的基石是一般选择效果功能理论。也就是说，一般选择效果功能理论是否成立直接决定了生物功能多元论的范式转换是否可行。通过考察一般选择效果功能理论，我认为，一般选择效果功能理论所支持的学科内多元论不成立，加森意义上的范式转换不可行，原因如下：（1）一般选择效果功能理论的理论基础不扎实；（2）即便假定一般选择效果功能理论成立，它也不是一个成功的功能理论。

首先，一般选择效果功能理论的理论基础在于加森对选择概念的一般化处理。问题在于，加森虽然指出了选择概念的一般性并讨论了包括神经选择、抗体选择、试错选择等多种选择过程，但没有说明如何对选择概念进行一般化处理。这种处理方法的缺失带来了一系列解释漏洞，例如，如何理解在生物个体发育层面、拥有差别维系特征的实体？在生物个体发育层面发挥作用的神经选择等选择过程如何拥有与在进化时间范畴上发挥作用的自然选择一样的解释力？在没有进化历史的条件下，如何解释发生在生物个体发育层面上的功能事项的存在？又如何解释功能失灵？等等。对于这些解释漏洞，加森均未给予合理的解释。因此，一般选择效果功能理论本身的合理性存疑。

退一步来讲，即便假设一般选择效果功能理论成立，它也不符合成为之前所讨论的、一个成功功能理论的标准。一般来说，解释性维度和规范性维度是评价一个功能理论是否成功的两个标准。① 其中，解释性维度是指功能理论须言之有物，发挥解释作用。规范性维度是指功能理论作为一个评判功能事项是否发挥恰当功能的规范，能够将恰当功能与偶然（accidental）功能区分开、能够解释功能失灵（malfunction）等功能现象。这里，偶然功能是指某一事项所具有的、偶然有益于其自身的作用效果，功能失灵是指不能

---

① 参见 Garson, Justin, *A Critical Overview of Biological Functions*, Springer International Publishing, 2016, pp. 1 – 7; Lewens, Tim, "Functions", In Matthen, Mohan & Stephens, Christopher (eds.), *Philosophy of Biology*, Elsevier, 2007, pp. 530 – 531。

发挥其应有功能的功能现象。过去几十年间，选择效果功能理论被公认为是符合这两个标准的、唯一合理的功能理论。根据该理论，在解释性维度上，解释生物性状的功能相当于解释生物性状为何存在。在规范性维度上，由于生物性状的选择功能由它以往的选择历史来决定，选择效果功能理论便确立了评判功能事项是否发挥恰当功能的规范。根据该规范，在某一性状的所有作用效果中，那些由选择历史决定的作用效果是恰当功能，其余的是偶然功能。功能失灵则是未实际发挥恰当功能但依然具有发挥恰当功能能力的功能现象。加森指出，根据推理原则，由于一般选择效果功能理论是选择效果功能理论的扩展版，因此它也是成功的功能理论。[①] 但是，本研究认为，一般选择效果功能理论并不成功。如果它与选择效果功能理论完全一致，那么它是一个成功但空洞的功能理论。如果它试图对神经生物学、免疫学等实验生物学中的功能现象进行解释，那么它不符合成功功能理论所要满足的上述两个标准。这是因为实验生物学中所适用的上述选择过程均发生在生物个体发育层面，并不涉及选择历史。那么，由选择历史所保证的解释性和规范性自然不复存在。因此，一般选择效果功能理论是不成功的，以该理论为基础的学科内多元论也不成立。那么，究竟是否存在生物功能多元论的范式转换呢？我们认为，至少在加森的语境中，答案是否定的。

尽管如此，我们认为，学科内多元论的论点应予保留，它根据生物学学科中的问题形式，判定所适用功能概念的做法解锁了功能概念与生物学学科之间的特定关联，允许我们对生物功能理论本身进行分析。需要指出的是，在上述讨论中，学科间多元论所依托的选择功能和因果作用功能的区分与前面卢恩斯依据模型区分不同生物功能理论的做法相一致。卢恩斯认为，任何生物功能理论或来源于人造物模型（the artefact model of organic function），或来源于主体模型[②]（the agent model of organic function）[③]。其中，人造物模型看重生物体与人造物之间的相似性，它主张将有机体组成部分的功能类比

---

① 参见 Garson, Justin, "A Generalized Selected Effects Theory of Function", *Philosophy of Science*, 2017b, Vol. 84, No. 3, pp. 525 – 541。

② 采用赵斌的译法（卢恩斯著，赵斌译，2013, p. 637）。

③ 参见 Lewens, Tim, "Functions", In Matthen, Mohan & Stephens, Christopher (eds.), *Philosophy of Biology*, Elsevier, 2007, pp. 526 – 530。

于人造物组成部分的功能进行解释。确切地说，如同设计历史是人造物及其组成部分功能的原因一样，外在于有机体的动因——选择历史决定了有机体还有其组成部分的功能，有机体的组成部分可直接描述为具有功能的组成部分。因此，选择功能符合人造物模型。相比之下，主体模型看重生物体与人造物之间的差异性，它主张将有机体组成部分的功能类比于实现主体目标的工具。确切地说，如同主体的内在动因所产生的目标指导了主体的行为一样，内在于有机体的发育（development）或其内在组织指导了有机体还有其组成部分的功能。据此，因果作用功能符合主体模型。由此可见，选择功能和因果作用功能的差异是根本性的，该根本性差异的源头在人类自身的认识框架中。

第 十 二 章

进化生物学中的生物功能解释与生物适应

在上一章中，通过讨论生物功能溯因解释的新综合，本研究引入了功能溯因解释的两种综合理论形式——弱溯因理论和一般选择效果功能理论，它们的不同点在于前者侧重于历史，后者强调了选择。其中，弱溯因理论弱化了自然选择在生物功能解释中所发挥的作用。确切地说，弱溯因理论否认了自然选择在关于生物性状的功能解释中发挥着作用，它仅仅保留了自然选择在生物性状所在生物体层面的解释效力，即弱溯因理论中柯明斯功能分析所涉及的系统是自然选择所支持的适应性系统。进而，通过强调所讨论性状的可遗传性特征，弱溯因理论维持了自身的历史分析立场并从根本上与柯明斯的功能分析区分开。不同于弱溯因理论，一般选择效果功能理论通过对选择概念的一般化处理，强化了选择在生物功能解释中所发挥的作用。考虑到一般选择效果功能理论中的神经选择是在生物个体发育过程中出现的选择现象，一般选择效果功能理论至少没有像选择效果功能理论那样直接论及选择历史。因此，弱溯因理论和一般选择效果功能理论各有侧重，不同的侧重点致使它们实现了不同类型的综合。

那么，本章为什么要基于一般选择效果功能理论讨论选择功能与生物适应之间的关系呢？有三个原因。其一，选择在功能溯因解释中发挥着至关重要的作用。回到赖特的功能溯因理论，选择是赖特功能定义成立的隐含条件。其二，即便在弱溯因理论中，选择也因选择历史在柯明斯功能分析中的不可或缺而发挥着重要作用。对此，心灵哲学家安德烈·罗索勒姆·圣安娜（André Rosolem Sant'Anna）指出，柯明斯功能分析的有效性需要考虑到该功能分析所适用的系统类型有哪些，而该功能分析所适用的系统类型是参照相关背景条件而言的。正是考虑到背景条件，柯明斯的功能分析离不开选择历史。① 具体而言，在人工功能中，冰箱之所以能够发挥冷冻的功能，前提是它匹配电压 220V、气温比较高、制造冰箱的材质存在等背景条件。反过来说，在这些背景条件下，设计者通过人工选择的方式，即不断地尝试、改进，设计出了能够发挥冷冻功能的载体——冰箱。因此，冰箱的人工选择历史决定了冰箱能够发挥冷冻的功能。同理，在生物功能中，人体心脏之所以能够发挥泵血功能是因为人体心脏的自然选择历史决定了人体心脏是匹配发挥泵血功能的最佳载体。因此，柯明斯功能分析所适用的系统类型并不是任意的，它需要考虑柯明斯功能分析成立的背景条件。出于对该背景条件的满足，柯明斯功能分析需要选择历史。② 除此之外，由于弱溯因理论不承认选择在生物功能解释中发挥着作用，它无法回应某一性状获得其功能的准确时间，进而无法区分恰当功能与偶然功能。不同于弱溯因理论，强溯因理论根据选择可以决定某一性状何时拥有恰当功能，恰当功能之外的其他性状作用就是偶然功能。其三，一般选择效果功能理论对选择效果功能理论的发展是基于对选择的一般化处理实现的，这种一般化处理虽然粗糙，但它与功能溯因解释所倡导的历史分析之间的关系依然有迹可循。

基于此，通过指出一般选择效果功能理论所面临的非历史解释困境，本研究旨在修正一般选择效果功能理论，进而为讨论进化生物学中的生物功能与生物适应之间的关系奠定理论基础。在第一节"一般选择效果功能理论的困境及其修正"中，一般选择效果功能理论所面临的非历史解释困境将得到揭示。其后，本研究引入了两个修正方案并采纳了方案二，提出了新关系性生物功能理论。由于新关系性生物功能理论符合功能解释性维度和功能规范性维度，它是恰当的功能理论。在第二节"进化生物学中的生物适应"中，本文区分了进化适应、适应性、扩展适应和适应主义，强调了进化适应的历

---

① 参见 Sant' Anna, André Rosolem, "The Role of Selection in Functional Explanations", *Manuscrito*, 2014, Vol. 37, No. 2, pp. 241–243。

② 这里，圣安娜的论证类似于尼安德对选择功能是生物性状分类依据的支持，两者的不同点在于前者通过引入背景条件，强调了选择在生物功能解释中的重要性，后者则直接点明了选择功能因是生物性状分类的标准而在隐含意义上成为因果作用功能成立的前提。

史性特征。在第三节"进化生物学中的生物功能解释与进化适应"中，进化生物学中生物功能解释的成熟解释形式——强溯因理论中的生物功能与进化适应构成了等同关系，其综合理论形式——新关系性生物功能理论中的生物功能与进化适应构成了半等同关系。基于此，我们可以说关于进化生物学中生物功能解释的讨论与生物适应是密切相关的，关于进化生物学中生物功能现象的分析是对进化适应的具体化分析。

第一节　一般选择效果功能理论的困境及其修正

一　一般选择效果功能理论的困境

如前所述，一般选择效果功能理论挑战了选择效果功能理论的理论预设——自然选择是自然界中唯一一种能够赋予生物性状功能的选择过程，提出了凡是能够产生差别繁殖特征或差别维系特征的选择过程都能够赋予生物性状功能[1]，由此实现了对选择概念的一般化处理。其中，能够产生差别繁殖特征的选择过程以自然选择为代表，能够产生差别维系特征的选择过程以神经选择为代表。进而，以自然选择为作用机制的选择功能和以神经选择为作用机制的选择功能分别体现了一般选择效果功能理论对选择效果功能理论的继承和发展。因此，一般选择效果功能理论的创新点和关键点均在于其差别维系特征。换句话说，一般选择效果功能理论中的差别维系特征直接决定了该理论对选择概念的一般化处理是否成立，而该理论对选择概念的一般化处理是否成立直接决定了一般选择效果功能理论对选择效果功能理论的发展是否可行。那么，一般选择效果功能理论中的差别维系特征是什么？如何理解具有差别维系特征的实体的选择功能呢？

为了说明差别维系特征是什么，加森分别引入了生物哲学家贾斯汀·金斯伯里（Justine Kingsbury）（2008）的岩石案例和进化生态学家弗雷德里克·布沙德（Frédéric Bouchard）（2004/2008/2011）的颤杨（Quaking asp-

---

[1]　参见 Garson, Justin, "Function, Selection, and Construction in the Brain", *Synthese*, 2012, Vol. 189, No. 3, p. 452。

en）案例，这两个案例或挑战了或接近于一般选择效果功能理论。[①] 根据金斯伯里的岩石案例，假设沙滩上的一堆岩石在硬度上不同，这种硬度上的不同会导致它们具有不同的差别维系特征。一段时间之后，由于受到风、海水等外力的侵蚀，其中一些岩石变成了沙土，另外一些岩石却"存活"了下来，它们之所以能够"存活"下来是因为它们比其他岩石硬。在这种情况下，按照一般选择效果功能理论，这些"存活"下来的岩石具有差别维系特征。[②] 如果岩石案例成立，那么一般选择效果功能理论便面临着违背事实的指责。对此，加森指出，由于岩石案例中的岩石堆并不能看作一个生物种群，其中"存活"下来的岩石自然不具有差别维系特征。[③] 在这种情况下，通过重新摆放岩石，使得岩石之间层层排列、互相摩擦，我们可以说重新摆放的岩石堆完全可以看起来像一个种群，其中一些岩石的维系会影响到相邻岩石的维系。进而，由于该岩石堆中岩石的硬度不同，硬度高的岩石便具有了差别维系特征。相应地，岩石硬度的功能是在岩石受到风、海水等外力侵蚀的时候，使岩石"存活"下来。这样一来，一般选择效果功能理论仍然面临着岩石案例的反事实反驳。对此，加森提出了反对意见。在他看来，岩石案例并不会影响到一般选择效果功能理论，这是因为一般选择效果功能理论将功能讨论限定在了生物系统的组成部分上。[④] 也就是说，一般选择效果功能理论只讨论生物系统组成部分的功能。因此，岩石案例虽然揭示了差别维系特征是按照持续时间来衡量的，但它本身并不是一般选择效果功能理论的反例。

---

① 其中，金斯伯里的岩石案例通常被看作对一般选择效果功能理论的挑战，布沙德的颤杨案例则被加森看作在精神气质上与一般选择效果功能理论最接近的案例（Garson 2016，p. 59；Garson 2017b，p. 534）。

② 参见 Kingsbury, Justine, "Learning and Selection", *Biology & Philosophy*, 2008, Vol. 23, No. 4, p. 496；Garson, Justin, *A Critical Overview of Biological Functions*, Springer International Publishing, 2016, p. 60；Garson, Justin, "Selected Effects and Causal Role Functions in the Brain: The Case for an Etiological Approach to Neuroscience", *Biology & Philosophy*, 2011, Vol. 26, No. 4, p. 558。

③ 参见 Garson, Justin, *A Critical Overview of Biological Functions*, Springer International Publishing, 2016, p. 60。

④ 参见 Garson, Justin, "Selected Effects and Causal Role Functions in the Brain: The Case for an Etiological Approach to Neuroscience", *Biology & Philosophy*, 2011, Vol. 26, No. 4, pp. 557 – 558；Garson, Justin, "Function, Selection, and Construction in the Brain", *Synthese*, 2012, Vol. 189, No. 3, pp. 461 – 462。

与金斯伯里的岩石案例不同，在颤杨案例中，布沙德主张运用适合度中的生存（即这里的维系）而非繁殖来解释美国犹他州鱼湖国家森林公园（Fishlake National Forest）中颤杨①的进化，由此支持了某一种系随着时间的维系（Persistence Through Time of a lineage, PTT）的观点。考虑到维系的重要性，本文将这一观点简称为适合度的维系观。按照适合度的维系观，区别于繁殖在有性繁殖生物体进化中的解释作用，生存（或维系）更适于解释无性繁殖生物体（Clonal organisms）、群居生物体（Colonial organisms）、共生群落（Symbiotic communities）以及生态系统（Ecosystems）等其他生物系统的进化。② 在颤杨案例中，美国犹他州的整片颤杨林看起来与通常意义上的森林没有区别，但它实际上是一棵巨大的无性系树（Clonal tree），它所包含的每一棵树都是它的分枝，这些分枝是从同一个根系中生长出来的，它们在功能上相互关联。因此，美国犹他州的这整片颤杨林可以看作一个由不可分割的若干组成部分所构成的整体系统。需要注意的是，颤杨系统既可以进行有性繁殖，也可以进行无性繁殖。按照生物学家杰弗瑞·米顿（Jeffry B. Milton）和格兰特的说法，颤杨系统的有性繁殖是通过产生种子实现的，但由于大多数种子会因为缺水、不恰当的光照而在发芽前死去，颤杨有性繁殖的实际成功率很低。③ 在这种情况下，颤杨系统的维系主要依靠无性繁殖实现。无性繁殖的作用机制是分株（Suckering），分株发生于颤杨系统的无性生长过程中，它借助于根蘖（Runners or suckers），即能够钻出地面的母分枝根系，产生了钻出地面的新分枝，实现了对新环境的占领，从而为整个颤杨系统输送新的营养物质。不仅如此，分株使得颤杨系统能够最大化地利用土地，拥有高于有性繁殖的繁殖成功率，这是因为新分枝所拥有的营养物质

---

① 迈克·格兰特（Michael C. Grant）（1993）将美国犹他州的颤杨林称作潘多（Pando），其拉丁含义是我传播（I spread），强调了该颤杨林是一个拥有庞大地下根系的生物个体。

② 参见 Bouchard, Frédéric, "Causal Processes, Fitness, and the Differential Persistence of Lineages", *Philosophy of Science*, 2008, Vol. 75, No. 5, p. 562; Bouchard, Frédéric, "Darwinism Without Populations: A More Inclusive Understanding of the 'Survival of the Fittest'", *Studies in History and Philosophy of Science Part C: Studies in History and Philosophy of Biological and Biomedical Sciences*, 2011, Vol. 42, No. 1, p. 106。

③ 参见 Mitton, Jeffry B. & Grant, Michael C., "Genetic Variation and the Natural History of Quaking Aspen", *Bioscience*, 1996, Vol. 46, No. 1, p. 26; Bouchard, Frédéric, "Causal Processes, Fitness, and the Differential Persistence of Lineages", *Philosophy of Science*, 2008, Vol. 75, No. 5, p. 563。

是从母分枝那里直接输送过来的，而种子所拥有的营养物质仅限于自身。进一步往回溯，新分枝因物理限制和发育限制而继承了靠近其母分枝的空间位置，该空间位置的获得决定了新分枝所具有的表现型与其母分枝的表现型最为相似，也使得新分枝具有了较高的生存可能性。① 在这个意义上，我们甚至可以说颤杨系统的内在压力使得它减少了对有性繁殖的使用。② 因此，颤杨系统可以看作无性繁殖的代表。那么，如何理解颤杨系统的维系呢？布沙德认为，在颤杨系统的生长过程中，当面临新的选择环境时，颤杨系统的维系是通过颤杨分枝之间的竞争实现的。确切地说，对于颤杨系统而言，新的选择环境意味着新的选择压力，它决定了只有更适合新选择环境的分枝根孽才能够扎根、存活下来。这样一来，更适合新选择环境中的颤杨分枝便具有了差别繁殖特征，具有差别繁殖特征的颤杨分枝则因新分枝能够向相应颤杨系统输送新的营养物质而增强了相应颤杨系统的生存能力，从而有助于相应颤杨系统的维系。进言之，假设某一地区存在无性繁殖颤杨系统和有性繁殖颤杨系统，那么无性繁殖颤杨系统势必会因为自身的不断生长而占据生存优势、具有差别维系特征，该差别维系特征是在个体生长层面而非进化时间范畴上的差别维系特征。③ 因此，在颤杨案例中，颤杨系统的维系是作为一个生物个体的颤杨系统随着时间推移的持续生长，颤杨系统的差别维系特征是自然选择作用于不同颤杨系统的结果。

按照布沙德的功能分析，颤杨系统组成部分——颤杨分枝的功能就是相应颤杨分枝有助于它所在颤杨系统获得差别维系特征的倾向性，该颤杨系统的差别维系特征决定了该颤杨分枝的功能在本质上是一种前视路径④（For-

---

① 参见 Bouchard, Frédéric, "Causal Processes, Fitness, and the Differential Persistence of Lineages", *Philosophy of Science*, 2008, Vol. 75, No. 5, pp. 565 – 566。

② 参见 Bouchard, Frédéric, "Causal Processes, Fitness, and the Differential Persistence of Lineages", *Philosophy of Science*, 2008, Vol. 75, No. 5, p. 564。

③ 参见 Bouchard, Frédéric, "Darwinism Without Populations: A More Inclusive Understanding of the 'Survival of the Fittest'", *Studies in History and Philosophy of Science Part C: Studies in History and Philosophy of Biological and Biomedical Sciences*, 2011, Vol. 42, No. 1, p. 112。

④ 毕格罗和帕盖特（1987）是前视功能解释的主要支持者，他们的前视功能解释是相对于选择效果功能理论提出的，选择效果功能理论因诉诸过去的选择历史而是一种后视功能理论。相比之下，前视功能解释强调了一个性状的功能在于它增强它所在生物体生存的倾向性。这一观点与布沙德的观点相近，但布沙德的理论更具体。

ward-looking approach），因为差别维系特征是由未来而非过去历史决定的。[①]
这一点使得布沙德的功能分析从根本上不同于加森的一般选择效果功能理
论，因为一般选择效果功能理论始终遵循着历史分析路径。[②] 不仅如此，布
沙德功能分析的作用机制是自然选择，选择单位是整体系统，选择结果是其
中一些整体系统具有差别维系特征。不同于布沙德的功能分析，一般选择效
果功能理论的作用机制是一般化的选择过程，选择单位是同一种群内的实
体，选择结果是同一种群内的一些实体具有差别维系特征。因此，两种功能
分析虽然均将差别维系特征看作各自功能讨论中的功能赋予依据，但是它们
的共识仅在于差别维系特征本身。

　　那么，如何看待一般选择效果功能理论中的差别维系特征以及相关的选
择功能呢？如前所述，根据一般选择效果功能理论，一个性状的功能即其作
用效果，该作用效果历史地有助于该性状在其生物种群中具有差别繁殖特征
或差别维系特征。[③] 据此，差别繁殖特征和差别维系特征的产生均是一个性
状获得其功能的充分条件，它们分别是同一生物种群中某些占据选择优势的
繁殖实体和同一生物种群中某些占据选择优势的非繁殖实体（只能维系和生
长）在经历相应选择过程之后所具有的特征。其中，差别繁殖特征所涉及的
选择过程是自然选择，相应的选择功能是同一生物种群中占据选择优势的繁
殖实体为占据选择优势而进行的活动或发挥的作用效果，它保证了一般选择
效果功能理论对选择效果功能理论的继承。差别维系特征所涉及的选择过程
是神经选择、试错学习等其他选择过程，相应的选择功能是同一生物种群中

　　① 参见 Huneman, Philippe, ed., *Functions: Selection and Mechanisms*, Springer, 2013, pp. 83 – 94。
　　② 参见 Garson, Justin, *A Critical Overview of Biological Functions*, Springer International Publishing, 2016, p. 59; Garson, Justin, "A Generalized Selected Effects Theory of Function", *Philosophy of Science*, 2017, Vol. 84, No. 3, pp. 534 – 535。
　　③ 参见 Garson, Justin, "Selected Effects and Causal Role Functions in the Brain: The Case for an Etiological Approach to Neuroscience", *Biology & Philosophy*, 2011, Vol. 26, No. 4, p. 555; Garson, Justin, "Function, Selection, and Construction in the Brain", *Synthese*, 2012, Vol. 189, No. 3, pp. 459 – 460; Garson, Justin, *A Critical Overview of Biological Functions*, Springer International Publishing, 2016, p. 58; Garson, Justin, "A Generalized Selected Effects Theory of Function", *Philosophy of Science*, 2017, Vol. 84, No. 3, p. 534; Garson, Justin, "What Biological Functions Are and Why They Matter", *Cambridge University Press*, 2019, p. 93。

占据选择优势的非繁殖实体为占据选择优势而进行的活动或发挥的作用效果，它们体现了一般选择效果功能理论对选择效果功能理论的发展。因此，一般选择效果功能理论中差别维系特征是同一生物种群中占据选择优势的非繁殖实体获得生物功能的充分条件，这与它是不是自然选择的充分条件无关。[1] 进而，由于同一生物种群中非繁殖实体的非繁殖特征，我们只能在生物个体发育层面看待差别维系特征以及与差别维系特征相关的选择功能。回到突触选择的支持案例中，哺乳动物视皮层中异常眼优势柱的形成表明：在实验人员人为剥夺处于发育初期几个月新生幼猫其中一只眼睛的视觉刺激几周后，该新生幼猫视皮层中的单目驱动细胞因在获得来自另一只眼睛的视觉刺激方面较之大多数双目驱动细胞占据选择优势，这些单目驱动细胞具有了差别维系特征，相应的选择过程是突触选择，相应的选择功能是这些单目驱动细胞为获得视觉刺激而进行的活动。这里，无论是突触选择还是案例中单目驱动细胞的选择功能，它们都发生在该新生幼猫的个体发育层面。考虑到生物个体发育的非历史特征，差别维系特征以及与差别维系特征相关的选择功能也是非历史的，一般选择效果功能理论的历史分析特征受到了挑战。

这样一来，一般选择效果功能理论中的选择功能既包括历史的选择功能（具有差别繁殖特征的实体的选择功能），也包括非历史的选择功能（具有差别维系特征的实体的选择功能），它们分别适用于解释生物界繁殖实体的选择功能现象和非繁殖实体的选择功能现象，两者并行不悖。但问题在于，如果与差别维系特征相对应的非繁殖实体的选择功能是非历史的，那么一般选择效果功能理论便无法真正满足功能的解释性维度和功能的规范性维度这两个标准，继而无法成为一个成功的功能理论。确切地说，由于不涉及选择历史，与差别维系特征相对应的非繁殖实体的选择功能无法解释发生在生物个体发育层面上的功能事项的存在，也无法解释区分恰当功能与偶然功能，无法解释功能失灵现象。为了解决这一难题，通过重构与差别维系特征相对应的非繁殖实体的非历史选择功能，我们在下一部分重新解读了一般选择效

---

① 参见 Garson, Justin, "A Generalized Selected Effects Theory of Function", *Philosophy of Science*, 2017, Vol. 84, No. 3, p. 526。

果功能理论中的选择功能。

二　对一般选择效果功能理论的修正——新关系性生物功能理论

一般选择效果功能理论的问题在于它根据差别维系特征发展了选择效果功能理论的同时，又陷入了选择功能的非历史解释中。那么，如何解决一般选择效果功能理论所面临的非历史解释危机呢？本研究认为，解决方案有两个。方案一，回归密立根的恰当功能分析，拒斥一般选择效果功能理论。方案二，采纳布沙德历史解释和非历史解释兼具的生物功能多元论，修正一般选择效果功能理论。

（一）方案一：拒斥一般选择效果功能理论

具体而言，在方案一中，我们可以将差别维系特征所带来的选择功能的非历史解释看作密立根的衍生恰当功能，以保证差别维系特征所带来的选择功能的历史解释特征，规避一般选择效果功能理论所面临的非历史解释危机。确切地说，如前所述，衍生恰当功能同样解释了生物个体发育层面出现的生物功能现象，它的产生机制是相关高阶繁殖确立的家族的直接恰当功能，如变色龙在具体环境中发挥伪装作用的变色装置是变色龙所在高阶繁殖确立的家族的直接恰当功能。在这种情况下，衍生恰当功能来源于直接恰当功能，直接恰当功能的历史分析视角保证了衍生恰当功能具有隐含的历史性。进而，如果将差别维系特征所带来的选择功能看作衍生恰当功能，那么差别维系特征所带来的选择功能同样具有隐含的历史性，该隐含的历史性消解了一般选择效果功能理论所面临的非历史解释危机。回到一般选择效果功能理论的支持案例中，视皮层中视觉文字形成区域具有促使相关个体具备识别英文拼写规则（阅读）的能力，由于英语出现的时间并不长，自然选择不可能为分析视觉文字形成一个新的大脑区域。因此，识别英文文字（英文文字符合英文拼写规则）的能力显然是人类个体后天习得的新进化功能，这一新进化功能在一般选择效果功能理论中是非历史的选择功能。这里，这一新进化功能可看作衍生恰当功能，它的产生机制与人类语言的进化过程密切相关、具有隐含的历史性。相应地，这一新进化功能具有隐含的历史性，该隐含的历史性消解了一般选择效果功能理论面临的非历史解释危机。但是，消解的代价在于将一般选择效果功能理论完全等同于密立根的恰当功能分析，一般选择效果功能理论失去了存在的必要性。此外，对加森而言，差别维系特征所带来的选择功能是直接恰当功能，它在根本上并不等同于衍生恰当功能。[①] 因此，方案一行不通。

（二）方案二：修正一般选择效果功能理论——布沙德的生物功能多元论

在方案二中，我们可以采纳布沙德（2013）历史解释和非历史解释兼具的生物功能多元论，以此回应一般选择效果功能理论所面临的时间维度不一致的困难[②]，消解该理论面临的非历史解释危机，实现对一般选择效果功能理论的修正。确切地说，我们能够根据历史解释和非历史解释分别回应繁殖生物体的生物功能和非繁殖生物体的生物功能，实现对自然界所有生物进化功能的解释。考虑到布沙德的前视功能分析（即其非历史解释的理论形式）植根于他对自然选择的进化理论的重构中，我们需要引入他对自然选择的进化理论的重构。根据布沙德（2004/2011）的分析，这一重构建立在他对适合度的全新理解上，这种全新理解受启发于生物哲学家范瓦伦（Van valen）（1976）的能量控制进化论，即增加能量控制（Increase in energy control）而非后代数量是自然界中生物进化的衡量标准。考虑到能量进化论面临着如何解释效率（需要减少能量）这类难题，布沙德将增加的维系（Increased persistence）作为生物进化的最终目的，并将增加能量控制和后代数量均看作实现维系（时间）增加的工具，试图重构自然选择的进化理论。[③] 其中，增加的维系可以理解为持续时间（或生存时间）的延长，它表明布沙德重构自然选择的进化理论的关键在于强调时间在生物进化中的重要性。在布沙德看来，维系（或生存）具有真正意义上的一般性，

---

①　参见 Garson, Justin, *What Biological Functions Are and Why They Matter*, Cambridge University Press, 2019, pp. 91 - 92。

②　一般选择效果功能理论所面临的非历史解释难题，究其原因是由该理论内部时间维度不一致所导致的。其中，支持差别繁殖特征的时间维度是进化时间范畴，支持差别维系特征的时间维度是个体发育时间范畴。对于这两个时间范畴而言，即便是新近的进化发育生物学也未曾将它们放在一个层面上加以讨论，而是试图通过补充变异的机制来完善已有的进化理论。因此，一般选择效果功能理论可以看作将处于两种时间范畴上的差别繁殖特征和差别维系特征糅合在了一起，理论本身不自洽。

③　参见 Bouchard, Frédéric, *Evolution, Fitness and the Struggle for Persistence*, Duke University, 2004, pp. 149 - 151。

它完全可以替代繁殖、以种系为进化单位①，成为衡量生物进化的通用标准。因此，布沙德所倡导的自然选择的进化理论的问题形式是如何理解种系的维系，相应的理论形式是前面提到的某一种系随时间的维系理论。那么，布沙德的种系是什么？我们又要如何看待他所提出的某一种系随时间的维系理论呢？

对于第一个问题，布沙德修正了大卫·赫尔（1980）的种系定义，即由于复制（Replication）和交互而在时间进程中发生不确定变化的实体，突出了这一种系概念所蕴含的连续性观念（The idea of succession），但该连续性观念并不等同于严格意义上的代际繁殖而是强调种系本身的时间连续性，这是因为代际繁殖并不是种系存在的必要条件，自然界中还存在着许多非繁殖生物种系（Non-reproducing lineages）。② 通过修正赫尔的种系定义，布沙德的种系是指由于其组成部分的差别维系特征（Differential persistence of their components）而在时间进程中发生不确定变化的任一实体。③ 确切地说，当种系是繁殖生物系统时，相应的种系定义与赫尔的种系定义相同；当种系是非繁殖生物系统时，相应的种系定义完全不同于赫尔的种系定义。在前一种情况中，繁殖种系是指由于其成员的差别繁殖特征而在时间进程中发生变化的种系，其成员的差别繁殖特征保证了繁殖种系的维系。换句话说，繁殖种系的适合度是由持续时间来衡量的，繁殖是繁殖种系维系的一种方式。例如，熊猫种系、袋鼠种系等的维系是由熊猫、袋鼠各自后代的差别繁殖特征来保证的。在后一种情况中，非繁殖种系可以看作一个单独的实体，其组成

①　大多数生物学家和生物哲学家都将种群（Population）作为进化单位，它或由生物个体（某一情境中某一物种的后代们）组成或由等位基因（某一情境中的等位基因）构成，这两种界定均预设了种群是由有明确生理边界、彼此相似的、有血缘关系的、繁殖的生物个体们组成的集合（Bouchard，2011，pp. 110 – 113）。但是，这两种界定均面临着个体性（Individuality）难题，因而无法包含自然界中无性繁殖生物体（如颤杨）、共生生物体等的进化。为了规避个体性难题，布沙德将种系作为进化单位，认为种系的适合度应由持续（或生存）而非繁殖来衡量，突出了种系本身蕴含的时间性和连续性特征。

②　参见 Bouchard, Frédéric, *Evolution, Fitness and the Struggle for Persistence*, Duke University, 2004, pp. 159 – 161。

③　参见 Bouchard, Frédéric, *Evolution, Fitness and the Struggle for Persistence*, Duke University, 2004, p. 161；Bouchard, Frédéric, "Darwinism Without Populations: A More Inclusive Understanding of the 'Survival of the Fittest'", *Studies in History and Philosophy of Science Part C: Studies in History and Philosophy of Biological and Biomedical Sciences*, 2011, Vol. 42, No. 1, p. 113。

部分的差别维系特征解释了它在时间进程中的变化，同时保证了它作为一个整体的维系。例如，颤杨种系的维系主要是由其颤杨分枝间的差别维系特征①而非繁殖来保证的；夏威夷短尾乌贼（Euprymna scolopes）和荧光细菌（Vibrio fischeri）共生体的维系是夏威夷短尾乌贼、荧光细菌以及两者共生结构的差别维系特征来实现的。简单来说，夏威夷短尾乌贼为荧光细菌提供生存所需的营养，荧光细菌触发夏威夷短尾乌贼的发光机制，使得后者不产生阴影以躲过捕食者的追踪。② 由此可见，布沙德的种系定义更具包容性。通过强调时间连续性，它使得我们能够讨论有性繁殖生物体、无性繁殖生物体、群居生物、共生生物甚至生态系统等所有生物系统的进化。需要注意的是，布沙德种系所对应的时间跨度是由研究者的研究兴趣决定的。③ 也就是说，根据研究者感兴趣的时间跨度，同一个实体可能从属于不同的种系。例如，一个人可以同时从属于他/她家族所在的谱系，他/她所在民族的谱系，他/她所在人种的谱系，他/她所在哺乳动物的谱系等。④ 不仅如此，一个人也可以是在某一时间范围内，由细胞们组成的种系，一个群组可以是在某一时间范围内，由生物体们组成的种系⑤，这些种系案例揭示了布沙德种系定义的认识论特征。那么，如何看待布沙德所提出的某一种系随时间的维系理论呢？

---

① 由于颤杨系统是一个单独的生物个体，它的持续只能是通过生长而不是繁殖实现的。在这个语境下，该颤杨系统的组成部分——颤杨分枝间的差别繁殖特征在本质上是差别维系特征，因为所有颤杨分枝共享一个巨大的根系、不存在真正意义上的繁殖。在前面的颤杨案例中，我之所以运用了颤杨分枝间的差别繁殖特征这种表述是为了便于揭示颤杨系统的维系机制。

② 参见 Bouchard, Frédéric, "Darwinism Without Populations: A More Inclusive Understanding of the 'Survival of the Fittest'", *Studies in History and Philosophy of Science Part C: Studies in History and Philosophy of Biological and Biomedical Sciences*, 2011, Vol. 42, No. 1, p. 112。

③ 参见 Bouchard, Frédéric, *Evolution, Fitness and the Struggle for Persistence*, Duke University, 2004, pp. 160 – 161; Bouchard, Frédéric, "Darwinism Without Populations: A More Inclusive Understanding of the 'Survival of the Fittest'", *Studies in History and Philosophy of Science Part C: Studies in History and Philosophy of Biological and Biomedical Sciences*, 2011, Vol. 42, No. 1, p. 113。

④ 参见 Bouchard, Frédéric, *Evolution, Fitness and the Struggle for Persistence*, Duke University, 2004, p. 159。

⑤ 参见 Bouchard, Frédéric, *Evolution, Fitness and the Struggle for Persistence*, Duke University, 2004, p. 162。

　　通过模仿布兰顿的适合度定义①，布沙德将某一种系随时间的维系理论界定为：在一段时间 T 中，如果种系 a 具有长于种系 b 的维系倾向性，那么种系 a 比种系 b 更适合②。这一界定与布兰顿适合度定义的最大区别在于，它将维系而非后代数量作为适合度的衡量标准，尤其强调了时间在适合度界定中的重要性。此外，这一界定悬置了如何理解环境这一问题，它将环境作为种系定义中的一部分，即种系部分地由环境来定义。③ 进而，通过引入适合度的倾向性解释（The propensity view of fitness），这一界定规避了同义反复问题。④ 因此，通过转换衡量标准并批判性地分析已有的适合度定义，某一种系随时间的维系理论可以实现对经典自然选择的进化理论⑤的重构，这一重构使得我们能够解释自然界中有性繁殖生物体、无性繁殖生物体、群居生物、共生生物甚至生态系统等所有生物系统的进化，同时克服适合度的繁殖观所面临的诸多问题⑥，如在环境承载力为 100 个生物体的环境中，产生 150 个后代的生物体不见得比其竞争者占优势，因为自然选择可能会支持产生较少后代却更有效率的生物体。不但如此，根据倾向性解释，适合度的繁殖观所界定的适合度可以由期望获得的后代数量进行计算，但真正执行起来

---

　　① 布兰顿的适合度定义如下：如果在环境 E 中，a 比 b 更有可能生存并繁殖，那么 a 比 b 更适合（Brandon 1990，p. 15）。需要注意的是，布兰顿所采用的术语是 Adaptedness，这一术语与 fitness 可替换使用。

　　② 参见 Bouchard，Frédéric，*Evolution*，*Fitness and the Struggle for Persistence*，Duke University，2004，p. 174；Bouchard，Frédéric，"Darwinism Without Populations：A More Inclusive Understanding of the 'Survival of the Fittest'"，*Studies in History and Philosophy of Science Part C：Studies in History and Philosophy of Biological and Biomedical Sciences*，2011，Vol. 42，No. 1，p. 113。

　　③ 参见 Bouchard，Frédéric，*Evolution*，*Fitness and the Struggle for Persistence*，Duke University，2004，p. 167。

　　④ 同义反复问题的经典表述是适者生存，"'适者生存'说的是，对携带不同基因型或表现型的 A、B 两个生物群体而言，适应度高的群体有更多的生存和繁殖机会，从长远来看能产生更多数量的后代；而人们通常认为，A 和 B 适应度等同于其实际产生的后代数量，这样一来，适应度高的生物群体从定义上就必然产生更多数量的后代"（张鑫、李建会，2017 年，第 8 页）。于是，适者生存便是同义反复的。适合度的倾向性解释将适合度定义为生物群体倾向于产生的后代数量而非实际产生的后代数量，在一定程度上解决了同义反复问题。

　　⑤ 参见 Lewontin，Richard C.，"The Units of Selection"，*Annual Review of Ecology and Systematics*，1970，Vol. 1，No. 1，pp. 1 – 18。

　　⑥ 参见 Bouchard，Frédéric，*Evolution*，*Fitness and the Struggle for Persistence*，Duke University，2004，pp. 170 – 171。

却要求不断地重述自然选择原则。相比之下，在布沙德看来，具有 q + 1 的可能性持续 x 年总是要比具有 q 的可能性持续 x 年更好，它不需要不断地重复使用自然选择原则。进而，在某一种系随时间的维系理论中，种系本身包含了环境，环境在这一理论中便没那么重要了。因此，将维系作为适合度的衡量标准要比将繁殖作为适合度的衡量标准所面临的问题少。在这个意义上，某一种系随时间的维系理论具有合理性。

　　那么，按照某一种系随时间的维系理论，我们是否可以比较不同种系的适合度呢？这涉及该理论对相对维系（Relative persistence）和绝对维系（Absolute persistence）的区分。[①] 其中，相对维系包含两层含义。其一，某一种系随时间的维系理论中涉及种系之间的比较，这种比较决定了该理论的维系具有相对性。其二，根据该理论，在某一时间范围内，种系 a 比种系 b 的维系倾向性高，如在下一个千年里，种系 a 和种系 b 的维系倾向性分别是 0.6 和 0.3。于是，我们可以说相对于下一个千年这一时间范围，种系 a 和种系 b 的维系倾向性可以进行比较。据此，如果换个时间范围（在未来两千年里），种系 a 和种系 b 的维系倾向性必然不是 0.6 和 0.3，这是因为自然界伴随着生物体与环境的交互一直在变化，相关适合度的值也一直在变化。因此，某一种系随时间的维系理论中的相对维系即相对于某一时间范围的维系。那么，什么是绝对维系呢？根据布沙德的分析，绝对维系是指我们可以比较处于不同时期的种系维系倾向性，只要它们所参照的时间范围是确定的就可以了。例如，从公元 10 年到公元 1010 年，种系 A 具有 0.6 的维系可能性，从公元 1000 年到公元 2000 年，种系 B 具有 0.4 的维系可能性，那么种系 A 比种系 B 更适合。[②] 在这一案例中，种系 A 总是比种系 B 的维系倾向性高，因而种系 A 的维系是一种绝对维系。需要注意的是，种系 A 和种系 B 可以是同一种系的种系片段，也可以是不同物种种系。不管是哪一种，相关种系的界定不仅涉及它在相应时间节点所处的环境，还涉及相应时间范围本身。由此可见，无论是相对维系还是绝对维系，它们均是通过分析时间展开

　　① 参见 Bouchard, Frédéric, *Evolution*, *Fitness and the Struggle for Persistence*, Duke University, 2004, pp. 172 – 175。

　　② 参见 Bouchard, Frédéric, *Evolution*, *Fitness and the Struggle for Persistence*, Duke University, 2004, p. 175。

的。进而，基于对时间的限定，我们可以比较不同种系的适合度。不过，正如布沙德所说，最有趣的比较还是在相同选择环境中、处于同一时期的种系间进行的，这种比较更有可能剔除生物体与环境之间的生态交互对维系倾向性的影响，从而更直接地揭示出真正影响所讨论种系适合度差异的因素，如应对环境问题的能力等，更具指导价值。①

需要重申的是，在某一种系随时间的维系理论中，种系的维系并不局限于长时间跨度的进化，如跨度千年甚至百万年的进化，而是包含了在非常短时间范围内，只要一个种系比其竞争种系的维系倾向性高一点点，该种系也是更适合的这种情况。② 如果该种系的维系倾向性在相应时间范围内增加了，那么该种系便可能在进化，该进化是通过种系组成部分为应对外部环境压力而发生的、最终使得种系整体发生改变的差别维系特征实现的。因此，某一种系随时间的维系理论通过诉诸种系在特定时间范围内的维系，强化了理解生物进化的生存视角③，拓宽了自然选择的进化理论的解释范围。

考虑到维系倾向性的前视特征，植根于某一种系随时间的维系理论的功能理论是一种前视功能理论，它与以选择效果功能理论为代表的历史解释共同构成了布沙德的生物功能多元论④，它们均是进化生物学中生物功能解释的必要解释形式。类比于布沙德前视功能理论的分析方式，我们可以运用某一种系随时间的维系理论分析神经功能现象。例如，在一般选择效果功能理论的支持案例中，新生幼猫异常眼优势小柱的形成可以看作在新生幼猫发育初期几周内，当人为剥夺它一只眼睛的视觉刺激后，相比于视皮层的双目驱

---

① 参见 Bouchard, Frédéric, *Evolution, Fitness and the Struggle for Persistence*, Duke University, 2004, p. 176。

② 参见 Bouchard, Frédéric, *Evolution, Fitness and the Struggle for Persistence*, Duke University, 2004, p. 179。

③ 布沙德的生物进化维系观受到了生物哲学家里奥·巴斯（Leo Buss）（1983）躯体选择论的启发，后者认为单细胞生物、菌类和一些植物都不能繁殖，它们的进化是它们躯体变化受到选择作用的结果，与后代数量无关（Huneman, 2013, p. 88）。

④ 与阿蒙森和劳德的功能说相近，布沙德（2013）的功能说同样认为进化生物学中的生物功能解释既包括历史解释也包括非历史解释，支持一种生物功能多元论，在一定程度上削弱了历史解释在进化生物学功能解释中的重要性。但是，与阿蒙森和劳德的功能说不同，布沙德的非历史解释理论形式是前视功能理论（Forward-looking functional theories）而非因果作用功能理论，其论据在于生态学中的功能现象往往将差别维系特征作为适合度的衡量标准，其中维系倾向性具有前视特征。

动细胞，单目驱动细胞因更有利于感光而具有差别维系特征，从而促成了相关新生幼猫异常眼优势柱的形成和维系。因此，我们可以将一般选择效果功能理论看作历史解释和非历史解释兼具的进化功能理论，以此消解一般选择效果功能理论所面临的非历史解释难题。

但是，方案二的问题在于，布沙德的生物功能多元论完全可以自主解释进化生物学中的生物功能现象。因此，与其说我们修正了一般选择效果功能理论，不如说我们从一般选择效果功能理论转向了布沙德的生物功能多元论。在这个意义上，方案二同样拒斥了一般选择效果功能理论。即便如此，与方案一相比，方案二的优势在于布沙德的生物功能多元论更接近于一般选择效果功能理论，它们都基于分析差别繁殖特征和差别维系特征，展开了各自的理论宏图。除此之外，无论在出发点上、论据上还是最后的功能说上，它们都不一致。概括地说，一般选择效果功能理论的出发点是对选择概念的一般化处理，论据是神经功能现象，最后的功能说是选择功能适用于所有生物学分支领域的学科内多元论。布沙德生物功能多元论的出发点是为进化生物学中的所有生物功能现象提供解释，论据是生态学中的功能现象，最后的功能说是选择功能和前视功能理论均适用于进化生物学的学科内多元论。因此，方案二在本质上拒斥了一般选择效果功能理论，支持布沙德所倡导的历史解释和非历史解释兼具的生物功能多元论。

（三）方案二后续：从布沙德的生物功能多元论到新关系性生物功能理论

在方案二中，我们引入了布沙德历史解释和非历史解释兼具的生物功能多元论，试图为进化生物学中的所有生物功能现象提供解释。其中，历史解释的理论形式是选择效果功能理论，它诉诸过去的选择历史，为繁殖生物体的性状功能提供解释。非历史解释的理论形式是前视功能理论，它诉诸未来的选择历史[①]，为非繁殖生物体的性状功能提供解释。值得注意的是，无论是选择效果功能理论还是前视功能理论，它们都将生物功能的界定与对适合度的贡献联系在了一起。在选择效果功能理论中，对适合度的过去贡献是判

---

① 未来的选择历史看起来是一个自相矛盾的用词，之所以采用它是为了保留布沙德对过去历史和未来历史的区分。

定繁殖生物体性状是否具有历史功能（即选择功能）的依据。在前视功能理论中，对适合度的未来贡献是判定非繁殖生物体性状是否具有当前功能的依据。到这里，围绕适合度，我们可以参照沃尔什提出的关系性生物功能理论（The relational theory of biological function），即与一个选择语境（selective regime）R 相关的性状类型 X 中的某一性状个例的进化功能是 m，当且仅当，R 中 X 所做的 m 积极促进了 X 所在生物个体的平均适合度[①]，进一步概括布沙德的生物功能多元论，提出一种新关系性生物功能理论。

在关系性生物功能理论中，R 保证了关系性功能理论的灵活性，使得它既能解释进化功能中的历史功能，又能解释进化功能中的当前功能。如果 R 是过去选择语境，那么关系性功能理论解释的就是性状的历史功能。如果 R 是现在选择语境，那么关系性功能理论解释的就是性状的当前功能。在 R 中，相关性状个例的功能 m 是其有助于其所在生物个体适合度的一个因果作用因素。由此可见，关系性生物功能理论的特点在于它将功能看作关于环境的一种关系特性而非某一性状的内在特性。[②] 据此，在该理论中，一个性状的选择功能是根据该性状在相关选择环境中、对它所在生物个体平均适合度的贡献来判定的。那么，关系性生物功能理论对环境的分析与布沙德生物功能多元论中对时间的分析有什么关系呢？本研究认同生物哲学家皮瑞克·布拉特（Pierrick Bourrat）[③] 的观点，即两者在实际作用上是等价的，前者可以看作对后者的具体化。也就是说，布沙德生物功能多元论中的过去历史和将来历史完全对应于关系性生物功能理论中过去环境和现在环境所在的时间维度。因此，布沙德生物功能多元论可以进一步概括为关系性生物功能理论。

需要注意的是，关系性生物功能理论中非历史解释所对应的理论形式是毕格罗和帕盖特（1987）所提出的前视理论或倾向性理论（The Propensity

---

①　参见 Walsh, Denis M., "Fitness and Function", *The British Journal for the Philosophy of Science*, 1996, Vol. 47, No. 4, p. 564; Walsh, Denis M. & Ariew, André, "A Taxonomy of Functions", *Canadian Journal of Philosophy*, 1996, Vol. 26, No. 4, p. 501。

②　参见 Walsh, Denis M., "Fitness and function", *The British Journal for the Philosophy of Science*, 1996, Vol. 47, No. 4, p. 564。

③　参见 Bourrat, Pierrick, "Levels of Selection are Artefacts of Different Fitness Temporal Measures", *Ratio*, 2015, Vol. 28, No. 1, pp. 40–50。

view），布沙德生物功能多元论中非历史解释的理论形式是布沙德本人的前视理论，这两种前视理论在观点上相近，但布沙德的前视理论更加具体。不仅如此，考虑到采纳布沙德的前视功能理论，我们可以在类比的意义上，简单回应神经功能现象，同时为了保留关系性生物功能理论的概括性，我倾向于采纳一种新关系性生物功能理论，新关系性生物功能理论的历史解释和非历史解释理论形式分别是选择效果功能理论和布沙德的前视功能理论。最后，我们对一般选择效果功能理论的总体修正方案可以概括为接纳一般选择效果功能理论所面临的非历史解释难题，进而从一般选择效果功能理论转向布沙德的生物功能多元论，再进一步从布沙德的生物功能多元论转向更具概括性和一般性的新关系性生物功能理论。根据功能解释性维度和功能规范性维度这两个标准，我们可以进一步检验这一修正方案是否可行。

三　新关系性生物功能理论与两个标准

如上所述，新关系性生物功能理论主张运用关系性功能统一进化生物学中生物功能的历史解释和非历史解释，为进化生物学中的生物功能现象提供统一解释，该统一解释的核心在于相关性状对适合度的（过去或未来）贡献。基于此，如果新关系性生物功能理论符合功能解释性维度和功能规范性维度这两个标准，那么它就是成功的功能理论。具体而言：

根据功能解释性维度，相关功能理论应通过引入功能解释功能事项的存在。由于关系性生物功能理论包含历史解释和非历史解释，我们需要判定这两种解释形式是否均符合功能解释性维度。如前所述，这两种解释形式与功能性状在特定选择环境中、对它所在生物个体的平均适合度直接相关。其中，新关系性生物功能理论中的历史解释依据相关性状对适合度的过去贡献，获得了相应的过去选择功能，相应的过去选择功能可以解释该性状的当前存在。相比之下，新关系性生物功能理论中的非历史解释依据相关性状对适合度的当前贡献，获得了相应的当前选择功能，相应的当前选择功能可以解释该性状的未来存在。据此，我们可以说新关系性生物功能理论允许我们解释一个功能性状在其所在生物个体中从 t_1 到 t_2 的持续存在。当 t_1 和 t_2 分别代表过去和现在时，新关系性生物功能理论中的功能是历史功能，它可以解释功能性状的当前存在。当 t_1 和 t_2 分别代表现在和未来时，新关系性生物功能理论中的功能是当前功能，它可以解释功能性状在未来的持续存在。① 所以，无论是历史解释还是非历史解释，它们均符合功能解释性维度。因此，新关系性生物功能理论符合功能解释性维度。

根据功能规范性维度，功能理论作为一个评判功能事项是否发挥恰当功能的规范，能够区分恰当功能与偶然功能、解释功能失灵现象。新关系性生物功能理论符合功能规范性维度：在其历史解释中，由过去选择历史决定的性状作用效果是恰当功能，其余的作用效果是偶然功能。不仅如此，当相关性状无法发挥由过去选择历史决定的恰当功能时，该性状便是功能失灵的。同理，在其非历史解释中，如果处于当前选择环境中的某一性状类型通过发挥功能，有助于它所在生物个体们的平均适合度，那么该功能便是该性状类型的当前选择功能。当环境改变时，该性状类型无法发挥其当前选择功能，它是功能失灵的。当环境不变但该性状类型本身出故障时，它仍然无法发挥其当前选择功能，它是功能失灵的。因此，无论是历史解释还是非历史解释，它们都符合功能规范性维度。因此，新关系性生物功能理论符合功能规范性维度。

鉴于新关系性生物功能理论符合功能解释性维度和功能规范性维度，它是一个成功的功能理论，一个适用于解释进化生物学中生物功能现象的概括性功能理论。从这一理论出发，我们可以实现对进化生物学中生物功能的完整解释并为理解生物适应开辟新思路。

第二节　进化生物学中的生物适应

在进化生物学中，生物适应通常被看作自然选择的结果或者过程，它本身是一个历史性概念。② 这种界定曾因自然选择的强大作用力而风靡一时，但自古尔德和列万廷（1979）在《拱肩》中为这种界定冠以适应主义之名

① 参见 Walsh, Denis M., "Fitness and Function", *The British Journal for the Philosophy of Science*, 1996, Vol. 47, No. 4, p. 572。

② 参见 Sober, Elliott, *The Nature of Selection: Evolutionary Theory in Philosophical Focus*, University of Chicago Press, 1984, p. 199; Brandon, Robert, *Adaptation and Environment*, Princeton University Press, 1990, pp. 39-44。

以来，它所遭遇的批评从未停止过。不仅如此，生物适应还常常与适应性（Adaptive）、扩展适应（Exaptation）被放在一起进行讨论。通过区分生物适应、适应主义、适应性、扩展适应，本部分拟为下文关于进化生物学中生物功能解释与生物适应的讨论奠定基础。

一　进化适应

生物适应是指生物体与环境之间的适应，它是生物界最引人注目的特性之一。[1] 在前达尔文时期，关于生物适应的主导解释理论是神创论（The creationist account），神创论主张运用上帝设计来解释生物适应。达尔文之后，关于生物适应的主导解释理论是自然选择的进化理论，该理论支持了生物适应的经典解释——进化适应（Evolutionary adaptation），即适应是自然选择的过程或结果。正是基于自然选择的进化理论，索伯、布兰顿等学者认为进化适应是一个历史性概念，它解释了生物性状为什么在相关种群中普遍存在。也就是说，某一生物性状在相关种群中的普遍存在恰恰说明了该性状是适应。考虑到自然选择的进化理论是生物学中目前为止最成功的理论以及本文的研究主题，本部分采纳了索伯对适应（即进化适应）的界定。进而，通过区分进化适应和个体发育适应（Ontogenetic adaptation），比较进化适应与适应性、扩展适应，本部分突出了进化适应的历史性特征。

在索伯看来，生物性状 A 在生物种群 P 中因执行任务 T 而是适应，当且仅当，A 曾因有助于执行任务 T 而具有选择优势并受到选择支持，从而使得 A 在生物种群 P 中普遍存在。[2] 在这个界定中，生物性状 A 因执行了任务 T 而成为适应，这说明对性状特性的选择（Selection for properties）在生物适应的界定中占据着核心地位。[3] 例如，1976—1977 年，加拉帕戈斯岛上的干旱导致以外壳较软的坚果为食、身形较小的燕雀数量急剧下降，而能啄食硬

① 参见 Brandon, Robert, *Adaptation and Environment*, Princeton University Press, 1990, p. 3。

② 参见 Sober, Elliott, *The Nature of Selection*: *Evolutionary Theory in Philosophical Focus*, University of Chicago Press, 1984, p. 208。

③ 参见 Sober, Elliott, *The Nature of Selection*: *Evolutionary Theory in Philosophical Focus*, University of Chicago Press, 1984, p. 208。

坚果的身形较大、喙部更硬的燕雀则以较高的比例存活了下来。① 如果加拉帕戈斯岛上的干旱继续下去，那么身形较小的燕雀一定会因为缺乏食物而灭绝，身形较大、喙部坚硬的燕雀则会具有最高的适应性，从而在生存和繁衍后代上占有绝对优势。几代之后，身形较大、喙部坚硬便会成为该岛上燕雀种群的整体特征，它们是进化适应。② 在这一案例中，虽然自然选择的作用对象是自身并未发生改变的燕雀个体，但结果仍然使相应燕雀种群发生了进化变化，这说明生物个体并不是进化适应的能动者（Agent）。在这一点上，进化适应区别于个体发育适应，这是因为个体发育适应蕴含着施加适应的能动者和受益者（Beneficiary）——生物个体，而进化适应是自然选择驱动的，即便一个种群中所有生物体都没有适应行为，只要它们在生存和死亡上存在差异，最终的结果就会是进化适应。③

　　布兰顿同样分析了由进化过程和个体发育过程导致的适应。他认为，在发育过程中，生物体可采用多种形式实现适应。例如，青蛙物种 *Hyla versi-color* 会根据它所在环境背景颜色的变化改变肤色，人类还有其他动物也会使用各种各样的学习原则，使他们的行为适应于环境。但是，布兰顿将这些过程称作适合性（Adaptability）④ 而非适应（Adaptation）⑤。在他看来，适应是自然选择的进化过程的结果，它说明了作为适应的性状的因果历史。⑥ 据此，由突变产生的偶然性状只有在满足以下条件时，即增加了该性状所在生物体的适合度并因此增加了它本身在相关生物种群中的频率，才可以成为适应，但刚由突变产生的性状不是适应。此外，遗传漂变所导致的进化性状也不是适应，这是因为在规模小的生物种群中，遗传漂变会将并不具有相对优势的中性性状（Neutral traits）固定在种群中，该中性性状之所以在其种

　　① 参见 Grant，P.，*The Ecology and Evolution of Darwin's Finches*，Princeton University Press，1986。

　　② 参见李亚娟、李建会《环境在适应中的作用：从"筛子"到"能动者"》，《科学技术哲学研究》2019 年第 3 期，第 14 页。

　　③ 参见 Sober，Elliott，*The Nature of Selection：Evolutionary Theory in Philosophical Focus*，University of Chicago Press，1984，pp. 204 – 205。

　　④ 之所以将 Adaptability 翻译为适合性而非适应性是为了与 Adaptive 做区分。

　　⑤ 参见 Brandon，Robert，*Adaptation and Environment*，Princeton University Press，1990，p. 40。

　　⑥ 参见 Brandon，Robert，*Adaptation and Environment*，Princeton University Press，1990，pp. 10 – 41。

群中占比较高完全是出于偶然。① 因此，偶然性状的产生机制可以是突变也可以是遗传漂变，突变产生的偶然性状需要满足一定条件才是适应，遗传漂变产生的偶然性状不是适应。不仅如此，随附性状（Epiphenomenal traits）也不是适应，因为随附性状不是因其自身而是由于和其他进化性状相关联而得到进化的，相关的关联类型是基因连锁（Gene linkage）和（基因）多效性联结（Pleiotropic connections）。也就是说，当一个有害基因与一个受选择支持的基因在同一条染色体上连锁时，或是当受基因多效性影响，出现一个随附性状时，这些随附性状均不是适应。②

因此，根据索伯的分析，辅之以布兰顿的讨论，一个性状成为适应的充要条件是它因自然选择的支持而在相关种群中普遍存在。这里，适应需要与适应性和扩展适应进行区分，突出适应的历史性特征。其中，适应与适应性的区分由生物哲学家金·史特瑞尼（Kim Sterelny）和保罗·格里菲斯（Paul，E. Griffiths）（1999）做出。适应是受到自然选择支持的性状作用，适应性是指当下有助于增加生物体适合度的性状作用。例如，人类的阅读能力和使用计算机的能力，它们均是人类认知能力的副产品，它们的产生不是由于特殊的新基因，它们的传播也并不取决于它们的后代而是取决于一系列非常普通的认知能力。当然，如果适应性得到了自然选择的支持，那么拥有它的性状便可以称之为适应，但在此之前，它只能是适应性。③ 除此之外，已经是适应的性状也可以不再具有适应性，如人的阑尾是适应，但现在它不再发挥消化纤维素的功能，不再具有适应性。④ 因此，成为适应的性状可能不再具有当前的适应性，当前具有适应性的性状除非满足上述条件，否则也不是适应。适应与扩展适应的区分由古尔德和生物学家伊丽莎白·维巴（E-lisabeth S. Vrba）（1982）做出。在他们看来，适应是最先受到自然选择支持的性状作用，扩展适应是指性状作用后来发生的变化。例如，鸟类羽毛最开

① 参见 Brandon，Robert，*Adaptation and Environment*，Princeton University Press，1990，p. 41。

② 参见 Brandon，Robert，*Adaptation and Environment*，Princeton University Press，1990，p. 42。

③ 参见 Sterelny，Kim & Griffiths，Paul，E.，*Sex and Death：An Introduction to Philosophy of Biology*，University of Chicago press，1999，pp. 217 – 220。

④ 参见 Sterelny，Kim & Griffiths，Paul，E.，*Sex and Death：An Introduction to Philosophy of Biology*，University of Chicago press，1999，p. 218。

始的作用是调节体温，后来才具有了有助于飞翔这一作用，但只有调节体温是适应，而后来有助于飞翔是扩展适应。[①] 金和格里菲斯认为，古尔德和维巴对适应与扩展适应的区分有道理，但也必须回答哪一种性状作用是自然选择最先支持的，他们认为鸟类羽毛的飞翔作用与早先的调节体温是相关的。据此，他们倾向于把适应看作一个发生在各个阶段中的过程。

因此，在进化生物学中，生物适应从根本上是一种进化适应，它是指在相关生物种群中因发挥特定作用而受到选择支持，最终使得它自身在相关生物种群中普遍存在的生物性状。一旦成为适应的生物性状，它一直都是适应。当成为适应的生物性状不再发挥其功能时，它仍是适应但不具有适应性。当成为适应的生物性状的功能发生改变时，只有最初的选择作用是适应，后来的选择作用是扩展适应。这里，成为适应的生物性状与它发挥的最初选择作用都被称为适应，这一点使得进化生物学中的生物功能解释往往被等同于生物适应。尽管如此，进化生物学中生物适应的历史性特征是最为核心的，该历史性特征植根于自然选择的进化理论，它允许我们讨论进化生物学中生物功能解释与生物适应之间的关系。那么，如何看待适应主义呢？

二　适应主义

通常情况下，适应主义的讨论往往可追溯到古尔德和列万廷（1979）的《拱肩》。在《拱肩》中，适应主义纲领被正式确立。此后，戈弗雷－史密斯（2001）在"三种适应主义"中对适应主义进行了更为细致的划分，他提出了经验论适应主义、方法论适应主义和解释论适应主义三种不同类型的适应主义，这三种适应主义是适应主义理论中最经典的理论形式。通过引入适应主义纲领和三种适应主义，适应主义的精神特质和核心内容将得到说明，适应主义与进化适应、适应性、扩展适应的区别也将显现出来。

如前所述，在《拱肩》中，适应主义纲领通过两个步骤实现。第一步，将生物体看作部分性状的集合，相关部分性状是由自然选择为其功能而设计

---

① 参见 Gould, Stephen Jay & Vrba, Elisabeth S., "Exaptation—A Missing Term in the Science of Form", *Paleobiology*, 1982, Vol. 8, No. 1, p. 6。

的最佳结构，相应的适应性故事为相关部分性状提供了说明。[①] 第二步，承认部分性状的次优，部分性状的次优服务于生物体整体的最优。[②] 确切地说，部分性状之间存在着相互竞争的需求，它要求部分性状做出必要的牺牲，这种牺牲即前面提到的"权衡"，"权衡"造成了性状的次优，性状的次优保证了生物体整体的最优。因此，适应主义纲领主张对生物体进行原子化处理，处理的结果是作为组成部分的、各自分离的性状，这些性状是自然选择作用的产物，它们具有次优性并基于"权衡"服务于整体的最优。在"三种适应主义"中，戈弗雷－史密斯将适应主义区分为经验论适应主义、方法论适应主义和解释论适应主义。如前所述，索伯、帕克和史密斯所支持的经验论适应主义强调以生物界的调查研究为依据支持自然选择，认为自然选择是一种强大的、普遍存在的进化动力。[③] 迈尔所支持的方法论适应主义强调将适应主义作为一种启发法，启示科学家通过寻找适应和好的设计特点不断地理解生物系统。[④] 道金斯和丹尼特所支持的解释论适应主义将自然选择作为回答自然界中明显的设计痕迹、适应现象等生物学大问题的首要答案，肯定了适应主义的解释力。值得注意的是，无论是方法论适应主义还是解释论适应主义，它们都没有像经验论适应主义一样在本体论意义上支持自然选择，而是将自然选择作为一种方法或者解释，予以肯定。因此，三种适应主义的各有侧重，它们或最大化了自然选择的实际作用力或强调了自然选择的方法论意义或肯定了自然选择的解释力。由此可见，古尔德和列万廷所

---

① 参见 Gould, Stephen Jay & Lewontin, Richard C. , "The Spandrels of San Marco and the Panglossian Paradigm: a Critique of the Adaptationist Programme", *Proceedings of the Royal Society of London. Series B. Biological Sciences*, 1979, Vol. 205, No. 1161, p. 151。

② 参见 Gould, Stephen Jay & Lewontin, Richard C. , "The Spandrels of San Marco and the Panglossian Paradigm: a Critique of the Adaptationist Programme", *Proceedings of the Royal Society of London. Series B. Biological Sciences*, 1979, Vol. 205, No. 1161, p. 151。

③ 参见 Orzack, Steven Hecht & Sober, Elliott, *Adaptationism and Optimality*, Cambridge University Press, 2001, pp. 337 - 338; Orzack, Steven Hecht & Forber, Patrick, "Adaptationism", *Stanford Encyclopedia of Philosophy*, 2010; 于小晶、李建会：《自然选择是万能的吗？——进化论中的适应主义及其生物学哲学争论》，《自然辩证法研究》2012 年第 6 期，第 26 页。

④ 参见 Orzack, Steven Hecht & Sober, Elliott, *Adaptationism and Optimality*, Cambridge University Press, 2001, pp. 337 - 338; Mayr, Ernst, "How to Carry out the Adaptationist Program?", *The American Naturalist*, 1983, Vol. 121, No. 3, p. 153; 于小晶、李建会《自然选择是万能的吗？——进化论中的适应主义及其生物学哲学争论》，《自然辩证法研究》2012 年第 6 期，第 26 页。

提出的适应主义纲领与戈弗雷－史密斯的三种适应主义是相容的，两者的区别在于后者的区分更为细致，这种细致使得适应主义能够更有针对性地接受检验。

　　当然，适应主义也遭遇了诸多挑战。在《拱肩》中，针对上述适应主义纲领，古尔德和列万廷提出了三个反驳命题。（1）适应主义者将生物体看作分离的性状的集合，且每个性状都被设定了一个适应主义故事，性状的集合不考虑生物体性状所受到的限制，生物体整体的不完美性归因于适应的代价。（2）由于适应主义者假定了一切性状都是适应的，因此他们无法弄清一个性状的存在是由于它当下的有用性还是由于它的进化论原因。此外，适应主义者一味地强调自然选择的力量，忽视了自然选择所受到的限制。（3）适应主义解释的标准没有说服力。标准适应主义方法论是为每一个性状提供适应性故事，如果一个适应性故事失败了，就尝试另一个，直到成功为止。它的问题在于缺乏区分这些故事的清晰标准，无法确认给出的故事是否是对一个性状的正确解释。[①] 根据这三个反驳意见，古尔德和列万廷主张拒斥适应主义，他们强调生物体所受到的限制。对此，迈尔提出关键在于如何更好地实行适应主义纲领，而不是舍弃它。在他看来，达尔文对自然选择有效性的证明保证了生物体很好地适应于环境这一假设。在某种程度上，自然选择已经成为零假设（The Null Hypothesis），它保证了生物体性状的适应。丹尼特承认限制是重要的，但他认为适应主义是发现限制的最佳理论，对限制的承认也是适应主义思想不可或缺的组成部分。丹尼特认为，古尔德和列万廷所称的"拱肩"并不是建筑师的唯一选择，只是建筑师选择了他们认为合适的一种罢了，因此将适应主义与建筑的限制相比较是不恰当的，限制的发现也可以是适应主义的一部分。[②] 由此，适应主义虽然受到了反适应主义的反对，但它在进化生物学中的核心地位依然是岿然不动的，自然选择作为重要的进化动力应予以保留。在这个意义上，适应主义可以看作关于

① 参见 Gould, Stephen Jay & Lewontin, Richard C., "The Spandrels of San Marco and the Panglossian Paradigm: a Critique of the Adaptationist Programme", *Proceedings of the Royal Society of London. Series B. Biological Sciences*, 1979, Vol. 205, No. 1161, pp. 138 – 139。

② 参见 Shanahan, Timothy, *The Evolution of Darwinism: Selection, Adaptation and Progress in Evolutionary Biology*, Cambridge University Press, 2004, p. 141。

生物适应的强纲领，它在精神气质上与上述生物适应的界定是一致的。

第三节　进化生物学中的生物功能解释与进化适应

在自然界中，生物功能是生物适应的直观显现，因此对生物功能的理论分析也常常被看作理解生物适应的一条捷径。[①] 如前所述，在进化生物学中，生物适应从根本上是一种进化适应，它是指在相关生物种群中因发挥特定作用而受到选择支持，最终使得它自身在相关生物种群中普遍存在的生物性状。在这一界定中，生物性状之所以成为适应是因为它所发挥的特定作用受到了自然选择的支持（Selected for），继而使得它本身受到了自然选择的支持（Selected of），由此普遍存在于其所在生物种群中。因此，进化适应是自然选择的结果，它本身具有历史性特征。

通过比较进化生物学中的生物功能解释与生物适应，我们发现生物功能溯因理论的成熟理论形式——强溯因理论中的生物功能解释就是进化适应。与之不同，进化生物学中生物功能解释的综合理论形式——新关系性生物功能理论中的以往选择功能和当前选择功能分别等同于进化适应和适应性，它综合强调了生物性状的过去历史和未来（历史）。据此，强溯因理论中的生物功能与进化适应构成了等同关系，新关系性生物功能理论中的生物功能与进化适应构成了半等同关系。

强溯因理论中的生物功能等同于进化适应，它们是对生物性状存在状态的不同表述，本质上并无差异。首先，在内容上，无论是强溯因理论还是进化适应概念，它们都诉诸生物性状的自然选择历史，对生物性状的存在进行解释。其中，强溯因理论的核心在于根据自然选择历史，对功能性状的存在进行解释，进而实现对生物功能的解释。进化适应是生物体在进化过程中呈现出来的、关于生物性状的自然选择过程或者结果，它本身具有历史性。因此，强溯因理论中的生物功能与进化适应都是根据生物性状的自然选择历史，对生物性状的存在予以说明。其次，在方法上，强溯因理论和进化适应

---

① 参见 Sterelny, Kim & Griffiths, Paul, E., *Sex and Death: An Introduction to Philosophy of Biology*, University of Chicago press, 1999, p. 220。

概念都采纳了历史分析方法，即根据生物性状的自然选择历史，对生物性状的存在进行解释。根据强溯因理论，性状的存在与性状的功能是一体的，故而解释功能性状的存在等同于解释性状的功能。根据进化适应，解释生物性状的来源和存在是判定该性状是否是适应的标准。因此，尽管强溯因理论和进化适应具有不同的理论形式，两者在本质上相同。此外，由于强溯因理论的解释策略，它也可以被看作对进化适应的目的论分析，在哲学层面上，为进化适应提供了支持。

　　与之相比，新关系性生物功能理论中的生物功能与进化适应构成了半等同关系。如前所述，新关系性生物功能理论中的历史解释和非历史解释分别诉诸于生物性状的过去历史和未来（历史），解释相关的以往选择功能和当前选择功能。考虑到以往选择功能和当前选择功能分别等同于进化适应和适应性，新关系性生物功能理论中的生物功能与进化适应构成了半等同关系。因此，进化生物学中的生物功能解释与进化适应之间的关系并非内格尔等大多数学者[①]所支持的等同论，也并非完全没有关联，而是与相应理论中的生物功能构成了等同或半等同关系。

---

　　① 参见 Nagel, E. , "Functional Explanations in Biology", *The Journal of Philosophy*, 1977b, Vol. 74, No. 5, pp. 280 – 301; Amundson, Ron & Lauder, George V. , "Function Without Purpose", *Biology and Philosophy*, 1994, Vol. 9, No. 4, pp. 443 – 469; Ayala, Francisco J. , "Teleological Explanations in Evolutionary Biology", *Philosophy of Science*, 1970, Vol. 37, No. 1, pp. 1 – 15。

本编结语与展望

　　综上所述，生物功能溯因解释具有历史性特征。经由赖特、密立根、戈弗雷－史密斯等的发展，该解释确立了功能溯因理论、选择效果功能理论以及生物功能的现代历史理论等理论形式。其后，布勒对上述理论的综合与分析体现了功能溯因解释内部各种理论形式之间的分歧，这种分歧最终以强溯因理论和弱溯因理论为理论载体呈现出来。布勒更支持弱溯因理论。他认为，强溯因理论是弱溯因理论的子集，这是因为通过引入柯明斯的功能分析理论，弱溯因理论扩展了功能溯因解释的解释范畴。但是，如果从功能溯因解释看进化适应，本文认为强溯因理论更有解释力。强溯因理论中的生物功能就是进化适应，强溯因理论可以看作分析进化适应的目的论视角。至于弱溯因理论，我在本章导言中已经提到弱溯因理论强化了功能溯因解释的历史视角，弱化了自然选择的作用。鉴于历史视角和自然选择的作用在进化生物学的生物功能解释中均不可或缺，我们没有采纳弱溯因理论的分析，而是通过修正一般选择效果功能理论，最终走向了新关系性生物功能理论。

　　在新关系性生物功能理论中，自然选择是唯一的选择形式，过去历史和未来历史保证了新关系性生物功能理论的历史视角。确切地说，新关系性生物功能理论统一了进化生物学中生物功能的历史解释和非历史解释，该统一解释的核心在于强调相关性状对适合度的（过去或未来）贡献。其中，新关系性生物功能理论中历史解释的理论形式是选择效果功能理论，非历史解释的理论形式是布沙德的前视功能理论。据此，新关系性生物功能理论中历史解释下的生物功能就是进化适应，非历史解释下的生物功能因是当前选择功能而等同于适应性，新关系性生物功能理论中的生物功能与进化适应构成了半等同关系。

　　基于此，依托于相关的理论形式，进化生物学中的生物功能解释与进化适应之间的关系在一定程度上得到了澄清，这一澄清允许我们在保证进化适应独特性的同时，从目的论视角切入，解释进化适应。需要注意的是，受限于研究主题，我们并未详细讨论选择功能与因果作用功能的关系、选择功能与科学解释的关系、选择功能在实验生物学中的适用性等相关论题，对这些论题的讨论可作为我们未来的研究工作之一。通过讨论这些论题，我们可以更加明确选择功能的特点和适用范围，为解释功能失灵等现象提供概念工具。鉴于功能失灵是解释疾病的核心概念，选择功能在生物医学研究中具有实用价值。因此，选择功能及其所在的功能溯因解释既有哲学研究价值又有生物科学研究价值，围绕它们的进一步研究值得进行。

第三编　进化生物学中的哲学问题

第 十 三 章

进化论不是科学吗？
——智能设计论与进化论之争

引　言

　　生命起源和物种的产生问题一直是人类探索的终极问题。在科学尚不发达的年代里，人们通常倾向于借助超自然力量对其进行解释。从中国的女娲捏泥造人，到西方的亚当夏娃偷吃禁果造人，不同的民族和文明关于起源的传说和故事各不相同，但都离不开神创解释，其核心观念可概括为：主张存在一种神明（上帝）直接创造了宇宙及其万物。

　　随着科学的日益发展，人们对于生命起源和物种的产生问题的解释逐渐发生了转变。达尔文在综合了包括拉马克等前人的学说和事实资料的基础之上，于1895年出版了《物种起源》一书，创立了以自然选择理论为核心的进化论体系。与神创论相反，进化论为生命的起源问题提供了一种自然主义的解释。达尔文在搜集的众多事实材料的基础上通过严密的推理分析向人们说明：所有生命都是进化的产物，自然选择是进化的主要推动力。这一学说被誉为人类曾经拥有过的最伟大的思想，"它不仅仅是一个优秀甚至完美的学说，还是一个正确的学说"①。然而，由于和宗教教义冲突、缺乏实验数据等原因，达尔文进化论一经提出就受到了科学家们的多方质疑。随后，越

---

　　① ［美］杰里·A.科因：《为什么要相信达尔文》，叶盛译，科学出版社2009年版，引言 xiii 页。

来越多的实验性学说相继涌现——孟德尔、摩尔根等人的遗传学定律，费希尔的性别选择模型及"群体遗传学"学科的诞生等，在传统达尔文进化理论的基础上进行了丰富和修正。20 世纪 70 年代，以杜布赞斯基《进步过程的遗传学》为标志的现代达尔文主义的新综合理论（分子水平的综合理论）诞生①，它重申了达尔文自然选择学说在生物进化中的核心地位，同时以新的选择概念解释并解决了达尔文进化论中的许多难点，通过分子遗传学、生物统计学、实验生物学等科学理论将生物进化论纳入了现代科学行列。然而，进化论学说所受到的争议依然没有停止。

1981 年 12 月，在美国阿肯色州"590 法案"的审判现场，一场进化论与创世论的"世纪之争"正在剑拔弩张地进行当中，原被告双方围绕着"课堂上教师应不应该同等对待进化论与创世论"这一问题展开激烈的辩驳。作为原告一方专家证人的生物哲学家鲁斯提出了科学的五个特征，并以此说明：创世论因为不具备科学的任何一个特征，所以不能被允许进入课堂。而科学哲学家劳丹和蒯因则不满鲁斯对于科学的划界标准，并提出了尖锐的批评，前者主张创世论是一种"弱科学"，后者则认为创世论是一种"坏科学"。最终，奥弗顿法官还是参照鲁斯的科学划界标准对科学作出了判定："①真正的科学是由自然定律作指导的。②真正的科学必须借助自然定律而具有解释性的特征。③真正的科学必定是在经验世界中可检验的。④真正科学的结论是试探性的，就是说它们肯定不是终极真理。⑤真正的科学是可证伪的。"② 并以此标准判定创世论只是一种宗教，而非科学，基于美国宪法中政教分离的条款宣布"590 法案"的诉求是非法的，不予支持。

这次审判只是关于"进化论不是科学吗?"的争论中的经典案例之一，这场争论早已开始却远未结束。一方面，现代达尔文主义新综合理论尚不完备，围绕着进化机制和方式的新争论层出不穷；另一方面，关于科学划界的标准也一直处于讨论当中，未有定论。正是在这种情况下，批判达尔文主义进化论以及质疑其科学地位的声音愈加激烈，其中尤以智能设计论的反对声

---

① 参见张增一《创世论与进化论的世纪之争——现实社会中的科学划界》，中山大学出版社 2006 年版，第 8 页。

② 蔡仲：《宗教与科学》，译林出版社 2009 年版，第 25—26 页。

最为响亮。智能设计论是创世论在当代的一种新的发展形态，主要盛行于欧美国家中，尤以北美为盛，代表人物包括研究数学出身的邓勃斯基（William A. Dembski）及研究分子生物学出身的贝希（Michael J. Behe）等科学家，他们的基本论点是：既然进化论已设定自然选择机制是盲目的、无目的的，那么这种进化机制是无法造就生命组织所具有的高度复杂性的，进化论只是一种假说，并非事实，更不是科学。进而，他们提出了正面论点：我们必须假设宇宙存在着一个设计者，用其智慧有目的地设计了各种生命组织。

因此，"进化论不是科学吗？"这样一个看似无须证明即可得出答案的问题实则面临着许多挑战。本研究的主要工作首先梳理进化论与智能设计论之争的来龙去脉，通过分析智能设计论对进化论的质疑并对其进行反驳和论证，从而对于"进化论是不是科学"做出判断。虽然学界一直以来不乏对于智能设计论的回应，但国内对此问题尚未有系统性的总结研究，因此本研究对智能设计论的系统性回应很有必要。同时，对于这场"世纪之争"所反映出的问题也应该进一步思考。

第一节　智能设计论及其对进化论的挑战

一　进化论与智能设计论两种理论形态的发展及特点

（一）进化论的发展及特点

拉马克是生物学史上"第一位勇敢地站出来反对特创论、形而上学的物种不变论和'灾变论'，明确主张物种是逐渐进化的、不断向上发展的学者"[①]。他试图完全使用自然的因素——排除超自然因素的干扰——来阐明生物进化的原理，在《动物哲学》中提出：环境条件的改变可以直接或间接地引起生物变异，即环境的改变使生物发生适应性的进化和变异。另外他还提出了"用进废退"理论和"获得性遗传"理论来阐述生物进化机制，前者意指在不超过发育限度的情况下，所有的器官都可通过"用"得到加强和发展，反之则削弱、退化甚至消失；后者意指所有环境变化而产生的生物体变异都是可遗传的。其实拉马克的进化学说虽然是基于一定的实际观

---

① 庚镇城：《进化着的进化学——达尔文之后的发展》，上海科学技术出版社 2016 年版，第 1 页。

察，但更多的是依赖于主观猜测。从现代遗传学观点来看，"用进废退"理论和"获得性遗传"理论早已被证明是错误的。当然，在科学尚不发达且创世论占据主流地位的 19 世纪初叶，能基于唯物主义原则提出进化理论委实是难能可贵的。正如恩格斯在《反杜林论》中所评价的："拉马克时代，科学还没有具备充分的材料足以使他对于物种起源的问题除了事前的预测即所谓预言之外，做出别的回答来。"①

1895 年，达尔文发表了他的著作《物种起源》，如果将拉马克等人的学说视为进化学说历史发展的第一阶段，那么《物种起源》的出版则标志着进化学说进入了第二阶段，也是最重要的阶段。资料显示，达尔文曾有过乘贝格尔号军舰航行世界一周的经历，通过这次航行他搜集了大量的关于生物进化的数据资料，并结合之前多年收集到的海量证据阐明了以自然选择理论为核心的生物进化学说，旨在让人们接受生物是进化的事实。总体来说，达尔文描述的是这样一个过程：由于生存资源的不足，生物界往往进行着激烈的生存斗争，每一种生物为了生存和繁衍都需要进行斗争，或争取光线、食物，或是抵御敌害、对抗不利环境。生存斗争必然导致自然选择，在自然选择的过程中，被选择的有利性状将在世代遗传中逐渐积累，从较小的变异积累为较大的变异。由于中间类型的死亡，变种转变为界限分明的物种，新物种就此产生。归纳起来，达尔文经典进化论主要包含以下基本理论：①进化是事实：物种是经进化而来的，而非上帝创生的；②共同起源说：不同物种皆起源于共同的祖先，因此彼此间必然存在着一定的亲缘关系；③自然选择理论：进化论的核心理论，简称为"物竞天择，适者生存"；④渐进变异说：生物进化是渐进的、连续的，不存在大突变或横断式变异。

总体而言，达尔文经典进化论其实是"将一大堆原本分散的事实"② 联系起来，即从自然界中汇集大量的资料，然后再用自己的自然选择学说像伞一样将这些证据囊括起来，去印证这些观察到的现象和事实。但同时，达尔文学说在本质上和方法上都遇到了一些问题。首先对于学说本身，达尔文强调微小的、有利的、变异的积累的重要性，但这只是达尔文缺乏直接证据的

---

① 庚镇城：《进化着的进化学——达尔文之后的发展》，上海科学技术出版社 2016 年版，第 1 页。
② ［美］加兰·E. 艾伦：《20 世纪的生命科学史》，田洺译，复旦大学出版社 2000 年版，第 16 页。

一种推断。然而通过自然选择而进化的整个机制却都依赖于这种观点，因为假如群体中有少量个体发生了变异，而它们是不遗传的，那么无论选择发生与否，都不会改变群体的构成情况，当然也不会发生进化。所以，令达尔文最为苦恼的就在于，他不了解遗传性的变异究竟是怎样产生、又是如何传给其后代的遗传法则。其次在方法论上，达尔文在研究时显然缺乏科学实验的检验，他仅仅参考过一些他人做过的人工选择试验，但又认为这些试验仅仅是自然选择的一种模式，不具有普适性。因此，达尔文经典进化论虽已成为主流学说，也让许多人接受了生物进化的事实，但其机制中存在的诸多解释漏洞还是引起了学界激烈的争论甚至遭到强烈的反对，其中以创世论者为尤。

正是在这种情况下，一方面许多反对性学说相继涌出，19 世纪末 20 世纪初许多美国生物学家向拉马克主义复归，发展为否认自然选择机制、强调获得性遗传作用的新拉马克主义；另一方面，许多生物学家投身于与进化相关的科学实验中，孟德尔豌豆实验、摩尔根果蝇实验、费希尔性别选择模型的创立及群体遗传学的发展等对达尔文经典进化论的不断进行修正和完善，促进了进化遗传学正统想法的形成。

达尔文经典进化论的许多理论更像是某种"假说"，急需提出辅助性理论予以修正和完善，进化的综合理论学派于 20 世纪 20 年代后期应运而生。[1] 该学派主要是由欧美世界中对生物进化问题有着极高兴趣的来自不同学科领域的研究者组成的，围绕着生命进化问题形成了一个复杂的学术网络。1937 年，美籍苏联生物学家杜布赞斯基《遗传学与物种起源》一书出版，标志着现代综合的进化理论的诞生，他总结现代综合的进化理论，认为"群体是生物进化的基本单位，生物进化的主要因素是突变、选择和隔离"[2]。因此，现代综合的进化理论实际上是对于达尔文经典进化学说的"扬弃"，它在保存并发扬达尔文学说中的正确的东西，同时也摒弃了如获得性遗传这样的糟粕。

---

[1] 参见庚镇城《进化着的进化学——达尔文之后的发展》，上海科学技术出版社 2016 年版，第 59 页。

[2] 吴智艳：《生物进化论发展史中的重大事件简述》，《生物学通报》2001 年第 4 期，第 45 页。

现代综合的进化理论是达尔文以自然选择为核心的进化理论与群体遗传学的结合，此外还与孟德尔、摩尔根的细胞遗传学相结合，并倚重于分类学和古生物学、生物地理学等科学部门的发展成果。具体说来，群体遗传学是以费希尔（Ronald A. Fisher）、霍尔丹（John B. S. Haldane）、赖特（Sewall Wright）为代表，遗传进化学（野生果蝇群体实验遗传学）是以杜布赞斯基为代表，分类学是以鸟类分类学家迈尔为代表，古生物学是以研究马的化石系统进化而闻名的辛普森（George G. Simpson）为代表。学者们用突变、自然选择、性选择、基因漂变、基因流动、生殖隔离与物种分化、生态学和大陆板块移动等知识综合地探讨解释生物进化的机制，用不同学术领域的研究成果来阐明、论证达尔文经典学说中的各项合理的原理，因此是现代综合的进化理论。

需要明确的是，现代综合的进化理论体现了统一与差异的辩证关系。一方面，因为学者们相信自然选择就是生物进化的根本动力，相信达尔文所倡导的物种渐变理论、物种分歧理论、性选择理论等在基本原理上都是正确的，所以人们又称现代综合的进化理论为"新达尔文主义"，旨在将"陷于低谷"的达尔文经典进化学说拯救出来并发扬光大。另一方面，学说内部不同学科的代表人物，在对待一些问题上的见解也并非是完全一致的。例如，遗传学者认为最早发轫的理论群体遗传学和进化遗传学是这个综合理论体系的核心，他们讨论进化问题通常是从动物体内基因频率改变的角度出发的；而系统分类学阵营则认为，基于物种概念讨论隔离与种分化和群体的宏观发展动向，才是综合理论的根本使命。不同学者对于同一问题的见解非但不是一致的，而且是有分歧的，至于游离于综合体系之外的学者对待进化问题所发生的分歧，则更不用说了。

（二）智能设计论的发展及特点

进化论学说的逐步发展和完善迫使带有浓重宗教传统的创世论逐渐淡出历史舞台，但仍有相当一部分人坚持认为物种不可能完全基于自然自身的力量而无目的、无方向地形成和演化，必然存在一种超自然力量去指导甚至决定自然界发展的方向，即强调在精致有序的自然界背后必定存在一个设计者。这样的观念最早可追溯至19世纪英国神学家威廉·佩利（William Paley）的"钟表匠比喻"。这个类比的大致意思是：在穿过一片荒野时，假如看到地上有一块石头,我们会认为这块石头本来就是在那里的。但如果发现的是一块手表,我们自然不会做出同样的判断。原因很简单,如果仔细察看这块手表,我们就会发现,它的不同部件是为一个目的而制造和安装在一起的,而这是在石头中所不能体现的。举例来说,这些部件的制造和安装是为了产生运动而指示时间,如果对这些部件及装配方式进行改变哪怕一丁点,那么要么这个机械根本就会停止运动,要么它不会再具有现在的那种功能。所以结论是:这块手表必定是一个人工制品,制造它的人懂得手表的结构,因此设计了它的用途。①

总之,这个类比想表达的是:像石头这种大自然本来就有的物体,我们无须质疑它的来历,它本身就能够存在于一片荒地中;但像手表这种物品,它的结构极其复杂,由成千上万个精密的零件组成,并且这种组成方式是为了某种特定的目的——通过指针的运动指示时间,因此它不可能在大自然中自发形成,必定是由某个设计者制造出来的。这就是智能设计论"不可还原的复杂性"的雏形,而智能设计真正成为一场运动则是从詹腓力(Phillip E. Johnson)出版《"审判"达尔文》一书开始。作为智能设计运动的领袖,詹腓力"坚决拒绝将科学混同于自然主义"②,通过说明达尔文进化论并非基于牢固的科学证据而怀疑它是否是另一种变相的宗教,并主张将科学再定义为包含超自然力量的创世思想。除詹腓力外,迈克尔·贝希、威廉·邓勃斯基、乔纳森·威尔斯(Jonathan Wells)等人也是理智设计论的代表人物。

1. 詹腓力:号召将超自然创世思想纳入科学

《"审判"达尔文》是批判达尔文主义进化论的代表性著作。詹腓力并非专门从事生物学研究,而是一位法学教授,他自称在写作中是基于法官中立、公正的立场,通过纯粹逻辑的方法客观地综合比较控、辩双方提出的证据及理由,因此分析结果必然是有价值的、可信的。他对于进化论的审判主要从以下几个方面进行:首先,从理论结构上对进化论进行开战,他认为自然选择学说是"同义反复""逻辑推论""科学假设"和"哲学的必要"的

① 参见[英]理查德·斯温伯恩《上帝是否存在》,胡自信译,北京大学出版社2005年版,第48—49页。
② [美]威廉·邓勃斯基:《理智设计论——科学与神学之桥》,卢风译,中央编译出版社2005年版,致谢1页。

结合体，因而只是一种"文字游戏"；之后，在不反对"达尔文进化论对物种内的小幅度的改变（进化）的解释"的前提下，围绕着"物种之间进化这种大幅度的改变如何实现"这一难题向进化论发难，通过随机性进化的概率太小、以大突变解释物种进化与神创论并无区别、分子生物学的证据与进化论不符等诸多理由，判定进化论无法有效地解释生物演替；另外，质疑"前生物进化"，认为地球早期的无机物不能自然演变成如此复杂的生物体。在列举过进化论的诸多漏洞后，詹腓力得出"进化论不但不是经验科学，反而是一种宗教信仰"的结论，以消除进化论与神创论之间根本的差异。然而，詹腓力在书中明显的有神论立场，以及描述科学共同体时的偏激言辞，使得本书结论的客观性还有待考察。

2. 迈克尔·贝希：不可还原的复杂性

1996年，贝希出版了《达尔文的黑匣子》一书，围绕着"不可还原的复杂性"理论对达尔文主义进化论进行了批判。所谓"不可还原的复杂性"指的是"某个系统是由匹配得当、相互关联的几个部分组成，这些部分是系统发挥功能的基础，缺少任何部分都将使这个系统无法有效地发挥功能"[①]，这正是自然选择学说恰恰难以解释的部分。贝希在书中的写作思路比较清晰，他首先说明了在分子水平这一生化学科的领域里论证进化论的必要性，并运用了眼睛的复杂构造的例子来进行说明。之后他列举了大量生物化学例子，说明了生命体的种种精巧、协同、不可还原复杂性结构的事实的确存在，并进一步指出达尔文的进化学说存在着"黑匣子"——复杂器官可以经由"无数多的中间状态"进化而成，但达尔文未能交代形成复杂结构的详细程序。所以贝希认为虽然现今我们对突变已有很多了解，但相对于进化来说仍是一个黑匣子。最后，在对于达尔文主义进化论进行了全面批判后，贝希引出了智能设计论的主张：从科学上可以提出生物结构是来自智慧的设计。

3. 威廉·邓勃斯基：具体的复杂性

威廉·邓勃斯基是一名受过信息论训练的数学家，他在1999年出版的

---

① ［美］迈克尔·J. 贝希：《达尔文的黑匣子》，余瑾、邓晨、伍义生译，重庆出版社2014年版，第46页。

《理智设计论——科学与神学之桥》一书中表述了智能设计论（本书译为《理智设计论——科学与神学之桥》）的基本观点："为说明复杂、富有信息的生物结构，理智原因是必不可少的，且理智原因是可经验探测的。说理智原因是可经验探测的便是说：存在明确的方法，使［我们］能够根据世界的观察特征可靠地区分理智原因和无目的的自然原因……世界包含无目的的自然原因所无法说明而只能诉诸理智原因才能充分说明的事件、客体和结构。这不是从无知出发的论证。这也不是个人怀疑的事情。恰因为我们知道无目的的自然原因及其限度，科学才到了可严格证明设计论的阶段。"①

与贝希的"不可还原的复杂性"相似，邓勃斯基的立足点是"具体的复杂性"。他指出，生命满足复杂性—具体性标准，而通过概率的计算，偶然突变和自然选择并不能解释进化过程的"具体的复杂性"。进化论并非仅凭科学论证而得以流行和深入人心，而是与实证主义方法论和自然主义世界观取代了英国自然神学并成为排外且独断的生物学研究纲领有关。就目前的各项证据来看，智能设计论较之达尔文主义进化论具有更强的解释效力，因此以其作为进化论的替代性学说应该是更好的选择。此外，邓勃斯基还认为，科学与神学并非势若水火，二者完全可以互相支持和启发。

4. 约拿单·威尔斯：进化论的圣象

2000年，约拿单·威尔斯的新书《进化论的圣像——科学还是神话?》问世，书中指责生物学教学中常用的进化论十大证据很不合格，或是含混其辞故意夸大，或是捏造事实颠倒黑白，因此不能被视为进化论的证据，只能被看作"圣像"。这十大证据分别是：米勒－尤里的实验，达尔文的生命树、脊椎动物的同源肢体，海克尔的胚胎、始祖鸟、胡椒蛾，达尔文的地雀、四翼果蝇、化石马和定向进化。作者引用科学论文或书籍表明：进化论应当要么被修改或抛弃，要么"在生物课本上加警告标签"②。例如，威尔斯认为米勒－尤里实验中模拟的原始大气成分是错误的，因此实验本身是无效的；达尔文的生命树是与寒武纪化石模式不相符的……总之，威尔斯试图

————————

① ［美］威廉·邓勃斯基：《理智设计论——科学与神学之桥》，卢风译，中央编译出版社2005年版，第104—105页。
② ［美］约拿单·威尔斯：《进化论的圣像——科学还是神话?》，钱锟、唐理明译，中国文联出版社2006年版，第243页。

表明，进化论非但不比它一直批判的宗教和创世论更好，反而是一种极不道德的虚假学说，它的成功只是不断伪装自身的结果。从表面上看，《进化论的圣像——科学还是神话？》的可信度很高，因为它征引了很多现代科学的研究成果去指出：作为支撑进化论的证据实际上是不可靠的，这种论证是客观且不带有任何的主观色彩和宗教情感的。但实际上，正如一些书评者所指出的，威尔斯批判十大证据所引用的科学文本根本是片面的、不完整的，不排除只是为了批判而选择性地使用引证材料的可能。

5. 戴尔·拉茨（Del Ratzsch）：智能设计论的思想框架

如果说上述智能设计论的代表人物是从科学证据的层面去批判达尔文主义进化论，那么戴尔·拉茨则试图从哲学角度建构起智能设计论的思想框架。2001年，戴尔·拉茨出版了《自然、设计和科学——自然科学中设计的地位》[①] 一书，主要从认识论层面对于"设计"问题进行了讨论。拉茨在书中采取了托马斯主义路线——从经验世界中存在的事物出发，一步步推到超自然的上帝那里去，即先从分析日常生活中辨识出人工设计物的推理方式出发，将之加诸于外星智慧生物，并逐步迂回到超自然存在者（上帝）那里去。

拉茨对于"设计"的范畴做出了规定，"一个设计就是一个被刻意制造出来的模式"[②]，但"设计"的对立物并不是一般的自然界，而是自身没有"逆流现象"的自然界。所谓"逆流现象"就是指"就自然界在其自身不受干预的情况下所最可能产生的通常现象而言，那些在相关的意义上和它们构成鲜明反差的现象"[③]，通俗来说，就是那些和不受干预的自然界所能够产生的通常情况相比显得有点异样的新情况。那么究竟如何识别"设计"及"逆流现象"？拉茨给出了几组范畴：

显然，在某些场合"主级标志"的存在也意味着"次级标志"的存在，

　　① 参见 Del Ratzsch, *Nature, Design, and Science: The Status of Design in Natural Science*, State University of New York Press, 2001。

　　② 徐英瑾：《演化、设计、心灵和道德——新达尔文主义哲学基础探微》，复旦大学出版社2013年版，第40页。

　　③ 徐英瑾：《演化、设计、心灵和道德——新达尔文主义哲学基础探微》，复旦大学出版社2013年版，第41页。

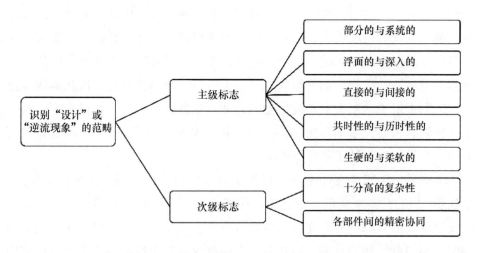

图 13 - 1　识别设计，逆流现象的几组范畴

比如在一个旷野中有一台推土机，那么这台推土机便是部分的、浮面的、直接的、共时性的、生硬的、逆流的过程，同时它也是具有高度复杂性的各部件间有着精密的协同关系的物体。但也存在反例，例如你在火星上看到了一个巨大的涵洞，即使你不去对这个涵洞的具体形态进行细致分析，你也可以当下判断它是一个逆流现象。所以从逻辑上看，主级标志的出现虽然可能会成为我们寻找次级标志的某种路标，但这个路标却未必能确保我们能找到次级标志。也就是说，"设计"的内涵具有"逆流"范畴所不具备的某种丰富性——有些逆流或许既不具备模式，也不具备设计者的设计意图。就此，拉茨的讨论得到了这样一个至关重要的结论：在以逆流为代表的一般反常现象与以复杂性为代表的高级现象之间，后者对于"设计"存在的判定或许更具核心地位。[①] 这个结论的得出恰恰就是贝希"不可还原的复杂性"的哲学预设，虽然贝希自己可能并未从哲学层面对这个结论的得出进行思考。

综上所述，智能设计论是与进化论相对立一种关于物种起源的学说，它的基本论点是：既然进化论已经假定自然选择机制是盲目的、无预先目的的，那么这种进化机制到底又是如何造就生命组织所往往具有的高度复杂性

① 参见徐英瑾《演化、设计、心灵和道德——新达尔文主义哲学基础探微》，复旦大学出版社2013 年版，第 44 页。

的呢？针对这一问题，智能设计论者们从不同角度进行论证，如邓勃斯基主要从概率统计的角度证明，达尔文主义者所描述的进化机制能够催生现有生物多样性的概率是极低的，以至于不可能发生；贝希则主要证明，即使是微观的分子生物学结构，也很难从纯粹的无机世界中纯粹自然地进化而来。总之，他们否定了达尔文主义进化论的合理性及其科学地位，并得出了正面结论：我们必须假设宇宙存在着一个设计者（某种神秘力量），运用其智慧有方向、有目的地设计了各种生命组织。

不难看出，智能设计论与"在神学上最为保守，反对进化论也最坚决、最猛烈"[①]的基要主义创世论者还是存在明显区别。首先在研究人员上，智能设计论者大多都是拥有完备的各学科背景，甚至在大学、研究所中能占据一席之地的高等知识分子，而基要主义创世论者只要拥有坚定的宗教信仰即可，对于学术背景并无特别要求。其次在对进化的态度上，智能设计论者并不完全坚守《圣经》中对宇宙的描述及古老地球的观念，而是承认物种是进化的，但这种进化不可能离开有目的的设计而进行。总之，智能设计论者试图通过概率统计学、实验生物学等科学方法去证明物种的形成是在某种拥有智慧的超自然力量的设计和干预下实现的，因此他们认为智能设计运动是一场科学运动。

但同时，依然有不少学者指出智能设计论其实就是披着科学外衣的传统创世论，多佛审判的判决结果也认为"智能设计论完全就是创世论的'翻版'"。且不谈智能设计论与创世论的关系，但创世论与智能设计论的确有着惊人的相似性：首先，它们都认为生命中存在设计，主张一种超自然力量的存在；其次，几乎全部的智能设计论者都是传统的基督徒，他们大都赞同以"楔进战略"为指导原则作为解开现代美国无神论自然主义束缚的关键所在，相信"智能设计论对进化论和自然主义的挑战是这场文化战争的起点"[②]，也就是说，智能设计论与创世论反对自然主义的态度几乎是完全一致的。当然，就此判定智能设计论就是"新瓶装旧酒"的创世论未免有些

---

① 张增一：《创世论与进化论的世纪之争——现实社会中的科学划界》，中山大学出版社 2006 年版，第 11 页。

② Davis, Edward B., "Intelligent Design on Trial", *Religion in the News*, Vol. 8, No. 3, 2006, p. 11.

草率,毕竟以上证据只能证明两者具有相似性,并不能证明有前后因果关系,但下文的这场"熊猫审判"似乎能更清楚地识别智能设计论的本质。

二 智能设计论挑战进化论社会运动的兴起

除学术上的争端外,进化论在社会层面受到的争论同样不断。从基要主义创世论的"斯科普斯案"(又称"猴子审判")到科学创世论的"世纪审判",再到智能设计论的"多佛审判"(又称"熊猫审判"),进化论在法庭上经历过多次较量。为更加全面地了解智能设计论对进化论的挑战,这里将重点介绍"熊猫审判"。

1996 年,智能设计论的"主战场"科学与文化复兴中心(CRSC)① 成立,并于 1999 年 3 月 3 日在其官网上发表题为《楔进战略》(*Wedge Strategy*)一文,公开阐明运动的宗旨,大致意思为:他们的目的就是坚定地推翻自然主义及其相关文化遗产,中心将在来自各个领域的大批科学家的努力下探究以生物和认知科学为主的学科,并对其最新进展的合理性进行质疑,并在此基础上重新将对自然的有神论研究提上日程。他们的"楔进战略"是:"如果我们将影响巨大的科学唯物主义看作一棵百年大树,我们的战略功能上等同于'楔子',相比之下虽然很小,一旦插入其最虚弱的地方会将整个树干劈开。"② 显然,智能设计论的最终目的就是撕掉科学的无神论自然主义标签。

为达到目的,智能设计论者采取了"多管齐下"的手段对学说进行推广和宣传。首先,他们发挥自身具有的高学历、高职位的优势,大大消除了人们关于智能设计论者及其学说的不信任感,通过举办大型学术论坛等方式扩大学说在学术圈中的影响;其次,通过讲座、电视台、网络媒体等途径进行广泛宣传,扩大对社会公众的影响力并"扎根"于社会;最后,联合宗教界的势力,与教会、神学院等合作举办各种活动。正是在这种密集的宣传下,质疑进化论的声音愈演愈烈。

---

① DCRS: Discovery Institute's Center for the Renewal of Science and Culture.

② Discovery Institute's Center for the Renewal of Science and Culture, *The Wedge Strategy*, http://www.antievolution.org/features/wedge.html, 2008.

　　2004 年 11 月 19 日，美国宾夕法尼亚州多佛学区教育委员会公布了一项决议，要求从次年 1 月起，在多佛高中九年级的生物课上，教师必须向学生阅读包括以下内容的声明："达尔文的理论是个理论，仍然在接受新发现的证据的考察。理论并不是事实……能够与广泛的观察相一致的，并经过充分试验的解释……智慧设计论是一种不同于达尔文的，生命起源的解释，如果学生想要探索这样的观点，并了解智慧设计论的影响，可以参考《论熊猫与人》。"① 总之，这份声明认为达尔文主义进化论作为解释生命起源的理论并不完善，因此不应该限制在这种框架内讨论生命起源问题，而应接受智能设计论这个并不逊色于达尔文进化论的理论。这份声明在科学界引起了巨大轰动，同年 12 月 14 日，以泰米·奇兹米勒（Tammy Kitzmiller）为首的多位学生家长向当地联邦法院提起诉讼，美国科学促进会、美国公民自由联合会等协会也作为原告参加了此次诉讼，这便是有名的"熊猫审判"。

　　在法庭上，控辩双方围绕着各自的观点展开了激烈的争辩，原告方证人包括生物学教授肯尼斯·R. 米勒（Kenneth R. Miller）、哲学教授巴巴拉·弗雷斯特（Barbara Forrest）等人，他们一方面指出智能设计论是不可检验、不可证伪的理论，另一方面指出《论熊猫与人》中存在许多过时的、错误的观点，因此是不能被用作教材的。此外，他们还通过梳理智能设计论的历史来说明这只是一个披了科学外衣的伪装的创世论，具有鼓吹宗教教义的嫌疑，因此并不是科学。而被告方也对此做出辩护，贝希依旧坚持"不可还原的复杂性"理论，史蒂夫·富勒（Steve Fuller）则指出实际上如孟德尔、林奈等进化论支持者也是接受智能设计论的。最终，经过长达 40 天的审判，代表进化论的原告方获得了最终胜利，琼斯法官在判决书中做出如下判决。

　　（1）法庭认为智能设计论就是创世论的一种。①智能设计论的定义与创世论完全相同。②《论熊猫与人》于 1981 年便开始起草，经过几次修改后因未有合适的出版商一直没有出版，"创世论"与"创世论者"之类的字眼在原稿中出现 150 次左右。之后爆发了禁止创世论相关的教材进入课堂的"爱德华兹案"，于是，原稿中"创世论"的相关字眼全都被"智能设计论"一词代替，并转而论证智能设计论是一个有效的科学假说。③上述改变在

---

① 符征：《智慧设计论能成为进化论的替代理论吗》，《自然辩证法研究》2009 年第 9 期，第21 页。

"爱德华兹案"宣判后立即出现，词的替换既明显又重要，这是有预谋且未改变叙述内容的替换。因此法庭判定，智能设计论只是贴着科学"标签"的伪装的创世论。[1]

（2）法庭认为智能设计论不是科学理论。"智能设计的拥护者企图避开科学的严格检验，这是我们现在裁定他们的宣称是经不起检验的……智能设计运动的目标不是鼓励批判性思考，而是煽动一场由智能设计论取代进化论的革命。"[2]

（3）法庭认为在公立学校讲授智能设计论是违法的。判决结果一出，科学界对于这一结果欣然接受。《科学》杂志对这一官司评论道："智能设计论在科学课堂上将不会占有一席之地。"[3] 但是，这场官司并没有结束两者的纷争，直到今天为止，智能设计论与进化论之间的争论仍在继续，且愈演愈烈。

由此可见，智能设计论对进化论的挑战为时已久，从以宗教之名的创世论到以科学之名的智能设计论，"进化论不是科学吗？"这个命题一直在被讨论。今天，虽然科学家们已经有了足够的信心来确信达尔文学说，正如他们确信原子的存在一样，但我们还需对其早已公认的科学地位做出讨论。这并不是对于达尔文主义进化论的一种主观辩驳，而是通过梳理智能设计论对于进化论的批判要点并一一进行分析，探究智能设计论对进化论的批判是否合理，达尔文主义进化论的科学地位根基是否稳固。因此，纵然达尔文主义进化论中存在大量坚不可摧的科学事实，大部分科学家也基本不再需要任何证据去被说服，但对于智能设计论对进化论的批判还是有必要去进行分析和回应。

第二节　智能设计论对进化论的批判及其反驳

从第一部分的背景介绍可知，智能设计论是一种主张进化是有目的的、

---

[1]　参见 Judge Jones' Ruling, 2005, http：//www. pamd. uscourts. gov/kitzmiller/kitzmiller_ 342. pdf。

[2]　符征：《智慧设计论能成为进化论的替代理论吗》，《自然辩证法研究》2009 年第 9 期，第22 页。

[3]　Science Now Daily News, 2005 - 12 - 20.

被引导的过程的理论。这种理论特别着眼于揭露达尔文主义进化论的某些假定中的缺陷，因而强调在进化进程上添加一个设计者（未被确切指明）的重要性。事实上，智能设计论者质疑进化论科学地位所采取的策略还不止于此，除质疑进化论的基本原理、解释机制及事实证据之外，他们还对于进化论的认识论和方法论提出了疑问。本节旨在一一分析智能设计论对进化论的批评，通过分析来衡量这些质疑的合理性，并对这些质疑进行逐条回应。

一　对进化论的基本原理及其解释机制的质疑及其反驳

在 1859 年后不久这段时间，"达尔文主义"通常指代达尔文进化论学说的全部思想，而随着各类补充性学说的日益增加，"达尔文主义"在今天主要包含达尔文的三种信念：共同祖先学说、遗传变异（渐变性）学说和自然选择学说。詹腓力认为，达尔文主义者宣称进化是事实，但"进化的事实如没有理论的支持，只不过是个泡影而已"①，所以必定需要合理的解释机制去对进化的原理进行描述。"如果不能解释生物到底怎样可以从一种转变成另一种，只空口说'人类是从鱼类进化来的'，这并没有什么了不起……必须要有科学家研究出来，到底怎样可以不借用神迹。"② 所以，这三种进化论的基本原理和解释机制成了智能设计论者质疑的焦点问题。

值得注意的是，智能设计论者并不全盘否定这三种机制的存在，反而认为这三种进化论的解释机制可能都是存在的，但关键在于它们是否足以使物种在不借助超自然力量的情况下自然进化。所以，智能设计论与达尔文主义进化论在解释机制上的核心分歧在于"进化过程中是否有超自然力量的参与"。由于共同祖先学说已被大部分智能设计论者认同，不必去进行回应。本小节主要总结了智能设计论者对于自然选择学说及遗传变异理论的几点质疑，通过逻辑分析对于这些质疑进行回应。

（一）自然选择学说

作为进化论的核心学说，达尔文使用了大量精心挑选的例证和详细有力

---

① ［美］詹腓力：《"审判"达尔文》，钱锟等译，中央编译出版社 1999 年版，第 9 页。
② ［美］詹腓力：《"审判"达尔文》，钱锟等译，中央编译出版社 1999 年版，第 13 页。

的论据来支撑自然选择学说。自然选择学说的关键在于"选择"一词，"自然选择的作用就是将无数的微小变异积累并保存起来……保护某些有利变异，促使这些变异保持下去"①。因为物种的变异是随机性的，既可能产生有利变异也可能产生有害变异，而物种之间又存在着生存斗争，因此这种优胜劣汰的自然选择法则会将有利变异保存下来并淘汰有害变异，这在宏观上就呈现出有方向的进化的样子，可以取代"设计"因素的作用。自然选择学说则得以抛弃全盘目的论，为生命世界之所以展现出完美且复杂的图景提供了一种原因解释，将"生物彼此之间的适应以及生物与环境的适应"视为生物进化的动力。

然而这样一种革命性的理论引起了许多学者的抵制。天文学家赫歇尔称自然选择是"杂乱无章的定律"，就连"达尔文的斗犬"——坚定的进化论捍卫者赫胥黎对自然选择的态度也是将信将疑的："由达尔文提出的这种特殊学说的最后命运如何，现在还很难说。"②詹腓力则认为，自然选择学说的理论本身就是错误的，所以连寻找证明理论的证据都是没有必要的。综合而言，智能设计论者对于自然选择学说的批评意见从两方面展开。

1. 自然选择是"同义反复"的循环论证吗？

自然选择理论面对的一个重要的批评意见是"适者生存"的同义反复性问题，其中卡尔·波普尔的评价起到了举足轻重的作用。在《无尽的探索》中，波普尔明确地指出自然选择对于"适应"的说明"很难说是以科学的方式……事实上几乎是同义反复……如果物种不适应，它就会被自然选择淘汰。同理，如果一个物种已被淘汰，那么它必定是不适应条件"③。之后，波普尔又在《客观知识——一个进化论的研究》中对于"适者生存"提出了疑问，认为"'生存者即最适应者'和同语反复'生存者即生存者'两者之间看来有差别也是不大的"④，因为除了实际生存之外没有别的判断

①　［英］达尔文：《物种起源》，刘连景译，新世界出版 2014 年版，第 55—61 页。
②　［美］厄恩斯特·迈尔：《生物学思想的发展：多样性，进化与遗传》，刘珺珺等译，湖南教育出版社 1990 年版，第 531—532 页。
③　［英］卡尔·波普尔：《无尽的探索：卡尔·波普尔自传》，邱仁宗译，江苏人民出版社 2000 年版，第 181 页。
④　［英］卡尔·波普尔：《客观知识——一个进化论的研究》，舒炜光等译，上海译文出版社 1987 年版，第 254 页。

适应性的标准。在这一点上，詹腓力与波普尔基本一致，他认同辛普森对于"适者"的定义："只有将适者定义为生育众多的品种，才可以说自然选择使适者生存……对一位遗传学家来说，适应与否跟健康、气力、美貌或任何其他条件都无关，唯一的要素就是生育效率高。"① 举例说明，野马跑得快本应是优势，但若马跑得太快或容易跌倒，或会使异性无法追上，便会失去繁殖的机会，那么这种优点在自然选择中也便成了缺点。所以，詹腓力认为"适者生存"只是"能生存（繁殖）者能够生存（繁殖）"。

总之，智能设计论者认为自然选择理论只是一个不可证伪的形而上学假说，而非可检验的科学理论，最直观的表现就是它的解释力太强，"怎么都对"。波普尔曾提出一个"火星上的三种细菌"的假设，他设想我们在火星上发现了只有三种类型的细菌，或只有一种，甚至根本没有，这在自然选择理论中都是说得通的，因为无论情况是怎样的，我们都可以说存在下来的细菌就是经过自然选择后最适合于生存的类型。所以这更像是一种"特设性假说"。正如波普尔所评价的："达尔文学说并非真正的科学理论，因为自然选择论是一种全能的巧辩，可以解释一切事物，所以就等于没有解释任何事物。"②

自然选择学说是否真的是同义反复？波普尔本人在 1977 年剑桥大学开设的"达尔文讲座"中发表了"自然选择和精神突现"的演讲，公开声明自己以前的看法是错误的，他表示自然选择理论"绝非是同义反复的……它非但是可以检验的，而且严格地说，它并不是普遍地真的……并非所有的进化现象都只能用自然选择来解释……它表明：对于某一特定的器官或行为程序的进化，自然选择可能起多大的作用"③。波普尔这次态度转变的根本原因在于，他改变了之前对于"自然选择"理论以及它在进化机制中的作用的错误看法：第一，波普尔不再停留在语义层面理解"适者生存"，开始探究"适者""适合度"的真实含义；第二，波普尔不再认为"自然选择"是达尔文主义进化论中进化的必要条件。

---

① ［美］詹腓力：《"审判"达尔文》，钱锟等译，中央编译出版社 1999 年版，第 23—24 页。
② ［美］詹腓力：《"审判"达尔文》，钱锟等译，中央编译出版社 1999 年版，第 25 页。
③ ［英］卡尔·波普尔：《科学知识进化论：波普尔科学哲学选集》，载纪树立编译《自然选择和精神突现》，张乃烈译，邱仁宗校，生活·读书·新知三联书店 1987 年版，第 438 页。

不只是波普尔，"适者生存"的表述让很多人对于自然选择机制都理解有误。迈尔曾对达尔文的原意进行了"辟谣"，他指出达尔文起初并未使用"适者生存"指代"自然选择"，后是为避免让人联想到有超自然的存在进行选择（与神创论区分开来），才在《物种起源》的再版版本中借用斯宾塞"最适者生存"的说法，这才误使"整个自然选择理论停留在同义反复上"①。波普尔正是被迷惑的其中之一，当意识到这个错误后，波普尔举出了"孔雀开屏"的反例：孔雀在经过漫长的进化后形成了能够开屏的巨大尾巴，这从自我生存角度来说本不利于孔雀灵活行动乃至生存，那么孔雀的大尾巴早应在自然选择的作用下消失了。之所以孔雀还保留着大尾巴并有着开屏的行为，是基于达尔文的"性选择"机制（用异性喜爱）。② 因此，除"生存"外，波普尔对于"适应"概念的理解也有了其他标准，性选择或繁殖因素就是"适者生存"的一个重要因素。

在厘清"适者生存"的意义后，波普尔又重新思考了自然选择在进化中的作用，发现它只是进化的充分而非必要条件，即自然选择并不是生物进化的唯一动力。这条结论得益于"遗传漂迁"现象的发现，即"从主要群体中隔离少量个体，并且防止他们与主要群体杂交，那么经过一个时期后，新群体基因库的基因分布将会和原先的群体基因库的基因有所不同"③。例如，足够小的群体因为地理隔离而形成了两个独立的群体，在"遗传"和"变异"的共同作用下产生了基因分布不尽相同的两个群体，基因频率的差异致使两个群体产生了生殖隔离，进化过程得以实现。显然，"即使完全没有选择压力，这种情况也将发生"。④"遗传漂迁"现象的可检验性使得波普尔发现了自然选择理论的可证伪性：若将遗传、变异、自然选择、进化和遗传漂迁分别用 a、b、c、d、e 表示，那么可以用全称陈述说，当条件 a 和 b 存在时，一切结果 d 全是由 c 导致的，于是 e 就证伪了这一理论。

① 胡文耕：《生物学哲学》，中国社会科学出版社 2002 年版，第 194 页。

② ［英］卡尔·波普尔：《科学知识进化论：波普尔科学哲学选集》，载纪树立编译《自然选择和精神突现》，张乃烈译，邱仁宗校，生活·读书·新知三联书店 1987 年版，第 437 页。

③ ［英］卡尔·波普尔：《科学知识进化论：波普尔科学哲学选集》，载纪树立编译《自然选择和精神突现》，张乃烈译，邱仁宗校，生活·读书·新知三联书店 1987 年版，第 436 页。

④ ［英］卡尔·波普尔：《科学知识进化论：波普尔科学哲学选集》，载纪树立编译《自然选择和精神突现》，张乃烈译，邱仁宗校，生活·读书·新知三联书店 1987 年版，第 436 页。

波普尔运用"遗传漂迁"的论证是有效的，这与古尔德、列万廷等人采取的"非适应主义纲领"的解释策略是相似的，认为达尔文在解释物种变化时是遵循多元化的解释策略的，通过将适应与选择相分离等方式限制自然选择的范围，使得适应解释具备可检验性。[①] 但"孔雀开屏"这个反例在今天看来并不成功，因为智能设计论者就是将"适应"定义为"繁殖力"。所以，必须寻找其他路径去改进"适应"的概念。

事实上，许多进化论者都试图以此路径为自然选择理论的科学地位进行辩护。S. K. Mills 和 J. H. Beatty 是适应度的本性说的代表，旨在改进"适应度"概念以找到其超越繁殖因素的意义。其核心思想可表述为：对携带不同基因型或表现型的诸多生物群体而言，适应度并不等于其各自实际产生的后代数量，而是各自倾向于产生的后代数量，这种倾向取决于生物的物理特性与其所处环境的物理特性间的咬合程度。[②] 所以，在适应度的本性说中，"适应度"所表达的是一种种群进化过程中繁殖成功的能力，这是一种期望而非实际结果。所以"适应"与"生存"是"倾向能力"与"实际行为"的关系，两者之间并非定义关系，而是因果关系，这就能够避免互为解释性说明，也就消除了同义反复的嫌疑。

以上梳理了不同学者解决自然选择理论同义反复嫌疑的方法，他们或改进"适应度"的概念，或解释自然选择理论不完全是"适者生存"。其实归根结底，同义反复只存在于这样的情况："适合度是由实际的后代数目来定义的，并被用于解释一类个体（或基因型）的存在，这种错误的实质在于企图从概率陈述推出存在陈述。"[③] 所以，要说明自然选择理论不是同义反复，就是要解决这个问题。

首先，自然选择理论其实不等于语义学上的"适者生存"，而应是前者包含后者的关系，因为自然界中还存在"适者不生存"的情况。举例说明，

① 参见董国安《自然选择原理的解释作用及其同义反复问题》，《华南师范大学学报》（社会科学版）2006 年第 6 期，第 4 页。
② 参见张鑫、李建会《"适者生存"是同义反复吗?》，《科学技术哲学研究》2017 年第 3 期，第 9 页。
③ 董国安：《自然选择原理的解释作用及其同义反复问题》，《华南师范大学学报》（社会科学版）2006 年第 6 期，第 6 页。

假如存在 X、Y 两匹雄性马，X 比 Y 更适应环境，那么 X 在同样的条件下会比 Y 更易存活且繁殖出更多后代，但 X 的配偶已经死亡而 Y 没有，那么 X 的后代必然少于 Y，所以 X 的有利基因相对于 Y 来说就不能在种群中扩散开来。因此，理论上适者一定会留下更多的后代，但实际情况中适者因为偶然因素的影响可能并不能产生更多后代。所以，"适者生存"这个命题只是说明了自然选择机制具有筛选作用，它是包含于自然选择机制中的，并非等同的关系。

其次，"适者生存"命题本身也并不必然是同义反复的。首先要明确，说"适者生存是同义反复"并不是说"适者＝生存"，而是说两者是相互定义的关系，即循环定义，所以关键在于说明两者不是相互定义解释的关系。本研究赞成本性说对于"适应度"的定义，物种的"适应度"反映的应该是物种本身的特性与环境的咬合程度，而"生存度"只是生物斗争的结果。达尔文曾谈到一个例子：在某山上的野狼种群中有长腿体瘦速度快和短腿体胖速度慢两个类型①，可以通过生态学工程分析的手段来测算两个种群的适应度，无须通过实际繁殖数量来定义适应度，所以"适应"与"生存"间的关系是因果关系，并非相互定义。当然，这种适应度的可测算性并非普遍存在的，甚至可以说大多数情况下都无法直接测算生物的适应度，因为生物的适应度不仅是不断变化的，而且对适应度的测算不仅要考虑环境因素，还要考虑生物个体自身的某些可检验特征，所以任何一点影响都可能对生物适应结果产生蝴蝶效应。正是这种预先测算的困难程度导致我们会通过考虑生物实际生存的情况去判断生物适应的情况，并不是因为适应真的等同于生存。所以从根本上来说，适者生存并不是同义反复，而是由于人类认识的局限性所造成的实际操作过程当中的"类同义反复"罢了。

综上所述，自然选择理论并不是同义反复，它并不是逻辑上必然为真的，因为它不是生物进化的必然条件，它不仅是可检验的，也是可证伪的。因此，通过断定自然选择理论是同义反复而认为达尔文主义进化论不是科学，这种论证是无效的。

---

① 参见董国安《自然选择原理的解释作用及其同义反复问题》，《华南师范大学学报》（社会科学版）2006 年第 6 期，第 7 页。

2. 自然选择无法解释"具体的复杂性"吗？

邓勃斯基认为，现代科学家们所惯常采用的决定论与偶然性相结合的科学说明模式已被证明"是太稀的说明之汤，它已不足以滋养健壮的科学"①，所以必须重新将设计论引入科学，进化学说更是如此。从自然世界可观察特征出发②，可以推断生物系统的确表现出了一种"具体的复杂性"，这使得生物根本无法通过无目的、盲目的、无理智因素参与的自然选择机制进化而来，必然包含某种理智因素的设计。

要理解"具体的复杂性"，首先要明确三个概念：偶然性、复杂性和具体性。"偶然性确保所属物体不是无法选择其结果的自动且非理智过程的产物"，物体（事件、结构）与自然法则相容又不为其所决定，因此不能还原于任何隐含的物理必然性。"复杂性确保该物体并没有简单到可轻易加以解释的程度"，如连环锁的锁连环得越多，其机制就越复杂，被打开的概率就越小，所以复杂性与自然发生的概率是成反比的。"具体性能确保该物体表现理智的范式特征类型"③，在生物系统中基本等同于结构的功能。这里可以以有序有意义的树叶作为类比：如果你遇到一千片叶子散落在地上且排列成某种形状，那么这种形状的形成是偶然的，但这个过程是否是设计的呢？还须对这个形状进行判断，如果只是呈现出随意的形状，那么这个过程就是自然发生、没有经过设计的；但如果它恰好呈现出一种规律的图形，那么我们便可以设想它可能是经过设计的，因为它具有一定程度的复杂性。当然，这种复杂性还是不能排除随机性因素，但如果这个形状像字母那样组合，它们拼写成一些有意义的单词、句子、段落，甚至是一个完整的故事时，那就是一个具体的复杂，因为它包含足够丰富的信息，是包含特定意义的，那么此时就要用智能设计理论来进行解释。

① ［美］威廉·邓勃斯基：《理智设计论——科学与神学之桥》，卢风译，中央编译出版社2005年版，第127页。
② 参见［美］威廉·邓勃斯基《理智设计论——科学与神学之桥》，卢风译，中央编译出版社2005年版，第105页。
③ ［美］威廉·邓勃斯基：《理智设计论——科学与神学之桥》，卢风译，中央编译出版社2005年版，第132页。

将人对树叶性状的判断过程加以抽象概括，就是邓勃斯基称之为"说明过滤器"的复杂性—具体性决策机制。这一思想的本质上是：人们总是从理解力的最经济有效或最似乎合理的层次上来解释事物，只有当前一个层次解释失败时，才采用后一个层次来解释。生物进化过程也是如此，尽量通过正常的、未被违反的定律来解释它们；如果这样解释不成功，那么就运用第二个层次即偶然性来解释；但是如果这样解释仍然不成功，就必须运用另外一个层次即设计来解释。① 邓勃斯基认为，图 13－2 是正确的说明过滤器机制，但遗憾的是现代主流科学界中都通过图 13－3 中的自然化说明过滤器去进行判断。

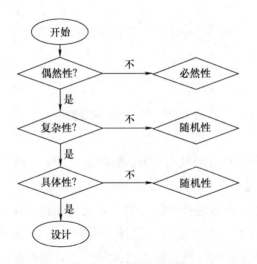

图 13－2　说明过滤器

仔细梳理邓勃斯基的逻辑推理，从表面看十分简单：在自然界，事物有两种产生的形式，一是具有必然性的现象，邓勃斯基称之为"规则"，多指自然规律；另一类现象是不能够从初始条件来确定的现象，这类现象出现的概率很小，只能够用机遇来说明。但如果某种现象不仅出现概率小，又排除了用机遇来解释的可能，就只能归咎为设计。这种解释的筛选是逻辑推理的

———————————

① 参见 ［美］迈克尔·鲁斯《达尔文主义者可以是基督徒吗？——科学与宗教的关系》，董素华译，山东人民出版社 2011 年版，第 110—111 页。

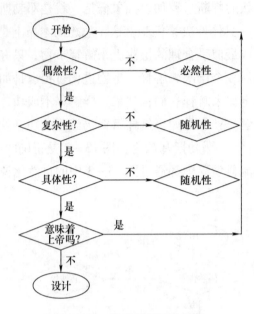

图 13 - 3　自然化说明过滤器

结果。所以，邓勃斯基的论证将"明确规定性"和"概率"相结合——前者指涉了一类"担保了一个关于设计的推论"的模式，后者则通过概率极限去说明仅仅通过以自然选择为核心的达尔文主义进化论机制是不可能产生具有"具体的复杂性"的生命的。另外，邓勃斯基还从信息论上解释进化问题。他认为，规律法则因其必然性而无法产生其他可能性，这种单一的现实可能性产生不了其他信息①，更不用说是复杂具体信息。而偶然性要么产生复杂的非具体信息，要么产生不复杂的具体信息，就是不可能二者同时兼得，这是概率论极限分析的结果。所以盲目的、随机的、无目的的自然选择机制是不可能形成富含复杂信息的新物种的。就此邓勃斯基得出最终结论：生命系统和生物结构是不能借由纯粹自然的手段而来到世间的。正是因为生物系统"具体的复杂性"必然逻辑推出设计因素，邓勃斯基反驳了自然选

---

① 注：举个简单的例子，2 + 2 只能等于 4，加法法则是决定性的定律，因此将"2 + 2"这个指令输入计算机程序中，无法得到除 4 之外的其他可能信息，因此 2 + 2 = 4 并不能产生信息，只是重言式而已。

择机制，进而否定了进化论的科学地位。这个过程看似逻辑严密，但其实是存在根本性错误的。

（1）偶然性、必然性与设计并非完全对立

邓勃斯基认为，"把一个事件归因于设计，就等于说这个事件不能似乎合理地被定律或偶然性来解释。通过把设计的特征描述为定律—或—偶然性脱节分离的既定的理论补充，人们因此就保证了这三种解释类型相互排斥并且是彻底的"①。但其实"偶然性""必然性"和"设计"这三个概念在进化生物学中并非相互排斥，邓勃斯基对于三个词的意义的界定并不准确。生物的变异具有"偶然性"，但与量子的情形不同，许多进化事件的发生可能是由于一些独立的因果链条的偶然相交造成的，而这些因果链本身是确定而遵守规律的，所以"偶然性"并不意味着生物的变异就超出了定律的作用范围。同理，掷硬币的结果也是一个随机性结果，原因在于掷硬币的力量、角度、空气阻力等因素的相互作用是偶然的，所以呈现出随机性结果，但掷硬币本身仍是一个遵循力学法则的物理事件，只要我们能够充分地进行计算就可以判断出硬币落地的正反面结果。就这个意义而言，我们甚至可以说"偶然性"是一种"对无知的承认"。②所以"偶然性"与"必然性"并不是完全割裂的，它们都遵循着自然法则定律。因此邓勃斯基将偶然性与必然性完全割裂的做法是错误的。

相反，偶然性与必然性在生物进化过程中体现了完美的融合：突变是偶然的单个发生的，但是作为一个整体，它们都受定律的支配，因此，突变能为自然选择（定律）提供有用的材料，自然选择则使进化从无序（偶然性）中产生有序。所以，"偶然性""必然性（法则）"和"设计"三个概念并不是相互排斥没有交集的，达尔文主义进化论完全可以通过"偶然性"与"必然性"的结合来解释生物进化。

（2）自然选择是有方向性的功能性选择

邓勃斯基认为单凭无目的、盲目的、随机的自然选择不可能进化出信息

① Dembski, W. A., *The Design Inference: Eliminating Chance through Small Probabilities*, Cambridge University Press, 1998, p. 98.

② ［美］迈克尔·鲁斯：《达尔文主义者可以是基督徒吗？——科学与宗教的关系》，董素华译，山东人民出版社 2011 年版，第 111 页。

丰富的、具有功能性的生物系统，所以自然选择学说无法合理地解释生物进化，这根本就是文不对题。的确，生物的变异是随机、无方向、杂乱无章的，既可产生出有利变异，也可能产生有害变异，所以如果进化突然被强制要求仅仅依赖于随机突变，那么物种很快会退化甚至灭绝。但幸运的是这一可能被自然选择机制消解了，进化的原材料——个体之间的差异性——经过自然选择这一强大的限制力量，保留了有利变异，消除了有害变异，积累那些比其他基因更有机会传承给后代的基因，并以此令个体永远能更好地应对他们身处的环境。于是，突变与自然选择的独特组合——偶然性与必然性——告诉了我们生物如何变得更适应环境。在这一点上，道金斯在《盲眼钟表匠》中也为自然选择提供了强有力的辩护，他将这种偶然性与必然性结合的奇迹定义为"随机差异性的非随机存活"。阿亚拉也曾论证道，自然选择不仅不是非随机的，还在下述意义上是被引导的：生物的性状会根据"功能性功用"的要求而被加以选择。[1] 因此，达尔文最重要的发现并不在于"塑造"了一个盲目的、无目的、随机的进化过程，而是发现了"一个创造性的然而却不是有意识的进程"[2]。

同时，生物体的复杂性也是完全可以由生物体自发形成的。要明确的是，生物体是一个包含多种层次的有机体，各个层次及不同层次之间都有着相互反应，随着较大结构的形成，不同层次上的稳定组合会聚集在一起。复杂性是通过呈等级结构的诸阶段，而不是在一场巨大的抽奖活动中产生的。一旦生殖的过程启动后，自然选择就成了一个反偶然性的机制，把这些极不可能的组合在后代中保存下去。就这样，进化显示出一种微妙的偶然性和规律性的相互作用。

当然，正因为进化是一种偶然性与规律性并存的过程，所以它不应该被理解为是经过设计的。如果从局部、短期来看，进化似乎呈现一种多方向的变化，而非单方向的过程。物种有时会填充那些暂时未被占领的生态位，而当条件发生变化之后，这些生态位结果却成了死胡同，因此显示出一种短期

①　参见 Ayala, F. J., "Darwin's Greatest Discovery: Design without Designer", *Proceedings of the National Academy of Sciences of USA*, 2007, 104 (Suppl 1), pp. 8567 – 8573。

②　[西] 弗朗西斯科·阿亚拉：《两次革命：哥白尼与达尔文以及他们引领我们进入的世界》，载江丕盛等编《科学与宗教对话在中国》，中国社会科学出版社 2008 年版，第 199—200 页。

的机会主义。进化的全部样态并不像一棵生长均匀的"进化生命树"，倒是像一团无方向的、肆意蔓延的藤条，这些藤条向各个方向生长延伸，但总会有一些最终会枯死。这就类似于古尔德"醉汉掉进沟里"的类比，一个醉汉在一条胡同走路，从结果上来看他是掉进了右墙边（复杂性）的水沟里，但这并不是因为水沟对他有某种驱动力，当然也不是因为他想掉入水沟，而是因为当他向左（简单性）偏离时他会撞到墙，所以他才会应激性地向右走，最终导致跌进了水沟。所以，进化最终呈现出来的样子不是必然而排他的，而是因为有些路径在进化的过程中陷入了死胡同而在最终的结果中消失。所以，进化的历史在整体上还是呈现出一种有方向的、趋向更复杂发展方向的趋势。

（3）概率极限问题已得到多重解释

另外，关于邓勃斯基提出的概率极限问题——按照进化论的解释机制，即使考虑现有宇宙的所有物质和时间因素，都不足以产生现有的生命等现象，所以宁可相信这一切都是源于某种智慧——我们可以从逻辑上推测进化论的解释是否有可能产生如此丰富的物种，答案是可以的。人类现在对于宇宙的广度尚未有定论，无法确定我们经验观察中的宇宙到底是世界的全部还是多宇宙中的一小部分。如果是后者，那么"概率样本空间的扩充在理论上便是无限的，不受什么数量级的限制，从而打破了智能设计论者的概率极限问题"[1]。当然，除逻辑上的可能性推断外，还应寻找到相应的证据。雷兹尼克等人已对进化速率的问题进行了研究，他们通过对孔雀鱼的自然种群的化石记录进行计算，发现被观测到的进化速率会远超过我们从化石记录中估算出来的速率，前者甚至超越于后者好几个数量级。为了说明在上千万甚至上亿年的时段中生物学变化已发生的原因，已被观测到的演化速率已经绝对够用了——实际上，这些演化速率要远远快于长时段的进化变迁所需要的速率。[2] 所以邓勃斯基与其他智能设计论者其实一贯地低估了自然选择在生物变化过程中的巨大力量。他们必须要承认，在实际证据方

① 董春雨：《从复杂系统理论看智能设计论》，《自然辩证法研究》2009 年第 3 期，第 26 页。
② 参见［美］斯蒂芬·马特森《对智慧设计的科学批判与宗教批判》，载《科学与宗教：二十一世纪的对话》，复旦大学出版社 2008 年版，第 171 页。

面，近来的许多著作①业已通过由数字化有机体模型完成的模拟，证明了这种复杂性是如何经过随机突变和自然选择出现的。

总而言之，邓勃斯基通过"具体的复杂性"来否定以自然选择为主的进化论的科学地位是失败的。引用阿亚拉对于进化论偶然性与必然性的评价，"进化论表明偶然性与必然性在生命中盘桓交错在一起；随机性与确定性相互联结在同一个自然进程中，这一自然进程产生了宇宙中最为复杂、多变和美丽的实体"②。达尔文完成了观念上的革命：自然界中的每一个事物，包括有生命的有机体的起源和设计，都可以被解释为受自然规律支配的自然进程的结果。没有基因突变，进化就不可能发生，因为没有突变，生物的世代更替之间就不会产生变异。但是如果没有自然选择，突变的过程就会产生对生物体组织结构的破坏和灭绝，因为大多数突变都是不利变异。突变与自然选择共同推动着奇迹般的进化过程。

（二）渐变性变异学说

贝希提出的生命结构"不可还原的复杂性"概念将矛头主要对准了达尔文主义进化论的渐变性变异学说，他承认进化、变异和自然选择已经发生并无数次被观察到了（至少在微观上是如此），但他强调要证实达尔文主义进化论的真实性，就必须真正打开达尔文主义的"黑匣子"，通过进一步解释生物的分子结构去解决究竟"是什么引起了复杂系统的形成"这样一个根本问题。正如第一章中所介绍的，贝希认为任何一种生命系统都具有"不可还原的复杂性"，正是因为这种牵一发而动全身的效应，"对于缺少某一部分的不可降低的复杂系统来说，任何前一个系统都是绝对无法起作用的"③，所以"不可还原的复杂性"并不能由前一个系统通过微小而渐进的变化直接产生的。

---

① 注：这里列举两篇代表性论文，一是 Lenski et al.，"The Evolutionary Origin of Complex Features"，*Nature*，Vol. 423，2003，pp. 139 - 144（《复杂特征的进化论起源》），二是 Hazen et al.，"Functional Information and the Emergence of Biocomplexity"，*Proc Natl Acad Sci USA*，2007，p. 15；104（Suppl 1）：8567 - 8573（《功能信息与生物复杂性的突现》）。

② ［西］弗朗西斯科·阿亚拉：《两次革命：哥白尼与达尔文以及他们引领我们进入的世界》，载江丕盛等编《科学与宗教对话在中国》，中国社会科学出版社2008年版，第199—200页。

③ ［美］迈克尔·J. 贝希：《达尔文的黑匣子》，余瑾、邓晨、伍义汉译，重庆出版社2014年版，第46页。

　　为方便理解，这里借用贝希捕鼠器的例子来进一步说明"不可还原的复杂性"。按照贝希的观点，判断是否具有"不可还原的复杂性"的第一步就是要了解该系统的功能以及该系统的各个组成部分，其次需要了解是否每个部分都是用来发挥同一功能的。一个家用捕鼠器的基本功能就是捕杀老鼠，它大致包括做底托的木质底板、起着关键作用的金属捕杀锤、起连接作用的弹簧、稍加施力就可扣杀的捕鼠器和可钩住金属锤的金属棒五个独立的部分。它们各司其职，如底板是用来固定其他零件的、捕杀锤是用来夹住老鼠的、弹簧是用来连接捕杀锤和底板的等，并且如果缺少了任意一个部件，这个系统将会失去其原有的功能，它在功能上并不存在过渡的前身，所以家用捕鼠器就是一个典型的具有"不可还原的复杂性"的系统。

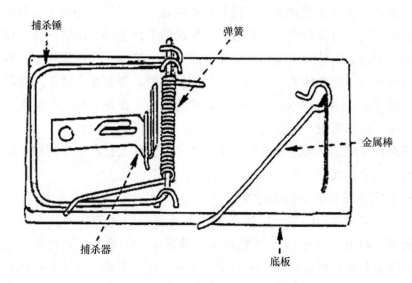

图 13 - 4　家用捕鼠器简易构造图

　　贝希认为，与捕鼠器相类似，生物系统也具有"不可还原的复杂性"。进化论虽然给出了看似合理的进化、变异及自然选择的解释机制，但却并不能对于生物的复杂性系统做出合理的解释。因为某个系统要经受自然选择的考验，就必须具备"最基本的功能"，即它最起码能够发挥它的基本功能，如眼睛之所以为眼睛，是因为它能够使人具有视觉，那么如果眼睛在进化的过程中失去了视觉功能，那么它就不具备"最基本的功能"，必然会被自然选择所淘汰。以细菌鞭毛为例，它的运作方式类似于推进器，就像是通过电动马达的旋转来得到传动一样，在贝希看来，这个机器至少由三个重要的部分组成：螺旋桨、转动体和动力马达，离开了转动体或马达的螺旋桨是不足以使这个有机体产生有用的结果，这毋宁说是一种严重的资源浪费，是不可能受到自然选择的"青睐"的，因此细菌鞭毛是不可能通过自然选择而逐渐形成的，唯一的办法就是使其作为整体一下子全部产生出来，但这种产生方式的概率是极小的，因此达尔文主义进化论的解释并不合理，这就为智能设计留有一定的余地。此外，贝希还通过血凝系统、免疫系统等例子得出了这一结论。

整体说来，以贝希为代表的智能设计论者认为生命结构"不可还原的复杂性"是达尔文主义进化论解释进化过程的极大障碍：一是在于达尔文主义进化论主张进化过程是微小、渐进的，但这种变化使得生命结构无法保持其最基本的功能，也就导致生物只会在自然选择中被淘汰；二是在于，假如承认生物可通过一次整体的大变化而进化为新物种，那么这个棘手的问题依旧没能得到解决，因为实际上这种产生方式的概率实在是太小，小至不可能发生。因此，达尔文主义进化论是不正确的，不是科学理论。

智能设计论的这番论证看似逻辑完备，但实际上存在很多问题，反驳方式体现在四个方面。

1. 否定性命题的逻辑不对等性

显然，贝希提出的关于生物系统"不可还原的复杂性"其实是一个否定性命题，即是一种关于"XX情况不可能发生"的断言，这种否定性命题与肯定性命题本身就存在逻辑上的不对等性。相比来说，在某一时间要证明否定性命题本身就相对容易，例如对于"鱼不可能听懂人类的语言"和"鱼可以听懂人类的语言"两个命题，要说服某人相信前者可以通过设计实验去证明人的语言不会改变鱼的状态，而证明后者所需要做的工作则要多得多，起码包括两大步骤：首先要证明鱼会因为人的语言而改变其状态，进而要证明这种状态的改变是因为鱼能理解人的语言的意义。所以，否定性命题与肯定性命题所包含的信息量本身就是不对称的，要证明两者所需要的工作量也是悬殊极大的。就像智能设计论，其推理逻辑是，只要 A 不能推出 B，那么 ¬ A→B 就是可能的，这里 A 指代达尔文主义进化论，¬ A 指代智能设计论。但这种论证有一个明显的漏洞，那就是无法保证 A 不能推出 B 的逻辑完备性，与其说智能设计论者已经证明了"XX 情况不可能发生"，倒不如说他们只是说明了"XX 情况尚未得到解释或现在无法得到解释"，这种论断只是立足于那些科学目前不知道或不可能发现的事情。以鞭毛为例，很显然这里存在另一种可能性，即我们既没有足够的知识来理解过渡结构在当下的系统出现之前实际上做过什么，也没有弄清作用于基因变异的自然选择到底是如何驱动这一变化的。

2. "石拱桥式"变异机制

许多达尔文主义者都曾运用石拱桥的比喻对智能设计论予以回应。一座简单的石拱桥是由诸多大石块所组成的，经过切割的石块组合成为桥拱，既不需要其他支撑物，也不需要将石头彼此绑在一起。这种结构体现了"不可还原的复杂性"的核心特点：石拱桥不能被一块一块地构建出来，而且如果移走其中的任何一块的话，整个桥体就会坍塌，无法履行它作为桥的基本功能。如果按照智能设计论的观点，如果说这个桥是通过进化形成的，那么它只能作为整体一下子被建造出来，但事实真是如此吗？知晓造桥过程的人应该知道，在拱桥完成之前，拱桥是由某类脚手架来提供支撑的，等拱桥建造完毕后人们再将脚手架拆除移走，所以在拱桥建成后人们看到的只是拱桥本身，但实际在拱桥的建设过程当中还有脚手架作为辅助手段。

这样看来，当前结构的"不可还原的复杂性"并不能成功消除该结构的功能性前身存在的可能性，因为事情完全可以是这样的：该前身已经具有了一些当下的结构所具有的构成或特征，只是由于该前身已经被移走了，所以我们才看不见它了。因此，达尔文主义者已找到能够解释"不可还原的复杂性"的可能的进化论假说。假定生物个体"不可还原的复杂性"的确是存在的，也并不能说明物种无法通过进化去实现物种的演变。

可以预想，"石拱桥式"的变异机制还是会引起智能设计论者的强烈不满，更甚者会将其转而作为批判达尔文主义进化论的工具。一方面，他们会认为"石拱桥"模型不仅不能排除设计的作用，反而凸显了设计的必要性；另一方面，他们会认为这个模型只是一种假设，没有任何证据能表明这个过程已经真实发生过。不可否认，"石拱桥"模型的提出只是作为一种可能的假说，但它确实证明了渐进变异机制是可能的，至于对它的证明则可通过寻找处于过渡阶段的化石去验证。

其实，智能设计论者对于生命结构"不可还原的复杂性"的理解还是局限在一种机械决定论的框架内进行的，他们更偏重于将有机体理解为一个大机械，它只是一些细小零件的精密组合体，是没有内在生命力和自主能力的，所以机械的变化只能通过外力的作用。但实际上，暂且不说机械决定论在生物学中从未占据过一席之地，就是在物理科学中都早已被辩证唯物自然观所取代。生物作为一种有自主性、自生性的有机体，本身就不能通过看待机械的方式去理解它的一切活动，它是一种整体大于部分的综合的复杂系统，因此这种在机械中难以解释的牵一发而动全身的效应在生命系统中完全是可理解、可实现的。我们的自身体验就可以证明这一点：有近视眼的人都体验过从视力正常到视力逐渐下降再到成为真性近视的过程，这无疑是一个渐变的过程，反之亦然。但如果按照智能设计论的论断，眼睛近视这个复杂系统的变化根本是不可能实现的，但事实就是它的确实现了，所以显然智能设计论的论断是错误的。因此，暂且不说"石拱桥式"的变异机制是可能的，倘若这种机制真的只是一种假说，近视的例子也足以说明渐进的变异机制还是可发生的。

3. 非功能性前身的作用

智能设计论认为，即使当渐进的变异机制真的发生了，还是存在着许多亟待解决的问题，因为具有"不可还原的复杂性"的系统因在进化中无法保持其基本功能而会被自然选择所淘汰。生物的生命结构并不会因为进化而丧失其基本功能。达尔文同时代的批评者、英国天主教生物学家 Mivart 曾提出"半只翅膀有什么用"的问题；贝希也多次提出类似的问题："发育不完整的眼睛有什么用？"其实这都表达了同一观点：器官要么作为一个完整的整体才能工作，要么根本不能工作。这种说法只是一种浅层的臆想，眼睛近视不等于失去视力，听觉能力弱不代表没有听力，切除了病变肝脏的病人依旧能够通过剩下的部分肝脏进行正常的生命活动……大量的实例可以说明这种非黑即白的结论并不正确，有"一个简单的、初级的、不成熟的眼睛、耳朵……也胜过一无所有"[①]。如果动物没有了眼睛，那它就是彻底的盲目，

---

① ［英］理查德·道金斯：《盲眼钟表匠》，王德伦译，重庆出版社 2005 年版，第 48 页。

如果只有一半的眼睛,那么"即使动物无法聚焦获得清晰的图像,至少也可以发现捕食者运动的大致方向"①。所以视力的强弱只是一种量的区别,但有无眼睛(有无视力)在一定程度上完全就是生与死的区别。

所以,不完善的器官非但不是没有用的,而且器官越完善,生物就越能够在自然选择中生存下来。就拿眼睛的问题来说,包括古尔德、道金斯在内的许多进化论者都普遍认为,视力越好必然越能经受住自然选择的考验。其实,达尔文本人也早已认识到极其精致复杂的器官的形成是进化学说亟待解决的一个难题:"像眼睛一样奇妙的器官能够对不同距离进行聚焦,接受各种强度的光线,还可以对球面和色彩的偏差进行校正,这样精巧的结构难以模仿。如果它是由自然选择形成的,我觉得这个说法听起来有些荒谬。"②但他后又回应道,从简单且不完善的眼睛到复杂且完善的眼睛间存在着无数的中间等级,每个等级对动物都是有帮助的,并且如果眼睛能够出现可遗传的变异,这种变异对处于不断变化着的环境中的生物是有利的,那么眼睛的复杂进化就是可能的,这不仅是一种假设,事实也的确如此。

此外,我们可以在现代动物中找到许多合情合理的中间阶段去印证上述结论,戴尔就通过现代科学的研究,在多篇论文中公布了他对于鸟的飞行动力学进化问题的研究结果:"半只翅膀也有利于鸟类在向上运动的时候增加牵引力,这种功能在现存生物体中也是有案可稽的,并且它很好地解释了长着羽毛的四肢以及作为鸟类先祖的古代物种(如恐龙)的'原始翼'的发展过程与功能应用。"③当然这并不意味着这些类似的中间阶段就是其古代的类型,但"这的确显示了处于这样中间阶段的动物是能够工作的"④,如甲壳类动物有着像昆虫那样的复合眼,鹦鹉螺没有晶状体但也有视力、其近亲鱿鱼已经有了真正的与人类相像的晶状体等。这也就意味着,生物的"不可还原的复杂性"问题已能够在达尔文主义进化论框架下得到合理的说明。

① [英]理查德·道金斯:《盲眼钟表匠》,王德伦译,重庆出版社 2005 年版,第 48 页。

② [英]达尔文:《物种起源》,刘连景译,新世界出版 2014 年版,第 104—105 页。

③ Dial, K. P., et al., "What Use Is Half a Wing in the Ecology and Evolution of Birds?", *Bioscience*, 2006, Vol. 56, pp. 437 –445.

④ [英]理查德·道金斯:《盲眼钟表匠》,王德伦译,重庆出版社 2005 年版,第 85—98 页。

4. 系统附属部分的功能问题

贝希曾指出，细菌鞭毛的任何一个部分脱离了这个系统都是无法单独发挥功能的，所以自然选择的对象是整个鞭毛的系统。但根据马特森（Stephen Malheson）的论证，新的研究成果已经表明鞭毛构成的附属结构——Ⅲ型分泌系统其实是有独立功能的，而且当已具有某种功能的特征因为其当前功能的优势而被选择时，该特征还可能行使其他功能，虽然这种功能可能相较于它作为鞭毛机器部件时已有改变，但仍然受到了自然选择的"青睐"。所以自然选择是可以将"不可还原的复杂性"系统的部分先选择出来的。[1]其实，马特森的此番论证是有逻辑漏洞的，因为Ⅲ型分泌系统的可演化性并不能证明其他附属结构具有同样的可演化性。但是这一发现的确削弱了智能设计论的论证效力，而且这种效力会随着其他附属结构得到同样的证明而大幅度削弱。相反，生命系统"不可还原的复杂性"可通过进化的方式产生的可能性则会越来越强。

除细菌鞭毛、眼睛、鸟类翅膀等例子外，随着科学技术的发展，越来越多的最新研究成果都已经表明贝希举出的证明"不可还原的复杂性"的例子不再具有强大的说服力。可以借用美国田纳西州立大学的生物化学家Niall Shanks 和 Karl H. Joplin 所指出的来进行总结：贝希声称生物化学系统与过程表明了一种不可还原的复杂性，它是不能够通过进化，必须被某种智慧来设计。我们已经表明：首先，满足贝希不可还原的生物化学复杂性的特征的系统能够自然地和自发地从自组织的化学过程和中产生出来；其次，我们更进一步论证到进化的生物化学与分子系统显现出丰富的复杂性。在面临着甚至相当激烈的扰动时，丰富的复杂性同时说明了进化系统与过程的稳定性。[2]所以，通过生物系统"不可还原的复杂性"去说明进化论不是科学是失败的。

至此，本研究已经梳理了智能设计论者对达尔文主义进化论主要基本原理和解释机制的质疑，也通过几个论证对于这些质疑进行了回应和反驳。这

---

[1] 参见［美］斯蒂芬·马特森《对智慧设计的科学批判与宗教批判》，载《科学与宗教：二十一世纪的对话》，复旦大学出版社 2008 年版，第 172 页。

[2] 参见 Shanks, Niall & Joplin, Karl, H., "Redundant Complexity: A Critical Analysis of Intelligent Design in Biochemistry", *Philosophy of Science*, 1999, Vol. 6, pp. 280 –281。

些虽不是智能设计论质疑的全部内容，但却是所有质疑中相对来说最不逊色、最有效力的几点质疑，其他质疑或并未涉及达尔文主义进化论科学地位的问题，或本身就没有办法进行逻辑上的自洽，或是因为对于进化论存在某些不必要的误解而产生的无关紧要的问题。总之，智能设计论者试图通过说明，达尔文主义进化论因为某些原因无法用自身的解释机制对于生物进化问题做出合理的解释，而智能设计论则恰好能弥补这一缺陷。即使进化论者试图通过添加辅助性学说去完善原有的解释机制，也只能说是一种假设而已，缺乏足够证据。正如詹腓力所坚称的，"如今，凌驾进化科学最基本的大前提似乎是：只要猜想进化怎样可以成功，不必实验证明就足够了……自然界必定提供了进化所需的一切条件，否则进化不会成为事实。换一句话说，如果进化需要大突变，那大突变一定可能；或者如果不可能发生大突变，那么进化论必定不需要它了。进化论本身就可以具备一切必需的证据"①。所以，除非可以提供事实证据来验证这些假说，否则进化论就不能算是事实。因此，智能设计论又转而对于进化论的事实证据的合理性进行质疑。

二　对进化论的事实证据的质疑及反驳

科学理论不同于日常语言中的"理论"，它并不仅是一套针对宇宙某种方面的概括性假设，还应与事实证据相符合。因此，智能设计论者矛头指向进化论的事实证据，其中最具代表性的就是约拿单·威尔斯的著作《进化论的圣像——科学还是神话？》。总结来说，智能设计论对于进化论的事实证据的质疑可概括为三部分。

（一）进化论的古生物学证据是缺失的吗？

波普尔在《历史决定论的贫困》一书中指出，生命进化只是一个历史过程而已。的确，进化现象本身（并非进化论）是一个历史问题，所以对于进化的检验也一定离不开对历史的考察，这是检验进化最直接、最准确的方法。如果说"地壳是一家藏品极其丰富的博物馆"②，那么化石就是这个博物馆里的藏品，它"见证"了历史上发生过的进化，甚至于化石就是进

① ［美］詹腓力：《"审判"达尔文》，钱锟等译，中央编译出版社1999年版，第51—52页。
② ［美］杰里·A.科因：《为什么要相信达尔文》，叶盛译，科学出版社2009年版，第25页。

化本身。但詹腓力认为，"达尔文主义最大的敌人并非神职人员，而是化石专家"①。在他看来，化石非但没有为达尔文主义进化论提供坚实的证据，反而成为驳倒它的强有力证据。总结起来，智能设计论者对化石证据的合理性有如下质疑：

1. 化石记录不全只是借口吗？

许多智能设计论者认为现有的化石证据不足以证明达尔文主义进化论是符合事实的，主要表现在渐进变异理论上：理论上一定会发现中间型化石，且这些化石可以反映出进化的渐进变异过程，呈现出一条完整的进化链，然而真实的情况却不尽然。达尔文本人也曾为此烦恼："如果物种是由其他物种慢慢演化而来，为什么不会见到大量过渡类型呢？为什么自然界中的物种有着明显的区别，而不是模糊不清呢？"② 最终，达尔文用"地质记录的不完整性"去进行解释化石的证据的不完整问题。然而智能设计论者并不买达尔文的账，他们认为进化论者一方面根据理论推断去搜查更多的化石床，另一方面即使没有找到，还是会以尚未找到相应的化石的说法来打圆场。"当然总有一些进化的过程没有在化石中留下丝毫可考的痕迹。但无论如何，我们不能完全靠聪明的借口来填满一切空缺。"③ 所谓化石记录不全只是借口罢了，是一种无意义的消极辩护。因此要解决这场纠纷，关键在于考察化石证据是否真的是记录不全的。

首先，化石的形成远比人们想象的要复杂得多，因为它需要一套特殊的环境：动植物的残骸必须是在水中，沉到水底后被沉积物迅速覆盖，以避免腐化或被食腐动物吃掉，之后动植物遗骸的坚硬部分就会被可溶矿物质浸透并替换，上层继续堆积的沉积物会对其施加压力，使得遗骸整体在岩石上印上一个投影，至此化石才得以形成。考察化石形成的大致路径，可总结出化石形成的几个必要条件：第一，动植物的残骸必须在水里才有形成化石的可能，这也就不难解释为什么大部分现存化石都是海洋生物化石，而陆生生物（尤其是陆生植物）很少了；第二，动植物遗骸只有坚硬的部分才能够被可

① ［美］詹腓力：《"审判"达尔文》，钱锟等译，中央编译出版社1999年版，第54页。
② ［英］达尔文：《物种起源》，刘连景译，新世界出版社2014年版，第97页。
③ ［美］詹腓力：《"审判"达尔文》，钱锟等译，中央编译出版社1999年版，第65—66页。

溶矿物质浸透并替换，所以许多骨骼脆弱的动物化石极为罕见，古代生物的化石更是如此。所以，光是化石的形成就需要极其复杂的条件。

其次，化石在形成后并不就能够被我们所发现和利用。首先，它需要躲过地壳无穷无尽的平移、褶皱、高温以及碾压才能留存下来，这些地质活动毁掉了相当多数量的化石。其次，当它成功地被保留下来后，还需待人们发现，而大多数化石都深埋在地表以下，只有在适当的地质作用下，古老的沉积层可能被抬升，并在风雨的侵蚀下显露出隐藏于其中的化石，人们才有机会去发现它。而如果没能及时发现，这些半裸露的化石会进一步接受风雨的侵蚀，不断被磨损直至永远消失。[①]

其实，达尔文本人也曾对地球上的极少数地区进行过详细考察，并通过地质学上的考察去分析海岸和近海岸的沉积问题，他还指出在海底下沉时期，有许多物种会灭绝；在海底上升时期，物种会出现许多变异，所以导致生物物种地质记录——化石——保存较少。综上所述，化石"地质记录的不完整性"这种说法的确是合理的，它并不是一种托词，而是经过了严格细致的地质考察、化石结构的化学分析等科学检验的。

2. 无法解释化石证据中新物种突然出现及恒久稳定等现象吗？

显然，"地质记录的不完整性"不足以说服智能设计论者，而达尔文主义进化论者也并不打算止步于此，他们转而通过"缺失环节"的近亲来进行类比研究。在达尔文时代，生物学家已经通过解剖学的证据推测鸟类与爬行类动物有很近的亲缘关系，所以他们应该会有共同祖先，现在通过研究我们知道这个共同祖先是一种恐龙，但当时并未找到这种恐龙的化石。但是，只有当找到化石时才能证明鸟类与爬行类动物具有共同祖先吗？也不尽然，其实在从爬行类向鸟类的发展过程中，这个种系同时也产生了一些混合了爬行类与鸟类特征的过渡型物种，一些进化为现代鸟类，另一些走向了死亡。这些位于分支点附近的过渡类型，就是共同祖先存在的证据，只要能够证明这些化石符合我们原本所推测的其应该产生的年代，就是一个合理且现实的证据。这个例子中所寻找的共同祖先与寻找中间型其实原理是相同的，因为

---

① 参见［美］杰里·A.科因《为什么要相信达尔文》，叶盛译，科学出版社 2009 年版，第 27—28 页。

"每个物种都是其他亲缘类型的中间环节类型"①。

当然，如果能观察到中间型物种化石这种最直接的证据当然是最好的，也最能令人信服。庆幸的是，在此后的数百年直至今日，现代古生物学的硕果越来越能够证实达尔文主义进化论：一些在多年前就已经被预测存在的物种在新挖掘出土的化石证据中被发现。例如 2004 年发现的鱼类与两栖类之间的过渡形态生物提塔利克鱼的化石物种，解答了很多关于脊椎动物如何登上陆地的谜题——这种鱼在呼吸上既有鳃，还拥有一套强大的肋骨，有助于把空气吸入肺中；在鳍肢问题上，它部分是鳍、部分是腿，骨头的数量和位置与之后所有的陆生动物都是一致的。

另外，智能设计论者指出大量的化石证据都呈现出一种恒久稳定的现象，"稳定的现象——所有生物化石所显示的完全没有基本的方向性的改变——是一种积极有利的证据，证明没有进化"②。对于这一点，古尔德提出了进化的"间断平衡理论"，他不否定进化中存在缓慢累积，但主张进化是间断平衡，是长期的稳定与短暂的巨变交替的过程，因而地质记录中才会留下很多空缺，并且对寒武纪大爆发等物种突变也能给予解释。当然，"间断平衡理论"是否合理还有待核实，但要明确一点，达尔文主义进化论从未宣称所有的物种都必须进化为新的物种。换言之，物种的分化与否并不是必然的，它取决于环境是否能让种群进化产生生殖隔离。③ 所以某些化石证据证明某物种始终保持其稳定性也是可能的，并不能因此就说明达尔文主义进化论是不符合化石证据的。

3. 化石证据存在时间错乱问题吗？

曾有智能设计论者对于化石的年限提出疑问，认为按照进化论者的预测，有些本应出现在较晚时期的生物化石竟然出现在了下方的岩层中，这显然构不成一条明确的进化方向。首先，这种情况绝不是多数，而是极其稀少的。其次，对于化石证据的运用不能只基于同一地层中的各种化石的分析，也不能只根据某一地层纵切面上的化石顺序而判断这些物种实际上

---

① ［英］达尔文：《物种起源》，刘连景译，新世界出版社 2014 年版，第 206 页。

② ［美］詹腓力：《"审判"达尔文》，钱锟等译，中央编译出版社 1999 年版，第 61—62 页。

③ 参见［美］杰里·A. 科因《为什么要相信达尔文》，叶盛译，科学出版社 2009 年版，第 8 页。

出现的顺序。要建立完整的岩层次序，必须交叉对比世界各地的地层样本，并借助一些其他手段（如检验放射测年法）去检验和确定不同化石形成的时间，这样才能保证结果的准确性。因为，首先不是在任何一个地方都能找到所有的岩层——有的时期某地会由于缺乏水源而无法形成沉积，另外地壳运动等外力因素不排除会导致不同年代化石顺序在实际形成时出现误差的可能性，如100万年前的化石因为地壳运动反而沉积到200万年前的地层下面，但这并不代表在下面岩层中的化石实际年份要比上层岩层中的化石要早。

总之，化石告诉了我们两件事情。第一，它为进化论作了慷慨激昂的辩护。达尔文时期所缺少的是能够清晰展现种系内进化的足够化石，或是那些不同物种的共同祖先。但自此之后至今，古生物学家已经极大地丰富了化石的种类，验证了很多预测。今天，我们已经可以展现动物种系内的连续变化，已经拥有了大量共同祖先、过渡状态的动物化石，并且已经挖掘到了相当深的地层，获得了复杂生命最初始状态的化石。这些证据并非由进化论者所营造出来的假象，是赶也赶不走、躲也躲不掉的。当然，通过化石的证据我们能够清晰知道进化是的确发生过且一直在进行中的，但对于进化机制的描述还需结合其他手段。第二，当我们发现过渡态物种时，它们就准确位于所预测的地层位置，如最早的鸟类出现在恐龙之后，但早于现代鸟类；鲸鱼的祖先填补了它们位于陆地上的祖先与现代鲸鱼之间的空白。如果进化论不是真的，那么化石证据在整体上就不会反映出进化的顺序，就不会证实进化论的大量预测。所以，化石证据依旧是证明达尔文主义进化论的有力手段。

（二）人工实验不可以作为证明进化论的实验吗？

除化石证据外，人工实验也是进化问题中十分重要的检验方法，这在物理学、化学等精密科学中更是必不可少的环节之一。没有人也不可能有人曾经目睹宇宙的起源或物种的变化，所以最有效的方法之一便是进行人工模拟实验，通过尝试模拟自然选择的过程，观察实验的结果是否符合达尔文主义进化论机制，能否产生预期的新物种。正如鲁斯曾谈到的，达尔文支持自然选择的论据一部分是直截了当地基于演绎推理，一部分是论证进化的事实时运用一些归纳的方法，另一部分则是类比性的，"人工选择的强大和有效令人难以置信，因此人们应该预料到自然选择也存在"①。这种研究方法也正是正统科学的研究方法。

然而，邓勃斯基却不认同通过人工实验能够证明进化论。鲁斯曾提出过生命起源的实验室模拟，邓勃斯基认为这个实验既是在人工干预之下的，就必然和自然界中真实发生的过程不完全一致，毋宁说，这个实验让我们看到的乃是某种在智慧设计和干预下发生的过程，所以鲁斯通过这个实验而得出"进化的确只为纯粹的自然力所左右"的结论是前言不搭后语的。到目前为止，所有的由生命起源实验所带来的证据，其实都是指向这一点的：正是智慧设计导致了这一切。不仅仅是关于生命起源的实验，智能设计论者否定了所有人工模拟实验证明进化论的有效性。他们普遍认为人工模拟实验显然是一个人为设计和干涉的实验，所以实验结果不但不能证明进化论是科学，反而是证明了智能设计论的必要性。

其实，智能设计论对人工模拟实验作为进化论证据有效性的批评存在着许多逻辑上的错误。只要是实验就必然会涉及人的因素，要确保整个实验从初始到过程中再到结果测算都不能掺杂任何人的行为，这不仅是不现实的也是没有必要的。因为实验有效与否的关键并不在于人工实验是否掺杂了智慧因素，而在于智慧因素在实验过程中究竟扮演了什么样的角色。事实上，如果这个实验能够在符合规范的情况下达到最终的目的，就可以说这次实验是成功的、有效的，与主题无关的其他因素可以忽略不计。例如，探究阳光强度对植物光合作用的影响，只要通过设置对照组保证只有阳光强度这一个变量即可，其他因素对实验的影响可通过对照组去排除，只要两个对照组的结果不同，就能证明阳光强度对植物光合作用是有影响的。同理，进化相关的人工模拟实验中也是如此。

以人工育种实验为例，人工育种实验的最终目的就是要通过模拟生物的自然遗传、变异等来观察能否产生新物种，如果结果产生了新物种，就说明遗传变异、自然选择机制是产生新物种是可能的，至于其他因素都不重要。所以，科学家们在人工模拟实验中真正所做的事情只是建立起一个

① ［美］迈克尔·鲁斯：《达尔文主义者可以是基督徒吗？——科学与宗教的关系》，董素华译，山东人民出版社 2011 年版，第 19 页。

环境，以便了解在真实世界中，某些事情是否会发生或是否已经发生，即使人工实验中的确掺杂了人的设计因素，但这种设计只是将本与被模拟自然环境不同的环境最大程度上改造为被模拟的自然环境，使实验本身更加靠近原始环境，因此人工因素并不影响生物进化的推动力本身，生物进化这个过程在实验中还是通过自然法则的盲目运作而发生的，并没有涉及智慧因素。

　　另外，按照智能设计论者的理论，进化论者只有完全描述出生物进化过程中的每一个细节，并且每一个细节都是可以检验的，才可以暂且说服他们，因此人工模拟实验必须与生物进化过程完全一致。关于这一点，我们完全有理由去怀疑智能设计论者有"为了否定而否定"的嫌疑。进化本身就是一个历史性事件，不具有可重复性，所以不可能也没有必要通过人工实验去模拟每一个细节。如果按照智能设计论者的逻辑，惯性定律也是不可信的，因为自然界中并不存在摩擦力为零的物体，所以伽利略只能运用理想实验设想在没有摩擦力的情况下物体的运动状态。因此，实验只是科学研究的方法之一，数学分析、逻辑推演等方法更体现了科学这门学科的特点。人工模拟实验不可能也不需要完全模拟出生物进化过程应有的每一个细节，但同样也能为达尔文主义进化论学说提供有力的证明。

　　总而言之，不能说人工模拟实验可以完全消解进化论的质疑，但它的确在一定程度上为达尔文主义进化学说提供了有力的支持。科学实践哲学认为实验只是一种"地方性实验"，不具有传统意义上的普适性，但这并不意味着科学实验就"一文不值"。生物学科因其特殊的历史性不可能仅凭观察就能得出结论，科学实验依然是必不可少的。另外，科学研究从来都是从简单到复杂的研究，这就需要我们必须通过构造实验去将复杂的自然界加以分解。而且，与其说人工实验是主体的创造，不如说是"主体对于自然的选择性重组"①。主体在实践中并不是想主观地创造实在，还是意图对客观实在进行选择性的重组。总之，通过单纯的逻辑推演或观察实验都不能得到可靠的结论，只有将多种科学方法相结合去进行解释和推断，才能得出可靠的科

---

　　① 卫郭敏、毛建儒：《人工自然是认识天然自然的帷幕还是窗户？——对实验室中人工自然的哲学辨析》，《自然辩证法研究》2015 年第 4 期，第 49 页。

学结论，达尔文主义进化论就是这样一种科学产物。

（三）进化论无法解释生命起源问题吗？

除邓勃斯基外，贝希、威尔斯都曾对进化论能否解释生命起源问题提出了疑问。因为进化最终也避免不了解决这样一个问题：生命最初是如何产生的呢？进化论到底能否解释生命从无到有这样的过程？其中，米勒－尤里实验则是解释生命起源的代表性实验。

米勒－尤里实验是一个模拟大气合成有机物的实验。具体说来，米勒知道 H 是远古无生命的宇宙中含量最多的元素，而当与 C、O_2 和 N_2 这些地球上最普通的成分发生反应时可形成 CH_4、NH_3 和 H_2O，所以米勒想通过实验观察由这三种气体及 H_2 所构成的模拟大气中会产生什么样的化学物质。由于这四种物质的性质相对稳定，很难在正常的环境下起化学反应，因此米勒尝试往这些气体中添加一些能量促使反应的发生，他选择了作为远古地球能源之一的雷电。所以米勒在实验室中建造了一个仪器，除了上述的四种气体外，里面还加入了一池水及模拟雷电的闪着火星的电极棒。一周的化学实验结束后，米勒对于溶在水中的化学物质的混合体进行了分析，结果发现其中包含好几种氨基酸，而氨基酸正是生命体中蛋白质的构成成分。因此这个实验意味着无机物可在当时的环境下自发生成构成生命体的基本物质，侧面印证了进化论。然而米勒－尤里实验中只合成出了几种氨基酸，因此一些研究人员在其基础上加以修改，通过改变原来的实验环境、模拟空气的成分以及能量来源（改为紫外线辐射或其他能量），并用一些更加复杂的分析方法找到了数量极少的化学元素。最终，经过研究人员的不懈努力，所有 20 种自然出现的氨基酸都被模拟出来。除蛋白质外，构成 DNA 及 RNA 的核酸的基本成分也陆续在此后的化学模拟实验中产生。

理论上，一系列类似模拟生物起源实验的成功为进化学说增添了更多证据，但贝希却认为这种成功虽然是真实的，但"其实掩盖了大量的难题，只有当你把目光越过生命单纯组成成分的简单化学生产过程，才能了解到这些难题"[1]。虽然实验者并未在实验进行的过程中进行干预，但实验的起点却

---

① ［美］迈克尔·J.贝希：《达尔文的黑匣子》，余瑾、邓晨、伍义生译，重庆出版社 2014 年版，第201 页。

是研究人员设计的。换言之，如果没有对于模拟实验初始状态的合理猜测和设定，就不会有研究人员想要的结果出现。所以"研究人员的技巧就在于选择一个可能的起点，然后袖手旁观"[①]。这个过程中智力因素的介入是不可避免的，这就好比一个厨师说仅凭自然的力量就可以制成一块巧克力蛋糕——将小麦、可可和甘蔗放在温泉旁边让其自发形成，这几乎是一件不可能的事。但如果他将精制面粉、巧克力和糖放在烤箱里，我们会认为这似乎并不是完全不可能。而当他精确地调好各种原材料的配比，将其混合搅拌并放置烤箱中，那这显然就是人工操纵的过程。

　　事实上，贝希提出的"厨师制作巧克力蛋糕"的比喻并不恰当，因为这一模式与米勒－尤里实验并不是同一回事儿。毫无疑问，米勒－尤里实验中是绝对掺杂了人工因素的，但正如之前所解释的，人工模拟实验自身就不可能排除人工因素，但只要这种人工因素并没有改变模拟的原环境就不能说实验结果是由人工因素所决定的。正如贝希所言，"研究人员的技巧就在于选择一个可能的起点，然后袖手旁观"[②]，这的确是个技巧，但它并不是"计谋"。"技巧"不应该被认为是贬义的，它只是有利于探究实验结果的一个实验步骤而已，正因为不能通过已有的知识得知地球在当时实际的大气环境以及各种物质的比例，我们才需要通过不断调整各种气体的比例去研究到底存不存在一种模拟的大气环境可以通过我们预测（假设）的方式自然生成有机物，首先需要做的就是探究有没有这种可能性。如果有，那么可以继续验证这种可能性究竟是否是正确的；如果没有，那么则有理由认为这种假设是错误的，并且寻找其他解决方法。但如果智能设计论者仍要继续追问那么究竟是何原因使得地球原始大气各种物质会是这样的比例，以至于能够产生生命，那么这便陷入了无穷倒退的境地，就与牛顿晚年沉迷于思考地球的第一推动力而最终得出"上帝的手给予了第一推动力"的结论一般，这已经不再属于科学范畴内应该讨论的问题，而是属于神学问题。

[①]　［美］迈克尔·J. 贝希：《达尔文的黑匣子》，余瑾、邓晨、伍义生译，重庆出版社2014年版，第201页。

[②]　［美］迈克尔·J. 贝希：《达尔文的黑匣子》，余瑾、邓晨、伍义生译，重庆出版社2014年版，第201页。

三　对进化论的认识论和方法论的质疑及反驳

判断一个理论是否是科学应该站在科学外部进行审视。如果说判断理论的真假是个科学问题，那么判断理论是否是科学则是哲学问题。所以，严格上说智能设计论者对进化论的解释机制及事实证据的质疑至多只涉及理论的真假问题，并不能因此证明进化论不是科学。所以，如果不能证明进化论的认识论及方法论不是科学的，就无法撼动进化论的科学地位。事实上，智能设计论在这一层面也做了不少工作。

（一）进化论是不可证伪的吗？

之前已提到，波普尔最初认为自然选择理论是同义反复的，后又推翻了这个观点并肯定了进化论是科学。其实，波普尔对达尔文主义进化论的评价经历了由"单称的历史命题"→"形而上学研究纲领"→"科学理论"的从否定到肯定的漫长过程，但是相当一部分智能设计论者通常只引用波普尔前期对进化论的批判，作为反驳进化论的一把利剑。他们主要借用波普尔前期的"进化论是不可证伪的"的观点而证明"达尔文主义进化论不是科学"。可证伪性，与可证实性相对立，是波普尔的科学划界标准：一种不能被任何想象的事件所证伪的理论就是不可证伪的理论，是非科学，如占卜术、弗洛伊德精神分析学等；而具有潜在被证伪的可能性的理论则是可证伪的，是科学，如万有引力定律、爱因斯坦相对论等。按照这个标准，一个具有可证伪性的科学理论首先是可观察、可检验的，因为它包含着经验内容；其次它是有预见力的，可以对未来进行预测；同时它不是必然为真的，因为它包含着被证伪的可能性。然而，波普尔在初期认为达尔文主义进化论并不是科学，只是一个形而上学研究纲领，因为它解释力过强、是不可检验的且没有预见力的。这同样也是智能设计论用来否定进化论科学性的理由。这些观点现在来看究竟是否正确，应进一步分析。

1. 进化论是不可检验的吗？

"达尔文主义是形而上学的，因为它是不可检验的。"① 在波普尔这里

---

① ［英］卡尔·波普尔：《无尽的探索——卡尔·波普尔自传》，邱仁宗译，江苏人民出版社2000年版，第181.

"形而上学"指代不可证伪的理论。所以波普尔认为进化论不可证伪的原因之一就在于它是不可检验的。所谓可检验性就是"在给定的条件下可以重复产生相同的结果"①,某一现象是可重复的,就是为了确保定律或法则的必然性。所以,检验的前提之一就是现象的可重复性。但生物进化作为一个长时间的历史过程,对它的观测会遇到很多的困难:首先,进化是上万年甚至是上亿年的过程,但人类的生命是有限的,因此所能观察到的变化只有短短数十年至多上百年时间而已;其次,也是最重要的一点,进化事件是不可重复的,我们根本无法检验不会再次发生的事件,所以波普尔最初断定进化论只是一个单称的历史命题,而非科学。

但如果仅仅用不可重复性就可以否认进化论是科学的话,那么其他所有涉及自然历史的学科,如地质学、古生物学等也都不再是科学了。显然,关键问题在于如何理解时间概念。其实不只是自然历史学科,任何一门科学在研究物质运动的动态过程时都必然要涉及"时间"概念,区别就在于不同学科中时间概念及尺度都是不同的。从宏观上来看,对于大多数自然科学,如物理学、天文学等中的时间概念都是"无向的时间",即没有方向的时间,它不涉及历史上时间的前后顺序,并且它的时间尺度较小,可用秒甚至比秒还小的单位去衡量,是可重复发生的;而涉及历史过程的自然科学,包括进化论、地质学、古生物学等涉及的是"有向的时间",它的时间尺度较大,一般都以年甚至更大的单位去衡量,是不可重复发生的。

从表面上来看,前者(非历史科学)与后者(历史科学)在时间概念上有着质的区别,但其实"可重复性"也是一个相对概念:非历史科学中并非没有不可重复性,历史科学中也并非不存在可重复性。时间在科学实验中都是"有向的时间",同一种实验虽然是反复进行的,但并不能确保每次实验的每一个细节都相同,因为每次实验总会有不可控的、未知的影响因素存在,在这个意义上每次实验都是不可重复的"独特事件"。说实验是可重复的,其实是忽略了时间的有向性和每次实验的独特性,只着眼于实验的共性,这只是科学研究基于简单性原则的一种策略而已。而对于历史科学,虽

① 张昀:《进化论的新争论及其认识论问题》,《北京大学学报》(哲学社会科学版)1991年第2期,第105页。

然历史在宏观上是一个不可逆的过程，某一生物的进化过程不可能重复发生，但如果换个思路来想，虽然每一种生物的进化都是独特的，但"进化"这个事件在历史上却不只发生了一次，所以"进化"还是个可重复事件。基于这个思路，历史科学与非历史科学并非是完全分离的，可重复性检验在进化论中也并非不可实现。

之所以说进化论是可检验的，首先，科学家已经开始通过人工实验来模拟自然选择的过程，如生命起源实验、人工育种实验等。当然，由于实验模拟的环境并不能完全与自然相同，实验的结果也不完全代表自然界原有的结果，但还是可以将其作为理论假设的参考依据。其次，进化是一个历史过程，但化石却是历史留下的确凿"印记"，我们可以通过化石中"隐藏的"蛛丝马迹与理论假设进行对比和检验。另外，我们可通过已得到检验的小进化去解释产生新物种的大进化。当然，这一点也受到了智能设计论者的反驳，因为这种解释是基于"均变论"，即"自然法则恒定不变"的原则的。但是，将不同层面的检验相互融合起来，就不难发现不同角度检验的结果都是相互关联的，检验的效力便有了大幅度的保障。所以显然，进化论目前还存在着许多的质疑和难题，有些甚至看起来是无解的，但这并不妨碍我们得出"进化论是可检验的"的结论。

2. 进化论不具有可预见力吗？

一般来说，一个科学理论是具有可预见力的，即能够依据理论中的科学规律精确地对于未来可能出现的情况进行预测。然而波普尔认为达尔文主义"实际上并不能预见变种的进化。所以它实际上不能说明这种进化"[①]。此外，他还认为进化论者某些所谓成功的预言，如细菌接触青霉素最终会产生可抵抗青霉素的细菌，它们是必然为真、不可证伪的"境况逻辑"。部分智能设计论者也认为，事实上通过达尔文主义我们并不能成功地预见物种的进化，我们无法预测100年后会有什么新物种出现，更不能去检验这种自然选择的"有利条件"究竟是什么，但是物理学家却可时常做出一些预测，如哈雷彗星何时回归、下一个月食会在什么时间等，这才是科学应有的预

---

① ［英］卡尔·波普尔：《无尽的探索——卡尔·波普尔自传》，邱仁宗译，江苏人民出版社2000年版，第181页。

见力。

如何理解进化论的预见力？一般认为科学具有预见力是这样的过程：已知某事件的初始状态 A 以及支配事件发生的自然规律 B，我们可以据此推断出其未来某时刻的状态 C_1、C_2……C_n。首先，这只不过是对"拉普拉斯决定论"的重述，而这种机械决定论并不适用于所有科学。其次，这其实是一种现时预见，即日常意义上所说的由现在推断将来，是一种时间上的可预测性，这种预见对于遵循严格决定论的经典物理学来说是完全可能的。但在生物科学中的可能性则是很小的，例如我们无法预见一个家庭中孩子的性别。因为生物学中的定律本身就与物理学不同，它并不是一种普遍的绝对性规律，而是一种高层次的概括性命题，体现出了鲜明的统计性和概率性。简单来说，自然选择是一个生物的差别增殖的结果，它受制于环境。生物进化是一个有机生命体与环境相互作用的过程，所以对于生物的进化过程来说，初始状态 A 不只是生物自身的状态，还包括环境等其他因素。支配进化发生的规律也是有机体与环境相互作用下的多元化规律。我们既不能预见将来的环境，也不能预见生物是否会变异以及变异的方向，这本身就是不可控的。所以相比于物理学来说，生物学中的现时预见要更加具有或然性。

但这并不意味着生物学不具有可预见性，因为科学哲学家们通常谈论的是逻辑预见而非现时预见，即"个别的观察结果是遵从理论或者科学定律的"[①]，这实则强调科学中的因果作用。对于这一点，波普尔在后期也表示，历史的科学其实也具有科学的特征，它具有"追溯性"（retrodictions），这使得即使只发生一次的事件也是可检验的，这种"追溯性"就是由现在对于过去状态的推断。这种对于追溯性的预言，进化论者已经做出了太多，如科学家预言一定存在始祖鸟这种过渡型生物，1861 年在德国的某石灰石矿厂便出土了第一块始祖鸟化石等。

所以，严格来说预见常被用于两种不同的意义：逻辑预见和现时预见，而真正起因果作用的是逻辑预见而非现时预见。正如斯克里文强调的，"当解释不能保证对正在讨论的问题作出预见的时候……我们不能认为这种解释

① ［美］厄恩斯特·迈尔：《生物学思想的发展：多样性，进化与遗传》，刘珺珺等译，湖南教育出版社 1990 年版，第 62 页。

是不令人满意的"①。所以，现时的预见力并不是一个完善的生物学学说的必备条件，当认识到科学中的预见应该是强调因果作用的逻辑预见时，智能设计论的批评则不再是问题。总之，预见力并不能仅仅理解为一个单向的从现在到未来的时间过程，而是一个双向概念。从过去通过某些特定的科学规律推至未来的某个状态诚然是预见力，将这样一个过程逆向思考同样也是预见力。由于生物系统异乎寻常的复杂性以及不能预料新事物在等级系统的较高层次上出现的频率等原因，生物进化的预见力只能体现在对于已经发生过的历史的解释。进化论对于已经发生过的进化过程做出预见，且已得到验证，这足以证明进化论是有可预见力的。

（二）进化论是一种自然主义吗？

事实上，智能设计运动推翻进化论的终极目的就是要推翻科学的自然主义基础，他们认为达尔文主义进化论只是一种基于自然主义立场的思考而得出的哲学推论。具体来说，詹腓力将"自然主义"解释为：相信自然界是一个"完全由物质因果关系支配的封闭系统，不受任何'外来'非物质因素的干涉"②，因此主张通过自然规律来认识世界，排除如目的、设计、超自然能力创世等一切非自然因素。但詹腓力认为，如果要正确理解我们的时代，就必须对自然主义的统治进行挑战。贝希认为，"无论超自然的事物曾经发生的多么短暂或者相互之间的作用多么富有建设性……他们恐惧超自然力的解释会压倒科学，这是毫无根据的……大爆炸理论的例子表明，受到超自然力影响的科学理论是富有成效的……这绝不应该去干涉那种通过观察到的科学数据而自然形成的理论"③。邓勃斯基认为，自然主义的"奥卡姆剃刀"原则"是要求删除不起作用实体的一条吝啬原则"④，有神论就是这种无关紧要的理论。在自然主义中大自然是终极实在，通过偶然性与必然性两种解释因果性的根本形式就能保证自给自足；而在有神论中上帝是终极实

① ［美］厄恩斯特·迈尔：《生物学思想的发展：多样性，进化与遗传》，刘珺珺等译，湖南教育出版社1990年版，第62页。

② ［美］詹腓力：《"审判"达尔文》，钱锟等译，中央编译出版社1999年版，第138页。

③ ［美］迈克尔·J.贝希：《达尔文的黑匣子》，余瑾、邓晨、伍义生译，重庆出版社2014年版，第228—236页。

④ ［美］威廉·邓勃斯基：《理智设计论——科学与神学之桥》，卢风译，中央编译出版社2005年版，第229页。

在，上帝是充分自由因而是不可通过还原为因果性去解释的。但自然主义是一种形而上学立场，"而不是奠基于证据的科学理论……复杂性—具体性标准正好能提供这样一种检验"①。

总体来说，智能设计论者对于进化论自然主义的态度可参考彭诺克的概括："进化论是一种通过法令来拒绝任何超自然干涉的自然主义理论。进化的科学证据是薄弱的，但自然主义的哲学假说教条似地拒绝考虑生物世界的另类解释。"② 因此智能设计论者普遍认为，自然科学中的证据受对哲学自然主义的承诺所污染，不具备可利用价值。达尔文主义进化论——作为纯粹的自然主义理论——只能是唯一合格的聆听的声音，结果是即使自然主义是错误的，而某种超自然主义的理论是真实的，上述事实也不可能在科学共同体中获得承认。因此，这一思想使得科学极容易产生出一种歪曲实在的自然图景，因为如果科学被限制在对自然的解释与理论资源之中，而真实的实在确实是受超自然的创造或操纵，那么即使由最好的科学所产生的世界图景也是不完全的，甚至是错误的。因此，智能设计论者认为，传授进化论就是传授自然主义与唯物主义的教条。

1. 进化论坚持"方法论的自然主义"的科学策略

事实上，智能设计论者在这里对于所谓进化论者自然主义的立场实际上是存在误解的。首先，进化论的确以自然主义为基础。自然主义分为"方法论的自然主义"和"本体论的自然主义"。"本体论的自然主义"是一种唯物主义的无神论观念，它认为世界就是人们所观察到的那样，不承认超自然力量（上帝）的存在。而"方法论的自然主义"则不谈及超自然力量的存在问题，只是假定世界就是根据某些自然规律而自发运行的，人们可以根据这些自然规律来认识世界而无须借助超自然力量。美国基督教哲学家普兰丁格③指出其两个特征：首先在科学研究中，不能通过诉诸超自然存在物的行为来进行解释，"表述这类存在物的行为、特征或者性质的命题不能被用作科学假设"；其次在科学中"不能适当地使用或者诉诸仅仅通过信仰而知道

① ［美］威廉·邓勃斯基：《理智设计论——科学与神学之桥》，卢风译，中央编译出版社 2005 年版，第 146 页。
② 蔡仲：《宗教与科学》，译林出版社 2009 年版，第 59 页。
③ 阿尔文·普兰丁格曾对于"进化与设计"这一问题进行讨论，并公开支持智能设计运动。

的东西"。① 进化论者是基于"方法论的自然主义"研究进化问题，他们研究的是，物种起源和生物进化究竟可否以及如何通过排除一切超自然因素而自发进行。如果可以，那么超自然因素在这里就是不起作用、没有必要的。至于是否真的存在超自然力量、是否真的是上帝创造了进化机制，这些既不是方法论自然主义所考虑的问题，也不应该是进化论去讨论的问题，甚至也不应该是科学所讨论的范畴。

然而，智能设计论者并不满意这种区分本体论自然主义与方法论自然主义的做法。詹腓力认为应该获取一种本体论上的自然真理，而不应该受方法论自然主义的限制，就像普兰丁格所指出的那样："我们真实想知道的，并不是什么样的假设对自然主义的某些认为的观点是最适合的，而是最好的假设是什么。"② 另外，邓勃斯基认为方法论自然主义和本体论自然主义在功能上其实是一样的，"一旦认为在我们的文化中科学是唯一普遍有效的知识形式，便可推至方法论自然主义与形而上学自然主义在功能上是等价的"③。所以除非假定了形而上学的自然主义（自然构成了整个实在），否则方法论的自然主义还是避免不了陷入形而上学的命运。因此，邓勃斯基认为，进化论走出绝境的唯一方法就是清除掉方法论自然主义。

2. 进化论"方法论的自然主义"与本体论问题

对于这类质疑，首先本研究认同方法论自然主义与本体论自然主义在功能上一样的看法，这种功能就是做出使自然能自给自足的科学说明。实际上，智能设计论者的论证充分利用了语词的模糊性。"我们有一种说明"和"这个理论说明"这两种表达是有根本区别的，前者意指我们有一个说明的理论，强调"有"，即这个理论说明的可接受性；而后者可理解为"用理论 T 说明事实 E"，这一陈述并不意味着 T 必然为真，只是强调 T 与 E 之间有某种关系，这种关系具有独立性，与实在世界是否符合那个理论的问题毫不相干。对这一点的证明类似于范·弗拉森语境主义的科学说明观。因此，方法论自然主义可以不以本体论自然主义为前提，但这也不影响进化论建立在

① 参见 [美] 普兰丁格《进化与设计》,《科学文化评论》2005 年第 3 期。
② 蔡仲:《宗教与科学》，译林出版社 2009 年版，第 73 页。
③ [美] 威廉·邓勃斯基:《理智设计论——科学与神学之桥》，卢风译，中央编译出版社 2005 年版，第 120—121 页。

方法论自然主义基础上的合理性。

　　事实上也的确如此，无论支持何种解释机制，但所有进化论者都以自然主义作为科学研究的基础。一部分进化论者，他们拒斥与物种起源及生物进化相关的任何超自然力量解释，既是坚定的唯物主义者又是无神论者；一部分进化论者，如费希尔、鲁斯等，他们并不拒斥宗教，在宗教的态度上是不可知论者；同时也有一部分进化论者，他们虽是坚定的进化论支持者，但同时也是虔诚的基督徒。所以有学者认为方法论自然主义立场与宗教信仰并不完全对立，进化论也并不意味着必须坚持无神论。所以，进化论者是通过方法论自然主义的策略和严格的科学研究程序得出进化论的结论。

　　3. "方法论的自然主义"是研究科学的必要前提

　　换个角度来说，方法论自然主义的立场是研究科学的必要前提。鲁斯曾指出："并不是说上帝在创世中并不扮演着角色，而只是简单地指出，作为科学，就是通过方法论上的唯物主义的实践而获得这种资格的……就科学家所关心的科学而言，神学必须作为无关的被排除。"① 邓勃斯基认为，许多有神论科学家与他们的无神论同事们一样，都认为设计论应该被排除在科学之外，这并非因为他们真的赞同宇宙不是设计的，而是相信排除设计论对科学最有好处。这一现象的确存在，但这恰恰说明了运用方法论的自然主义的重要性。正如彭诺克曾指出的："方法论自然主义并没有承诺直接表明实在的世界，而是作为一种承诺去探寻一套认识及解释世界的方法，这些方法典型地是自然科学的方法，即直接去关注这些方法能够发现什么。"② 如果科学研究不以方法论的自然主义为前提，那么岂不是会在一遇到困难时就诉诸某种超自然力量的解释了吗？如果科学家在从事科学研究时如此轻易就诉诸超自然力量的解释，而缺少了有条理的怀疑精神，缺少了相关精神气质的科学家又如何去保证科学发现是可信的呢？既然智能设计论者认为方法论自然主义不能保证一定能发现真理，同时他们又无法证明一定存在超自然力量去做出设计，那么如果我们依旧能够达成共识——科学家就应该本着探究自然

　　① Pennock, Robert T. , *Intelligent Design Creationism and its Critics: Philosophical, Theological, and Scientific Perspectives*, MIT Press, 2001, pp. 365 – 366.

　　② Pennock, Robert T. , *Intelligent Design Creationism and its Critics: Philosophical, Theological, and Scientific Perspectives*, MIT Press, 2001, p. 84.

界规律的目标去进行科学研究，那么显然坚持科学研究中的方法论自然主义一定是更好的选择，起码不会因为诉诸设计而窒息科学研究，并且能够更好地接近真理。"建立在方法论自然主义基础上的科学故意将宇宙的目的排除在外，正因为有这样一种省略，科学事业才能蓬勃发展。"①

（三）科学只是科学家设置的一种游戏吗？

现代综合的进化理论创始人之一辛普森曾如此评价达尔文主义进化论："尽管还有许多细节工作要做，但有一点已很清楚，那便是生命历史的一切客观现象都可用纯自然主义，或用一个有时被滥用的合适的词，'唯物主义因素'加以说明。它们（即生命历史的客观现象）都可根据种群数生育差异（即自然选择），以及已知遗传过程（即偶然变异，达尔文图景的另一个要素）主要偶然的相互作用而加以说明。因此，人是并没把人放在心中的无目的的自然过程的产物。"②

单从这段话中其实可以质疑：辛普森是从何处获得自然主义进化论正确的信念呢？毕竟他也承认还有许多细节尚未解决，那么如何能有如此多的信心去断言"生命历史的一切客观现象都可以用纯自然主义"因素加以说明呢？这正是智能设计论者的疑点。于是，在由自然主义立场去否认进化论是科学未果后，智能设计论者又将目光转向了质疑科学本身。

1. 科学等同于自然主义吗？

智能设计论者质疑"科学"定义合理性的第一点在于，他们认为科学的定义是在自然主义框架下构建的，而自然主义又是基于科学的要求而确保其合法地位的，这是一种循环定义。进化论者自诩是在客观公正的态度下提出进化论学说，但实际上并非如此，他们"为了科学而科学"，只有用无数微小的改变的累积来揭示复杂或较大的改变，才可以消解上帝在这种改变中的作用，不管这种解释机制是否为真。因此即使事实证据不充分，很多细节尚未澄清，进化论依旧被认为是科学，而理智设计论则必然被排除在科学之外，"当能够用无意识的自然因来做解释时，人们就不会引用智慧因。就此

---

　　① ［美］彼得·道德森：《智慧设计真的智慧么？》，《科学与宗教：二十一世纪的对话》，复旦大学出版社 2008 年版，第 94—95 页。（恐龙研究权威、美国宾夕法尼亚大学教授）

　　② Simpson, George Gaylord, *The Meaning of Evolution*, Yale University Press, 1967, p. 345.

而言，奥卡姆的剃刀将一举终结智能设计"①。说白了，在这场判断"进化论是不是科学"的游戏中，进化论者才是掌握着话语权的游戏规则制定者，智能设计论者只能占据下风。"方法论自然主义通过定义科学一词就得以确立……从这一定义中，科学只能够可以处理诸如什么是自然的、可重复的或被规律所控制的东西……相信关于上帝的假设就是处理某些外在于自然的东西；因此，这种假设不能够成为科学的一部分。"② 所以这也就不难理解阿肯色州案件的判决结果，因为科学及其划界标准与自然主义是必不可分的。所以，智能设计论者认为，科学概念不应等同于自然主义，科学的话语权应该从科学家手中解放出来。

虽然进化论的科学研究不只是在个体的层次上进行的，还会经过科学共同体的共同检验去实现科学研究的主体间性③，但共同体内各成员的知识背景、研究风格、研究思路等都是十分相似的，这就很难跳脱出共同体的思维定式而指出一个理论的错误。之所以会在共同体外也得到认可，并非因为此理论本身就是客观真理，而是因为科学家会通过各种宣传手段去传播研究成果，引导公众顺其思路去理解其理论，进化论也是如此。智能设计论者因此认为，进化论者宣传进化论的狂热使得进化论不仅成为一种文化霸权，更像是一种变相的宗教。

对于这一点，科学的定义与自然主义意识形态的确是相互依存的，但这并不代表科学等同于自然主义，只能说二者具有一致的目标。具体来说，科学萌芽于古希腊的理性精神，注重对自然界一切未知现象"为什么"的探索，后经伽利略在科学研究方向上的转变，转而开始描述事物是"怎么样"运动的数学关系上，即偏重物体运动状态的描述，至于与"为什么"相关的认识论原因则交给了形而上学去解释。由此，近代科学开始了"寻求对科学现象进行独立于任何物理解释的定量的描述"④。因此，科学的目的就是

①　Dembski, W. A., *The Design Revolution*, Intervarsity Press, 2004, p. 282.

②　Plantinga, A., "Methodological Naturalism", *Perspectives on Science and Christian Faith 49*, Vol. 3, 1997, p. 145.

③　主体间性，即 intersubjective，代指科学家个体的科学研究为其他个体所认可，且可经他人工作而得到一定补充。

④　［美］M. 克莱因：《西方文化中的数学》，张祖贵译，复旦大学出版社 2004 年版，第 121 页。

对宇宙进行全面的描述，在认知上把握所观察到的自然界的实在，使每种自然现象都可根据我们称之为规律的规则来进行理解。所以，科学的定义的确是在自然主义的框架下构建起来的，但自然主义的合法地位并非通过科学来确保的，而是源于人们对所观察到的自然界背后所客观存在的自然规律的追求。因此，科学与自然主义两者间并不是循环定义。从这个角度来说，智能设计论者不仅无法从认识论和方法论上将达尔文主义进化论排除在科学之外，也没有资格跻身于科学的阵营。所以，智能设计论者想通过质疑自然主义框架下的科学定义的道路是行不通的。

2. 科学的定义不应该予以改变吗？

于是，智能设计论者又走向了质疑"科学"定义合理性的第二条路。智能设计论者认为科学实际呈现出的状况已经偏离了其原本的定义，所以科学的定义应予以改变，具体表现为以下几点：第一，"科学定律"的概念自身是站不住脚的，"一个规律应该具有某种必然性，被认为与广泛的逻辑必然性具有同样的力量"①，显然所谓"科学定律"都是人们强加给自然界的；第二，由于科学要求坚持方法论自然主义，哲学家们试图对科学与非科学进行划界时遇到了大量的问题，这种努力是失败的，科学与非科学之间不存在泾渭分明的界限，所以传统意义上的科学定义应该被改变；第三，传统的科学代表着真理，但其实科学并不能反映出客观实在的世界。它终究还是人类对于探求客观世界的美好愿望，只不过是诸多科学共同体交叠的范式罢了。总之，伴随着汉森的观察渗透理论、波普尔的证伪主义、库恩的范式理论、费耶阿本德的无政府主义认识论等思想的盛行，客观真理、科学实在等传统概念已被逐渐颠覆，科学不再是也不可能成为其定义中的样子。

总体来说，智能设计论与进化论科学地位之争归根结底反映的还是科学的定义以及科学划界问题，而这一问题到现在为止也没有定论。但可以肯定的是，科学划界问题确实是科学哲学的一个难题，从劳丹的"科学就是解难题"到范·弗拉森的经验建构论，科学更多地被认为是一种解释自然界的实践活动。后现代主义哲学家们更是认为科学在本质上是与艺术、宗教等其他

---

① Plantinga, A., "Methodological naturalism", *Perspectives on Science and Christian Faith 49*, Vol. 3, 1997, p. 146.

文化形式平等的一种文化而已，因此应该寻求一种多元化的发展。正是在这种思潮中，智能设计运动才有了很大空间的发展。但是，就因为科学与非科学之间不存在一条泾渭分明的界线，就应该否定进化论的科学地位吗？这个结论的得出太具有跳跃性。

可以看出，如上标准其实已经与科学最初的定义有所不同，自波普尔开始，科学就已不再等同于绝对真理，进化论者也并未声称达尔文主义进化论就是绝对客观的真理。科学已不再是一个绝对的、静止的标签，而是一种动态的研究自然的活动。虽然科学还是试图通过自然规律去解释客观世界的运动，但是这种解释并不意味着必须是绝对真理，因为逻辑实证主义已被归纳推理的不完备性证明是不合理的，我们无法保证自然的必然性，无法消除人类与客观世界之间不可逾越的鸿沟，因此我们无法通过归纳推理得出普遍知识，但可以通过"提出试探性理论→通过观察、实验等经验进行检验→试错→提出新的理论→……"如此循环往复的过程而不断靠近真理。所以科学理论的答案只能保证暂时的正确，且一定具有可被证伪性，因此最重要的一点就是一定要包含足够多的经验内容。所以，虽然科学与非科学之间的界限已经不再明显，甚至很模糊，但这并不阻碍我们去判断进化论是科学，因为显然达尔文主义进化论的全部特征都符合我们对于科学的判断——进化论的确是一个构成生命科学基础的关于物种起源和生物进化的成功的范式。

就科学传统的定义而言，进化论一定是科学。如果说达尔文时期的进化论由于缺少大量的证据，只是一种基于观察和归纳而提出的科学假设，那么现在我们已获取并会获取更多关于生物进化的证据，我们发现了更多的直接证据化石，明确了遗传的因素与 DNA 所扮演的角色，通过基因组手段可解读不同物种之间的共同祖先，通过人工实验可重复观察到生物体通过自然选择而进化的事实……已经有太多的证据能够证明达尔文主义进化论就是科学。而如果在后现代主义思潮的背景下认识科学，它只是一种人研究自然的实践活动，那么进化论就更加不应该被排除在科学的范畴之外。事实上智能设计论者已经逐渐将目标转向争取与进化论同等的科学地位，一种是自然科学，一种是创世科学。对于这种想法的可行性，"世纪审判"已经给出否定的答案。因为无论科学再怎么无法摆脱人的主观因素的影响，它依旧还是对自然界知识探索的过程，是不同于宗教、艺术等其他形式的文化的。

四　本节小结

　　至此，我们已经梳理了智能设计论者对于达尔文主义进化论的基本原理和解释机制、事实证据、认识论及方法论三部分质疑，并依次进行了回应。归根结底，智能设计论者在进化论的合理性问题上的争论其实应该是一个科学的问题，显然科学杂志中并不会刊登有关进化论是否是科学的讨论，只会有对进化论中不同学说内容细节的讨论。就目前而言，智能设计论多是在细节内容上质疑进化论，这至多可把它看作关于"进化论是不是一种好的科学"的讨论，而不是关于"进化论是不是科学"的讨论。后者是一个哲学问题，不应在科学内部去进行讨论。所以，智能设计论一方面批判进化论不是科学，另一方面却又将主要工作放在质疑进化论的基本原理、解释机制及事实证据等细节问题上，暂不说这些质疑尚不成功，就是确实证明了进化论某些理论不能做出成功的解释，也不足以得出"进化论不是科学"的结论。而对于进化论的认识论和方法论等角度的质疑，证明效力也是微乎其微。达尔文主义进化论确是一种基于方法论自然主义的学说，但这只是一个根据经验材料进行研究的科学策略而已。不论科学的定义是否如初，进化论都只是作为一种可能的科学事实，它并非"万能的"，总是面临着不断改进的可能。科学是一个多样可能性的开放过程，没有一种理论能够准确地把握未来的变化。进化论也有一个不断完善的过程，然而这不能成为智能设计论者用来误导公众的资源。

　　回到智能设计论的学说自身，智能设计论者实现其合法性的逻辑是：达尔文主义进化论既不能对于所有问题都做出合理的解释，又缺乏事实证据的支持，所以它不是科学；既然如此，与之相对立的、能合理解释其不能解决问题的智能设计论就自然成为生命起源的一种可能的解释。所以，我们有理由质疑智能设计论者批判进化论的动机，这难道不是通过削弱进化论的可信度来提高智能设计论的被接受度的可能性吗？毕竟，智能设计论与进化论本质上就是冲突的，要使智能设计论得以接受就必须先反驳进化论。但是，智能设计论者的反驳都是不成立的。

第三节　对智能设计论与进化论之争的反思

一　反映了后现代思潮关于科学定义及划界问题的争端

回顾进化论与智能设计论之争，可以发现智能设计运动的策略也经历了由认为进化论不是科学→为智能设计论争取与进化论同等的科学地位的转变，归根结底，关于两者是否是科学的争论就是一场科学划界标准之争。从逻辑实证主义的证实标准、波普尔证伪主义的证伪标准、库恩的科学"范式"标准等一元标准再到萨伽德、费耶阿本德的多元标准，划界的标准似乎越来越模糊、越来越弱小，这场关于科学划界"元标准"的讨论在 20 世纪后期达到了史无前例的高潮。正是因为科学原有的定义及其划界标准正被逐渐消解，新的定义及其划界标准尚未达成共识，科学的范畴越来越大，似乎大到可以将智能设计论也囊括其中，这给了智能设计论者"可乘之机"，所以智能设计论在一定程度上正是后现代思潮关于这场争端的产物。

与此同时，划界标准问题的讨论正逐渐跳出科学哲学的小圈子，渗透到整个社会中来。对进化论与智能设计论之争的评判也不再拘泥于学界，转而追寻司法判决。科学是什么，科学该如何去评判，这不只是科学哲学家们所讨论的问题，其他领域的学者和普通民众在各自的领域都对此有着自己独特的见解：哲学家普遍关心的是科学标准的普适性和逻辑严密性，科学家可能注重的是科学理论的解释效力和细节问题，而普通民众则可能关心的只是如何在现实生活中免受伪科学的荼毒……所以，对于科学定义及其划界问题的讨论已不再是纯理性的哲学问题和概念语言分析问题，而是一种包含教育、法律、科学传播、社会制度、社会形态等复杂因素的社会活动。

因此对于科学及其划界问题，首先，要明确其社会性。"科学是一项社会事业……从狭义上来说，它可以指科学是一种社会建制或科学共同体的活动；从广义上来说，它可以指科学是全社会的事业。"① 当消除了形而上学

---

① 张增一：《创世论与进化论的世纪之争——现实社会中的科学划界》，中山大学出版社 2006 年版，第 208 页。

的预设后，科学不再是反映客观实在世界的绝对真理，一方面它作为一种人的研究活动是无法摆脱人的主观意识的，另一方面我们无法超越观察等有限的经验去对无限的世界进行完全的归纳和总结。所以科学不再是一个单一的形而上学概念，必然是一种社会性的活动，除理性和逻辑因素外还包括复杂的社会因素，这体现在科学活动不只是科学家个人的活动，还是科学共同体乃至整个社会的活动：科学家个人的观察所渗透的理论与其之前接受的教育息息相关，检验假说的实验设计和操作等都体现了科学家自身鲜明的研究风格，某种理论被提出后会经过科学共同体的验证，理论在经过检验后传播至社会中会牵涉各种社会因素……科学活动的方方面面无一不体现着社会性。其次，要明确其历史性。不同阶段对于科学划界的标准不同，达尔文主义进化论学说的发展历史更是揭示了这一点。在科学的性质及方法上，进化论是对传统的挑战，达尔文采用了"假说—演绎"法来替代传统培根主义的归纳推理法；达尔文对于观察材料的搜寻是带有目的性的，这不符合当时科学主张的"客观中立"原则……但后来，随着支持进化论的证据相继出现，达尔文主义进化论学说逐渐占据了科学的主流地位，所使用的方法论思想也开始得到认可。而现在，自然主义解释是否合理，科学是否一定要排除超自然因素又成为主要争端之一。所以，不同时期科学的定义及其划界标准并非一成不变的，会因人关注重点的变化而改变。

因此，也就不难理解这场智能设计论与进化论的科学之争——双方运用的"科学"范畴并不统一。在科学定义及其划界标准尚未统一的今天，质疑进化论是不是科学在所难免。但对于科学划界问题，如果双方还是将讨论的重点着眼于找寻具有普适性的"元标准"，那么这个问题不仅是无解的，而且并没有太大价值。对科学的理解最终还是要在语境中得到解释，否则就像费耶阿本德所比喻的那样，"这正像用经典芭蕾舞的步子去爬珠穆朗玛峰那样不可能"①。既然广义上的科学是一种社会活动，那么它必定与我们的实际生活息息相关，科学划界问题不能完全脱离社会实践而存在，对它的讨论应该为社会公众区分科学与非科学提供实质性的帮助。

---

① ［美］保罗·费耶阿本德：《告别理性》，陈健等译，江苏人民出版社2002年版，第317页。

二　反映了进化论与"精密科学"的差异性问题

科学是统一性与差异性的结合体。一方面，科学是区别于宗教、神话等文化形态的致力于解释自然界的特殊形态，"科学需要去说明解释，去概括总结，去确定事物、事件和过程的原因。至少在这个范围内，科学是存在统一性的"①。另一方面，科学又是包含物理学、化学、生物学、地质学等不同具体学科的复合体。但由于在近代，牛顿经典物理学体系最先成为一个完善的学科，我们在物理学中做的探索最多、发现最多也最为深入，物理学方法也是最符合"奥卡姆剃刀"原则的能够简化科学复杂程度的科学方法，所以我们通常将物理学的标准和方法应用到其他学科甚至整个科学中去。物理学家卢瑟福把生物学称为"收集邮票"，韦斯柯夫称"科学的世界观建立在19世纪关于电和热的本质以及原子分子的存在的伟大发现之上"……"物理学家的妄自尊大"② 在科学家中已经成了口头禅。不难看出，不只是在科学内部，对于科学的评价标准甚至都是基于物理学科学制定的。

但是，包括进化论在内的生物学在表面上与物理学就有着极大的不同，似乎并不符合传统的科学特征，例如生物学中不存在普适性法则、生物学的某些理论带有目的论解释等。问题在于，物理科学的方法论和概念框架究竟在多大程度上适合于生物科学的模式呢？许多物理学家曾经一度认为生物学的全部见解其实都可以还原为物理学解释，都符合机械决定论，即认为生物体都可以被拆分成一个个小零件的"机械"，通过研究每一个小零件的运动规律最终就可以弄清楚整个"机械"的运作规律。这种"人是机器"的思想深受18世纪盛行的机械自然观的影响，而机械自然观经历了量子力学、相对论、混沌等理论的相继打击，最终被辩证自然观所代替。事实证明，世界并不是一个机械运转的钟表，科学发现的日益复杂性让我们不得不重新审视科学的特征，而对于生物学科学更是如此。

对于生物学与其他科学的关系，辛普森曾做出了十分深刻的说明，他认

①　［美］厄恩斯特·迈尔：《生物学思想的发展：多样性，进化与遗传》，刘珺珺等译，湖南教育出版社1990年版，第35页。

②　［美］厄恩斯特·迈尔：《生物学思想的发展：多样性，进化与遗传》，刘珺珺等译，湖南教育出版社1990年版，第36页。

为物理科学非但不是全部科学的纲领，还要居于生物学之下，因为物理学的研究对象只是自然界中数量相对较少的非生命系统，而大多数则是需要生物学原理去进行解释的生命系统，生命系统因其无可比拟的复杂性必须采取物理科学以外的原理——生物学——去进行研究，但"并不意味着坚持二元论的或者生命力论的自然观"① 在这个层面上来说，我们甚至可以说只有在生物学中才能体现出"全部科学的全部原则"。

首先，正如辛普森所言，生物学是一种涵盖物理学的综合性学科，因为物理学的解释对象只是无生命系统，而生物学的解释对象则是非生命系统与生命系统的结合体。所以，生物学首先在研究对象上就与包括物理学在内的其他科学存在着很大差异。

其次，在自然规律方面，物理学中的自然规律都是普适的必然性规律，如万有引力定律、安培定律等，生物学中也不乏有很多法则，如进化论中的自然选择定律、遗传定律等，但几乎所有的生物学规律都具有或然性，它是一种高层次的概括性命题，更像是一把能囊括某类现象的大伞，因此并不是放之四海而皆准的。例如，自然选择机制并不适用于所有生物，有些生物会进化成新物种，但有些生物却不能，我们无法预测某种生物是否能进化及进化的方向。然而规律应该是对于大量现象的共性所做的抽象陈述，而或然性的生物学规律则更像是简单的小范围归纳，因此很难被人接受是具有指导意义的科学定律。但生物学由于其阶层系统的复杂性，每个环节出现的可能性都很多，众多系统间的相互作用是极其繁多且复杂的，难以通过简单的数学计算而得出。虽然或然性定律不能产生精准的预测，但它依然同必然性规律一样能够说明原因，对于现象做出解释，所以从这个意义上来说，虽然生物学定律不是必然性定律，但它依然是科学定律。所以用这样一句话来概括生物学定律再好不过了：如果说在生物学中存在普适性规律，那就是所有的生物学规律都有例外。而且这并不妨碍生物学是一种"并没有运用无可争辩地被称为定律的表达方式也运行得非常顺利"② 的科学。

---

① ［美］厄恩斯特·迈尔：《生物学思想的发展：多样性，进化与遗传》，刘珺珺等译，湖南教育出版社 1990 年版，第 38 页。

② ［美］迈尔：《生物学哲学》，涂长晟等译，辽宁教育出版社 1992 年版，第 20 页。

另外，在解释机制上，生物学常采用目的论进行解释，而典型的科学解释则采用由部分到整体的演绎解释。① 内格尔指出，目的论解释"专注于特定过程的顶点和产物，尤其关于一个系统的各个部分对维持其整体性质或整体行为方式的贡献"②。简言之，如果一个系统中对于整体的描述能够还原为各部分，且整体的性质是由部分的性质所决定的，那么这种决定关系原则上可以通过某一普适性定律表达出来，这就是典型的科学中的演绎解释；反之，才可能去寻求目的论解释，生物学科学就是如此。当然，这并不代表进化过程就是因为有某种预先设定的目的，所以才会具有方向性，而是说生物学解释不得不采用目的论形式的解释。

综上所述，物理科学并不是科学的唯一标准尺度。就好比，如果整个科学体系是一个几何学体系，那么物理科学就是欧氏几何，它只是众多几何模型中的其中之一而已。所以，虽然追寻科学的统一性是自科学诞生以来科学家们力图实现的终极目标，但随着科学门类的逐渐细化和研究的深入，实现这个目标的可能性越来越小。即使生物学因其研究内容的复杂性同物理学在特征上有着显著的差异，也不代表生物学就不是科学。只能说，生物学是与包括物理学、化学、天文学等在内的"精密科学"所不同的一种特殊科学，它是一门研究有机体与非生命体的复杂性科学，有着其他科学所不具有的生命力，因此更应该重视生物学科学的自主性发展。

三　反映了科学与宗教间复杂的关系模式

由于智能设计论与进化论争论的焦点问题在于"物种形成的过程中究竟是否有超自然力量的干预和设计"，因此这场争论通常被认为是一场科学与宗教的抗衡。进化论者认为智能设计论企图引入的超自然力量就是上帝，因此是伪装的"创世论"，最终目的是企图以宗教替代科学；而智能设计论者认为进化论只是为了否定宗教而拒斥超自然因素，这不但是没有道理的而且是有害的。其实不只是这场关于生物进化问题的争论，一直以来，对于科学

① 参见黄正华《科学与非科学之间的进化论》，《科学技术与辩证法》2005 年第 5 期，第 27 页。
② ［美］欧内斯特·内格尔：《科学的结构——科学说明的逻辑问题》，徐向东译，上海译文出版社 2002 年版，第 505 页。

与宗教的关系的讨论都是热点问题，与之相关的研讨会在世界各地也是层出不穷。传统观点认为科学与宗教是互相冲突的，宗教阻碍了科学对于自然界客观规律的追求，科学违背了宗教的原始教义，因此二者不能共存。那么科学和宗教真的有不可调和的矛盾吗？

本研究的观点是：宗教与科学在一定的历史阶段并不必然是冲突的，虽然两者存在着许多根本性差异，但不会因此而不能"和平共处"。默顿在《十七世纪英格兰的科学、技术与社会》一书中通过宗教改革的例子证明了：由清教主义促成的价值体系于无意中促进了近代科学的发展，即"默顿命题"。从现实情况来看，如果宗教与科学真的完全对立，那么不仅很难解释科学家具有宗教信仰的现象，也不能解释西方某些宗教社会中科学高度发达的现象。事实上，相当一部分科学家都是带着虔诚的宗教动机的，牛顿就是如此，他甚至自称是一位神学家更甚于一位科学家。但显然，牛顿的宗教信仰并没有阻碍其源源不断的科学发现。

具体原因应追溯科学的起源及发展历史，科学起源于古希腊的自然哲学，在中世纪经院哲学的推动下又开辟了实验科学的崭新道路，后经伽利略、牛顿等科学家的伟大工作演变为集归纳推理、假说演绎、数学、实验等方法集一身的现代科学。事实上，一方面，宗教为科学提供了形而上学前提，科学活动在现实中是具有有限性的，而科学理论的正确性也是相对的和暂时的，但同时科学在理想上又是追求无限性、绝对性和永恒性的，因此形而上学对于科学来说具有牢不可破的前提性。除哲学外，宗教同样提供这个典型的功能。另一方面，宗教可以为科学提供价值目标。较之于其他途径，通过信仰宗教又是为科学家提供牢靠价值目标的极其有效的途径，如爱因斯坦就认为"我们生活在一个唯物论时代中，在这样的时代中，只有那些严肃工作的科学家才是真正信仰宗教的人"①。应该说，历史上正是因为一些科学家相信，"上帝是通过次级原因（即自然规律）创造了一个有着自身秩序和进程的世界"②，所以他们才认为有秩序的世界不仅是可知的，而且是可

① ［德］爱因斯坦：《爱因斯坦自述》，崔金英、姬君译，华中科技大学出版社2015年版，第221页。
② ［美］彼得·道德森：《公共场合中的科学与宗教》，《科学与宗教：二十一世纪的对话》，复旦大学出版社2008年版，第118页。

以探索的，这激发了科学家们试图理解上帝创世活动的渴望。反之，科学不可能从混乱的宇宙中产生出来，因为没有任何规律可言，就没有研究宇宙的必要，只能听之任之。所以在这个意义上，历史上的某些时期科学与宗教不但不是相冲突的，科学在一定程度上还依赖于宗教。

另外，科学与宗教的关注点是不同的。科学巨大的价值和作用表现在它在其适用范围内的有效性，方法论的自然主义使得科学尽量保证其客观性，可以相对地不受语言、文化和民族性等偏见的影响，所以科学具有反映客观世界中的自然规律的能力；而在面对例如"人类存在的意义是什么""宇宙为何会形成"等形而上学问题时，科学则会束手无策，因为它无法通过经验去予以检验，这已经超出了科学的研究范畴，实际上属于哲学、宗教的研究领域。在这里举一个形象的例子：科学可以讨论水沸腾的物理原理，但不会讨论水会沸腾的理由，也许是因为我想泡一杯热茶，又或许是因为我想用来做饭；科学只需要通过借助动能、空气动力学、方向等物理量，就可以详细描述出飞机的飞行过程，而无须知道飞机的飞行目的地、内部控制状况。同理，在进化论的问题上，科学可以研究"生物是怎样进化的"，但科学不可以解释的是"生物为何要这样进化"。科学讨论"怎么样"的问题，这是它不可避免的固有属性，科学研究的活动空间必定只能局限于它所能决定的事物范围之内，"只要一个科学家开始讨论起'目的'来，那么他就已经不是在科学的范围内讨论问题了"①。因此，由于各自归属的领域不同，在一定范围内宗教与科学之间并不存在显著矛盾。

既然如此，那为什么还有那么多人只关注科学与宗教的冲突呢？原因之一在于人们过度放大了科学与宗教曾经产生的微小冲突，并视这种冲突为普遍性情况。另一方面，科学家与宗教学家超越了各自的话语领域去分析问题，甚至跨越到对方的研究范畴中去进行干涉，这就必然会产生原则上的冲突。智能设计论者企图以智能设计论代替进化论的科学地位时也是徒劳的，因它本身在科学上就没有立足之地，既不能用经验来证实，也不具备可证伪性，它只是在批判进化论的基础之上勉强维护自身的合法性，一旦进化论有

---

① ［美］彼得·道德森：《智慧设计真的智慧么？》，《科学与宗教：二十一世纪的对话》，复旦大学出版社 2008 年版，第 94—95 页。（恐龙研究权威、美国宾夕法尼亚大学教授）

了更多的发现，就只能导致自身的崩溃。

第四节 结语

综上所述，无论是从对于理论解释机制及事实证据的考察，还是基于科学划界标准的判断，达尔文主义进化论都可以被充分地判定为是科学。与之相较，智能设计论则更多地把重心放在了从不同角度批判进化论上，却无法对于自己的学说做出自圆其说的解释。所以有理由认为，智能设计论之所以挑战进化论的科学地位，是为了使自己的学说拥有能够被公众所容纳的空间，所以挑战进化论是为智能设计论"维权"的手段和策略。如果不能说明进化论不是科学，那么就很难在这种主流学说已经深入人心的情况下再让人去接受另一种与之相背离的学说，不利于人们接受智能设计论。但如果能够说明进化论不是科学，不仅可以削弱进化论的可信度，还可以根据"楔进战略"的指导方针进一步削弱自然主义在科学中的地位，"它一旦坍塌了，筑于其上的一切大厦也便会坍塌……理智设计论对于新一代有神论学者将是黄金机会"①。所以，很难说智能设计论不是在故意模糊科学的定义及其划界标准，利用公众对于"科学"一词的模糊性而打击进化论。"科学"这一范畴的意义对于智能设计论者来说更像是"权威"，否则他们完全可以利用其他的词去形容"广义范围上的科学"，以替代"狭义范围上的科学"，但他们没有。因此，只是在这种意义上去争论进化论是不是科学其实是没有意义的。何种理论能够更好地解释事实，何种理论能够为人们带来更多的发现，何种理论相对上更能贴近客观世界，这才应该是关注的重点。

反观智能设计论与进化论这场争论对进化论的影响，一方面，智能设计论的兴起的确给进化论带来了很多消极影响，甚至是阻碍的力量，虽然绝大多数公众对于达尔文主义进化论并不陌生，但对学说的了解也只是流于表面，只有极少数的人能够说出进化论的核心理论，更不用说了解其细节。而智能设计论者正是利用了这一点，通过极具煽动性的言语在媒体上贬低进化

---

① ［美］威廉·邓勃斯基：《理智设计论——科学与神学之桥》，卢风译，中央编译出版社 2005 年版，第 122 页。

论并提升智能设计论，使得公众对进化论逐渐失去信任并转向智能设计论。但另一方面，智能设计论的兴起也为进化论的支持者敲响了警钟，要意识到进化论的根基并不稳固，理论学说还具有很大的提升空间，以智能设计论为代表的反对性学说提出的批评意见正是他们所应该努力的方向。所以，在一定程度上，反对者的某些言论应该得到信任，例如强调寻求事实真相的至关重要、强调反常现象在科学研究中的特殊性等。但同时，进化论者也应该有选择地接受这些批评，不要轻易被具有煽动性的言语所影响，而应该通过更加充分、细致的科学研究回应这些批评。

与此同时，也应该清楚地认识到，关于设计论的证明正以各种形态在科学理性与哲学思辨的推动下不断更新和发展，它试图重返其在中世纪的那种辉煌。这种思潮在一定程度上反映了宗教与科学的关系始终处于波动中。因此可以说，只要人的理性探索世界的动力还没有停止，那么进化论与智能设计论的争论就永无停息的一天。但就目前的证据而言，进化论无疑更具有说服力，能更好地解释生命演化的历程，也更有利于后续的科学研究。而且，进化论的解释能力足够好，不必要再引入一个空无作用的上帝作为进化的设计者。如果说坚持有神的进化论，那么这个神必然是对科学领域之外的人的精神世界有着某种积极作用的，但这种对人的自由意志的作用不属于科学的领域内。因此，无论是在理论意义还是在实践意义上，进化论都应该获得更多的支持，人们应该坚定地认为进化论就是科学，不能因为进化论中蕴含着科学所固有的不完整性而否认它是科学，这不应该成为智能设计论者用以诱导公众的借口。而智能设计论者如果想争取学说的合法性地位，那么与进化论进行科学之争并不是一种好的方式。

第 十 四 章

作为自然选择基础的"生物个体性"概念

对于生物个体的分析和划界，是现代生物学研究的基本前提和出发点。在进化生物学中，要计算被研究群体的适应度，必须对群体中包含的个体进行划分并计数；免疫生物学的一个传统预设是免疫系统负责区分自我和非我，这亦是对个体内外所作的区分；发育生物学主要研究个体发生（ontogeny）问题，个体的形成标志着发育过程的完成。要对形形色色的生物学研究对象进行个体划界，先要有一套作为划界标准的个体属性，这就是"生物学个体性"。不同领域生物学家从自身经验知识出发，往往对生物学个体性有不同理解，产生分歧和争论，因此需要从哲学的高度作出独特的概念分析。本研究拟首先按照三个阶段概述从达尔文革命以来生物学和生物学哲学界关于个体性概念讨论分析的演变发展，然后从生物学个体划界之难题开始，分析划界困难的根源，接着比较几种不同的生物学个体表征方案，并对各自背后的本体论立场进行分析评述，然后结合"进化跃迁"框架，提出一种综合性的思路。

第一节   生物个体性概念研究的历史演变与发展

戈弗雷 - 史密斯（P. Godfrey-Smith）认为，"个体性问题，已经成了生物学和哲学的连接点，这个连接起始于许多生物学家开始进行哲学反思的时候，即 19 世纪左右，生物进化不再是模糊的与推测的了"①。在《物种起

---

① Godfrey-Smith, P., "Darwinian Individuals", In Bouchard, F., Huneman, P. (eds.), *From Groups to Individuals*, The MIT Press, 2013, p. 17.

源》一书中，达尔文就已将"个体"概念作为构造自然选择理论的基本要素。不过，他仅以该概念指称有性繁殖的动植物有机体，并未进行语义扩展和分析。与此同时，一些有思辨兴趣的科学家，基于观察、研究动物机体得来的经验知识，对"个体"和"个体性"概念进行了分析。托马斯·赫胥黎（T. H. Huxley）在 1852 年提出，生物学意义上的个体性从属于根据物质自然演替（succession）的事实或规律所定义的个体性。每一个体都包含了起点和终点连续交替的变化过程。[①] 朱利安·赫胥黎（J. S. Huxley）提出了关于生物学个体的一般定义："包含相互依赖的部分的连续整体。"[②] 1945年，洛布（L. Loeb）基于个体间免疫排斥现象，总结出两种类型的个体性：其一是器官和组织间的分化与整合形成的个体性；其二表现为不同个体间的分化。[③] 这一阶段的讨论从达尔文时代持续到 20 世纪 60 年代，偏重于对"有机体"的分析，包括个体的整体性和个体的特异性。

20 世纪六七十年代，现代生命科学在微观和宏观两个层面上的突破与扩展，促使人们将自然选择理论运用在不同的组织层次上，从而引发了关于自然选择的单位到底是个体、基因还是群体的争论。该议题后来演变为对自然选择理论的抽象化研究，形成了"经典进路（classical approach）"和"复制子进路（replicator approach）"两大流派。[④] 经典进路继承了达尔文自然选择理论的基本思路，并试图提炼出与具体组织层次无关的自然选择抽象原理。其中被引用最多的版本是列万廷在 1970 年提出的自然选择抽象化表征的三个原则。[⑤] 复制子进路最先由道金斯（R. Dawkins）提出，他构造了"复制子（replicator）"概念来表示基因这类在进化中稳定自我复制和延续的实体。[⑥] 后来赫尔则以"复制子"和"互动子"（interactor）表示自然选择

① 参见 Huxley, T. H., *Upon Animal Individuality*, M. Foster, W. R. Lankester（eds.）, *The Scientific Memoirs of Thomas Henry Huxley*, Vol. 1, Macmillan, 1892, p. 147。

② 参见 Huxley, J. S., *The Individual in the Animal Kingdom*, Cambridge University Press, 1912, pp. vii-ix。

③ 参见 Loeb, L., *The Biological Basis of Individuality*, Charles C. Thomas, 1945, p. vii。

④ 参见 Godfrey-Smith, P., *Darwinian Populations and Natural Selection*, Oxford University Press, 2009, pp. 1 - 2。

⑤ 参见 Lewontin, R. C., "The Units of Selection", *Annual Review of Ecology and Systematics*, 1970, Vol. 1, pp. 1 - 2。

⑥ 参见 Dawkins, R., *The Selfish Gene*, Oxford University Press, 1976, pp. 12 - 20。

中承担不同功能的两类个体。复制子是"在复制中直接传递其结构的实体"，互动子是"作为一个凝聚的整体与环境相互作用，使得复制是分化的"。① 这些讨论可被视为在进化视角下对生物学个体性概念的分析。

此阶段的另一重要议题是关于"物种个体性"的讨论。物种过去一直被视为共相或抽象的类（class）。1966 年，吉斯林（M. T. Ghiselin）指出，生物学物种在逻辑意义上是个体而不是类，一个物种的名称是专有名词。他在 1974 年又指出，物种是一个殊相，其名称不具有内涵（intension）。赫尔在 1978 年提出区分"个体"和"真正的类（genuine classes）"，认为"个体"是时空上局部化的连续实体，即"历史性实体（historical entities）"，而"真正的类"在时空上是不受限的。他从对自然选择理论的分析出发，证明基因、有机体、物种这三类生物实体都是历史性实体。② 米什勒（B. D. Misheler）和布兰登（R. N. Brandon）指出，赫尔的"历史性实体"刻画的物种个体性概念还不够完善，需要补充系统内部的因果整合（causal integration）和因果凝聚（causal cohesion）作用。对物种的分析促使人们从更一般的视角提炼出一系列生物学个体的属性。由此，对"生物学个体"概念的分析成为一个独立和专门的生物学哲学议题。20 世纪 90 年代以后，随着分子生物技术，特别是基因组测序技术的发展，进化生物学与微生物学、生理学、免疫学等学科走向互动与综合，原先被生物学哲学界忽视的一系列非典范生物实体的个体划界问题受到越来越多的关注。学界所面临的主要问题从对"个体"概念的直接讨论，转换为"如何理解和表征一系列不同生物学个体性标准所构成的谱系结构"，并寻求一个合适的本体论框架来容纳高度多样化的生物学个体性。

第二节　生物个体划界难题及其成因分析

杰克·威尔逊（J. Wilson）在 1999 年对个体划界难题进行了描述：第

---

① Hull, D., "Individuality and Selection", *Annual Review of Ecology and Systematics*, 1980, Vol. 11, p. 318.

② 参见 Hull, D., "A Matter of Individuality", *Philosophy of Science*, 1978, Vol. 45, pp. 336 – 341。

一，从典范的生物实体，即高等动植物身上，可以提炼出一系列的个体属性，大多数的典范实体都具备这些属性；第二，对于其他的非典范生物实体，它们占据了范围更广的分类域，但是每一种生物实体都只具备上述的某些属性，不具备全部属性，另外也没有哪些属性能够同时被所有生物实体所满足；第三，对于每一种属性的满足，也不是非黑即白的问题，而是具有程度高低的差异。① 1992 年 4 月，《自然》杂志报道了关于非典范生物实体划界的一个典型争议案例：史密斯（M. Smith）等生物学家取样分析了密歇根州一片森林中方圆 15 公顷地面上生长的一种蜜环菌菌丝，发现所有样本的基因组成都相同，于是他们断言这些样本属于同一生物学个体。据估计，它已在同一片地区生长了 1500 年，因此他们宣称发现了迄今为止最大、最长寿的生物。② 布拉西耶（C. Brasier）则发表了反对意见，认为这一大片蜜环菌不可以和蓝鲸、红杉这样公认的巨大生物相提并论，因为后者在一个确定的边界之内生长，而前者的菌丝四处蔓延，没有确定边界。③ 如果把基因型作为一个个体的标志，这一大片蜜环菌的基因型相同，可被视为同一生物学个体，但如果把凝聚性和连续性作为个体的判断标准，这一大片松散的菌体就不符合个体定义。

由上所述，对划界难题进行分析探讨的前提，是要先列出一个由形形色色的生物学个体性构成的完整谱系作为分析的出发点。克拉克（E. Clarke）对此作了详细的研究，她整理了大量相关科学和哲学文献，总结了 13 种曾被用来定义生物学个体的性质：繁殖（reproduction）、生命周期（lifecycle）、基因组成（genetics）、有性繁殖（sex）、瓶颈化（bottleneck）、种质/体质隔离（germ-soma separation）、警戒机制（policing mechanism）、空间边界/邻接性（spatial boundaries/contiguity）、组织相容性（histocompatibility）、适应度最大化（fitness maximization）、合作与冲突（cooperation and conflict）、（繁殖的）同步性（codispersal）、适应（adaptation）。此外，还有功能整合（functional integration）与自主性（autonomy）标准未被列入讨论，因为克拉

① 参见 Wilson, J., *Biological Individuality*, Cambridge University Press, 1999, pp. 5 - 9。

② 参见 Smith, M., Bruhn, J., Anderson, J., "The Fungus Armillaria Bulbosa is Among the Largest and Oldest Living Organisms", *Nature*, 1992, Vol. 356, pp. 428 - 431。

③ 参见 Brasier, C., "A Champion Thallus", *Nature*, 1992, Vol. 356, pp. 382 - 383。

克认为这两者比较难以界定和量化。① 克拉克尝试将几个最典型的个体性标准运用于 6 个不同的生物实体（龙虾钳、颤杨、小狗、蜂群、僧帽水母、细菌），并对结果进行比较。如下表所示：

表 14 - 1　　　　　**不同个体性标准运用于不同生物实体的比较**②

	龙虾钳	颤杨	小狗	蜂群	僧帽水母	细菌
常识	否	否	是	否	是	是
有性繁殖	否	不确定	是	否	不确定	否
瓶颈化	否	不确定	是	是	是	是
种质/体质隔离	否	否	是	是	是	否
空间边界	是	不确定	是	否	是	是
组织相容性	否	不确定	是	不确定	是	是
适应	是	不确定	是	是	是	是

只有在有性繁殖的高等动物如小狗身上，才可能获得一致的个体划分结果，而多数其他类型的生物实体仅具备其中部分性质，对其作出毫无争议的判断是有困难的。蜂群的组分是基因组成相异的蜜蜂个体，因此不满足基因同质性标准；但同时蜂群是一个分工严密的整体，蜂王负责传宗接代，不能生育的工蜂负责其他任务，可将蜂王视为"种质细胞"，工蜂视为"体质细胞"，蜂群正好符合种质/体质细胞隔离的标准，可被视为一个生物学个体。又如僧帽水母，实际上是一群无性繁殖（裂殖和出芽）的水螅构成的一个动物无性系，整体上看接近于普通的水母，存在着功能分工和整合，很像一个单一的动物有机体；但是这个无性系中的每一个子体（zooid）都有自己的神经系统，符合自主性标准，因此僧帽水母又可被看作不同个体构成的集群，而不是单一个体。上述实例都是个体划界难题的具体案例。

生物学个体划界之难显然来自生物学个体性的多样性与复杂性，而这一方面源自生命世界本身的多样性与复杂性，另一方面与研究者们在认识上的

---

① 参见 Clarke, E., "The Problem of Biological Individuality", *Biological Theory*, 2010, Vol. 5, pp. 315 - 320。

② Clarke, E., "The Problem of Biological Individuality", *Biological Theory*, 2010, Vol. 5, p. 322.

多样性与复杂性有关。对于前者,可从三个维度来理解。从空间维度看,生命世界是多层次的嵌套型层级(nested hierarchy)。如埃尔德雷奇(N. Eldredge)所述,"层级是由一系列个体(I_n)组成,每个 I_n 又是由至少一个,但通常是很多个低级别的个体(I_{n-1})组成"[1]。对于严格意义上的生物组织层级,高层次上的单元不只是低层次单元单纯的聚集(aggregate)或者集合(set),它本身就必须是个体。首先,它具备最宽泛意义上的个体性,大概相当于赫尔所说的有时空边界和连续性的"历史性实体"[2]。其次,这些单元根据该层次的特定功能、结构,又具备其他特定的个体性,因此,不同层次单元体现出来的个体性各不相同。而个体划界的基本争议问题之一在于,将哪个层次上的组成单元视为个体。

从时间维度看,巨大的"生命之树"在漫长的进化史中逐渐生长、分枝,形成了生命世界的高度多样性。在生命之树相隔较远的不同分枝上,即使属于同一组织层次上的实体,应对环境选择压力的生存策略也有所不同,使得进化产生的个体性差异较大。以蜂群和野牛群为例,单从组织层次看,两者都是多细胞有机体构成的集合体,但在组织模式上差异很大——蜂群满足种质/体质隔离标准,因而具有更高程度的个体性。由此,在生物组织层级的空间复杂性基础上,生命之树上不同位置带来的差异又增加了个体性谱系的多样性和复杂性。适用于一种生物的划界标准,在其他生物身上未必适用。

从环境维度看,即使是同一种生物,也可能会随着环境的变化,在不同的组织模式之间切换,从而在生命史不同阶段具备不同的个体性。比如一种原生动物黏菌(slime mold),会根据外界环境在多细胞和单细胞个体之间变换。在食物丰富的时候,它们以单细胞形式生活在土壤中;当食物短缺的时候,成百上千个细胞会结合在一起形成"黏变形体",借助自身的变形缓慢移动到光亮处,通过孢子进行有性繁殖。黏变形体的形态和运动方式类似一只蛞蝓,但是其组分细胞的基因并不完全相同,类似一个内部异质的多细胞有机体。由此,萨克斯(C. Saches)主张一种"语境依赖的"(context-

---

① Eldredge, N., *Unfinished Synthesis*, Oxford University Press, 1985, pp. 140 – 141.

② Hull, D., "A Matter of Individuality", *Philosophy of Science*, 1978, Vol. 45, pp. 336 – 341.

dependent）个体性定义。[1]

上述几种情况构成了生命世界的复杂性与多样性，这属于罗伯特·威尔逊（R. Wilson）所说的生命世界的"固有差异性（intrinsic heterogeneity）"[2]。另一方面，生命科学领域也存在着多样化分工，不同生物学家从各自立场出发，会倾向于选择不同的个体性标准，进而对同一个对象给出不同的个体划分结论。前述关于动物黏菌个体性的争议即一个典型例子。当代生物学不同分支领域的交叉与合作越来越频繁，生物学哲学的居中协调作用变得尤为重要，所面临的任务之一是探索一套可行的表征体系，为个体划界难题建立一套可行且能被共同接受的解决方案。

第三节 关于"生物学个体"的本体论分析

和"生物学个体"有千丝万缕联系的，是20世纪60到80年代引发学界热烈讨论的"自然选择单位"概念。两者都是从某一视角对纷繁多样的自然界及其演化过程作出说明。罗伯特·威尔逊曾对关于"自然选择单位"的不同观点按照不同本体论立场进行分类。首先，所谓"自然选择的层次"是否事实上存在？实在论者（realist）对此持肯定态度，反实在论者（anti-realist）则不然。其次，如果存在，自然选择的作用发生在单一层次上还是多个不同层次上？认为自然选择作用于单一层次的，是一元论（monism）；认为自然选择作用于多个层次的，是多元论（pluralism）。[3] 每一种理论又可细分出不同的立场。

类似地，关于生物学个体概念也存在着不同的本体论立场：划分出来的形形色色的生物学个体仅仅是语言上的分类，还是在自然界的实际存在？实在论者认为是实际存在，反实在论者则认为其仅仅是语言上的分类而已。如果"生物学个体"是实在的，那么它是在指称一个单一的类，还是多样化

---

① 参见 Saches，C.，"The New Puzzle of Biological Groups and Individuals"，*Studies in History and Philosophy of Biological and Biomedical Sciences*，2014，Vol. 46，pp. 119 – 120。

② Wilson，R. A.，*Genes and the Agents of Life*，Cambridge University Press，2005，p. 52.

③ 参见 Wilson，R. A.，"Levels of Selection"，In Matthen，M.，Stephen，C.（eds.），*Philosophy of Biology*，Elsevier，2007，pp. 150 – 152。

的不同的类呢？这里有多元论与一元论的不同回答。同样，每种理论又可细
分出不同的立场。根据这些分类原则，本研究将已有的若干不同本体论观点
分类整理，如下表所示：

表 14 - 2 　　　　　　　关于生物学个体性概念的不同本体论观点

	实在的		反实在的
一元的	本质主义一元实在论	取消主义	视角多元论（约定论）
	非本质主义一元实在论		
多元的	多元实在论		

评价一套表征体系的标准，既要看其本体论上是否具有包容性，也要看
其方法论上是否具有启发性，是否能为个体划界难题的解决给出可行的思
路。我们根据上述分类原则对已有观点逐一评价分析。

一　多元实在论

杰克·威尔逊在1999年阐发了多元实在论的观点。他首先比较了三种
对自然类的哲学解释——因果历史主义、唯名论和实在模式理论，指出只有
实在模式解释可以使自然类概念可证伪和可修正。接下来他指出，无论怎么
努力，人们都无法找到一组充分必要条件，用以界定"生物学个体"这个
类中的成员，因为总是能找到作为反例的生物实体，在通常情况下被人们视
为个体，却不符合其中的某个或若干个条件，因此"生物学个体"这一概
念并不对应一个自然类。不同的个体性概念指称的是生命世界里实际存在着
的不同自然类，它们没有共同的交集，对每一个类，都必须给出一个特定
的、清晰的个体性定义。所以，他建议用六个更加细致的概念来代替无指称
对象的"生物学个体"概念：殊相（particular）、功能性个体（functional in-
dividual）、基因型个体（genetic individual）、发育个体（developmental indi-
vidual）、进化单位（unit of evolution）、历史性实体。[①] 其中每一个体概念分
别对应着某个或某几个个体判断标准。比如从瓶颈效应标准可判断出一个发

---

① 参见 Wilson，J.，*Biological Individuality*，Cambridge University Press，1999，p. 60。

育的个体，从基因同一性标准可判断出一个遗传的个体，在典范生物学个体
上，这几个类重叠在一起。

杰克·威尔逊明确指出"生物学个体性"不是一个单一的概念，而是
一个包含了多重属性的复杂谱系，这为后人的研究提供了基本的思路。然
而，这种分离状态的多元实在论也具有诸多问题：他选取的6种个体性标准
是否具备足够的代表性？相比之下，克拉克则列举了13种个体性。杰克·
威尔逊以科学作为辨认实在模式的根据，但科学本身就被个体划界难题所困
扰。此外，在典范生物身上，几个自然类的重叠现象或许来自个体自然类之
间的相互作用，但他没有对其作进一步解释。

二　非本质主义一元论

罗伯特·威尔逊在2005年指出，传统的本质主义观点，以及杰克·威
尔逊的多元主义自然类概念，都无法有效地表征和理解生物实体的固有差异
性，他借用博伊德（R. N. Boyd）的稳态属性聚类（Homeo static Property
Cluster，简称HPC）观点来改造传统的实在论。博伊德是用HPC观点来表
征物种，罗伯特·威尔逊则用HPC观点来表征"生物"。"生物"是一个比
较通俗化的概念，他基于"作用者"（agent）为核心的概念体系对其进行定
义。作用者被定义为"作为原因或行为之承载者的个别实体"，其中包括物
理作用者（physical agents），即具有空间与时间边界，具有物质组成，在空
间和时间连续存在的作用者。生物作用者（biological agents）是物理作用者
中的一种，包括蛋白质、基因、细胞、有机体、物种等。有生命的作用者
（living agents）即通常所说的生物（living things），是生物作用者的子集。
生物作用者和有生命的作用者都是生物自然类。[①]

生物是由一系列属性所定义的，包括生长和发育、繁殖、自我修复、新
陈代谢作用，等等。根据HPC观点，这一系列属性是典型的，但不是本质
的，不是传统观点所定义自然类的充要条件，"并不是上述每个属性都为自
然类中的任何一个成员所具有，但一个类中所有成员具备的属性加起来，总
是构成这个属性聚类中的一个n元组。一个生物学类总是以上述方式被一簇

---

① 参见 Wilson, R. A., *Genes and the Agents of Life*, Cambridge University Press, 2005, pp. 6–8。

属性所定义,而不是被单个属性所简单界定的"①。即便有某个属性能被所有成员具备(比如所有的生命都有新陈代谢),但是仍不能说这就是所谓"本质属性"。同时,没有任何一个属性是绝对必要的,比如没有繁殖能力的骡子,仍然属于生物。既然不是本质属性,这一簇属性就可以容许生物学类内部成员的变异,从而适应了生命世界进化的特点;因为进化的作用,前后两个实体的属性可能差异很大,但仍然属于同一个 HPC 类。这一簇属性之所以被称为稳态的聚类,是因为这些特定属性会大概率聚集在一起,当一个实体具备了其中一个属性,则有较大概率会具备其他某些属性,这来自外部约束和内部机制的共同作用,是自然界本身存在的因果作用结构。从这一点上看,HPC 观点是实在论的,从而区别于维特根斯坦的"家族相似"的语言游戏概念。

在 HPC 观点基础上,罗伯特·威尔逊进一步讨论"有机体"的概念。有机体首先是生物(有生命的作用者),但除了具备前述的生物属性外,还有其他特定的属性:其一是生命周期,其二是功能自主性(functional autonomy)。这两个属性与前述属性一并构成了关于有机体的"三重观念":有机体是一个有生命的作用者;属于一个繁殖的世系,其中某些成员具有跨越世代的生命周期;具有最小的功能自主性。②

总地说来,一方面,罗伯特·威尔逊基于 HPC 观点的表征体系介于本质主义实在论和反实在论之间,是一种非本质主义的自然类概念,定义个体的是一簇属性,而不是单个充分必要条件,这比杰克·威尔逊的分离的多元实在论更加灵活,能包容生命世界的异质性和复杂性;另一方面,HPC 观点也不是取消主义,因为一系列属性的聚集并不是随机的,而是被整合在一起的,这种整合性(integrity)具有科学关注价值。然而,这套体系和杰克·威尔逊的多元论一样,都无法为个体划界难题给出答案,也没能解释多种个体性在典范生物学个体上的重叠现象。

三 反实在论

反实在论包括取消主义(eliminativism)和视角多元论(perspective plu-

---

① Wilson, R. A., *Genes and the Agents of Life*, Cambridge University Press, 2005, pp. 56 – 57.

② 参见 Wilson, R. A., *Genes and the Agents of Life*, Cambridge University Press, 2005, p. 59。

ralism）两类。取消主义认为不需要有一个叫"生物个体性"的概念；视角多元论，或曰约定论（conventionalism），则认为在科学实践中，任何有用的个体性概念都是可以用的。

杰克·威尔逊后来转向了取消主义的反实在论立场。他在 2000 年指出，通常所说的"有机体"概念，即前述"功能性实体"，作为界定标准的一系列属性具有程度上的连续性，因此概念上没有清晰的边界，无法给出一个确定的划界。实际上科学家们并不需要这样的概念。当询问某个非典范生物实体是不是有机体的时候，科学家们关心的是该实体在进化中所形成的与典范有机体的非同源相似性（homo plastic commonalities）。① 杰克·威尔逊取消的是"功能性实体"概念的实在性，这种反实在论立场也可扩展到他之前提出的其他几个生物学自然类，如发育个体、基因型个体等。然而，他因为个体性存在连续的程度差异从而否认生物学个体的实在性，是站不住脚的。生物学类并不要求非黑即白的界定标准，比如某些按功能定义的生物学类，如复制子、互动子，都存在程度上的差异。

史特瑞尼（K. Sterelny）和格里菲斯（P. E. Griffiths）借鉴了丹尼特关于意向性主体（intentional agents）的视角多元论立场。在丹尼特看来，没有客观存在的意向性主体；除了人类，各种动物、植物甚至下棋机器等，在某些语境下都可根据需要被视为意向性主体，这些处理并没有本质差异，只在必要性和实用性上有所区别。② 史特瑞尼等人认为，没有客观上存在的"复制子"，是否要将一个实体归属为复制子的问题，与观察者的认知能力有关，取决于在预测和解释上是否"有用"，并不存在强制（compulsory）的答案。比如，将典范个体如人类个体当作复制子，在实践上是不可避免的选择，对于其他实体如一个蜂群或僧帽水母，有时也以"有用"与否来加以处理。③

本研究认为，取消主义的反实在论者认为科学实践并不需要生物学个体

① 参见 Wilson, J., "Ontological Butchery: Organism Concepts and Biological Generalizations", *Philosophy of Science*, 2000, Vol. 67, pp. 301 – 311。

② 参见 Dennet, D. C., *The Intentional Stance*, The MIT Press, 1989, p. 22。

③ 参见 Sterelny, K., Griffiths, P. E., *Sex and Death: An Introduction to Philosophy of Biology*, The University of Chicago Press, 1999, pp. 170 – 171。

概念，这并不符合实际情况。相比之下，约定论允许理论根据实际需要灵活变化，在本体论上能包容个体性不断演化发展的特性，但是它仍然局限于对现象的描述，在方法论上不具备启发性。

四　本质主义一元论

杰克·威尔逊从一开始便放弃寻找单一的、作为本质属性的生物学个体性。相反，克拉克持有本质主义一元实在论的立场，坚持这种本质属性的客观存在。作为本质属性的个体性，必须符合大量不同物种的有机体各自性质所构成的多样化谱系。为了找到这把"钥匙"，她的思路是从自然选择入手，采用功能主义的进路：生物学个体性是可多样化实现的（multiply realizable），实现出来的一系列具体机制就是多样化的个体性。某一种特定的具体机制，都不是生物学个体的本质属性。

克拉克的分析基于一个嵌套型的三层次生物组织层级：以中间层次的组成单元作为研究对象，该对象以低层次上单元作为其自身的组分，同时又作为组分构成高层次上的单元。对于该对象可以观察到一系列不同生物学个体性，都可化归为两种功能的不同体现：其一是警戒机制（policing mechanism），被定义为"压制某对象内部进行自然选择的能力的机制"；其二是划界机制（demarcation mechanism），被定义为"提升或维持对象间自然选择"①。划界机制，就是促进这个整体与其他整体互相分离，并相互竞争，进行自然选择，即提升这个整体的个体性的功能；警戒机制，则是压制低层次组分的重新分离和自然选择，即维护这个整体的个体性的功能。比如，发育瓶颈和种质/体质隔离属于警戒机制，物理边界和免疫反应同时兼有两种机制的作用，而有性繁殖则属于划界机制。有性繁殖将基因与其他基因重组，产生新的（独特的）基因型，自然选择正是对差异起作用。警戒机制和划界机制本质上属于个体化机制的功能，共同构成了定义生物学个体性的充分必要条件。生物学个体就是"所有的，也只有这些具备这两种个体划界

---

① Clarke, E., "The Multiple Realizability of Biological Individuals", *The Journal of Philosophy*, 2013, Vol. 110, pp. 421 – 424.

机制的东西"①。

由此，克拉克便建立起一个立体的、多层次的本质主义一元论体系，由三个层次构成：多样化实现的生物学个体性，界定了现象层次上的"个体"；个体化机制是本质属性，界定了本质层次上的，作为自然选择单位而存在的"个体"；警戒机制和划界机制是中间的功能层次，是连接两者的桥梁。这一体系在方法论上具有启发性，有助于人们从现象出发去探索作为本质的机制。

第四节　借助进化跃迁框架建立动态表征体系

取消主义的反实在论认为不需要生物学个体的概念，这不符合科学实践的现实。多元实在论和非本质主义一元论都立足于描述现象，没能解释现象的由来，从而缺乏启发性，没能为划界难题的解决提供出路。此外，单就现象的描述而言，多元实在论也不够准确和完整，因为其对理论的历史维度没有给予足够重视。历史主义科学哲学家波普尔、库恩、拉卡托斯等人都将科学视为不断演化发展的过程，生物学哲学家赫尔也建议用进化的视角来看待科学，把理论看作和物种类似的"历史性实体"②。既然科学理论是进化的，那么一系列个体性概念也是如此。然而在多元实在论者眼中，概念对应的自然类之属性是独立于人的认知的，那么认知之中的个体性在理想状态下趋近于客观的属性而不是演化的，这显然不符合科学发展的实际情况。相比之下，约定主义的反实在论能包容不断演化的生物学个体性概念。

另外，如前所述，克拉克的本质主义一元论是多层次的开放体系，因而也具有包容性，和约定论实际上并不相互对立，而是扮演着不同的角色。我们可从两个方面理解两者的内在联系。其一是拉卡托斯的科学研究纲领方法论，其二是"进化跃迁"的框架。拉卡托斯的科学研究纲领方法论描述了

　　① Clarke, E., "The Multiple Realizability of Biological Individuals", *The Journal of Philosophy*, 2013, Vol. 110, p. 427.

　　② Hull, D., "A Matter of Individuality", *Philosophy of Science*, 1978, Vol. 45, pp. 356 – 357.

演化中的理论体系的结构，其中反面启发法规定科学研究纲领的"硬核"，是不可反驳的；正面启发法包括一组部分明确表达出来的建议或暗示，以说明如何改变、发展研究纲领的"可反驳的变体"，如何更改、完善"可反驳的"保护带。① 对于现代生物学来说，如布兰登（R. Brandon）、罗森伯格（A. Rosenberg）所强调的，"由达尔文在一百五十多年前最先提出的自然选择理论，一直是最重要的，甚至也可能是唯一的解释机制。我们依靠它来解释化学过程层面之上的生命世界诸多现象"②。由此可见，自然选择理论，或者更准确地说，达尔文的自然选择理论中蕴含的一套抽象原理，是现代生物学研究纲领的"硬核"。这套抽象原理被引用最多的版本，是列万廷在1970 年提出的三个原则：

（1）群体中的个体具有不同的形态、生理和行为（表现型的变异）；

（2）不同的表现型具有不同的生存和繁殖速率（分化的适应度）；

（3）父母和亲代具有遗传关联（适应度可遗传）。③

上述三个原则是抽象且逻辑自洽的，不依赖于具体的实现机制，如遗传的具体机制。只要符合这三个原则，群体就可通过自然选择而进化。显然，"个体"是上述自然选择抽象原理中的核心概念。克拉克理论中的个体化机制是促进、增强或维持某生物组织层次上的自然选择过程的机制，使得该层次上的组分在作为自然选择单位的意义上可被视为上述三原则中的"个体"，从而与"硬核"部分紧密关联。另一方面，从约定论视角所看到的形形色色的个体和个体性概念则比较接近于"保护带"的部分。

斯特纳（B. Sterner）批评道，对个体的分类、建模、解释，都需要根据

---

① Lakatos，I.，*The Methodology of Scientific Research Programs*，Cambridge University Press，1978，pp. 47–52.

② Brandon，R.，Rosenberg，A.，"Philosophy of Biology"，In Clark，P.，Hawley，K.（eds.），*Philosophy of Science Today*，Oxford University Press，2003，p. 147.

③ Lewontin，R. C.，"The Units of Selection"，*Annual Review of Ecology and Systematics*，1970，Vol. 1，pp. 1–2.

背后的物质属性和过程对于自然选择的效果来完成，而克拉克完全的功能进路过于抽象，回避了任何具体的物质属性，没能够抓住像进化建模这样的具体任务的特性，从而损害了认知充足性。① 本研究则认为，如果放在"进化跃迁"的动态框架中看，克拉克的一元论观点至少在理论上仍具有认知充足性。"进化跃迁"一词有两层意思。一方面是指进化生物学从共时结构到历时结构的观念转向，即"自然选择单位和层次"不再只是进化的舞台，同时也被视为进化的产物；另一方面是指人们根据上述思路所表征和解释的过程：进化史中原先低层次上的组分聚集为群组，然后进一步涌现为一个整体个体，并成为高层次上的组分，参与高层次上的自然选择。而克拉克总结的个体化机制可被视为进化跃迁模型的核心机制，划界机制和警戒机制则是个体性的进化跃迁过程中交替出现或者同时作用的功能。各个组织层次上的个体被视为进化史中从低层次向高层次跃迁的产物，个体性不再被看作静态的属性，而是动态的个体化机制的具体表现。奥卡沙（S. Okasha）认为，进化跃迁从属于当代进化生物学理论转换的一个大趋势——参数的内生化（endogenizing）。② 斯特纳基于传统观点，将个体背后的"物质属性"视为需要给定的外生（exogenous）参数，现在则可被视为可通过进化而得到解释的内生参数，纳入整个进化图景中进行动态分析。

　　作为跃迁产物的个体性，如第一节所分析的，从空间和时间维度看都具有多样性，不同分支领域的生物学家在研究之初必须定位各自的研究对象，会从各自视角出发将不同组织层次上的不同生物实体称为"个体"，这符合约定论的多元化视角。随着研究的深入，科学家需要进一步解释不同层次上个体性的成因，此时克拉克的一元论思路有比较高的启发性，通过功能主义的桥梁，帮助人们定位到起决定作用的自然选择过程和关键的组织层次上。

　　综上所述，约定论在现象上能包容生物学理论的多元性和演化性，而克拉克的本质主义一元论在现象与本质中建立起功能主义的桥梁，具有较高的

---

　　① 参见 Sterner, B., "Pathway to Pluralism about Biological Individuality", *Biology and Philosophy*, 2015, Vol. 30, p. 610。

　　② 参见 Okasha, S., *Evolution and the Levels of Selection*, Oxford University Press, 2006, p. 220。

启发价值。进化跃迁提供了建立个体性的动态表征体系的思路，有助于克服过去静态表征体系的不足，能够合理整合约定论和本质主义一元论。这一框架有助于将进化史的过去、现在和未来整合在一起，并促进进化生物学与其他分支学科研究的综合。

第 十 五 章

自然选择的单元与"个体"概念的扩展

"个体"是现代进化生物学的核心概念，对个体的分析和划界是研究的基本前提和出发点。比如，科学家要计算某群体的适应度，必须对群体中包含的个体进行划分并计数，而世代、性状、表现型等概念也紧紧地依赖于对个体的界定。要对生物学个体进行划界，先要有一套作为划界标准的个体性质，即生物学个体性（biological individuality）。对生物学个体性的理解大致有两类思想来源，一类是有机体（organism）概念，主要基于进化生物学之外的生理学、免疫学等领域的经验知识，另一类主要来自进化生物学，特别是自然选择理论，戈弗雷－史密斯将此标准所界定的个体，称为"达尔文式个体"（Darwinian individual）。[1]

众所周知，自然选择理论是进化生物学乃至整个现代生物学的基石，而"个体"则是构成自然选择理论不可或缺的概念。"个体"概念的发展与自然选择理论的扩展演变是互相界定、相辅相成的过程。国内学界对 20 世纪以来西方学界关于自然选择单位与层次的讨论已有所关注，然而对其背景问题——自然选择理论的扩展，仍然少有研究。本研究试图以"个体"概念的演变为线索，描绘出一幅自然选择理论在当代扩展演变的完整图景，并整理出三个维度：其一是选择对象从有机体层次上的个体向其他组织层次的扩展，这一维度上的讨论奠定了自然选择理论抽象化的两条基本进路——经典进路和复制子进路；其二是从共时结构到历时结构的演变；其三是选择对象从典范实体（paradigmatic entities）即有性繁殖的高等动植物，向形形色色

---

① 参见 Godfrey-Smith, P., "Darwinian Individuals", In Bouchard, F., Huneman, P. (Eds.), *From Groups to Individuals*, The MIT Press, 2013, pp. 19–25。

的非典范实体的扩展。

第一节　从有机体层次到多层次组织的扩展

一　达尔文的自然选择理论与"公认观点"

在《物种起源》正文中，"个体"一词被频繁使用，凡是涉及物种内的变异、繁殖、生存斗争、遗传的描述，均离不开个体概念的运用。达尔文《物种起源》一书引言中说道：

> 每一物种所产生的个体数，远远多于可能生存的个体数，因而生存斗争频繁发生，于是对于任何生物，如果它发生变异，不管这种变异多么微弱，只要在复杂且有时变化无常的生活条件下以任何方式对自身有利，就会有更好的生存机会，从而被自然所选择。根据遗传原理，任何被选择了的变种都倾向于扩增其新的，被修改了的形态。①

不难看出，达尔文提出的自然选择理论有具体的描述对象，主要是指动植物有机体，它们因为个体繁殖的分化导致群体的平均性状变化，从而发生进化。不过，根据奥马利（M. A. O. Malley）的考证分析，达尔文在理论上还是相信自然选择具有普适性，可作用于所有的生命对象，包括和一般动植物看上去很不一样的生物实体。② 也就是说，上文所描述的自然选择过程实际蕴含着一个抽象的机制，该机制并不只局限于描述动植物有机体，其中的"个体"一词，可以指有机体个体，也可泛指不同组织层次上的生物实体。不过，限于当时的研究条件，达尔文只研究了动植物有机体构成的群体，未能在实践中研究自然选择机制的抽象化和扩展问题。

20 世纪 40 年代完成的第二次达尔文革命——进化综合（Evolutionary Synthesis）运动，以自然选择模式为核心，对基因、有机体和群体三个层次

---

① Darwin, C., *The Origin of Species*, The Digitally Printed Version, Cambridge University Press, 2009, p. 3.

② 参见 Malley, M. A., "What did Darwin Say about Microbes, and How did Microbiology Respond?", *Trends in Microbiology*, 2009, Vol. 8, No. 17, p. 344。

上的实体在进化中的角色和相互作用进行了描述。这幅图景中，自然选择作用于表现型，有机体（organism）是表现型的承载者，而在有机体层次之下的基因，以及有机体层次之上的群体、物种，它们是否能在作为"自然选择作用对象"的意义上被称为"个体"，进化综合理论体系仍然没有讨论这些问题，它和达尔文的理论一样，都只把有机体个体视为自然选择的单位，这种观点被统称为"公认观点"（received view）。①

　　到了 20 世纪下半叶，随着生物学研究广度与深度的不断扩展，人们开始关注和讨论自然选择是否能作用于其他层次上单元的问题。早期的争论来自对动物群体中利他行为的解释，这些解释可分为群组选择（group selection）② 和基因选择（gene selection）两派。随着生物学哲学的兴起，第一代生物学哲学家们参与其中，促使讨论焦点从具体的选择单位与层次问题，转向自然选择理论本身的抽象化与扩展应用。戈弗雷-史密斯将自然选择理论的抽象化分为经典进路（classical approach）与复制子进路（replicator approach）两类。③ 经典进路主要从群组选择派的观点衍生而来，复制子进路主要由基因选择观点衍生而来，这两种进路成为后来进化生物学理论发展的重要方法论框架。

二　"经典进路"的兴起与发展

　　自然选择过程之抽象化表征，被引用最多的是列万廷在 1970 年提出的版本。他从达尔文的自然选择理论中提炼出这三个原则④：

---

　　① 参见 Sterelny, K., Griffiths, P. E., *Sex and Death*：*an Introduction to Philosophy of Biology*, The University of Chicago Press, 1999, p. 38。

　　② 21 世纪以来，西方学界出现了一系列以"达尔文式"（Darwinian）为前缀的术语，如达尔文式个体，达尔文式群体，达尔文式过程等。"达尔文式"作为形容词在这里是表示"通过自然选择而进化"的意思。国内文献习惯将 group selection 译为"群体选择"，并将 population 译为"种群"。本研究认为，在 21 世纪以来的进化生物学哲学文献中，population 和 individual 在语义上都有脱离特定生物组织层次的倾向。Population 不一定指构成物种的群体，去掉"种"字，译为"群体"可能较为合适，对于 group 一词，则建议译为"群组"，以区别于 population 一词，同时也凸显出其介于个体与群体中间层次的位置。

　　③ 参见 Godfrey-Smith, P., *Darwinian Populations and Natural Selection*, Oxford University Press, 2009, pp. 1 - 2。

　　④ 参见 Lewontin, R. L, "The Units of Selection", *Annual Review of Ecology and Systematics*, 1970, Vol. 1, No. 1, pp. 1 - 2。

　　(1) 群体中的个体具有不同的形态、生理和行为 (表现型的变异);

　　(2) 不同的表现型具有不同的生存和繁殖速率 (分化的适应度);

　　(3) 父母和亲代具有遗传关联 (适应度可遗传)。

　　他认为, 只要具备这三个原则, 群体就可通过自然选择发生进化, 而不需要考虑具体的实现机制, 比如遗传的具体机制。

　　威姆萨特认为, 列万廷表述的这三个要素, 可压缩为"可遗传的适应度差异"(heritable variance in fitness)。这构成了进化发生的充分必要条件, 以及作为自然选择单位的必要条件, 但不是充分条件, 因为满足这一条件的实体可能本身是自然选择的单位, 也可能只是由选择的单位所组成。[①] 梅纳德·史密斯 (J. Maynard Smith) 提出类似的表述: "如果一个群体具有增殖 (multiplication, 简称 M)、变异 (variation, 简称 V)、遗传 (heredity, 简称 H), 并且其中某些变异改变了增殖的几率, 这个群体将会进化, 使得群体中的成员具有适应 (adaptation)。"[②] 格里塞默 (J. Griesemer) 将梅纳德·史密斯所说的"变异改变了增殖的几率"改称"适应度的差异"(fitness differences, 简称 F), 并指出, 增殖 (M)、变异 (V)、遗传 (H) 三者只是带来了群体的进化, 但其进化不一定通过自然选择进行, 即这三者只是生物实体作为进化单位的必要条件, 只有 M、V、H、F 这四者的共同存在才构成作为自然选择单位的充分条件。[③]

　　综上所述, 在经典进路的分析中, 人们努力把抽象的自然选择机制从达尔文描述的具体过程中提炼和分离出来, 这一机制中的"个体"已成为抽象的概念, 可指称任何具体组织层次上的实体。经典进路不同版本表述中, 都包含了变异、遗传、分化的适应度这三个基本要素, 是这个抽象意义上的"个体"的基本属性。

---

　　① 参见 Wimsatt, W., "Reductionistic Research Strategies and Their Biases in the Units of Selection Controversy", Nickles, T. (Eds.), *Scientific Discovery*: *Case Studies*, D. Reidel, 1980, p. 236。

　　② Maynard, S. J., "How to Model Evolution", In Barber, B., Hirsh, W. (Eds.), *The Latest on the Best*, *Essays on Evolution and Optimality*, MIT Press, 1987, p. 120.

　　③ 参见 Griesemer, J., "The Units of Evolutionary Transition", *Selection*, 2001, Vol. 1, No. 1, p. 68。

接下来的议题是自然选择抽象原理在多层次组织上的运用。列万廷在 1970 年的论文中，尝试将他给出的自然选择抽象原理逐一地运用在染色体、基因、细胞、有机体、亲族（kin）、群体等多个层次上。[1] 然而，这仍然不是真正意义上的"多层次选择"（multilevel selection，简称 MLS），因为他没有考虑多层次上同时发生自然选择的情形。达姆思（J. Damuth）将 MLS 定义为："我们试图考虑一个嵌套的生物组织层级上同时发生的两个或多个层次上的实体间的自然选择的情况。"[2] 对于 MLS，多数层次上的单元会承担双重角色，一方面其组分是低层次上的自然选择的对象，另一方面它们自身又成为本层次上的自然选择单位，于是类似于抽象化了的"个体"概念，"群组"一词也不再具体指称有机体构成的群组，而是指称这种抽象意义上的双重角色。同时，原来传统的"个体—群体"框架也被扩展为"个体—群组—群体"的三层次框架，如图 15-1 所示。奥卡沙（S. Okasha）在其著作中则用了"颗粒（particle）—聚集（collective）—群体"的表述，其内涵是相同的。[3]

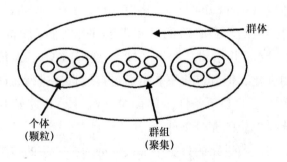

图 15-1　三层次框架的示意图

达姆思指出，根据人们对"群组选择"概念的两种不同理解，实际上存在着两种不同的 MLS 模型。第一类模型将"群组选择"解读为群组层面

①　参见 Lewontin, R. L, "The Units of Selection", *Annual Review of Ecology and Systematics*, 1970, Vol. 1, No. 1, pp. 2-15。

②　Damuth, J., "Alternative Formulations in Multilevel Selection", *Biology and Philosophy*, 1988, Vol. 4, No. 3, p. 408.

③　参见 Okasha, S., *Evolution and the Levels of Selection*, Oxford University Press, 2006, p. 47。

的作用对群组组分个体的适应度影响，是基于组分个体的生存与繁殖来定义群组适应度，模型推导出来的主要是在整个群体中不同类型个体的比例变化，简称为 MLS1；第二类模型将"群组选择"解读为不同类型群组的频率变化，直接基于群组的持存与生成来定义群组适应度，模型推导出来的主要是群体中不同类型群组的比例变化，简称为 MLS2。[①] 达姆思认为，过去人们错误地将 MLS1 和 MLS2 理解为互斥的不同过程，实际上没有一个模型可以单独地代表 MLS，两者都是 MLS 的不同方面，采取哪一个模型取决于待解释问题所处层次。比如，利他行为是个体层面的性状，对其解释适合用 MLS1 模型。威尔逊（D. S. Wilson）所建立的性状组（trait-group）模型即 MLS1 的典型例子：一个群体中的个体有自私和利他两类，两者先混在一起，然后聚集为若干群组，这些群组中有的利他个体比例低，有的利他个体比例高，在每个群组内部，利他个体都具有比较低的适应度，但利他个体比例高的群组，群组层次的适应度比较高。这样，群组内的选择有利于自私个体，群组间的选择则有利于利他个体，那么最后的选择结果取决于这两种选择的叠加作用。[②] 先前温－爱德华兹（V. C. Wynne-Edwards）试图用群组层次上的选择，来解释利他性的进化，但未论及群组层次的适应度分化如何对个体层次的适应度产生影响。达姆思指出，温－爱德华兹使用的是 MLS2 模型，这对于解释个体层面的性状进化是不够的。[③] 奥卡沙认为，MLS1 和 MLS2 的重要区别是：在 MLS2 中，在群组层次上一定会有确定存在的父母—后代关系；在 MLS1 中，群组的作用只是在群体中产生内部结构，从而影响个体的适应度。群组的结构会重复出现，但不见得存在父母—后代关系。比如黏菌的聚集体，并没有父母与后代关系，因此不适用于 MLS2 模型，但可适用于 MLS1 模型。[④]

---

① 参见 Damuth, J., "Alternative Formulations in Multilevel Selection", *Biology and Philosophy*, 1988, Vol. 4, No. 3, p. 410。

② 参见 Wilson, D. S., "A Theory of Group Selection", *Proceedings of the National Academy of Science*, 1975, Vol. 1, No. 72, p. 143。

③ 参见 Damuth, J., "Alternative Formulations in Multilevel Selection", *Biology and Philosophy*, 1988, Vol. 4, No. 3, p. 411。

④ 参见 Okasha, S., *Evolution and the Levels of Selection*, Oxford University Press, 2006, p. 58。

三 复制子进路的兴起与发展

复制子进路衍生自"基因选择"派的观点。其代表人物道金斯（R. Dawkins）在《自私的基因》一书中指出，有机体、群组都不能长期稳定存在，群体虽长期存在，但经常发生混合，还有染色体也是如此，它们都因稳定性和独立性不够，不足以成为自然选择的单位，只有基因那样的稳定自我复制的实体才能充当选择的单位。他构造了"复制子"一词来表示这类自我复制和延续的实体，而有机体、群组、群体等则被统称为"运载器"（vehicles），是保存和扩增它所承载的复制子的机器。①

赫尔承接了道金斯的复制子概念，但有更深刻的考虑。在他看来，经典进路中的"个体—群组—群体"框架虽然脱离了对具体组织层级的指称，但仍表示了部分和整体的层级结构关系。他的意图是要完全脱离对于组织层级关系的依赖，就好比当年爱因斯坦脱离对日常空间经验的依赖，采用非欧几何代替欧式几何作为物理学的空间概念框架。赫尔先将一般意义上的个体界定为"时空局部化的历史性整体"，然后按照功能的不同区分出两类个体——复制子和互动子。复制子是"在复制中直接传递其结构的实体"，互动子是"作为一个凝聚的整体与环境相互作用，使得复制是分化的"。② 他后来对"复制子"做了更加精致的界定：复制子是"在前后相继的复制中大体完整的传递其结构的实体"。③ 在道金斯那里，只有复制子是自然选择的单位，运载器的存在和作用是附属于复制子的；赫尔则将单一的"自然选择单位"概念消解为两种承担不同功能的个体，两者都是自然选择的单位。基于赫尔的概念体系，不同组织层次上的实体，从基因、染色体、有机体，到群体、物种，如果符合特定的条件和前提，都可在某种程度上被灵活视为复制子或互动子。

复制子进路明显偏离了经典自然选择理论的思路，从一开始就受到经典进路学派的诸多批评。这些批评主要可分为两类。一类是针对复制子概念

---

① 参见 Dawkins, R., *The Selfish Gene*, Oxford University Press, 1976, pp. 12 – 20。

② Hull, D., "Individuality and Selection", *Annual Review of Ecology & Systematics*, 1980, Vol. 6, No. 11, p. 311.

③ Hull, D., *Science as a Process*, Chicago University Press, 1988, p. 408.

"以偏概全"的问题，如阿维塔（E. Avital）和雅布隆卡（E. Jablonka）从文化遗传、行为印记等非基因遗传（non-genetic inheritance）现象出发，认为父母与后代的相似才是根本的，可遗传性（heritability）不一定需要自我复制其结构的微粒，复制子只是信息传递的一种特定机制。① 戈弗雷–史密斯也认为，复制子概念只包含了经典模式所概括现象中的子集，适应度变异的复制子是通过自然选择而进化的充分条件，但不是必要条件。② 另一类批评是针对复制子进路背后的不恰当预设，如格里塞默指出，复制子的忠实拷贝、长寿等特征，作用子的整体性等，被视为解释进化的基本属性，但它们实际上也是进化的产物，需要根据进化做出解释。③ 戈弗雷–史密斯则批评了复制子进路背后的"作用者观点"（agential view），此观点预设进化过程中某些实体，为了追求某些目标和实现利益，（通过自我复制）长期持存并使用策略。他认为，进化并不需要预设某些实体的长期存在，只要有新的实体的连续产生，而新的实体与原来的实体可能有相似也有不同。④

总的来说，复制子进路摆脱了对生物组织层级的依赖，建立了一套具有启发性的功能层级，促使人们关注原先在组织层级视角下被忽略的生物属性。但如上所述，此框架也包含了一些难以克服的不足之处，比如这套预设的复制子—作用子功能层级，未能解释层级自身的生成问题，对这类问题的讨论和解决，带来了另一个热门议题——"进化跃迁"（evolutionary transitions）议题。

第二节　从共时结构到历时结构的扩展

"进化跃迁"是指生物组织低层次单元在进化过程中聚集，涌现出个体性，"跃迁"为高层次上的组成单元的过程。对该环节的重视和讨论，代表

---

① 参见 Avital, E., Jablonka, E., *Animal Traditions: Behavioural Inheritance in Evolution*, Cambridge University Press, 2000, p. 359。

② 参见 Godfrey-Smith, P., *Darwinian Populations and Natural Selection*, Oxford University Press, 2009, p. 36。

③ 参见 Griesemer, J, "The Units of Evolutionary Transition", *Selection*, 2001, Vol. 1, No. 1, p. 71。

④ 参见 Godfrey-Smith, P., *Darwinian Populations and Natural Selection*, Oxford University Press, 2009, p. 37。

了进化生物学思想从共时视角到历时视角的转换，意味着人们不再把生物组织层级以及相关的属性视为自然选择发生作用的给定舞台和条件，而是将其视为一个整体的历时结构，须根据进化而做出解释。

巴斯（L. Buss）在 1987 年出版的《个体性的进化》一书中，首次提出了进化语境中的"跃迁"概念。书名中"个体性"一词，是指基因组成同一性、早期的种质隔离、细胞发育分化等后生动物的特性，这些特性被新达尔文主义者当作给定的外生参数，而巴斯注意到，这些假设并不是对于所有的分类群都成立，即使成立，也是进化的产物，需要根据进化做出解释。他的解释途径是关注细胞层次的选择与跃迁，并和有机体层次的选择综合在一起。① 巴斯把研究进化跃迁的进路分为"基因的（genic）"和"层级的（hierarchical）"两种。这种二分类似于复制子进路和经典进路，但不完全相同，因为基因进路需要具体的预设并依赖于特定的问题语境。他本人倾向于"层级的"方法。②

1995 年，梅纳德·史密斯和绍特马里（E. Szathmáry）出版了《进化中的大跃迁》一书。他们指出，该书是关于进化过程中复杂性提高的机制和原因的，复杂性的提高来自进化历程中数量不多的关于遗传信息传递方式的"大跃迁"（major transitions）。"大跃迁"是指一系列进化史上的重要转变事件，包括五个主要最重要的起源事件：染色体的起源、真核细胞的起源、有性繁殖的起源、多细胞有机体的起源、（昆虫）社会群落的起源。他们强调，大跃迁的共同点是：原先独立复制的多个生物学对象转变成一个新的独立复制子彼此依赖的组成部分。③ 梅纳德·史密斯基于复制子进路，把进化跃迁视为遗传信息传递方式的转变，因而更多着眼于从分子到基因、细胞的跃迁过程，而对细胞层次之上的跃迁着墨较少。对此，格里塞默批评道，复制子不足以作为进化跃迁的单位，因为复制子是根据基因在信息传递中的功能而定义的，没有表征发育环节的功能，合理的进化跃迁单位必须既是发育

---

① 参见 Buss, L., *The Evolution of Individuality*, Princeton University Press, 1987, pp. 3 – 4。

② 参见 Buss, L., *The Evolution of Individuality*, Princeton University Press, 1987, pp. 174 – 179。

③ 参见 Maynard, S. J., Szathmany, E., *The Major Transitions in Evolution*, Oxford University Press, 1995, pp. 6 – 8。

的单元，也是遗传的单元。①

米绍（R. E. Michod）把适应度（fitness）作为解释跃迁的核心概念，认为进化跃迁是低层次单元通过合作将适应度从低层次交换（trade）到高层次的过程。米绍的研究包括从基因到合作基因网络的跃迁，从基因网络到细胞的跃迁，从单细胞到多细胞有机体的跃迁等。他将单细胞有机体称为"最初的个体"②，可见个体的概念已被抽象地使用，不只是指称具体的有机体，这属于经典进路或前述的层级进路的思路；与此同时，他又使用了等位基因概念和群体遗传学模型，这属于基因进路。奥卡沙认为，基因进路和层级进路是互补的，而不是互斥的，米绍的工作，体现了两种方法很好地结合。③

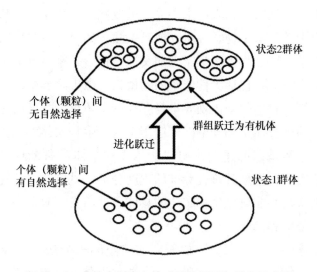

图 15 - 2　克拉克所定义的"进化跃迁"抽象示意图

奥卡沙的学生克拉克（E. Clarke）站在经典进路立场做了理论的抽象化与整合的工作。她先借用威姆萨特对自然选择的简要表述，将进化跃迁定义

①　参见 Griesemer, J, "The Units of Evolutionary Transition", *Selection*, 2001, Vol. 1, No. 1, p. 74。

②　Michod, R. E., *Darwinian Dynamics*, Princeton University Press, 1999, p. xi.

③　参见 Okasha, S., *Evolution and the Levels of Selection*, Oxford University Press, 2006, pp. 227 - 228。

为"群体中表现出来的可遗传的适应度差异在组织层次间的转换"，即把跃迁理解为自然选择从一个组织层次的群体变换到另一个组织层次的群体的过程，然后又使用前述的"三层次框架"，对进化跃迁进行抽象化表征（如图15-2所示）：跃迁之前的群体处于状态1，组分个体间存在自然选择，跃迁的过程中，个体逐渐聚集为多个中间层次的群组，群组个体性逐渐提升，最终跃迁为状态2中的"有机体"，而原来由个体（颗粒）构成的群体则跃迁为"有机体"构成的群体。[①]

第三节　从典范实体到非典范实体的扩展

生物学哲学初创时期，人们主要关注最成熟的进化生物学成果，对于发展中的分子生物学、微生物学等研究缺乏关注。如今，生物学哲学家们紧密跟踪前沿生物学进展，与生物学家密切交流合作，越来越多的关注之前所忽视的非典范生物实体，包括无性繁殖的动植物、微生物群落、微生物与动植物的共生群落等。它们的个体划界本身存在诸多争议，如何将之前建立的表征和解释进化的概念体系和理论框架运用于这些生物实体？相关的研究大致包括这两类：一类是以前述经典的"达尔文式个体"判断标准为基准，对各种不同生物实体，根据其符合标准的程度分类，试图建立起完整的表征体系；另一类则从某些非典范生物实体的具体属性出发，对前一类工作建立的表征体系进行分析和修改。

第一类工作中，以戈弗雷-史密斯的"空间表征法"以及赫尔的"复制子—作用子"体系影响最广。因为达尔文式群体的基本属性——变异、遗传、适应度分化，都以繁殖为前提，戈弗雷-史密斯把对"达尔文式个体"的表征化归为对"繁殖者"（reproducer）的表征。他把"繁殖者"分为三类：（1）集合繁殖者（collective reproducers）如高等动物个体，其特点是其组成部分（细胞）也具有繁殖能力；（2）简单繁殖者（simple reproducers）如细菌细胞，其自身内部包含独立繁殖的机制，该机制不是来自更低层次组

---

① Clarke, E., "Origins of Evolutionary Transitions", *Journal of Biosciences*, 2014, Vol. 2, No. 39, pp. 303–304.

分的繁殖，这是处于最低层次的独立繁殖者；（3）被支撑的繁殖者（scaf-folded reproducers）如病毒和染色体等，其繁殖附属于更大的繁殖者（通常是简单繁殖者）繁殖过程的一部分，不能独立繁殖，但仍形成世系（lineages）。回顾前述"三层次框架"，"集合繁殖者"正对应着"群组"层次上的单元。接下来，他以"集合繁殖者"的三个有代表性的判断标准为坐标建立起一个三维表征空间，这三个标准分别是：瓶颈化（bottleneck，简称 B，指个体在世代间隔中经历一个单细胞或简单多细胞的狭窄化阶段）、种质/体质细胞隔离（germ/soma distinction，简称 G）、整合性（integration，简称 I，包括内部分工、边界和功能整合）。不同的生物实体，根据其 B、G、I 的高低，落在了这个表征空间的某个特定位置。如图 15-3 所示，野牛群是 B、G、I 都最低的例子；海绵因其身体所有部分都可进行断裂繁殖，具有中等程度的整合性（I）；黏菌的黏变形体，一方面具有中等程度的整合性（I）和繁殖分工（G），另一方面是由大量单细胞聚集而成，不是从瓶颈化繁殖体生长出来的，因此 B 为零；橡树以种子繁殖，具有高的 I 和 B，中等的 G；颤杨通过匍匐茎繁殖，具有高的 I，中等的 B 和 G。高程度的 B、G、I 指示了"典范的繁殖者"，低程度的 B、G、I 则指示了"边际化的繁殖者"。[①]

　　第二类工作中，近年来被讨论最多的对象是生物膜（biofilm）与共生功能体（holobiont）。生物膜是不同物种微生物通过胞外聚合物基质结合在一起共同生活的群落，其中不同的原核生物相互接触，协同完成复杂的新陈代谢反应过程，并能频繁地进行平行基因传递。生物膜具有生命周期，包括了附着、黏结、成熟和脱离四个阶段，不同的环境条件下会产生不同的生物膜结构，在生命周期中有不同的外来菌株进入或离开。叶列谢夫斯基（M. Ereshefsky）和佩德罗索（M. Pedroso）先对照了戈弗雷-史密斯的体系，指出生物膜没有生殖瓶颈（B），有中等的种质/体质分化（G）和至少中等以上的整合性（I），没有清晰的亲代—子代世系，因此总体上不符合"达尔文式个体"标准，不过平行基因传递的存在可在生物膜内分享基因变异的新

　　① Godfrey-Smith, P., *Darwinian Populations and Natural Selection*, Oxford University Press, 2009, p. 95.

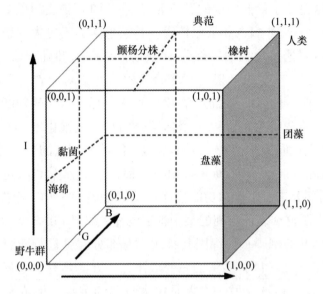

图 15－3　戈弗雷－史密斯对"繁殖者"的空间表征

颖性，起到类似生殖瓶颈的效果。他们又对照了赫尔的体系，认为生物膜不能完整传递其基因组成，因此不是复制子，但是作为凝聚的整体，与环境的相互作用对组分复制子有统一效应（unitary effect），因此符合作用子的标准。[①] 因此，虽然生物膜不满足经典进路的繁殖标准，但仍可归属为进化个体。他们以此为案例，进一步提倡不依赖于繁殖的"进化个体性"（evolutionary individuality）标准。[②] 杜利特尔（W. F. Doolittle）则提出更激进的观点：可将群落内的相互作用模式（interaction pattern）视为复制子，其以"招募"（recruitment）作为信息复制的机制，不一定要求遗传物质或微生物世系的精准传递，这好比一个乐队，其演出并不需要保持同样的人员。[③] 克拉克则提出反对看法，指出生物膜不具备遗传机制来传递进化新颖性，内部

① 参见 Ereshefsky, M., Pedroso, M., "Biological Individuality: the Case of Biofilms", *Biology and Philosophy*, 2013, Vol. 2, No. 28, pp. 341－345。

② 参见 Ereshefsky, M., Pedroso, M., "Rethinking Evolutionary Individuality", *PNAS*, 2015, Vol. 33, No. 112, pp. 10129－10131。

③ 参见 Doolittle, W. F., "Microbial Neopleomorphism", *Biology and Philosophy*, 2013, Vol. 2, No. 28, pp. 371－373。

协同作用还不具备整体效应，因此总的来说不满足列万廷 1970 年总结的自然选择抽象原理的三个原则，自然选择只是作用于组分细胞上。[①] 由此可见，双方的分歧集中在对"自然选择"的理解上，经典进路派的哲学家仍恪守列万廷提出的自然选择抽象原理，而杜利特尔作为科学家则对相关概念持有比较宽松的理解。

关于共生功能体，本研究者在"国际生物学的历史、哲学和社会学研究协会"2011 年大会报告中给出的定义是："一个共生功能体是由多细胞动植物有机体和生活在其体内的微生物群落组成的一个共生复合体。"按照代际间传递共生菌的方式，共生功能体可分为纵向传递（vertical transmission）和横向传递（horizontal transmission）两类。纵向传递指寄主（host）体内的共生菌（symbiont）会随着生殖细胞一同传递给下一代，横向传递是指寄主在出生后从周围环境中摄取共生菌，后者是当前生物学哲学界在讨论共生群落个体性时的焦点。戈弗雷－史密斯认为，横向传递的共生功能体可被视为有机体，但不是达尔文式个体，理由是体内共生菌不是从亲代传递过来，因而整体上不具备亲代—子代关系，不符合繁殖者标准。[②] 布思（A. Booth）也认同戈弗雷－史密斯的看法，并指出，如要将共生功能体视为作用子，还需解释不同物种是如何结合为复制子的。总的来说，他不排斥作用子观点，但提倡多元主义的视角。[③] 后来杜利特尔和布思使用了对生物膜表征的类似思路，认为共生功能体中的相互作用模式也构成了自然选择的单位。[④]

基于对共生功能体的生物组织层级结构的仔细分析，本研究建议，可将共生菌的繁殖视为整个共生功能体的相关功能组件的发育过程，这一过程发生在寄主的瓶颈化过程（即寄主从受精卵发育成幼体的过程）之后，时间上没有交叉，因此寄主的瓶颈化过程也可被视为整个共生功能体的瓶颈化过

① 参见 Clarke, E., "Levels of Selection in Biofilms: Multispecies Biofilms are not Evolutionary Individuals", *Biology and Philosophy*, 2016, Vol. 2, No. 31, pp. 200 – 205。

② 参见 Godfrey-Smith, P., "Darwinian Individuals", In Bouchard, F., Huneman, P. (Eds.), *From Groups to Individuals*, The MIT Press, 2013, p. 29。

③ 参见 Booth, A., "Symbiosis, Selection, and Individuality", *Biology and Philosophy*, 2014, Vol. 5, No. 29, pp. 669 – 671。

④ 参见 Doolittle, W. F., Booth, A., "It is the Song, not the Singer: an Exploration of Holobiosis and Evolutionary Theory", *Biology and Philosophy*, 2017, Vol. 1, No. 32, pp. 11 – 21。

程，同时因为共生菌细胞只与寄主的体质细胞接触，其变异并不会导致寄主种质细胞的变异，因此也可被划归为共生功能体的体质细胞，符合种质/体质分离标准。由此推知，共生功能体其实符合戈弗雷－史密斯的"繁殖者"标准，并不需要预设新的概念体系。总的来说，杜利特尔对生物膜和共生功能体的表征方案使用了"作用模式"和"招募"等一系列有待澄清的概念，使得概念体系变得冗余，不符合奥卡姆剃刀的原则——"如无必要，勿增实体"。

第四节　不同维度的综合

综上所述，自然选择理论在当代的扩展演变，包括三个维度。维度一是自然选择对象域从有机体层次到多层次组织上的扩展，自然选择单位与层次的讨论可视为这一维度上的前期工作，推动了自然选择理论抽象化的讨论，并建立起两类理论框架：在经典进路中，个体、群组、群体等概念脱离了具体的组织层次，指称抽象的"三层次"框架中的相对关系层级；在复制子进路中，复制子和作用子概念则完全脱离了与组成结构关系的关联，而指称一组功能关系层级。这两种框架，构成了后续研究的基本思路和方法。维度二是从共时结构到历时结构的演变。维度三是选择对象从典范实体向非典范实体的扩展。整个发展过程如图 15-4 所示。接下来，我们会就未来研究中可能比较重要的几个方面给出一定的看法。

第一，维度二和维度三有必要走向进一步综合。如前所述，在维度三上，随着对于非典范生物的研究不断拓展和深入，原先用于判定达尔文式个体或自然选择单位的预设标准与对非典范生物实体的观察现象经常不相符，这种概念与对象间的张力将长期存在。这意味着，试图从典范生物身上提取出一系列属性，"一劳永逸"地建立普适的进化解释框架和概念体系是不现实的，因为典范生物本身就是漫长进化的产物。对此，合理的做法是不要把解释框架与解释对象看成是截然不同的，要意识到解释框架中的要素也是需要通过进化解释的对象，从而一起纳入"进化跃迁"的历时结构中。在这个历时结构中，唯一被给定的是自然选择理论的硬核——变异、适应度分化、遗传三个原则。这三个要素具有逻辑自洽性，不依赖于具体的经验内

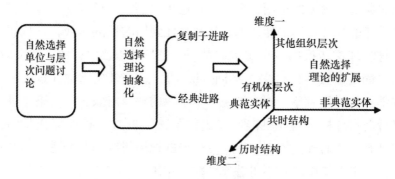

图 15 - 4　自然选择理论当代扩展的逻辑示意图

容，由此衍生出的机制，比如前述的 MLS1 和 MLS2 模型，可以作为模块被灵活地组合使用。类似于"某物是不是个体?"的问题，不再是静态的非黑即白的问题，而需要动态的、历时的描述分析。比如关于共生功能体的个体性问题，可以转化为对其进化跃迁过程的解释。在进化史中它们很可能经历了不同阶段，具备不同的个体性：开始先聚集为松散的群组，后来变成相对比较紧凑的群组，然后跃迁为个体性比较低的个体，最后产生一整套维持和提升个体性的机制，从而形成个体性更高的个体。

　　第二是经典进路与复制子进路在实际运用中的取舍关系，对此需要区分不同的场合。生物学家如梅纳德·史密斯和米绍，关心的是对具体的跃迁过程进行解释和描述，复制子进路虽然因其特定预设而具有局限性，但如果具体问题语境符合其预设，则能在特定问题的解释中发挥其理论价值。生物学哲学家们关心的则是建立一套一般性的抽象理论框架，此时经典进路更加合适，因为其使用的是抽象的个体、群组和自然选择机制，不依赖于具体的预设属性，因而比复制子进路有更高的理论普适性。

　　第三是在上述理论发展基础上的进一步"扩展综合"（Extended Synthesis）。2008 年，16 位著名生物学家和科学哲学家在奥地利召开会议，提出了"扩展综合"的纲领和口号，"扩展综合"是相对于 20 世纪的"进化综合"运动而言，意味着进化生物学与其他生物学科进一步走向综合。实际上，前述自然选择理论在三个维度上的扩展运用已体现了这种趋势：在不同组织层次上的运用，意味着进化生物学与分子生物学、发育学、生理学等研究的综合，在非典范生物上的运用，则意味着进化生物学与植物学、微生物学、共生生物学等的综合。奥卡沙认为，从共时性到历时性的转换，是从属于当代进化生物学理论转换的一个更大趋势——把原来视为外生的（exogenous），给定的"固定参数"内生化（endogenizing），这些外生参数在过去被看作其他分支学科的解释对象，现在被视为本学科的解释对象，纳入整个进化机制之中进行动态分析。[①] 这意味着，"进化跃迁"将为"扩展综合"的建模和表征提供有价值的理论框架，而自然选择的抽象机制因其普适性和逻辑自洽性，将在这个框架中起着不可替代的核心作用。

---

① 参见 Okasha, S., *Evolution and the Levels of Selection*, Oxford University Press, 2006, p. 220。

第 十 六 章

自然类词项的意义与物种的分类

物种是进化生物学的基本概念。达尔文关于进化论的著作的名称就叫《物种起源》。物种是自然类还是个体的集合？这是进化论和分类学长期争论的话题，而争论常常涉及关于自然类词项的意义和指称是什么的问题。我们将基于分类学实践，对自然类的概念进行系统的分析和说明。

第一节　问题的提出

关于自然类词项（natural kind term）的指称与意义问题，因克里普克（S. Kripke）和普特南（H. Putnam）对传统描述论的挑战而备受关注。自然类词项指称自然类，而自然类是按照自然方式进行分类的结果。按照米尔（J. S. Mill）的观点，像自然类词项这样的通名既有指称又有含义，这应当是一个正确的理解方向，因为通名既有指称又有含义是自然语言系统中真实存在的现象。但是，米尔把通名的指称看作由含义决定的（至少有许多哲学家这样认为）。由此留下的问题导致了描述论与直接指称论的长期争论，对这桩公案至今也没有一个令人满意的判决。

按照传统的描述论，自然类词项的含义决定了指称，或者内涵决定了外延。自然类是由一个或一组特征来定义的，理想情况下，有关这些特征的摹状词与借助这些摹状词引入的指示词应当是同义的。描述论的一个困难就在于他们所要求的"理想情况"与现实的情况总是有着很大的差别，被摹状的特征通常是不稳定的。假如把"四条腿"作为老虎的特征，在遇到一只三条腿的老虎时就会陷入尴尬，或者不把"四条腿"当作老虎的特征，或者不把三条腿的老虎看作老虎。描述论者克服这种困境的一个策略是用更多的摹状词来完善老虎的定义，如塞尔（John Searle）的簇摹状词理论。这种做法显然是没有前途的，因为从认识论角度说，对一个真实自然类的完全描述是无法达到的。

按照直接指称论，自然类词项的指称实际上就是通过实指定义（ostensive definition）这类方法而获得的，含义并不决定指称。克里普克和普特南都相信，自然类词项的语义源于语言共同体的社会活动，用一个词项指称一个对象，意味着存在"命名仪式"这样的历史事实。直接指称论不能完全回避对特征的描述，如普特南就说过，隐蔽结构不仅在现实世界而且在所有可能世界中决定了自然类的成员。[①] 还可以顺便指出，直接指称论者所认定的"本质"与其他性质一样，并不具有必然性。在克里普克确信 H_2O 可以作为水的本质之后，亨德利（R. Hendry）就指出，任何纯净的液体水的样本，除了 H_2O，还有 H_3O^+ 和 OH^- 离子，而这种离子正是 H_2O 分子具有极性的必然结果。[②] 直接指称论的另一个麻烦是空名（empty term）问题：大量存在的指示虚构对象的词项，就不能用实指定义解释其指称的固定。

关于自然类词项，直接指称论者说含义对指称的确定没有贡献，而描述论者说含义决定了指称，这些都与我们使用自然语言的经验不一致。我们应当找到一种解释自然类词项的含义与指称关系的方案，该方案要符合我们的直觉或使用自然语言的经验。

克里普克的历史因果理论和普特南的"语言劳动分工"理论，都是在人类社会活动的背景上考察自然类词项的意义与指称的关系，这一点是积极的。不过，他们所考察的不是杂乱无章的日常生活个别事例，就是与我们的语言实践关系不大的"思想实验"。为什么不考察一下分类学家的工作呢？分类学家在创造和使用自然类词项方面是最集中、最系统、最典型的。杜普雷（J. Dupré）注意到："令人奇怪的是，分类这个话题在最近有关物种本质的争论中很少被提及。我所说的分类，是指把地球上大量的生物分派到具体

---

① 参见 Putnam, Hilary, *Mind, Language, and RealityPhilosophical Papers*, Volume 2, Cambridge University Press, 1975, p. 241。

② 参见 Hendry, Robin, "Elements, Compounds and Other Chemical Kinds", *Philosophy of Science*, 2006, Vol. 73, pp. 864–875。

种类的活动。"① 杜普雷所言不错，忽视对分类活动的关注，的确普遍存在于有关自然类的哲学讨论中，哲学家几乎都没有仔细研究过分类学实践，他们关于自然类的划分观念与实际的分类活动严重不一致，他们关于自然类词项的语言分析也没有揭示出分类学家创造和使用自然类词项的情况。本研究的工作就是要弥补哲学家的这个不足。

对分类学的初步考察就能够表明，分类学家总是先定义一个分类系统，然后才是通过鉴定把某个自然类群划归到该分类系统的一个范畴。分类活动包含着建立分类系统和鉴定两个主要环节，从而诸如虎（Panthera tigris）这样的自然类词项，既是对实际动物类群的指称，也是对分类系统中的某个范畴的表达。按照这种理解，就有可能以一种比较自然的方式解决有关自然类词项的某些语义学问题。

第二节　分类学家是怎样工作的？

后达尔文时代的分类学家有三大任务：工作包括鉴定（identification）、分类（classification）和系统分析（phylogeny）。这三大任务构成了生物分类学的三个等级：α-分类学、β-分类学和 γ-分类学。

鉴定"是分类学家的基本任务，就是把自然界中个体间的几乎是无穷尽的复杂的差异加以整理，分成为易于认识的类群，找出这些分类单元的重要性状，以及相似单元之间的恒定区别。而且，他必须为这些单元订出'科学的'名称，使全世界的科学工作者易于辨识"②。这项工作就被叫作 α-分类学，其原则是已经建立起来的分类系统和命名法规。这里的分类单元（taxon）是实在的生物群（group），具有命名所需的必要特征。直接指称论所理解的自然类词项就是指称这种分类单元的，克里普克所说的"命名仪式"可以与命名法规相对应。也就是说，直接指称论者只考虑了自然类词项的形成过程中的鉴定环节，完全没有考虑下一段就要讨论的分类环节。正如

① Dupré, John, "In defence of classification", *Studies in History and Philosophy of Science Part C: Studies in History and Philosophy of Biological & Biomedical Sciences*, 2001, Vol. 32, pp. 203 – 219.

② ［美］E. 麦尔等：《动物分类学的方法和原理》，郑作新等译，科学出版社 1965 年版。

分类学家斯塔斯（C. A. Stace）所说："鉴定或识别是参照已经存在的分类对一个生物进行命名。分类这个词经常被含糊和错误地用于这个意义；这是必须纠正的，因为分类必然先于鉴定。"[1]

分类是建立分类系统以及将某个分类单元安置在这个系统适当位置的过程，也叫作 β - 分类学。分类学家所建立的分类系统通常都是阶层系统（hierarchy），所采用的等级主要有 7 个：界（Kingdom）、门（Phylum）、纲（Class）、目（Order）、科（Family）、属（Genus）、种（Species）。阶层系统的各个等级叫作阶元（category）。β - 分类学的实质是什么呢？分类学家已经认识到，分类的实质是对分类系统及其各个阶元的定义过程。迈尔指出："象蜂鸟、类人猿或企鹅这样的分类单元是非常'自然的'或'真实的'（也就是界限分明的）；然而，给它们定的阶元等级却是主观的，至少对种一级以上的分类单元是这样。……阶元的级别主要是人为决定的。"[2]在分类系统中为一个真实的东北虎群确定合适的位置，就是要对与这个位置对应的阶元进行定义，而这个定义也就是规定这个阶元的必要的特征。这种规定的约定性被一些哲学家忽略了，他们把鉴定当成了分类，进而用客观描述替代了约定。另一些哲学家则把分类当成唯一的，忽略了鉴定环节，以为自然类都是建构的。

一个分类系统反映了分类学家所理解的自然图景，或者说，自然图景是建立分类系统的根据。达尔文之后，分类学家所坚持的自然图景是以共同由来学说为基础的，亲缘关系的远近成了确定阶层系统不同等级的依据。系统分析成了分类学家的第三项任务，也叫 γ - 分类学，是当代系统学（systematics）的核心内容。除了以进化论为基础的自然图景，历史上还有其他类型的自然图景。林奈所给出的自然系统就是基于物种不变观念和特创论的。历史上有许多自然神论者都依据这种自然系统的和谐来论证上帝的存在和智慧。[3] 构造这个自然系统并非林奈工作的全部。实际上，林奈在今天仍被尊

① Stace, C. A., *Plant taxonomy and biosystematics. Second Edition*, Edward Arnold, 1980, p. 5.

② ［美］厄恩斯特·迈尔：《生物学思想的发展：多样性进化与遗传》，刘珺珺等译，湖南教育出版社 1990 年版，第 223 页。

③ 参见［美］厄恩斯特·迈尔《生物学思想的发展：多样性进化与遗传》，刘珺珺等译，湖南教育出版社 1990 年版，第 153 页。

重并非他的阶层系统，这个阶层系统已经被基于达尔文进化论的系统发育系统所取代。

分类学家的实践表明，诸如"蜂鸟""东北虎"这样的自然类词项有两种不同的用法：一是作为单元的名称，指称真实具体的对象；二是作为一个阶元的表达式，其意义源于根据一组特征所下的定义。在分类学中，定义特征常以检索表的形式列出，符合某些定义特征的标本将被归于分类系统的特定阶元。当发现一个动物标本具有发达的犬齿、头大而圆、前额上的数条黑色横纹极似"王"字等特征，就可以把它归于东北虎亚种。然而，自然类词项作为单元的指称和作为阶元的外延经常是不能完全重合的。我们可能发现一个东北虎群中的一个畸形个体，其性状不符合检索表列出的特征要求。这时，这个分类系统在经验上是不恰当的。面对这种情况，分类学家只能改进已有的分类系统。

基色林（M. T. Ghiselin）和赫尔等在 20 世纪 60—70 年代提出了"物种作为个体"的命题，认为物种是个体，它们的名称是通过实指定义来固定指称的。这显然受到了克里普克和普特南的直接指称论的影响。个体命题大大地改变了系统学家对进化支及其命名的看法。一些分类学家认识到，作为普遍接受的原则——共同祖先起源，它只是在分类学中起到了表面的作用，亲缘关系原则并没有成为分类学的核心原则。现在流行的林奈式分类系统是以对模式标本（type specimen）的描述为基础的，与模式标本的相似关系成了把实际的类群划归到一个阶元的依据。林奈的命名法针对一类对象之间在性状上的相似关系，这样得到的一个物种的名称并不指称一个具体的种群，而是指示符合某种标准的一类个体，也就是阶元。

基于这样的考虑，德·奎罗兹（K. de Queiroz）、高希尔（J. Gauthier）和阚迪诺（P. D. Cantino）等人主张用谱系法规（PhyloCode）替代现行的命名法规，用系统发育关系来定义一个进化支的名称。德·奎罗兹和高希尔说："系统发育定义的使用，将有效开启生物分类学的新纪元。在这个新纪元里，某种意义上将不再有单元，因为名称按照系统发育定义将不再与实体有明确的联系。一旦这些名称按照定义与完全的共祖系统联系起来，所有单元名称就能被看成是指称单系实体的。"① 这个主张虽克服了现行命名法规没有贯彻共祖原则的缺陷，但仍存在着这样的不协调：一方面对进化支的名称给出系统发育定义，使得名称指称任何满足定义的对象，另一方面又企图把名称看作具体的单系实体。造成这种尴尬局面的一个原因仍是在单元命名与阶元定义问题上的含混。只有明确类词项的两种不同用法，才能真正摆脱在直接指称论与描述论之间举棋不定的局面。

　　这里做一个简单的概括。自然类词项产生于分类实践，而分类实践具有鉴定和分类两个环节。在鉴定环节有两项重要的工作：第一，描述新发现生物（个体或群）的鉴定特征，也就是指出能够把被鉴定对象区别开来的特征；第二，用一个词项为被鉴定对象命名，也就是确定这个词项的指称。在分类环节上也有两项重要的工作：第一，分类学家要建立一个分类系统，如阶层系统、系统发育系统等；第二，通过描述一个分类阶元的性状来定义该分类阶元，把被鉴定的单元归于它。这些步骤的先后顺序大致是：建立分类系统—描述鉴定特征—命名—分类阶元定义。需要指出，同一个自然类词项既用于命名一个单元，也用于表示该单元所归属的阶元；摹状词既描述鉴定特征，也描述定义特征。分类学实践表明，诸如"东北虎""异木棉""狗"这样的自然类词项通常有两种用法：一是作为严格指示词（rigid designator），被用于指称实际存在的一个对象（个体、群体或集合）；二是作为范畴或概念，用来概括一类符合某些性状描述的事物。这里的严格指示词是克里普克意义上的，"如果一个指示词在每一个可能世界都指示同一个对象，我们就称之为严格指示词"②。

第三节　自然类词项作为指示词和范畴的意义

　　当我们教孩子认识"狗"的时候，就用手指着一只叫"花花"的狗说"这是狗"。这会有什么结果呢？孩子首先学会的将是"狗"这个词的指示

　　① Kevin, de Queiroz, Gauthi, Jacques, "Phylogeny as a Central Principle in Taxonomy: Phylogenetic Definitions of Taxon Names", *Systematic Zoology*, 1990, Vol. 4, pp. 307 - 322.

　　② ［美］索尔·克里普克：《命名与必然性》，梅文译，上海译文出版社 2001 年版，第 27 页。

词用法，也就是仅当孩子看到"花花"时才说出"狗"这个词。如果自然类词项只有这一种用法，直接指称论的主要观点就是正确的。然而，作为教育家，我们不会把教孩子认识"狗"的工作停止在这里，我们还会指着别的狗对孩子说"这也是狗"。终于有一天孩子指着一条从未见过的流浪狗向我们报告"这儿有一条大狗"，又指着一只猫说"这不是狗"。这时，孩子学会了"狗"这个词的概念用法，或者说孩子初步掌握了"狗"这个概念。掌握了"狗"的概念，就是能够把满足狗的定义特征的一类事物归于"狗"。直接指称论强调了自然类词项的指示词用法，而描述论强调了自然类词项的概念用法。

在特定语境下，一个具体对象具有可用以与其他对象相区别的鉴定特征，因而描述这些鉴定特征的摹状词也指称该对象。在指称对象的意义上，一个对象的名称与相应的鉴定摹状词是同义的。我们可以用"花花"指称上例提到的那条狗，也可以用"早上打翻盘子的家伙"来指称它。在我们掌握了足够的外国文学知识的背景下，"《威弗利》的作者"这个摹状词足以让我们对斯科特和塞万提斯作出确定无疑的区别。摹状词可以描述鉴定特征，也可以描述定义特征，做出这样的区别是必要的。鉴定总是在特定背景下进行的，鉴定特征可以不是一个对象之所以为这个对象的充分条件，甚至可以不是必要条件。"早上打翻盘子的家伙"这个特征，就不是使得"花花"之所以是"花花"的必要条件，因为这条狗完全可以不作出打翻盘子的行为。尽管"《威弗利》的作者"在某些语境下可以与"斯科特"有着同样的指称，但罗素已经指出，在"斯科特是《威弗利》的作者"这句话中，对"斯科特"和"《威弗利》的作者"就不可以进行同义替换。同样，对于"老虎是像猫的动物"这句话，也不可以把"老虎"和"像猫的动物"同义替换。在这种不可同义替换的情况下，摹状词的语用功能已经不是指称，而是对相应名称所指称对象定义特征的描述。

自然类词项作为一个概念是对一类对象的约定，这个类必须满足一组定义特征，这时，摹状词描述的就是这些定义特征。如果把这些定义特征叫作自然类词项的内涵，那么内涵就逻辑地决定了自然类词项的外延。说"狗"是当且仅当满足某些定义特征的动物，又说"狗"有时不具有这些特征，这是矛盾的。然而，下定义是一个主观约定过程，概念的外延是否与相应指示词的指称范围相一致却不是可以先验地知道的。实际的情况是，分类学家对特定模式标本的特征描述总是不能与他们所命名的分类单元完全吻合。普特南说："对于'树'这个词来说，当然有一些对象肯定是它的指称，也有一些对象肯定不是它的指称。但是，除此之外，还有一些边缘性的对象。……关于外延的上述观点——即假定有一个事物集合，'树'这个词适用于它们，存在着严重的理想化。"① 普特南在这里说出了我要说的两件事：建立一个分类系统是一个主观建构过程，具有"理想化的"的特点；一个自然类词项作为概念的内涵并没有决定自然类词项作为严格指示词的指称，而只决定了外延。概念的外延与指示词的指称是否存在某种对应关系，这是需要经验研究才能确定。普特南还注意到"边缘性的对象"，其特征不能完全符合某个自然类词项所表达的概念的定义。比如鸭嘴兽，按照现在的分类系统把它归于哺乳类或鸟类就都有难处。但是，这不能说明我们对"哺乳类""鸟类"这样的概念没有定义，只能说明我们的分类系统在用于现实的世界时有缺陷。面对这种困境，分类学家不是放弃"哺乳类""鸟类"指示词的概念用法。自然类词项作为概念的用法是毋庸置疑的，直接指称论完全否认这一点是不可接受的。

我们所建构的分类系统是否与自然界相吻合，也就是自然类词项表达的概念的外延是否与指示词的指称一致，这是需要经验研究才能解决的经验恰当性问题。对此，普特南的解决方案是令人费解的。他说："主张下述两点的那个理论，不仅不适用于像'我'这样的明显的索引性语词，而且基于同样的理由，也不适用于像'水'这样的自然种类词——这个理论认为，（Ⅰ）语词具有'内涵'，它类似于与这些语词相关的那些概念；（Ⅱ）内涵决定外延。"② 这里，普特南的结论可以被概括成：自然类词项只有外延而没有内涵；既然没有内涵，也就不存在内涵决定外延的问题。这个结论暗含的重要前提是：自然类词项只能被当作"索引性语词"或克里普克所说的

---

① ［美］普特南：《意义的意义》，载陈波、韩林合主编《逻辑与语言分析哲学经典文选》，东方出版社 2005 年版，第 452 页。

② ［美］普特南：《意义的意义》，载陈波、韩林合主编《逻辑与语言分析哲学经典文选》，东方出版社 2005 年版，第 473—474 页。

严格指示词，而不能被当作概念。按照我们对分类学实践的考察，这个前提是非常错误的。"哺乳动物"这个词项所表达的概念，其内涵就是诸如胎生、哺乳、体温恒定等定义特征，其外延就是符合这些定义特征的动物。概念具有普遍性，也就是不受时空限制。无论在何时何地发现符合胎生、哺乳、体温恒定等定义特征的事物，都要把它归于哺乳动物。实际上，普特南在谈到"水"这个词项的"外延"时，也要借助"相同的物理性质"才能做出两份水样本之间是否存在相同关系的判断。概念的外延是内涵决定的定义域，不能被等同于现实世界中的一个具体对象。现实世界并不存在满足"理想气体"定义的对象，但不能说"理想气体"作为概念没有内涵和外延，只能说"理想气体"作为指示词在现实世界没有指称。外延与指称，分属于自然类词项的两种不同用法，不可以把它们混同起来。

自然类词项作为概念的外延是其内涵所决定的，自然类作为指示词的指称对象是概念在现实世界的一个例示。含义决定外延，但不决定指称。指示词的指称范围是现实世界的具体对象，是确定的；概念的外延是开放的，覆盖一切满足定义特征的事物，并不限于现实世界的具体对象。

第四节　空名问题和同一性命题的必然性问题

直到目前，直接指称论者关于空名问题的各种解决方案都显得过于造作，很不自然，因而也不能令人满意。无论如何，在不承认空名具有含义的前提下，要理解包含空名语句的语义内容是困难的。区分自然类词项以及摹状词的两种用法，把指称理解为对概念的例示，这对于解决某些空名问题或许是有启发的。

克里普克在反驳弗雷格 - 罗素的观点时说："被假定为在所有可能世界都具有相同真值的两个陈述（也即一个包含'摩西'，另一个包含与这个名字典型地连在一起的摹状词），在可能世界中一个并不蕴涵另一个。可能一个是真的而另一个是假的，反过来也一样。当然，在历史哲学中可能存在某种（极端不可信的，也许从未有人主张的）观点，认为存在被唯一地赋予某种任务的伟大人物。很难想象这样去进行存在陈述和专名的分析。我因此

认为，弗雷格－罗素分析在这种场合中是必须被拒绝的。"① 按照描述论者，
"摩西是存在的"（Ⅰ）和"用拐杖凿出泉水的人是存在的"（Ⅱ）这两个
句子有相同的真值。克里普克以为，句子（Ⅰ）不蕴含句子（Ⅱ），句子
（Ⅱ）也不蕴含句子（Ⅰ），因为可以想象那样的可能世界，摩西并没有过
用拐杖凿出泉水的事迹，或者，做出这样事迹的并不是摩西。克里普克在这
里没有否认摹状词具有指称对象的语义功能，只是说摹状词在不同的可能世
界可能有不同的指称，从而与作为严格指示词的专名是不同义的，严格指示
词的语义只来自实指定义或命名。如果考虑到鉴定特征和定义特征的区别，
克里普克的这个论证还是不能令人满意。命题（Ⅰ）和命题（Ⅱ）在某些
可能世界中不等值，意味着句子（Ⅱ）包含的摹状词是对鉴定特征的描述，
特定的语境是这个摹状词具有指称功能的前提条件，当然不能推广到所有可
能世界。命题（Ⅰ）和命题（Ⅱ）在所有可能世界中具有相同的真值，意
味着句子（Ⅱ）包含的摹状词是对定义特征的描述，"摩西"是由"用拐杖
凿出泉水的人"来定义的，这时说"摩西没有用拐杖凿出泉水"是与定义
相矛盾的。此外，科学实践中也不乏这种只能由其内涵来理解的名词，如质
点、孟德尔群体、经济人等。

　　一个空名怎么能够通过实指定义而获得其语义呢？克里普克借助于所谓
"假想原则"（pretense principle），把空名看作对假想事物的指示。"一般地
说，一部虚构作品当然是这样一个假想，故事的情节是真实发生的。写作这
样一部作品就是去想象——也就是构思特定的故事情节——真的存在一个圣
诞老人，想象'圣诞老人'这个名字正如在这个故事里的使用那样，真实
地指称某个叫圣诞老人的人，等等。……出现在故事里的命题不是关于某个
具体人做什么事情的真实的命题，而只是一个假想的命题。这并不是说故事
中的句子在最强可能的意义上是无意义的，因为可以说人们知道该句子表达
的是什么命题。"② 克里普克的意思是：空名的语义功能在于指示虚构世界
的人或物，同样不是借助对定义特征的描述而获得的。按照本研究的观点，

　　① Kripke, Saul A., *Philosophical Troubles*: *Collected Papers*, Oxford University Press, 2001, Vol. 1, p. 54.

　　② Kripke, Saul A., *Philosophical Troubles*: *Collected Papers*, Oxford University Press, 2001, Vol. 1, pp. 58 – 59.

既然诸如孙悟空这样的空名出现在作家虚构的故事中，那么这个空名获得语义功能就与作家的虚构相联系。对不了解《西游记》的人来说，"玉华王""九灵"这样的词项就是一些莫名其妙的符号。这类词项的语义功能是由作家对这些角色的刻画来规定的。文学的虚构是一个约定过程，这与科学家建构一个模型没有什么不同，都要对一个词项作为概念的使用进行约定。所以，空名总是这样出现的：一个词项作为概念没有现实世界的例示。

关于自然类词项的直接指称论观点的荒谬性，在克里普克关于同一性命题的后验必然性的论证中得以充分暴露。克里普克把我们拖进了这样的困境：如果不把诸如"西塞罗是图利""晨星是暮星"这样的同一性命题看作必然的，那就背离了自身同一性的逻辑规则；而把像"水是 H_2O""猫是动物"和"热是分子运动"这样的同一性命题看成必然的，那就挑战了人们的直觉，使得我们难以理解科学史上大量存在的理论更替现象。关于造成这种困境的原因，已经有学者指出："克里普克经常在'对象'和'名称'之间这样游转，由此得出一些惊世骇俗的结论。如果始终在对象的层次上谈问题，或者始终在名称的层次上谈问题，那些结论都得不出来。而他之所以能够这样玩，就在于'严格指示词'这个概念的系统模糊性：很多时候，他把它用在形而上学的意义上，本身就是'对象'，至少固定地指称一个对象；但有些时候他又把它作为'名称'，对其做认识论或语义学的考察，思考其指称对象的方式之不同。"① 需要进一步指出，克里普克之所以能够把几乎一切具有"x 是 y"这种形式的同一性陈述都论证成必然的，还在于这样一些不恰当的做法：把自然类词项的指示词用法与概念用法相混淆，把所有"x 是 y"形式的陈述都看成同物异名的命题，对其形式推理进行了过度解释。

克里普克相信，水和 H_2O 都是严格指示词，都是指示一类个体的本质或一个个体的。这样，由对象的自我同一性就可以导出同一性命题"水是 H_2O"的必然性。我们首先怀疑水和 H_2O 都是严格指示词的断言。因为如果"水"和"H_2O"都是严格指示词，则它们就分别指称现实世界中具体的水

---

① 陈波：《存在"先验偶然命题"和"后验必然命题"吗（下）——对克里普克知识论的批评》，《学术月刊》2010 年第 9 期，第 36—48 页。

样本和H_2O样本，"水是H_2O"这个同一性命题能够告诉我们的只是：有一个样本拥有两个等价的名字——"水"和"H_2O"。根据自我同一性的必然性这一先验原则，"水是H_2O"就是必然的，而且也应当是先验的。可是，克里普克主张它是后验的，因为那份水样本具有H_2O这种结构，是经过科学家的经验研究才发现的。必须指出，如果认为"水是H_2O"是后验的，水和H_2O就不能同时作为严格指示词来理解了。这是因为，"水是H_2O"作为一个科学命题，并不向我们传达对象自我同一性这样的先验知识，其经验意义可能有两种情况：第一，"水"被当作严格指示词来使用，而"H_2O"是谓词，表达水样本的性质，从而"水是H_2O"报告了对水样本的观察结果；第二，"H_2O"是一个概念，"水"仍作为严格指示词，从而"水是H_2O"告诉我们水样本是"H_2O"概念的一个例示，这是对比了"H_2O"的定义特征与水样本的观察性质后所得出的结论。当然，"水是H_2O"还可以作为一个科学定义来理解，这时"水"就不是严格指示词，而是一个概念的表达式，而"H_2O"则是描述水的定义特征的摹状词。不过，定义或对应规则作为一种先验的约定，是先验真的。自然类词项有两种用法的事实足以消解把"水是H_2O"这个同一性陈述看作必然性命题的一个重要前提——"水"和"H_2O"都是严格指示词。

下面是克里普克给出的一个逻辑论证：

$$(1)\,(x)\,(y)\,\{(x = y) \rightarrow (Fx \rightarrow Fy)\}$$
$$(2)\,(x)\,\Box\,(x = x)$$
$$(3)\,(x)\,(y)\,(x = y)\,\{\Box\,(x = x) \rightarrow \Box\,(x =)\}$$
$$(4)\,(x)\,(y)\,(x = y) \rightarrow \Box\,(x = y)$$

这个论证核心原则是对象自我同一性的必然性，即（x）$\Box$（x = x）。既然对象自我同一性的必然性原则是同一性陈述具有必然性的逻辑前提，那么（4）这个结论就只适合于同物异名的情况。也就是说，仅当（x = y）关于同物异名的陈述，它才是必然的。然而，克里普克给出的许多同一性命题的实例都不属于同物异名的情况。假如"猫"和"动物"都是严格指示词，它们的指称物就不是同一个对象，"猫是动物"这个陈述对于分类学家来说

不是对象自我同一性的例示，而是关于猫属于动物这个类的断言。分类学家
绝不会对自我同一性感兴趣，当然也不会把"动物"这个自然类词项理解
成严格指示词。实际上，"猫"是严格指示词，指称现实世界中猫的群体；
"动物"是一个概念的表达式，其外延是一切具有动物性的事物构成的集
合；这个命题告诉我们猫这个真实的存在例示了动物这个概念。如果"猫"
这个自然类词项指称一个真实的分类单元，则"动物"表达的就是一个分
类阶元。

　　克里普克逻辑论证中的"x = y"，只能被解释为"x 和 y 指称同一个对
象"，不应该有除此之外的其他解释，因为 x 和 y 必须是指称同一对象的严
格指示词。作为结论的（4）只是说，在同一个语言系统中，既然假定了
（x）（y）（x = y），x 和 y 就不可能指示不同的对象。自明的公理是先验的，
不论我们做如此假定时是否参照了经验。假定"晨星"和"暮星"都严格
指示金星这颗行星，"晨星"和"暮星"就不可能指示不同的对象；假定
"天狗"和"月亮"都严格指示月球，"天狗"和"月亮"就不可能指示不
同的对象。关于晨星和暮星的事情，那是天文学发现；而关于天狗和月亮一
事，却是我在这里胡言乱语。但不管怎样，对于（4）的这两个解释没有什
么不同，严肃的天文学家的科学发现和我的胡言乱语，也没有造成前提先验
性或假定性的改变。

　　可是，克里普克对（4）的解释不止这些，他对这个前提假定是如何被
语言共同体获知这一点进行了分析。在他看来，由于诸如"晨星是暮星"
这一事实是天文学家的经验发现，"x = y"这个自明的公理就是一个后验命
题，通过论证，赋予"x = y"以必然性，从而有了后验必然命题。那个形式
推理中不存在从偶然到必然以及从先验到后验的逻辑转换机制，克里普克的
解释是过度的。他在谈到冰桌子的例子时说，"如果 P 是这样的陈述——桌
子不是由冰做的，我们就可以通过先验的哲学分析得到某些诸如'如果 P，
则必然 P'这种形式的条件句"；但是，关于桌子不是由冰做的"全部判断
都是后验的"①。经过这样的转换，P 就从一个可以对其进行先验分析的假定

————————
　　① Kripke, Saul A., *Philosophical Troubles*：*Collected Papers*, Volume1, Oxford University Press, 2001, p. 16.

变成了后验判断，又从偶然的判断变成必然的判断。既然 P 是假定的，为什么还要追究 P 的经验来历呢？

第五节   结论

同一个自然类词项可以有两种用法——指示词用法和概念的用法，这是语言学事实。依据这个事实，有关自然类词项的一些语义学问题就不成为问题。我们相信，对于专名问题以及自然类的形而上学问题，基于这个事实的讨论也会得到比较自然的结论。

第　十　七　章

群体选择与利他主义的进化

自然选择是达尔文进化论的核心理论。然而，自然选择选择的对象是什么？是个体还是群体？甚或是基因？进化论在刚建立的时候，达尔文把个体当作自然选择的单位。然而，当达尔文看到在生物界存在大量的利他主义的行为时，他发现自己很难用个体选择论来解释利他主义的存在，因为利他主义对其他个体有利，对自己不利，因此在生存竞争中就处于劣势，就会被淘汰。所以，为了说明利他主义，达尔文又提出了一种新的自然选择，即群体选择。群体选择认为利他主义虽然对个体不利，但却有利于群体，因而会在群体竞争中保存下来。然而群体选择提出之后受到很多人的批评，于是有人又提出了基因选择的观念，认为自然选择实际上选择的是基因而不是个体或群体，因为个体和群体都是有限的，都会消亡，只有基因在个体或群体消亡之后可以通过遗传传递给后代。基因都是自私的，但基因的表达，即性状却可能是利他的。因此，自然选择初看起来非常好理解，但联系到具体的生物学现象，立即表现出复杂性，并成为生物学哲学讨论的一个焦点问题。

第一节　群体选择思想产生的背景

自然选择是达尔文进化论的核心，而自然选择的对象是什么，即自然选择的单位问题，进化论学者一直都争论不休。达尔文进化论一般将个体视为自然选择的单位，但是有些利他的动物行为很难用个体选择解释清楚。为了解决这个难题，达尔文后来又提出了群体选择的概念，然而群体选择思想并没有得到充分的发展，威廉姆斯（George Williams）、汉密尔顿（William Hamilton）、道金斯等人对群体选择都给予了不同程度的批判，同时道金斯又提出了基因作为选择单位的新理论。

20 世纪 80 年代，索伯等人又重新复兴了群体选择思想。在对索伯的群体选择思想进行论述之前，有必要对利他难题及其自然选择单位问题的争论进行整体性的描述，从而为接下来的研究提供背景。

一　达尔文利他难题及其解决

（一）利他难题的起源及其生物学基础

自然选择思想为达尔文进化论的核心理论，达尔文最初认为自然选择的根本动力是机体间的优胜劣汰，即个体选择。达尔文的进化论认为自然界的动物残酷无情、只会求取自我利益。但是，事实并非如此，仔细观察大自然，经常会出现例如雌性吸血蝙蝠把已吸入胃中的血液反刍喂给没找到食物的同栖伙伴，杜鹃鸟会牺牲自己的亲生子女而养育养子女，棘鱼会集体参与危险任务攻击天敌等这些数不清的舍弃自己的利益以帮助其他个体等不自私的行为。这些生物的行为说明了生物学意义上的利他是指具有利他行为的个体通过牺牲自身的适合度，提高接受利他行为的受益者适合度的行为，但利他行为对其他生物个体的生存有利，而对具有利他行为倾向的个体无利。设想一个群体中包含了一部分利他主义者和一部分利己主义者，所有的个体在没有利他行为倾向的前提下，都有一定数量的后代。另外，每一个利他行为者的行为都会使之在一定程度上减少自己的后代，同时会增加在种群中受惠者个体的后代。在一个种群中，利他主义者可以从其他利他主义者身上获益，但是这些利他主义者必须承担由于自我牺牲造成的损失。而利己主义者不用遭受任何损失就可以从种群中的所有利他主义者身上获益。因此，在进化发展的过程中，利他主义者有双重的劣势，它们不仅会因为自我牺牲而损失后代的数量，还会出现本来可以从其他利他主义者身上获益，但是更糟糕的是，利己者会从所有利他主义者身上获益的遭遇。显然，利他的个体在自然选择中更容易被淘汰，而利己的个体会拥有越来越多的后代。在这样的情况下，会发现利他主义和自然选择中的适者生存的法则是矛盾的。但生物体的利他行为又是如何被保留和传承的？达尔文的个体中心观点并不能解释这些利他行为，因此，被称作"达尔文利他主义难题"①。利他问题和自然选择起作用的层次密切相关，如果自然选择只在个体层面，优胜劣汰只会有利于个体，这样的话，利他主义个体并不能进化。

（二）自然选择单位问题的起源及其哲学基础

早在 20 世纪 70 年代，美国遗传学家列万廷就将达尔文自然选择思想进行了总结，即自然选择拥有表现型变异、差异性适合度以及适合度的可遗传性三个原则。列万廷对自然选择的三个原则的表述如下：

> ①表现型变异原则指的是一个种群中的不同个体拥有不同的形态、生理机能和行为；
> ②差异性适合度指的是不同的表现型在不同的环境中有不同的生存率和繁殖率；
> ③适合度的可遗传性是指父母对后代的贡献和子女对后代的贡献是相互关联的。②

这三个原则是列万廷早期总结的自然选择进化理论的具体体现，其中强调了群体承担了自然选择的进化发展。20 世纪 80 年代中旬，列万廷又给出了更为详细的自然选择原则的解释：

> 一个物种的个体在形态、生理机能和行为等性状方面是可以变异的，此即变异性原则。这种变异是部分遗传的，相较于没有关联的其他个体，个体会和自己亲属的性状更类似，特别是子代和父母，此即遗传性原则。不同的变异在直系后代或非直系后代中会有不同数量的后代，此即差异性适合度原则。③

---

① 李建会：《自然选择的单位：个体、群体还是基因?》，《科学文化评论》2009 年第 6 期，第 19—29 页。

② Godfrey-Smith, Peter, *Darwinian Populations and Natural Selection*, Oxford University Press, 2009, p. 18.

③ Godfrey-Smith, Peter, *Darwinian Populations and Natural Selection*, Oxford University Press, 2009, p. 18.

列万廷认为这三个原则对于自然选择来说是充分必要条件，符合这三个原则的任何性状都有可能促进生物的进化。解释利他难题时，生物学家和哲学家们开始讨论在这些原则中，进化是如何在群体中的个体上进行的，同时，他们也注意到，在逻辑结构仍然成立的情况下，列万廷给出的三个原则中的"个体"可以换成比"个体"这个选择单位小的"基因"，也可以换成比"个体"这个选择单位大的"群体"，因此，自然选择单位问题应运而生。美国的生物哲学家索伯对自然选择单位的概念表述为"X 是性状 T 在谱系 L 进化中的选择单位，当且仅当影响 T 在 L 中演化的一个因素是这样一个事实，即 X 中 T 的差异引起了 X 在 L 中适合度的差异"①。这个概念只是描述了自然选择演化的机制，并没有指明自然选择到底选择了什么。印第安纳大学的科学哲学教授伊丽莎白·劳埃德（Elisabeth Lloyd）在斯坦福百科全书中着重强调了自然选择单位的四个问题：

　　①互动子：与世界相互作用的层次是什么？基因、个体还是群体或者是更高更低的层次？高层次的自然选择是否能还原为更低层次？

　　②复制子：自然选择中复制的是什么？是单条的基因还是基因库甚至更加细化的复制单位，如果我们承认个体选择和群体选择，那么文化是不是也可以复制？复制的过程又是怎样的？

　　③适应者（manifest or of adaptation）：达尔文进化中适者生存的"适者"指的是什么？一种被称作选择的产物（selection production），例如由于气候和环境的变化，会产生新的生物，新的生物就是选择产物；另一种被称作拥有者，例如一个生物为了更好地适应环境，它的某些性状会变得特别突出。

　　④受益者（beneficiary）：自然选择的最终受益者是什么？是基因、个体还是群体？或者是物种等。②

---

　　① Sober, Elliott, "Trait Fitness Is Not a Propensity, But Fitness Variation Is", *Biological and Biomedical Sciences*, 2013, Vol. 3, No. 44, pp. 336 – 341.

　　② Lloyd, E., *Units and Levels of Selection*, http://plato. stanford. edu/entries/selection-units/, 2012.

这四个方面中，最重要的是互动子的问题，复制子和适应者以及受益者都属于更加细化的科学问题，本研究主要讨论的就是互动子问题，即到底什么与世界发生互动作用。

二　群体选择思想的发展脉络

达尔文提出的自然选择的三个原则：（1）有性状变异；（2）某些变异是可遗传的；（3）有些变种繁殖更多。然而，基因、个体、物种、群体都可能满足这些条件。那么自然到底选择了什么？不同的生物学哲学家观点不同，而群体选择思想作为解决这一问题的重要理论经历了兴起、衰落和复兴。

（一）个体选择的困境和群体选择的兴起

个体之间的优胜劣汰，即个体选择是达尔文最初的关于自然选择单位的观点，但是个体选择很快就遇到了利他问题，生物学意义上的利他是指利他个体牺牲自身的适合度（fitness）做出有利于其他个体生存的行为，从而提高接受利他行为的受益者的适合度，但利他行为对其他生物个体的生存有利，而对具有利他行为倾向的个体无利，显然，利他的个体在自然选择中更容易被淘汰，但生物体的利他行为又是如何被保留和传承的？达尔文对利他行为的说明是自然选择单位问题产生的起点。达尔文后期在解释利他行为时，又以萌芽的方式提出了群体选择，他对自然选择的单位进行了扩展。"一个部落，如果拥有许多的成员，由于富有高度的爱护本族类的精神、忠诚、服从、勇敢，与同情心等品质，而几乎总是能随时随地地进行互助，又且能为大家的利益而牺牲自己，这样一个部落会在绝大多数的部落之中取得胜利，而这不是别的，就是自然选择了。"[1] 之后很长的一段时间里，群体选择思想不仅没有吸引很多学者的注意，很多生物学哲学家还对群体选择持怀疑态度。直到20世纪中叶，一些生物学家在经过长期的观察和探索下，重新开始严肃看待索伯的群体选择思想。英国著名的生物学哲学家温－爱德华兹明确提出并发展了群体选择论，他认为自然选择是在生物种群层次上实

---

① Darwin, C., *The Descent of Man and Selection in Relation to Sex*, Princeton University Press, 1981, pp. 204 – 205.

现的。他在《与社会行为相关的动物扩散》中详细论述了群体适应。在他看来，对繁殖进行自我调节是控制群体数量过分增加的一种手段，在群体生物学中，动物可以通过调节与社会相互作用的行为来调节种群密度，同时使用约定性原则使之与周围的环境相和谐。在这个过程中，当个体的利他行为有利于种群利益时，这种特征就能得以保存和传承。他用红松鸡的例子来论述他的观点，红松鸡生活在荒原地区，它们将荒原分成一块块的领地，这些领地为不同的红松鸡群体提供足够的食物，但是每年都会有一部分的红松鸡被遗弃在领地之外，因缺乏食物而死。温－爱德华兹将这种现象解释为红松鸡通过调节社会性行为控制种群的数量，因此，红松鸡的繁殖率也会随着社会行为的调节发生变化。那些死去的红松鸡是为了控制种群数量做出的利他行为，它们的牺牲会利于其他个体的茁壮成长。温－爱德华兹认为动物会在群体的密度达到饱和的状态下自动分离，防止群体的生长超出适应周边环境的最佳水平。之后，埃默森也很认同群体选择，他提出："和生物个体一样，群体单位也会展现出类似分工、整合、发育、生殖、内部恒定、生态导向以及调适等作用。超级生物这个名词似乎非常适合用来形容昆虫社会。"①

（二）群体选择的沉寂和基因选择的出现

20 世纪中期综合进化论建立，基因成为影响生物进化的重要力量。在这一主流趋势的影响下，温－爱德华兹的群体选择理论遭到了质疑。其中，生物学家威廉斯（George C. Williams）是最严厉的批评者。他认为自然选择的单位必须"有一个高的稳定性和低的内源变化度"②，同时，"自然选择产生显著的累积性改变，只要选择系数与被选择实体的变化率高度相关"③。因此，威廉斯认为自然选择单位必须具备稳定性以及可以引起累积性的变化。在他看来，只有基因才能满足这两个要求，因为"基因可以被定义为这样一种遗传信息，其中存在的有利或不利的选择倾向是其内源变化率的数倍

---

① ［美］海伦娜·克罗宁：《蚂蚁与孔雀——耀眼羽毛背后的性选择之争》，杨玉龄译，上海科学技术出版社 2001 年版，第 416 页。

② ［美］乔治·威廉斯：《适应与自然选择》，陈蓉霞译，上海科学技术出版社 2001 年版，第 20 页。

③ ［美］乔治·威廉斯：《适应与自然选择》，陈蓉霞译，上海科学技术出版社 2001 年版，第 20 页。

或许多倍。在种群遗传中，这种稳定实体的强有力存在，是衡量自然选择重要性的一种尺度"①。同时，众多生物哲学家认为，群体和个体自然选择的力的方向和力度有可能是不一致的。如果群体选择和个体选择作用的力的方向相反，且此时，个体选择所起的作用和力总是大于群体选择，那么在这种情况下，种群会渐渐灭绝。另一种情况是如果群体选择和个体选择作用的力的方向一致，此时自然进化过程中，选择的表现型特征既有利于个体选择，同时也有利于群体选择的发展。所以，很多生物学哲学家都认为关键的问题在于自然进化过程中的自我调节机制。如果自我调节机制可以使自然选择的结果既有利于群体选择，又有利于个体选择，那么需要群体选择和个体选择的方向一致。同时，这些生物学哲学家认为如果个体选择就可以使自然调节机制发挥作用，那么在一定程度上就不需要群体选择发挥作用了。因此，基于以上分析，很多学者都不同意将群体选择作为自然选择的单位。这些质疑使群体选择理论曾一度失去了生命力。20 世纪 60 年代后期，道金斯提出了基因选择学说，他认为自然选择的单位必须满足三个条件：能够长久存在；具有长久的繁殖能力；可以精确复制自己。所以，个体和群体并不能够同时符合这三个条件，不能成为自然选择的单位存在。道金斯区分了复制子（replicator）和载体（vehicle units），他认为生命有机体真正复制的是基因，而个体和群体是基因进行传输和运输的工具，是保存复制子即保存基因的一种手段而已。同时，汉密尔顿提出亲缘选择理论来解释利他问题。他认为，利他者只对具有亲缘关系的直系亲属提供帮助或作出牺牲，这样，具有利他行为的施惠者和接受利他行为的受惠者具有一部分相同的基因，利他个体的基因份额就会增加。道金斯对亲缘选择理论做了进一步的解释，他也强调了基因的自私性，基因的自私性会在一定程度上导致个体的自私性，而具有亲缘关系的个体间的利他行为其目的也是相同的基因，自己的利益，因此，基因的自私性可以滋长有限的利他主义。当然，基因选择理论对达尔文理论并没有产生威胁，相反，基因选择理论是达尔文个体选择理论的一个补充，因为它认同自然选择，即优胜劣汰，但不同的是它认为这个"适者"不是个

---

① 〔美〕乔治·威廉斯：《适应与自然选择》，陈蓉霞译，上海科学技术出版社 2001 年版，第 20—21 页。

体，而是基因。基因选择理论解释了部分的利他行为，缓解了利他行为对个体选择理论的冲击。但是，利他行为不仅仅发生在亲缘关系之间，对于非亲缘个体间的自然选择，基因选择并不能解释清楚，因此，对于基因选择理论的本体论和方法论的讨论使得学者们开始意识到以复制子概念为中心的基因选择有其局限性。对互动子的作用分析开始造成了各种类型的群体选择理论的复苏和回归。

（三）群体选择的复苏

群体选择思想在威廉斯和道金斯的批评中沉寂了 20 年之后，又重新得到讨论。20 世纪 90 年代，生物学家艾利奥特·索伯（Elliot Sober）和大卫·斯洛恩·威尔逊（David Sloan Wilson）从多元化的视角重新对群体选择理论进行了论证，索伯是当代进化生物学哲学的代表人物之一，他的生物学哲学思想在国际上享有盛誉。他用全新的概念说明了利他主义行为，这个群体选择的概念把群体看作互动子，即通过与环境的互动可以影响其中个体适合度变化的实体。他将群体理解为性状群体，即群体中的每个成员都可以受到其他成员某些性状的影响。

从达尔文开始，利他难题和自然选择的单位问题一直是生物哲学家们争论的焦点，从群体选择思想的兴起到衰落，之后又复兴，这段不断探索的历史是我们对生物学理论不断深入了解的过程，有利于达尔文进化论进一步深化发展，以上关于自然选择单位的多元化的争论也奠定了解决利他问题的基础。其中，个体选择和基因选择理论都是在不同层级中试图解决一些进化问题，索伯的群体选择为从多层级的角度探究利他问题的本质提供了新的视角。

第二节 索伯群体选择思想的提出及其论证

索伯通过对利他行为的说明，以及分析基因选择、个体选择、群体选择三者的争论，从一个全新的角度提出了多层级的群体选择模型。他在对"辛普森悖论"分析的基础上，重新对"平均主义谬误"进行了审视，对自然选择问题进行了整合，认为基因、个体和群体都可以成为自然选择的单位，自然选择的力可以作用于不同的层级上。

一　索伯群体选择思想的提出

(一) 对利他行为的分析

索伯从进化生物学的角度解释利他主义行为为解决自然选择单位问题提供了一种新的方法，他认为在对利他主义行为的传统的解释中，强调的是行为的动机。例如，功利主义会认为利他主义者的目的是自身的利益，这些个体行为的最终动机是追求快乐以及避免痛苦。这种心理上的利他主义并不能完全解释利他行为。进化生物学家从生存率和繁殖率的角度定义利他主义，认为利他主义行为指的是个体增加他者的适合度减少自己适合度的行为。[①]因此，在此基础上，索伯提出了一种利他主义的模型用来解释利他主义行为。首先，他假设一个群体有 n 个成员，是由利他主义个体 A 和自私个体 S 组成，A 出现的频率为 p，S 出现的频率为 (1 − p)，其中个体 A 有 np 个，个体 S 有 n (1 − p) 个，由于个体的适合度是一定的，也就意味着在没有利他主义行为时，每个不同的个体都有相同数量的后代 X。假设当出现利他行为时，其中这个利他主义个体会减少 c 个后代，除此之外的其他每个个体会增加 b 个后代。那么利他主义个体的适合度（即其后代数量）W_A 和非利他主义个体的适合度 W_S 为：

$$W_A = X - c + b \ (np - 1) \ / \ (n - 1),$$
$$W_B = X + bnp / \ (n - 1),$$

现在将公式中的字母都换成数字，例如 p 为 0.5，n 为 100，X 为 10，b 为 5，c 为 1，那么利他主义个体的适合度 W_A 和非利他主义个体的适合度 W_S 为：

$$W_A = 10 - 1 + 5 * \ (100 * 0.5 - 1) \ / \ (100 - 1) \ = 11.47$$
$$W_B = 10 + 5 * 100 * 0.5 / \ (100 - 1) \ = 12.53$$

从这些数据，我们又可以得出下一代的成员总数 n' 以及利他主义个体在下一代所占的比率 p' 为：

---

① 参见 Sober, Elliott & Wilson, David Sloan, *Unto Others: The Evolution and Psychology of Unselfish Behavior*, Harvard University Press, 1998, p. 17。

$$n' = n \left[pW_A + (1-p) \, W_S \right] = 100 \, (0.5 * 11.47 + 0.5 * 12.53)$$
$$= 1200$$

$$p' = npW_A/n' = 100 * 0.5 * 11.47/1200 = 0.478 [1]$$

由此可以得出结论，利他主义行为可以使每个个体的适合度提高，只是幅度不一样。有利他行为的个体会在一定程度上减少自己的后代，而接受利他行为的个体会增加一定数量的后代。当然，利他主义个体可以从这个群体中的其他利他主义个体中获益，但是他们依旧会由于自己的利他行为在适合度上有所损耗。自私的个体不会有任何损耗，并且可以从群体中的所有利他主义者中获益。因此，利他主义者在一定程度上会受到双重打击。一方面，利他主义者要接受由于自己的利他行为导致的损耗；另一方面，利他主义者只能从其他利他主义者身上获益，而自私的个体可以从所有的利他主义个体中获益。很明显，自私的个体在自然选择中比利他主义个体拥有更多的后代，拥有更高的适合度，利他主义个体在下一代的比例也比第一代有所降低，照这样的趋势发展，利他主义者迟早会在自然选择中走向灭亡。但事实上，利他主义行为普遍存在。

为了解释上诉论述与现实的矛盾，索伯提出了新的模型用来解释利他主义行为的存在和进化。他认为利他主义行为的存在和进化在单个群体上是解释不通的。他将一定数量的个体分成两个群体，它们的总数一致，且两个群体内部利他主义个体和利己主义个体的适合度都从已经论述过的公式中得到。但是，在这个模型中（如表 17 – 1），假设一个群体中有 20% 的利他主义个体，另一个群体则有 80%（如表 17 – 1），我们可以得出每个群体中利他主义个体的后代比利己主义个体要少的结论。但是，如果将两个群体放在一起，我们就可以得出相反的结论（如表 17 – 2），利己主义个体后代的数量比利他主义个体的数量要少。按照以下公式计算，如果一代代繁衍下去，利他主义个体可能会取代利己主义个体，因为相似者可能会聚群，相互生活在一起，那么利己主义个体就面临被灭绝的危险。当然，索伯只是假设了这一情况，他用模型重点要强调的是利他主义个体在一定程度上是可以进化发

---

① Sober, Elliott & Wilson, David Sloan, *Unto Others: The Evolution and Psychology of Unselfish Behavior*, Harvard University Press, 1998, p. 18.

展的，并且是在利他主义个体和利己主义个体混合存在的多个群体中。

表 17 - 1　　　　　　　　　　　**群体内部的自然选择**①

	群体 1	群体 2
N（成员总数）	100	100
P（利他主义个体出现的频率）	0.2	0.8
W_A（利他主义个体的后代数量）	10 - 1 + 5（19）/99 = 9.96	10 - 1 + 5（79）/99 = 12.99
W_S（利己主义个体的后代数量）	10 + 5（20）/99 = 11.01	10 + 5（80）/99 = 14.04
N′（下一代的成员总数）	1080	1320
P′（利他主义个体在下一代所占的比率）	0.184	0.787

表 17 - 2　　　　　　　　　　　**群体之间的自然选择**②

	合并后的两个群体
N	100 + 100 = 200
P	[0.2（100）+ 0.8（100）] /200 = 0.5
N′	1080 + 1320 = 2400
P′	[0.184（1080）+ 0.787（1320）] /2400 = 0.516

（二）对个体选择论和基因选择论的分析

在索伯看来，基因选择和个体选择只能分析表面上的利他行为，而在表面下深藏的真正的利他是基因和个体所不能触及的。个体选择在自然选择中比较偏爱在一个群体中最大化其个体适合度的表现型性状，而群体选择则在生物进化过程中偏爱使整个群体的适合度最大化的表现型性状。因此，利他主义行为在个体选择中是解释不通的，但这种行为在群体选择中是可以适应的。索伯将个体选择、基因选择以及群体选择做了对称分析，一方面，各个部分可以相互合作、相互影响，最终提高整体的适合度。另一方面，部分之间也可以相互竞争，提高自己的适合度。前者中，各个部分的行为属于利他

---

① Sober, Elliott & Wilson, David Sloan, *Unto Others*：*The Evolution and Psychology of Unselfish Behavior*, Harvard University Press, 1998, p. 25.

② Sober, Elliott & Wilson, David Sloan, *Unto Others*：*The Evolution and Psychology of Unselfish Behavior*, Harvard University Press, 1998, p. 25.

主义；后者中，各个部分的行为属于利己主义行为。"就如个体是群体的一部分一样，基因也是个体的一部分。"①

　　道金斯强调进化并不是在个体中进行的，自然选择的单位是基因。道金斯指出孟德尔体系中已经说明了个体细胞的减数分裂使得基因的遗传多样化，增加后代对环境的适应性，是物种适应环境变化不断进化的机制。因此，道金斯认为每个基因都有相同的机会进行遗传变异，且在同一个个体内的所有基因都有同样的适合度。道金斯对利他行为的看法是有限度的，以上的分析说明道金斯在一定程度上否定了真正的利他主义行为。他提出"基因为了更有效地达到其自私的目的，在某些特殊情况下，也会滋长一种有限的利他主义。上面一句话中，'特殊'和'有限'是两个重要的词儿，尽管我们对这种情况可能觉得难以置信，但对整个物种来说，普遍的爱和普遍的利益在进化论上是毫无意义的概念"②。

　　索伯并不同意道金斯的观点，个体选择和基因选择是融合在群体选择之中的，三者只是层次不同。当个体中的基因集合在一起的时候，自然选择就是在个体中进行。只有当减数分裂在起作用时，这个时候自然选择的单位是基因。索伯认为这两个过程的方向是相反的，例如，在一个个体中，强劲的等位基因 D 比一般的等位基因 N 的适合度更高，然而，有两个等位基因 D 的个体比只有一个或没有的个体的适应性可能会更糟糕。③ 但是，在它们进化发展中，上述两个过程即同一个个体内的两种基因之间的相互竞争与不同个体间的自然选择同时进行。同样，上述过程也可以发生在个体选择和群体选择之中，也就是说个体选择和群体选择可以同时进行。例如，利己主义个体和利他主义个体的进化，在一个群体内，利己主义个体的适合度要比利他主义个体高，但是，在多个群体中，利己主义个体的适合度要低于利他主义个体。索伯将个体选择、基因选择和群体选择的进化过程称为"共同的命运"④。

　　① Sober, Elliott & Wilson, David Sloan, "A Critical Review of Philosophical Work on the Units of Selection Problem", *Philosophy of Science*, 1992, Vol. 4, No. 61, pp. 534 – 555.

　　② ［英］道金斯：《自私的基因》，卢允中等译，吉林人民出版社 1998 年版。

　　③ 参见 Sober, Elliott & Wilson, David Sloan, "A Critical Review of Philosophical Work on the Units of Selection Problem", *Philosophy of Science*, 1992, Vol. 4, No. 61, pp. 534 –555。

　　④ Sober, Elliott & Wilson, David Sloan, "A Critical Review of Philosophical Work on the Units of Selection Problem", *Philosophy of Science*, 1992, Vol. 4, No. 61, pp. 534 – 555.

即群体中的每个基因、生物体，包括群体本身的繁殖和进化的命运都在同一个因果进程中。个体选择和基因选择思想的生物学哲学家们在论证其理论的正确性的同时，并没有指出是否存在群体选择的可能性。

（三）群体选择思想的提出

在群体选择衰败之后，亲缘选择和互惠利他选择成为生物学哲学家视野中解释利他主义行为的最有说服力的理论，代表人物有英国的生物学家汉密尔顿和美国学者阿克塞尔罗德（Robert Axelrod）。汉密尔顿提出了亲缘选择理论，他指出利他主义个体会为与自己有血缘关系的个体提供帮助或做出牺牲，因此使得亲族中与自己相同的基因能够遗传。他认为只要利他者付出的代价可以为其他具有亲缘关系的个体提供足够多的利益，即付出的代价小于获得的利益，利他主义行为就可以遗传。为了解决没有亲缘关系的个体之间的利他行为，汉密尔顿和阿克塞尔罗德发展了互惠利他理论。互惠利他主义是指个体会帮助其他没有血缘关系的个体是因为日后获得回报。

索伯认为亲缘选择和互惠利他选择理论本质上都是群体选择，他将有亲缘关系的个体组成的群体看成是性状群体，当种群中形成这样的性状群体时，只要利他主义行为的利益大于为此付出的代价，利他主义个体的平均适合度就大于利己主义个体的适合度。当新一轮的选择之后，种群中利他主义个体数量的增加幅度就会大于利己主义个体数量的增加幅度。由于有亲缘关系的个体之间有利他主义的关联，且在群体内部更容易找到拥有相同性状的其他个体，可以产生出重要的演化结果。对于互惠利他理论，索伯认为个体之间的相互合作是由于这些个体倾向于发展为一个群体。这些相互协助的个体在合作的群体中往往会减少自己的适合度以增加他人的适合度。在群体选择理论中，还存在阻止行为背叛的性状，这些性状会提升行为主体的适合度，在进化发展中也会成为稳定的演化策略。

索伯指出，群体选择并不是自然选择演化发展唯一的机制，他用一种全新的模型解释了利他主义行为，但是这样的模型必须具备以下的条件：第一，必须存在多个群体，且是多个群体的集合；第二，群体中必须拥有不同比例的利他主义个体；第三，群体中利他主义个体的输出量必须和其比例有直接的关系，有利他主义个体的群体要比没有利他主义个体的群体的适合度更高；第四，群体之间不能相互隔离，彼此之间要相互联系。[1] 也就是说，只有满足以上条件，多个群体中利他主义个体的适合度才会大于利己主义个体的适合度，这是索伯利他主义模型得以存在的必要条件。因此，自然选择才可以在多个层次中进行。个体选择在于在一个群体内使得个体的适合度呈现最大化，而群体选择是多个群体中使得群体的适合度呈现最大化。因此，群体选择不仅可以使利他主义得以进化，还可以增加整个群体的适合度。

在对利他行为分析的基础上，即利他个体组成的群体比利己个体组成的群体在自然选择中更有优势，索伯提出了全新的群体选择的概念。他将群体作为自然选择的单位，即将群体看作通过对环境的互动影响其中个体适合度的实体，群体内的各个部分共同承担自然选择中的进化命运，且各部分都可以受到自身以及其他个体的性状的影响。同时，他创造性地将群体选择区分为群体内选择和群体间选择。在自然选择的过程中，生物体的优胜劣汰将在群体内和群体间同时进行。群体内个体相互竞争，利己的个体的适合度将高于利他的个体，这个过程中自然选择的单位是个体，它使得利己主义个体得以进化。如果是群体间的相互竞争，拥有更多的利他个体的群体将在自然选择中占有更多的优势，且利他个体将得以进化，利他性也可以得以保存。每个群体中的个体数不同，所贡献的后代数量也不同。具有利他主义行为的个体的后代数在群体内会下降，但是在由多个群体组成的大的族群中会上升，而整个过程中自然选择的单位是群体。

二　索伯对群体选择思想的论证

（一）理论论证

索伯对利他行为的分析看似已经解决了利他难题，但是，利他主义个体的进化机制仍然处于争论之中。个体选择和群体选择经常被认为只能解释表面上的利他主义行为，而只有基因选择才能触及利他主义行为的本质。

为了理解这种争论，让我们回顾一下利他主义的模型，利他主义个体的适合度在单个群体中会下降，而在多个群体的自然选择中，利他主义群体比

---

[1]　参见 Sober, Elliott & Wilson, David Sloan, *Unto Others: the Evolution and Psychology of Unselfish Behavior*, Harvard University Press, 1998, p. 26。

利己主义群体的适合度更高。另外一个可以证明利他主义行为在进化的标准是在群体中利他主义个体的平均适合度。如表 17-1，在群体 1 中，每个利他主义个体有 9.96 个后代，在群体 2 中，每个利他主义个体有 12.99 个后代，两个群体中利他主义个体的平均后代数为 12.38 个。同理，在群体 1 中，每个利己主义个体有 11.01 个后代，在群体 2 中，每个利己主义个体有 14.04 个后代，两个群体中利己主义个体的平均后代数为 11.62 个。比较后发现，平均下来利他主义个体的适合度要高于利己主义个体的适合度，因此可以说利他的性状在这个进程中进化发展。

索伯并不同意使用个体的平均适合度来解释利他主义行为的进化发展。对于不使用个体的平均适合度的原因，索伯认为，如果改变表 17-2 中的包含两个群体的利他主义模型的结构，使两个群体中利他主义个体的比例没有什么区别，就意味着利己主义个体的适合度重新超过利他主义个体，自然选择又通过个体选择起作用，群体选择在这个理论中就不起任何作用了。这样的话，平均主义使个体选择成为自然选择的代名词。另外一个拒绝平均主义的原因在于，这样一个平均主义的进程并不能确认各自独立的因果进程是否对进化的结果起作用。当利他主义行为进化发展时，有两种进程同时进行。群体间的选择支持利他主义个体的进化，群体内的选择支持利己主义个体的进化。由于两个过程的方向是相反的，当这两个进程同时在一个大的族群中同时进行时，需要一种理论能够厘清这样的因果进程，但是平均适合度高的利他性状的进化并不能说明这一复杂过程。平均主义在利他性状进化的过程中是中立的态度，一个性状的适合度高有可能是单独的个体选择在起作用，也可能是单独的群体选择在起作用，当然也有可能是二者的共同作用。因此，在索伯看来，平均主义对于自然选择单位问题来说是个谬误，被称为"平均主义谬误"[1]。"通过个体的平均性状和某种个体在群体中的密度定义的，不是真正的群体适合度，而是个体适合度的数学变形。群体概念以群体结构的假定为前提，群体适合度应当由同一种群中各个同类群的繁殖速度或

---

[1] Sober, Elliott & Wilson, David Sloan, *Unto Others: the Evolution and Psychology of Unselfish Behavior*, Harvard University Press, 1998, p. 33.

者绝灭速度来定义。"①

　　索伯用被称为"辛普森悖论"的例子来进一步说明平均主义谬误，平均主义谬误指的是部分和整体的统计结果相违背的现象。索伯指出一个关于学校招生的例子，美国加州伯克利分校曾被怀疑在招生中歧视女性，因为学校中女生的录取率要很明显地低于男生。但是细看他们的招生过程以及对其招生过程进行论证发现，并没有任何证据可以证明有歧视现象的存在。具体情况如下表：

表 17 - 3　　　　　　　　　关于伯克利分校招生性别歧视的例子②

各种数据	院系 1	院系 2	全校
申请者人数	90 女 10 男	10 女 90 男	100 女 100 男
录取比率	30%	60%	33% 女 57% 男
录取人数	27 女 3 男	6 女 54 男	33 女 57 男

　　从结果来看，只录取了 33 个女生、57 个男生，似乎表明对女生有歧视现象；但从过程来看，两个院系都是按照自己的比率平等地录取新生。这就是辛普森悖论的局面。但是在录取过程中有两个重点：首先，院系 1 的难度要高于院系 2，且二者的录取比率不同；其次，大多数的女生偏向报考难度系数高的院系 1，而大多数的男生偏向报考难度系数低的院系 2，因此，最终结果，大多数的女生由于院系 1 的考试难度高而被淘汰。这个例子说明了不能忽视群体内部的内在结构和因果关系。

　　索伯并没有指出平均主义谬误的特征，他都是用具体的例子来说明平均主义谬误的含义。这就产生了疑问，上述群体选择模型中的哪些特征使之产生了平均主义谬误？英国布里斯托大学科学哲学家和生物学家奥卡沙（Samir Okasha）就这个问题给出了三个可能的答案：第一，个体的适合度依赖于群体结构以及它的组成部分；第二，群体的适合度是不断变化的；第三，个体的类型在整体中的适合度最高，但在每个群体内部适合度

　　①　董国安：《群体选择论的预先假定》，《自然辩证法研究》2007 年第 3 期，第 17—21 页。
　　②　黄翔：《自然选择的单位与层次》，复旦大学出版社 2015 年版，第 127 页。

却最低。① 奥卡沙认为第一个和第二个可能性的结合最符合索伯的观点。索伯认为，只要避免平均主义谬误，利他难题和群体选择的争论都可以解决，因为平均主义过于简单，而群体选择在空间和时间上都有一定的维度。索伯指出，就是由于它涉及很多方式来厘清利他主义进化的过程，就如上述分析，过程中的很多细节都是不相容的，因此，会出现关于群体选择的很多争论，很多生物学哲学家将群体选择看作未经证明的理论。

（二）经验论证

一个种群的生物体的进化过程中，如果要使整个种群的数量最大化，在索伯看来，就要调整两性之间的性别比率。通过调整性别比率可以控制和调整整个种群的数量。假设一个族群中每个雌性个体都有 10 个后代，其中一半是雌性。如果用 n 表示后代的数量，那么在第一代的繁殖过程中，一个受精的雌性个体分别有 5 个雌性后代和 5 个雄性后代，即 n = 10，在下一代的繁殖结果中，则有 25 个雌性个体和 25 个雄性个体，会有 50 个后代，即 n = 50，在第三代的繁殖过程中，分别有 125 个雌性个体和 125 个雄性个体，会有 250 个后代，即 n = 250，以此类推。但是，如果对每个雌性后代的性别比率进行调整，就会发生不一样的情况，后代数量会大大增加。假设一个族群中一个雌性个体有 9 个雌性后代和 1 个雄性后代，在第一代的繁殖过程中，n = 10，在下一代的繁殖过程中，则有 81 个雌性个体和 9 个雄性个体，即 n = 90，在第三代繁殖过程中，有 729 个雌性个体和 81 个雄性个体，此时 n = 810。经上述分析，雌性的适合度更高一些，因为后代的数量是由雌性决定的，一个群体中，雌性数量越多，后代也会越多，且生长率是按照指数发展的。

虽然可以发现雌性比率高的情况下，群体的数量会显著提高，对群体选择的结果有利，但是这样并不能提高群体内部个体的适合度。索伯假设一个群体初始有两个受精的雌性组成，分别为个体 S 和 A，它们后代的性别比率分别是 1∶1 和 9∶1。雌性 S 有 5 个女儿和 5 个儿子，雌性 A 有 9 个女儿和 1 个儿子，总共有 14 个女儿和 6 个儿子。当这些个体交配和繁殖，每一个雌性个体都会有 10 个后代，每一个雄性有个体有 14 * 10/6 = 23 个后代。因

---

① 参见 Okasha, Samir, "The 'Averaging Fallacy' and the Levels of Selection", *Biology & Philosophy*, 2004, Vol. 19, pp. 167 – 184。

此，雄性个体的适合度要高于雌性个体的适合度。如果我们计算雌性个体 S 和 A 孙代的后代数，可以发现 S 有 5 * 10 + 5 * 23 = 165 个孙代，A 有 9 * 10 + 1 * 23 = 113 个孙代。在这个群体中，雄性拥有更多的后代，因此，在这个群体中，一个雌性如果生产的儿子更多，那么它的适合度就更高。一个雌性如果生产的女儿更多，那么它的适合度会比较低。这种过量生产雌性的行为就是利他主义行为，因此，减少雌性个体的适合度，将有利于这个群体的发展。通常情况下，如果后代出生的性别比率偏离 1∶1，那么，这个群体中性别比率偏少的性别就会有更多适合度。遗传学奠基人费歇（Ronald Fisher）预言，性别比率回到 1∶1 的遗传因子更加受喜爱。① 他认为，如果在自然选择过程中出现性别比率的偏差，那么随着自然选择的优胜劣汰，会减少这种偏差，使得雄性和雌性在博弈中平衡发展。

在索伯看来，群体内部之中，自然选择偏向性别之间的均衡，而群体间的选择则受偏雌性的最大化影响，适合度会更高，因此，这种通过调节性别比率使群体数量最大化被索伯认为是解释他全新的群体选择的概念很好的经验例证。

三　索伯的多层级群体选择思想

（一）多层级群体选择模型

多层级的选择模型目前是生物学家在自然选择单位和层次问题上，所关注的重点。由于自然界的动物生活在一个多层级的环境之中，高层级包含低层级，由此形成了一个多层级的组织。比如生态系统包含物种，物种包含群体，群体包含个体，个体包含器官，器官包含染色体，染色体包含细胞……多层级的选择模型认为自然选择可以在以上不同的层级同时发生，例如，不同的物种之间、不同的群体之间、不同的个体之间、不同的基因之间的生存竞争可以同时发生。

多层级的自然选择的重点在于：第一，自然选择可以同时作用于多个不同的层级，从而多个层级都可以影响一个性状的进化；第二，不同的层级之

---

①　参见 Sober, Elliott & Wilson, David Sloan, *Unto Others: the Evolution and Psychology of Unselfish Behavior*, Harvard University Press, 1998, p. 39。

间自然选择的方向和力可以不同。[1] 因此，群体选择最终的结果要看群体间和群体内自然选择的合力。也就是说，适者生存不仅仅是只在一个层级适应，想要不被自然选择所淘汰，就要适应多个层级的自然选择。

索伯虽然赞成群体选择思想，但是他并不否定个体选择和基因选择在自然选择中所起的作用。他采取了多元主义的观点，认为三个层级的自然选择同时存在。索伯指出，"进化至少包含三个不同子类型的选择过程，存在相同个体内的基因选择，也存在相同群体内的个体选择，还存在相同种群内的群体之间的选择。一些性状的进化需要这三个自然选择过程中的一个推动，又有一些性状的进化又由这三个自然选择过程的其他选择过程所推动，还有一些性状的进化是由几种选择过程同时发生相互作用的结果，另外会有一些性状的进化与自然选择没有任何关系"[2]。美国生物学家威尔逊（E. O. Wilson）同时指出，"自然选择可以在各种层次上起作用，但是当自然选择的单位是两个以上的世系群体时，称为群体选择；如果选择单位是许多群体，或者是能影响其亲属的个体时即为亲缘选择。在最高的层次水平上，以整个繁殖的群体为选择单位，使得具有不同类型的基因型的群体在不同程度上消亡，称之为同类群体间的选择。最广泛的意义上，群体选择包括亲缘选择和同类群体间的选择"[3]。

索伯的多层级选择模型意味着，在选择单位和层次上要采取多元主义的态度，不能只关注基因选择和个体选择，忽视群体的力量，也不能只承认群体选择，否定基因选择和个体选择。

（二）对多层级群体选择模型的逻辑论证

自然选择的过程需要三个要素：在一个选择层次上的表现型的差异、差别性的适合度以及适合度的可遗传性。索伯为了确定不同层级的自然选择的进程，分别论证了这些要素在每个层级中所起的作用。

---

① 参见 Okasha, Samir, "The Levels of Selection Debate: Philosophical Issues", *Philosophy Compass*, 2006, Vol. 1, No. 1, pp. 1 – 12。

② Sober, Elliott & Wilson, David Sloan, *Unto Others: the Evolution and Psychology of Unselfish Behavior*, Harvard University Press, 1998, p. 331.

③ ［美］E. O. 威尔逊：《社会生物学——新的综合》，阳和清译，四川人民出版社 1985 年版，第 123—124 页。

　　首先，他论证了在群体内部和群体间的表现型差异的模型。一个种群的结构是统一的，那么种群中的群体差异越大，越有利于群体选择；相反，当群体的差异度为零时，即两个群体的结构一致，自然选择将在个体层面上进行，此时，个体选择在自然选择中起作用。因此，根据群体的结构不同，索伯将群体选择分为群体内的选择和群体间的选择。大多数进化模型都会预先假设基因和行为之间的关系，索伯对这种假设表示质疑，他假设基因和表现型性状有直接的联系，并且在群体选择中，基因是区分群体内选择和群体间选择重要的力量。例如，只有基因型一样的群体，这个群体的表现型才一样。利他主义行为经常在亲缘选择的模型中出现，就是因为参与亲缘选择的个体，他们有相似的遗传基因。如果按照基因决定论，如果不同的群体是随意形成的，即使群体的数量在增加，群体间的表现型变异也可能会减少。但是，基因决定论在解释某些行为时可能起了一定作用，但并不具备决定性地位。索伯认为基因之间的相互影响或者基因与周围环境相互作用产生的表现型性状的特点可以在自然选择的结果中体现。[1] 但是，基因选择的作用总是被夸大，体现在基因决定论会认为基因之间很小的不同，就会引起个体表现型性状的巨大差异；同理，群体之间的基因存在很小的差异，便会引起群体间表现型性状的巨大差异。基因选择和表现型性状的关系体现在人类群体间则更为复杂。群体内部的人们的基因没有任何关联，但是可以在社会规则的约束下表现很一致；群体内的人们的行为差异也和基因的不同几乎没有任何关联。因此，单独的表现型差异并不能促进人类的进化，还需要在群体层次的差别性的适合度以及适合度的可遗传性。因此，上述论述强调了在群体层面的表现型变异的重要性，同时论述了基因层级和个体层级的表现型变异的作用。

　　其次，索伯论述了表现型变异在不同层级的可遗传性。在索伯看来，自然选择进程中的表现型性状必须具有可遗传性。达尔文认为遗传就是子代与父母相似的趋向。索伯认为父母与子代的遗传不仅体现在个体选择，还存在于群体选择。他假设两个关于身高的等位基因有自己单独的轨迹，AA 等位

---

　　① 参见 Sober, Elliott & Wilson, David Sloan, *Unto Others: the Evolution and Psychology of Unselfish Behavior*, Harvard University Press, 1998, p. 106。

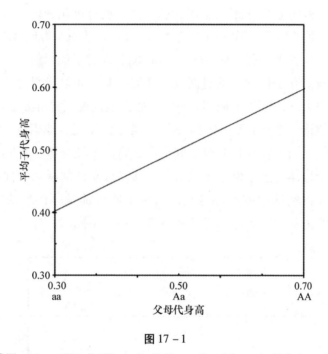

图 17 - 1

资料来源：Sober，Elliott & Wilson，David Sloan，*Unto Others*：*the Evolution and Psychology of Unselfish Behavior*，Harvard University Press，1998，p. 109.

基因表示个子高，Aa 表示身高中等，aa 表示个子矮。为了知道这一性状是不是可以遗传的，我们需要将父母的身高和其后代的身高联系起来进行分析。当基因 AA 和另一个基因 AA 结合，那么他们的后代一定是 AA；当基因 AA 和基因 Aa 结合，那么他们的后代是 AA 或 Aa；当基因 AA 和基因 aa 结合，那么他们的后代一定是 Aa。因此，性状的不同主要取决于同伴的基因型。接下来，索伯计算了不同基因型后代的平均身高。图 17 - 1 的例子假设交配是随机的，且每一个等位基因出现的频率都是相等的。AA 后代的平均身高要低于 AA，因为 AA 的后代可能是个体 AA，也可能是个体 Aa；相似地，aa 后代的平均身高要高于 aa，因为 aa 的后代可能是个体 aa，也可能是Aa。然而 AA 后代的平均身高要高于 Aa 后代的平均身高，最后是 aa 后代的平均身高。这个例子说明，个体和基因的表现型性状是可以遗传的。索伯接下来将例子做了一些轻微的调整，如图 17 - 2。假设 Aa 基因型表示个子高，而基因型 AA 和 aa 表示个子矮，因为杂合体可能有进化的优势以至于可以提高他们的繁殖率。在第一个例子中，AA 类父母产生 AA 类或 Aa 类子代，Aa 类父母可以产生三种子代，aa 类产生 Aa 类或 aa 类子代。然而，在这个例子中，父母的身高和子代的平均身高没有任何关系。如果我们为了提高后代的身高，挑选两个 Aa 类的个体做第一代，那么他们配对产生的后代就可能是三种；如果挑选一个 AA 类个体和一个 aa 类个体交配，他们将不能产生和之前一样的后代，因为在同种基因之间交配，将产生纯合体，不同基因之间交配，会产生杂合体。这个例子中父母和子代就没有任何联系，他们的性状就不能遗传，在自然选中就不能进化。这两个例子都是基因所决定的性状特征，那么说明了基因决定论和性状的可遗传性是不同的。

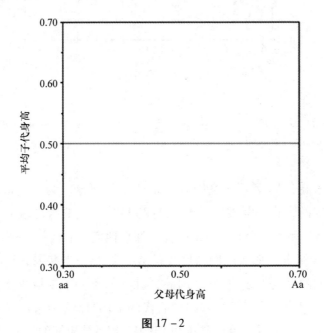

图 17 - 2

资料来源：Sober, Elliott & Wilson, David Sloan, *Unto Others：the Evolution and Psychology of Unselfish Behavior*, Harvard University Press, 1998, p. 109.

在这个背景下，索伯又评估了群体层面的性状的可遗传性。为了保证例子的简单性，假设无性别之差的群体包含相同比例的个高者 A 和个低者 a。这些个体在总数是 4 的群体中度过他们的青少年时期，他们在成年后以及交配时进入一个新的群体。如图 17 - 3，我们测量了许多群体的平均身高，很少出现极高（AAAA）或极低（aaaa）的情况，大部分群体的平均身高都是在极值之间的。假设可以追踪到极高的群体 AAAA 的所有的成年个体以及他们的子代。由于他们是随机交配，所以可以发现他们的后代分布在 Aaaa、AAaa、AAAa、AAAA 四个不同的群体中，当然，不可能存在于 aaaa 的群体中。然后，计算这些群体的平均身高。

同理，我们可以追踪到群体 AAAa、AAaa、Aaaa、aaaa 的交配情况，以及可以计算出他们子代的平均身高，图中描绘的是在群体层面的遗传，图 17 - 3 是指在群体层面的第一代表现型性状"平均身高"的分布情况，图 17 - 4 主要是为了说明第一代群体的平均身高和子代群体平均身高之间的联系，随着第一代群体身高的增长，子代群体的身高也随之增长，说明了群体层面的遗传是存在的。图 17 - 5 是指在群体层面子代的表现型性状"平均身高"的分布情况，整体的身高比第一代有所提升，用另外一种方式说明了遗传可以在群体层面进行。总之，根据追踪到的情况，我们可以得出结论：性状"平均身高"在群体层面是可以遗传的。这个例子说明了遗传的例子可以用于生物体的所有层级，群体和个体都参与生物进化，都是生物圈的一部分。

索伯认为，实验室中或现实中群体层面的遗传比假设和理论更为明显，因为只有在群体层面，现实中复杂的交配所影响的性状才能得以遗传。例如，在群体内部，低繁殖力个体的适合度会很低，但在群体间的选择中，低繁殖力的个体可能会增加群体的适合度。因此，这类性状能够进化是由于在群体层面更具遗传性。索伯总结到，我们必须考虑在所有层级的表现型变异的可遗传性。

最后，索伯论述了群体内部和群体间的性状差异性适合度的不同。如果遗传性的变异存在，那么不同的生殖率和繁殖率将会引起进化的变化，导致需要不同的进化单位适应这种变化。在一个特定的层级，进化的变化率和自然选择的程度会胜于反作用的力。例如，韦德的实验中包含两个为了高繁殖力而竞争的群体选择的形式：一个是群体间的选择，将低繁殖力的群体截掉，只剩下高繁殖力的群体；另一个是比较温和的群体内的选择，每个群体都贡献了不同的繁殖力，自然选择留下了繁殖力高的个体。两种形式相比

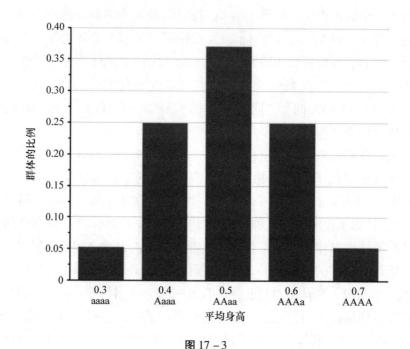

图 17 - 3

资料来源：Sober，Elliott & Wilson，David Sloan，*Unto Others*：*the Evolution and Psychology of Unselfish Behavior*，Harvard University Press，1998，p. 112.

较，群体间的选择适应度更高，遗传性更强。索伯用切叶蚂蚁作例证，这种亚马孙丛林独有的蚂蚁之所以叫切叶蚁是因为这种蚂蚁会将树叶切割成一个个小块，之后它们会将这些小块的叶子带回自己的洞穴里进行发酵长出蘑菇，它们以这种蘑菇为食物生存。它们会切割一切新鲜的植物的叶子，但从来不直接食用。它们像人类一样，会对植物进行简单的种植和培育，并且切叶蚁的蚁后和普通的蚁后并不一样，普通的蚁后会靠其他蚂蚁来喂食，而切叶蚁的蚁后会将娘家的叶子带到婆家进行种植。蚁后的这种行为会引起之前群体适合度的变化，也会引起新群体的适合度的变化，同时两个群体的适合度就会产生不同。蚁后的这种做法有利于蚁群的发展，给种群的发展奠定了一定的基础。但是，寻找叶子和培育真菌是具有一定风险的，当产生风险时，在群体中个体层次的自然选择就会不占优势。因此，应该考虑每个层级的自然选择的强度，而不应该只考虑个体选择。

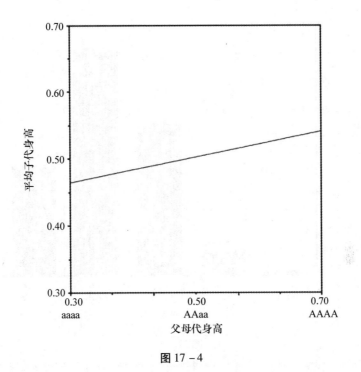

图 17 - 4

资料来源: Sober, Elliott & Wilson, David Sloan, *Unto Others: the Evolution and Psychology of Unselfish Behavior*, Harvard University Press, 1998, p. 112.

　　进化的历史上充满了物种的灭绝和新物种的产生,这种转换经常显然是由于新的物种要比原有的物种具有更多的优越性。索伯认为多层级选择理论从全新的视角论证了群体选择的另一种可能性,它聚焦于生物的每一个层级,关注自然选择每一个基础的部分,同时也关注物种层次的自然选择。索伯用美国演化生物学家古尔德所支持的间断平衡理论所支持的物种选择理论论证物种层次的自然选择。"间断平衡理论认为演化不仅在环境变化缓慢的地方存在着种系渐变,而且,在远离主要种群所在的核心地区,由于偶然的地理分隔使得处于边缘的数量较小的种群与主要种群之间不存在遗传交换而形成异地分化,从而形成迅速变异的成种过程。"[①] 索伯认为,被隔离的较

---

① 黄翔:《自然选择的单位与层次》,复旦大学出版社 2015 年版,第 141 页。

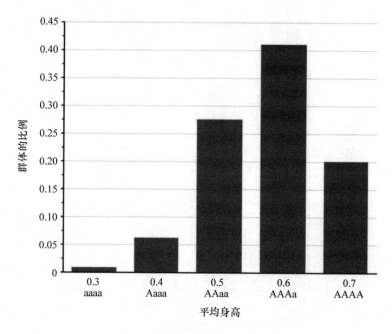

图 17 - 5

资料来源：Sober，Elliott & Wilson，David Sloan，*Unto Others：the Evolution and Psychology of Unselfish Behavior*，Harvard University Press，1998，p. 112.

小规模的种群会迫于生存压力和复杂的环境导致基因结构发生重大变化，从而遇到新的环境就会发生变异而产生新的物种。因此，自然选择可以作用于整个物种之上，适应度高的物种得以生存，适应度低的物种最终灭绝。物种有着千差万别的性状，例如不同的物种有不同的地理分布范围，不同的生态环境，不同的遗传多样性，因此物种选择的适合度是以物种的预期后代数量来定义，该适合度并不能以个体的平均适合度来表示。在谈到间断平衡理论和索伯的多层级的群体选择模型之间的关系时，古尔德说道："我坚决主张，把高层选择定义为相关演化个体的差别繁殖，这要基于其性质与周围环境的因果作用，而不是基于特定的低层个体的适合度来表现高层成员的结果。"[1]

---

[1]　Gould，S. J.，*The Structure of Evolutionary Theory*，The Belknap Press of Harvard University Press，2002，p. 656.

第三节 索伯群体选择思想与人类行为

一 人类进化中的群体选择

（一）群体选择与人类选择性社会互动

索伯认为，人类社会中同样存在基因选择、个体选择和群体选择。这种多元主义的群体选择是人类社会同类互动的重要力量。自然选择各级单位之间需要遗传表型变异。在群体层面，变异通常通过繁殖而增加，同时加上有限的传播，从而形成亲缘选择的基础和传统群体选择模型。选择性社会互动是发生变异的另一个可能的机制，但是尚未引起足够的关注。

威尔逊直接将选择性的协调的互动模式和亲缘选择作比较，他认为群体间的变异越多越好，但是这种变异并不都源于基因和亲缘关系。想象一个由不相关的个体组成的一个庞大的群体，这些个体有着不同的利他主义倾向。索伯进行了第一个假设，假设每个个体的利他主义程度是可以被观察的，且得到团体其他成员的同意。每个个体都想要和有着最大利他主义倾向的成员联系。因此，如果群体的数量为 n，那么其中 n 个利他主义程度最高的个体将形成一个群体，其次，又是 n 个利他主义程度次一点的个体形成一个群体，如此下去，n 个利他主义程度最低的个体形成一个群体。因此，在一定程度上这些群体的形成不是选择性的，而是默认的形式。如果种群的数量是一致的，那么利他主义行为的变异主要发生在群体层次上。当群体是通过无性繁殖形成的时候，这种群体形成的方式对利他主义的进化是非常有利的。但是道金斯认为这种情况在很多情况下都是行不通的。利他主义的倾向是不能被观测出来的，在庞大的群体中，一个个体是无法清楚知道其他每个个体的倾向。[①] 然而，如果我们调整一下这个极端的假设，使之部分地实现以上的假设，结果依旧可以产生高度非随机性的群体。这是一种和亲缘选择一样重要解释利他主义进化的机制。而这种选择性社会互动的重要性取决于认知能力，即通过评估社会同伴的表现型性状。我们可以在很多物种中发现最低

---

① 参见 Sober, Elliott & Wilson, David Sloan, *Unto Others: the Evolution and Psychology of Unselfish Behavior*, Harvard University Press, 1998, p.135。

限度的认知前提条件。认知最复杂的物种，比如人类的利他行为可能发生在群体选择中，但是群体中个体亲缘关系较低。[1] 这种选择型的互动模式很少受到生物学家的支持，一个很大的原因是"起源问题"[2]，在数学模型中经常假设一个不连续的行为会通过突变形成，因此，这个行为起初就拥有着很低的频率。如果我们用这样的数学模型来区分利他主义行为，利他行为也会拥有很低的频率，因为利他行为个体几乎很难遇到其他利他主义个体并发生联系。但是，还有一种情况，当利他主义个体超过一定的频率，他们就可以进化。亲缘选择就不会遭受这样的"起源"问题，因为一个最初的突变的利他主义个体通过和非利他主义个体结合能够存活很长时间，从而会有一半的利他主义后代。因此，亲缘选择在自然选择中也起了很重要的作用。但是，起源问题并不是一个很严重的问题，因为刚才讨论的是数学模型中的利他主义行为，真实的行为大都是连续并且可以发生变化的。当把利他主义行为看成连续性的时候，"起源"问题就会随之消失。

综上，群体内的个体往往通过单个持续的特征发生改变，比如对捕猎者作出反应。群体内的自然选择倾向于这个特征的其中一个价值，比如要离捕猎者至少一米远。群体间的自然选择则倾向于另一种价值，比如要离捕猎者在 10 厘米以内。如果群体内的选择是操纵群体数量变化的唯一的进化力量，那么自然选择的分配将会以群体内的选择的最适宜的情况为中心。另外，基本上群体中的每个个体都将最大化地从群体内的自然选择中获利，一些个体会以对群体有利的方式脱离，另一些个体会以对群体有害的方式脱离。不适应的变异往往会发生在行为被基因位点影响的情况下，然后每一代不适应的个体都会在自然选择中被淘汰，但是它们也可能出现在基因突变和基因重组的情况下。当然，这种以群体内部的自然选择为核心的理论在威尔逊看来是不充分的。威尔逊认为在考虑群体选择的进化过程时，也应该考虑群体内部的组成部分。假设每个群体的数量都为 n，群体中的成员都是随机挑选，随机取样给变异创造了最佳的环境，群体的变异依靠于每个成员的价值。但是

---

① 参见 Wilson, David Sloan & Lee A. , "Dugatkin. Group Selection and Assortative Interactions", *The American Naturalist*, 1997, Vol. 2, No. 2, pp. 336–351。

② Sober, Elliott & Wilson, David Sloan, *Unto Others: the Evolution and Psychology of Unselfish Behavior*, Harvard University Press, 1998, p. 135.

一些群体更具有利他主义倾向，这种利他主义倾向更有利于个体的发展。在自然选择过程中，随机构成的群体使群体选择拥有了最适宜的组成部分，这种随机性使群体在表现性变异中更具有优势。它的优势可以用图17－6中的情况来表示。

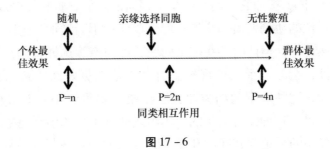

图 17－6

资料来源：Sober，Elliott & Wilson，David Sloan，*Unto Others：the Evolution and Psychology of Unselfish Behavior*，Harvard University Press，1998，p. 138.

索伯进行了第二种假设，起初从群体中随机选择两个个体进行交配产生后代形成亲缘关系的群体，这些后代的变异具有连续性，并且依靠于父母表现型的平均水平。例如，一个个体的身高在90厘米左右，另一个个体的身高在80厘米以内，那么它们交配后产生的后代身高大致就在85厘米左右徘徊。正如所预期的，亲缘选择群体比随机性群体的变异更多。为了创造一个高度具有利他主义倾向的群体，我们必须从种群中随机挑选n个具有利他主义倾向的个体。当群体完全是由兄弟姐妹组成的时候，群体选择此时是非常有力的进化力量。索伯进行了第三次假设，无性群体是通过在种群中随机选择单个个体然后经过无性繁殖形成数量为n的后代而形成的。基因的统一性使群体选择成为唯一的进化力量。同亲缘选择一样，利他主义的进化程度是和基因相联系的。

索伯用威尔逊的类比模型来形容协调的人类选择性的社会互动的模式，如图17－6，威尔逊假设一个偶然形成的种群规模为P，P中的成员彼此都知道对方的利他主义的倾向，根据不同的利他主义倾向形成不同的群体。这个种群根据初始不同的利他主义倾向区分为不同的群体，每个群体的个数都为n。当P＝n时，说明只能进行群体内选择，群体内的进化都是偶然配对进行的，并没有机会进行协调的同类选择性的互动。当 $P=2n$ 时，群体是从整体的种群中随机选择 $2n$ 个个体，按照它们的利他主义倾向，将它们分成两个群体。这些群体在整体的种群中就是非随机性的样例，但是依旧在群体内部保持大量的变异。当 $P=4n$ 时，同上面一致，群体是从整体的种群中随机选择 $4n$ 个个体，按照它们的利他主义倾向的高低，将它们分成四个群体。四个群体选择性的协调发展，变异在四个群体中不断增加。这时更加倾向于群体间的自然选择。但此时存在一个问题，即与亲缘选择相比，群体间协调的同类选择性社会互动模式的规模要有多大才能更好地使利他主义行为进化。索伯认为，这种协调的同类社会互动模式要足够小才能解决以上的问题。当 $P=2n$ 时，这种没有联系的个体组成的两个群体中利他主义进化的效果与亲缘选择中的兄弟姐妹间的利他主义性状的进化效果是一样的；当 $P=4n$ 时，没有关联的个体组成的相互协调的社会互动的模式中利他性状的发展和无性繁殖的个体中利他性状的发展效果一致。因此，人类社会活动中的利他行为更加有利于在群体数量较少的情况下进化。

相互协调的同类选择性的社会互动模式对于利他主义行为的发展进化来说是一个强有力的进化机制。虽然这种机制还不成熟，但是对于人类的社会互动来说，这种同类社会互动机制要求必须要有一定数量的认知复杂度来辨别利他主义倾向。人类有足够的能力在个人交往中、日常观察中以及文化传播中分辨和接收他人的信息，这些信息被在社会交往中人们用来挑选可信赖的人以及远离骗子。索伯认为在人类互动中，"伪装的利他主义行为"是很难的，因为人类的互动是持久且连续的，这种欺骗行为会在社会互动中被识破。人类的发展进化一般发生在很小的群体，这样人们有足够的机会去观察和相互讨论，彼此了解。一个反社会的行为很容易通过社会交往的网络传播，而且很容易毁坏一个人的名誉。因此，索伯认为我们应该为了利他性状的进化学会控制我们的行为，从而促进群体选择的发展和进化。索伯认为威尔逊提出的一系列的模型中，利他主义性状不仅会发生不断变化，同时个人可以自由选择他们的同伴，通过基于从经验、观察，或文化传播中获得的信息。选择性的相互作用可以在不同的群体中产生高度非随机的变异，这种选择型的社会互动有利于利他行为的进化，并且有利于提高群体层次的适应度，这些群体中的个体在基因层次上并没有联系。利他主义可以进化，即使最初的表型变异在利他主义方面并不具备遗传特征，但它可以是遗传同化的一种形式。

（二）群体选择与人类奖惩行为

为了更好地理解人类群体选择中的利他行为，索伯将人类的利他主义行为分为"首要行为"和"次要行为"，尽管首要行为和次要行为都是在群体层次上进化发展，但是它们有着很大的不同。个体的首要行为直观上就是利他行为，因为这些行为冒着很大的风险，它指的是群体间要求个体为了资源的获得、防御或者防止侵略、分享食物等而付出相应代价的行为。这类行为会增加群体的适合度，减少群体中利他者的适合度。次要行为指的是在群体内部有很多奖惩制度使首要行为的代价相应少一些的行为。这类行为从整体上看是为了提升首要行为的适合度，不仅使首要行为的代价减少了，也增加了群体的适合度。因此，首要行为和次要行为的基本性质是不一样的，它们所付出代价的目的也不一样。索伯认为在人类社会中所出现的奖惩行为对群体选择以及利他行为的发展来说是一股很重要的力量。人类社会行为得到奖励会使首要行为付出较少的代价，得到惩罚会在一定程度上保护首要行为，从而使群体选择更好地发展，有利于提高群体内部个体的适合度。[①] 如果个体的适合度方向与群体一致，那么此时群体选择就会发挥作用。索伯对人类的奖惩行为评价道，"在缺乏相关奖惩制度的情况下，利他行为首要行为的代价很高，而次要行为的代价相对较低，因此，利他主义次要行为的族群结构对群体选择有相对较低的偏爱。然而，从进化论的观点看，微小的代价是不会改变行为进化的水平的。次要行为在群体选择中比首要行为更容易进化。因此它们在群体内选择时遭受较少的对抗，所以，在群体选择中仍然进化。这样，利他首要行为和次要行为的共同作用保持群体水平的适应"[②]。

次要行为促进首要行为发展的情况被称为利他主义的扩大，很多人类的群体结构对于利他性首要行为的进化是不够充分的，反而对于利他性次要行为的进化是充分的。索伯用蜜蜂的例子类比人类的行为，一些基因导致工蜂

① 参见 Guala, Francesco, "Reciprocity: Weak or strong? What punishment experiments do demonstrate", *Behavioral and Brain Sciences*, 2012, Vol. 1, pp. 1 – 15。

② Sober, Elliott & Wilson, David Sloan, *Unto Others: the Evolution and Psychology of Unselfish Behavior*, Harvard University Press, 1998, p. 145.

生产一些未受精的卵，而另一些基因则会抑制工蜂产生未受精的卵。另外，一部分不产卵的工蜂会去攻击这些卵层。由于工蜂的职责在于帮助蜂后产卵并助其子女生长，所以抑制工蜂产生未受精卵的行为就是利他主义行为，也是索伯所谓"利他主义首要行为"，而不产卵工蜂攻击产卵工蜂的行为是"利他主义次要行为"。虽然蜂群的结构对于利他主义行为的进化发展是不充分的，但是抑制产卵的基因和一些工蜂的攻击行为之间的相互配合对于其发展是充分的。因此，通过奖励或惩罚的措施能帮助利他主义首要行为的进化和发展。

二　群体选择和文化进化

（一）社会规则与文化进化

20 世纪 80 年代，美国生物学家爱德华·威尔逊认为利他主义在一定程度上是由文化进化所主导。他区分了遗传进化和文化进化过程，遗传进化是指代与代之间基因频率的变动，它是达尔文式的进化发展，较为缓慢；文化进化是后代对前人的文化继承，并不是基因层面的，它是拉马克式的进化发展，是后天形成的特征。在威尔逊看来，社会进化介于生物进化和文化进化之间，二者相互联系，相互发展，在此基础上，他提出了基因与文化协同进化的理论。"生物进化与文化演进之间的联系是一个当代科学中至今没有然而并非不能解决的课题。由于在认识论前提和各自知识领域所持目标之间的基础性差别，许多哲学家和科学家仍然认为在生物学和社会科学之间将永远存在着一条断裂带；而我们则把它看作某种巨大的、未知的进化过程：这是一种十分复杂而又颇具魅力的相互作用，其中，文化是由生物学上需要而产生和形成的；同时，生物学特征又因对文化历史作出反的遗传进化而得以改变。我们已经建议这个过程可以称之为基因文化协同进化。"①

在索伯看来，在人类大多数的社会群体发展过程中已经出现了两次合作的重大转变，从而对合作的起源和稳定性构成了两大难点。第一个是从大猿社会生活转向合作的生活；第二个是过渡到复杂的等级社会，它具备社会契

---

① Lumsden, C. J. & Wilson, E. O., "Precis of Genes, Mind and Culture", *Behavioral & Brain seienees*, 1982, Vol. 1, No. 5, pp. 1 – 7.

约的稳定性。这些过渡中的第一个至少在最初是由个人优势驱动的，最初通过共同互动，然后通过利他主义来为个人寻求帮助。由社会群体的利益冲突驱动的群体选择可能是第二次过渡的核心。[①] 其中群体选择中文化的进化是由社会规则所主导的，社会规则决定了行为的可接受度。自然选择中的首要元素就是表现型差异，在群体层面和个体层面，基因之间的差异就能引起很大的表现型差异。在人类社会中同样适用，但是这种表现型差异也不全是由基因造成，我们也要关注文化进化的力量，关注文化进化对人类表现型性状的影响。自然选择的第二个元素是遗传性变异，通过定义发现群体间文化的不同并不是遗传的，但是这种定义过于狭窄。因为遗传意味着父母和后代的相似性，新的个体必须和产生它的老的个体相似，新的群体必须和产生它的老的群体相似，但是人类行为从未在遗传方面保持一致，一个新的社会行为可以在短时间内被社会群体中的个体所实践。不过在文化传播过程中，遗传性可以通过群体选择发挥它相当大的作用。一个社会群体可以保持它整体行为的独特性，尽管每个成员都在持续变化中。同时，群体适合度很小的不同就足够引起一个行为取代另一个行为。因此，索伯又从表现型变异、性状的遗传和适合度的角度说明了群体层面的人类行为的进化比简单的基因层面更具指导性。

人类社会群体不会在基因层面保持一致，但是人类行为却可以保持一致，尤其是当人类行为被社会规则约束时。很明显，社会规则可以加强群体内部个体行为的一致性，因此，降低了群体内部自然选择的潜力。社会规则可以促进群体间表现型差异的稳定性和遗传的可能性。人类社会的互动可以保持多层级进化的稳定性和多元平衡，许多群体都拥有很多社会标准，这些社会标准所制定的惩罚压制社会行为相关的损耗。在已经稳定的社会行为中，群体选择可以顺畅地进行，自然选择就可以在稳定均衡的群体中发展。由此，索伯总结到，人类在社会规则所指导的文化中进化发展，个体的突变使个体在功能上发生改变，那么群体水平的变异也会使其在群体层面进化发展。

---

① 参见 Sterelny, Kim, "Cooperation, Culture and Conflict", *British Journal for the Philosophy of Science*, 2016, Vol. 1, pp. 31 – 58。

（二）群体选择与文化多样性

威尔逊发现了人类社会由自由意志所控制的精神在不同的群体中创造了多种多样的文化，其中很多行为超出了进化理论的解释范围。他试图在生物进化和文化多样性之间找一个桥梁，使之共同前进。关于文化是生物学进化之扩展的想法，是通过行为学研究得到论证的。在某些动物群里，也发现了文化的征兆，因为它们并不是通过遗传的途径传递信息。灵长目动物学家德瓦尔不认为人的文化与动物的文化有明显的区别，野生黑猩猩会把干果的硬壳敲破吃果仁，还会掏白蚁吃，为此它们还会使用工具，这本身就是一种文化的成就。索伯认为文化的多样性在群体选择的层面上是适应的，群体选择在文化进化中是一股强大的推动力量，但不是唯一的推动力。群体层面的适应性行为可以通过一系列的社会性规则主导产生，个体层面的进化可以帮助理解这一观点。

索伯假设了一个果蝇翅膀长度进化的例子，假设有 10 个果蝇的群体，其中只有拥有最长的翅膀的个体才可以用来繁殖下一代，在很多代的繁衍之后，"长翅膀"这一性状就在 10 个群体中进化发展，每一个群体中都有了"长翅膀"的基因和进化机制。这个选择过程由于是人为的，不是制造长翅膀的直接的进化机制。索伯认为群体只是在性状上保持一致，而不是在这一性状的进化机制上保持一致。因此，如果在人类的进化中用同样的方式引起文化特征的多样性，可以说明群体选择可以成为人类进化的单位，但并不是唯一，使文化特征多种多样的原因可能很多。索伯认为，群体选择更多的是关注自然选择的结果而不是过程，但是在人类社会互动中产生机制比行为本身更加多样。

第四节　评析索伯的群体选择理论

一　索伯群体选择思想的优越性

索伯的群体选择思想将性状群体作为自然选择的单位，同时认为群体选择是自然选择过程中一种很重要的进化发展的力量。他提出了多层级的群体选择思想，认为自然选择过程中存在着不同的层级，即生存竞争可以发生在不同的基因之间、不同的个体之间或者不同的群体之间，不同层级的力的方向可能不同，在低层级适应的生物体可能在高层级并不适应，最终被淘汰，而生存下来的生物体不仅在低层级可以适应，也能适应更高层级，索伯同时创造性地区分了群体内的自然选择和群体间的自然选择，二者的同时进行能够达成生物界的平衡发展。因此，索伯的群体思想为解决利他问题提供了全新的解释方法，他从生物学的角度出发，采用哲学分析和思辨的方法来解释自然选择的单位问题，从逻辑的角度对他的利他主义模型进行理性的分析，同时在方法论上积极倡导多元主义，涉及了自然选择问题的很多争论。

与索伯的多层级群体选择思想相对比，基因选择理论并不全面，具有一定的局限性。正如基因选择理论的支持者所争论的，在多层级的群体选择中，群体选择和个体选择的力的方向可能不一致，会发生冲突，个体选择和基因选择的力的方向也可能不一致。但是不同的层级之间发生的利益冲突并不影响自然选择的结果。同时，基因选择理论认为自然选择的过程都是存在于基因的层次，自然选择的单位是基因，基因的持久性使它排除了个体选择和群体选择的可能性。但是，索伯认为基因的持久性并不影响群体选择，也不能作为排除个体选择和群体选择的原因存在。索伯的群体选择思想接受基因决定了个体是利他个体还是利己个体，但是在生物体的表现型性状方面，索伯认为它不仅受基因的影响，还受生物所在的环境的影响。同时，基因层级的选择优势可能会引起生物个体层次的演化优势，对于这种较为复杂的过程需要引入多层级的选择模型。个体选择理论可以解释一定的利他行为，群体选择也被解释为自然选择过程中的特殊情况。但是，多层级的群体选择思想兼容性更强，它是高层次的单位用来抑制其组成部分在低层次上竞争和冲突的最基本的手段。基因选择理论和个体选择理论只记录了演化发展的结果，而忽视演化的因果过程。同时，个体选择和基因选择并没有将不同层级之间的互动关系表述清楚。因此，从与基因选择理论和个体选择理论的对比来看，索伯多层级的群体选择思想更具优越性。

达尔文的演化论给出了生物体从简单结构到复杂结构的发展图景，只有深入研究这些发展过程，才能给自然选择单位问题一个满意的解决方案。而索伯的群体选择思想是建立在历时性结构下的理论，基因选择理论和个体选择理论都是将已经存在的实体当作自然选择的单位来研究，即群体中和群体间的自然选择同时进行，利他行为不仅存在于群体之间，也存在于一个群体内部，群体内部的个体之间的选择会有利于利己主义个体，但利己主义个体无法将群体中的利他主义个体剔除，因为，当利己主义个体在种群中占多数时，少部分利他主义个体所组成的群体会比利己主义个体占主导的群体拥有更高的适应度。这是一个产生生物组织的新层次的过程，在此过程中，产生了具有适合度变异的新实体，这些新实体可能产生新的选择单位。这个过程完成了从低层级到高层级的跃迁，用发展的视角来说明遗传和演化视角。

二 学界对索伯的群体选择思想的批判及回应

（一）学界对索伯的群体选择思想的批判

在对索伯的群体选择思想进行批判中，其中最为突出的是英国的演化生物学家、遗传学家梅纳德·史密斯（Maynard Smith）和美国的生物学家基尔（Benjamin Kerr）以及戈弗雷－史密斯（Godfrey-Smith）。

梅纳德·史密斯认为性状群体只不过是个体选择的选择环境，他质疑索伯的多层级群体选择思想中的自然选择过程，即不同的性状群体引发不同繁殖率的过程，是否真的作用于群体层面上。他的观点是性状群体只不过是能够决定个体命运的选择环境中的一个组成部分，真正的选择单位仍然是个体，群体在自然选择过程中的作用是作为环境的一部分影响了个体的适合度，他认为群体选择并没有满足遗传的要求，并没有将相似的性状遗传给子代群体，所以尽管群体参与自然选择的过程，群体并不作为自然单位而存在。梅纳德·史密斯同样用蚂蚁的例子作为例证，他认为蚂蚁看起来可以用索伯多层级的群体理论来解释，即一窝蚂蚁可以看成是一个群体，群体内部的成员在自然选择的过程中进行分工合作，成员之间相互联系，从而拥有相同的繁殖命运。但与之不同的是，梅纳德·史密斯认为蚂蚁的繁殖命运也可以用个体选择的理论来说明，蚂蚁群体中的工蚁具备一定的利他主义性状，其中筑巢、寻找食物和照顾幼虫和蚁后等性状在自然选择中较为突出。在自然选择过程中，如果只有一个工蚁自己做出以上的利他行为，那么这种利他行为就不利于它的进化发展，适合度就会低于其他蚂蚁，但是，如果这个群体中有一部分工蚁都做出相应的利他行为，那么这个工蚁的适合度就会提高。实际上，与它的基因结构相似的其他工蚁的确倾向于做出类似的行为。梅纳德·史密斯并不把工蚁的这种性状看成自然选择作用于群体的结果，而看成作用于个体的结果，即具有如此性状的个体比不具有如此性状的个体拥有更高的适合度。他认为这种适合度的变化是源于工蚁进化发展过程中环境的变化，其中一个重要因素就是蚂蚁群体内部的结构，如此行为的工蚁群体之所以具有比如此行为的个体拥有更高的适合度，正是因为蚂蚁种群中出现了分工集群，而这些集群由基因结构相似的亲属们组成。也就是说，这些集群是选择环境中的一个关键性特征。因此，梅纳德·史密斯认为群体只不过是个体在进化发展中选择环境的一部分，虽然会影响个体的进化发展，但是自然选择的单位还是个体，他认为索伯的群体选择思想并不能解释所有层级的自然选择过程。

　　美国的生物学家基尔和戈弗雷-史密斯认为索伯的群体选择在数学上与个体选择是等价的，因此，索伯的群体选择可以还原为个体选择。他们强调了在自然选择过程中群体结构的重要性，他们认为群体结构中不同的适合度可以用不同的方式表现，在种群中不同群体的分布情况对自然选择的结果影响很大。在一个动态的系统中，必须要弄清楚群体是如何形成的，才能确定在自然选择过程中是哪个层级在起作用。他们用数学框架描述利他主义、个体选择、群体选择以及多元主义等自然选择过程中有争论的问题，并指出群体选择的数学模型依赖于两组参数：一组来自个体的适合度值，可被称为"环境参数"（contextual parameterization）；另一组来自个体和群体的适合度值，可被称为"多层次参数"（multilevel parameterization）。[①] 这两组参数在数学上是等值的，其中任何一个参数值都可以从另一组参数中推出。他们认为个体选择的理论可以帮助理解利他主义的进化。基尔和戈弗雷-史密斯同样也将群体当作个体选择的演化环境，他们反对多元主义。基尔和戈弗雷-史密斯的研究与梅纳德·史密斯的研究一起引发新的疑问：性状群体真的是互动子吗？面对这两个对性状群体选择理论的批评，一些学者选择了多元主义态度，即认为性状群体选择理论可以与个体选择理论说明同样的演化过程，而且无法判断哪一种说明更好。多元主义的态度也有着自身的困扰。怀

---

　　① 参见 Kerr, Benjamin & Godfrey-Smith, Peter, "Individualistand Multi-level Perspectives on Selection in Structured Populations", *Biology and Philosophy*, 2002, Vol. 17, pp. 477 –517。

疑者很自然地会问：如果性状群体选择和个体选择在数学表达上是等值的，但演化的因果过程却只能有一个，那么，多元主义者是否有可能确定谁是自然选择过程的最终受益者？

（二）奥卡沙对其批判的回应

面对三位生物学家的批判，英国生物哲学家奥卡沙对其批判进行了有力的回应，并提出了自己的观点。他根据索伯多层级选择模型中所关注的对象不同，将群体选择区分为两种模型。多级选择模型 1（multi-level selection1，MLS1）将个体作为关注的对象，群体是选择环境的一部分。这种模型关注的是一个群体中所有个体适合度的平均值，那么这个平均值就可以作为这个群体的适合度。在这种模型下，所有个体的平均繁殖率最高的群体就是适合度最高的群体。MLS1 说明的是群体中不同的个体的频率的变化，它的基本思想是把高层级的结构即群体看成由低层级的组成部分即个体的叠加后的结果。多级选择模型 2（multi-level selection2，MLS2）将群体作为关注的对象，个体只是群体的一部分。这种模型关注的是后代群体的预期数量，那么预期的后代数量就是这个群体的适合度。后代产生的群体数量更多的群体就是适合度最高的群体。有时，所有个体的平均繁殖率最高的群体就是后代产生的群体数量最多的群体，但这种情况是偶然发生的。MLS2 说明的是群体的频率变化。

通过以上论述证明 MLS1 和 MLS2 所关注的对象不同，逻辑结构也不同。如果要讨论一个群体中某一个个体的表现型性状的演化过程，就要用 MLS1来解释，同时也可以用所有个体的平均适合度来理解这个群体的群体适合度。如果要讨论物种的自然选择过程就要用 MLS2 来解释不同种类物种的后代群体数量。因此，奥卡沙的模型解决了梅纳德·史密斯的问题，即通过不同的模型来说明不同的关注对象，因此，梅纳德·史密斯更加关注个体，将群体看作个体选择的演化环境的情况属于 MLS1 的范畴。另外，基尔和戈弗雷-史密斯通过数学模型中的参数将群体选择还原为个体选择的观点在MLS1 中可以适用，个体的平均适合度可以看作这个群体的适合度。但在MLS2 的模型中并不适用，因为群体的适合度是后代群体的数量，并不能通过数学常数进行还原。因此，奥卡沙对自然选择单位和层次的研究做出了新颖的分析，可以回应以上生物学界的批判。

三　对索伯群体选择思想的进一步审视

（一）索伯群体选择模型的局限性

索伯的群体选择模型本身具有一定的局限性，首先他的群体选择思想是受辛普森悖论的影响而建立的一种数学模型，他在批判平均主义的谬误的基础上，提出了群体选择的条件。但是，实际上索伯也是通过调节权重来论证自然选择的模型。根据上述对辛普森例子的论证，我们发现每个院系的录取比例一致，并不能保证录取的公平性。同时，男女生偏爱的专业数量的不一致，也不能保证公平。因此，要想保证最终录取的男女生的公平程度，必须保证录取过程的公平，即每个系男女生的录取比例必须一致；在专业设置上也要保证公平，即男女生偏爱的专业数量必须保持一致。当两者都能得到满足时，才能达到真正的公平，其中一个条件不能满足，就不能保持绝对的公平。但是，当两者都不能满足时，结果会出现虚假的公平现象。北京化工大学的张涛提出了一个"反辛普森悖论"[①] 来反映这种虚假的公平，即这个"反辛普森悖论"既没有保证同一个系中男女生的录取比率的一致，而且很明显两个系的专业都是女生更加偏爱的领域，但是录取人数却相同，达到了一种虚假公平的局面。因此，通过调节男女生偏爱的专业数量和录取比率，可以达到想要的结果。而索伯正是利用这种调节群体内部成员比重的方式达到利他者适应率高于利己者适应率的结果。在群体内部，利己者的适应度可能高于利他者的适应度，且不同的群体之间利他者和利己者的比率不同，基本都不能满足达到真正公平的两个条件，但是索伯却达到了想要的结果，即自然选择的单位是群体，利他者在群体间的选择中得到发展和进化。下一代利他者的比重大于利己者的情况是一种假象，是索伯通过调节群体内部利他者和利己者的比重达到的结果，随着一代代的自然选择的进行，利他者和利己者的比重会发生变化，由于在群体内部，利己者的适合度总是比利他者高，因此，会导致利他者的比重逐渐减少，终有一天利他者可能会被淘汰。因此，索伯的群体选择的数学模型存在很大的漏洞。这种用数字来解释现实

---

① 张涛：《从对索伯－威尔逊模型的批判入手浅析利他行为进化难题》，《自然辩证法研究》2012年第12期，第112—118页。

世界的具体行为，虽然可以帮助我们更好地理解其本人的思想，但是容易走向歧途。现实世界的复杂关系单纯用符号和数字是解释不通的，它容易忽视数字符号和现实世界的关联性。现实世界并不会总是存在设计或假设好的群体结构，也不可能将公式中的每个符号和实际情况相对应。这种单纯的还原论思想在复杂的现实世界并不适用。

表17－4　　　　　　　　　　　　　反辛普森悖论示例[①]

录取部门	第一个系		第二个系		大学	
性别	女生	男生	女生	男生	女生	男生
申请人数	90	10	60	35	150	45
录取比率	P＝30%	P＝100%	P＝30%	P＝100%	P＝30%	P＝100%
录取人数	27	10	18	35	45	45

其次，索伯的多层级选择模型并不能解释很多争论，比如各个层次的自然选择与群体选择的关系、高层次的选择是否能还原为低层次的选择等。奥卡沙认为，这些问题的争论起源于理论家们不能区分经验层面上的基因选择和在方法论层面的基因视角下的演化。基因层面上的演化是指一个生物体中的基因在自然选择中所经历的因果过程，基因是一个独立的选择层次；而基因视角下的演化则不同，自然选择可以发生在不同的层次，但要关注在选择过程中基因层次和不同层次之间所建立的联系，基因层次也可以影响生物体个体和群体的演化。奥卡沙认为这些问题都起源于对群体选择两个条件的不同理解造成的。一个是群体选择必须有群体适合度的变异，另一个是群体对个体适合度的影响。奥卡沙认为必须同时满足两个条件，否则任何群体的适合度都可能跨层次，他认为高层次的自然选择是不能还原为低层次的自然选择。威姆萨特对自然选择单位的解释证实了奥卡沙的观点，"选择单位是这样的实体，与它同层次的实体中存在着适合度的可遗传的、背景独立的变异，而这又不表现为任何较低组成层次的可遗传的背景

①　张涛：《从对索伯－威尔逊模型的批判入手浅析利他行为进化难题》，《自然辩证法研究》2012年第12期，第112—118页。

独立的适合度变异"①。背景独立的适合度变异是指在一定层次上独立发生，与其他层次的适合度并没有关系的适合度差异。背景独立可以用适合度的加和性（additivity）来表示，适合度的加和性是指某一层次的适合度可以用另一层次的适合度的函数形式来表达。厘清背景独立和适合度的加和性的不同，为理解高层次的选择是否还原为低层次的选择提供了一定的方向。奥卡沙认为对高层次的选择不能还原为低层次的选择可以理解为适合度不是完全加和的。他对这些问题的讨论说明了多层级自然选择的复杂性，为了更好地理解各个层次的自然选择，奥卡沙借用背景分析法对某一层次的"直接选择"（direct selection）和"跨层次的副产品"（cross-level byproduct）两种情况进行区分。直接选择指的是该层次的性状与适合度存在着因果关联而产生两者之间的变化，即如果相关的性状值增加则相应的适合度也增加。跨层次的副产品指的是某一层次上的性状与适合度的变化并不是该层次的因果关联产生的，而是其他层次上直接选择的副产品。这种方法是把群体的性状看成是群体中个体的背景性状。例如，一群鹿的平均奔跑速度被理解成鹿群中每个鹿的背景性状。这群鹿中每只鹿都有两种性状，一个是个体性状，另一个是群体的平均性状。这两个性状共同决定了个体的适合度。

最后，索伯的群体选择模型虽然描述了利他主义行为进化的过程，但是这个过程需要一定的条件限制。这些条件是索伯群体选择思想的必要条件，如果没有这些条件限制，在索伯看来，利他主义行为将不会进化。经过以上论述可知，索伯的群体选择思想要求群体之间必须是相互独立的，且群体内部的后代必须要和群体外部的个体相互混合。同时，索伯认为群体选择是群体内部自然选择和群体外部的自然选择同时进行。但是这样的结论是矛盾的，群体内部的后代必须和群体外部的个体相互混合，那么也就意味着终有一天所有的个体将会组成一个大的整体，此时，自然选择只在群体内部进行，此时利他主义将被利己主义取代。因此，群体选择发展到一定程度后，将不存在群体间选择，且利他主义也不能得以存在和进化。要使索伯群体选择思想始终存在，就要规定群体中的后代和其他群体的融合是有一定界限

①　Wimsatt, William C., "Randomness and Perceived-Randomness in Evolutionary Biology", *Synthese*, Vol. 2, No. 43, pp. 287 – 329.

的，不能超过这个界限才能使所有个体不融合为一个大整体。所以，索伯群体选择思想不仅规定了一定的条件，受一定条件的限制，同时这些限制条件也存在一定的漏洞。

（二）遗传进化与文化进化的矛盾

在谈及利他主义进化模型时，索伯从生物学的角度分析人的行为，认为人的行为是遗传性状而来的，他忽视文化选择的过程。我们在自然选择过程中被遗传规律所决定，索伯认为我们的伦理道德也是由遗传所决定，也就是说人类的道德是遗传进化而来的，他忽视了周围的演化环境对道德的影响，例如社会的文化环境、人类的传统习俗等因素。虽然人类的性状是由遗传所决定，从基因到个体再到群体，从基因型性状到表现型性状，接着发展成人的行为，再到人类之间的相互交往和相互影响，最后到文化的发展，这是一个不断攀升的过程，不同的层级有不同的自然选择的过程，并且人类的道德也的确是演化发展而来的，但是，它依然受社会文化发展的影响。因为人类具有主观能动性，可以在一定程度上改变自然，从而影响自然选择。因此，社会文化环境渐渐地参与到自然选择之中，人类的进化开始沿着遗传进化和文化进化同时进行的道路发展，人类的利他行为也是由遗传和环境两种因素同时决定的，人类除了受遗传的影响，还受文化的影响，因为人类既要生活在自然界中，还要适应社会关系的复杂性。人类的利他行为不但是自然界的产物，更是社会交往的产物。因此，索伯的群体选择思想忽视了社会文化环境的影响。

那么什么是文化进化？文化进化中的文化选择与自然选择又有什么区别？文化进化也可以表现出变异、遗传和相互竞争等特征，它是指影响个体后代数量的文化变异体进行的文化选择。文化选择是一个进化的过程，在这个过程中，群体中文化的变异可以使一些适合度更高的文化特性被更多的个体所适应。"在人类进化过程中，父母和他们的后代通常会表现出观念上的相似性。特定的文化群体的成员的相似性表现更为明显。这样看来，群体的观念特征也能长时间的保存，以至于后代的文化特性与祖代的文化特性相似。"① 个体的文化特性就是文化选择的对象，当个体基于观念的行为取代

---

① Pagel, M. & Mace, "The Cultural Wealth of Nations", *Nature*, 2004, Vol. 428, pp. 275 – 278.

另一个基于观念的行为时，基于观念的文化选择就发生了。文化选择有点类似于生物学意义上的自然选择，文化选择的进化并不是生物学上的祖辈与后辈之间的遗传进化，而是像学习者和被学习者之间的关系。不同的个体都可以在社会实践中进行社会学习进而形成不同的文化特性，文化特性可以垂直地进行前后代的传播，也可以隔代传播，同时也可以同代间进行传播。这说明后代数量的增加是文化特性频率提高的一种途径，但不是唯一的。文化进化不仅要求有文化遗传，还要求有不同的变异以及为变异所提供的同一资源间所存在的相互竞争。在孟德尔的群体中，相同的基因位点的不同等位基因之间会存在竞争。不同的是，文化进化中的变异和竞争有狭义和广义两种含义。从狭义上看，文化变异的竞争出现在一些特定的社会领域和功能，比如宗教信仰、饮食偏好和购买偏好等。从广义上看，按照道金斯的观点，所有文化进化中的选择是为了争夺有限的生存资源而对人类的行为等产生影响导致的竞争关系。今天关于利他主义的重大讨论，特别是在社会生物学领域，主要讨论利他主义是一种有利于社会效益的行为。这种利他主义是一种自我表现的现象，几乎被忽视。① 因此，索伯的群体选择忽视了文化进化的力量，群体中的变化往往由多种因素所驱动，而且这些因素常常作为一个整体对群体产生一定的影响。

第五节 结语

利他主义是否与如何进化已经得到进化论生物学家的热切关注，纵观群体选择的发展历史，不难发现群体选择思想经历了兴起、衰败、新生。最初，由于与新达尔文主义不相符，群体选择思想并没有得到生物学家的支持。20 世纪 80 年代以后，生物学哲学家对群体选择思想产生了全新的看法，使群体选择思想得以新生。我们认为，群体选择思想已经成为研究利他行为绕不开的问题。

受多元主义思潮的影响，索伯对群体选择理论进行再度审视发现，他认

---

① 参见 Menon，Sangeetha，"Basics of Spiritual Altruism"，*Journal of Transpersonal Psychology*，2007，Vol. 2，No. 39，pp. 137 – 152。

为无论是亲缘选择理论还是互惠利他理论和自私基因理论都可以看成是性状群体选择的特例，而不是群体选择的对手，个体与群体并不是二元对立的矛盾，而是从不同的视角对利他主义的进化给予了解释，他提出的多层级选择理论使群体选择理论和个体选择理论、基因选择理论被统一到了新的理论框架之下，成为相互补充、相互联系的力量。这种新范式的提出可以解释动物行为的许多方面，同时极大地发展了达尔文的自然选择学说，丰富了生物学理论。通过上述对索伯群体选择思想的分析，不难看出，索伯的群体选择思想较之于之前的解决利他问题的理论有更强的合理性，从个体选择、群体选择与基因选择之争走向多元主义，索伯的群体选择思想可以解释动物间更多的利他行为，为我们提供了新的角度去解决利他主义，解决个体特征和群体特征的相互关系问题，解决群体选择论和广义的个体论之间的关系，也从群体水平的视角为生物进化提供坚实的基础。然而，本研究认为索伯的利他主义模型自身存在矛盾，且受很多条件的限制。同时，这种群体选择思想以进化论为出发点，来解释道德的根源、性质和功能，忽视了社会文化环境和习俗对于人类道德的影响。因此，需要为解决自然选择的单位问题提供更加合理的解释。

总之，多层级也意味着我们在考察生物利他行为的进化时，我们不能仅仅立足于个体或者基因来分析，不能靠一元主义去解决问题，而是走多元主义的路线。但是，索伯的群体选择思想也有一定的局限性。目前对自然选择的认识所达到的水平还有待提高，可以说在一定程度上受到科学发展的影响，随着科学进一步走向精确化，对选择单位问题的认识也会逐步深入。

第 十 八 章

进化偶然性论题研究

第一节　问题的提出

达尔文主义认为自然选择是进化的根本动力，物种演进是通过渐进累积的方式进行的。但是，达尔文并没有清晰地认识物种宏观演进下的具体态势，种属的间断态势在达尔文的理论解释中是模糊的甚至空白的。因此，进化趋势问题一直以来在学界争论不休。偶然因素对进化趋势的影响究竟如何？进化有无方向性？诸如此类的问题是当前进化生物学以及生物学哲学关注的焦点。对于此类问题的解释和探究，有助于深入理解生物界的演进态势，了解环境等因素在物种进化过程中的作用，把握宏观因素对物种进程的影响，进一步反思进化趋向性问题。

对传统达尔文主义者而言，进化即在自然选择下呈现的线性累积，具有稳定的态势和方向性。但是，基于近年来对古生物学、发育生物学等领域的关注，不同的解释模型所呈现的进化趋向不一。而且，基于现实复杂的生物环境，进化方向和趋势会呈现更加复杂的态势。现代综合进化论对生物进化的多层次分析亦表明生物进化的纷繁复杂，受环境、发育限制等多因素影响的演化过程不能简单定义为单一的累积进化。因此，研究古尔德进化偶然性思想有着重要的哲学意义，对古尔德偶然进化理论的分析可以为我们提供多元的视角去探索进化的内在状态与趋向。古尔德偶然进化理论主要体现在其"间断平衡理论"中。古尔德强调进化是长期的稳定和短暂的巨变交替的过程，这在一定程度上可以看作对进化历史中断的解释。但是环境大事件对进化的影响也不尽然是非决定性的，偶然性进化思想存在理论不足之处。古尔德在一定程度上为我们进一步认识物种进化提供了多元视角和思路，促进学者从更多角度完善进化论，将渐进适应主义与微观偶然进化相结合，并充分考虑复杂环境在进化中的影响，尤其是环境、发育和进化之间的联结。这样更加有利于深化我们对进化问题的认识，以便给出进化史中个案的解释，并推动整个生物学哲学研究的深化。

当然，对进化现象的分析不能仅从一种影响因子出发，这样会使理论缺乏根基和说服力。古尔德偶然性论题的提出在某种程度上拓宽了人们对进化论题讨论的视角，是现代综合进化论探索阶段的一次大胆尝试，对国内外的进化趋向与路径的探析有重要的理论价值和启发意义。通过对古尔德进化偶然性论题的研究，可以此为基点推动相关领域的生物学哲学思想的碰撞，是探析进化本质的良好契机。鉴于国内外对古尔德进化偶然性论题的研究还比较匮乏，本研究将详尽深刻地阐释和评析古尔德进化偶然性论题，结合最新的生物学哲学和进化生物学的理论观点，呈现独到的文本体系，从而推进国内外学者进一步探究进化生物学的发展近况。

本部分的研究共分为四个部分。第二节概览介绍古尔德进化偶然性论题产生的背景。古尔德进化偶然性论题是基于古生物学研究萌发的，进化偶然性论题是继达尔文适应积累主义等在内的线性进化观后发展起来的观点。《物种起源》的问世标志着达尔文主义的诞生，自此，自然选择被认为是进化的主要推动力量，变异是进化的前提条件。但是，古生物学、分子生物学等相关领域的发展促使人们对进化的机制问题进行更深入的反思：进化是适应下适合度累积的结果吗？生物进化史实呈现物种进化在地质时期的断裂，在达尔文主义那里却呈现无法解释的空白。那么物种进化是否如达尔文言说的"物竞天择，适者生存"？进化存在规律和必然性吗？在达尔文主义适应累积模式下，对化石记录中短缺的微瞬作何解释？此小节将会综述偶然性进化论题的来龙去脉，并引出古尔德对偶然性论题的论证。

第三节将详细介绍古尔德进化偶然性论题的提出及其主要内容和论证依据。关于进化模式的讨论众说纷纭，现代综合进化论更是依托新时期的研究给出诸多详尽的阐释。古尔德借助古生物学的发现提出"间断平衡"理论，一反之前达尔文言说的物种在累积中渐进适应的观点。他指出物种是在"间断平衡"下产生和发育的；根据布尔吉斯页岩所表现的寒武纪大爆发后物种的骤然变化，他提出"重播生命进化磁带"的思想实验，认为生命产生出于偶然，并且批判适应主义者对进化理解的偏颇。古尔德以思想实验"重播生命进化的磁带"来论证生命进化的产生基于偶然，每一次的环境大爆发都会呈现不同以往的生物进化图景。他运用逻辑论证的同时还引证大量的生物进化史实，对偶然性论题进行分析和阐释。此部分在讨论古尔德进化偶然性思想时，旨在对古尔德偶然性论题进行全方位的呈现，从而更加全面地推进对进化模式的探究。

　　第四节将阐述古尔德进化偶然性论题引发的争论。基于古尔德进化论题本身的理论片面性和其论证的不全面性以及对进化模式理解的偏颇，相关生物学哲学家给予不同程度的分析和批判。本研究将概览性地从四类有代表性的角度，展开对进化偶然性论题的讨论和回应，进而深刻反观进化偶然性论题的不足。不能直接从偶然性进化因素角度，认为进化就是呈现偶然的趋向，古尔德的思想实验并未能还原或逼近自然界复杂的进化系统，故而所得出的结论也有失偏颇，长期的进化历程所呈现的仍然是自然选择基础上的物种适应渐进态势，只是基于环境的复杂性，需要更细微的研究，以发现进化系统的多向网格关系。

　　最后一部分，也是基于古尔德进化偶然性论题和各种讨论内容的深化部分，将对偶然性进化论题进行详细的评析。首先，会对古尔德进化偶然性论题的启发意义进行概述，该论题为现代综合进化论的研究提供新的视角，让学者们开始更多关注宏观因子对进化路径的影响，并且注意到环境对物种的影响是复杂而深刻的。其次从四个层次深入剖析进化模式需要考量的问题，分别是：不同层次的偶然性与概率事件对进化的影响，进化中发育限制对个体及系统发育的作用，突变的非随机性和物种进化的适应性，最后引出进化是处在环境、发育在内的三大类因子互动关联的关系网中。

　　关于进化的模式的讨论目前仍然有很多需要深究的问题。鉴于内外因素的限制，及相关学科发展的程度、社会因素、认知因素等，对关于进化模式的把握有很大的发掘空间。我们需要进一步加强对物种演化路径的关注，比如从生物进化史角度更加真实地呈现物种演化模式，抑或依靠更多实验研究和发现等，寻求更加完善的理论，以明晰进化的本质、深入对进化模式的认知。

第二节　进化偶然性思想产生的背景

自然选择理论是达尔文进化论的核心内容。自《物种起源》之后，人们大多将进化看作线性路径的适应累积现象。但是基于环境的复杂多变，物种并未绝对呈现出达尔文所勾勒的图景。面对进化趋向问题，生物学哲学家们一直争论不休。为解释进化史中的非达尔文现象，学界曾有直生论、中性论等讨论，但皆因理论自身的片面性而弱化。古尔德于 20 世纪 70 年代提出进化偶然性论题，试图填补达尔文进化论的缺口。与此同时，其观点也遭受诸多批判，如道金斯适应主义、莫里斯（Simon Morris）趋同进化等，都从不同程度上给予偶然进化以批判。在对古尔德进化偶然性思想进行综合分析之前，有必要对适应主义难题及进化驱动问题的相关争论进行简要概述，从而为更好展开下面的讨论提供铺垫。

一　进化偶然性问题的产生

（一）进化偶然性问题的起源及其生物学基础

达尔文将自然选择看作进化的核心动力。根据达尔文对进化模式和速率的描述：

> 他所呈现的"种系渐变论"的图景是：
> 新物种的形成是源于祖先居群转变而成其种群的后裔的结果；
> 这种转变是缓慢的、均匀的；
> 这种转变涉及个体范围很大，通常可能是整个祖先居群；
> 这种转变发生在祖先居群的大部分甚至整个地理范围内。[①]

根据达尔文的种系渐变论，新种的形成是缓慢而连续的，那么，这种发

[①] Eldredge, N. & Gould, S. J., *Punctuated Equilibria: an Alternative to Phyletic Gradualism. Models and in Paleobiology*, Freeman, Cooper & Company, 1971, p. 89.

生模式和速率呈现在古生物学中将是规律的图景，这样的成种结果在化石记录上将是分级细微且连续的过程。根据物种类型和化石记录可以将祖先和后裔联结起来，如果出现中断，则归于化石记录的不完整。

基于达尔文进化论的影响，人们对进化的认知存在先验的纰漏，古尔德等学者认为不应该忽略化石记录的短缺，进化的中断应该存在更为值得研讨的影响因子。鉴于其古生物学研究，古尔德从化石记录中发现地质时期的环境大事件对进化产生的重大影响，这也是促进后来进化偶然性论题提出的重要原因。

（二）进化偶然性的内涵及其哲学基础

本研究中所谈及的"偶然性"即一般意义上的偶然性。古尔德指出偶然的环境大事件导致物种宏观演化方向的急剧变化，诸如此类的非达尔文式的物种适应累积进化就是偶然性的。在达尔文主义者看来，放诸偶然进化中，偶然性则因物种进化的复杂系统而关涉更多层面的内涵。首先"偶然性进化结果的产生是自然选择引发的偶然变异的产物；除此，自然选择会导致偶然分异，这种情况的出现可能是在同源谱系中，也可能是不同谱系中，其进化结果依赖于何种变异产生以及发生序列"[1]。这种偶然性即自然选择基于不同条件发生作用的结果差异性。早在达尔文进化理论提出之际，他就对偶然性有所讨论，物种在进化中涉及多层次的突变，不同程度的偶然变异加上环境的筛选，最终适者留存。在变异程度上，物种存在突变的必然性；在适者选择上，又存在很大程度的偶然性。当然，这一时期对进化的偶然性问题讨论稍显弱化，更多关注的还是物种渐进缓慢的演化，认为皆是在自然选择作用下的结果。

随着生物学哲学领域研究的加深，更多学者考虑到仅仅依靠自然选择理论无法解释复杂的进化，于是开始关注不同层次的进化现象。自然选择的作用固然存在，但是其他力量的参与在多大程度上影响进化现象？进化的模式和速率问题是缓慢和渐进的吗？进化有无方向？进化是必然适应性的吗？诸如此类的疑问，促使学者们重新思考环境与进化、发育和进化之间的关系。

---

① Beatty, J., "Chance Variation: Darwin on Orchids", *Philosophy of Science*, 2006, Vol. 73, pp. 629－641.

二　进化模式的争论

达尔文主义的物种进化模式主要是适应主义下的累积渐进。在探索物种演化动力时，达尔文依托大量生物进化史实，阐释以自然选择理论为核心的进化机制是基于个体选择渐进展开。此后，物种通过自然选择而进化的思想被广泛接受，然而在自然选择是不是进化的唯一动力问题上存在很大争议，由此展开的生命进化模式及速率问题的争议。实际上，在《物种起源》中达尔文并未清楚地解释生命产生及进化是怎样连续的自然选择过程。

一直以来，对进化思想的分析主要有线性与非线性两种路径。线性进化模式具体包括"适应论"或渐变论、"直生论"、"中性论"三种，此三种进化论点皆视物种演化有一定的方向性和累积性。非线性进化模式主要有"灾变论"和"间断平衡理论"两种，这两类演化模式的争论焦点主要集中在物种演化的趋向性和适应性问题上。

（一）线性进化模式的发展

第一是适应论。适应论认为，物种演进呈渐进态势，在环境中的适应生存是进化史中的重要环节。达尔文提出适者生存之初，物种的变异进化过程即在环境作用下适应度增加的结果。在适应论看来，适应度的大小直接影响物种的多样性和种群密度。物种在环境诱导下会趋近更适应，进化更多是适应性增加的结果。物种演变是在不同因子下的适应累积，这是一种必然的线性路径。然而这种具有稳定方向性的进化模式在之后的讨论中遭受很大质疑，主要的原因是，这种进化模式未能很好地解释进化史上化石记录的空缺。反观化石记录所呈现的进化间断，部分古生物学家认为这种进化模式存在缺陷。

第二是直生论。直生论一词由德国动物学家哈克（Johann Wilhelm Haacke）于1893年创设，埃默尔（Gustay Heinrich Theodor Eimer）将其定义为"进化向既定的方向发展的一般规律，特别是一些特化的类群中"[1]。直生论认为生物受到内部力量的影响而朝向既定方向演化，物种进化不受自然选择力量的驱动，是一种直线式的发展，进化与环境无直接关系，主要包括

---

[1]　谢平：《进化理论之审读与重塑》，科学出版社2016年版，第61—69页。

进步方向、退化方向以及创新方向的极限进化，这种必然的直线演化模式多用于解释物种走向演化的绝境而后遭遇灭绝的情况。但是多数直生论者都无法解释为何会发生这种定向演化趋势。这种既定的演化在一定程度上弥补了适应主义无法充分言说的物种灭亡现象，如爱尔兰麋鹿，但是其驱动力量却没有被给予准确的定义和说明，并且理论本身有很大的适用局限性。显然，并非所有的物种演化都遵循这种必然的线性进化模型。

第三是中性论。1968 年日本进化生物学家和遗传学家木村资生（Kimu-ra Motoo）提出了"分子进化的中性理论"（neutral theory of molecular evoluc-tion）。中性论认为，"分子水平上的大部分突变并没有被自然选择淘汰（即自然选择对它们呈中性），群体中的中性等位基因是通过突变的随机漂变的平而固定的，其保存下来是随机（而非受到选择作用）的结果。木村资生认为他的中性理论包括两条根据：群体遗传学的随机理论和分子遗传学"①。这种情况下 DNA 的中性突变不影响生物内部变异，对物种的生存无利害相关。"木村资生的中性学说断言，由蛋白质和 DNA 序列的比较研究所揭示的分子水平上的大多数进化变异，并非是由自然选择，而是由选择中性的或近于中性的突变——随机漂变造成的，这个学说并不否定自然选择在决定适应进化的进程中的作用，但认为进化中的 DNA 变异只有很小一部分在本质上是适应的，而大多数是表型上缄默的分子代换，对生存和繁衍不发生影响，而是在物种中随机漂变。"② 虽然这种进化理论对自然选择和适应作用有所削弱，但基本上也是一种渐进变异学说。理论并没有涉及宏观环境对物种大规模变化的影响层面，在解释物种演化中也存在很大的局限性。

（二）非线性进化理论的兴起

非线性进化模式主要有"灾变论"和"间断平衡理论"两种。达尔文学说、中性论都将物种演化看作一种连续的渐进过程，但是这些学说面对生物演化中的大事件和化石记录中的空缺都无法给出合适的解释。生物演进史上的"寒武纪大爆发"和"白垩纪大绝灭"造成的物种集群灭绝，使生物种类出现突然增多或减少，对应的化石记录显示物种演化并不是持续缓慢、

---

① 谢平：《进化理论之审读与重塑》，科学出版社 2016 年版，第 68 页。
② 谢平：《进化理论之审读与重塑》，科学出版社 2016 年版，第 69 页。

渐进和直线上升态势，达尔文学说和中性论等都无法解释这些演化中的骤然变化。由此，逐渐衍生出灾变论、间断平衡理论等学说，它们强调物种演化过程中骤变、间断的作用，以新的视角解释生命演化模式。达尔文在解释物种进化时已经指出偶然性的作用，进化是偶然性和必然性的结合——物种在变异水平呈现偶然性，在选择的方面显示出必然性。20 世纪德国遗传学家科伦斯（Karl Erich Correns）和荷兰遗传学家德弗里斯（Hugo Marie de Vries）发展了偶然性在变异中的作用，主张新物种产生于跳跃式的突变而不是渐进式的自然选择，并且依托月见草（Oenothera lamarckiana）的变异实验提出"突变论"，该理论认为解释新性状的起源、变异及物种的分离，无须达尔文主义的渐变进化机制。但是后期研究发现，德弗里斯实验中的突变仅仅是物种现存基因的重新组合，并没有产生新的性状。20 世纪 50 年代，德国学者兴德沃夫（O. H. Schindewolf）根据古生物研究发展"新灾变论"，美国科学家阿尔雷茨（L. W. Alvarez）于 80 年代进一步发展，将天、地、物三种因素结合以说明生物大演化的动力，演化史中的"白垩纪大灭绝"等大灾变是突发的和短暂的，宇宙和地球演化是影响生命进化和物种大规模更替的重要力量。新物种产生于跳跃式的突变而非渐进式的自然选择，新物种和新性状的产生无须达尔文主义的适应累积。这种解释对化石记录中断而言有一定的合理性，引起了人们的重视，也为进一步解释化石记录中断提供思考。

　　无论是何种模式的争论，生物学哲学家主要是为寻求一种更加合理的解释进化的方案。但是基于理论和经验模型的考量，不能单纯将进化路径的定义归结于物种进化个案，像直生论、灾变论等进化理论，只能解释进化史中一些极端的进化个案，多元而综合的思考更有必要。

第三节　进化偶然性论题的提出及论证

　　基于对达尔文进化理论的疑问，古尔德依据古生物学发现和思想实验提出进化偶然性论题，认为进化是在偶然环境大事件影响下而展开的；进化的模式和速率并不是达尔文种系渐变论所认为的缓慢均匀的进化，而是"间断平衡"进行的。在古尔德的相关论著中，他对偶然性论题进行了深入的讨论。

一　进化偶然性论题的提出

"如果人类只是繁茂生命之树的枝桠，如果这枝桠，只是在地质学上的前一瞬间才伸出，那么我们很可能不会是进化过程中可以预测的结果，也许是宇宙变化过程中的瞬间意外而已。纵然重植生命之树，让它在同样的环境中成长，同样的事件可能不再出现。"[①]

古尔德最早提出进化偶然性思想，认为生命的产生及物种演化是基于偶然而非适应累积，并同美国古生物学家尼尔斯·埃尔德里奇（Niles El-dredge）在《间断平衡——系统发育渐进主义的新选择》一文中提出"间断平衡理论"（punctuate equilibrium）[②]，认为物种是长期的稳定（甚至不变）与短暂的巨变交替的过程。因而地质记录中才会留下很多空缺，并且对寒武纪大爆发等物种突变也能给予解释。

二　古尔德进化偶然性论题的论证

（一）逻辑论证——0.400 命中率的消失及钟型曲线

在《生命的壮阔：古尔德论生物大历史》一书中，古尔德用 0.400 命中率的消失以及细菌生命模式的钟型曲线阐明进化并非线性累积，存在并不构成普遍，生命的右墙是复杂不可预测的、非方向的，进化充满偶然性。

0.400 命中率的消失意指在棒球史中击中率的变化。"从 1901 年美国联盟开赛，勒乔利打了 0.422，到 1930 年泰利打出 0.401……30 年间共有 9 次平均命中率超过 0.400（19 世纪正值初创时期和比赛规则略有不同，难于比较，在此忽略不提）。"[③] 在当时被认为是棒球的进步趋势，"但是丰收迅即枯干：30 年代简直一片荒原；威廉斯在 1941 年达到孤单的尖峰，然后一切

① ［美］斯蒂芬·杰·古尔德：《生命的壮阔：古尔德论生物大历史》，范昱峰译，生活·读书·新知三联书店 2001 年版，第 13 页。
② Gould, S. J., Eldredge, Niles, "Punctuate Equilibrium: An Alternative to Phyletic Gradualism", In T. J. M. Schopf, ed., *Models in Paleobiology*, Freeman Cooper, 1972, pp. 82–115.
③ ［美］斯蒂芬·杰·古尔德：《生命的壮阔：古尔德论生物大历史》，范昱峰译，生活·读书·新知三联书店 2001 年版，第 84 页。

归于平静"①。所以，依据历史现实，棒球达到命中率的问题以此来看还不足以形成趋势。而且影响命中率的消失的原因很多，比如击球技巧、外在环境恶化、守备等各个方面，应当把它看作整体的系统，从长期的变化观察其所呈现的态势。古尔德借此事件讨论外扩事件对整体系统的影响，存在并不构成普遍。

把 0.400 看作平均命中率的钟型曲线右尾端，是古尔德对命中率消失问题的新解释。不同于传统将命中率看作趋势的观点，古尔德认为，"0.400命中率本身不是物件，每位击球手都会累积出个人的平均命中率，全体的平均数，就成了传统的次数分配或是钟型曲线。这种分配包含了代表最好和最坏的两个尾端，且尾端不是可以随意分割的个体"②。所以，将 0.400 看作全体球员平均命中率整体分配的右尾端，也绝不是可以定义或分割的事物。根据钟型曲线的论证，古尔德指出概率的属性，它的消失与存在，是周遭差异的萎缩或扩张引起的结果，并不能定义事件的趋势。

相比较大众对于进化趋势的误读，古尔德认为，依据生命进化史探讨有机体进化时应该从整体的而非传统的视角，不能从独立事件的方向定义物种进化的整体趋势。将进化看作有方向性、可预测的、进步的观点等，皆是人类中心主义的视角。心理学家塔克引借热力学函数的理解偏差来阐释进化的理解舛误："当下流行的大众视角，认为人类的出现是作为顶端的高级进化，同样地，心智也是其相关产物。"③热力学函数是在封闭系统内成立的推论，进化不是封闭的系统，生命界是复杂的系统，物种进化具有复杂的驱动力，基于复杂系统的进化必然呈现复杂的态势。

此外，在 0.400 命中率的讨论中，古尔德指出，大众对进化趋势的误读还包括将时间的方向性等同为事件的趋向性："1. 将概率事件认为是趋势，忽略随机系统的典型性；2. 人们正确认知了趋势的动向，然后却错误地认

① ［美］斯蒂芬·杰·古尔德：《生命的壮阔：古尔德论生物大历史》，范昱峰译，生活·读书·新知三联书店 2001 年版，第 85 页。

② ［美］斯蒂芬·杰·古尔德：《生命的壮阔：古尔德论生物大历史》，范昱峰译，生活·读书·新知三联书店 2001 年版，第 110 页。

③ ［美］斯蒂芬·杰·古尔德：《生命的壮阔：古尔德论生物大历史》，范昱峰译，生活·读书·新知三联书店 2001 年版，第 22 页。

为，若某事件在同一时间朝同一方向进行，其成因也必然相同。"① 这种将原因和相互关系混为一谈的舛误直接影响对事件的整体判断，毕竟同一时间节点内发生的诸多事件可能彼此间并不存在因果关系，强加的或预设的联系会导致不具相关性的结论的产生。0.400 命中率的消失，可能是领域内技术或者其他相关条件改良的结果，这些外围因素的变化并不代表事件本身的整体态势，平均值下的差异变化并不能一言以蔽之。

古尔德并不否认进化中的渐变，但是更加强调偶然巨变的主要作用。在物种宏观进化史上，历史偶然性因素所起的作用极大。在进化史上，环境的骤然变化会减弱自然选择对物种变异的作用，这样，物种增减不是适应的结果，而是因果依赖（causal-dependence）的结果，在进化史的限制下会出现不可预测（unpredictablity）的结果。寒武纪大爆发使生命变异骤然增加，古尔德重新审视进化，并视进化是微观层次与宏观物种进化的产物，物种进化是偶然与渐变合力产物，过程中的随机演化并不具有必然性，生命的出现犹如中彩票，假如重新播放生命进化的磁带，人类有可能不会出现。间断平衡理论是古尔德基于达尔文主义基础上提出的进化论题，强调偶然因素在物种演化中的作用，论题的基点是宏观层次下物种的演变，进化过程中短暂的巨变对整个进化过程颇为重要。

（二）思想实验——"重播生命的磁带"

古尔德基于不列颠的重要化石——布尔吉斯页岩阐释偶然性在进化中的地位。化石记录作为地质演变期的证据，展现诸多物种变化的境况，但是基于传统的生命观，人们往往忽视个中案例，在古尔德看来，这些被忽略的事件或许正是意义关键的环节。于是，古尔德通过化石记录来复原图景设计，将生命早期的物种演化记录及布尔吉斯页岩所呈现的详细信息加以整合，来修订大众根深蒂固的生命进化观舛误。

古尔德于 1989 年《奇妙的生命：布尔吉斯页岩中的生命故事》（*Wonderfuil Life*）一书中基于布尔吉斯页岩化石记录提出思想实验"重播生命进化的磁带"——"你可以按下倒回键，确定你完全察出了实际发生的一切，

---

① ［美］斯蒂芬·杰·古尔德：《生命的壮阔：古尔德论生物大历史》，范昱峰译，生活·读书·新知三联书店 2001 年版，第 30 页。

回到过去的任何时间和任何地点，比如说，回到布尔吉斯页岩的海洋。然后让录像带重新开始，看重复的过程是否与原来的完全一样。如果每一次回放，都很像生命实际走过的路，那么我们就必须说真正发生的真是注定要发生的。但假如实验产生的结果与生命历史的实际情况十分不同将会怎样？我们还能说自我意识的智慧生物是可以预测的吗？哺乳动物是可以预测的吗？或脊椎动物是可以预测的吗？"① 布尔吉斯页岩的考察及对生命的路径复原使古尔德提出了不同以往的进化观，将偶然性放置于颇为重要的地位。

　　偶然因素的介入，削弱了适应主义对进化的预测功能。在此之前的进化论大都强调累积主义，将物种进化看成是趋向复杂完善的发展态势，之所以对进化记录空缺难题未解，是因为达尔文范式下对进化累积性的误读，"间断平衡"理论则试图解释地质时期宏观进化在物种形成中的作用。

第四节　学界对进化偶然性思想的批判及回应

　　目前国内对进化思想的关注主流仍为达尔文主义，但是近年来有部分讨论集中在古尔德的偶然性论题上。鉴于古尔德相关科普著作翻译至国内，大众对其思想的基础了解顺势展开，但关注点多为道金斯与古尔德关于基因选择的争论，或是概览分析古尔德思想，对纯粹进化偶然性层面的探讨不足。相比较，国外对古尔德偶然性论题的讨论则更进一步，并且相关的回应和批判也陆续出现。从不同层次对古尔德偶然性论题的分析已逐渐成为一个热点话题。古尔德进化偶然性论题自提出就引发很多争论，他对达尔文适应累积主义的分析遭到很多学界的批判。

　　一定程度上，古尔德的进化偶然性论题在宏观解释物种进化结构上有可取之处，他从进化史的角度，借以进化模式和速率问题分析，为进化提供具有一定说服力的演变模式。但是，古尔德进化偶然性论题也存在问题，自提出之始就引发很多争议。目前对此进化论题的关注不断增多，进化历史与生

---

　　① ［美］斯蒂芬·杰·古尔德：《奇妙的生命：布尔吉斯页岩中的生命故事》，傅强等译，江苏科技出版社 2012 年版，第 27 页。

物法则、论题模型、偶然性过程等分析已有涉及，对古尔德进化偶然性论题的批判中，主要有贝蒂、特纳、埃里森、李建会等学者涉及。

一　进化中存在偶然因素，但进化并非偶然的

美国生物学哲学家约翰·贝蒂（John Beatty）自古尔德提出偶然性论题之后，曾对偶然性进行多方面讨论。首先，从进化规律角度讲，贝蒂在文章《进化偶然性论题》（*The Evolutionary Contingency Thesis*）中反对古尔德对偶然性的过度重视，生物进化存在必然且伴有偶然，但不能将进化生物学与其他领域的法则一概而论，这样容易使人陷入进化定律的误区，并提出进化偶然性论题（ECT）："所有关于生命界的概括：（1）不过都是数学的、物理学的或者是化学的概括（或者数学、物理、化学推论加上初始条件演绎的结果）；（2）或者是生物学特有的概括，在这种情况下，它描述进化的偶然结果。"[1] 贝蒂承认生命界存在定律，但是这种定律不是生物固有的原理。比如生物体的运动不能违反万有引力定律，但是万有引力定律不是特有的生物学定律。其次，贝蒂提到的"进化结果"是指进化主体的"规则制造"（rule-making capability），比如，"好氧生物细胞内进行的三羧酸循环即是对进化史概括的案例，三羧酸循环各个步骤被组织起来所遵守的原则也可被推翻。简言之，这样的生物学概括不具有普遍适用性，尽管在经验上是为真的"[2]。因此，特有的生物学概括就是贝蒂所说的"进化上偶然的"[3]。

生物进化法则同物理学中如牛顿定律等不能完全类比，进化过程存在偶然性。进化中的偶然环节不能采取先验法则分析，理论求真要打破旧有的不适合的定论，进而完善现今的理论。影响进化的因素很多，理论意义是相对

---

① Beatty, J., "The Evolutionary Contingency Thesis", In Wolters G., Lennox J. G., Mclaughlin P. (eds.), *Concepts, Theories, and Rationality in the Biological Sciences*, the Second Pittsburgh-Konstanz Colloquium in the Phiolosphy of Science, University of Pittsburgh, October 1 – 4, 1993, UVK Universitätsverlag Konstanz, University of Pittsburgh Press, 1995, pp. 46 – 47.

② 董国安：《进化论的结构——生命演化研究的方法论基础》，人民出版社 2011 年版，第 158 页。

③ Beatty, J., "The Evolutionary Contingency Thesis", In Wolters G., Lennox J. G., Mclaughlin P. (eds.), *Concepts, Theories, and Rationality in the Biological Sciences*, the Second Pittsburgh-Konstanz Colloquium in the Phiolosphy of Science, University of Pittsburgh, October 1 – 4, 1993, UVK Universitätsverlag Konstanz, University of Pittsburgh Press, 1995, p. 52.

而言的，多变的物种演化机制要求对其进行多元分析。

在文章《重演生命进程》（*Replaying Life's Tape*）中，贝蒂进一步分析古尔德偶然论题，他从不可预见性（unpredictable）和因果依赖性（causal-dependence）① 两方面展开。不可预见性是进化中路径的独立性，相同的初始条件加之环境大事件，如寒武纪大爆发等会导致结果的巨大差异，自然选择在此过程中不完全起作用。因果依赖性则强调在进化中进化历史的内在限制对结果的影响，"历史限制使后来物种在一定程度保留着谱系内先在物种的形式特征，自然选择对这种固化特征不起作用"②。贝蒂还以洛索斯（Jonathan Losos）的宏观自然实验和特里维赛诺（Michael Travisano）的微观实验来验证古尔德偶然命题。首先，在自然实验中，生活在四个岛屿的同一物种蜥蜴产生四种不同的进化结果，此物种在每一岛屿的具体变异序列不一样。根据贝蒂分析，可能是由于环境中先有物种的影响，致使蜥蜴受到种系发生的限制，这种进化过程既显示因果依赖性偶然，又受到发育史的限制而呈现内在必然，不能简单说进化是受偶然因素的支配。其次，物种进化中存在随机性和偶然性，如一些历史大事件和样本误差都能影响结果，会导致结果的不可预测性；又如随机漂变会产生不可预知的随机结果，使基因频率不同于先前状态。

迈尔（Ernst Mayr）在著作《进化是什么》（*What Evolution Is*）一文中承认进化中的偶然但是反对将自然选择全然看作偶然发生的过程，他支持达尔文的适应生存理论，并做出进一步发展，认为进化是渐进适应的。物种的宏观进化与微观进化之间存在连续性，看起来不同的进化类型实际上只不过是进化序列上的一些端点。迈尔将自然选择分为两个阶段，"第一阶段产生出作为原材料的变异，这个阶段主要是一个随机的过程（偶然性，意外事件），这种变异的随机性导致生物界出现大量奇异的多样性现象，如真核生物的巨大多样性及布尔吉斯页岩中多细胞生物的多样性。第二阶段是选择适应度的生存阶段，物种生存和繁衍过程中存在很大程度的非随机性，很多性

---

① 参见 Beatty, J., "Replaying Life's Tape", *The Journal of Philosophy*, 2006, Vol. 7, No. 103, pp. 336 – 362。

② ［美］斯蒂芬·杰·古尔德：《生命的壮阔：古尔德论生物大历史》，范昱峰译，生活·读书·新知三联书店 2001 年版，第 283 页。

状的获得是遗传等内在因素固定下来的"①。因此，不能将进化过程定义为一系列偶然事件的结果，也不能将进化完全看作朝着既定方向的必然适应过程。

在具体进化中不能一概而论将进化定义为偶然或必然的模式，二者是相互补充而非完全割裂，具体要根据进化的层次和过程来说明。进化虽然存在偶然性，但是并不归于神秘。进化中的限制和环境大事件之偶然作用是互补的，进化命题的相对价值在一定程度上不具有普遍性，对进化生物学的理解不能割裂偶然与必然因素之间的作用，古尔德对偶然性的关注是必要的但非充分的。因此，可以说进化过程虽然存在偶然因素，变异过程中的偶然也受到自然选择和进化结构的限制，但是对进化的把握仍然要从多元综合的角度来展开。

二 偶然性论题模型仍为假说

自贝蒂等学者对古尔德偶然性论题相关讨论的文章发表以来，学界对进化偶然性论题的关注逐渐增多。基于贝蒂的讨论，英国生物学家特纳（Derek Turner）在文章《重审古尔德的重播》（*Gould's Replay Revisited*）一文中给出回应，主要从古尔德偶然性命题提出的理论模型角度出发，认为这两种意义的偶然性有一定合理之处，但是古尔德的思想实验至今仍然是假说，这种假说建立在 MBL 模型上②，"这种模型可以在计算条件下实现对进化的既定操作，但是其随机性、因果不充分性、选择不充分、不可预测、参数依赖及可重复性……与进化事实并不完全相符"。这种以理论模式的直观来解释事实的方法并不利于对进化本质的把握。鉴于进化现实不可能倒转，基于实验的假说仍然无法验证，古尔德论题存在一定合理之处，但不绝对为真，若真如古尔德所言进化是偶然的，重新播放生命进化的磁带，基于进化影响因子的复杂性，断然不能知晓会导致的必然结果，对进化路径的考虑仍然需要更深入的研究。

---

① ［美］恩斯特·迈尔：《进化是什么》，田洺译，上海科学技术出版社 2012 年版，第 109—209 页。

② 参见 Turner, D., "Gould's Replay Revisited", *Biology and Philosophy*, 2011, Vol. 26, pp. 65–79。

美国哲学家艾里森·麦克康维尔（Alison K. McConwell）和艾德里安·柯里（Adrian Currie）也对古尔德进化偶然性论题及贝蒂的讨论作出回应，在《古尔德的论证与偶然性的来源》（*Gouldian Arguments and The Sources of Contingency*）一文中，他们分析了古尔德的论证和偶然性的来源。偶然性主要分为两种：源独立（source-independence）和源依赖（source-dependence）。[1] 源独立此处指进化的结果是在特定独立的方式下展开的，特定条件和事件会对进化产生与内在进化系列相异的轨迹；源依赖强调原因或初始条件的改变对结果的构造，进化结构依赖于先前的过程，每个突变点或基因序列的改变及受诸于外部环境下的影响会改变物种进化状态，是一定程度的路径依赖（path-dependence）。古尔德重播生命进化磁带的思想实验可以用这种偶然源来解释。这两种分析对应贝蒂在《重播生命的磁带》中对因果依赖偶然性和不可预测偶然性的讨论。古尔德所说的进化偶然可对应这种偶然性概念本身的分析，但是如此讨论进化偶然仍然比较模糊。达尔文的自然选择理论虽然不能完全解释这种进化中存在的中断，但是将物种进化部分过程的偶然视作整体进化的偶然却是不合理的，忽略了进化中存在的诸多非随机所发挥的作用。

面对一直以来古尔德偶然性论题的相关争论模式，艾里森和艾德里安总结如下："（1）偶然性论题，自然中出现了 D 偶然现象；（2）相关前提，如果 D 是偶然性的，而且主流理论 T 不能充分解释 D 现象；（3）因此，T 理论在 D 问题上不充分。"[2] 他们认为之前的讨论并不足以说明进化是偶然的，或者对进化本质的把握并无裨益。如果按照波普尔所言的证伪原则，对进化命题的真理把握仍然需要进行深入的研究工作。

三　进化是适应选择的结果还是偶然变异的结果

英国古生物学家莫里斯（Simon Conway Morris）强烈反驳古尔德偶然性论题。莫里斯先后在《创造的考验：布尔吉斯页岩和动物的兴起》（*The*

---

[1]　参见 McConwell, Alison K. & Currie, Adrian, "Gouldian Arguments and the Sources of Contingency", *Biology of philosophy*, 2016, Vol. 7, No. 10, pp. 243 – 261。

[2]　McConwell, Alison K. & Currie, Adrian, "Gouldian Arguments and the Sources of Contingency", *Biology of philosophy*, 2016, Vol. 7, No. 10, pp. 243 – 261.

Crucible of Creation：*The Burgess Shale and the Rise of Animals*）和《生命的解释：在孤独的宇宙中人类是不可避免的》（*Life's Solution*：*Inevitable Humans in a Lonely Universe*）中指出，古尔德对物种进化的分析和主张漏洞百出，趋同进化（convergent evolution）使得历史偶然性微不足道。生命世界本就充满着重复的主题，并不是一系列独特偶然事件的累积，这种累积不可能形成适合物种的且连续的有利变异，趋同进化才是相较偶然进化更加合理的解释。美国古生物学家弗尔迈伊（Geerat Vermeij）与莫里斯观点呼应，在他看来如果生命重新开始播放，许多同样的进化革新依然会出现，只是可能存在时间和形式上的些微差别。生命进化史中发生的独特事件，主要是在环境的适应中演化，并受内在进化的动力驱使，是物种自组织进而寻求适应度的结果。

　　道金斯对古尔德的批判主要从适应主义角度进行。古尔德与列万廷（Richard Lewontin）发表的《圣马可大教堂的拱肩和潘格洛斯范式——对适应主义纲领的批判》（*The spandrels of San Macro and the Panglossian paradigm*：*a critique of the adaptationist programme*）一文强调生物的发育受到内在结构的制约，以及其他非选择性力量也在进化中发挥了重要作用。很多生物具有的一些特性仅仅是其进化过程中出现的特定的生物构成携带的副产品，这种副产品只是作为生物构造方式存在的，是其结构塑造的结果，而不是自然选择作用下物种适应度提升的结果。"适应性理论家的学说，忽视了一个基本的事实，那就是，生物的许多特性实际上是其生物构成所带来的副产品，某些生物体的特征只是作为生物体发展方式即构造方式的结果而存在的。而不是自然选择有意获得的品性。古尔德指出很多生命特征是结构塑成的，而不是适应造就的。"[①] 古尔德借潘格洛斯范式（Panglossian Paradigm）来削弱自然选择和适应在物种进化中的作用。道金斯批判其对适应主义滥用的理解有失偏颇，进化中的很多结构确实是在适应作用下寻求适应度的演化结果。

---

　　① Gould，S. J. & Lewontin，R. C.，"The Spandrels of San Marco and the Panglossian Paradigm：A Critique of the Adaptationist Programme"，*Biological Science*，1979，Vol. 9，pp. 581 – 598.

四 进化的趋向性和进步性

对于进化偶然性问题讨论，国内的相关研究处于萌发阶段，随着自然选择问题和综合进化问题的讨论，国内的学者逐渐关注"进化的动力"这一问题，围绕古尔德偶然性论题和达尔文主义适者生存的讨论不断增多，开辟了生物哲学研究的新领域。但是目前国内对于古尔德偶然性进化思想的研究尚未全面展开，与"古尔德偶然性进化论题"相关的专著和文章为数不多。

李建会教授在《进化不是进步吗？——古尔德的反进化性进步观批判》中，阐述了自达尔文以来的进化进步观，日益遭受生物哲学家如威廉姆斯和古尔德等的挑战。文章对进化一词进行概念澄清，梳理了古尔德对进化是进步的六大反对："进步观念是人类自大和人类中心主义的表现；没有普遍的可预见的推动力量；自然选择理论不能为全面进步提供根据；进化的极端偶然性使进化的过程不可重复；进化的进步性是一种统计错误；细菌而不是人类统治地球。"[①] 并逐一对古尔德的反对给出回应，得出无论从理论上，还是进化史事实上，进化的总趋势都是进步的，而不是像古尔德所描述的那样，进化毫无方向性，完全不可预测。

古尔德进化偶然性论题的提出引发诸多讨论，虽然观点不一，但是明晰的是，古尔德进化偶然性论题是不充分的。偶然因素几乎发生在物种进化的各个层次和阶段，需要具体分析其进化的路径和结果的影响，不能简单定论进化是偶然的。再者，基于地质时期的进化史所呈现的宏观演化图景，其所呈现的进化结果很大程度上无法还原或是验证其本原，因此即使古尔德据此提出思想假说来否定重播生命磁带的实验无法产生类同的现象，此命题本身就存在可证伪之处。此外，根据更多的生物实验以及物种进化现象，在实际中的物种变异和选择还是以适应性为主。因此，综合各生物学哲学家的观点以及基本的进化理论，可发现物种进化并非偶然的。

---

① 李建会：《进化不是进步吗？——古尔德的反进化性进步观批判》，《自然辩证法研究》2016 年第 1 期，第 3—9 页。

第五节　评析古尔德进化偶然性论题

进化偶然性论题是古尔德基于古生物学证据提出的进化理论，他基于宏观视角，认为物种在环境大事件的影响之下会呈现与以往不同的进化状态。他提出"间断平衡理论"，认为物种进化的态势是长期的稳定和短暂的巨变交替的过程。然而这种观点并不具有充分的说服力，其论题本身不够完善和全面，还需要结合遗传学、发育生物学等视角进行更为深入的探析。

一　古尔德进化偶然性论题的启发性

反观古尔德进化论题，可以看出古尔德进化偶然性论题在解释物种宏观进化方面存在一定的优势，不仅为进化模式提供了一个新的视角，也为进一步解释化石记录中断提供了一定的借鉴方案。作为达尔文主义者，古尔德并不否认进化中的必然，但是他认为，偶然因素其实起到更为重要的作用。物种会在突变作用下展开遗传信息的复制和传递，过程中的非随机性会影响物种的变异和进化。一定程度上，古尔德的进化偶然性论题在解释宏观物种进化结构上有可取之处，从进化史角度，古尔德对进化模式和速率提出了具有一定说服力的观点，并且促进了进化生物学家更多关注发育进化史的重要性。

相比线性进化理论，古尔德的进化偶然性论题把环境大事件对物种的影响考虑在内，物种的突然变化不能单纯从达尔文的适应累积角度解释，进化理论的空白区需要有更加适合的理论去完善。基于环境对进化的影响，古尔德还将影响个体发育的多种层级结合，综合讨论物种进化。可以说是基于达尔文理论，将进化中环境对物种宏观进化的影响进行了多重考量，这为进化理论的多元视角提供了启发，促使学者在讨论进化时将环境的影响、物种的发育突变所涉及的进化之偶然性和必然性考虑在内，可以说是进化理论发展过程中有一定意义的讨论。

综上，虽然达尔文的进化理论呈现了生物由简单到复杂的进化图景，但是一些具体的进化细节有所缺失，只有综合考虑这些进化过程及细节，才能更好把握进化模式和趋势。古尔德的进化论题可以说是开启了人们对进化模式的新思考：不能简单认为物种形成是对环境的简单适应过程，物种与环境之间的关系不是单向的。

二 古尔德进化性论题的偏颇

古尔德进化偶然性论题片面地将进化的主要动力归结为宏观偶然因素，看似解决了达尔文对化石记录短缺解释的空白，但是如果按照古尔德的进化机制，也存在诸多不能使用偶然性解释的生物进化状态。并且根据现今遗传学的研究，物种演变过程中其实有更多必然进化的因素。此外，在进化发育理论兴起之后，生物学哲学家也发现了进化中的发育环节会受到一些限制，进而影响物种的表观进化。诸如此类，都使物种进化远不是古尔德所设想的思想实验那般偶然，而是会受到进化中多重因素的影响而呈现更加复杂的态势。

（一）概率事件在多层次偶然性中的地位

古尔德在论证偶然性进化的合理性时引用了棒球中 0.400 命中率的消失，借此来说明概率事件不仅存在于数理模型中，也可用于对生物进化的解释。但是古尔德忽略了一个很严重的问题，单纯的数理模型更多是推理的产物，不涉及环境的多变及复杂性，所以用命中率消失来印证偶然性的存在是不足取的。

1. 在物种进化中，偶然性体现在多个层次

当讨论到偶然进化时一般有三层含义。（1）变异不完全是适应环境的结果，"偶然变异虽然由环境造成，但是并不能说明所有变异都是适应环境的结果"①。（2）物种变异和环境之间的关系是复杂的，达尔文区分了两种层次的变异，"一是原则上的不可预测的偶然性（inprinciple unpredictable），这种情况呈现的是无限的、波动参数的变异；二是原则上可预测的偶然性（inprinciple predictable），此情况呈现的是有限参数的变异。但是大多数情况我们所讨论的偶然性属于前者"②。（3）达尔文对偶然变异的解释认可度相对更广泛，物种选择更多是概率事件层面。达尔文认为："于更大的种群

---

① Darwin, Charles, *The Variation of Animals and Plants under Domestication*, Appleton, 1883, p. 2.

② Darwin, Charles, *On The Origin of Species by Means of Natural Selection*, John Murray, 1859, p. 1.

中，如果有更多的时间孕育后代，则更多适应度高的偶然变异将会显现。变异的出现是偶然的，尤其是适合度高并有利于生存的变异，而数量更多的群体无疑将会增加有利变异的事件频率，因此，数量是很重要的影响因子。"[1]

古尔德将偶然性事件的发生意义扩大化，像寒武纪大爆发似的环境大事件发生概率小之又小，据此作为论据之一提出进化偶然性论题显然不充分。重新播放生命磁带也只能停留在思想实验层面。而且重播（"Replay"）是否真如古尔德所说将会完全呈现不同以往的进路？对于这个问题的争论陆续增多，但是很少有实验去证明偶然事件对重播生命进化路径的影响。生物学哲学家扎克里等一众学者根据一项关于大肠杆菌（Escherichia coli，E. coli）参与的柠檬酸盐效应（citrate-using，Cit⁺）的长期演化实验（the Long-term experiment，LTEE）[2] 观察结果，发现古尔德重演的错误论断。虽然古尔德意义的重演不可能实现，但可以借助现代精密实验探究 E. coli 的进化景象。在实验中，研究者分别从不同的时间点重演其变异路径，但实验显示 Cit⁺ 的突变并没有很大异样，尽管某些时刻其变异数量会有些微波动，但是长期的进化仍趋近于原始的进化状态。可以说 LTEE 研究结论在一定程度上与古尔德重播生命磁带的思想实验相悖，虽然 LTEE 实验没有构成普遍性，但是很有力地回击了古尔德偶然性进化论题，偶然概率事件并不足以构成普遍。

因此，基于偶然性的多层次性，概率事件仅仅是进化中的偶有情况，更多进化的考量仍需要结合物种所处的综合环境和多层次进化系统，并不能从一方面推断出进化的模式。再者，进化论题的提出需要有可靠经验和逻辑证据，于进化而言思想实验很大程度上仅是假说。

2. 进化过程包含诸多复杂性

当我们讨论进化时，要考虑到物种自身、个体发育、系统发育、环境因子等在内的各种复杂系统，这些因素在物种进化过程中是并行存在的，并且

[1]　Darwin, Charles, *The Variation of Animals and Plants under Domestrication*, Appleton, 1883, p. 221.

[2]　参见 Zachary, D. & Borland, Christina Z. , "Historical Contingency and the Evolution of a Key Innovation in an Experimental Population of Escherichia Coli", *The National Academy of Science*, 2008, Vol. 105, pp. 7899 – 7906。

是能对物种的进化路径产生影响的力量因子。对于进化的复杂性，目前生物学哲学界的理解主要有两种："（1）一个复杂系统会受到多重力量的作用，故而不能简单得出描绘系统行为的单一定律；（2）复杂系统是多重实现的（multiply realized），因此不能够把一种物理结构和一种现象一一对应。"① 古尔德所讨论的宏观地质时期的环境大事件对进化的影响不具有普遍适用意义，而且这种时间参照是一般意义上跨度很久远的时期，不能解释现实中复杂细微的进化现象。进化是复杂环境因素综合作用下的产物，不能简言为偶有事件的结果，即将复杂现象下的进化解释为简单因果论相互作用的产物是不合理的。古尔德进化偶然性论题若要描述或运用到进化现象中，其陈述不能仅是字面上为真的，在面对复杂现实环境中的进化也应当具有说服力，且应当是符合实际状态的论断。当然以此来批判古尔德进化偶然性论题并非否定生物学哲学中的定律问题，而是想以此说明进化是基于复杂系统下的现象，进化论题的推演不能过于片面。

类似地，心灵哲学中也有"多重实现"的论题，是指一个心理学现象可能有诸多不同的物理结构去实现，基于此，我们便不能将任何一种心理现象归结为单一的某种物理结构的产物。这一点同生物学中的进化现象有相似之处，不能简单将生物学现象与具体的物理学、数学等实体模型建立一一对应联系。将偶然发生的进化实例对应整体的进化法则显然是不行的。

物种所处的环境并不是单纯的理论框架，并不能排除多重主客观因素的干扰。如上所述，单讨论变异就涉及多种层次的偶然性，生物体不是环境的简单映射物，而是处在自然这个多层网格中的一部分。不仅环境所呈现可测或不可测的力量会加诸物种进化并产生偶然的、必然的变异，而且物种所在的群体间也有不可忽略的关联。纵观这些条件，皆会促使物种在演化中产生不同层次的偶然变异。鉴于复杂的内在及外在因素，进化现象背后关联到诸多复杂现象，不能根据偶然事件推演进化论题。因此，古尔德一概而论将偶然性事件导致的进化个案定论是不足取的。

---

① Elgin, Mehmet, "There May be Strict Empirical Laws in Biology, after all", *Biology and Philosophy*, 2006, Vol. 21, pp. 119 – 134.

（二）进化中的发育限制

自然界的物种所呈现的种类基本是可估量的，主要的类早已被熟知，但为什么物种演化没有出现更多不可知的类？对这个问题的回答或许要用近年来兴起的发育系统理论来解释。发育中的限制作用会对进化产生很大影响，发育限制主要包括三种：物理、形态和发育史限制。① 对此展开讨论可以进一步发现古尔德强调的偶然性论题本身的偏颇。

古尔德曾用拱肩和潘格洛斯范例（Panglossian Paradigm）来反对适应主义："适应性理论家的学说，忽视了一个基本的事实，那就是，生物的许多特性实际上是其生物构成所带来的副产品，某些生物体的特征只是作为生物体发展方式即构造方式的结果而存在的。而不是自然选择有意获得的品性。"② 他指出很多生命特征是结构塑成的，而不是适应造就的。在古尔德看来，生命很多特征的出现基于偶然，且很多生命特征是作为构造方式的结果而存在，与适应和自然选择并无太大关联。拱肩和潘格洛斯范例正是强调要避免适应主义假设的滥用。但是，三角区的存在自身是起到对建筑的限制作用，单独来看这一部分意义薄弱，但放诸整体中则会对建筑起到稳定的限制作用。古尔德发现适应主义的理解偏颇，却未分析范例中隐含的限制作用在物种发育过程中的重要性。

1. 古尔德进化理论中的限制和拱肩

古尔德在其进化思想中表明达尔文主义正处于修正状态，在《进化理论的结构》一书中，他用层级理论（hierarchical）阐明发育限制和拱肩效应对生物个体的影响，以此来削弱适应在进化中的作用。尽管这种推论有失偏颇，但是古尔德提及的外推主义和层级拱肩理论为生物学哲学中的进化探究提供新的启发。

古尔德在早期对间断平衡理论的系列讨论中就提到层级理论和物种选择之间的关联，他认为物种更多受到环境大事件的影响而出现突发状态，如此

---

① 参见 Richardson, M. K. & Chipman, A. D., "Developmental Constraints in a Comparative Framework: A Test Case Using Variations in Phalanx Number During Amniote Evolution", *Exp. Zool.* (*MDE*) *B*, 2003, Vol. 296, pp. 8 – 22。

② Gould, S. J. & Lewontin, R. C., "The Spandrels of San Marco and the Panglossian Paradigm: A Critique of the Adaptationist Programme", *Biological Science*, 1979, Vol. 9, pp. 581 – 598.

呈现的物种当下状态很大程度上无法用适应理论解释。为进一步说明达尔文适应主义的局限，古尔德指出进化理论已经由达尔文式转变为新的进化模式。"首先，传统达尔文主义的核心论点是自然选择，这之外的扩展性论断包括：主体是自然选择展开的有机体层次的基础；自然选择是所有物种进化的动力之源而影响着产率；达尔文认为微观进化有足够的能力范围解释所有的宏观进化现象。"① 进而，古尔德指出达尔文主义的基础理论是无可厚非的，但是三脚架部分已需要修正：进化能力的差异是解释宏观进化模式的关键所在；为了解释进化能力的差异性，我们必须采取层级分析视角，由于自然选择不是单纯地选择适应的有机体，而是会在多层次起作用。因此，基于选择作用与不同层次的有机体，我们不能简单地从微观进化推演宏观进化，外推主义是片面的，物种进化要考量的问题涉及很多，不应是法则性的机械解释。

根据层级选择理论，自然选择的不同等级如：基因、个体、群体和物种对进化的影响应该是同时作用的；研究生物进化机制也不能仅仅从物种进化角度考察，还应参照个体、社会、世系等进程的影响。古尔德试图用进化的层级理论以削弱外推主义和自然选择的单一作用，实则片面。此外，根据系统发育的模块性思想，有机体的发育是关联统一的，除了达尔文谈及的物种对环境的适应，个体的状态和系统关联也是不能忽视的。

由此可见，古尔德意识到彼时自然选择理论的偏颇并试图修正，但是他仅仅将层级选择理论作为对适应和自然选择批判的工具，并没有意识到他在修正自然选择的同时是从适应的角度阐发物种的进化，个体发育在多重力量的同时作用下最终还是以更加适应环境的状态呈现。以此来看，古尔德从限制和拱肩的角度试图反对适应理论的论证是不充分的，但是这种角度却为我们更加全面地分析进化论题提供视角。

2. 生物学哲学中的限制

（1）物理限制

纵使遗传现象不能用定律来解释，但是在生物学中也存在一些可用来解

---

① Grantham, Todd A., "Constraints and Spandrels in Gould's Structure of Evolutionary Theory", *Biology and Philosophy*, 2004, Vol. 19, pp. 29–43.

释变异遗传的机制、规则。如"扩散定律，流体力学和物理支持的法则是相对固定的，这种规则作用下，只允许出现某些特定物理表型"①。一种类似轮状物的脊椎动物不可能在现实生活中存在，因为"现实中血液不能通过旋转的器官运行，这种情况下的进化路径是封闭的"②。抑或在神话故事中很多动物模型无法存活于现实，而是要在物种演化条件应允的情况下才得以为真。此外，"物理学中的结构参数和流体动力学定律不会允许存在 6 英尺高的蚊子或 25 英尺长的水蛭"③。这种状态下的物种无法保持自身的平衡稳定，这种体型结构并不是适合的和稳定的。

因此，物理条件的限制促使生命体保持规则要求下的体型结构，以达到自身稳定适合的状态，并在法则与现实条件允许的情况下才可能为真。

（2）形态发育限制

化学条件使物种在进化中不能随意进化，物种在发育过程中，即使是物理规则上可能的状态，现实发育过程中亦不可能实现。"形态构造规则限制着表型的可能性。"④ 贝特森（Bateson）指出，当有机体脱离正常发育时，它们只能以有限的方式进行。最好的例证即脊椎动物的四肢形式，尽管在进化史上存在诸多构造形式，但是有些形式是不会发生的，比如没有中指短于其他指头的例证。⑤ 各种形式结构的存在很多能用物理模型得以说明，但是在现实中还需要其形态的基础成为真的条件。又或者如果在既定环境中一种更加细长的四肢适合度更高，那么这种四肢的变异群体就会更加受益，但是绝对不会出现两节较短肢体组合，以拼凑成一完整四肢的物种，呈现更加适应环境的情形。这也是物理法则限制与形态发育限制的区别所在。

此外，化学视域中的反映辐射模型（reaction-diffusion model）可以解释

---

① Forgaces, G. & Newman, S. A. *Biological Physics of the Developing Embryo*, Cambridge University Press, 2005, p. 358.

② Forgaces, G. & Newman, S. A., *Biological Physics of the Developing Embryo*, Cambridge University Press, 2005, p. 358.

③ Forgaces, G. & Newman, S. A. *Biological Physics of the Developing Embryo*, Cambridge University Press, 2005, p. 358.

④ Oster, G. F, Shubin, N., Murray, J. D. and Alberch, P., "Evolution and Morphogenetic Rules: The Shape of the Vertebrate Limb in Ontogeny and Phylogeny", *Evolution*, 1988, Vol. 42, pp. 862 – 884.

⑤ 参见 Holder, N., "Developmental Constraints and the Evolution of Vertebrate Limb Patterns", *Theory and Biology*, 1983, Vol. 104, pp. 451 – 471。

为何有些形态发育会受到制约。物质能量之间的转换不会轻易发生，必须要有媒介或动力来辅助，在反映辐射定律模型的作用下形成的物种空间特征和形态会固定下来而非随意变化。

（3）系统发育限制

系统发育会影响物种结构和有机体的发育。[①] 基因在复制突变过程中会产生新功能，并且会参与到不止一种模块组织中复制遗传信息，因而呈现多种性状和功能。这种基因多效性不同于组织模块化，更侧重部分之间的相互依存而非独立性。在基因网格中可以看出基因会有多种角色路径，同一基因的多重性状表达会作为动力因子限制其本身的变异。比如哺乳动物的颈椎发育中包含一种 Hox 基因，"这种基因可以塑造脊椎的发育，促进细胞增殖和物种变异，但同时此类基因在促进细胞发育时也会导致癌症的发生几率增大"[②]。流行病学相关证据就呈现了骨骼形态发育的变异与初期的致癌基因之间的关系，后天的基因突变与先天基因性状所蕴含的异常有密切关系。

此外，"系统发育限制还体现在果蝇翅膀的色素沉淀案例中，翅膀颜色变化不是突变的结果，而是增强子作用的结果"[③]。增强子在个体发育中起着很重要的作用，如四肢的进化问题一直是生物学界备受关注的论题之一，最新的研究发现，在蛇的四肢演化中增强子同样发挥着关键的作用：凯恩指出，"在肢体发育中，Sonic Hedgehog（SHH）蛋白作为极化区序列（zone of polarizing activity regulatory sequence 简称：ZRS）的调节因子，发挥着很重要的作用"[④]。相较脊椎动物，蛇呈现一种进步的退化以适应生存环境，但是现在无四肢的蛇体内并没有消失其原本的 ZRS，只是基于环境中的变异，其个体内部缺失特定转录因子诱导增强子起作用，故而当前的进化隐匿了 ZRS

---

① 参见 Gould, S. J. & Lewontin, R. C., "The Spandrels of San Marcos and the Panglossian Paradigm: A Critique of the Adaptationist Programme", *Proc. R. Soc. Lond. Biology and Society*, 1979, Vol. 205, No. 1161, pp. 581 – 598。

② Galis, F., "Why do almost all Mammals have Seven Cervical Vertebrae? Developmental Constraints, Hox Genes and Cancer", *Exp. Zool. Mol. Dev. Evol*, 2001, Vol. 29, pp. 195 – 204。

③ Arthur, W., *Biased Embryos and Evolution*, Cambridge University Press, 2004, p. 359。

④ Kvon, E. Z., "Progressive Loss of Function in a Limb Enhancer during Snake Evolution", *Machmillan Publishers, part of Springer Nature*, 2016, Vol. 167, pp. 633 – 642。

在其体内的作用。为进一步论证此观点，研究者又从蛇体内抽取 ZRS 并放置肢体动物如小白鼠体内，结果发现 ZRS 受小白鼠体内诱导因子的作用而呈现活跃状态。

综合实验及研究不难发现，诸多进化并不仅仅受外在环境因素而产生突变，物种在很大程度上还受到其自身的发育限制，这种限制会影响个体的发育，甚至诱导环境系统的变化。故而不能简单将进化简单总结为偶然因素作用的系统。

（三）突变的非随机性

在传统达尔文主义的解释中，物种的突变是在自然选择下的适应性变异，这种变异是基于特定的环境状态，进而会产生新的物种变异。但是基于现代综合进化论的探索，物种突变不是单纯受环境的单向作用而作出的回应，不能将物种的变异仅仅看作偶然性的突变，要考虑其所处的内外在发育环境。

1. "遗传信息系统"[①] 承载的适应性功能

在遗传系统中，核苷酸序列组织会通过复杂的解码过程转化为功能性的 RNA 和蛋白质，这样遗传信息被编码，进而展开信息的复制和传递，但是在编码过程中传输元素代表的不仅仅是自身，更是结合实际、功能和信息的组织系统。即遗传信息传递所处的系统和携带的信息不是独立进行的，系统信息本身就是功能与复杂环境的体现者。在进化中，基于一定的环境和时间周期，生物个体的进化自身会结合内外在环境进行自身适应性调适，这个过程是多维综合环境因素的体现。此情况下，遗传信息的组织可以说是模块化的，或者是数字信息型的。再者，模块单元允许个体内部在一定层次上发生变化并产生组合的多可能性，亦即，"在代码传输过程中，会呈现很大的进化潜力"[②]。但是这种进化潜力是在一定程度上的无限外扩，因为 DNA 随机性的遗传变异观点已遭到质疑和挑战，变异是基于选择环境而展现的结果。

---

① Oyama, Susan & Griffiths, Paul, *Cycles of Contingency*: *Developmental Systems and Evolution*, Massachusetts institute of Technology Press, 2001, p. 100.

② Oyama, Susan & Griffiths, Paul, *Cycles of Contingency*: *Developmental Systems and Evolution*, Massachusetts institute of Technology Press, 2001, p. 101.

比如在遗传过程中，"不同的核苷酸序列可能会由于初期所受到的基因菌组破坏而呈现各异状态，抑或寄生虫侵入会干扰遗传信息复制的准确性，故而，新变异体的比率和类型将很大程度上取决于序列中的核苷酸是如何组织的，可能最终呈现的将是更具有适应性的组织系统"①。环境施加给生物个体的影响并不只是简单地对物种的筛选环节，在选择发挥作用的同时，物种自身在个体发育或系统发生层面会进行自组织以适应环境，并在与环境的博弈过程中增加突变率并提升适合度。

因此，可以说突变是自适应的结果，适应性的增加能相应地提升物种突变率。突变也就不是传统意义上所呈现的完全随机，在适当的条件下适应性突变将更能被物种优先考虑。这种状态下，变异并没有被消除，只是已经被限制引导。

2. 物种之间的自适应系统

偶然性变异是否真的会影响进化结果？古尔德的偶然性命题在寒武纪大爆发式的环境状态之外还能成立吗？达尔文在《物种起源》之后曾出版了研究兰花变异的书刊，在书中他阐述了关于不同地方兰花进化的实验，实验结果即可作为对古尔德进化偶然性论题反击的有力证据。野生兰花的种类繁多，其色泽、香味、颜色等不一，但是各种特征的目的都只有一个，即吸引蜂鸟或昆虫采蜜、繁衍子代。除自花授粉子代差异较小外，异花授粉的结果皆呈现较大的表型差异。对此进化结果，达尔文认为是自然选择力量下个体变异的结果，相较之前差异较大可能还需考虑"物种所处的环境状态、授粉者差异、谱系遗传等对自然选择的影响"②。综合因素作用下，自然筛选出更适应生存的个体后代。但自然的筛选并不是简单的过滤过程，兰花在适应授粉者的同时，授粉者也要适应兰花，二者存在并行进化状态。达尔文还提到一种马达加斯加的彗星兰（Angraecum Sesquipedale），它有很长的花距，从其花的开口到底部距离有 28.6 厘米，且只有底部 3.8 厘米处有花蜜。如果按照达尔文的适应理论，这种兰花的存活须有适应其表型特征的授粉者，

---

① Oyama, Susan & Griffiths, Paul, *Cycles of Contingency*: *Developmental Systems and Evolution*, Massachusetts institute of Technology Press, 2001, p. 101.

② Beatty, J., "Chance Variation: Darwin on Orchids", *Philosophy of Science*, 2006, Vol. 73, p. 632.

"但是当时马达加斯加没有类似的昆虫被人们知晓，达尔文的设想在当时被认为是荒诞的"①。直至1903年，一种喙长25厘米的飞蛾才被发现，这也印证了达尔文的设想，物种的变异和进化都具有适应性。

个体突变正如迈尔所言，存在阶段一的大规模变异和阶段二的选择适应，物种最终呈现的状态是自然选择作用之后的结果。突变不能说绝对是偶然的、随机的，物种长期的演化状态还是呈现非随机性，并且这种演化是物种与环境的互相学习与适应的过程。

（四）环境、进化与发育之间的关联（Eco-Evo-Devo）

环境在进化中的地位自达尔文时期就已明了，但达尔文的发现是基于特定环境下物种产生的变异选择，其理论对进化的解释仍不充分。虽然古尔德强调环境大事件对进化的宏观影响，但是这种偶然性的环境事件并不能定义进化的趋向，达尔文对自然选择的解释也过于笼统，于是，需要一种新型的进化理论综合，以探讨进化的本质。现代发育生物学的探索推进了对进化的认知，学者们开始意识到发育在进化中的重要作用，生物体的性状不仅仅是由自然环境选择决定的结果，物种作为发育的主体很大程度上直接参与了系统进化，其性状是由环境和基因共同作用的结果。

在发育进化生物学中，会讨论到很多表型可塑性和发育可塑性问题，"表型可塑性是指同一基因在不同环境影响下会产生不同表型，基于环境的变化，物种表型是可以塑造的。目前定义表型可塑性为有机体对环境所作出的诸如形式、状态、活动率等方面的改变"②。这是物种在性状上的可塑性，是发育过程中有机体对环境适应的状态，表型可塑性亦即一般意义上的发育可塑性。现代综合进化论的发展已不同于早先孟德尔经典遗传学对基因与环境之间作用的定义，环境与表型之间存在但不局限于一对一关系，一种基因型可以产生很多种表型特征，具体表型的体现受到环境、物种发育等影响。在这里环境发挥的不仅是自然选择的力量，更是物种变异的建构者。基于现代综合进化论，进化发育生物学者提出三个推论："（1）不仅

① Darwin, Charles, *On the Various Contrivance by Which Orchids are Fertilised by Insects*, Appleton Press, 1877, pp. 162–163.

② West-Eberhard, M. J., *Developmental Plasticity and Evolution*, Oxford University Press, 2003.

只有基因层面的变异是可遗传的，表观层面的变异亦可遗传；（2）自然选择的单位不只是个体，群体选择更加适合解释进化的复杂性；（3）自然选择并不是唯一能促进物种产生新表型的因素，物种本身在进化中也发挥着不可估量的作用。"[1] 新的综合进化论将物种的发育充分考虑在内，认为发育、环境同时参与进化，三者并行起作用。

1. 遗传同化：物种发育可塑性降低以适应环境

遗传同化是指物种期处于稳定选择的环境中，其性状就会根据自身对环境的适应性提高而逐渐失去可塑性，从而被基因固定下来。在这个过程中，环境是诱导物种进化的力量，物种自身根据适应能力，逐渐调整并学习以提高适合度。长此以往，物种便趋近于以一种最适应的状态进化，并将这种适应的表型保留至子代，个体的可塑性即很大程度上降低。这即物种充分而主动参与进化，之后在与环境的博弈、融合中进化的过程。

伊凡·施马尔赫森、沃丁顿等学者在研究物种可塑性问题时指出："新表型产生之初是发育塑造的结果，继而，如果这种可塑性具有适应性，它将会持续被环境选择。假如这种表型能够产生更多类似的变异，并且适合度与其从环境中获得的性状相比时适应性更高，那么这种性状将会在物种的基因层面被固定下来。"[2] 这其实是"修饰基因"的作用，环境诱导表型变化，与表型相对应的基因得以表达，进而又固定在基因层面并遗传给子代。重要的是，修饰基因不是偶然变异的结果，它们一直存在于物种体内，只是在适当的环境诱导下得以发挥作用。埃伯赫德指出："在进化中，基因更多是随附作用而不是处于先导地位。"[3] 即在进化中，环境诱导的变化首先呈现在物种表型的变异上，如果这种表现型是有利的，才会在基因层面固定下来。

遗传同化包含两层含义。（1）表型的产生不是随机的。环境诱导物种产生新的性状，这种新的性状是自然选择的结果。所以，新表型的出现不是

[1] Gillbert, Scott F. & Epel, David, *Ecological Developmental Biology: Integrating Epigenetics, Medicine, and Evolution*, Massachusetts, Sinaure Associates, Inc., 2009, p. 370.

[2] Gillbert, Scott F. & Epel, David, *Ecological Developmental Biology: Integrating Epigenetics, Medicine, and Evolution*, Massachusetts, Sinaure Associates, Inc., 2009, p. 375.

[3] West-Eberhard, M. J., "Phenotypic accommodation: Adaptive Innovation due to Developmental Plasticity", *Exp. Zool.* (MED) 2005, 304B, pp. 610–618.

随机突变的结果，将其认为是随机性变异的观点是不恰当的，这是忽略环境、发育等因素参与进化影响的失当判断。（2）这种表型在种群中所占的比重很大。现代综合进化论在解释新表型时将其看作野生型畸变的结果，但是这种观点无法具体解释变异是如何产生的，以及广泛存在甚至扩大至更大种群的缘由。因此，需要根据发育生物学的观点对同化现象进行分析，其实这种表型所受控的基因一直存在只是未能表达，需要适当的条件诱导，以激发物种体内的修饰基因，促进物种变异至更加适应环境的状态，进而将这种性状固定下来。

生物学者从多方面考察遗传同化现象。比如在果蝇实验中，如果将正常生长状态下的果蝇置于40度环境中，为适应高温环境，果蝇的翅膀会发生变异，呈现新的表型。数代遗传之后，仅子代中继续保留变异表型的果蝇存活比例最高。"环境干预了果蝇的进化状态，从内在激活了其体内的修饰基因，然后呈现更加适应环境的表型状态。"[1] 进而，为更加确切地论证遗传同化，生物学家同时也考察了自然状态下果蝇的进化，以对比说明可塑型问题在环境适应中的作用。研究发现，在高温状态下，果蝇体内的热激蛋白Hsp83会促使发育突变，影响原初表型的Hsp90此时处于相对弱化的状态。经由一系列突变之后，先前已存在物种体内的基因得到充分激活与表达。多代观察之后，研究者发现种群内果蝇的翅膀很大部分都呈现新的表型。

综合以上果蝇的自然进化与实验观察可见，环境会诱导物种的发育可塑性，很显然，物种会在环境的选择下发生突变，而适合度高的表型将更能适应新的环境，并且这种可塑性会固定并遗传。当环境状态一定时，性状固定之后物种的可塑性将会降低以适应环境。对比古尔德偶然性论题中强调环境大事件所导致的物种进化模式的改变、物种数量的巨变等观点，则会发现古尔德的论断过于笼统片面。重新倒播生命的磁带不一定出现的就是截然不同的进化场面，一定的环境诱导便可能激发物种的适应性突变，古尔德基于地质年代对进化的宏观理解忽略了物种微观的发育可塑性问题。由此可见，环境不是简单地选择适者，突变的发生也不是绝对随机的，新的表型出现也绝

---

① Gillbert, Scott F. & Epel, David, *Ecological Developmental Biology: Integrating Epigenetics, Medicine, and Evolution*, Massachusetts, Sinaure Associates, Inc., 2009, p. 377.

非偶然，发育、环境等因素一直参与进化的过程并影响进化路径。

2. 遗传调节：物种发育可塑性提高以适应环境

环境所诱导的性状变异不只有可塑性降低，也有可塑性提高的环节。除了保存有利发育结果的遗传同化外，还有可塑性增强的遗传调节。在第二种状态下，物种会在新的环境中产生多种表型，最终经过环境的筛选后以保留最适应的表型。这种调节有很大张力，基于多变的环境更能体现个体的变异反应，更加强调物种发育层面的可塑性在适应环境中的作用。鉴于物种个体发育在进化中的重要地位，只有将宏观与微观结合才更有利于把握进化问题，古尔德的间断平衡理论则忽略了相当多的微观进化层面的内容。个体发育与环境系统之间的关系不是简单的筛检和适应，个体由少及多的变异很可能会影响整个种群的状态；环境对物种的选择也不单纯只是选择适者，物种的突变是在环境与个体发育限制及可塑性综合影响下的结果。所以，全面考察影响物种进化的每一环节是有必要的。

关于物种可塑性提高的讨论中，有很多经典的案例。如番茄天蛾（Manduca Quinquemaculata）的进化发育，这种蛾类会根据不同的环境呈现表型以适应环境。当周围的环境温度为 20 度时，这种蛾类会呈现黑色表型，这样可以保证它们能够吸收足够的阳光；当环境温度升高至 28 度时，它们体表会呈现绿色，这样蛾类能用此表型伪装并形成自我保护。这种基于环境的表现型的变化可以说是物种进化中权衡（trade off）① 的结果，物种会根据环境变化调控自身发育，目的是提高自身的适合度。物种会一直保持这种可塑性，并根据环境权衡变化以适应生存。换言之，也可以将这种现象描述为物种进化中所表现的学习过程，环境是复杂的，但物种的发育是可以根据环境塑造的，而且这种可塑性的作用是不可忽略的。

可以看出，可塑性是讨论进化相关问题时不可或缺的一点。根据文中对可塑性的探讨，可以将不同环境中可塑性总结如下：

（1）发育变异：环境诱导物种产生新的性状；

① 参见 Gillbert, Scott F. & Epel, David, *Ecological Developmental Biology：Integrating Epigenetics, Medicine, and Evolution*, Massachusetts, Sinaure Associates, Inc., 2009, p. 385。

（2）表型调控：物种在适应环境的过程中调整，处于可塑性较高的阶段；

（3）新变异的扩大化：初始状态下的环境诱导物种发育变化，这种表型变异来自环境，并能进一步在环境扩大影响，甚至充斥整个种群；

（4）遗传同化：表型变异的持续以及自然选择的作用，会促使这种表型固定在基因层面，进而性状的遗传将会一直持续下去。[1]

综上，可塑性问题是进化中的重要环节，在自然选择作用下，会很大程度参与物种的进化，并且突显了变异的发生不只是自然选择的影响，也受到自身发育的限制和调节，并不是简单的偶然环境因素诱发进化的结果。

3. 生态位的构建：进化、发育、生态环境的综合作用结果

既然可塑性如此广泛地参与了进化，可以说自然环境为进化提供动力的同时，进化主体之物种也在发挥着重要作用。环境选择物种，物种适应环境、提高适合度，在微观进化发生变化的同时，环境也受到物种发育的影响而被改变。列万廷指出："外在环境是影响进化发育的关键因素，但与此同时，物种的发育也在改变着环境，这种互为影响的进化观点即可称作'生态位的构建'（niche construction）。"[2]

生物体在进化中作为行动主体，会依据不同环境进行调节以更加适应环境，也会依据并选择利用周围的有利因素提高适合度。比如蚯蚓会在干燥的陆地环境中开挖洞穴，为自身提供适宜的潮湿住所以更好生存，它们会主动建构适合的环境，这种能力是进化中就已经裹挟在物种身上的。另外，在细菌 Wolbachia 的发育研究中，生物学家发现这种细菌会使后代与其寄主昆虫的性别比偏斜，通过物种的发育调节，提高昆虫后代的雌性比例，进而有利于细菌后代数量的增多。这些都是物种自主发挥可塑性的案例，在参与进化的过程中，物种不是被动地由环境选择，而是能主动调节周围环境并提升自

① Gillbert, Scott F. & Epel, David, *Ecological Developmental Biology：Integrating Epigenetics, Medicine, and Evolution*, Massachusetts, Sinaure Associates, Inc., 2009, p. 388.

② Laland, K. N., Odling-Smee J. and Gilbert, S. F., *Evo-devo and niche Construction：Building Bridges*, Exp. Zool. B, 2008.

适应能力。

诸如此类，每一个体都是处于一定的生物链条或者环境网格中，在自然选择的作用下，适合度高的物种几乎没有可以独立完成适应进化的。处于这样一个多层次的环境中，物种除了受到自然选择的影响，自身还在发挥着很大的可塑性，当然，这种可塑性也是物种基于环境和自身发育限制之上的结果。案例可见，物种在进化参与中，也是处于主动学习的过程，能在一定程度上利用周围已有的环境，构造更适合自身生存的环境。

简言之，物种的可塑性有很大的发挥空间，生物体可以通过发育层面来影响周围环境的变化，促进物种个体对环境的适合度。这样一种非被动的地位，促使生物学哲学家、遗传学家等更多去关注发育的价值和意义。基于环境的复杂性，不可能将进化论题简单归纳为定律，环境对物种的影响是多重的，基于环境的突变也是多层次的，看似偶然的进化其实蕴含着诸多复杂的关系网。一系列的进化现象和实验研究表明，进化不是古尔德意义上的偶然发生，关注宏观大演进的同时，也要考虑微观层面如物种发育对进化的影响。

第六节　结语

进化的模式和趋向问题在生物学哲学界现已得到学者们的热切关注，纵观进化理论的研究历程，很显然人们对进化论题的研究不断加深，对物种和环境之间的复杂关系也把握得更加深刻。进化理论自达尔文进化论即第一次综合，至第二次现代综合进化论，并发展至今第三次综合中对进化发育生物学的关注，学者们对物种进化的宏观和微观层面的进化景象分析，让我们更好地认识进化本质。多种观点的争鸣正在促使真理的逼近，物种进化与环境、发育之间的关系业已成为学者们研究进化趋向不可或缺的问题。

受综合进化论的影响，古尔德重新审视达尔文的进化论，基于达尔文进化论中的谜点和古生物学发现，认为进化不是达尔文进化论中呈现的渐进适应累积模式，而是如布尔吉斯页岩化石记录所现，物种是在"间断平衡"模式下演化而来的。生物界的进化整体态势是长期的稳定与短暂的巨变交替的过程。古尔德用偶然性论题阐释进化趋向，将物种进化看作基于偶然事件引发的现象，"重新播放生命的磁带"，物种将呈现全然不同的态势。

　　古尔德进化论题将环境大事件对物种宏观态势的影响凸显出来，但是基于地质年代时间分期对复杂生物界进化趋向的分析不免过于笼统，毕竟个体的每一微观演化都将可能"牵一发而动全身"，整个生物圈是环环相扣、紧密联系的，物种与环境之间的关系已不是简单的自然选择适应生存的物种。在个体发育阶段，亦即自然选择之前物种的突变阶段，就已经涉及环境对物种的多重影响；再者，自然选择不仅筛选出适应生存的物种，物种反过来也会塑造环境，会在一定程度上构建合适的生态位。进化不是在环境的作用下就会呈现直接的大规模变异，还受到各种限制其进化的因素，不能将多层次偶然性仅仅看作偶然概率事件的缩影，突变其本身并不纯粹是环境下的随机事件，物种与环境的关系已不再是之前所认为简单的单向作用，整个生物圈可以说是一种多力量综合作用下的网络关系。

　　纵观整个进化史，达尔文主义的自然选择学说一直具有很强的说服力，物种的进化即在适应斗争中遗传突变的结果。古尔德进化偶然性论题虽然在一定程度上为进化中的化石记录短缺提供解释效力，但是并不能说明整个进化都是在偶然因素为主导的作用下展开的。根据文中的讨论可以发现古尔德的进化理论存在着理论缺陷，并不足以取代既有的进化理论。他将进化的动力归之于历史中的偶然大事件，没有意识到在骤然变异的同时物种仍然受到发育史、适合度等诸多限制，物种与环境之间的关系也并不是单一的，而是互动的，自然选择使物种能在变异过程中提升适合度，同时也会在适应环境的同时施加力量于环境，因此环境的变化也会受到物种变异的限制。种种情况下，何以断言进化是偶然的？

　　故总体观之，目前对进化偶然性论题的讨论并没有解决进化生物学中的疑思，对偶然性问题展开多元的批判和争论依然很有必要。贝蒂等学者对古尔德偶然论题的讨论对进一步探讨进化有理论价值。目前关于偶然性本身及偶然模式的讨论为我们把握进化问题提供借鉴。不论是历史限制抑或进化模式皆不可忽略，综合而多元化的视角也许更利于解释进化的本质。

第 十 九 章

达尔文是生物进化进步主义者吗？

第一节 问题的提出

自然科学研究表明，地球上的生命在诞生之初，以最简单的"复制子"形态萌生，随着时间的推移逐渐出现越来越多崭新的生命形态。它们无论是在复杂程度或是种类数量上都呈现出惊人的发展。例如，单细胞生物衍生出多细胞生物，非哺乳类生物进化出哺乳类生物等。生物在进化过程中呈现出从低级到高级，从简单到复杂的趋势，已经成为公认的生物进化现象被写进中学生物课本。但是，这是否等同于生物进化具有进步性，或者说，生物在进化历程中呈现出某种意义上的改善，变得越来越好了？现代生物进化理论通常使用"进化性进步"（Evolutionary Progress）来表述这一观点，但是哲学家们对这一观念的争论一直存在。

以古尔德为代表的反对派声称，生物从简单到复杂、从低级到高级的发展变化并不是自然界的普遍规律，生命进化的历程不以进步性为根本特征，所谓生物进化性进步概念，仅仅是人类中心主义的表现。即使在支持方内部，对生物进化性进步的衡量标准和发生机制也没有达成共识。例如，赫胥黎认为我们可以得到一个客观正确的评判标准，辛普森则希望人们能够意识到生物进化过程中体现出的进步性可以有多个标准。

作为生物进化理论研究领域的重要人物，达尔文关于这一问题的态度立场值得我们展开深入的探讨。需要注意的是，达尔文在其理论著作中，关于生物进化是否呈现出进步性的表述存在前后不一，暧昧不清的状况，这也导致后人就其态度立场有着不同的理解和争论。达尔文是否认同生物进化存在进步性？如果认同的话，这种进步性是否与他的自然选择理论相符？这些都将成为我们需要解决的问题。本研究将系统梳理达尔文不同时期著作中关于生物进化性进步的具体文本，考察分析他对待这一问题的态度变化，得出达尔文赞同生物进化历程具有进步性这一结论。同时，本研究试图阐述达尔文如何在其自然选择理论框架内，解释生物进化性进步这一现象，即用生物竞争过程来解释这种进步的发生机制，把生物生理结构的分工和专门化看作生物进化性进步的标准；强调达尔文所认同的生物进化性进步所具有的特征。在考察完达尔文关于生物进化性进步的理论主张之后，本研究将试图结合达尔文所处的时代背景和社会环境，进一步推测达尔文对待生物进化性进步这一问题态度立场表述含混不清的原因。不同于当时主流的预定性的进步观念，达尔文所认同的生物进化性进步是指生物在自然选择作用下，现实地在进化过程中呈现出的一种客观的进步性。他之所以采取含糊的表达方式，是不希望读者们错误解读他所要表述的"进步"的概念内涵。同时，前人研究著作的遭遇以及周边人群的态度立场都对其产生了一定的影响。

可见，生物是否沿着进步的方向发展这一问题有着复杂的思想渊源和理论背景。然而，生物进化过程呈现出从低级到高级，从简单到复杂的趋势已被当作科学知识写进了中学生物教材，对于习以为常的观念，我们有必要去做进一步的审视和检验。随着现代生物进化理论的不断拓宽和发展，关于生物进化是否具有进步性的讨论并没有失去原有的热度，诸多生物进化理论学家试图从更多的角度分析解读这一问题，在生物学哲学发展史上留下了众多精彩的理论交锋。达尔文的自然选择理论在生物进化理论领域的地位不言而喻，其关于生物进化性进步问题的态度立场和论证过程需要我们去认真对待和理解。通过梳理其不同时期阶段内的著作文本，我们能够大致勾勒出达尔文对于这一问题的动态认识过程，以及该问题在自然选择理论框架下的兼容方案。了解和掌握达尔文对于生物进化性进步这一问题的理论主张，能够进一步完善生物进化理论关于这一主题的历史发展脉络，也可以帮助我们更好地理解和认识现代生物进化理论的研究基础。

除了出于理论研究的考量，对于达尔文生物进化进步性问题的研究还基于这一问题背后深刻的社会现实意义。可以说，生物呈现阶梯状的进步发展观是西方思想史上的重要一环，对人类社会的文明进展产生了深远的影响。这种影响不仅体现在理论层面，更深深地嵌套于现实社会之中。有些人将生物进化过程中体现出来的进步性与道德伦理捆绑在一起，进而衍生出了许多极具传染性的思想。其中，最为人知的就是社会达尔文主义和优生学。他们都主张，生物进化理论中的思想可以并且必须用于构建人类社会，历史上某些统治阶级大力鼓吹愚蠢、幼稚的进步信念，最为臭名昭著的就是纳粹国家打着"人口高尚化"的旗号，虐待甚至是屠杀其他民族人种。虽然这段历史已经告一段落，但是在当下的人类社会中依然残留着这些危险思想，需要我们提高警惕。因此，重新考察达尔文关于生物进化性进步的态度立场和理论主张，能够帮助我们更好地从理论根源上清除掉人类社会中关于生物进化理论的误解和滥用。

第二节　达尔文著作中关于生物进化性进步的文本梳理

一　环球航行

达尔文于 1809 年出生于英格兰，他的祖父和父亲都是当地很有声望的医生，他的祖父也是英国最早一批对生物进化过程提出见解的学者。达尔文从小就展露出对大自然强烈的好奇心，喜欢观察自然，搜集动植物标本。他没有达成家里人希望他继续学医的心愿，但在家族成员的影响下以及并不短暂的爱丁堡医学课程中，达尔文还是积累了一些生物学化学相关知识。从爱丁堡的医学课程退出之后，达尔文被家人转送到剑桥大学学习神学。在剑桥学习期间，达尔文依旧没能按照家人的安排潜心钻研神学，他被当时自然科学领域中的众多杰出学者所吸引，并结识了不少当时的著名学者。其中，博物学家约翰·史蒂文斯·亨斯洛（John Stevens Henslow）给了他极大的支持和指引。亨斯洛精通植物生物学、化学、矿物学和地质学等多个领域，并对实地考察的科研工作有着丰富的经验。在为期三年的大学时光里，达尔文坚持出席亨斯洛关于生物学的课程讲座，接受了相关学科的系统训练。正是在亨斯洛的帮助和指导下，达尔文才真正地迈进了自然科学研究的大门，后人也将他称为达尔文的"伯乐"。达尔文在自传中用"对我事业生涯影响最深的一个环境"① 来评价他和亨斯洛的友谊。达尔文曾经在亨斯洛的建议下，跟随着地质学家塞奇威克去北威尔士进行实地的科研考察工作。这次实践经历教会了达尔文发掘和鉴定化石，整理科学调查的材料，分析地质证据背后蕴藏的自然事实，这无疑为他之后的自然科学研究积累了宝贵的经验。通过亨斯洛的举荐，达尔文从剑桥大学毕业之后，以博物学家的身份登上了"贝格尔号"军舰，开始了长达 5 年的环球科研考察工作。这趟航行的主要任务是在南美洲进行海上和陆上的探测，包括航路的测定、沿途动植物以及矿物的调查记录。在这期间，达尔文发现了许多新的物种和地质证据，使得他对生物进化这一问题有了更加深刻的认识和思考。正如达尔文在自己的自传中所写的，"是我一生中最重要的事件，它影响了我的整个事业生涯"②。回国后，达尔文将自己在环球航行期间的所见所闻整理记录下来，创作了一系列的私人回忆录，受到了读者的追捧。这对于当时的他来说，既增强了他的知名度，也积累了大量的研究材料。

　　达尔文在自己的日志中，记录了自己在航行期间观察到的生物进化现象，并对此进行了自己的思考和推断。其中，他关于生物进化过程中发生的"进步"趋势做出的相关表述，是与生物复杂性程度联系在一起的。在观察到众多的新物种之后，达尔文在日记中向自己提出了这样一个问题并尝试解答，"每一物种都在变化，它是进步的吗？最简单的不禁变得复杂，如果我们回溯到生物进化最开端的地方，一定会承认进步的存在"③。达尔文在这里表露出了对生物进化性进步的认同，根据当时的古生物研究和地质学证据，他相信地球上生物体的最初形态是极其简单的，与现如今复杂多样的生命形态相比，生物进化历程体现出了生命形态复杂程度上的增强，在这一意义上，生物进化过程具有进步性。接下来，达尔文对生物复杂性增强的过程进行了推测，"地球上种类繁多的动物都依赖于他们多样的结构和复杂性，

① ［英］弗朗西斯·达尔文：《达尔文回忆录》，白马、张雷译，浙江文艺出版社 2011 年版，第 25 页。

② ［英］弗朗西斯·达尔文：《达尔文回忆录》，白马、张雷译，浙江文艺出版社 2011 年版，第 31 页。

③ Barrett, P. H., Gautrey, P. J., Herbert, S., et al., *Charles Darwin's Notebooks*, 1836 – 1844: *Geology*, *Transmutation of Species*, *Metaphysical Enquiries*, British museum (National History), 1987, p. 175.

因此生物结构变得复杂之后，他们也有发展新的适应性的复杂结构的可能。但是，这种随着其他生物体复杂性的增长，生物体从简单形态变得更加复杂的趋势并不是必然的"①。

这一推断暗指了，生物复杂性不断增强的过程是一种自我推进式的正反馈循环。② 就像多米诺骨牌一样，当最初简单形态的生物体变得更加复杂时，在某种我们并不清楚的过程作用下，它本身以及其他生物体也会跟着变得更加复杂，这样的循环将一直发生。我们假设，一开始地球上的生命都以最简单的结构存在，在外部因素的推动下，物种发生变化，由于最初的结构不能变得更加简单，所以生物体只能朝向更加复杂的方向发展。这种情况一直反复循环出现，最终的结果就是生物在进化的过程中形态和结构的复杂性不断提升。达尔文论述完生物体如何朝向复杂化发展的过程之后，强调了这一进程的"必然性"是由外部的因素造成的，即不是生物内部具有必然的朝向复杂化的发展倾向，而是由于外部其他因素复杂性的增加，促使了这一过程。可以看到，达尔文在环球航行中已然意识到了生物进化性进步的现象，同时得出了一个初步的结论，即生物在进化过程中结构的复杂性不断提升体现出了生物进化过程中的进步性。达尔文对这种"进步"发生的原因给出的解释也很简单，由于生命最初的形态是最简单的，那么除了变得更加复杂似乎没有其他可能性。但是，他给出的这一解释仍然存在很多问题。比如，为什么生物体没有停留在最初的简单形态，生物体复杂性增加的过程到底是如何发生的，这些问题都有待解决。

二 两篇手稿的完成

达尔文回国后发表了多篇学术文章，但是一直未能建立起关于生物进化过程的完备理论体系。在1838年阅读完马尔萨斯的《人口论》后，达尔文对生物进化过程有了新的思考，对生物进化性进步也有了新的解读。他在1842年撰写了一篇关于生物进化理论的提纲，到了1844年又进一步补充扩

---

① Barrett, P. H., Gautrey, P. J., Herbert, S., et al., *Charles Darwin's Notebooks*, 1836 – 1844: *Geology*, *Transmutation of Species*, *Metaphysical Enquiries*, British museum (National History), 1987, p. 175.

② 参见 Shanahan, T., *The Evolution of Darwinism: Selection, Adaptation, and Progress in Evolutionary Biology*, Cambridge University Press, 2004, p. 178。

展为一篇长达二百三十页的手稿，文章可以看作达尔文自然选择理论的雏形，文中也涉及了对于生物进化方向的讨论，但是该手稿在达尔文生前一直未被发表。

马尔萨斯在《人口论》中提出这样一种观点，人被自己种类繁殖延续的本能冲动所支配，造成过度的繁殖。人口数量按照几何级数增长，但是生活资料的增加却是按照算术级数，最后的结果将会是人类数量的不断减少。这是因为食物的增长供应不能满足人口数量的增长，当人均占有的生存资料达不到最低限度时，人口数量将会大幅度下降。马尔萨斯认为这些都是大自然的平衡机制，是永恒的自然规律。达尔文将马尔萨斯提出的这一自然规律应用到一切生物上，不仅仅是人，所有生物的繁殖速度都有超过生存资源许可范围而增长的趋势，结果就是生存竞争，进而导致自然选择。他在自传中激动地写道："此时此刻，我终于找到了一种可以作为研究依据的理论了。"① 在 1844 年的手稿中，达尔文写道："一切生物，都有以高速率增加其个体的倾向，所以生存斗争是必然的结果。各种生物，在它的自然生活期中产生多数的卵或种子，往往在生活的某期内，或者在某季节或某年中，遭遇到死亡，否则，依照几何比率增加的原理，它的个体数目，将迅速地增大，以致无地可容。个体的产生，已经超过其可能生存的数目，所以不免到处有生存的斗争，或者一个体和同种的其他个体斗争，或者和异种的个体斗争，或者和生活的物理条件斗争。这是马尔萨斯的学说，以加倍的力量，应用于整个生物界。"② 这段表述体现了达尔文生态学层面的考量，达尔文体现出了生态学层面的考量，他察觉到了不同物种及其与自然环境之间的关系网。每种生物都会产生远超其存活量的后代，这至少会引发该物种内部的激烈竞争，至于不同物种之间，也会出现程度较轻的竞争。另外，每个物种都与众多其他物种相关联，通过它们彼此之间的关系网，会带来一系列微妙的生存压力。

因此，如果生命体的复杂化能够一直充当自然选择中的优势，那么我们

---

① ［英］弗朗西斯·达尔文：《达尔文回忆录》，白马、张雷译，浙江文艺出版社 2011 年版，第 47 页。

② Darwin, F. (ed.), *The Foundations of the Origin of Species*：*Two Essays Written in* 1842 *and* 1844 *by Charles Darwin*, Cambridge University Press, 1909, p. 88.

可以用自然选择理论来为生物的复杂化倾向做解释。但是正如达尔文自己也意识到，在实际的生物体发展历程中，生物的退化有时反而更加具备自然选择的优势，生物有可能朝向更加简单的方向进化发展。他以"洞穴鱼"的例子说明，有时更为简单的结构反而更具有优势。他在文稿总结道："在漫长的自然选择进程中，生物可能朝向更加简单的方向，同时也可能是更加复杂的方向发展。根据自然选择理论，除了不同个体和种群之间的相互竞争，我们没有发现其他推动生物向更高级发展的力量。但是我们可以从生物体的普遍的世代遗传进程发现，生物体总是发展出新的结构更为复杂的后代。"[1]借由马尔萨斯的理论，达尔文对生物进化过程的认识有了新的突破，对生物进化性进步现象的解释具有更强的理论依据。如果延续之前把生物复杂性的增加当作生物进化性进步的标准的做法，根据这里提出的自然选择理论提要，生物复杂性的提升能够获得自然选择上的优势，因此，生物将朝向这一方向发展，体现出了进步性。但是，我们需要注意的是这里提出的自然选择理论能够从整体上解释，生物体为什么变得更加复杂了，但是它也同时能够解释生物的退化以及停滞现象。因此，如果仅仅以这一标准衡量生物进化进步性，并不能提供生物朝向更为复杂的方向发展这一有效解释。

三　《物种起源》的发表

达尔文对于《物种起源》的写作态度非常谨慎，"7月1日（1837年），我写下了《物种起源》有关的论据第一页，我已经对此思考了很长时间了，而且在接下来的二十年间，我也从未停止过这项工作"[2]。在完成1844年的提纲之后，达尔文将研究中心转移到了生物形态学和分类学上，直到1856年，他重新将工作重心转移到生物进化理论的系统筹备上，搜集和积累了大量的证据材料来支持自己的理论。他的研究进程被华莱士的来信所打断，华莱士在信件中大致介绍了自己关于生物进化理论的想法，当看到华莱士构思的理论与自己的理论惊人地相似时，达尔文只能改变之前的研究计划，开始

---

① Darwin, F. (ed.), *The Foundations of the Origin of Species: Two Essays Written in 1842 and 1844 by Charles Darwin*, Cambridge University Press, 1909, p. 227.

② ［英］弗朗西斯·达尔文：《达尔文回忆录》，白马、张雷译，浙江文艺出版社2011年版，第35页。

创作一篇理论概要，这也就是后来的《物种起源》。1859 年 11 月，第一版的《物种起源》正式出版，引起了学术界和大众读者的强烈反响。《物种起源》一书的面世标志着以自然选择为核心的达尔文生物进化理论正式登上历史舞台，通过挖掘达尔文自然选择理论中涉及生物进化性进步的相关内容，我们能够对达尔文关于这一问题的立场主张有一个较为清晰的认识。

达尔文在《物种起源》中推翻了物种不变观点，指出地球上现在留存下来的物种源于相同的祖先，通过漫长的演化过程，形成现在丰富多样的生物物种。他创立了以自然选择作用为核心的生物进化理论，通过大量的证据资料，达尔文指出所有的生物都可能发生变异，其中部分变异具有遗传性，可以传递给下一代。同时，在自然界中无时无刻不在发生着激烈的生存斗争，具备有利变异的变异个体在生存斗争中获得更多的生存机会，适应能力差的个体将被淘汰，这就是自然选择的过程。通过持续的自然选择的作用，有利的变异被逐渐筛选和保留下来，进而产生新的物种，形成如今丰富多样的物种类型。

在 1859 年至 1872 年期间，达尔文先后出版了 6 个不同版本的《物种起源》，内容变化较大。英国历史学家派克汉姆曾对各个版本进行了对比研究，他指出第二版与第一版之间只有不到两个月的时间间隔，除了修正了一些语法修辞上的错误，内容并未变动很多（增添了 30 个句子，删除了 9 个句子）。在这之后的几个版本中，为了回应他人的反驳，达尔文逐渐偏离了原初的理论立场。这是由于当时人们的认知水平有限，很多反驳的出发点都是错误的，达尔文的回应也缺乏科学性。例如，为了解释变异的可遗传性，由于当时人们对生物的遗传机制没有科学的认识，达尔文只能求助于拉马克主义的遗传理论。最终版的《物种起源》与第一版相比，篇幅增加了近三分之一。[1] 本研究将结合不同版本《物种起源》中谈及生物进化性进步的内容进行具体分析，并尝试在自然选择理论的框架内给出合理的解释和论证。我们将会发现，随着达尔文自然选择理论的不断成熟，他对于生物进化性进步的立场也变得更加坚定，对"进步"的理解也更加完善。

---

① 参见［英］查尔斯·达尔文《物种起源》，苗德岁译，译林出版社 2016 年版，第 1 页。

（一）生存斗争中的胜利

在 1859 年出版的第一版《物种起源》讨论生物的地质演替章节中，达尔文提醒读者，他不会就现在的生物是否比先前的生物更为高级这一话题展开详细的论述，因为他认为自然科学家们对所谓"高级"和"低级"的定义并不明确。但是，达尔文还是在自己的著作中涉及生物进化中"孰优孰劣"的比较，并作出如下表述："但就某一特定意义而言，根据我的理论，较近的形态一定高于较古的形态——因为每一个新物种的形成，都要靠在和其他先前物种的斗争中具有过某些优势。如果在一个基本类似的气候下，把世界某地的始新世生物拿过来和同地（或异地）的现存生物进行竞争，则始新世动物或植物群将肯定被击败和消灭。同样，第二纪动物群将被始新世动物群所代表；古生代的被第二纪的打败。这种改进过程对较近的和优胜的生物形态的作用肯定更显著、更可观，胜过对古代的和落败的生物形态的作用。"[①]

这段重要的表述告诉我们，即便达尔文本人并不想高呼生物进化存在进步性这一论断，但是自然选择理论必然会得出这样一个结论。马尔萨斯的理论让达尔文意识到，自然界随时随地都充斥着残酷的生存斗争，自然界只会对具有更加有利的特征物种敞开生存的大门，因此，促进生物完善化的特征将被保存下来。在动态发展的进化历程中，生物竞争不断上演，每个时期的物种都在生存斗争中战胜了自己的前任，在趋于完善化的进程中走得更远。

达尔文提出的在生存斗争中取得胜利，趋于完善的一方所体现出的进步性需要被进一步地补充说明，即对"高低"比较的前提条件进行限制。根据自然选择理论，更加"高级"的物种，本质上是指生物在适应生存环境的过程中，相对于它们直系先辈而言，获得了更好的适应能力。如何比较哪种生物更为高级、完善、进步这一问题，转变成如何比较生物体适应环境的能力。达尔文给出的答案是，在相似的生存环境中，直接发生生存斗争并取得胜利的物种更为高级。我们可以对这一说法展开考察。

因为生物适应环境是相对于某一具体的环境条件之下而言的，我们可以想象，在某种生物的世系脉络中，先后有生物体 A，生物体 B 和生物体 C，

---

① ［英］查尔斯·达尔文：《物种起源》，李虎译，清华大学出版社 2008 年版，第 257 页。

我们能够说生物体 B 适应环境的能力高于生物体 A，生物体 C 适应环境的能力高于生物体 B，但是不能得出生物体 C 适应环境的能力高于生物体 A。换句话说，适应环境能力的强弱可能并不具有可传递性。因此，这种"高级"只能被限定在生活在同一（或者极为相近的）生存环境下的物种之间的比较。达尔文限定了生物竞争发生在"相似的生态气候中"这一点是重要的，因为自然气候在生物进化过程中发生了重大的变化，因为先前的物种相对于它们所处的自然气候而言，可能获得了很强的适应环境的能力，并不比之后的新物种差。因此，达尔文所描述的竞争意义上的优越性是指，发生了直接的生物竞争的物种。可能是指同一世系下的物种（某一生物种群与它们的后代），或者是争夺同一种生存资源的不同生物（例如爬行类动物和食肉动物之间的竞争）。所需生存资源不同，或者生存在不同的环境条件下的生物并不会产生生存竞争，因此也就不能说存在竞争意义上的高级或低级（例如海底的食腐动物和热带的食草动物之间就不会产生生存竞争）。

（二）专门化和生理功能分工化

除了进一步补充先前关于生物竞争促使生物进化性进步发生的观点之外，达尔文也没有放弃之前将生物结构复杂程度增加作为"进步"标准的做法，并在第二版的《物种起源》中加入了生物学中对生物结构专门化和生理功能分工化的内容，以此来论述生物进化过程具有进步性。第一版《物种起源》发表之后，达尔文受到了学术界的很多反驳。其中，有学者否定了达尔文用自然选择理论解释生物进化过程存在进步性的做法，与达尔文关系甚密的地质学家赖尔就曾写信给他，反驳生物体内存在一种内在的、向上的创造的力量，对生物体发展出更加高级的结构更为重要。在 1859 年 10 月 25 日的回信中，达尔文对生物进化过程中体现出的"改进"展开了更加细致的论述。他写道："所谓'改进'并不是必须先有或者需要任何本土的'适应的能力'或'改进的本性'；它只需要多种多样的变异性以及人的选择，即利用那些对他有用处的变异；所以在自然状况下，任何偶然发生的轻微的、对任何生物有用的变异都会在生存斗争中被选择或保存下来；任何有害的变异都会被毁灭或被排斥掉；任何无用又无害的变异将被留下来而成为一个动摇因素。当你把自然选择同'改进'做对比的时候，你似乎总是忽略了各个物种的自然选择的每一步骤就意味着那个物种同其生活条件的关系的改进。如果一种变异不是一种改进或利益，它就不能被选择。我设想改进意味着每个类型获得了许多非常适应它们的机能的部分或器官。因为每一物种改进了，并且因为类型的数目增加了，如果我们从时间的整个过程来看，对于其他类型的有机的生活条件就要变得更加复杂了，因而其他类型就有改进的必要，否则它们就要被消灭掉；如果没有任何其他直接的'改进的本性'的干涉，我看这种改进的过程是没有止境的。据我看，所有这些都十分符合某些适于简单条件的、没有改变的或正在退化的类型。如果我能有出第二版的机会，我将反复说明'自然选择'以及作为一般结果的'自然改进'。"①

正如他在信中所言，达尔文在第二版以及之后的各个版本的《物种起源》中推翻了之前的立场，对之前不愿进一步细化的"进步"概念进行了讨论。在新一版的《物种起源》中，达尔文在第四章系统论述自然选择理论的章节概要中，给自然选择作用增添了这样的结论："它使每一生物在与其相关的有机和无机的生活条件下得以改进。"② 同时，在第一版表示不对生物高低级做比较的言论后面，达尔文给出了他本人对于生物进化性进步标准内涵的观点。"最好的定义大概是，较高等的类型，其器官针对不同功能，具有了更为明显的特化；而且由于如此生理功能上的分工，似乎对每一个生物体是有利的，故自然选择便不断地趋于使后来的以及变化更甚的类型，较其早期的祖先们更为高等，或者比此类祖先们稍微变化了的后代们更为高等。"③ 达尔文使用了专门化和生理结构分化来解释生物进化进步性，这一做法是受到了德国动物学家冯·贝尔（Karl Ernst von Baer）和法国动物学家爱德华（Henri Milne Edwards）关于动物发展层级研究的影响。达尔文在早年间阅读过贝尔的作品，而且将他的理论应用于自己关于藤壶的研究。

冯·贝尔是近代胚胎学的奠基人，他研究了动物的胚胎发育，发现了脊索和胚囊，证实了哺乳动物是从卵中发育而来的。他的著作《动物个体发育》是第一部比较胚胎学著作，制定了后来被称为贝尔律的胚胎学定律。他的研究表明即使是非常不同的生物，其早期胚胎也可能具有惊人的相似性，

---

① ［英］查尔斯·达尔文：《达尔文生平及其书信集》第一卷，叶笃庄、孟光裕译，生活·读书·新知三联书店 1957 年版，第 542 页。

② ［英］查尔斯·达尔文：《物种起源》，苗德岁译，译林出版社 2016 年版，第 81 页。

③ ［英］查尔斯·达尔文：《物种起源》，苗德岁译，译林出版社 2016 年版，第 213 页。

只有到生长发育的后期特定类型生物的各种特征才会呈现出来，生物发育整体呈现出从共同形态向特化形态的发展变化规律。在生物发展层级的划分上，贝尔认为越是复杂、多形态的生理结构分工，越为高级。那些浑然一体的生物，相较分化出血液、肌肉等不同结构组织的生物，应该被归为发展程度较低的物种。贝尔的发现对达尔文产生了重要的影响，达尔文意识到了胚胎学在生物进化研究中的重要性，他把关于胚胎发育的描述转移到了生物进化理论的背景下，提出随着生物进化的进程，生物从一般性的生理结构形态逐渐演变发展成多样性的特殊形式。早在 1842 年和 1844 年的两篇文稿中，达尔文就引用了贝尔对生物胚胎发育的研究，动物胚胎发育过程存在一定特定规律，胚胎结构的共同性成为达尔文生物进化理论的依据。在《物种起源》的多个版本中，达尔文多次引用了贝尔关于生物器官结构分化的理论主张。贝尔认为，生物个体的组织结构具有一定的基础部分，且各个部分之间存在一定的异质性。生物在组织和形态上的分化程度不同，生理结构越单一的生物，它的发展等级就越低，而像分化出神经、肌肉以及血液等不同生理组成结构的生物，等级更高。[①]

　　爱德华是著名的法国动物学家，1838 年成为巴黎科学院院士，他是居维叶的学生和追随者，是海洋动物生理学研究的先驱之一。爱德华详细描述了许多珊瑚虫、软体动物和甲壳类动物，对达尔文产生了重要的影响。1855 年，他提出了对动物世界的分类，该分类包括四种类型，包括 24 个类别，并提出了生理分工和器官组织分化的原理，并试图论证了生物生理功能的分化使得生物体更加有效率。他认为，当生物体发展出更为复杂的生理现象时，生物体不同的身体组织之间的分工合作会彰显出惊人的能力。区别于单纯的机械结构，生物体各部分生理结构分化出不同的形态，并且能够达成对应的生理功能，从而形成一个有机的整体。他认为，如果一个动物组群在身体结构上的分异越完善，那么其将在生物竞争中获得更大的优势。达尔文也很认同爱德华的观点，把关于藤壶研究的第二卷献给他。

　　达尔文将两人关于生物结构的看法拓展到了生物进化理论当中，在《物种起源》中，达尔文在讨论生物性状的分歧化章节中指出，大量证据表明如

---

① 参见潘承湘《冯·贝尔与重演律》，《自然科学史研究》1987 年第 1 期，第 92—96 页。

果一个物种在个体生理结构层面和生存习性方面具备更强的多样性，那么该物种能够占据更多的生存空间，从而存活更多的个体数量。这里，达尔文考察了不同层级上的分歧化给物种带来的生存优势，生物在个体生理功能的分异与生物体内各部器官结构的分化，两者虽然是不同层级上的发展趋势，但都为生物带来了生存优势。借由贝尔和爱德华关于生物体器官结构的论述，达尔文有了可以解释为何自然选择的进程会推动生物朝向更加先进的方向的理论基础。在第三部的《物种起源》中，达尔文新增了一个章节讨论生物体制倾向进步的程度，他援引了贝尔和爱德华关于生物体发展等级的标准，"自然选择专门保存和积累那些在生命各个时期，在各种有机和无机生活条件下，都对生物有利的变异。最终的结果将是，每一生物与生活条件之间的关系，越来越得到改善，而这种改善，必将使世界上更多生物的体制逐渐进步。这样，问题就出来了：什么是体制的进步？对此博物学家还没有给出一个让大家都满意的解释，贝尔先生提出的标准可能是最好的且广为采用的标准，他把同一生物（成体）各器官的分化量和功能的专门化程度，也就是爱德华所说的生理分工的彻底性作为标准"①。在接下来所有的版本中，达尔文都直接使用了贝尔和爱德华的论述，把他们关于专门化和生理功能分工观点视为同样重要的理论部分。这些生物学家为达尔文提供了能够将自然选择和生物进化进步连接起来的宝贵概念。

达尔文在《物种起源》中借用生物竞争和生物生理结构分化来解释生物进化性进步，从第三版之后的各个版本讨论生物演替的章节中，达尔文将两者结合起来，对生物体制是否从远古地质时期向现代进化问题进行了回应，"在地球的历史上，各个连续时期的生物，在生存斗争中打败了它们的祖先，因此后代一般比祖先更高等，构造上也变得更加专门化，这就可以解释许多古生物学家都相信生物的构造总体上是进化的原因"②。我们能够从这些表述中得出，达尔文是赞同生物进化性进步立场的。在第六版中，他给出了更加明确的论断，达尔文认为尽管在生物的进化过程中不存在推动生物不断完善的内在动力，但实际的生物进化历程确实呈现出了这样一个特征，

① ［英］查尔斯·达尔文：《物种起源》，舒德干等译，北京大学出版社 2005 年版，第 132 页。
② ［英］查尔斯·达尔文：《物种起源》，舒德干等译，北京大学出版社 2005 年版，第 403 页。

即地球上的生物作为一个整体在进化过程中由于自然选择的作用呈现出进步性。而对于这种进步性最好的定义就是生物体结构的专门化和分工化，或者说，生物生理结构分工愈加复杂，适应环境的能力也更加高效。随着时间的推移，生物机体各个方面的配置都将朝向促进该生物体更加完善化的方向发展，这也是自然选择的必然结果。

四　后期作品关于人类进化之进步性的讨论

达尔文关于人类进化独特进步性的讨论集中在《人类的由来及性选择》一书中，该书试图论证说明人类是由长得像猿一样的祖先进化而来，人类在进化历程中除了生理结构上的进步，更突出的是在智能以及心理层面上的巨大发展。人类的理智和道德发展，因而推动了人类社会的整体进步发展，但他也承认这一过程是极为复杂的，涉及很多相关因素。他在书中更是对生物整体进化历程中的进步观念进行了明确的总结论证，为我们提供了理解其立场态度的重要信息。

在这部著作中，达尔文认为人类社会的文明程度是不断进步的，"差不多包括全部文明世界的这等地方的居民一度都处于野蛮状态，这简直是无可怀疑的了。认为人类原本是文明的，其后在许多趋于发生了完全退化的那种信念，乃是可怜而又可鄙地低看了人类的本性。而认为进步远比退步更加普遍，并且认为人类虽然经过缓慢而中断过的步骤却由低等状态上升到今天那样的知识、道德和宗教的最高标准，显然是一种更加真实、更加令人振奋的观点"①。而对于左右人类文明进步的因素以及进步的规律，达尔文提醒我们，"必须记住进步并非是永恒不变的规律。我们只能说，这是决定于人口实际数量的增加，决定于附有高度智能和道德官能的人们的数量，同时还决定于他们的美德标准"②。

除了试图说明人类进化的特殊性，达尔文在这本书中对生物进化性进步的讨论集中于下面这段话中，"冯·贝尔解释生物等级的提高或增进比其他

---

①　[英]查尔斯·达尔文：《人类的由来及性选择》，叶笃庄译，北京大学出版社2005年版，第94页。

②　[英]查尔斯·达尔文：《人类的由来及性选择》，叶笃庄译，北京大学出版社2005年版，第91页。

任何人都好，他的解释是以一种生物的几个部分的分化程度和特化程度为依据的——我愿补充一点，即这等部分是达到成熟期的。那么，由于生物通过自然选择缓慢地对多种多样的生活方式变得适应了，它们的一些部分由于从生理分工得到利益，也会在各种功能上变得越来越分化和特化了。同一部分好像常常最初是为了一个目的而改变了，于是经过长期以后又为了另一个完全不同的目的发生了改变；这样，所有的部分都变得越来越复杂了。但是每一种生物依然保持着其最初祖先的一般构造模式。按照这个观点，如果我们转向地质学的证据，全体生物似乎在整个世界上都以缓慢而中断的步骤向前进了"①。这段论述值得我们注意，它将达尔文关于生物进化过程中的进步趋势的认识总结得非常全面。生物体不同的生理功能分工促使生物出现了新的专门化结构，这位生物在赢得了在生物竞争中的优势。通过自然选择过程，在同一结构分类下的生物体，增加积累了生命形态上的复杂性。尽管这一过程不会必然地出现在每一个物种进化的个例当中，但是在化石证据中，我们还是可以获得普遍理论意义上的实证证据，也就是说，化石记录了地球上的生物在整体意义上，朝向进步的方向进化发展。对于达尔文而言，进化性进步不仅仅是自然选择理论的假定预设，更是被地理证据是所实证的事实。

第三节　达尔文关于生物进化性进步的立场分析

在对达尔文相关理论著作中涉及生物进化性进步的文本进行梳理后，关于达尔文对生物进化性进步观念的立场，我们必须解决两个问题。第一个当然是判断达尔文关于进化性进步的态度究竟为何，因为从他不同时期的文字表述中来看，他有时断言讨论生物"进步"是没有意义，有时又认同生物进化过程呈现出进步性。第二个问题则是，如果主张达尔文也支持进化性进步这一理念，那么他又是如何解释这一进化进步现象的呢，或者说，达尔文关于进化性进步的观点与他自然选择理论相符吗？基于自然选择理论的标准

---

① ［英］查尔斯·达尔文：《人类的由来及性选择》，叶笃庄译，北京大学出版社 2005 年版，第106 页。

解释我们可以判断，所有的适应都是相对于当下的条件而言，生物要么跟随着变化的条件发展，要么不能适应走向灭绝。我们显然不能说，因为一系列偶然的环境变化，而引起了积累性的进步发展，因此，如果达尔文真的确信存在某种普遍意义上的进步性进化，这一观点似乎与他的理论核心相违背。因此，我们必须对达尔文关于生物进化性进步的理论展开进一步的分析和探究。结合他对于生物进步过程呈现进步性的相关反驳，以及《物种起源》各个版本的增减情况，我们可以看出，达尔文对该问题的态度立场是不断在加强的。同时，自然选择理论关于这一问题的论述也不断深入，其中就生物进步的标准以及发生机制的阐释逐步完善，并对生物进化性进步的必然性给予了充分的否定。

一　坚定的生物进步主义者

根据前面的理解，尽管达尔文承认对生物在进化过程中"进步"的具体发生过程仍然存在很多未解之谜，但是，达尔文仍然是一位坚定的生物进步主义者。从历史文本梳理中能够看出，达尔文对生物进化性进步这一问题的关切和态度立场是在不断增强的。在他早期的环球航行中，地质证据中的古老生物和令人眼花缭乱的新物种给他带来了巨大的冲击，直观感受将生物进化性进步这一问题推到了达尔文面前。但是，此时的他并没能给出一个完整的解释。随着达尔文对生物进化理论的认识不断提升，自然选择理论的雏形出现了，两篇手稿中都涉及这一问题，并结合马尔萨斯的人口学说，以生物竞争为突破口给出了可能的解决方案。在第一版的《物种起源》中，达尔文专门强调说，不会专门讨论生物高级低级的问题，认为生物学家们对生物"进步"的定义是模糊的，不准确的。第二版，得出生物进步是自然选择的结果，结合冯·贝尔和爱德华，加入定义标准。第三版及之后的版本，专门增加一个章节讨论生物体制进步的程度，明确标准，得出结论。

达尔文对进化性进步的讨论随着他的理论发展逐渐加深，特别是《物种起源》的版本不停深化，他关于进步的理解也更加明显。关于多样性和专门化的讨论多于进步这样的主张是虚假的。对于达尔文而言，生物进化的进步性很大程度上体现在专门化的增加还有生理功能的分工。当我们把他相对分散的文本集中起来分析时，我们可以发现他对生物进步这一主题很有热情，同时也很赞成这一主张。尽管朝着许多不同的方向。这种进步到底包含什么具体内容并不清楚，但达尔文倾向于接受复杂性这一理念。如果我们能够区分达尔文相信进化是进步的意义，那么我们可以把达尔文关于进化性进步模棱两可的论述归结成一致的。达尔文关于这一理念存在发展的特征，也需要我们的重点把握。达尔文一开始精心地描述他关于这一概念的想法，是基于他认为自己日后关于这一概念的把握会更精湛的信念。等他的信心随着理念一起发展，他在著作中也更加大胆地使用这一理念。一开始，他试探性地提出这一主张，包含很多限制。到后来，他不再犹豫地大胆描述进化发展中的进步，这样的趋向在《物种起源》出版之前就已经存在了。

我们更需要聚焦于的问题将是，进化进步主义与达尔文的自然选择理论是否相符。对于现代的生物进化理论学家而言，复杂性的增加将会带来自然选择的优势，但是对于达尔文来说，我们不需要声称自然选择预设了复杂性的增加，只需要承认作为一种现实的结果，复杂性的确伴随着生物进化过程，达尔文的理论能够解释这一现象的发生。因为生命的原初状态是极为简单的，如果更为专门化的结果或者生理功能的分工带来了适应能力的优势，那么生物复杂性将在整体上提高。这种在进化初期发生的过程，在之后的阶段也将同样发生。只要某些物种在线性发展过程中体现出了复杂性的增加，那么生物在整体层面上的复杂性就增加了，即使存在一些物种处于停滞不前，甚至是退化的现象。对于地球上的生物演变历史而言，尽管达尔文的自然选择理论并没有提供一个详尽的描述这一过程究竟是如何发生的，但是我们依旧可以承认生物的进化过程呈现出了一种进步性。

二　反驳中的表态

如果说达尔文在自己出版著作中，关于生物进化性进步问题的讨论态度谨小慎微，那么他私下与友人的书信似乎可以为我们提供立场更加鲜明的参考材料。在1859年写给赖尔的一封信中，达尔文强调了生物进化过程呈现出的进步性特征，并否定了之前的生物简单形态再创学说。他认为主张单细胞生物的持续创造是毫无根据的，根据自然选择理论，单细胞生物的继续创造是不值得一谈的（而且是无根据的），他不承认生物进步的必要趋势。"如果一个单细胞生物在那种极为简单的生活条件下没有发生过对它有利的结构上的变化,那么它大概由志留纪的很久以前一直到今天都会保持不变。我认为向复杂体制的进展是一般的倾向,不过在适于极简单的生活条件的生物方面,这种进展的倾向是微小而缓慢的。复杂的体制怎样会使单细胞生物得到益处呢?如果它没有使它得到益处,进展就不会有了。次级纤毛虫同现存的纤毛虫只有很小的差异,单细胞生物的祖代类型可以不变地和完全顺利地生存下来并且适于它的简单生活条件,同时,就是这同一单细胞生物的后代会变得适于更复杂的生活条件。一切现存的和绝灭了的生物的原始祖先现在或许还在活着,这是可能的!再者,正如你所说的,高等类型偶尔会发生退化,盲蛇似乎有蚯蚓的习性。所以简单类型的重新创造据我看是完全不必要的。"①

达尔文在《物种起源》中,对自己可能面临的各类反驳进行了一一回应。其中,针对生物进步过程是否具有进步性的反驳,让我们从另一个角度看到达尔文关于这一问题的坚定立场。如果按照达尔文提出的自然选择理论,原则上,每一个生物体相对于自身所处的生存环境而言,都倾向于变得更加完善。这种进步主张将使我们得出这样一种推理,即地球上的生物体在整体上,逐渐地变得完善。但是,达尔文也意识到这种进步的理论主张,将会面临三个难题。

第一个需要解释的现象是为什么在历经了漫长的自然选择过程之后,地球上依然存在着大量的以最简单低级的生命形态生存着的生物体。形态更为简单的生物体在数量、种类等方面,都要比复杂生物体更丰富。为什么这些生命形态没有被彻底淘汰,或者,至少削弱其在地球上的生物总量中的比重。达尔文在回答这一个问题时,先是否定了拉马克的解决方案。由于拉马克认定在生物体内部,存在预定的、先天的朝更加完善的发展趋势。因此,面对地球上依然存在简单形态的物种这一现象,他的学说不能给出合理的解释,只能认定在生物发展过程中,会持续不断地产生新的简单形态的物种类型。达尔文并不认同这一观点,他强调在自然选择理论中,低等生物的持续存在并不难理解,同时他对这一问题给出了四种可能的答案。"总之,低等

---

① [英]查尔斯·达尔文:《达尔文生平及其书信集》第二卷,叶笃庄、孟光裕译,生活·读书·新知三联书店1957年版,第6页。

生物能在地球各个地方生存，是由各种因素造成的。有时是因为没有发生有利的变异或个体差异致使自然选择无法发挥作用和积累变异。这样，无论在什么情况下，它们都没有足够的时间，以达到最大限度的发展。在少数情况下，是由于出现了退化。但主要原因是，高级的构造在极简单的生活条件中没有用处，或者还是有害的，因为越精巧的构造，越容易出毛病，受损伤。"① 也就是说，简单的生命形态之所以一直存在着，可能是因为对于某一类生命体所经历的自然选择过程而言，并没有出现更加有利的突变。对于另一些生命体而言，可能没有足够的时间去完成生物体的进步发展。另外，生物体发生的退化现象也为解释简单的生命结构提供了一种可能的解释。但在达尔文看来，对地球上持续存有低等形态的生物种类是因为，生物体在生理结构上的复杂化发展并不总能够成为一种明显的生存优势，因此，我们不能默认所有的生物都在朝着更为复杂的方向发展，低等形态的生物必将绝迹。

　　一些生物一直保留原有的、简单的生命形态对达尔文的理论可能是致命的，达尔文特别说明了这一问题，如果他的理论主张生命体的进步是必然普遍的，那么这确实是一个致命的问题。但是，在自然选择理论当中，即使是在相对于持续未发生变化的环境而言，并不存在这种进步的必然性。因为自然选择的原则仅仅在于保存和积累在复杂生活关系中出现的有利于生物的变异，并不包含持续发展之理论预设。一些物种之所以一直保持低等的简单形态，是因为任何程度上的"改进"并不会给它们带来什么好处，在自然选择过程的作用下不会发生什么改变。处于某些特殊自然环境下的物种，一直保存其简单的生命形态，正是由于它们与外部环境的联系并不紧密，没有发生紧张激烈的生存斗争，不容易发生有利变异。达尔文以蠕虫为例论证说明，并非所有器官结构上的复杂化都能给生物体带来益处。

　　紧接着，达尔文借助生物竞争来解决剩下的两个问题，即为什么同一大类群中具有不同等级的生物，并且没有出现高级的物种彻底取代低级的物种的情况。达尔文说到，生物在等级分类中的不同完善程度并不会影响我们得出，世界上的生物体在整体上曾经有过进步，而且还在继续进步这一结论。

---

① ［英］查尔斯·达尔文：《物种起源》，舒德干等译，北京大学出版社 2005 年版，第 134 页。

这是因为并非某一纲目内的所有物种都存在你死我活的竞争关系,也就是说,同一大类下的生物可以并存,在这一基础上依旧可以承认某一纲目内的成员的进步程度存在不同。对于为什么高级的生物没有彻底取代低级的生物,达尔文并没有否定反驳中的前提条件,即对于生物所属的种类而言,存在高级和低级的区分。达尔文在这里回归到了他关于生物斗争的理论主旨,如果我们将生物斗争看作生物种类"大洗牌"的发生机制,那么只有处于直接的生存斗争的物种才会出现"你死我活"的局面。根据达尔文的自然选择理论,生物体对应于特定的生存环境和生物之间的特定联系。我们可以从中看到达尔文的生态学思想,生物体处于复杂的生物关系当中,并非只有竞争关系。为什么在同一种属下的生物竞争中,更高级的生物体没有完全替代到那些低级的。这一问题针对达尔文自然选择理论作用于处在紧密的生物竞赛中的生物体,为了争夺相同的生存资源过程中。如果复杂性的增加通常都意味着竞争优势的增加,那么我们可以推断自然选择过程会淘汰掉那些低级的,没有发展出新的生命结构的生物体。但是,生物竞争之发生于特定的生物种群之间,因此,进步也是相对而言的。达尔文以哺乳动物和鱼这两类物种为例,因为两者彼此几乎没有什么竞争关系,所以即便哺乳动物比鱼类高级,但是由于两者并不处于同一生存斗争之中,整个哺乳纲或纲内某些成员进化到最高等级也不会取代鱼类,因此两者可以并存。

这也引申出另一个问题,即如何判定生物体在等级划分中"孰高孰低"。达尔文在早先的《航行日记》中曾经断言,判定一种生物比另一生物更高级是荒谬的。而后,贝尔的理论为达尔文提供了如何判定生物高低等级的理论依据。正如前文中所提到的,达尔文借用了贝尔关于生物发展等级的概念来作为区分生物体高等低等的标准,为此,我们应该对贝尔的理论展开进一步的讨论。贝尔本人区分了生物发展等级和生物器官分类的不同,对他而言,生物等级划分是以生物体生理结构的完善性对参照标准而言的,后者则是生物体器官和各组成部分之间的相对关系。器官的分类这一概念来自著名的生物学家居维叶,居维叶在他创立的解剖学体系中提出了"器官相关法则",即生物生理结构各个部分存在相应的对应关系,同时,各部分结构又共同构成一个完整的生物个体。在《动物王国》这部著作中,居维叶对生物界的形态进行过区分,不同的形态对应了不同的身体结构规划,他声称一共有四种形态蓝图，每一种形态都为生物提供了一个基础的身体结构大纲。他的这种分类方式打破了传统的"生命之链"的分类方式，不存在所谓生命体结构从低级到高级的线性发展历程。只有对处在同一分类下的生物，我们才能比较高级低级之分，因此，单一的线性比较是不可行的。

贝尔进一步发展了这一思想，他的理论说明对于某一生物体而言，生物结构的形态分类与发展程度是截然不同的两个维度。这一主张将带来以下两个推论：首先，在不同的生物体分类中，生物都可以达到某种程度的发展；其次，不对生物所处的分类进行说明限制，以单一的线性标准来衡量生物的发展程度这种做法是不正确的。因此，处于不同的生物结构分类的墨鱼和蜜蜂并不能恰当地进行比较。但是对于这两个物种而言，我们可以说分别就物种自身的发展进行比较，因为它们是出于同一种基础的结构分类。基于关于这样的区分，达尔文在使用"等级"一词时有不同的适用范畴。在竞争优越性中涉及的等级，是指处于相同的生物结构分类下的，在直接的生存斗争中打败前辈，获得胜利的更为高级的物种。现如今的捕食者与它们所取代的前一辈生物可以在这一语境在进行比较。但是两种不同分类的生物体，例如哺乳动物和鸟类，是不能进行这种比较的。但是，由于它们同属于脊椎动物这一大的结构分类下，它们可以在结构发展进行比较。最终，处于完全不同的生物体结构划分的生物，将不能进行比较它们的发展高低。因此，我们似乎可以利用关于等级比较的前提限制，去解决达尔文在使用等级一词时的模棱两可的问题。但是使用这样一种策略，依旧存在着一些问题，比如我们依旧无法对两种生命结构截然不同的两种生物进行比较。

三　自然选择作用下的进步性

在《物种起源》一书中，达尔文在自然选择理论基础上，结合生物的竞争以及生物生理结构的专门化程度问题，就生物进化的进步性展开了讨论。自然选择专门保存和积累对生物体有利的变异，那么生物与其生存条件之间的关系必然趋于改善。他认为，在地球的历史上，各个连续时期的生物，在生存斗争中都打败了他们的祖先，因此后代一般比祖先高等，构造上也变得更加专门化，在这一意义上，生物趋向于高等化。当时有很多生物学家都持这样一种观点，对每一物种而言，器官的专门化分工能够让生物体更加有效地完成各项生理功能，对生物体的生存更加有利。所以，达尔文也主张，将生物进化性进步的衡量标准理解成生物体各个结构器官的分化和生理功能的专门化发展程度，这也符合他的自然选择学说。因为在自然选择的作用下，生物向更加有利于自身生存的发展。生物的结构器官分工越来越复杂，在这个意义上，我们可以说生物进化过程中体现出了进步性。

在讨论生物是否经历了从远古时期到现代阶段的进步性发展时，达尔文将问题与生物竞争和新物种的产生联系起来。在题为"古代生物的进化状况与现代生物的比较"的章节中，达尔文强调，虽然在生物进化过程中存在着停滞甚至是退化现象，但是从总体来看，新产生的物种仍然较之前物种更加具有生存优势。根据生物之间的生存斗争，胜利的一方在适应环境的能力上更为突出，新物种打败了与之处于直接斗争关系的老物种。"因此，我们可以得出结论，假如气候条件相似的话，始新世的生物与现存生物进行竞争，前者肯定会被后者打败或者灭绝。这样，根据生存中成败的基本测验和根据器官专门化的标准，我们就可以从自然选择学说推论出近代类型应当比古老类型更高等。"[1] 然而事实真的如达尔文推测的这样吗？他本人也承认，这一假设难以进行验证，但是表示依旧坚持自己的推断。

我们已经讨论过，达尔文使用了两种不同的论证方法去解释生物进步——竞争优越性和专门化生理功能分工，他也暗指了在实际的生物发展进程中，这两种过程会产生相同的结果。一方面，在生物生存竞争中打败了先前的物种，获得了在竞争中更具优势的地位，体现了生物进化的进步。另一方面，更加专门化的生理功能分工也体现了生物进化的进步性，或者说，生物变得更加复杂。除非达尔文能够找到系统论证这两种概念之间的关系，否则这两者将会成为相互独立的概念。那么，达尔文是怎么解决这个问题的呢？达尔文的解决方法并不令人惊讶，自然选择成为连接两种关于"高级"的理论桥梁。在第二版的《物种起源》中，达尔文就已经有过相关的暗示。他写道，"生理功能的分工对每一物种而言都似乎是一种优势，自然选择倾向于选择发展出新的，或者改进后的生物"[2]。

---

[1]　[英]达尔文：《物种起源》，周建人等译，商务印书馆1983年版，第394页。

[2]　[英]查尔斯·达尔文：《物种起源》，舒德干等译，北京大学出版社2005年版，第547页。

但是这两种关于"高级"的概念之间的联系仍然是不清晰的，在第三版的《物种起源》中，达尔文将"自然选择"的章节的标题，拓展为"在何种程度上，生物体倾向于进步发展"。在此，达尔文关于生物进化进步性的观念更加明显，也增加了更多的细节讨论。在第三版的《物种起源》中，达尔文讨论了这两种进步，"当生物的生理器官结构更加专门化成为一种优势，自然选择理论将会持续不断地倾向于援助这些更为高级的生物。在另一种论证中，我们可以看出生物相对于他们的先驱者们更加高级，因为他们在直接的生物斗争中打败了前者"①。

在第三版的其他段落，达尔文给出了更为详细的两种概念的关联性的说明，如果我们看看每个人的几个器官的分化和专业化作为组织最高水平的最佳标准，自然选择显然会导致较高水平；因为所有的生理学家都承认，器官的专门化，因为它们在这种状态下表现更好，因此对每个人都是有利的；因此趋向于专业化的变化的积累在自然选择的范围之内。达尔文的观点愈加成熟，生物结构专门化的增加支撑了生理功能的分工，导致了生物体成了生物竞争中的优胜者，也就是自然选择赢家。因此，自然选择的过程导致，也就是解释了生物进化产生进步性。

尽管达尔文将两种高级连接起来，并且将两者都看作自然选择的结果，但他还是将两者看作不同的标准。达尔文之所以没有将两者简单地画上等号，是因为他意识到，在有些生物进化的实例中，生物结构的复杂化并没有带来竞争优势，相反地，生物结构的简化在某种条件下更具优势。基于生存斗争，生物体会抓住每一个占据生存环境的机会，这种情况下，达尔文认识到，"自然选择过程有可能使得生物体处于这样一种环境之中，过多的生物器官结构变得多余、无用，这样的情景下，生物体可能会发生退化"②。达尔文描述了退化现象可能发生情景，"生物体处于一种简单生存环境之中，多余的生命结构成为帮倒忙的部分，对于细致精妙的自然环境而言，这将加大失控和受伤的可能性"③。达尔文并没有就这一推论给出例子，但我们可

① ［英］查尔斯·达尔文：《物种起源》，舒德干等译，北京大学出版社2005年版，第548页。
② ［英］查尔斯·达尔文：《物种起源》，舒德干等译，北京大学出版社2005年版，第222页。
③ ［英］查尔斯·达尔文：《物种起源》，舒德干等译，北京大学出版社2005年版，第225页。

以联想到一些可能的例子，比如生活中完全黑暗环境下的、退化了它们的眼睛的 cave fish。眼睛这一器官增大了可能感染病菌的可能性，同时也会花费一部分不必要的能量，眼睛这一器官的退化在一定程度上可能使得它们相对于那些有眼睛的竞争对手更加具有优势，尽管它们的生理结构变得更加简单。因此，对于达尔文而言，自然选择过程不仅可能会使生物体结构变得更加复杂，也有可能使得它们变得更简单，存在一些生物体没有呈现出在生物体结构上的进步发展。

四　生物进化性进步不具备内部的推动力

从以上的文段中可以看到，达尔文自始至终在自己的理论著作中强调，生物进化过程并不必然地朝向进步的方向发展。对于达尔文而言，不存在着任何所谓内在的推动着生物沿着进步的阶梯发展的力量，他在每一版的《物种起源》中都对这一点进行了强调。在私下与友人的通信中，达尔文语气激烈地争论道，"根据现有的知识，我们必须像哲学家们不加任何解释地去坚信引力的存在一样去假定一个或几个类型的创造。但是，我完全反对以后再加上什么'新的力量、属性和权利'，根据我的判断，这些都是十分不必要的；我也反对加上什么'进步的本质'，除非受到自然选择的或是被保存下来的每种性状在某处程度上都是有利的或进步的，否则它就不会受到选择。要是有人使我相信我必须在自然选择的理论中加上这些东西，那么我将把它当作垃圾而抛弃它，但是我坚决地相信它，因为如果它是错误的，我就不能相信它可以解释这么多的种类的事实；要是我没有精神错乱，它似乎对这些事实提供了解释"[1]。

也正是因为生物进化过程并不必然地内含有进步性这一特征，达尔文得以解决很多问题，这也成为区分他与之前生物进化理论家的重要因素。例如，拉马克认为，存在一种生物内在的必然的朝向完善发展的属性，这一属性将假定生物会持续不断地产生新的完善形态，这就解释了为什么存在这么多生命形态。达尔文强调，在他的理论中不存在这样一种有问题的理论假

---

[1]　［英］查尔斯·达尔文：《达尔文生平及其书信集》第二卷，叶笃庄、孟光裕译，生活·读书·新知三联书店 1957 年版，第 6 页。

设。因此，达尔文的理论在解释为何还存在低级形态的生物上不存在任何困难，因为对于自然选择理论而言，不存在必然的普遍的进步原则。自然选择只在有利的变异发生时才进行，这是结合生物体所处的复杂的生物环境关系而言的。

尽管达尔文反对任何内在的进步观念，但是他仍然接受生物进化进步是自然选择理论的一个普遍结果。我们应该如何理解这样一种必然性呢？首先，我们必须要排除达尔文所反对的，存在内在的普遍的进步性。同时，他也不可能承认生物进步体现在所有的生物进化进程之中，因为自然界中存在有众多的反例，即生物退化或停滞现象。我们也许可以这么理解，达尔文在这里想要说的是自然选择进程必然地带来了进步，但是并没有直接地导致生物的进步发展。我们可以将生物进化过程看作一场大的物理实验，在真实的自然环境中，物体在许多力的共同作用下运动，但是为了我们更加方便、清晰地分析问题，我们会用较为理想化的条件去代入，在必要时才会引入更加复杂的变量因素。达尔文在对待这场浩大的生物进化"运动"时，将自然选择作用理想化会为自然界带来更加高级生物的推动力，尽管存在一些实例违背了这一趋势。最终的结果仍然是，作为一个整体的生物体体现出了进步性，这里并不需要所谓内在必然性。对于自然选择理论而言，在面对很多停滞和退化现象的同时，不借助生物进化进程内在的、预定的进步性特征，我们依旧可以得出"生物进化过程体现进步性的趋向"这一论断。

五　后世的反响——以道金斯与古尔德之争为例

虽然生物进化性进步这一思想并非达尔文的原创，但是达尔文以系统的自然选择理论作为论证依据的做法，使生物进化性进步这一概念成为后世生物进化理论学者们需要正视的问题。在达尔文之后，有不少生物进化理论学家相继对这一问题展开了进一步的研究，为学术界留下了许多精彩的理论交锋。其中，最为引人注目的就是道金斯和古尔德关于生物进化性进步的立场争辩。

道金斯关于生物进化性进步的理解沿袭了达尔文的主要论证方向。道金斯也认同生物体结构和功能存在相互对应关系，即结构越细分对应的生理功能越高效，他在自己的生物进化理论中提出了"积累性进步"这一概念，并将生物体眼睛逐渐趋于完善的过程作为这种进步性的典例。也就是说，生物体各个结构部分在进化过程中变得更加精细完备，这体现出了生物进化过程的进步性，虽然这种进步是非常缓慢的。生物体在生理结构和形态功能上趋于完美的"进步"正是在自然选择的作用下出现的，道金斯将达尔文关于生物生存斗争的理论更进一步，形象地把激烈的生存竞争比喻成生物体之间的"军备竞赛"，只有更适应环境的个体才能被存留下来，在斗争中取得胜利，从这一意义上而言，生物体也在不断地进步。

以古尔德为主要代表的反对派对生物进化性进步提出了诸多反驳，但正如达尔文本人所预料的，很多问题都可以在他的自然选择理论中得以解决。古尔德认为，生物从简单到复杂、从低级到高级的变化并不是自然界的普遍规律，所谓进步观念只是人类自大的念头。进步性不能作为生物进化过程的本质属性，我们不能断言生物在某些方面获得了所谓改善和增强。他用了一个"醉汉走路"的例子，即在左边有墙存在的情况下，一个醉汉在完全随机的情况下只能不自觉地向右方向前进。生物的"进化"历史也是如此。生命总是从最原始、最简单、复杂性最低的原核生命开始，这个起点就是醉汉例子中的左墙，进化的历程可以是随机向两边——所谓低级和高级——同时进行的，但是进化的起点因为有了左墙这个障碍，生命发展的复杂度不可能比这个更低了。由此，古尔德反对自然选择会筛选和保留复杂程度高的生命形态这一观点，地球上的生物作为一个整体，在进化过程中呈现出复杂程度增加的现象只是随机运动的结果，并不存在任何推力使其朝向更加"进步"的方向发展。

除了"墙理论"之外，反对者们还以生物进化过程中存在退化和停滞现象，以及大量结构简单的生物持续存在等事实作为反驳，甚至从人类中心主义认识论的角度指责这一理论主张。结合前文达尔文关于生物进化性进步的理解，我们可以对这些反驳进行回应。首先，达尔文本人对生物进化过程中存在的反例（退化和停滞）现象给出了详细的论证，在此就不再赘述。其次，古尔德的"墙理论"本质上是主张从统计学的角度上消解生物进化过程中的进步现象，生命体在形态结构上呈现复杂性增长的趋势，仅仅是因为随机的"运动"，最终体现在整体上的一种倾向。尽管古尔德旨在用这一论证说明生物进化过程不存在进步性，但是他的这一论证并不会对达尔文的主张造成实质性的威胁。对于达尔文而言，自然选择过程是随机的，他也再三强调生物进化性进步并不是预定的必然发展趋势。但是由于自然选择会筛选出更具有生存优势的个体，实际的生物进化过程最终表现出了更为进步的趋势。古尔德的反驳针对是拉马克主张的进步观念，即预定好的、内在的定向发展，而达尔文本人并不承认这一点。最后，关于认识论层面上的反驳本身就存在内在的逻辑矛盾，如果无法提供一种有效的元认知理论，那么反人类中心主义和人类中心主义并无根本上的差异，我们更无法从这一层面上对达尔文的进化性进步观念展开过多的解读。同时，我们从达尔文对于这一话题的谨慎立场也能够感受到，他对待这一问题的严谨态度，不存在傲慢偏激的人类中心主义立场。

我们从道金斯与古尔德的学术争论可以看出，后世对于生物进化性进步问题的讨论大多集中于"进步"的定义究竟为何，它是否真实存在于生物进化进程当中，抑或只是人类将主观标准强加于自然界的结果。因此，生物进化性进步概念成为生物进化理论需要进一步厘清的问题，它也成为人类认识自然、思考生命的一道重要命题。

第四节　达尔文回避自己态度立场的可能性原因

达尔文关于生物进化性进步观念的态度立场一直被后世学者争论，主要是因为他在自己的文章著作中就这一问题使用了前后不一、暧昧不清的描述。例如，他曾经在航行笔记中认为区分动物高低等级的行为定义为荒谬的，对生物进化进步性的定义不够完善。但是正如我们在之后《物种起源》一书中看到，他又得出诸如"后来的物种打败先前的物种，从整体意义上来说是更高级的"这样的结论。因此，在试图论证达尔文有关生物进化性进步主张之后，我们仍然需要解决一个问题：如果达尔文真的如我们所推测的是一位生物进步主义者，他为什么不在自己的理论中更加直接地表述相关观点；相反地，他小心谨慎地使用"进步"概念，并且把贝尔和爱德华关于生物高级低级的划分理论留到《物种起源》的第二版才提出来（毕竟第一版对于达尔文的理论是极为重要的，为读者们提供了最原初的印象）？这些行为都反映出达尔文在有意识地回避自己的进步主义立场，我们需要对达尔文的这种做法给出一个合理的解释。下面本研究将结合达尔文所处的时代文化背景以及他的学术科研立场原则,对他之所以采取回避策略的心理动机进行推测。

一 不同于前人的进步观

生物进化过程存在进步性这一观念在西方思想史中有着深厚的渊源背景,无论是古希腊时期的生物学雏形,还是中世纪的"存在链条"都想要说明生物按照预定好的序列,呈现阶梯状的发展趋势,而人类位于生物金字塔的最顶端。这种观点一直到达尔文之前的早期生物进化理论中都占据主导地位。拉马克就认为,生物内在地具有不断朝向更加完善的发展趋势,自然界中确实存在从低级生物到高级生物进步式的发展特征。地球上的生物在进化过程中,被普遍的、预设好的推力推动着不停向前,同时,这种向前的"进步"力量被视为推动生物进化的决定性力量。到了19世纪的英国,工业革命的成果在社会生活的各个领域都得以体现,大大加快了人类社会向前发展的脚步;政治哲学的提倡的理性至上观点认为,人人都具备不断完善自身的理性特质,进而人类的生活也将越来越好。可以说,"进步"观念已经成为盛行于社会各个层面的主流思想。达尔文的祖父——伊拉斯谟斯·达尔文(Erasmus Darwin)是当时英国著名的博物学家,也是最早提出生物演化观念的学者,他也认同这样的进步观念。达尔文在自传中写道:"我以前读过我爷爷写的《动物生理学》,其中也坚持了类似的观点,不过这一点也没有影响到我。然而我很早就听到了对此种观点的坚持与赞美这一点,很可能以另一种方式进入了我的《物种起源》之中对这类观念的支持上。当时我对《动物生理学》很是赞羡,不过隔了十多年后,当我再次阅读时,我非常失望,思考所占的比例对于现象描述而言过大了。"[1]

同样作为一名进步主义者,达尔文为什么没有顺从时代潮流对进步观念展开详尽的讨论,反而选择在自己的理论著作中尽量回避这一话题,就算涉及时也尽量采取了含糊的口吻,成为我们需要解决的谜团。在什么情况下,

---

[1] [英]弗朗西斯·达尔文:《达尔文回忆录》,白马、张雷译,浙江文艺出版社2011年版,第15页。

一个人会尽量避开占据舆论主流的话题呢？一种可能的猜想就是，达尔文本人关于生物进化性进步的看法不同于当时的学术主流观念，根据我们对达尔文的自然选择理论的分析也能够得出这一结论。因此，达尔文很可能是为了避免读者将他对生物进化性进步的理解等同于前人。对达尔文本人而言，他并不赞同前人把"进步"这一抽象的哲学内涵拓展到生物界的做法——这是将人类的价值判断强加于自然规律之上的做法——虽然达尔文的理论主张与之前的进步观念存在着本质上的不同，但他既不想与整个学术界抗衡，又不想让读者曲解自己的观点，因此最终选择了回避这一问题。

二　《遗迹》的前车之鉴

除了整体学术风尚与自己的理论主张不同这一因素外，个别研究者的遭遇也使得达尔文在发表自己理论时，不得已走上了缩手缩脚的道路。不少历史学者考究推测，达尔文之所以在第一版《物种起源》中，有意地对生物进化的进步性采用轻描淡写的方式，是为了避免受到之前一部著作所引起的学术围剿。这本书就是匿名发表于 1844 年 10 月的《自然创造史之遗迹》，后经证实其作者是一名业余进化论研究者罗伯特·钱伯斯。该书一经出版就受到了普通群众的追捧，几经重印，但是遭到了相关科学研究者的猛烈批评。在《自然创造史之遗迹》一书中，作者对整个自然界的发展历程做了一个详尽的描述，生物的进化过程就是朝向更好的方向持续前行。从宇宙星系的构成，地球上生命的萌芽，再到人类的出现，与拉马克一样，该书作者也认为世界按照原先设定好的发展路线，呈现阶梯式的上升，每个阶段都是对前一个阶段的改良。生物进化的发展趋势和胚胎发育的规律法则是一致的，也就是说，一种生物的胚胎的发育历程体现了其种族史的各个阶段。

由于《自然创造史之遗迹》最初是匿名出版的，曾有部分人猜测作者是达尔文，因为他之前已经发表过一些关于自然史的著作。这本书所遭遇的批评，对达尔文而言无疑是一个教训。前文中提到的达尔文的良师益友，亚当·塞奇威克就曾专门写了一篇全盘否定该书内容的文章，谴责这名作者的无知。我们可以推测，如何避开钱伯斯所制造出的关于生物进化进步性的"雷区"，成为达尔文阐述自己理论时的一个考量。这也解释了达尔文为什么在翻阅这本书时，会写下"从不用较高和较低这样的词"（never use the word higher & lower）的批注，以此来提醒自己不能使用类似的语言，以免遭遇同样的批评。但是当第一版《物种起源》发表之后，达尔文并没有受到预想的强烈反对意见。不同于钱伯斯的业余之作，他的自然选择理论被认为是一部严肃的科学理论，他在生物形态学和分类学上的研究得到了认可。这为他进一步使用生物结构专门化、功能分工化这些生物学概念来解释生物进化中的进步打下了基础。因此，达尔文在之后的各个版本中，更加自由地选择进步主义的阵营，更加自信地表明自己的立场态度。

三　实证主义的理论学家

达尔文在自己的著作中对生物进化性进步这一观念并未给出令自己满意的结论，基本上在每处结论性的论断后，达尔文都会附加上"仍然需要进一步的补充说明"这类的文字。但是，达尔文曾经明确地表示自己并不是怀疑主义者，他认为这种质疑一切的思维架构对科学研究是有害的。既然如此，他为何不对生物进化性进步给出更为明确的论述？也许与外部因素相比，我们更应该走进达尔文的精神内核去探究他的行为动机。为何他对生物进化性进步的态度存在着犹豫不决，是什么在背后拖拽他不能下定决心站定立场，答案可能隐匿在达尔文的实证主义哲学中。

19 世纪的英国，正是实证主义哲学大行其道的时期，达尔文本人所接受的科学训练（无论是生物学还是地质学）也都具有鲜明的实证主义色彩。他曾经在自传中回忆与兄长一起进行化学实验活动的经历，并感慨"这是我的学校教育生涯里最为黄金的一段，因为它从实践角度向我展示了实验科学的含义"①。他本人在长达五年的环球航行途中所真实经历的一切，更是让他认识到证据材料在科学研究中的重要性。尽管当时的科学论证中的，纯粹基于假说推演的科学理论也能够获得认可和尊敬，但达尔文的实证主义倾向不允许他接受纯粹假设性的论断。他曾经就对脱离经验事实论据的生物分类法进行了批评，认为把生物划分为五种等级还是四种等级的争论是毫无意义的。与此同时，我们也要意识到，达尔文的自然选择学并不是单纯地对外部

---

① ［英］弗朗西斯·达尔文：《达尔文回忆录》，白马、张雷译，浙江文艺出版社 2011 年版，第13 页。

世界之现象的总结，而是如同牛顿的万有引力一样的系统理论。这些因素相加起来使得达尔文成为一名实证主义理论科学家，这就要求他尽可能地通过各种方式探查现实世界，观察和搜寻各种相关证据，验证他的论断。他写道，"我认真依据培根哲学的原则研究，总体来讲不接受任何理论上的材料"①。

正如达尔文再三强调的那样，生物进化过程中并不必然地朝向进步的方向发展，达尔文在考察完生物进化整体历程后，确实看到了生物"进步"的现象，自然选择理论也可以就这一现象给出合理的解释。但是令达尔文头痛的是，生物进化过程中的退化和停滞现象同样存在，基于自己的实证主义立场，很难在现实的证据前得出"生物进化呈现出进步的趋势"这一普遍性结论，因为对于一个理论而言，内在的一致性是必要条件。这也许就是达尔文尽力避免直接表明生物进化存在进步性的原因，生物进化过程中确实存在着一些反例，他本人不能接受自己理论的不完满性。达尔文在自己的著作中一直对宗教信仰问题保持沉默，他本人用不可知论来描述自己对上帝的看法。但是他身边的众多亲友，例如他的妻子，他的恩师等却都是虔诚的信徒。据达尔文的儿子回忆，达尔文在与别人交流时，逐渐从在宗教问题上伤害他人情感的状态中退了出来。达尔文意识到，自己所主张的这种进步观与他们的宗教信仰观念不符，不得不做出违心的让步。

第五节　结语

地球上的生物从最初的简单形态，进化发展出如今复杂多样的种类这一生物进化现象使得人们就生物进化过程是否具有进步性展开了讨论。生物进化性进步这一概念在人类思想史上有着渊源的背景，对人类社会的发展也产生过实际的影响。作为生物进化理论的重要代表人物，达尔文对这一问题的重新审查让生物进化性进步概念成为正式的生物进化理论研究课题，被后世的生物进化理论学家继续讨论探究。因此，我们应该对达尔文关于这一问题

---

① ［英］弗朗西斯·达尔文：《达尔文回忆录》，白马、张雷译，浙江文艺出版社 2011 年版，第 46 页。

的具体看法进行考察。

为了探究达尔文关于生物进化性进步这一理念的立场主张，我们结合了达尔文不同时期关于这一问题的具体论述文本，发现他对于这一问题的态度似乎有些模糊不清。但是，在深入挖掘分析他关于这一话题的态度变化之后，我们可以得出，随着自然选择理论的不断成熟，达尔文对生物进化性进步这一观点也越来越自信。他认同生物进化过程存在进步趋势，并且这种进步性与他的自然选择理论相一致。他给出了生物进化性进步的可能性标准，即生物生理结构的分工和专门化，同时借助生物生存竞争解释了进化性进步这一发展趋势的发生机制，使其符合自然选择理论的整体框架。需要特别指出的是，达尔文所认同的"进步"概念，不同于当时社会主流思潮以及先前生物进化理论中倡导的进步观念。在达尔文看来，生物进化过程体现出的进步性，并不是内在于生物体内部的必然倾向，而是在自然选择过程中发生的随机性、开放性的结果。结合达尔文所处的社会文化背景及其生活环境等因素，我们可以尝试对其暧昧不清的立场态度给出可能的推断。

通过我们的讨论可以看出，达尔文是一位重要的生物进化性进步理论先驱，他结合其自然选择理论解释论证生物进化过程存在进步趋势，表现出了强大的创新性和洞察力。同时，他细致深入的思考也在社会思想和科学理论层面上，影响了一代又一代的人们。尽管达尔文为生物进化进步性提供了一个理论说明，但他从来不觉得满足，一直声称这一论证是模糊的，不准确的。这就为生物进化理论学家们提出了一个挑战，去为进化性进步提供一个更完善的科学解释。

第 二 十 章

进化不是进步吗？
——古尔德的反进化性进步观批判

第一节 引言

在我们学习进化论时，我们经常说生物进化是从简单到复杂，从单细胞生物到多细胞生物，从低级生物到高级生物不断发展的过程。因此，进化就是进步的观念似乎是不言而喻的。然而，在当今学术界，一些生物学家和哲学家，像威廉姆斯、古尔德等人，对这样的观念提出了挑战。他们或者认为，达尔文本人反对把进化等同于进步，在他的著作中，多次反对用低级和高级这样的术语说明进化，或者认为，进步的观念是一个人类中心主义的思想，是主观的，从自然界本身来说，生物进化无所谓进步。其中，古尔德是最有影响的反对进化是进步的生物学家和生物学哲学家。因此，这里我们首先对古尔德做一个简单的介绍。

古尔德是美国哈佛大学著名的进化生物学家、古生物学家、科学史学家和科学散文作家。古尔德早期的研究领域是蜗牛的自然史，但使他享誉科学界的主要成就是他和尼尔斯·埃尔德里奇（Niles Eldredge）于 1972 年提出的"间断平衡"进化理论。该理论并不像达尔文及新达尔文主义者那样，认为进化是一个缓慢的渐变积累过程，而是长期的稳定或不变与短暂的剧烈变化交替的过程。在科学界确立自己的地位和声望之后，古尔德开始显示他的另一个专长：科学普及以及阐释进化论对人类思想的影响。从 1974 年起，古尔德在《自然史》杂志上开辟了一个专栏"这种生命观"（达尔文《物种起源》一书结语部分的一个术语）。在这些文章中，古尔德用散文体形式，向我们讲述由生物进化现象所引出的种种思考，有对生命现象的遐想，也有对科学的反思，还有对社会偏见的尖锐批判。一些出版商后来将古尔德在《自然史》杂志上的专栏文章编辑为 7 本书，以"自然史沉思录"（Reflections in NaturaI History）为总标题出版。这些书大都受到读者的欢迎和好评。仅《自达尔文以来》的读者在美国就逾百万，还被译成多种文字出版，包括中文版。在古尔德众多的思想中，一个非常重要的观念，就是认为进化没有方向，进化不是进步。虽然这个思想在古尔德的众多的著作中都有体现，但作一个核心主题，主要是贯穿在《生命的壮阔：从柏拉图到达尔文》一书中。

古尔德是一个高产的生物学家和科普作家，他出版的每一本著作都产生了广泛的影响。因此，进化不是进步的观念逐渐成了进化论中的主流观念，得到越来越多学者的支持。由于古尔德的很多著作都翻译成了中文，且这些著作都非常畅销，所以，在中国产生了广泛的影响。国内的生物学家和哲学社会科学工作者往往因为古尔德在生物学上的成就以及其写作上的修辞技巧，几乎清一色地全盘接受他的观点，几乎没有人对他的观点进行质疑和反驳。然而，抛开古尔德高超的修辞，我们发现，古尔德的论证几乎都存在问题。因此，我们非常有必要对古尔德的哲学思想作细致的哲学分析，以便澄清古尔德在哲学上的错误。

第二节　进步观念是人类自大和人类 中心主义的表现吗？

一　古尔德：进步的观念是人类的自大和人类中心主义的表现

古尔德认为进化是进步的观念是人类的自大和人类中心主义观念影响的产物。古尔德非常赞同弗洛伊德的一个观点，即认为科学史上的重大的革命几乎都是把支持人类自大的支柱一根一根地推翻：哥白尼革命推翻了地球中心说，人类原以为居住于宇宙的中心，但后来发现地球只不过是宇宙偏远地区的一个恒星的小行星而已；达尔文进化论推翻了神创说，人类不再是神按照自己的形象创造的高贵生命，而只不过是从低级动物一步一步演化而来的；弗洛伊德的无意识理论又说明，人类并不像早先人们所认为的那样是一个非常理性的动物，而是一个充满非理性的生物。然而，考察生物学史，古尔德又认为，其实弗洛伊德所说的第二次革命并没有完全完成。因为，根据传统的进化论，人类虽然是从动物进化而来的，但全部进化史似乎又说明，生物是一个不断地从低级向着高级发展的过程，最终，人类必然会进化而来，人类最终会占据进化的巅峰位置。古尔德认为，这种观点其实是为了说明人类自大而在进化史上加上的一项"虚构"。所以，古尔德认为，达尔文的革命虽然伟大，但不彻底，因此，我们需要第四次革命。这就要推翻关于进化的发展变化趋势的错误观念。古尔德说，"认为进化具体表现了基本的趋势或力量，可以产生确定的结果，是个错误的观念，却也正是这个'虚构'的理论根据。它是生命史缩影的突出特点。这个特点就是所谓的进步：生理结构日趋复杂；神经系统日益精细；活动范围和项目日益协调，结果人类跃居想象的进化顶点"[①]。为什么人们必须肯定人类存在是进化的必然，而且还是可以预测的呢？古尔德认为，"人类之所以必须把进化的动力，看成是可以预测的进展，是为了对地质学骇人的发现——人类的生存期间极为短暂一事，加上'虚构'的解释。有了这个'虚构'，人类生存事件的短暂，就不再威胁到我们在宇宙间的重要性。人类的历史虽短，但是过去数十亿年来的进化，却显示出人类的心智发展是进化的顶点，可见我们的来源，早就隐含在混沌初开之时。换言之，宇宙初创时，人类其实早已存在"[②]。古尔德指出，古生物学的发现告诉我们，人类历史只不过占了这个星球生命的几个"微瞬"，而正是这个发现导致了第四个"弗洛伊德式的革命"：因为人类的历史非常短暂，"如果人类只是繁茂的生命之树的枝桠，如果这枝桠，只在地质学上的前一瞬间才伸出，那么我们很可能不会是进化过程中可

① ［美］史蒂芬·杰·古尔德：《生命的壮阔：从柏拉图到达尔文》，范昱峰译，江苏科学技术出版社 2013 年版，第 13 页。

② ［美］史蒂芬·杰·古尔德：《生命的壮阔：从柏拉图到达尔文》，范昱峰译，江苏科学技术出版社 2013 年版，第 13 页。

以预测的结果,也许竟是宇宙变化过程中的瞬间意外而已"①。所以,古尔德认为,"所谓的进步,其实是建立在社会偏见和心理上的一厢情愿谬见"②。

进化的进步观除了人类自大的原因之外,另一个与之密切关联的原因是人类把自己的主观标准强加给自然界。生物进化中的进步往往被定义为生命朝向生理结构日趋复杂、神经系统日益精细、活动范围和行为方式更大更灵活等的一种趋势。我们往往用从低级到高级这样的术语来表达进化的进步趋势。然而,什么是低级和高级?"假如一个阿米巴可以很好地适应它所生活的环境,就像我们适应我们的生活环境一样,谁又能说我们是高等的生物呢?"③ 在古尔德看来,"高级"和"低级"都要以人类的价值作为判断标准,这很明显是人类中心主义的表现。古尔德认为,达尔文最初的著作中并没有使用"进化"一词,而是使用"带有饰变的由来"这个词。初版的《物种起源》达尔文根本没有用到这个词。达尔文第一次使用这个词是在1871年出版的《人类的由来》一书。在古尔德看来,达尔文之所以最初对这个词相当抗拒,是因为,在英语中,"evolution"(进化)有进步发展的意思,而达尔文本人反对把进化等同于进步的观点。古尔德从达尔文的笔记和信件中找到一些证据。古尔德列举说,达尔文在一本鼓吹进步论的著作上写下来这样的批语:"绝对不说更高级或更低级";在1972年12月4日致古生物学家海耶特的信中,达尔文写道:"经过长期思考,我无法不相信,所有的生命都没有天生的进步趋势。"④

达尔文不相信进步,可为什么在他后来版本的《物种起源》和其他著作中,不仅开始使用"进化"一词,而且使用"进步"一词呢?古尔德认为,这主要是由达尔文的社会地位和当时的社会环境决定的。达尔文出身于贵族,智力上很激进,政治上属于自由派,然而生活方式上却很保守。古尔

---

① 〔美〕古尔德:《生命的壮阔:从柏拉图到达尔文》,范昱峰译,江苏科学技术出版社2013年版,第12页。
② 〔美〕古尔德:《生命的壮阔:从柏拉图到达尔文》,范昱峰译,江苏科学技术出版社2013年版,第14页。
③ 〔美〕古尔德:《自达尔文以来》,田洺译,生活·读书·新知三联书店1997年版,第23页。
④ 〔美〕古尔德:《生命的壮阔:从柏拉图到达尔文》,范昱峰译,江苏科学技术出版社2013年版,第111页。

德说，"当时的英国社会，正处于工业和殖民活动的空前高峰状态，而把进步神话为生活的意义和教条，他心满意足地享受这一切逸乐。这么一位贵族，又生活于国家发展的高峰期，怎么可能放弃代表这种胜利的理论呢？"①又说，"这位激进的知识分子，知道自己的学说惹起的纷争和蕴含的意义，但是身为社会上的保守主义者，他不能动摇整个文化的基本原则，他忠于这个文化，在里面优游自得"②。

所以，古尔德说："在那些早就抛弃了进化和进步之间存在必然联系，并将其视为最糟糕的人类中心说偏见的科学家中间，达尔文的观点已经取得了胜利。而许多普通人依然将进化等同于进步，并且将人类的进化不只是看作变化，而且看作智力的提高，等级的提高，或还有其他一些假设的改善的标准。"③

二　对古尔德的反驳

古尔德认为，主张进化就是进步的学者的目的是说明人类的产生是进化的必然，全部进化史都是在为人类的产生做准备，人类居于进化的顶点或尖峰，人类是进化的目的。因此，人类在地球甚至宇宙中是最重要的生物。人类在这个世界上最重要，是所有生物中最高级的生物，这是古尔德坚决不能认同的。之所以不能认同，一个重要理由是这样的观点会造成非常恶劣的一些后果："这种错误地将生物进化等同于进步的观念，一直有着不幸的后果。历史上它产生了社会达尔文主义的滥用（达尔文本人有一点这种想法），这种臭名昭著的理论根据假设的进化程度排列人类种群与文化，并将（毋庸惊讶）白种欧洲人排在顶端，而将他们征服的殖民地排在底端。今天，这种思想仍然是指示我们在地球上傲慢的一个重要因素。我们相信，我们控制着居住在我们星球上几百万的其他物种，而不是与他们平等相处。"④ 也就是说，

① ［美］古尔德：《生命的壮阔：从柏拉图到达尔文》，范昱峰译，江苏科学技术出版社 2013 年版，第 113 页。
② ［美］古尔德：《生命的壮阔：从柏拉图到达尔文》，范昱峰译，江苏科学技术出版社 2013 年版，第 114 页。
③ ［美］古尔德：《自达尔文以来》，田洺译，生活·读书·新知三联书店 1997 年版，第 24 页。
④ ［美］古尔德：《自达尔文以来》，田洺译，生活·读书·新知三联书店 1997 年版，第 25 页。

古尔德否定进化是进步的一个重要原因是价值论的：这种观点导致了一些在今天的文化看来不适当的观点。古尔德的逻辑是：进化的进步导致了人类的自大以及种族主义，甚至物种的不平等，所以，进化就是进步的观点是错误的。显然，这样的论证是错误的。

首先，进化是进步的观念并不必然推出人类是进化的必然，人类主宰地球这样的结论。因为，进步的观念说的是进化的总体趋势是生物向着越来越复杂或越来越适应的方向发展。复杂性和适应性增加是必然的，但具体进化成什么样的生物则是环境条件限定的。如果没有恐龙的灭绝，也许不会为后来的一些生物的发展留下空间，人类也可能产生不出来，但其他类型的复杂生物一定会产生。因此，古尔德关于进步论必然产生人类自大的观点的论证是有问题的。

其次，即便从进步论推出人类必然产生，人类是进化的尖峰，也不能得出这样的观点会导致种族主义和物种不平等观念。如果这个世界没有人类，那么，我们看到的则更多的是丛林法则，优胜劣汰，适者生存。恰恰是人类的伟大以及文明的发展，才使人们逐步看到种族主义的错误以及保护生物多样性的价值。

最后，如果我们退后一步，即便人们能够从进步论中引出种族主义和物种不平等的观念，也不能从中否定进步论的正确性，因为结果的判断是价值判断，但前提是事实判断。从结果的价值判断否定前提的事实判断是不合逻辑的。

古尔德还认为，自然界本身无所谓高级和低级，高级和低级是人类中心主义的概念。因此，进步论所说的生物从低级到高级发展就包含着人类的价值评价在内，因而是不客观的。从这一点看，古尔德反对在生物科学中使用包含人类主观意图的价值学术语。然而，古尔德在批评进步论导致人类自大的时候，又是从价值观念进行反驳的。所以，古尔德对自己关于反进步的论证和他所反对的进步论的论证的评价采取了双重标准：自己可以从价值判断反对进步论，但同时反对进步论使用价值判断。

实际上，我们要说的是，价值术语和判断在生物学中是根本不能回避的。在纯粹的物理科学中，毫无疑问，我们一般都不使用价值术语。但在包含功能属性和目的属性的生物科学中，离开价值术语是不可能的。比如，自然选择所说的适应优势，就是包含价值的术语。不同生物的两个或多个性状，哪一个更具有适应优势？就既是事实判断，又是价值判断。所谓适者生存，不适者被淘汰，何谓适者，何谓不适者？在这里，事实和价值混合在一起，并且是难以分开的。

第三节　没有普遍的可预见的推动力量
可以否定进化的进步吗？

一　古尔德：没有普遍的可预见的推动力量

古尔德认为，进化是进步的思想隐含着这样的一种观点：即把进步看作推动整个生物进化过程的决定性力量（the defining thrust of the entire evolutionary process）①，正是这种内在的推动力使得生物从低级到高级的进步变得不可避免。然而，由于没有这种朝向进步的普遍的或者可预见的推动力遍及生命史（no pervasive or predictable thrust toward progress permeates the history of life）②，所以，进化是进步的观念就是错误的。当然，如果存在这种力量，生命朝向进步的发展就是必然的，因而是可以预言的。但事实上，在一般生物中，没有证据能表明存在这种朝向进步方向的推动力，所以，生物进化的过程是不可能朝向进步的方向发展的。

二　对古尔德的反驳

我们完全同意，在生命进化史上，没有朝向进步的普遍的或者可预见的推动力，进步不是推动整个生物进化过程的决定性力量。但主张进化是进步的思想家并不都认为进步是推动进化的决定性力量。只有拉马克主义的进化论以及 19 世纪末期的一些直生论进化论有这种主张。因此，我们可以看出，古尔德实际反对的进步论是拉马克主义和直生论的进步观念。然而，达尔文本人和后来的达尔文主义都反对这种认为进步是推动生物进化的动力的思

---

① 参见 Gould, S. J., *Full House: the Spread of Excellence from Plato to Darwin*, Harvard University Press, 2011, p. 146。

② 参见 Gould, S. J., *Full House: the Spread of Excellence from Plato to Darwin*, Harvard University Press, 2011, p. 147。

想。达尔文和达尔文主义者都认为，自然选择才是推动进化的根本动力。达尔文所说的进步是指通过自然选择造就越来越适应各种复杂环境的新的改进了的生物的进步，这种进步或者使生物体的结构或复杂性增加，或者使生物的行为能力提高。古尔德通过修辞方法，使人们感到他批判得很有理，但其有理的部分是达尔文主义者同样反对的。今天，很少有人会去赞同拉马克主义和直生论的进步论观点。所以，古尔德树立了一个并不存在的稻草人，然后对这个稻草人进行猛烈的批判，顺便把达尔文主义的进步论一同拉下水。这一点需要我们有清醒的认识。

第四节　自然选择理论不能为全面进步提供根据吗？

一　古尔德：自然选择理论不能为全面进步提供根据

古尔德认为，达尔文的自然选择理论本身根本未提全面的进步，也没有提供任何可以预期的全面进步的机制论点，自然选择理论本身推不出进步的结论。古尔德以西伯利亚多毛象的演化为例来说明这一点。由于西伯利亚的气候从早期的温和变为后来的寒冷，一群体毛稀疏的大象变为体毛浓密的大象。经过许多时代之后，西伯利亚就成了多毛象的栖息之地。自然选择只是产生适应当地环境的变化，而不是在全球各地都居于优势，所以，"自然选择只造成地域性适应，有的固然错综复杂，但永远是地域性的，不会是全面的进步或复杂化的过程"①。

既然自然选择只产生地域性的适应，但为什么达尔文在其后来的著作中明确提出进化就是进步的思想呢？古尔德看到，达尔文提出了一套生态学的说法，弥补自然选择学说的逻辑漏洞。达尔文先后区分了两种竞争：生物竞争和非生物竞争。生物竞争是指生物之间因为资源有限而进行的竞争，非生物竞争是指生物体跟环境之间的对抗。达尔文认为，非生物竞争不能引起进步，因为环境并没有固定的变化方向；但生物竞争则可能导致进步，因为同种之间的竞争最佳的选择就是生物机制的进步超越环境，比如跑得更快，忍

---

① 〔美〕古尔德：《生命的壮阔：从柏拉图到达尔文》，范昱峰译，江苏科学技术出版社 2013 年版，第 113 页。

受更久，思考更周密，等等。所以，达尔文认为，如果生物竞争的重要性超过非生物竞争，普遍的进步趋势就应该成立。达尔文又用"钉楔子"的比喻说明这一点。大自然可以比喻为地面，物种可比喻为钉在地面上的楔子。楔子都是千敲百击钉进地面的，钉进去一只就会挤出另一只。要想钉得成功，关键就是生物机制的改良。所以，达尔文说，"地球史上每段时期的生物，都在生命的竞赛中打败他们的前辈，所以在自然界的位阶较高"①。

　　然而，在古尔德看来，这个论证表面上看没有什么明显的错误，但"认为生物竞争处于主流的看法，复杂而且可疑"②。对于这一点，一方面，达尔文并没有给出明确的说明；另一方面，化石证据对这个观点非常不利。生物史上的大灭绝时期，一口气消灭了众多的生物，经过这样的事件，栖息地不可能充满了生物。因此，任何两次灭绝之间累积的进步必然在下次灭绝中消失。达尔文最害怕的就是这个论点，所以，古尔德说，达尔文只好否认大灭绝，认为大灭绝是根据不完整化石记录得出来的。然而，事实上大灭绝是存在的。恐龙的灭绝就是因为外星体碰撞地球引起的。

　　既然达尔文的理论不甚妥当，但达尔文为什么还是把进步的观念偷渡进他的理论呢？古尔德认为，这"必定源于他自己两种性格之间的冲突：激进的知识分子和文化上的保守派。他所深爱、给他优渥待遇的社会，把进步看成代表它的口号跟定义。达尔文无法狠心否认它的思想潮流；然而他的理论所需的却正好相反。于是他编出一套说辞，叠床架屋地调制了一个贫乏无力的解决办法：把生态学的争论当成鹰架，套入无力支撑自己论点的大厦里。但是加上鹰架的建筑，臃肿难看而不完整。为什么他要在这么美丽的建筑之上再加覆盖物呢？达尔文这种知性的挣扎、这种学术逻辑和社会需求之间的拉锯战，最有力地显示了文化对于我们的控制力量。如果他创立了一个能够打开这个观念之锁的学说，却仍摆脱不了文化偏见的深刻影响，我们还能期

---

　　① ［美］古尔德：《生命的壮阔：从柏拉图到达尔文》，范昱峰译，江苏科学技术出版社 2013 年版，第 116 页。

　　② ［美］古尔德：《生命的壮阔：从柏拉图到达尔文》，范昱峰译，江苏科学技术出版社 2013 年版，第 116 页。

望做得比他好吗？"① 所以，古尔德明确地提出："现在已经可以确认，进化必定包含进步的想法是文化上的偏见，而且没有科学性的论证，可以预期进化中出现进步。今天的情况一如达尔文时代。我们也可以承认一切尝试（包括达尔文自己）都陷入社会偏见的泥沼之中，欠缺推理的说服力，证据也嫌薄弱。"②

二　对古尔德的反驳

古尔德反对进化等同于进步的这个论点是，自然选择理论不能为全面进步提供根据。这个结论很显然是不正确的。正像古尔德所看到的，达尔文区分了两种生存竞争：非生物竞争和生物竞争。其中非生物竞争不产生进步，生物竞争产生进步。但遗憾的是，古尔德认为，达尔文之所以发明出这个观点，是因为达尔文为了使他的思想和那个时代的主流意识形态相吻合，即进步是社会发展的目标和生活的意义。也就是说，达尔文是出于意识形态的原因而提出进步论的。然而，很显然，这仅仅是猜测。达尔文实际上在竭力证明自然选择可导致全面进步。古尔德认为，达尔文的论证缺乏古生物学证明，认为在大灭绝时期，任何累积起来的进步都可能荡然无存。在这里，首先古尔德承认在两次大灭绝之间，生物有着累积起来的进步，也就是说，古尔德实际上承认了在两次大灭绝之间存在着进化性进步。其次，古尔德认为，大灭绝消灭了这种进步。但即使是大灭绝，也只是消灭了一部分生物，尽管种类很多，但不可能是消灭了所有生物。那些跨越大灭绝的相当多的生物，他们累积起来的进步会继续进步。这样的进步就可能变成长时期的进步。再次，根据古尔德的间断平衡论，生物史上存在着大灭绝，也存在着大爆发。大爆发时期，大量新的复杂的生物迅速产生出来，这些生物新特征的出现也意味着进步。最后，我们要指出的是，自然选择导致的进化，除了达尔文提到的非生物竞争和生物竞争之外，还可能包括与局域性环境没有关系的生理生化过程、体型大小、智力结构、可进化性能力，等等。这样的特征

① ［美］古尔德：《生命的壮阔：从柏拉图到达尔文》，范昱峰译，江苏科学技术出版社 2013 年版，第 116 页。

② ［美］古尔德：《生命的壮阔：从柏拉图到达尔文》，范昱峰译，江苏科学技术出版社 2013 年版，第 117 页。

和能力与局域性环境无关，局域性环境虽然改变，但在新环境中，它们仍具有适应性。因此，这样的进化就具有全面进化的性质。

第五节　进化的极端偶然性使进化的过程不可重复吗？

一　古尔德：进化的极端偶然性使进化的过程不可重复

古尔德认为，生物的进化不仅没有向着进步方向发展的内在的冲力，而且由于"吹嘘的生命进步事实上只是偏离开始的简单生物的随机运动，而不是朝向内在的更有优势的复杂生物的有目标的冲刺"[1]，所以，生物的进化不可能是进步的。在古尔德看来，进化与极端的偶然性相关。由于在生命的历史中有太多的偶然性，所以，从一开始生物的进化就是不可预言的。在《奇妙的生命：布尔吉斯页岩中的生命故事》一书中，古尔德反问道，假如进化的历史可以像一盘磁带那样能倒回起点重新播放，那会出现什么样的结果呢？会不会出现跟原来完全一样的生物？人类是否会在 40 亿年之后重新出现？蚂蚁、乌鸦以及玉兰树会出现吗？古尔德说，这样的可能性几乎是零。不管我们把进化的磁带重新播放多少次，也不会出现跟现在相同的结果。[2]虽然进化晚期相对复杂的生物一定会出现，但是该处的生物，"绝对无法预测，部分是偶然的，完全是情境依赖的，一点都不是进化的机制预先注定的。如果生命的游戏可以一遍一遍地重播，总是先从左墙开始，随后扩张为多样化生物，那么，我们几乎每次都可以到达右尾端，但是这个区域所住的最复杂生物，每次播放都会疯狂地和不可预言的不一样。绝大多数的重演，在地球有生之年，都不可能产生有自我意识的生物。人类在这里存在，靠的纯粹是机运，而不是无可避免的生命方向或进化的机制"[3]。（"左墙"和"右尾"是古尔德利用统计学术语所做的分析。）

---

[1]　Gould, S. J., *Full House: the Spread of Excellence from Plato to Darwin*, Harvard University Press, 2011, p. 173.

[2]　参见［美］古尔德《奇妙的生命：布尔吉斯页岩中的生命故事》，傅强等译，江苏科学技术出版社 2012 年版，第 29 页。

[3]　Gould, S. J., *Full House: the Spread of Excellence from Plato to Darwin*, Harvard University Press, 2011, pp. 174 – 175.

二　对古尔德的反驳

古尔德认为，由于生物进化的极端偶然性，重放生命的"磁带"，相同的进化不可重复，人类也不会产生出来，所以，进化不是向着复杂的目标冲刺的进步。然而，古尔德并不否认，每次重放，进化都会从细菌开始，逐步扩张为多样化生物，最后到达比较复杂的生物。尽管每次播放都会疯狂地和不可预言的不一样，但每次都会到达比较复杂的生物这一点则是可以预言的。尽管绝大多数的重演都不可能产生有自我意识的生物，但越来越复杂的生物是一定会出现的。因此，进化虽然不是必然导向人类产生的进步，但进化必然导向复杂性增加的生物的出现这种进步则是必然的。人类的出现可能是偶然的结果，但类似人类的复杂的生物的出现则可能是必然的。所以，生命进化不仅有指向性，而且向着越来越复杂的方向发展。生物的进化的历史就是进步的历史。

第六节　进化的进步是一种统计错误吗？

一　古尔德：进化性进步是一种统计错误

古尔德认为，主张进步论的学者的一个主要思想方法是从复杂的生命中选择一些有代表性的生物，然后按着时间的顺序排列：细菌、真菌、植物、无脊椎动物、脊椎动物、人类，于是我们得到了这样一个结果：总体上说，生命是按着从简单到复杂的趋势发展的，进步是生命史的显著特征。但这样解读和确认趋势的方法，古尔德认为是完全错误的，因为有很多看似朝特定方向行进的事物，其实并没有什么方向和趋势；表面上的方向或趋势实际上可能只不过是随机的事件系列而已。所以，古尔德说，"进步论者的焦点，都集中在最复杂的有机体，也就是只重视极端的例子；而且利用最复杂的有机体复杂性的增加，作为全体进步的代表不合逻辑"[①]。古尔德以"醉汉走路"的比喻来说明这一点。一个醉汉从酒吧走了出来，他前面的人行道，一

----

① ［美］古尔德：《生命的壮阔：从柏拉图到达尔文》，范昱峰译，江苏科学技术出版社 2013 年版，第 136—137 页。

边是酒吧的墙壁，另一边是排水沟。醉汉在人行道上随机地向左右前方蹒跚前行，一会儿向着墙壁方向，一会儿又向着水沟的方向。醉汉在行走过程中，会发生什么样的情况呢？醉汉一定会摔进水沟。因为他每次靠近墙壁的时候都会被挡回来，接着朝另一个方向行进。但是，当他靠近水沟时，却没有阻挡，所以一定会摔进水沟，昏迷不醒。

这个例子说明，没有特定方向的随机运动，却可能产生确定的结果。但这样的结果并没有确定的趋势。醉汉的动作既没有前定的规律，也没有偏向某一方向的任何偏好。同理，古尔德认为，生物的进化史与醉汉走路有某种相像。物种在进化过程中既可能向着简单化的方向演化，也可能向着复杂化的方向演化。然而在简单化方向却有着一堵无法逾越的"墙"，因为生物不能无限简化，简化到细菌就到头了。但复杂化方向却没有"墙"，可以一直走下去。因此，在古尔德看来，生命进化过程中复杂度平均值的增加只是类似醉汉走路这种随机运动的附带结果，"在甚至于对进化没有任何好处时，也会朝特定方向前进；同时也没有任何天生的趋势，偏爱这个方向"①。

古尔德还用他的这个理论对进化生物学的著名的"科普规则"做了重新解释。19 世纪美国古生物学家科普（Edward Drinker Cope）根据古生物研究，得出了一个关于生物进化的一般原则：大部分生物在进化过程中都向体型逐步增大的趋势发展。传统上对于"科普规则"的解释，都是认为体型增大在进化上具有一定的优势，比如：猎食和对抗掠食者的能力增加；生育成功的机会增大；内部环境的规则性增加；还有单位体积热能规范能力的增强；独占资源的生态优势；等等。然而，古尔德认为，这样的解释完全是错误的，一方面，所谓优势大多是人们臆想的产物，另一方面，"大型种类体型之所以增大，只因为始祖从左墙开始，因此只有一个变化的方向而已。普通种类的体型，都没有变化，所以后代不比祖先更倾向于从大体型开始进化。每次体型的范围都有扩张，但原因只是单一方向的种类数目增加而已。变大的只有极少数"②。所以，在古尔德看来，体型增大只是从小体型偏移

---

① ［美］古尔德：《生命的壮阔：从柏拉图到达尔文》，范昱峰译，江苏科学技术出版社 2013 年版，第 122 页。
② ［美］古尔德：《生命的壮阔：从柏拉图到达尔文》，范昱峰译，江苏科学技术出版社 2013 年版，第 131 页。

的随机进化，不是固定朝向大型进展的定向进化。进步论总是要问为什么大
体型有利于自然选择，而古尔德则要问为什么小型的种类在每次大灭绝之
后，都还能存活、还能以少数几种几乎是最小型的种类开启新的进化。体型
增大的趋势实际上是有限的少数扩张的结果。所以，古尔德说，造成进步论
者错误的原因，"就在于不能体认，朝特定方向进行的事物，无法直接造成
明显的趋势；铸造这些趋势的，可能是体系内差异数目扩张或收缩的副产
品，或是次要结果。事实上，平均数在一个体系之内，可能是个常数。而我
们对于趋势的了解，可能只是对于系统差异之中极少数事物的短视看法而已
（例如只看到边界周围的扩张或收缩）。而这些周边的扩张和收缩，原因可
能跟引起平均数变化的原因，毫无关联。因此如果把边缘的生长或萎缩误认
为整体的运动，我们所创造的势必是一个反向的解释"①。

二　对古尔德的反驳

在古尔德看来，生命进化过程中复杂度平均值的增加只是类似醉汉走路
这种随机运动的附带结果，并且这种结果并不是自然选择的结果，因此并没
有所谓适应优势。大型身体的动物之所以产生，并不是因为大型动物有着更
好的适应优势，而是因为有限的少数在大灭绝后扩张的结果。古尔德把生物
复杂性的增加和自然选择导致的适应优势分割开来。复杂性的增加只是随机
的偏离简单生物的运动，并没有适应上的优势，所以，进化没有进步。然
而，问题是，朝向特定目标的运动虽然不是预定的，但是毕竟获得了这样的
目标，并且这样的目标比开始时的生物复杂，这本身就是进步。我们不能因
为不是预定的就加以否认。正像前面所说，古尔德实际上反对的是直生论的
进步论，即进化的进步作为动力推动进化的进程。但大多数达尔文主义生物
学家也否定这一点。进化的三要素之一：变异是盲目的，但自然选择通过适
者生存，淘汰了那些不适应的变异，保留了那些适应的变异。所以，否定了
定向进化，并不能否定进化就是进步。

---

①　[美]古尔德：《生命的壮阔：从柏拉图到达尔文》，范昱峰译，江苏科学技术出版社2013年
版，第24页。

第七节　细菌统治地球能说明进化没有进步吗？

一　古尔德：细菌而不是人类统治地球

古尔德认为，化石记录中所有最早的生命形式都是原核生物，或者不严格地说，都是"细菌"。实际上，生命史上一半以上的时间都只有细菌的故事。地球上的生命是从细菌模式开始的。今天，在相同的位置，生命仍然保持着细菌的模式。将来，生命也永远会是这样。因此，"如果想以代表性的部分作为整体的特色，那么应该尊重的是生命不变的模式——细菌"。"根据任何合理、公正的标准而言，细菌一直就是地球上最具支配力量的生物。"[①] 时间上说，细菌统治地球，历史悠久。空间上说，细菌无所不在，只要是适合任何生命形式的地方，就有它们的踪迹。所以，细菌是整个生命史中的耐力冠军和主宰者。尽管人类很强大，但人类要想撼动细菌的地位还是无法想象的。所以，古尔德说："从一开始，细菌就占据了生命模式，不论将来人类的智能将如何统治地球，细菌地位的改变，仍然令人无法想象。它们的数目之多，实居于压倒性的地位；种类之繁，也是无可匹敌；它们的生活环境极为广泛；代谢模式又是无可比拟。人类的胡作乱为，可能在最近的将来，招致自己的毁灭。毁灭的同时，连陆生脊椎动物也可能一齐殉葬，然而最多也不过几千种。我们能够制造严重的伤害，但无论如何，我们无力把50万种甲虫消灭，我们对种类繁多的细菌更是无能为力。"[②] 这就是说，既然细菌主宰地球，细菌最适应地球上的各种生存环境，所以，细菌而不是人类才是地球的主宰者。所以，从细菌到人类并没有进步。用古尔德的话说就是："《生命的壮阔》为否定这样的观点提供了一般的论证：进步定义了生命史，甚至根本上是普遍的趋势。在这种生命是一个整体的观点中，人类无法占据优先的尖峰或顶点地位。生命总是由它的细菌模式主宰的。"[③]

　　[①]　［美］古尔德：《生命的壮阔：从柏拉图到达尔文》，范昱峰译，江苏科学技术出版社2013年版，第143页。
　　[②]　［美］古尔德：《生命的壮阔：从柏拉图到达尔文》，范昱峰译，江苏科学技术出版社2013年版，第144页。
　　[③]　Gould, S. J., *Full House: the Spread of Excellence from Plato to Darwin*, Harvard University Press, 2011, p. 4.

二　对古尔德的反驳

古尔德认为，细菌统治地球，细菌比人类能更好地适应各种各样的环境，所以，人类并不比细菌高级，从细菌到人类没有进步。无疑，细菌充满了生物圈，凡是有其他生物存在的地方都有细菌，而其他生物不能存在的地方，一些细菌却能生存。但正如古尔德自己所承认的那样，在复杂性方面，细菌是最简单的生物，其他生物都比细菌复杂（病毒除外）。古尔德说，从细菌到人类没有朝向复杂性发展的内在的决定性动力，是随机性的结果，但古尔德并没有否定，从细菌到人类，复杂性在增加。古尔德令人信服地说明了进化并不是预先决定的，但他并不否定从细菌到人类的渐进性发展。如果进化性进步等同于进化是预先决定的，那么古尔德就是对的。可是，当代的达尔文主义者几乎没有人承认进化是预先决定的。当代的达尔文主义者是在否定进化的预先决定性的基础上认为，从细菌到人类的渐进性发展是一种组织复杂性在不断增加的过程，因而是进步的过程。这里没有预先决定。但这里是生物从低级到高级的进步。所以，虽然细菌统治地球，但细菌的组织复杂性低于人类，所以，人类比细菌更为高级。生命从细菌到人类的进化史是一个不断进步的过程。

第八节　结语

可以看出，古尔德反进化的进步的思想是不能成立的。古尔德认为，进化的进步观点是生物学家出于意识形态目的"虚构"出来的，然而遗憾的是，纵观古尔德的观点，可以明显看出古尔德反进化性进步的观点同样是出于意识形态的目的。古尔德反对进化的进步观实际上反对的是拉马克主义和直生论的进步观，即把进步看作推动进化的原动力，而这一点也是当代进步论者所反对的。但古尔德用这种进化的进步观代表所有进化性进步观，这一点不能不说是一个重要的遗憾。古尔德否认达尔文主张进化性进步论，认为自然选择学说并没有为进化的全面进步提供论据，然而，事实是，不仅达尔文不反对进化是进步的观点，而且从自然选择理论为进化的全面进步提供了论证，而且这种论证并没有古尔德所说的缺陷。我们还可以从自然选择的角度为进化的进步提供超出达尔文的新的论证。古尔德的进化极端偶然性论证只是说明了相同的生物不可能重复出现，但进化向着复杂性和适应性方向发展这一点并没有被否认。古尔德关于进化向着复杂性方向发展不是预先确定的，而是像醉汉走路那样是随机运行的结果，这一点只是说明进化的非事先确定性，这对于反对拉马克主义和直生论的进步论是有效的，但对于达尔文主义的进化从低级到高级进化的非事先确定进步论是无效的。古尔德把细菌而不是人类看作地球的统治者，这一点虽然表面上看细菌比人类更适应，但进步的观点并不仅仅表现在适应的强弱，还表现在生物组织结构的复杂性的增加上。人虽然不能像细菌那样占据整个生态圈，但人在组织结构和行为能力上要远远高于细菌。所以，尽管细菌统治地球，但人类同样也统治地球。总之，古尔德的反进化进步论的论证都是存在问题的；不论从理论上，还是从生命史的事实上看，进化的总的趋势是进步的。

第二十一章

生物学中事实与价值：
以进化是不是进步为例

第一节　引言

自休谟以来，很多人把事实与价值或描述与规范的二分看成科学区别伦理、美学、形而上学等人文学科的重要标志。在这些人看来，科学中的陈述是描述性的事实陈述，是客观的、价值中立的；而伦理等学科中的陈述是规范性的价值陈述，是主观的、人类中心主义的。这种观念在逻辑实证主义那里被发展到极致：科学的事实陈述是经验的、可证实的、有意义的，而伦理、形而上学等的规范陈述是主观表达的、无法证实的、无认识上的意义的。尽管后来逻辑实证主义在科学哲学中已被其他理论取代，但实证主义关于事实与价值的截然区分的思想仍然深深地影响着很多科学家和哲学家，尤其是在生物学和社会科学中，这种影响不容忽视。在生物学哲学中，关于进化是不是进步的观念就曾长期困扰着哲学家和生物学家。这个问题之所以难于解决，一个最根本的原因就是关于"进步"这样的评价性概念，或者说价值判断，我们可不可以把它们看成科学的合法的组成部分。

在进化论中，我们经常会有这样的印象：生命的进化是从简单到复杂，从单一到多样，从低级到高级。因此，我们很容易就会得出结论：进化就是进步。在《物种起源》一书的结尾，达尔文写道："由于自然选择只对各个生物发生作用，并且是为了每一个生物的利益而工作，所以一切肉体上的和心智上的禀赋必将更加趋于完美。"① 这一进化观点也可以从达尔文的这样一句话中看出："因此，从自然界的战争中，从饥饿和死亡里，产生了我们能想象的最可赞美的东西，即高等动物。在这种生命观中，极其壮美的是，几种力量最初被注入少数几个或一个类型中；同时，这个星球按照固定的引力法则，旋转不息，从如此简单的形式开始，无尽的形式——最美丽、最令人惊叹的生物——已经并正在进化出来。"②

在达尔文之后，从恩斯特·海克尔到朱利安·赫胥黎（Julian Huxley）、索迪（J. M. Thoday）、赛林斯（M. D. Sahlins）、赛尔维斯（E. R. Service）、赫里克（C. J. Herrick）、辛普森（G. G. Simpson）、艾阿拉（F. J. Ayala）、威尔逊（E. O. Wilson）和道金斯（Richard Dawkins）等生物学大家都认为进化就是进步。然而，同时我们也可以看到，一些生物学家和哲学家，如霍尔丹、威廉姆斯、古尔德、古奇、赫尔和鲁斯等，对这一观点提出了疑问。他们要么认为达尔文本人拒绝进步，因为他反对使用"低级"和"高级"这两个词；要么认为进步的概念是以人类为中心的和主观的，因为在自然界中并不存在所谓进步性进化。其中，古尔德是最有影响的一位为反对进化是进步提供系统的理论和论证的学者。

古尔德是美国哈佛大学著名的进化生物学家、古生物学家、科学史学家和科学作家。他早期的研究领域是蜗牛的自然史，但他在科学上因他在1972 年与奈尔斯·埃尔德雷奇共同发展的间断平衡理论而闻名。古尔德后来写了大量关于生物学的科普文章。古尔德的许多思想中的一个关键思想是，进化既没有方向，也没有进步。他出版的每一本书都产生了广泛的影响。因此，进化不是进步的概念逐渐成为生物学的主流思想，并得到越来越多学者的支持。古尔德的许多作品被译成中文，成为畅销书，在中国产生了广泛的影响。和西方一样，许多中国生物学家和社会科学家立即被古尔德的观点所说服。许多反进步主义者甚至认为，将"evolution"翻译成"进化"是错误的，并认为中性的"演化"是"evolution"的真正含义。然而，古尔

---

① Darwin, C. , *On the Origin of Species by Means of Natural Selection*, *or the Preservation of Favoured Races in the Struggle for Life*, John Murray, 1859, p. 489.

② Darwin, C. , *On the Origin of Species by Means of Natural Selection*, *or the Preservation of Favoured Races in the Struggle for Life*, John Murray, 1859, p. 490.

德的论点很少是站得住脚的。因此，对古尔德的思想进行批判性分析以揭示他的错误是非常必要的。在本研究中，我将主要集中讨论古尔德反对进化是进步的人类中心论论证。

第二节　反对进化性进步的人类中心论论证

古尔德认为，人们之所以认为存在进化性进步，原因是人类将自己的主观标准强加于自然界。一般我们认为，进化性进步就是生物在进化过程中表现出这样的发展趋势：生物的组织结构变得越来越复杂，神经系统越来越精细，行为范围越来越广泛，行为方式越来越多样，等等。这种进化趋势我们经常使用诸如"从低级到高级"这样的术语来描述。然而，什么是"低级"，什么是"高级"？古尔德说："如果变形虫与我们的环境一样适应得很好，谁说我们是更高级的生物呢？"① 对古尔德来说，低级和高级是人们根据人的价值的标准来判断的，这显然是以人类为中心的。他指出，达尔文在其早期的著作中并没有"进化"这个词。达尔文早期使用的词是"可遗传的变异"。达尔文首次使用"进化"一词是在1871年发表的《人类的由来》一书中。古尔德认为，达尔文之所以最初没有使用"进化"一词，一个重要的原因是，"进化"在英语中意味着进步和发展，而达尔文当初反对把进化与进步等同起来。古尔德认为，这可以从达尔文本人的笔记和书信中找到证据。例如，达尔文在钱伯斯提倡进步理论的一本书中做了这样一个笔记："决不说高级和低级这样的词"；在1872年12月4日写给古生物学家凯悦（Hyatt）的信中，达尔文指出："经过长时间的思考，我无法避免这样的信念，即没有天生的进步发展的倾向。"②

然而，问题是，如果达尔文认为进化没有进步，那么为什么他在后来出版的《物种起源》和其他著作中不仅使用"进化"，还使用"进步"这个词呢？古尔德认为，这可以从达尔文在当时的社会地位和社会环境找到原因。

---

① Gould, S. J., *Ever since Darwin*, W. W. Norton & Company, 2007, p. 12.

② Gould, S. J., *Full House: the Spread of Excellence from Plato to Darwin*, Harvard University Press, 2011, p. 137.

古尔德说，达尔文是贵族家庭出身，本人又聪明激进，在政治上比较开明，在生活上比较保守，所以，古尔德说："达尔文，作为一个激进的知识分子，知道他自己的理论意味着什么，蕴含着什么；但是，达尔文，作为社会上的保守主义者，却不能破坏一种文化的定义性的原则（在一个关键的历史时刻），这种文化让他感到如此的忠诚，也让他感到如此的安慰。"① "这种文化"是一种什么样的文化呢？古尔德说："这个社会比人类历史上任何其他社会都更多地将进步作为其意义和存在的根本原则——维多利亚时代的英国处于工业和殖民扩张的鼎盛时期。一个贵族英国人，在他的国家取得惊人成功的顶点，怎能放弃体现这一胜利的原则呢？"②

尽管达尔文后来承认进化的进步性，但古尔德认为这是一种文化偏见，并进而认为其早期观点更加科学。古尔德因此断言："达尔文的观点在科学家中赢得了胜利，他们很久以前就放弃了将进化与进步联系在一起的概念，认为这是人类中心主义的一种最恶劣的偏见。然而，大多数外行仍然把进化与进步等同起来，并将人类进化定义为不是简单的演化，而是智力的提高，身高的增加，或其他一些假设的改进标准。"③

古尔德把相信进化是进步的人说成生物学的外行，然而，纵观生物学史，我们发现，大量的著名生物学家，从辛普森、迈尔，到道金斯、威尔逊，他们都相信并竭力论证进化就是进步。这又是什么原因呢？古尔德还是从意识形态去找原因。古尔德认为这些人相信进化就是进步，原因是进步观念可以证明某种人类的自大。弗洛伊德曾经指出，科学史上的重大突破几乎都是以推翻人类的自大为特征的，例如，哥白尼建立了日心说，人类不再相信地球是宇宙的中心，地球上的人类并不像地心说所说的那样，上帝特意把人类放在宇宙的中心，以显示人类的特殊；再比如，达尔文的进化论推翻了创世论，这说明，人类并不是上帝根据自己的形象创造的比其他生物高贵生命，而是由动物逐渐演化而来的；还有，弗洛伊德的无意识理论说明，人类

---

① Gould, S. J., *Full House: the Spread of Excellence from Plato to Darwin*, Harvard University Press, 2011, p. 141.

② Gould, S. J., *Full House: the Spread of Excellence from Plato to Darwin*, Harvard University Press, 2011, pp. 140 – 141.

③ Gould, S. J., *Ever since Darwin*, W. W. Norton & Company, 2007, p. 12.

其实并不是一个特别理性的动物，在其理性的表面之下充满了非理性的特征。在指出这些例子之后，古尔德认为，其实，弗洛伊德提到的第二次革命还没有完全完成，因为，根据以往的进化理论，人类是从低级生物进化而来的，而生物的整个进化历史似乎表明，生物不断地从低级形态发展到高级形态，最终会演化出最高等的生物：人类。古尔德认为，把人类看作最高等的生物，实际上是进步进化观的虚构，反映的是人类的自大。所以，他认为达尔文的理论革命是伟大的，但却是不完全的，因为，这种理论仍然把人类看作进化的顶点。所以，我们需要一场新的革命来推翻进化就是进步的错误观念。他说："这种正面的虚构是基于这样一种谬论：即进化体现了一种基本趋势或推动力，从而导致了一个基本的、确定性的结果，其特征是把所有其他生命历史看作这个结果的一个缩影。当然，这个关键特征就是进步——操作上从不同的角度定义为生命的这样的一种趋势：解剖复杂性的日益增加，神经系统日益精细，行为本领的大小的增加和灵活性的增强，或者任何明显编造的标准（如果我们对我们的动机足够诚实和内省的话）来把智人放在一个假想的堆积的顶点。"① 为什么一定要把人类的存在看作进化论不可避免的和可预言的结果？古尔德认为，原因是"我们被驱使把进化的推动力看作是可预测的和进步的，以便对地质学最可怕的事实——人类存在限制在地球时间的最后一个环节——给出一个正面的虚构。有了这种虚构，我们有限的时间不再威胁到我们的普遍重要性。作为智人，我们可能只占据了最新近的一个时刻，但如果在过去的数十亿年里，出现了一种支配性的趋势，这种趋势切实地使我们的心智进化达到了顶点，那么我们的最终起源从一开始就隐含着。从一个重要的意义上说，我们从一开始就存在"②。作为古生物学家的古尔德对古生物学的发现和成就非常熟悉，而这些发现说明，人类的历史在这个星球的存在时间非常短暂。古尔德由此认为，我们需要一次新的弗洛伊德式的革命：因为人类的历史很短，而且"如果我们只是生活在树木繁茂的丛林中的一个小分支，如果我们的分支仅仅是一个地质时刻之前的一个

① Gould, S. J., *Full House*: *the Spread of Excellence from Plato to Darwin*, Harvard University Press, 2011, pp. 19 - 20.

② Gould, S. J., *Full House*: *the Spread of Excellence from Plato to Darwin*, Harvard University Press, 2011, p. 20.

分支，那么我们也许就不是一个可以预见的进步的结果。也许，不管我们的荣耀和成就如何，如果生命之树能在类似条件下重新播种和重新生长，那么我们就是一个短暂的宇宙意外"①。所以，古尔德说："进步是建立在社会偏见和心理希望上的错觉，因为我们不愿意接受第四次弗洛伊德革命的简单（和真实）的意义。"②

第三节　应对人类中心主义论证的两种策略

古尔德认为，在自然界中，没有高级和低级之分。"高级"和"低级"等概念是人类中心主义的概念；进步进化论者提出的生物从低级向高级发展的思想，包含了人的价值判断，因而不是客观的。因此，古尔德反对进化是进步的观念基于的哲学观点就是在科学中不能使用含有人类主观意图的价值概念。

事实上，古尔德对进化进步观的人类中心主义的批判并不新鲜。早在1932 年，霍尔丹就已经说过："当我们谈到进化中的进步时，我们已经离开了客观的坚实基础，而进入了人类价值的不断变化的泥潭。"③霍尔丹和古尔德的立场隐含了一种激进的两分法：即客观的科学判断与非科学的主观判断是完全不同的。在这里，我们遇到了一个关于进化生物学，或更广义地说，一般科学的重大方法论问题：我们能在科学中，特别是在生物学中使用渗透价值的术语吗？自休谟以来，事实/价值二分法一直是科学与人文的方法论难题。从休谟到现代逻辑实证主义，许多哲学家认为价值判断不能在科学中使用，因为科学必须是客观的事实陈述。

针对进化进程争论中的这一基本方法论问题，我们在生物学和哲学史上发现了两种策略：一种是认为我们可以回避价值术语，而使用纯粹的客观术语来定义进步；另一种观点认为，科学中的价值术语是合法的，因为科学不

---

① Gould, S. J., *Full House: the Spread of Excellence from Plato to Darwin*, Harvard University Press, 2011, p. 18.

② Gould, S. J., *Full House: the Spread of Excellence from Plato to Darwin*, Harvard University Press, 2011, p. 20.

③ Haldane, J. B. S., *The Cause of Evolution*, Cornell University Press, 1966, p. 154.

是价值无涉的，极端的事实/价值二分法是错误的。

对于第一种策略，我们可以看到一些生物学家，如赫胥黎、索迪、赛林斯和道金斯等，试图提出一个客观的标准来确定什么是进化中的进步。

赫胥黎也许是最著名的生物学家，他强烈支持提出一个客观的进化的概念。赫胥黎发现，在进化历史上，最突出的事实是优势群体的传承。他说："占主导地位的群体的独特特征可以落入如下一种或两种类型之中：一种是有利于加强对环境的控制，另一种是有利于提高相对环境的独立性。因此，在这些方面的发展可以暂时作为生物进步的标准。"①

索迪是另一位主张构建一个客观的进步概念的生物学家。索迪将进步定义为"生存适应能力的提高"："适应能力的提高，即生物学的进步，必须在很大程度上通过增强遗传稳定性或可变性来实现，同时不会导致其他成分相应地下降。因此，进步性变化是增加这些组成部分总和的变化。"②

赛林斯是一位支持进化是进步的人类学家。他认为，"全面进步"的最佳标准是功能性的：高等生物比低等生物消耗更多的能量。不同层次的生物体有不同的能力将能量集中在体内，并利用能量来建立和维持生物体的结构。赛林斯称他的进步标准为"热力学成功"。他不仅将这一标准应用于生物进化，还应用于人类文化进化。他说："就像在生命中一样，热力学成功有其组织上的对应物，即更高层次的整合。转化更多能量的文化有更多的部件和子系统，有更多专门化的部件，以及有更有效的整合为一个整体的手段。一般进步的组织特征包括物质要素的增加，劳动分工的几何增加，社会群体和子群体的增加，以及特殊的整合手段的出现。"③

道金斯认为，我们可以使用客观的术语来定义进步。他将进步定义为"通过增加在适应复合体中结合在一起的特征的数量，增强生物世系逐渐适应其特殊的生活方式的趋势"④。他认为，这种适应主义的进步的定义"把

---

①　Huxley, J., *Evolution: the Modern Synthesis*, Wiley Science Editions, 1964, p. 562.

②　Thody, J. M., "Components of Fitness", In Brown, R., Danielli, J. F. (eds.), *Symposia of the Society for Experimental Biology*, *VII*, *Evolution*, Cambridge, 1953, p. 99.

③　Sahlins, M. D., Service, E. R., *Evolution and Culture*, University of Michigan Press, 1960, pp. 35–36.

④　Dawkins, R., "Human Chauvinism", *Evolution*, 1997, Vol. 3, No. 51, p. 1016.

进步看作是一种增强，这种增强不是关于复杂性、智力或其他人类为中心主义的价值的增强，而是不断积累的多种特征的增强，这些特征有助于增强有关生物世系所代表的适应。根据这一定义，适应性进化不是一种偶然的进步，而是一种完全的、不可或缺的进步"①。

对于第二种策略，我们也可以看到一些生物学家和哲学家，如赫里克、辛普森和阿耶拉，他们试图在进化生物学中使价值术语合法化。赫里克认为，进步概念的标准是一种评价性的标准："某种评价必然隐含在进步的概念中。"② 他说："什么是进步？问题因而归结为一个定义的问题，所有的定义都是由人类的头脑做出的，而不是由我们研究的对象做出的。所有其他科学判断都同样是主观的。只有观察到的事实才是客观的。任何自然主义者关于我们能够适当地叫作进步的观点的科学价值，只能通过其在解释已知事实时操作的有用性来判断。"③ 赫里克接着将进步定义为："生物体对其环境的调整范围、多样性和效率的增强以及环境使用生物体的范围、多样性和效率增强方向的改变。"④ 与赫胥黎、索迪和赛林斯不同，赫里克把价值判断引进进步的定义中。他说："我们认识到生物学价值的层级性，这与身体结构的扩大和多样化，社会组织以及通过个人经验的学习的能力有着有机的联系。在每一个人类儿童的成长中，都取得了类似的进步性的价值提升。在动物的较低等级和人类的早期婴儿阶段，这些价值中的大多数都是建立在遗传结构上的，并且是用行为主义的术语从生物学角度来定义的。在高等动物和成长中的儿童中，学习技能和有意识地承认的满足的比例越来越高，这可以从生理和心理两方面进行评价。"⑤

辛普森是另一位生物学家，他认为价值判断在生物学中是合法的。像赫胥黎一样，辛普森认为有一个客观的进步概念，可以用反应性、觉知性和个体性等客观的功能标准来表述。但同时，他也认为有一个主观的进步概念，用"接近于人"或"向着人的方向的进化变化"的主观标准来衡量。他说：

① Dawkins, R., "Human Chauvinism", *Evolution*, 1997, Vol. 3, No. 51, p. 1017.

② Herrick, C. J., *The Evolution of Human Nature*, Harper, 1961, p. 124.

③ Herrick, C. J., *The Evolution of Human Nature*, Harper, 1961, pp. 124 – 125.

④ Herrick, C. J., *The Evolution of Human Nature*, Harper, 1961, p. 125.

⑤ Herrick, C. J., *The Evolution of Human Nature*, Harper, 1961, p. 140.

"在许多可能的进步定义中，以及进化的许多对应种类的进步中，那种朝向特定种类有机体的演化与任何其他生物的演化一样有效，只要它被清楚地理解为特别的与选定的点有关，并且在这个意义上是主观的。对人类来说，向着人类方向的进化变化就是这种特定的进步。"① 辛普森试图将两种关于进步的概念结合在一起。一方面，他想要建立客观的标准来确定什么是进步；另一方面，他提出了一个主观标准来确定什么是进步。但遗憾的是，他没有分析如何将它们整合在一起。在这方面，赫里克在如何将它们整合在一起方面似乎做得更好一些。

阿耶拉意识到，进步的概念包含两个要素："一个是描述性的，即方向性的变化已经发生；一个是价值论的（＝评价性的），即该变化代表的是改好或改进。"② 因此，阿耶拉把进步定义为"属于一个序列的所有成员的某个特征的系统性变化，这种变化使得该序列的后来成员表现出对该特征的改进"③。或者简单地说，进步是"朝着更好的方向变化"④。

第四节　事实与价值的极端二分法的错误

根据当代价值哲学，事实/价值的极端二分法是完全错误的。这一点在约翰·杜威的哲学中有明确的阐述。对杜威来说，价值哲学的根本问题就是弥合科学与价值之间的鸿沟。⑤ 杜威认为，评价必须始终根植于事实考虑，而且事实的鉴别总是依赖于评价。

派普尔（Stephen Pepper）也强烈支持事实和价值之间没有根本的区别。在《价值的源泉》一书中，派普尔运用自然选择理论发展了一种价值理论来解释价值是如何从事实产生的。他认为，自然选择是根据评价的结果而起

---

① Simpson, G. G., *The Meaning of Evolution*, Yale University Press, 1949, p. 262.

② Ayala, F. J., "Can 'Progress' be Defined as a Biological Concept", In Nitecki M. (ed.), *Evolutionary Progress*, University of Chicago Press, 1988, p. 78.

③ Ayala, F. J., "Can 'Progress' be Defined as a Biological Concept", In Nitecki M. (ed.), *Evolutionary Progress*, University of Chicago Press, 1988, p. 78.

④ Ayala, F. J., "Can 'Progress' be Defined as a Biological Concept", In Nitecki M. (ed.), *Evolutionary Progress*, University of Chicago Press, 1988, p. 78.

⑤ 参见 Deway, J., *The Quest for Certainty*, Minton, Balch and Company, 1939, p. 256。

作用的，因此，我们可以说，"适者生存"是一种价值陈述。他将所有的选择系统按其价值的不同分为七类，发现选择系统有两个基本的动力来源：本能的目的性驱动力的选择和进化的选择动力。① 这两个主要的动力系统在七个主要的选择系统中运作。目的驱动作用于个体生物体；选择的力量作用于相互交配的生物群体。这两个选择性系统是价值的自主性源泉。他说："自然选择作为一种自然规范的生存价值，当然是由物种对其生活区的适应的动力能力或对填补其他可用生活区的适应的动力能力所决定的。"② 因此，我们有两个评价进化过程的标准：生存价值和情感价值。生存价值被认为是对进化过程的评估，适用于种群、物种或其他相互交配的有机体单元；情感价值内在地适用于个体生物体。因为这两个标准被用来评价不同的生物单位，即一个是对群体，一个是对个体，因此，在某些情况下，它们将是相容的，而在另一些情况下，它们将是冲突的。如果一个进化有利于群体生存和个体情感，那么这个进化就是一个进步性的进化。

事实上，根据当代科学哲学，没有价值无涉的科学。例如，托马斯·库恩认为科学是由理论"范式"进行的，而范式包含价值因素；图尔明认为，"自然秩序的观念"在确定什么是科学的事实方面是重要的，而自然秩序的概念也包含价值成分；拉卡托斯认为，"科学研究纲领"决定了如何解释科学事实，而"科学研究纲领"同样包含价值因素。因此，与逻辑实证主义不同，当代科学哲学家都不相信科学中有纯粹的事实，"范式""自然秩序观念"和"科学研究纲领"等，都包含有价值判断。这意味着，在科学实践中，科学家必须做出判断，因此，并非所有的科学都是价值无涉的。

当然，有些学者会说，确实，科学中包含一些价值因素，然而，这并不破坏事实与价值的二分法，因为，科学哲学所说的这些价值都是评价科学内容的价值，是一种认识价值，因此，这并没有毁害科学的客观性。这种价值是一种元概念，即评价科学内容的概念。科学本身的概念仍然不能有评价性概念。所以，认识价值的存在还不足以反驳事实与价值二分法的错误。

---

① 参见 Pepper, S. C., *Source of Value*, University of California Press, 1958, p. 674。

② Pepper, S. C., *Source of Value*, University of California Press, 1958, p. 677.

进一步从概念层面谈论公开批判事实/价值二分法错误的是美国科学哲学家普特南。他曾专门写了一本书用来说明和论证事实与价值二元分离的错误以及事实和价值缠结在一起的不可避免性。

我们知道，自休谟开始，出现了两个在科学哲学和伦理学中有广泛影响的二分法，一个是分析命题和综合命题的二分法，一个是事实陈述与价值陈述的二分法。这两种区分表面上看，好像没什么联系，但普特南认为这两个区分实际上是紧密相关的。因为，综合命题实际上就是建立在经验事实上的命题，而分析命题没有经验内容，仅凭自身的意义而为真；事实陈述是对经验的描述，而价值陈述是人们对事物的主观态度。这样，逻辑实证主义就把所有假言判断划分为三组：可以用经验事实证实或证伪的综合判断，可以从定义上判断真假的分析判断，以及没有认识意义或真假可言的伦理学判断、美学判断或形而上学判断。逻辑实证主义进一步指出，只要这种区分是正确的，那么一切关于哲学的争论就可以迎刃而解，因为一旦明确有这样的区分，就可以对所有命题进行技术分析，看其是何种命题，从而就可以对其真假和对错做出判断。

然而，普特南认为，这种区分是错误的。在普特南之前，美国哲学家蒯因已经对分析和综合命题的区分做出了深刻的批判。在"经验论的两个教条中"，蒯因认为我们并不能在分析和综合命题之间做出截然分明的划分。蒯因认为，逻辑实证主义的意义还原理论正是建立在这种二分法的基础上的，而这种二分法的模糊，也说明了逻辑实证主义意义的还原说是错误的，因此，蒯因进一步建立了整体主义的意义理论。通过蒯因的批判，分析和综合的二分法已经崩溃。

蒯因之后，普特南进一步认为，事实与价值的二分法也是不成立的。普特南认为，逻辑实证主义的"事实"概念与休谟的事实概念非常类似，即都认为，事实是人们能够对之进行感知并形成某种"印象"的东西，这种印象可以用观察术语加以表述。理论是建立在观察的基础上的，因此，理论术语就可以还原为观察术语。然而，随着科学哲学中"观察渗透理论"学说的逐步推广和广泛接受，观察与理论的二分法受到了严峻的挑战。受此启发，普特南认为，关于事实的描述语言与关于伦理的规范语言的区分实际上也是有问题的。普特南说："逻辑实证主义的事实与价值二分法是根据对于什么是'事实'的狭隘的科学图像得到辩护的，就正如那种区分的休谟式的祖先是根据关于'观念'和'印象'的狭隘的经验主义心理学得到辩护的。认识到我们的描述语言中有关于'事实'领域的（无论古典经验主义的还是逻辑实证主义的）图像的如此多的反例，这应当动摇任何人的如下信心：存在着与被认为在谈论所有'价值判断'的性质时诉诸的'价值'概念形成整齐划一的和绝对的对比的事实概念。"① 例如"某某是冷酷的"之类表述就既是一种价值判断，又是一种事实判断。如果有人问，某某是一个什么样的人，我回答说，"他是一个非常冷酷的人"，那么，我就既对他进行了描述（事实陈述，即什么样的人），也对他提出了批评（伦理评价，即冷酷是不好的）。"'冷酷'这种谓词的例子也告诉我们，问题并不止在于经验主义的（和后来的逻辑实证主义的）'事实'概念一开始就实在太过狭隘。更深刻的问题在于，休谟以后的经验主义者——而且不只是经验主义者，还包括哲学界内外的许多其他人——没有认识到事实的描述和评价能够而且必定被缠结在一起的方式。"② "冷酷"之类的术语有时是作为规范性术语使用的，有时又是作为描述性术语使用的。在普特南看来，最能表明事实与价值是相互缠绕的，就是一些"厚的"（thick）伦理概念。所谓"厚的"伦理概念，就是指既能规范性地使用又能描述性地使用的概念。这些术语有很多，比如"慷慨""高尚""熟练""强壮""笨拙""虚弱"等。这些概念与"薄的"（thin）伦理概念不同，薄的伦理概念，比如"对"和"错"，"好"和"坏"，"应当"和"不应当"等，只是单纯的评价性概念。

　　总之，普特南对事实与价值二分法的批判，是蒯因对逻辑经验主义的两个教条的批判之后人们对经验主义的又一重要批判。因为，事实与价值的二分法是经验主义影响非常巨大的"最后一个教条"。普特南的工作深刻地动摇了事实与价值之间绝对的二分法，使我们看到，在现实实践中，很多时候并不存在单纯的事实或单纯的价值，把事实与价值在任何场合都割裂开来的做法是无法成立的。因此，那种建立在事实与价值的绝对二分法基础上的观

---

① ［美］希拉里·普特南：《事实与价值二分法的崩溃》，应奇译，东方出版社 2006 年版，第12 页。

② ［美］希拉里·普特南：《事实与价值二分法的崩溃》，应奇译，东方出版社 2006 年版，第13 页。

点，比如，认为所有科学描述都是价值无涉的纯然事实，而伦理学规范都是纯粹主观的情感表达，是无法成立的。

第五节 进化生物学中"事实/价值二分法的崩溃"

从当代价值哲学和科学哲学可以看出，我们不能把事实和价值严格分开。但也有一些人可能会说，普特南举的例子都是伦理学中的一些概念，特别是"厚的"伦理概念。在科学中，是否也有这些事实和价值缠绕在一起的概念呢？我认为，这要具体问题具体分析。比如，在物理科学中，事实和价值还是比较容易区分的，但在生物学和社会科学中，事实和价值常常是结合在一起的。在生物学中，很多时候，完全避免使用价值术语和判断是不可能的。正如派普尔已经说明的那样，自然选择的适应性优势就包括价值判断。两个或两个以上的有机体，哪一个更适应？当我们说一个生物更具有适应性时，它是一个事实陈述，但同时也是一个价值陈述。对于所谓适者生存，我们需要对哪些是适者，哪些不是适者进行分类和评价。当你做出评价和选择时，你已经做出了价值判断。并且，在这个判断中，有事实，也有价值，事实和价值混合在一起，很难将它们分开。

有些生物学家已经知道了这些哲学。例如，辛普森说："过去人们常说价值判断与科学无关，但现在我们越来越认识到这是多么的错误。科学本质上是与这样的判断交织在一起的。"[1] 但也有一些生物学家并不知道这些哲学，但他们中的一些人正确地表达了在生物学中不能抛弃价值术语的感受。例如，著名的进化生物学家杜布赞斯基（T. Dobzhansky）曾经在给约翰·C. 格林（John C. Greene）的一封信中这样评论："我拒绝回避关于进步，改进和创造力的话题……在进化中，有些生物进步了，改进了，仍然活着，而另一些生物却失败了，灭绝了……是的，生命是一种价值和成功，死亡没有价值，并且是一种失败……我不能听从你的建议，把这些东西放在密封舱里，看到的仅仅只是'变化'而没有'进步'；只有'变化'，而没有'试错'。因为作为一个科学家，我观察到进化总体上是进步的，它的'创造性'在

---

① Simpson, G. G., *The meaning of evolution*, Yale University Press, 1949, pp. 311－312.

增加，并且我发现这些发现很好地与我的一般想法相符合。"①

不幸的是，也有一些哲学家可能知道这些科学哲学和价值哲学，但他们仍然反对进化性进步。也许他们受传统的实证主义哲学的影响太大，或者他们没有意识到这些新哲学的重要意义。例如，我非常尊重的一位生物学哲学家迈克尔·鲁斯，他有一整本书《从单细胞到人：进化生物学中的进步概念》来讨论进步，但结论却是否认进化有进步。然而，在书的结尾，他又非常清楚地意识到，如果我们抛弃价值术语，我们将抛弃我们现在的进化生物学的许多优点。他说："在纯粹的概念层面，关于最专业或最成熟层面的进化思维仍然充斥着同情进步的各种隐喻，比如'生命之树'，'适应性景观'和'军备竞赛'。去掉这些术语可能有助于获得认知的纯粹性，但这样做也会抛弃许多优点，如预测的丰富性，并肯定会导致认知上的贫乏。"②

第六节　余论

我们已经表明，古尔德批评进化性进步是人类中心主义的观念是错误的。在进步作为人类中心主义的论证中，古尔德引用达尔文的一些话，比如不要使用"高级"和"低级"这样的评价术语来证明他的观点。现在我们回去看看他关于达尔文的观点是否正确。正如古尔德自己已经表明的那样，在达尔文的晚期，达尔文开始在他后来版本的《物种起源》和其他著作中使用"进化"一词，甚至是"进步"一词。达尔文为什么改变他的态度？古尔德认为这是因为达尔文想使自己的思想与他那个时代的主流意识形态相一致，认为进步是社会发展的目标和生命的意义。换句话说，古尔德认为达尔文提出进化论是因为他的意识形态的考虑。我相信这仅仅是古尔德的猜测，这种猜测是完全可疑的。的确，达尔文在其早期的著作中不敢相信进化就是进步，但正如美国哲学家蒂莫西·沙纳汉（Timothy Shanahan）在他的

① Greene, J. C., "Evolution and Progress", *The Johns Hopkins Magazine*, 1962, Vol. 32, pp. 12-13.
② Ruse, M., *Monad to Man: the Concept of Progress in Evolutionary Biology*, Harvard University Press, 1996, p. 539.

著作《达尔文主义的进化》中正确地指出的那样："随着他对进化是进步观念的信心的增强，他也大胆地在他的著作中赞同这一观念。最初，他附带很多条件试探性地提出了这个观点。最后，他毫不犹豫地把进化过程描述为一种进步。"①

---

① Shanahan，T.，*The Evolution of Darwinism：Selection，Adaptation，and Progress in Evolutionary Biology*，Cambridge University Press，2004，p. 177.

第 二 十 二 章

进化论的因果论与统计论之争

理解进化论的本质是生物学哲学的核心目标之一。传统的动力学的观点认为，进化论是一种因果理论，它能够根据包括生物条件和非生物条件在内的各种因果因素解释群体的变化。然而，从 21 世纪初起，这个观点受到了一批被称为统计学哲学家的批评，代表人主要有沃尔什（Walsh）、马修（Matthen）和阿里（Ariew）。统计学哲学家们认为，进化只是一种纯粹的统计现象，进化变化的解释者只指称群体的统计特征，而非因果特征，进化解释具有统计学的自主性。然而，统计学的解释遭到了传统的因果论学者的反对，如布沙德（Bouchard）、罗森伯格（Rosenberg）、史蒂芬斯（Stephens）、瑞斯曼（Reisman）、福伯（Forber）、米尔斯坦（Millstein）等。本研究围绕因果论与统计论的争论而展开，试图说明因果图理论及其经验研究路径是理解进化论较为合适的出路。

第一节 引言

统计特性一直是哲学的核心主题。生物学为探索这一主题提供了一个有趣的研究案例。因为统计特性在生物进化论中占有极其重要的地位。然而如何理解进化理论的统计特性？进化的统计特性是否说明进化只是一种纯粹的统计现象？其实，自 20 世纪 90 年代开始，进化论的统计特性就得到了广泛的关注，为此涌现出了进化的倾向性解释（propensity interpretation）、频率解释（frequency interpretation）及休谟机会解释（Humean chances interpretation）。其中，倾向性解释是一种物理倾向或一个系统产生某种结果的能力；

频率解释是指长远来看（无限序列或频率接近极限时）一个事件（实际）的相对频率；休谟机会解释是指最佳系统的概率规则分配给事件的数量。温德尔（Werndl）指出，尽管三种解释目前都存在问题，但为我们理解进化论的统计特性提供了三种可能的方式。[①]

正是基于进化论的统计特性，产生了进化过程的决定论与非决定论的热烈争论。决定论者罗森伯格和霍兰（Horan）认为，进化论的统计特性最好被看作工具性的，就是说，进化论统计特性的原因是认识论的，它反映了我们人类认识的局限性。如果我们认识能力非常强，进化理论就可能被表述成纯粹决定论的理论；而非决定论者布兰登（Brandon）和卡森（Carson）站在科学实在论的立场，认为生物过程是非决定性的，因为进化论中的统计特性指称的是世界的真实特征[②]；但米尔斯坦却认为，我们对量子事件在宏观层面的作用还不太了解，因此对于决定论和非决定论的分歧我们应该暂且保持不可知论，而且她指出，进化论的统计特性与决定论和非决定论的哲学结论无关。也就是说，不管进化进程是不是决定性的，我们都可以将进化理论看作统计性的。决定论与非决定论的问题也因此走向了不可知论。[③] 然而，21 世纪初，进化论的统计学解释进一步活跃。但是围绕它的争论不再是决定论与非决定论之争，而是出现了新的形式，即因果论与统计论的争论。但是这一争论并没有与决定论和非决定论决裂，因为持决定论观点的学者也是因果论的支持者，但反过来因果论者并不都支持决定论的思想，如米尔斯坦就认为我们应该对决定论与非决定论保持不可知的态度。

第二节　进化论的统计论解释

因果论者强调，群体变化源于离散的、专有的因果过程的联合作用（如

---

① 参见 Werndl, C., *Probability*, *Indeterminism and Biological Processes*, Probabilities, Laws, and Structures, 2012, pp. 1 – 12。

② 参见 Shanahan, T., "The Evolutionary Indeterminism Thesis", *BioScience*, 2003, Vol. 2, No. 53, pp. 163 – 169。

③ 参见 Millstein, R. L., *Is the Evolutionary Process Deterministic or Indeterministic? An Argument for Agnosticism*, Biennial Meeting of the Philosophy of Science Association, Vancouver, Canada, 2000, pp. 1 – 23。

选择、漂变、突变和迁移），或者说现代综合进化论允许我们识别、解决和量化它们各自的因果关系。索伯对因果论作了很好的概括：在进化理论中，突变、迁移、选择和漂变的力量是通过基因频率序列推动群体进化的原因，要确定群体当前状态的原因就需要描述是哪种进化力所促使的。但统计论者反对因果论的这一主张。根据统计解释，现代综合进化论并不需要通过引用选择、漂变、突变和迁移的因果作用来解释群体的变化。他们仅仅需要援引群体的统计特性来解释。[①] 进化论的统计解释包含了肯定和否定两个论题：肯定性的论题：对选择和漂变的解释只引用了群体的统计特性；否定性的论题：选择和漂变不是群体变化的原因，它们只是统计效应。[②] 在此，选择和漂变作为进化论的基本概念是因果论和统计论争论的焦点。统计论者为了证明这两个论题，从理论和经验等层面作出了论证。

在理论层面，统计论者认为，进化论所依赖的理论假设是一种纯粹的数学关系，可以用先验定理来描述。而如果进化的一般原则是先验定理，那么预测进化变化只是代数计算问题，无须因果假设。马修和阿里就指出："选择的定义在本质上是数学性质的，独立于产生增长的特定因果规律。"[③] 在经验研究层面，统计论者指出，现代综合理论中解释群体变化的属性是性状适应度的变化，而性状适应度是一个统计参数，通常以具有某一性状的有机体的适应度的平均值和方差来衡量。因果论者对生物体生存或繁殖能力的因果分析在本质上是比较性的，不能得出群体遗传学中所使用的适应度的定量衡量标准。在此，我们可以看到两种有关适应的概念：一种是比较性的，在达尔文的生存和繁殖竞赛中，指称一个生物体对另一个生物体的适应性的优势；另一种是群体遗传学中使用数字来表示的基因、性状或有机体在未来世代中的预期增长率。显然，统计论者关注的是后者。另外，统计论者基于观察指出，个体有机体生存和繁殖的原因，以及这些原因的总和，都不符合选

---

① 参见 Walsh, D. M., "The Pomp of Superfluous Causes: The Interpretation of Evolutionary Theory", *Philosophy of Science*, 2007, Vol. 3, No. 74, p. 282。

② 参见 Walsh, D. M., "The Pomp of Superfluous Causes: The Interpretation of Evolutionary Theory", *Philosophy of Science*, 2007, Vol. 3, No. 74, p. 283。

③ Matthen and Ariew, André, "Two Ways of Thinking about Fitness and Natural Selection", *The Journal of Philosophy*, 2002, Vol. 2, No. 99, p. 74.

择或漂变的条件。选择和漂变是群体性的统计性观念。其中，就漂变而言，尽管漂变存在多种形式，但是所有这些假定的漂变情况都有一个共同点，即任何形式的漂变都是一系列试验或事件的统计性质，漂变反映的是一种统计误差。一系列的出生、存活、死亡和繁殖的结果（以性状频率的变化来衡量）如果偏离了适应性差异反映的预期就会出现漂变。而对于选择，虽然它被普遍认为是一种导致个体出生、死亡和繁殖的确定性的力量，但是统计论者认为，我们有充分的理由打破这一观念。理由一，对选择的确定性的描述歪曲了自然选择理论中适应度的解释作用，只有统计概念能够给予充分的解释。因为自然选择理论的目的是解释和预测群体内可遗传性状的相对频率的变化。但仅仅个体间适应度的差异并不足以导致性状频率的变化，我们需要考虑的是性状适应度的变化，而如前所述，性状适应度具有统计属性。理由二，依据选择和漂变的关系，我们最好将选择看作统计性的。因为当选择被视为一种在因果上决定个体死亡或生存的力量时，它就完全解释了群体结构的变化，没有为漂变的解释留下空间。但正如我们所看到的，自然选择理论并不是通过引用导致个体水平事件的力量来解释群体结构的变化。相反，它诉诸的是群体的统计特性，即性状适应度的差异。如果性状适应度的差异解释了我们所观察到的变化，则这种变化归因于选择。若性状适应度的差异不能解释我们观测到的变化，这一结果通常诉诸漂变来解释。在统计论者看来，统计解释保留了选择和漂变之间的假定关系，而因果解释掩盖了它。理由三，尽管存在一些因果过程或者导致性状频率变化的力量，如捕食的压力、阳光和竞争等，但这些都无法确定与自然选择有关，因为这些力同样会引起漂变，这不符合因果解释对选择和漂变的力区分的需要。总之，自然选择理论解释的是群体结构的变化，但非个体的生存、死亡和繁殖。正是因为自然选择理论不能探讨这些个体化现象的原因，因而无法对它们作出因果解释。①

---

① 参见 Walsh, D. M, Lewens, Tim and Ariew, André, "The Trials of Life: Natural Selection and Random Drift", *Philosophy of Science*, 2002, Vol. 3, No. 69, pp. 452 – 473。

第三节　因果论的回应

　　针对统计论论者的论证，因果论者也作出了相应的回应。首先，就进化的理论假设问题，因果论者认为统计学者发生了靶向错误。米尔斯坦等人指出，统计学家从选择可以用某种数学公式来表示的事实出发并不能得出他们的结论。也就是说，某物可以用一个先验方程来表示的事实并不能证明它的非因果性。他们认为，方程不仅是一个等式，而且是一种解释，它给出了因果关系的内容。[①] 另外，罗森伯格和布沙德也指出，进化理论的基础由李氏定理或费希尔自然选择基本定理等数学公式提供，这是错误的。比这些方程更基本的是以下自然选择原则（简称 PNS）：

　　　　如果 x 和 y 是相互竞争的种群，并且在 n 代 E 环境中 x 比 y 更适合，那么很可能，在 E 环境中，x 的数量在 n 之后的 n' 代会多于 y。

　　基于此，罗森伯格和布沙德接着声称：PNS 是一个因果原则，因为它比较了生态适应度，个体生物生存和繁殖的因果能力。抽象的演化公式如李氏定理或费希尔的自然选择基本定理都是由 PNS 导出的。因此，群体遗传学的数学方程，尽管具有抽象性和纯粹的统计性外观，实际上也是基于因果原则。在此，罗森伯格和布沙德再次将自然选择放在了个体层次，而非统计论者声称的群体层次，他们认为，尽管自然选择要援引性状适应度的分布，但是这些分布也是通过个体的因果属性得以固定的，即个体的生态适应性，正是这些个体适应性解释了进化现象。也就是说，选择作为一个偶然的因果过程，个体适应度是原因，群体差异是结果。[②] 由此，罗森伯格和布沙德不仅否定了统计论的理论假设，同时否定了统计论的两个论题。

　　但在因果论者当中，也有一部分学者（如史蒂芬斯、瑞斯曼和福伯、米

---

　　① 参见 Otsuka, Jun, "A Critical Review of the Statisticalist Debate", *Biology & Philosophy*, 2016, Vol. 4, No. 31, p. 462。

　　② 参见 Bouchard, Frédéric, Rosenberg, A., "Fitness, Probability and the Principles of Natural Selection", *British Journal for the Philosophy of Science*, 2004, Vol. 4, No. 55, pp. 693 – 712。

尔斯坦等）承认统计论的肯定性论题，但否认其否定性论题。也就是说，他们承认自然选择和漂变的群体属性，但是否认群体水平上无因果性的逻辑。他们试图表明进化解释确实发现了进化变化的原因。因为选择的操纵和漂变确实影响了群体频率。斯蒂芬斯就指出："诚然，我们可以通过引用性状适应度（这是统计属性）来解释一个群体是如何变化的。但是如果我们想知道为什么性状适应度拥有这样的价值，我们需要诉诸选择的因果概念。"①在谈到漂变时，斯蒂芬斯同样指出：这是一个群体层次的原因。只有通过比较不同规模的种群，才能看出漂变的不同因果影响。② 就此，瑞斯曼和福伯通过诉诸操作性的策略揭示了选择和漂变与群体变化之间的因果关系。他们指出，如果对变量 A 进行适当控制性的操作会导致变量 B 发生系统性的变化，那么 A 就是 B 的原因。瑞斯曼和福伯称之为"操作性条件"（manipulation condition）。而选择和漂变符合这一操作性条件，因此选择和漂变是群体变化的原因。为此，瑞斯曼和福伯就进化生物学的一些经典实验研究进行了说明。如杜布赞斯基和帕夫洛夫斯基 1957 年通过操作群体水平的参数测试了选择和漂变是如何相互作用产生进化变化的。结果证明：选择控制了染色体的平衡频率；漂变导致了遗传变异的不同子集被包含在了创始种群中；而且同样的选择压力产生了不同的结果。他们将漂变、选择及其相互作用视为复制种群中观察到的进化变化的原因。③ 另外，米尔斯坦也指出，自然选择是发生在群体水平上的因果过程。与瑞斯曼和福伯使用的策略不同，米尔斯坦的论证建立在频率依赖的选择（frequency-dependent selection）基础之上，即基因型或一个等位基因的适应性受群体中其频率的影响。频率依赖的选择是一个群体层次的选择是因为选择的结果（基因的变化或从一代到下一代基因型频率的变化）由群体层次的参数决定：群体内基因型的频率。米尔斯坦认为，频率依赖的选择所展现的群体层次的因果性对于一般意义上的选择同

① Stephens, C., "Selection, Drift, and the 'forces' of Evolution", *Philosophy of Science*, 2004, Vol. 4, No. 71, p. 562.

② 参见 Stephens, C., "Selection, Drift, and the 'Forces' of Evolution", *Philosophy of Science*, 2004, Vol. 4, No. 71, p. 556。

③ 参见 Reisman, K., Forber, P., "Manipulation and the Causes of Evolution", *Philosophy of Science*, 2005, Vol. 5, No. 72, pp. 1113 – 1123。

样适用。①

总之，在承认群体因果性的学者看来，漂变是由种群规模控制的，而选择则是由适应性差异控制的。选择和漂变最终证明是可识别的、独立的、可量化的解释参数。一个是适应性变量，一个是群体的规模。因果解释与统计解释明显的区别是因果解释将"原因"一词应用于了这些统计参数，而统计解释则没有赋予统计参数这一荣誉。而实际上，选择系统地增加了一种特定结果的机会，即一个性状相对于另一个性状的优势。而漂变系统增加了偏离预期结果或收敛的可能性。选择和漂变的参数概率化了它们各自的结果并解释了它们。统计论者否认选择和漂变的因果性，这似乎是不正常的。

第四节　进化统计论者的辩护

但是就因果论者的回应，统计论者为了维护统计解释也作出了相应的辩护。

其中，马修和阿里就拒绝罗森伯格和布沙德利用 PNS 建立进化原则。罗森伯格和布沙德认为，PNS 是一种因果关系，这意味着适应度不仅是衡量增长率的指标，也是某种具有因果关系的量。这种量他们称为"生态适应度"，但马修和阿里指出，生态适应度是什么，罗森伯格和布沙德并没有告诉我们，或许生态适应度只是适应的另一种说法。在马修和阿里看来，生态适应度只是一种比较性的观念，它无法进行量化，无法维持进化的定量公式。②

另外，统计论的支持者沃尔什也针对自然选择和漂变群体层面的因果性做出了进一步的否定。其论证基于一个关于因果关系的实质性假设：因果关系是描述独立的。如果 x 导致 y，则无论 x 和 y 如何描述，这种关系都成立。但事实上选择和漂变并不是描述独立的，它们具有描述依赖性。群体是否正在经历选择、漂变或二者都在经历，没有客观的、描述独立的事实。例如，

① 参见 Millstein, R. L., "Natural Selection as A Population-Level Causal Process", *The British Journal for the Philosophy of Science*, 2006, Vol. 4, No. 57, pp. 627–653。

② 参见 Matthen, M., Ariew, André, "How to Understand Casual Relations in Natural Selection: Reply to Rosenberg and Bouchard", *Biology & Philosophy*, 2005, Vol. 2–3, No. 20, p. 359。

抛掷硬币的实验结果显示在 10 个序列中分别抛硬币 10 次漂变力量是强大的。但在 100 次的单序列中抛掷硬币并不存在很强的漂变。但这不是两个种群，它们是描述同一种群的不同方式。依据因果解释，在这个群体中，漂变的力（或因果过程）是存在的，并且可能是强大的和不强的。而为了避免矛盾因果解释会将其中一种描述指定为典型的描述。但沃尔什认为这一方面是武断的，另一方面也丧失了解释力。因为每一种描述都是同样合法的（或真实的），将一种描述优先于其他描述是行不通的。但统计解释不会遇到这样的问题。因为根据统计解释，漂变的发生并不是描述独立的。统计方法可以接受所有关于实验设置的合法描述而不会引起矛盾。沃尔什认为类似的考虑也适用于选择。为了更形象地描述，沃尔什将选择和漂变的描述与经典物理学和相对论物理学对电磁学现象的处理进行了类比。在经典物理中，电场和磁场被认为是不同的、客观的产生力的实体，就像在因果解释中，漂变和选择是不同的、客观有效的产生变化的过程。在经典物理学中，一个物体似乎正在经历不同的电力和磁力的组合，这取决于观察它的参考系。相反，电磁现象的相对论处理并不面临这样的问题，爱因斯坦理论揭示了这一点。电场和磁场的各种组合，实际上是同一个物体（电磁场）。如果给定的力是电磁的，那么不管它是由电场还是磁场引起的，都是没有事实根据的。电力和磁力，我们可以说是"纯粹的透视效应"。对于选择和漂变而言，它们只是相对于"参考框架"而言是可指定的，事实上，选择和漂变是描述依赖的纯粹的统计效应。[①]

而且，为了避免进一步的误解，最近沃尔什、阿里和马修一起为统计论解释进行了正名，并为此区分了两种选择：达尔文式的选择和现代综合选择，这两种选择分别对应两种进化模型：达尔文式的模型和现代综合模型。前者表征群体线性结构的变化；后者表征性状分布的变化，即性状适应度变化的函数。其实，早在 1990 年韦德（Wade）和加里兹（Kalizs）就对"选择模型"进行了区分：一种模型是平均特征值与选择梯度的变化，另一模型是选择的因果研究。另外，索伯也区分了进化的原因定律与结果定律，为自

---

① 参见 Walsh，D. M.，"The Pomp of Superfluous Causes: The Interpretation of Evolutionary Theory"，*Philosophy of Science*，2007，Vol. 3，No. 74，pp. 300 – 301。

然选择提供原因定律的主要是生态学，而自然选择的结果规律是群体遗传学的重要组成部分。奥卡沙（Okasha）也指出，群体遗传学模型有意回避了基因型适应性差异产生的原因，要充分理解进化，导致适应性差异的生态因素必须被理解。总之，解释性状分布的变化和解释群体变化的生态原因是不同的。但是因果解释和统计解释历经十几年的争论很大程度上是因为达尔文模型和现代综合模型之间的区别没有得到理解。其实，统计解释是关于现代综合模型的解释，并不关乎达尔文式的模型。因此，因果主义者和统计主义者之间的争论，正确地来说，完全是关于现代综合模型的解释。统计论者所谓自然选择和漂变是现代综合选择和漂变而非达尔文意义上的，达尔文意义上的选择是因果性的，但现代综合选择不具有因果性。但他们同时指出，现代综合模型虽未确定群体变化的原因，但它们确实是解释性的，一种统计性的、非因果性的解释。统计理论的合理性在于它有能力证明尽管性状分布的变化是由个体有机体生存和繁殖的能力引起的，但它仍然可以解释抽象性状类型的统计特性。[1]

第五节　因果论与统计论可能的融合：因果图
　　　　　　　理论及因果模型的建构

　　一般来说，因果解释和统计解释在结构、解释机制和适用范围上都有很大的不同。我们没有理由相信二者可以对同一理论作出同等的描述。但是进化论的不同研究领域（进化过程的因果研究和进化效果的统计研究）让我们看到了这两种解释方式同时存在的可能性。但是这种同时存在建立在现代综合模型与达尔文模型的严格区分之上，这就产生了一个问题：现代综合理论与达尔文思想如何契合？是否存在一种理论模型能够同时容纳因果解释与统计解释？在此，我们认为 Jun Otsuka 提供了一种可能的路径。Otsuka 基于珀尔（Pearl）的因果图理论，即有向图的因果结构与生成的概率分布之间的形式关系的研究，导出了进化群体与群体遗传学方程之间标准的因果模

---

　　① 参见 Walsh, D. M., Ariew, André and Matthen, M., "Four Pillars of Statisticalism", *Philos Theor Pract Biol*, 2017, Vol. 9, pp. 1–18。

型。这些模型包含如下因果假设：（1）亲代的等位基因（X_1，X_2，…，X_n）作用于其表型 Z，Z 由其子代的数量决定适应度 W；（2）亲代的基因传给子代，进而影响子代的表型 Z'；（3）环境影响（E_W，E_z，E_z'）独立；（4）所有因果关系呈线性。以群体遗传学的增殖方程（$\Delta \bar{Z} = Sh^2$）为例，根据因果图理论，我们可以重新定义这一方程，并作出如图 22 - 1 所示的因果模型：

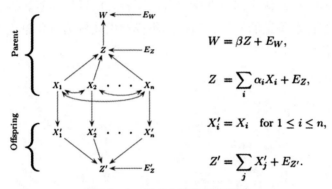

$$W = \beta Z + E_W,$$

$$Z = \sum_i \alpha_i X_i + E_Z,$$

$$X_i' = X_i \quad \text{for } 1 \leq i \leq n,$$

$$Z' = \sum_j X_j' + E_{Z'}.$$

图 22 - 1　增殖方程的因果模型

注：为了简化模型，此处不考虑有性繁殖和突变。图中双箭头表示亲代基因间统计相关性或连锁不平衡。图右的结构方程式定量地描述了图左的因果关系。其中 α，β 是结构方程的因果变量。更具体地，α_i 表示第 i 个等位基因在性状表现上的线性因果关系变量（Z 的变化与 X_i 的单位增加相关联），而 β 表示性状适应度的因果关系变量（W 随着 Z 的单位增加而变化）。①

Otsuka 指出，这一因果关系模型不仅给出了代际间对选择的响应，而且可以用来评估进化过程中的干扰效应。Otsuka 认为，尽管增殖模型是最简单的实例，但这一基础模型可延伸并解决更复杂的机制问题，如表观遗传、母体效应及生态位构建等。由此 Otsuka 得出，进化模型是个体有机体的因果模型，代表每个群体成员在给定的生态和遗传背景下的发育、生存和繁殖。进化论不是抽象的，而是明确地处理个体有机体的因果结构。同时，在这些因果模型中明确地确定了适应度、选择和漂变等概念的含义和性质。因此，在因果论与统计论的争论中，如果我们把注意力转向群体遗传学中使用的模

①　Otsuka，Jun，"A Critical Review of the Statisticalist Debate"，*Biology & Philosophy*，2016，Vol. 4，No. 31，p. 465.

型的构建过程，我们就会发现，群体遗传学并不是数学或先验方程，而是包含因果假设的经验性的命题。[①]

　　因果图理论让我们看到了因果论与统计论之间可能的联结。但是这一联结也有一些限定，如因果模型解释的是个体有机体的生存和繁殖，但前文中我们看到瑞斯曼和福伯、米尔斯坦等人认为选择和漂变是群体层次的原因而非个体的。而且，增殖模型如何应用到更复杂的机制研究没有得到具体的说明。但是目前，我们认为这一理论展现出了较好的发展前景，因为它能够打破因果论与统计论争论的僵局，通过因果模型的建构为进化论提供理论和经验的研究路径。

---

　　① Otsuka, Jun, "A Critical Review of the Statisticalist Debate", *Biology & Philosophy*, 2016, Vol. 4, No. 31, pp. 465 – 466.